PKPM 建筑结构设计软件 2008 版新功能详解

中国建筑科学研究院 PKPM CAD 工程部　编

中国建筑工业出版社

图书在版编目(CIP)数据

PKPM建筑结构设计软件2008版新功能详解/中国
建筑科学研究院PKPM CAD工程部编. —北京:中国
建筑工业出版社,2008
  ISBN 978-7-112-10007-1

  Ⅰ.P… Ⅱ.中… Ⅲ.建筑结构-计算机辅助设计-
应用软件,PKPM Ⅳ.TU311.41

中国版本图书馆CIP数据核字(2008)第045677号

本书为配合PKPM CAD工程部推出建筑结构设计软件新版本——PKPM08版由工程部技术人员精心编写,对新版软件的改进部分进行了详细的介绍。全书分八篇三十八章分别介绍了PMCAD软件、结构计算分析软件、结构设计施工图软件、基础设计软件、钢结构设计软件、砌体结构辅助设计软件及图形编辑、打印和转换及三维建筑设计软件的改进内容。本书是PKPM结构软件用户及希望了解软件升级后的新功能的设计人员必备用书。

* * *

责任编辑:王 梅
责任设计:董建平
责任校对:王雪竹 孟 楠

PKPM建筑结构设计软件
2008版新功能详解
中国建筑科学研究院 PKPM CAD工程部 编

*

中国建筑工业出版社出版、发行(北京西郊百万庄)
各地新华书店、建筑书店经销
北京红光制版公司制版
北京建筑工业印刷厂印刷

*

开本:787×1092毫米 1/16 印张:45½ 字数:1133千字
2008年5月第一版 2010年7月第四次印刷
印数:11,001—12,200册 定价:**95.00**元
ISBN 978-7-112-10007-1
(16810)

前　言

历经三年的精心打造，PKPM CAD 工程部隆重推出建筑结构设计软件新的版本——PKPM08 版。PKPM08 版发行时间从 2008 年 4 月起。

08 版根据工程需要和用户意见，精简合并了菜单，简化了操作，扩充了大量功能，拓展了对复杂类型结构的适应性，拓展了施工图设计的应用，使系统的整体水平有了较大幅度的提高。

1. 大大提高了结构建模的效率和适应性

将 PMCAD 建模前三个菜单合并，使建模、楼面布置、荷载导算充分集成，输入和修改更加流畅。扩充了平面模型的适应性，增加了广义楼层概念，适应斜梁、越层结构、层间梁、错层墙、山墙等特殊构件的输入。多塔结构拼装机制适应分开建模、分别计算，再拼装后整体计算的工作方式，分开建模中的布置、楼面、荷载、高层计算中的特殊参数定义等信息在拼装后都得到完整保留。杆件截面类型大大扩充，并增加用户自定义的任意截面形式输入和计算。楼面恒、活荷载、人防荷载、吊车荷载都在建模中统一定义。引进大量流行操作模式，使用户对模型的输入、修改更加方便快捷。软件自动生成楼板，自动清理无用网点，自动算出复杂结构上下楼层的连接关系，软件还作出模型缺陷的全面检查。

2. 为扩大复杂结构空间建模程序 SpasCAD 应用将该模块放到 PMCAD 主菜单内

改进复杂结构空间建模程序 SpasCAD，除了原有的 PMSAP 程序可以接力 SpasCAD 计算外，08 版的 SATWE 也可以接力 SpasCAD 计算，从而使 PKPM 大大拓展了对复杂结构的计算分析能力。SpasCAD 用于不能用 PMCAD 逐层建模方式输入的模型。在很多建筑模型中，只有很少部分为复杂结构，其大部分仍可以用 PMCAD 逐层建模方式输入，这种情况可以将 SpasCAD 和 PMCAD 配合使用，使 SpasCAD 先读取 PMCAD 按照楼层逐层输入的模型，再补充复杂空间结构部分。用这种工作方式将会使效率更高。

3. 提高了核心结构计算软件 SATWE、TAT、PMSAP 等对复杂工程计算适应性

SATWE 对剪力墙单元自动划分中增加三角形单元，它和四边形单元的配合使用提高了单元划分质量，基本消除了不协调节点，增加了计算的合理性稳定性。适应广义楼层计算，使对错层、越层、多塔计算更加适应。增加对错层剪力墙和屋面山墙等不等高墙体计算。增加对倾斜楼板单元计算。可以接力复杂空间建模 SpasCAD 计算。把特殊梁柱定义等计算参数记入模型，使模型修改后相关参数不会丢失，并方便一模多算。增加施工荷载模拟 3 的分层刚度分层加载的计算方式，并可由用户设定若干楼层组合的施工次序，提高了模拟施工对复杂结构分析的适应性和合理性。提供剪力墙组合截面配筋方式。增加对大

截面柱内包含多根刚性梁的处理，使与该柱连接的其他梁设计合理。改进和砌体结构接口，完善底层框架结构和配筋砌体结构设计计算。此外增加大量参数的合理设置以适应各种结构情况。

TAT、PMSAP 也作出如上类似改进。PMSAP 还针对 9 度设防高层建筑及大跨结构，增加了竖向地震的振型分解反应谱分析方法；针对高层混凝土建筑及钢结构增加了整体屈曲（BUCKLING）分析；完善了以整体有限元方式分析和设计弹性楼板的功能；实现了包含竖向振动在内的完全的三向地震波弹性时程分析；实现了用温度效应模拟混凝土收缩和预应力张拉的功能；增加了自动搜索、考虑屋面风荷载竖向分量的功能等。

4. 弹塑性静、动力分析软件 EPDA&PUSH 成熟实用

软件已在包括奥运场馆在内的数百项工程中成功应用。从基本理论与程序实现角度已成熟实用。EPDA 采用模拟剪力墙弹塑性性质的"剪力墙宏单元"；在模拟梁、柱和支撑弹塑性性质的"纤维束"模型基础上增加了"塑性铰"模型；增加了具备阻尼特征的线性、非线性隔震单元；增加了速度型，线性、非线性位移型的减震阻尼器单元；PUSH软件中提供了大量可以在细节上考虑结构实际特性的功能；在自主科研的基础上增强了"能力谱方法"，较好地改进了原有的抗倒塌计算结果。PUSH&EPDA 软件从多个方面验证了基本理论和计算结果的正确性，分别与 ANSYS、ABAQUS、SAP2000 等非线性分析对比，并进行了与实际框架剪力墙结构模型试验数据对比。软件接力 PMCAD 模型和SATWE 等计算结果，考虑实配钢筋，操作十分简便，计算速度快，是深化结构性能设计的实用量化工具。

5. 全面提升施工图设计模块

将各类施工图界面和操作模式统一。施工图图层、轴线、标注画法及钢筋画法统一参数化定制，通过数据库管理，方便用户自定义修改。改进梁、柱、剪力墙钢筋施工图归并程序，将原全楼统一归并改为按钢筋标注层内归并，使归并过程更合理。改进自动配筋模式，使程序自动生成的配筋更加合理，减少人工修改。施工图可反复进出修改，保留原有修改结果。施工图的交互修改模式统一，如双击鼠标修改截面配筋，单击鼠标移动各种标注。修改钢筋实现平面标注与详图画法联动修改。增加常用剖面详图菜单，通过参数自动生成大样详图。增加施工图多种表达出图方式，适应不同用户习惯。

6. 把基础设计软件 JCCAD 各菜单充分整合，使建模、计算、施工图三个层次更加清晰

基础建模中合并了桩基承台的详细计算，使桩基承台与柱下独基、墙下条基一样可完成详细设计。突出两项整体式基础计算菜单：弹性地基梁板计算和桩筏、筏板有限元计算。改进大底盘整体基础的设计计算，自动划分单元稳定合理，改进考虑基础与上部结构共同作用——上部结构计算刚度的凝聚计算，增加了考虑筏板"后浇带"计算。整合基础平面施工图，把原独基条基平面、地梁平法钢筋、筏板钢筋、桩位四个基础平面施工图菜单和桩基承台详图菜单整合为一个基础平面施工图菜单，从而扩大了该菜单的适应性。增加桩基承台、独基基础中地下室防水隔板的设计计算。改进了筏板基础的配筋模式。改进了地质资料输入模

块，适应了土层相互之间穿插分布的复杂关系，人机交互操作更加简便。

7. 钢结构设计软件更上一层楼

STS门式刚架结构设计功能大大增强，三维设计整合建模和屋面墙面布置，自动完成主刚架、柱间支撑、屋面支撑的计算，自动给出全套施工图；增加了悬挂吊车的布置和计算，二维计算构件可以考虑不同钢号；增加三维建模二维计算方法，适应排架、门式刚架、农业温室等结构，适应抽柱结构的设计；完善三维框架节点设计，扩大其应用范围；增加用户定义的任意复杂截面的建模和计算；增加管桁架节点设计和施工图、连续梁计算等模块。完善了重型工业厂房设计软件STPJ，增加梁与梁、梁与柱连接节点的设计和施工图，增加对整个工程三维建模二维自动计算的方式。完善钢结构详图设计软件STXT，扩充门式刚架结构相关的节点详图，门式刚架和框架施工详图的人机交互更加灵活方便。新推出温室设计软件GSCAD，可以完成农业温室钢结构的快速建模、截面优化、分析和设计、施工图绘制。

8. 砌体结构设计软件形成新的单一模块

在05版PKPM结构设计软件中，砌体结构辅助设计功能分散在结构软件的各个模块中。这样的布局使软件流程不清，各项设计和计算功能不突出，给用户的使用带来很多不便。更为不利的是这种格局使砌体结构辅助设计功能扩展受到制约。随着全国墙体材料改革进程的推进，混凝土空心砌块得到普遍应用，与此相关的砌体设计计算功能的改进更为迫切。为此，在08版结构软件中，将与砌体结构相关的设计、计算及绘图软件模块进行了整合和重组，形成一个新的软件——砌体结构辅助设计软件——QITI，并且对主要的几项功能进行了重大改进和专业化处理。如强化、完善了砌块自动排块图设计和构造柱、异柱、门窗端柱、芯柱的智能布置设计等，改善底层框架设计，增加配筋砌体小高层结构设计等。新的软件功能齐全、操作方便、流程清晰，将会以一个全新的面貌与广大用户见面。

9. 自主图形平台——［图形编辑打印和转换］模仿AUTOCAD的跨越发展

PKPM自主图形平台以前称为"MODIFY"，从08版起改名为"TCAD"。程序从界面、基本操作、编辑方式全面模仿AUTOCAD，使大量熟悉AUTOCAD用户可同样无障碍应用。"TCAD"同时可切换到原有PKPM操作模式以适应原有用户习惯。增加属性对话框编辑图素，改进图层管理。补充完善了过去与AUTOCAD存在差距的若干功能，如Pline、Hatch、UNDO、图块管理等。增加夹点编辑方式，完善了捕捉设置，完善了动态引导线机制。实现多文档管理。经过这次改动，从工程施工图应用方面，各项性能指标和稳定性都可与AUTOCAD媲美。

10. 三维建筑设计软件APM全面整合、日臻完善

各主要功能菜单间实现了在不退出程序的情况下的自由进出，操作流畅。全面改进了各种建筑构件的布置方式，并与08版结构程序风格一致。在轴线、任意类型阳台、台阶、檐口、墙体、门窗和柱的布置和绘制方式等方面，进行了数十项功能改进。在日照分析、节能设计等方面扩充了功能。全新制作了2003版国家建筑标准图集。

目　　录

前言

第一篇　PMCAD 2008

第一章　PMCAD 模型输入和荷载输入的改进 ·········· 2
　　第一节　新的 PMCAD 主菜单 ·········· 2
　　第二节　整合原 PM 主菜单 2 功能 ·········· 3
　　第三节　整合原 PM 主菜单 3 功能 ·········· 8
　　第四节　广义层 ·········· 18
　　第五节　楼层定义的改进 ·········· 23
　　第六节　楼层组装的改进 ·········· 36
　　第七节　其他改进及更新 ·········· 41
第二章　荷载校核 ·········· 44
　　第一节　荷载校核简介 ·········· 44
　　第二节　主要功能使用说明 ·········· 45
第三章　复杂空间结构建模程序 SpaS CAD ·········· 56
　　第一节　SpaS CAD 软件入口 ·········· 56
　　第二节　空间建模与平面建模 ·········· 58
　　第三节　空间网格线输入方法 ·········· 60
　　第四节　空间杆件布置 ·········· 61
　　第五节　空间墙板构件布置 ·········· 62
　　第六节　荷载布置 ·········· 63
　　第七节　显示控制 ·········· 65
　　第八节　文字查询 ·········· 67
　　第九节　层号指定 ·········· 71
　　第十节　和其他软件的有机结合 ·········· 71
　　第十一节　结构计算 ·········· 72
第四章　AutoCAD 平面图向建筑模型转化 ·········· 74
　　第一节　软件转换模型主要思路 ·········· 74
　　第二节　操作步骤说明 ·········· 76

第二篇　结构计算分析软件 SATWE、TAT、PMSAP 2008

第一章　SATWE 软件的改进 ·········· 92
第二章　TAT 软件的改进 ·········· 134

第三章　PMSAP 软件的改进 ……………………………………………… 147

第四章　PUSH&EPDA 软件的改进 ………………………………………… 179

第五章　SLABCAD 软件的改进 …………………………………………… 200

第三篇　结构设计施工图 2008

概述 …………………………………………………………………………… 214

第一章　结构施工图的通用菜单 …………………………………………… 216

　　第一节　简介 …………………………………………………………… 216

　　第二节　参数设置 ……………………………………………………… 218

　　第三节　施工图标注 …………………………………………………… 220

　　第四节　大样图 ………………………………………………………… 228

第二章　画结构平面施工图 ………………………………………………… 235

　　第一节　楼板计算和配筋参数 ………………………………………… 235

　　第二节　组合楼板（此部分内容仅限于钢结构模块） ………………… 251

　　第三节　技术条件 ……………………………………………………… 253

第三章　梁施工图 …………………………………………………………… 259

　　第一节　连续梁的生成与归并 ………………………………………… 260

　　第二节　自动配筋 ……………………………………………………… 269

　　第三节　正常使用极限状态验算 ……………………………………… 273

　　第四节　梁施工图的表示方式 ………………………………………… 277

　　第五节　钢筋修改与查询功能 ………………………………………… 283

第四章　柱施工图 …………………………………………………………… 289

　　第一节　柱钢筋的全楼归并与选筋 …………………………………… 290

　　第二节　柱施工图的多种绘制表示方式 ……………………………… 292

　　第三节　操作步骤说明 ………………………………………………… 296

　　第四节　执行的规范条文及技术条件 ………………………………… 301

第五章　剪力墙施工图 ……………………………………………………… 305

　　第一节　概述 …………………………………………………………… 305

　　第二节　08 版改进要点 ………………………………………………… 308

　　第三节　钢筋标准层 …………………………………………………… 308

　　第四节　墙内构件编辑 ………………………………………………… 310

　　第五节　工程设置 ……………………………………………………… 315

　　第六节　读计算结果 …………………………………………………… 319

　　第七节　图表 …………………………………………………………… 320

　　第八节　显示计算结果 ………………………………………………… 322

　　第九节　图形文件管理 ………………………………………………… 323

　　第十节　辅助功能 ……………………………………………………… 324

第四篇　基础设计 JCCAD 2008

概述 …………………………………………………………………………… 326

第一章　地质资料输入 ·· 327
第二章　基础人机交互输入 ·· 342
　　第一节　概述 ··· 342
　　第二节　主要改进 ·· 342
第三章　基础梁板弹性地基梁法计算 ·· 350
　　第一节　弹性地基板整体沉降 ··· 351
　　第二节　弹性地基梁结构计算 ··· 356
　　第三节　弹性地基板内力配筋计算 ······································ 363
　　第四节　弹性地基梁板计算结果查询 ··································· 367
第四章　桩筏筏板有限元计算 ··· 368
第五章　基础施工图 ··· 388
　　第一节　概述 ··· 388
　　第二节　基础平面图 ·· 390
　　第三节　基础梁平法施工图 ·· 391
　　第四节　基础详图 ·· 396
　　第五节　桩位平面图 ·· 398
　　第六节　筏板基础配筋施工图 ··· 399

第五篇　钢结构设计软件 2008

第一章　三维建模二维计算 ·· 410
　　第一节　适用范围和功能特点 ··· 410
　　第二节　技术条件 ·· 412
第二章　门式刚架三维设计 ·· 417
　　第一节　08 版改进要点 ·· 417
　　第二节　操作方法 ·· 418
第三章　PK 交互输入与优化计算 ·· 454
　　第一节　功能特点 ·· 454
　　第二节　改进要点 ·· 455
第四章　门式刚架二维设计 ·· 465
　　第一节　功能特点 ·· 465
　　第二节　改进要点 ·· 465
第五章　框架 ·· 470
　　第一节　概述 ··· 470
　　第二节　三维框架连接设计与施工图 ··································· 472
　　第三节　二维框架连接节点设计与施工图 ····························· 491
　　第四节　任意截面编辑器 ··· 496
第六章　桁架 ·· 507
　　第一节　功能与改进 ·· 507
　　第二节　桁架施工图 ·· 507
　　第三节　管桁架施工图 ·· 510

第七章　支架 ································· 516
　第一节　功能与改进 ························· 516
　第二节　支架施工图 ························· 516
第八章　框排架功能与改进 ··············· 519
第九章　工具箱 ··························· 521
　第一节　功能与改进 ························· 521
　第二节　檩条、墙梁、隅撑计算与施工图 ······· 521
　第三节　支撑计算与施工图 ··················· 526
　第四节　吊车梁计算与施工图 ················· 529
　第五节　节点连接计算与绘图工具 ············· 533
　第六节　钢梯施工图 ························· 535
　第七节　抗风柱计算与施工图 ················· 536
　第八节　蜂窝梁计算 ························· 537
　第九节　组合梁计算 ························· 538
　第十节　简支梁计算 ························· 538
　第十一节　基本构件计算 ····················· 539
　第十二节　连续梁计算 ······················· 541
　第十三节　吊车梁平面布置和安装节点图 ······· 542
　第十四节　选择吊车梁画施工详图 ············· 544
　第十五节　型钢库查询与修改 ················· 544
第十章　空间结构 ························· 547

第六篇　砌体结构辅助设计软件 QITI 2008

第一章　砌体结构辅助设计软件总体架构及主要功能 ··· 550
　第一节　改版的背景与目的 ··················· 550
　第二节　软件总体架构及功能 ················· 550
　第三节　软件特点及主要功能改进 ············· 555
第二章　砌体结构建模及导荷 ··············· 558
　第一节　专门的建模与设计信息输入 ··········· 558
　第二节　统一的结构信息数据 ················· 560
　第三节　统一的导荷模式与荷载信息 ··········· 561
　第四节　特殊砌体结构的建模问题 ············· 562
第三章　砌体信息及多层砌体结构计算 ······· 563
　第一节　功能及特点 ························· 563
　第二节　砌体结构信息输入及菜单操作 ········· 564
　第三节　构造柱、芯柱信息输入及编辑 ········· 569
　第四节　墙体抗震计算及结果 ················· 573
　第五节　墙体其他计算及结果 ················· 579
第四章　底框-抗震墙结构分析及设计 ········· 583
　第一节　功能及设计流程 ····················· 583

第二节　竖向荷载、风荷载及地震作用的处理和调整 ……………………… 584

第三节　底框-抗震墙侧移刚度计算 …………………………………………… 587

第四节　底框-抗震墙结构三维分析 …………………………………………… 590

第五节　底框及连续梁二维分析 ……………………………………………… 593

第五章　砌体结构详图设计 …………………………………………………… 597

第一节　主要功能 ……………………………………………………………… 597

第二节　主菜单操作 …………………………………………………………… 597

第三节　圈梁详图 ……………………………………………………………… 600

第四节　构造柱详图 …………………………………………………………… 605

第五节　节点芯柱详图 ………………………………………………………… 608

第六节　墙段芯柱详图 ………………………………………………………… 611

第七节　排块详图 ……………………………………………………………… 613

第六章　配筋砌块砌体结构分析及设计 …………………………………… 615

第一节　功能及流程 …………………………………………………………… 615

第二节　配筋砌块砌体结构建模 ……………………………………………… 615

第三节　配筋砌体信息与数据生成 …………………………………………… 618

第四节　结构三维分析及配筋砌体剪力墙设计 ……………………………… 620

第五节　边缘构件与芯柱设计 ………………………………………………… 624

第六节　配筋砌块芯柱详图设计 ……………………………………………… 627

第七章　砌体结构混凝土构件辅助设计 …………………………………… 628

第一节　雨篷、挑檐、阳台设计 ……………………………………………… 628

第二节　挑梁设计 ……………………………………………………………… 630

第三节　墙梁设计 ……………………………………………………………… 633

第四节　圆弧梁设计 …………………………………………………………… 635

第八章　混凝土基本构件改进说明 ………………………………………… 638

第七篇　图形编辑、打印和转换改进说明

第一章　图形编辑、打印和转换改进说明 ………………………………… 646

第一节　TCAD界面一览 ……………………………………………………… 646

第二节　创建图形对象 ………………………………………………………… 653

第三节　编辑图形对象 ………………………………………………………… 657

第四节　图层管理 ……………………………………………………………… 658

第五节　属性管理 ……………………………………………………………… 660

第六节　图形显示 ……………………………………………………………… 663

第七节　图块管理 ……………………………………………………………… 664

第八节　多文档管理 …………………………………………………………… 666

第九节　绘图环境设置 ………………………………………………………… 667

第十节　文字 …………………………………………………………………… 675

第十一节　打印输出 …………………………………………………………… 676

第十二节　与AutoCAD接口 ………………………………………………… 677

第十三节　专业功能 ·· 678

第十四节　其他改进 ·· 684

第十五节　与旧版兼容性 ·· 684

第八篇　三维建筑设计软件 APM 2008

第一章　三维建筑软件 APM 2008 全新功能介绍 ························ 688

第 一 篇

PMCAD 2008

第一章　PMCAD 模型输入和
荷载输入的改进

第一节　新的 PMCAD 主菜单

08 版 PMCAD 菜单界面如图 1.1-1 所示，内容改进有以下几方面：

（1）为达到统一界面、简化操作、提高程序稳定性等目的，08 版将原 05 版的 PMCAD 主菜单 2 "结构楼面布置信息" 与主菜单 3 "楼面荷载传导计算" 的所有功能整合入主菜单 1 "建筑模型与荷载输入" 中。

（2）去掉了 05 版主菜单 7 "统计工程量" 功能，相关功能由概预算程序 STAT 取代。

（3）将砌体结构设计功能剥离 PMCAD（包括 05 版的 "砖混节点大样" 和 "砌体结构抗震及其他计算" 程序），形成一套独立的砌体结构设计程序。

（4）将原先只包含在 "特种结构" 和 "钢结构" 主菜单内的 "复杂空间结构建模及分析"（即 SpaSCAD）程序加入 PMCAD 主菜单下。

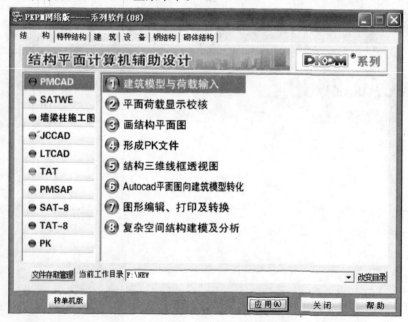

图 1.1-1　08 版 PMCAD 主菜单界面

08 版结构建模的改进主要是为了使程序适应更加复杂多变的结构形式。一方面，PM 主菜单 1 逐层建模方式功能大大扩充；另一方面，对于不易按层输入的更复杂、更任意的结构形式，可采用主菜单 8 的空间建模程序 SpaSCAD 建模。08 版对 SpaSCAD 操作方式做了大量改进。使之更加流畅与稳定。同时空间建模除了继承 05 版可接力 PMSAP 计算之外，增加了接力 SATWE 计算的功能，从而使适应复杂结构的空间建模方式更广泛地普及应用。

（5）PM 主菜单 1 建模数据可以直接导入 SpaSCAD，也就是说，空间建模可以接力平面逐层建模的模型，在其上接着完成复杂模型的输入。

（6）调整了部分菜单项的先后顺序。

第二节　整合原 PM 主菜单 2 功能

08 版中将 05 版的 PMCAD 主菜单 2——结构楼面布置程序取消，其功能整合入建筑模型与荷载输入程序中，具体改动如下：

一、楼板生成

楼板生成菜单位于程序右侧菜单→楼层定义下，包含了自动生成楼板、楼板错层设置、板厚设置、板洞设置、悬挑板布置、预制板布置功能。其中的生成楼板功能按本层信息中设置的板厚值自动生成各房间楼板，同时产生了由主梁和墙围成的各房间信息。本菜单其他功能除悬挑板外，都要按房间进行操作。操作时，鼠标移动到某一房间时，其楼板边缘将以亮黄色勾勒出来，方便确定操作对象。

打开此菜单后，结构平面图形上会以灰色显示出楼板边缘，并在房间中部显示出楼板厚度。为了不影响楼层布置的效率，楼板边线和楼板厚度仅在打开"楼板生成"菜单状态下才能显示。三维状态下则以半透明方式显示出楼板及其开洞，效果如图 1.1-2 所示。

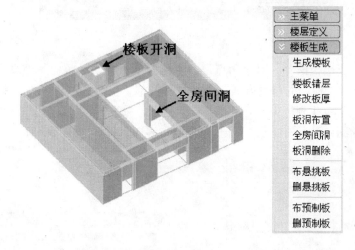

图 1.1-2　三维状态下显示楼板及其开洞

（1）生成楼板：运行此命令可自动生成本标准层结构布置后的各房间楼板，板厚默认取"本层信息"菜单中设置的板厚值，也可通过修改板厚命令进行修改。生成楼板后，如果修改"本层信息"中的板厚，没有进行过手工调整的房间的板厚将自动按照新的板厚取值。

如果生成过楼板后改动了模型，此时再次执行生成楼板命令，程序可以识别出角点没有变化的楼板，并自动保留原有的板厚信息，对新的房间将按照"本层信息"菜单中设置的板厚取值。

布置预制板时，同样需要用到此功能生成的房间信息，因此要先运行一次生成楼板命令，再在生成好的楼板上进行布置。

（2）楼板错层：运行此命令后，每块楼板上标出其错层值，并弹出错层参数输入窗口，输入错层高度后，此时选中需要修改的楼板即可，效果如图 1.1-3 所示。

图 1.1-3　楼板错层

多次执行生成楼板命令，对于角点没有变化的房间楼板自动保留错层信息。

（3）修改板厚："生成楼板"功能自动按"本层信息"中的板厚值设置板厚，可以通过此项命令进行修改。运行此命令后，每块楼板上标出其目前板厚，并弹出板厚的输入窗口，输入后在图形上选中需要修改的房间楼板即可，效果如图 1.1-4 所示。

图 1.1-4　修改板厚

多次执行生成楼板命令，对于角点没有变化的楼板自动保留板厚信息。

（4）板洞布置：板洞的布置方式与一般构件类似，需要先进行洞口形状的定义，然后再将定义好的板洞布置到楼板上，如图 1.1-5 所示。

目前支持的洞口形状有矩形、圆形和自定义多边形，如图 1.1-6 所示。

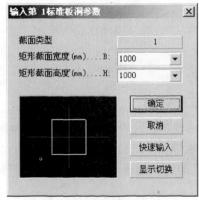

图 1.1-5　板洞形状定义对话框

图 1.1-6　板洞定义列表对话框

进行此项操作时要注意的是：

① 洞口布置时的参照物不是房间，而是节点，即布置过程中鼠标捕捉的是房间周围

的节点而非房间或楼板本身。

　　② 洞口的偏心是洞口的插入点与布置节点的相对距离；洞口的转角是洞口图形相对于其布置节点水平向的转角；有转角时，此处设置的偏心值是指洞口插入点在旋转后的局部坐标系（X′OY′）中相对于原点的偏移，如图 1.1-7 所示。

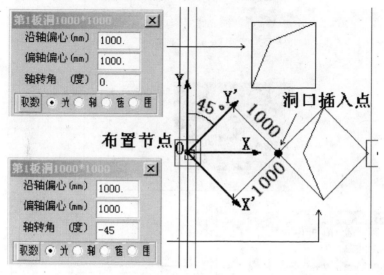

图 1.1-7　板洞布置中偏心转角的含义

此处设置的偏心值是指：洞口插入点在旋转后的局部坐标系（X′OY′）中相对于原点的偏移

　　③ 矩形洞口插入点为左下角点，圆形洞口插入点为圆心，自定义多边形的插入点在画多边形后人工指定。

　　(5) 全房间洞：将指定房间全部设置为开洞。当某房间设置了全房间洞时，该房间楼板上布置的其他洞口将不再显示。全房间开洞时，相当于该房间无楼板，亦无楼面恒活。若建模时不需在该房间布置楼板，却要保留该房间楼面恒活荷载时，可通过将该房间板厚设置为 0 解决。

　　(6) 板洞删除：删除所选的楼板开洞。

　　(7) 布悬挑板：08 版中的悬挑板布置相对于 05 版做了一些变动，具体操作要点如下：

　　① 悬挑板的布置方式与一般构件类似，需要先进行悬挑板形状的定义，然后再将定义好的悬挑板布置到楼面上。

　　② 悬挑板的类型定义：程序支持输入矩形悬挑板和自定义多边形悬挑板。在悬挑板定义中，增加了悬挑板宽度参数，输入 0 时取布置的网格宽度（如图 1.1-8 所示）。

　　③ 悬挑板的挑出方向：悬挑板的布置依赖于网格线。使用光标和轴线方式单独布置悬挑板时，悬挑板挑出方向为光标靶心相对网格线的一侧；使用窗口、围栏方式布置时，悬挑板挑出方向根据布置参数中的"挑出方向（＋1 或－1）"确定。注意，软件在此处的判断原则是：对于完全垂直的网格线（网格两端点 x 坐标差值＜5mm 时，程序作为垂直网格线处理），左侧为正，右侧为负；否则上方为正，下方为负。

　　④ 悬挑板的定位距离：对于在定义中指定了宽度的悬挑板，可以在此输入相对于网格线两端的定位距离。

　　⑤ 悬挑板的顶部标高：可以指定悬挑板顶部相对于楼面的高差。

⑥一道网格只能布置一个悬挑板。

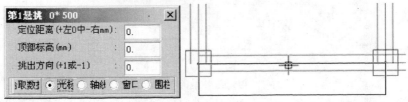

图 1.1-8   布悬挑板

（8）删悬挑板：删除所选的悬挑板。

（9）布预制板：08 版中预制板的布置方式除了横放/竖放的确定方式以外，基本与 05 版一致，要点如下：

① 需要先运行"生成楼板"命令，在房间上生成现浇板信息。

② 自动布板方式：输入预制板宽度（每间可有 2 种宽度）、板缝的最大宽度限制与最小宽度限制。由程序自动选择板的数量、板缝，并将剩余部分作成现浇带放在最右或最上。如图 1.1-9 所示。

图 1.1-9   自动布板方式

③ 指定布板方式：由用户指定本房间中楼板的宽度和数量、板缝宽度、现浇带所在位置。注意，只能指定一块现浇带。如图 1.1-10 所示。

图 1.1-10 指定布板方式

④ 每个房间中预制板可有 2 种宽度，在自动布板方式下程序以最小现浇带为目标对 2 种板的数量做优化选择。

⑤ 预制板的方向：确定布置后鼠标光标停留的房间上会以高亮显示出预制板的宽度和布置方向，此时按键盘 Tab 键可以进行布置方向的切换，效果较为直观，如图 1.1-11 所示。

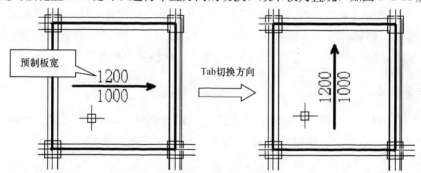

图 1.1-11 预制板布置方向切换

（10）删预制板：删除指定房间内布置的预制板，并以之前的现浇板替换。

二、材料强度

材料强度初设值可在"本层信息"内设置，而对于与初设值强度等级不同的构件，则可用本菜单提供的"材料强度"命令进行赋值。

菜单位置及对话框如图 1.1-12 所示。

该命令目前支持的内容包括修改墙、梁、柱、斜杆、楼板、悬挑板、圈梁的混凝土强度等级和修改柱、梁、斜杆的钢号。注意，如果构件定义中指定了材料是混凝土，则无法指定这个构件的钢号，反之亦然。对于型钢混凝土构件，二者都可指定。

另外，当选中了"构件材料设置"对话框构件类型列表中的一类构件时，图形上将标出所有该类构件的材料强度，效果如图 1.1-13 所示。

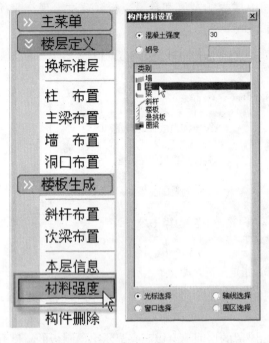

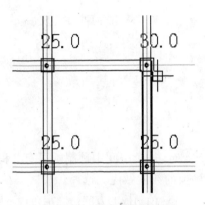

图 1.1-12　菜单位置及对话框　　　　　　　图 1.1-13　构件材料强度

在 PKPM 的 SATWE、TAT 等模块中，将首先读取建模中定义的材料强度信息，但也可以重新指定材料强度。08 版程序可让 SATWE、TAT 中定义的材料强度信息与 PM 建模相通，即在建模中也可以看到 SATWE、TAT 材料定义的结果。

三、圈梁布置

08 版中仅在使用砌体结构建模程序（图 1.1-14）时才可以布置圈梁，此时屏幕右侧主菜单→楼层定义菜单下会出现圈梁布置选项，其布置方式与主梁完全一致。目前圈梁的截面有矩形、L 形、槽形、T 形这 4 类截面。

图 1.1-14　砌体结构建模程序

第三节　整合原 PM 主菜单 3 功能

08 版中将 05 版的 PMCAD 主菜单 3——楼面荷载传导程序取消，其功能整合入建筑模型与荷载输入程序中，从而实现了模型与所有荷载输入的整合，包括房间恒活的修改、次梁荷载的输入、楼面荷载导算方式的设置、调屈服线、吊车荷载设置和人防荷载设置功能。建模存盘退出时可以进行荷载的传导计算。

该项整合使得08版程序提供的工程拼装功能可以拼装完整的荷载信息。用05版拼装两工程时，拼装的工程中不包括各自的楼面荷载和次梁荷载，需要在拼装后重新输入模型的楼面荷载和次梁荷载，而新的工程拼装功能则可以省略此步操作。

另外，08版中取消了05版"荷载标准层"的概念，只保留结构标准层概念，因此只有结构布置与荷载布置都相同的楼层才能成为同一结构标准层。

本菜单各项改进具体内容如下：

一、楼面恒活荷载设置

08版中楼面恒活荷载值按建模中的标准层一一对应记录（05版中按荷载标准层记录，在楼层组装时组装荷载标准层），即需要使用"主菜单→荷载输入→恒活设置"命令（位置见图1.1-15）为每个标准层指定楼面恒活的统一值。

图1.1-15　恒活设置

恒活设置对话框如图1.1-16所示，包含的设置内容有：

（1）活荷载单独做一工况计算：含义等同05版"是否计算活荷载"开关。程序默认打开此开关。

（2）自动计算现浇板自重：含义同05版。选中该项后程序可以根据楼层各房间楼板的厚度，折合成该房间的均布面荷载，并将其叠加到该房间的面恒载值中。若选中该项，则输入的楼面恒载值中不应该再包含楼板自重。

（3）考虑活荷载折减：新增选项，含义同05版PM主菜单3—楼面荷载传导计算中的考虑活荷载折减功能。

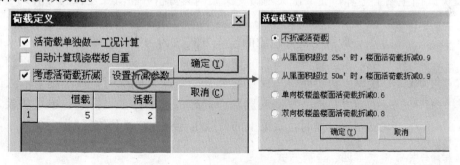

图1.1-16　恒活设置对话框

当选择考虑楼面活荷载折减时，应点击对话框上"设置折减参数按钮"，弹出图1.1-16所示的活荷载设置对话框，此处用户应选择第2～第5项之一。这是荷载规范中楼面活荷载导算到梁上的各种折减方式，可参见荷载规范GB 50009—2001第4.1.2条。考虑楼面活荷载折减后，导算出的主梁活荷载均已进行了折减，可在PMCAD菜单2"平面荷载显示校核"中查看结果，在后面所有菜单中的梁活载均使用此折减后的结果。另外需注意，程序对导算至墙上的活荷载没有进行折减。另外，这里的折减和后续SATWE等三维计算、基础荷载导算时考虑楼层数的活荷载折减是可以同时进行的，即——如果此处选择了某种活荷载折减，在后续 SATWE 等三维计算时又选择了某种活荷载折减，则活荷载被折减了两次。

（4）该标准层楼面恒、活荷载统一值。

二、修改房间恒、活荷载

该功能用于根据生成的房间信息进行楼面恒、活荷载的局部修改。

（1）使用此功能前，必须用"生成楼板"命令形成过一次房间和楼板信息。

（2）如图 1.1-17 所示，点击楼面恒载命令后，该标准层所有房间的恒载值将在图形上显示，此时可在弹出的"修改恒载"对话框中可以输入需要修改的恒载值，再在模型上选择需要修改的房间即可。活载的修改方式也相同。

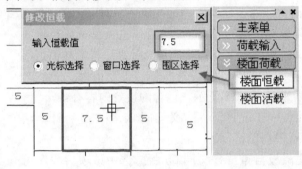

图 1.1-17   修改房间恒活荷载

三、次梁荷载输入

本功能可供输入一级次梁及交叉次梁上的附加荷载。程序将自动把一级次梁荷载按两端简支方式向主梁上导算，交叉次梁则做交叉梁内力分析并将其支座反力导算到主梁、墙支座上。

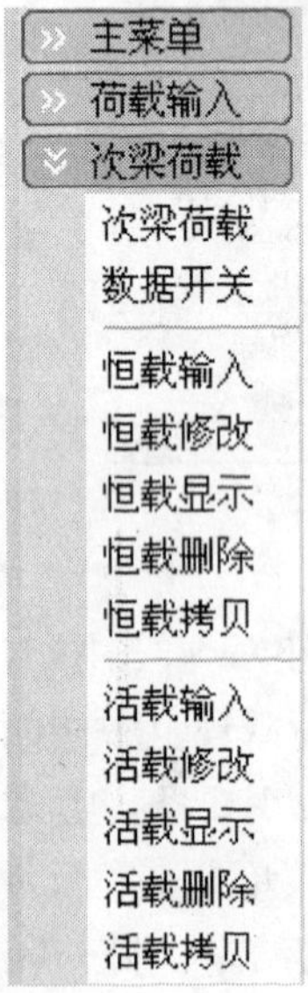

08 版中次梁荷载的输入方式改为与主梁、墙相同，先定义荷载类型，再进行恒活荷载的输入，如图 1.1-18 所示。此改进可以使荷载与次梁直接关联，当次梁被移动、复制和删除时，该次梁上输入的荷载也随之移动、复制和删除。同理，当进行工程拼装、单层拼装、层间复制等操作时，次梁上的荷载也会一并被拼装或复制。

四、导荷方式

本功能用于修改程序自动设定的楼面荷载传导方向。

运行导荷方式命令后，程序弹出图 1.1-19 所示对话框，选择其中一种导荷方式，即可向目标房间进行布置。其中：

（1）对边传导方式：只将荷载向房间二对边传导，在矩形房间上铺预制板时，程序按板的布置方向自动取用这种荷载传导方式。使用这种方式时，需指定房间某边为受力边。

图 1.1-18   次梁荷载输入

（2）梯形三角形传导方式：对现浇混凝土楼板且房间为矩形的情况下程序采用这种方式。

（3）沿周边布置方式：将房间内的总荷载沿房间周长等分成均布荷载布置，对于非矩形房间程序选用这种传导方式。使用这种方式时，可以指定房间的某些边为不受力边。

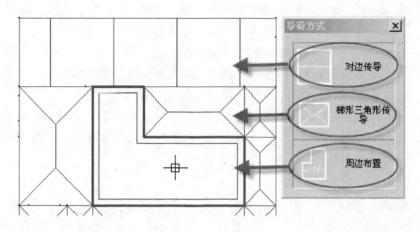

图 1.1-19　导荷方式

（4）对于全房间开洞的情况，程序自动将其面荷载值设置为 0。

五、调屈服线

调屈服线功能，主要针对按梯形三角形方式导算的房间，当需要对屈服线角度特殊设定时使用。程序缺省的屈服线角度为 45°。通过调整屈服线角度，可实现房间两边、三边受力等状态，如图 1.1-20 所示。

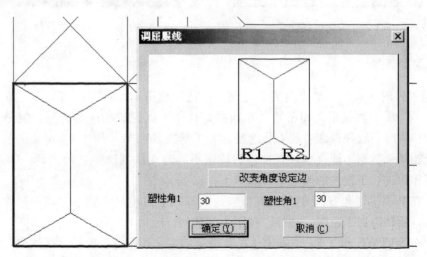

图 1.1-20　调屈服线

六、人防荷载

08 版中将原先在后续各模块中的人防荷载定义前移到建模中，从而使后续各模块统一读取此处的定义。如 05 版在 SATWE 中定义人防荷载，08 版取消 SATWE 中人防荷载定义，而改为读取此处定义的数值。

图 1.1-21　人防荷载
功能菜单

该功能菜单位置如图 1.1-21 所示。

（1）荷载设置：用于为本标准层所有房间设置统一的人防等效荷载。界面如图 1.1-22 所示。当更改了"人防设计等级"时，顶板人防等效荷载自动给出该人防等级的等效荷载值。

（2）荷载修改：使用该功能可以修改局部房间的人防荷载值。运行命令后在弹出的"修改人防"对话框中输入人防荷载值并选取所需的房间即可，如图 1.1-23 所示。

注意，人防荷载只能在±0 以下的楼层上输入，否则可能造成计算的错误。当在±0 以上输入了人防荷载时，程序退出时的模型缺陷检查环节将会给出警告。

图 1.1-22　人防荷载设置

图 1.1-23　人防荷载修改

七、吊车荷载

05 版软件对于采用三维建模的工业建筑，在计算吊车作用时，可以在三维分析软件 SATWE、TAT 中直接定义和布置吊车荷载，软件可以完成相应的计算，但是在吊车荷载定义和作用时，软件存在一些不足之处。为了解决 SATWE 和 TAT 定义的吊车荷载数据不完全相同，数据不能共享，在抽柱、柱距不等时无法准确定义等问题，08 版软件对吊车荷载作用进行了较大的改进，特点如下：

（1）在 PMCAD 和 STS 的三维模型与荷载输入中由用户布置吊车，由软件自动生成吊车荷载，准确考虑了边跨、抽柱、柱距不等这些情况；

（2）在 SATWE 和 TAT 中取消了吊车荷载的定义和布置，而是直接读取三维建模程序生成的吊车荷载，实现数据共享，对于是否抽柱吊车荷载都可以计算。

关于吊车布置和吊车荷载生成，在 PMCAD 和 STS 的三维模型与荷载输入中的使用方法完全相同。下面以 STS 为例说明具体操作方法。

首先，选择要布置吊车的标准层，进入荷载输入菜单，出现如图 1.1-24 所示界面，其中有一项为吊车荷载。

吊车荷载输入的功能菜单如图 1.1-25。使用方法是输入工程中用到的吊车资料，定义吊车工作区域的参数，然后选择吊车工作区域进行吊车布置，对于布置结果可以进行修

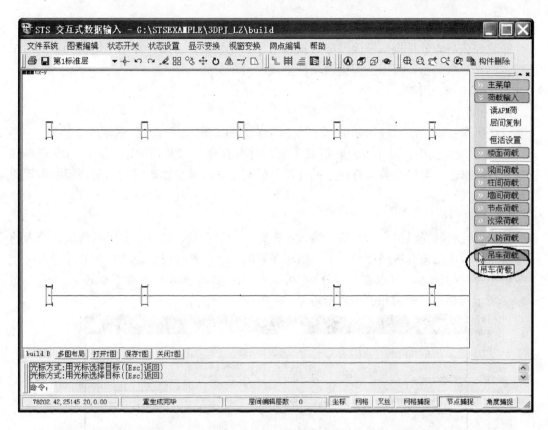

图 1.1-24　荷载输入界面

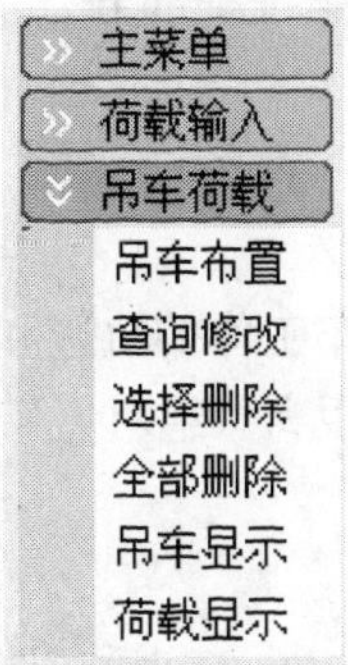

图 1.1-25　吊车荷载
输入菜单

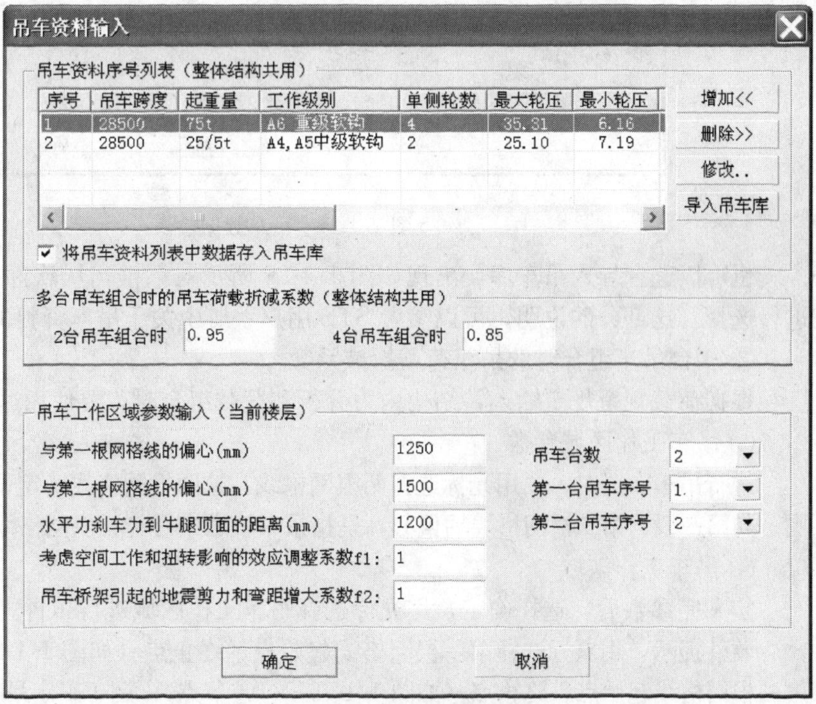

图 1.1-26　吊车资料输入

改、删除、显示查看。

布置完成后，软件根据平面网格数据和吊车布置数据，自动计算用于结构计算的吊车荷载。选择荷载显示，可以立即查看软件生成的吊车荷载。

各菜单功能介绍如下：

（1）吊车布置

点击吊车布置菜单，显示如图 1.1-26 所示对话框，定义吊车工作区域的参数。

图 1.1-26 数据中，吊车资料和折减系数，对所有楼层都共用的；因此，吊车资料和折减系数的修改，会影响到所有楼层的计算。吊车工作区域参数，只对当前楼层要布置的区域有效。

① 吊车资料

根据设计资料提供的吊车参数，输入吊车跨度、起重量、轮压、轮距等资料。输入的吊车资料显示在吊车资料序号列表中，吊车布置时，直接选择已经定义吊车的序号即可。

吊车资料的输入，可以在图 1.1-26 所示对话框中，选择增加或者修改，出现如图 1.1-27 所示对话框，输入相关参数即可。

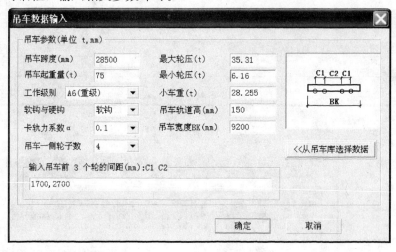

图 1.1-27　吊车数据输入

也可以选择导入吊车库，出现如图 1.1-28 所示对话框，从软件提供的吊车资料库中进行选择。这部分的说明，可以参考 STS 用户手册中关于吊车资料的数据维护部分。

② 多台吊车组合时的吊车荷载折减系数

根据荷载规范规定输入，结构内力分析和荷载组合时，要使用这两个系数。

③ 吊车工作区域参数

进行吊车布置时，要用光标选择两根网格线，这两根网格线确定了吊车工作的轨迹和范围。与第一根、第二根网格线的偏心，是指吊车轨道中心与相应网格线的距离（绝对值）。

④ 吊车工作区域

定义完参数后，选择确定，用光标选择吊车工作区域进行布置。

软件提示：用鼠标选择第一根网格线起始点、终止点（如图 1.1-29①、②节点）；选择第二根网格线起始点、终止点（如图 1.1-29③、④节点）；用于确定吊车工作的轨迹和范围。

选择吊车工作区域的要求和特点：

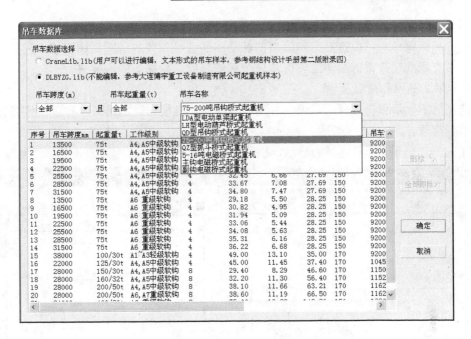

图 1.1-28　吊车数据库

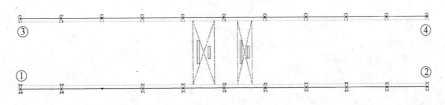

图 1.1-29　吊车工作区域选择

A. 所选网格线所在直线和吊车梁是平行的。

B. 所选网格线的起始点、终止点必须是有柱节点，一般吊车运行的边界也是有柱的。

C. 所选网格线的 4 个端点，必须围成一个矩形，否则软件会提示为无效区域（如图 1.1-30 所示）。

D. 选择网格线的顺序、选择端点的顺序，软件没有规定，可以任意选择，软件自动排序，对计算结果没有影响。

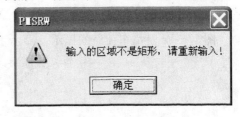

图 1.1-30　无效区域提示

E. 当修改了平面布置后（例如删除了工作区域内的柱或者修改柱截面等操作），如果吊车工作区域的 4 个端点仍然布置了柱而且坐标不变，该区域的吊车布置仍然保留，不需要重新布置。否则，软件会自动删除该布置区域。

（2）查询修改

选择查询修改菜单，可以选择已经布置的吊车工作区域内任意一点，软件出现该区域的吊车布置参数，可以对这些参数进行查询和修改。

（3）选择删除

选择"选择删除"菜单，可以选择已经布置的吊车工作区域内任意一点，删除该区域。

（4）全部删除

全部删除菜单，可以选择是删除当前标准层的已经布置的吊车工作区域，还是删除整个结构所有标准层布置的吊车工作区域。全部删除后，数据不能恢复。

（5）吊车显示和荷载显示

选择吊车显示和荷载显示，可以分别显示当前标准层布置的吊车工作区域或者计算产生的吊车荷载。

图 1.1-31 是吊车布置区域的显示，显示了各区域布置的吊车起重量，吊车跨度等信息。

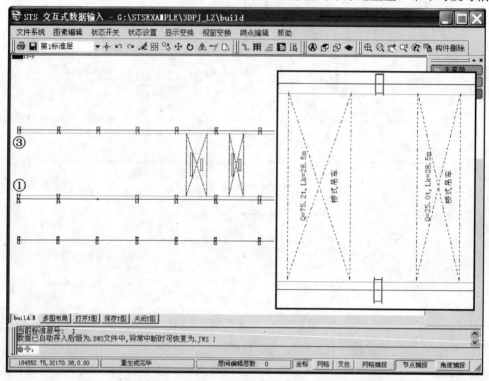

图 1.1-31   吊车布置区域的显示

图 1.1-32 是吊车荷载的显示，显示了结构计算时采用的吊车荷载。

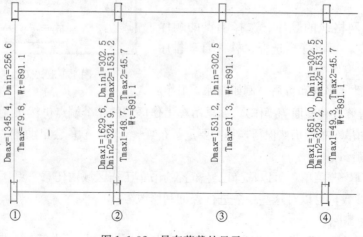

图 1.1-32   吊车荷载的显示

从图 1.1-32 显示的数据可以看出，软件自动根据平面网格和吊车布置数据，搜索各柱之间梁的跨度，按照简支梁影响线计算作用在各轴线上的吊车荷载，准确考虑了边跨、抽柱跨、柱距不等这些情况。图 1.1-32 中轴线①、③的吊车荷载为一般吊车荷载，轴线②、④的吊车荷载为抽柱吊车荷载。以轴线②作用的吊车荷载为例，图示数字含义如表1.1-1 所示：

轴线②作用的吊车荷载含义　　　　　　　　　　　　表 1.1-1

吊车工况	对轴线②下柱作用	对轴线②上柱作用
（1）最大轮压作用在下柱所在网格线时	最大轮压作用为 $Dmax1=1629.6kN$	最小轮压作用为 $Dmin1=302.5kN$
（2）最大轮压作用在上柱所在网格线时	最小轮压作用为 $Dmin2=324.9kN$	最大轮压作用为 $Dmax2=1531.2kN$
（3）横向刹车时	横向水平荷载为 $Tmax1=48.7kN$	横向水平荷载为 $Tmax2=45.7kN$
（4）纵向刹车时	软件自动按照吊车刹车轮数乘以最大轮压的 10%作用（图 1.1-32 中没有显示）	

在 SATWE、TAT 软件中将自动读取建模程序中的各标准层吊车布置数据和吊车荷载数据，进行内力分析和荷载组合。

八、荷载导算

08 版 PM 荷载的导算过程在本程序存盘退出时执行，若退出时选择存盘退出，则会弹出如图 1.1-33 所示对话框。若选中了后两项"楼面荷载倒算"和"竖向导荷"，则程序会完成相对应的荷载导算功能。其中"楼面荷载倒算"将楼面恒活导算至周围的梁、墙等构件上；"竖向导荷"则相当于 05 版 PM3"楼面荷载传导计算"程序退出时的"生成各层荷载传到基础的数据"选项完成的功能，将从上至下的各层恒载、活载（包括结构自重）作传导计算，生成一个基础各模块可接口的 PM 恒活荷载。

在 08 版程序中，此导荷结果也被砌体结构设计程序使用，因此砌体结构设计的后续菜单执行前必须先执行此步导算操作。

图 1.1-33　荷载导算

九、竖向导荷算法改进

（1）柱、墙自重计算时考虑了其顶、底标高，根据其实际的高度进行计算。

（2）在 PKPM.ini 文件（该文件位于 [PKPM 安装目录/CFG] 下）中增加一项开关，可以控制墙体自重对两端柱的扣减，这种扣减计算多用于砌体结构。具体内容如下：

> [PM 控制参数]
> PM 竖向荷载导算时，墙自重的计算是否扣相交的柱——0、1；
> 墙自重扣柱＝0

第四节　广　义　层

一、广义层的含义

广义层概念的引入，是 08 版结构设计程序相对于原先所有版本的一个重要改进。在原先的 PM 建模中，楼层组装时已经将楼层的上下顺序固定了下来，意即楼层组装时必须按从低到高的顺序进行串联的组装。这种组装方式是 PM 一贯以来的特色，很易于理解和应用，也在广泛的应用中证实了其实用性和易用性。但是随着建筑形式日趋复杂，在 PK-PM 的使用过程中时常发现对于诸如不对称的多塔结构、连体结构或者楼层概念不是很明确的体育场馆、工业厂房等建筑形式，程序的处理方式并不理想。引入广义层概念，就是为了改进原先的楼层组装方式，从而使 PMCAD 建模程序能够更好地适应各种建筑形式。

广义层方式的实现，是通过在楼层组装时为每一个楼层增加一个"层底标高"参数来完成的，这个标高是一个绝对值，对于一个工程来说所有楼层的底标高只能有一个惟一的参照（比如±0）。有了这个底标高以后，本模型中每个楼层在空间上的位置已经完全确定，程序将不再需要依赖楼层组装的顺序去判断楼层的高低，而改为通过楼层的绝对位置进行模型的整体组装。

进一步说，每个层可能不再仅仅和惟一的上层或惟一的下层相连（在 05 版的程序中是这样的），而可能上接多层或者下接多层。甚至通过设置柱、墙、斜梁、斜杆等构件的上延或下延，也可以使层与层之间相接。楼层的组装得到了程度较高的自由化，即称为广义层。

二、广义层的应用

广义层概念有两种应用方式。

（1）使用层底标高控制楼层的组装。

该方式较适用于多塔、连体结构的建模。每个塔上的楼层可以建立独立的一系列标准层，在楼层组装时输入每层的高度和底标高即可。图 1.1-34 模型仅由 3 个标准层构成。其组装效果如图 1.1-34 所示（图中括弧内的数字为各层组装的顺序号，也是在广义楼层方式下各楼层的层号）：

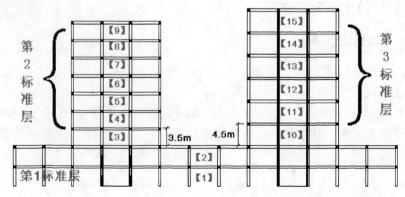

图 1.1-34　组装效果

该模型的楼层表如图 1.1-35 所示：

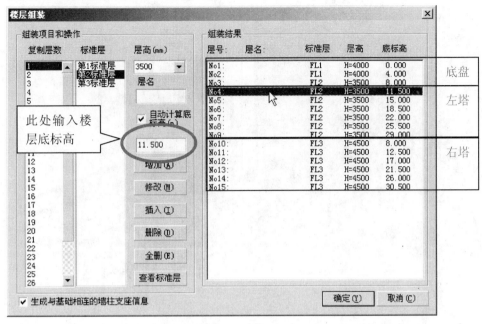

图 1.1-35　楼层表

上两图中可以看到，使用广义层的方式，通过为第 2、3 标准层对应的各楼层指定底标高，很简单地实现了两个层高不同的塔落在底盘上的情况，但使用时应注意尽量保持层底标高数值的准确性。

用三维方式观察该模型的组装情况如图 1.1-36 所示：

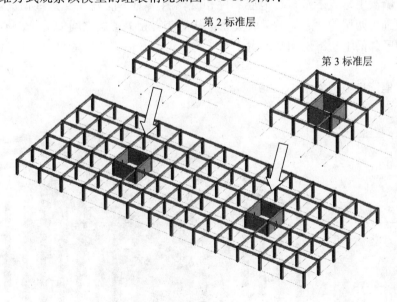

图 1.1-36　该模型的组装情况（三维方式）

整楼模型效果如图 1.1-37 所示：

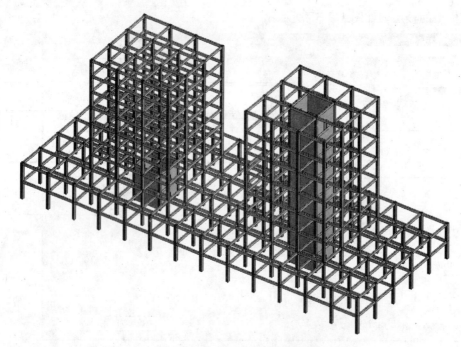

图 1.1-37　广义层方式的多塔结构整楼模型效果

（2）通过修改构件标高使不同层间发生关联关系。

设置柱底，墙顶、底标高是 08 版新增功能。在柱、墙布置参数的对话框内，可以看到新增的参数设置，如图 1.1-38 所示。若需要对柱顶、墙顶进行抬高，则可以使用"节点抬高"命令达到此效果。

对于柱、墙被上延或下延与其他层构件相交，斜梁与下层柱相交这些情况，08 版程序可以直接识别出两层构件之间的关联关系，从而获得相关楼层之间的关系，不再限于本层构件只能和紧邻的上、下层相交。对于一些特殊情况，使用该功能可以使建模过程更为自然和直观。

例如框排架厂房模型如图 1.1-39 所示：

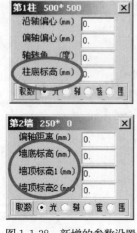

图 1.1-38　新增的参数设置

图 1.1-39　框排架厂房模型

其实际的楼层布置如图1.1-40所示：

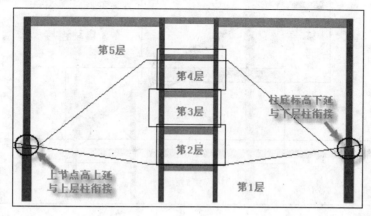

图1.1-40 厂房模型的实际楼层布置

此处可见，通过建模中在第1层两边的排架柱设置节点抬高，在第5层两边的柱设置柱底标高，从而使两层柱在空间上建立了相连关系。此时，第1层有的柱（中间两根）和第2层柱相连接，有的柱（两边两根）和第5层柱相连接，因此，08版的柱、墙、梁杆件不再限于仅和相邻的楼层相接。同时，可以看到引入了广义层后，建立此模型不用再将长柱分层打断，简化了建模步骤，也使得模型更为简洁。

类似地，建模中某层斜梁需要与下层柱相连时，也可以直接通过构件端部标高相接的方式建模。对于坡屋顶和体育场看台斜梁模型，都可以使用该方式建立，如图1.1-41所示看台模型：

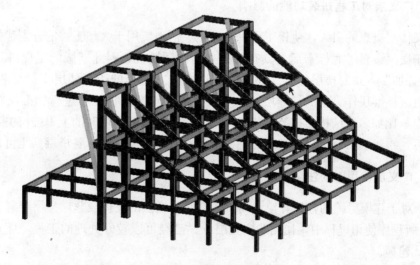

图1.1-41 看台模型

其实际楼层布置如图1.1-42所示。可见3层的斜梁直接与2层梁相接，2层斜梁直接与1层柱相接（1层的柱顶设置了抬高）。不用再在两层间设置短柱相连。

三、非广义层方式的楼层组装

对于最常规的结构模型可能不需要用到广义层的方式去建立，使用原先的从下到上的

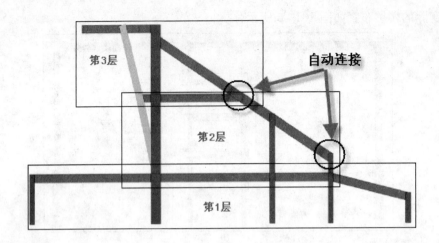

图 1.1-42   看台模型的实际楼层布置

组装方式即可完成建模，如果此时仍需要手工输入每层底标高的话，则程序便捷性反而下降。因此 08 版中随着层底标高参数的加入，也随之增加了"自动计算底标高"的功能。若在楼层组装对话框中选中了"自动计算底标高"开关，则新加楼层会根据其上一层（此处所说的上一层，指"组装结果"列表中鼠标选中的那一层，可在使用过程中选取不同的楼层作为新加楼层的基准层）的底标高加上上一层层高获得一个默认的底标高数值，对于非广义层模型的方式，一直按顺序添加楼层，即可达到 05 版程序的效果。无论是否广义层，灵活运用此功能，都可以节省一些人工计算，也避免此过程中产生的错误。

四、广义层对工程拼装功能的影响

广义楼层概念的引入，使得工程拼装能更灵活地应用于大型工程的分别建模再统一组装。由于楼层设置了底标高后，具有了独立的空间属性，因此新版的工程拼装得以实现"楼层表叠加"方式的楼层组装。亦即可以直接将 B 工程的指定楼层直接拼装到 A 工程中，其对应标准层作为新的标准层加入 A 工程，不必再对两工程进行标准层合并一类繁琐的操作。比如多塔结构的拼装，每一个塔的楼层保持其分塔时的上下楼层关系，组装完某一塔后，再组装另一个塔，各塔之间的顺序是一种串联方式，各塔层高也可以不同。

五、广义层使用时的注意事项

（1）对于建模后续的各计算模块而言，广义层模型的处理较非广义层要复杂，因此建议在 08 版程序使用过程中，使用非广义层方式已经可以较好处理的工程，优先使用非广义层方式建模。

（2）08 版中对于广义楼层之间的连接关系，只识别上下关系。对于本来楼层在同一平面上相接，用户却把它当作不同的标准层来输入的情况，程序不能将这两层判断为相接在一起的楼层。

（3）广义层下的楼层组装顺序，仍应遵循从下而上的原则，跳跃只限于在每塔组装完成后到组装另一塔之间，或塔和连体组装之间，以方便后续各模块分析时的各种参数的统计和计算结果的查阅。

（4）当斜坡梁下端需与下层梁或墙相连时，其下层梁或墙的连接处必须有节点，如果没有相应的连接节点，需要人工在下层梁或墙中间增加节点，以保证其与上层梁的连接。

（5）当两横向斜坡梁下端与下层的纵向梁或墙垂直相连，并且需要形成斜的房间即斜板房间时，应在上层斜坡梁的下端部同时输入可能与下层梁重叠的封口梁，封口梁的截面应与下层纵向梁相同。如果下层纵向是墙，则封口梁可按 100×100 的虚梁输入。主要原因是需要用封口梁形成斜房间，从而将斜房间的荷载向周边传递。

第五节　楼层定义的改进

一、新增柱/斜杆截面类型

（1）08 版中新增了 5 类型钢混凝土柱截面类型，如图 1.1-43 所示：

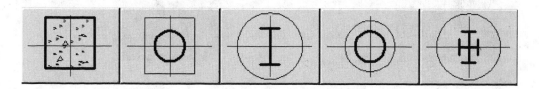

图 1.1-43　新增的型钢混凝土柱截面类型

该 5 类截面的参数定义分别如图 1.1-44～图 1.1-48 所示：

图 1.1-44　方钢混凝土截面

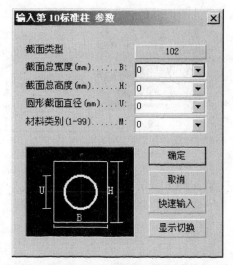

图 1.1-45　矩形柱内圆钢管

图 1.1-46　圆形柱内工字型钢

图 1.1-48　圆形柱内圆钢管

图 1.1-47　圆形柱内十字工型钢

（2）08 版中斜杆的截面类型扩充为与柱截面完全一致，适应斜柱的建模。

（3）L 形截面和 T 形截面的布置时的插入点为翼缘和腹板中心线的交点（槽形截面和十字形截面的插入点在截面高度一半处），因此使用 L 形、T 形截面进行输入时，较按槽形和十字形等截面输入可以省去偏心的计算。

二、组合截面和任意截面的定义与布置

1. 实腹式、格构式、薄壁型钢组合截面

在 08 版钢结构框架"三维建模与荷载输入"中的柱、支撑截面定义中新增实腹式、格构式组合、薄壁型钢及薄壁型钢组合截面，梁截面定义中增加薄壁型钢及薄壁型钢组合截面，如图 1.1-49 所示。

实腹组合截面定义可以定义的截面形式如图 1.1-50 所示。

图 1.1-50 中所有的工形型钢截面可以指定为普通工字钢、国标 H 型钢、欧洲标准 H 型钢、日本标准 H 型钢、美国标准 H 型钢，最后一个圆管与单板的组合截面，圆管可以为空钢管或填充混凝土。图 1.1-51 为实腹式组合截面定义对话框；

格构式组合截面定义可以定义的截面形式如图 1.1-52 所示：

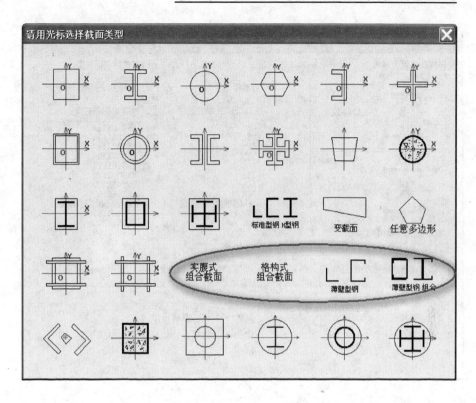

图 1.1-49　新增截面形式

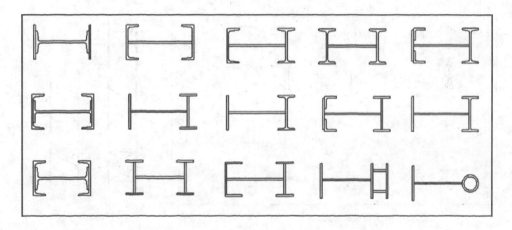

图 1.1-50　实腹组合截面定义可以定义的截面形式

图 1.1-52 中所有的工形型钢截面也可以指定为普通工字钢或各类 H 型钢，圆管都可以为空钢管或填充混凝土。缀材的截面可以为缀板、角钢、槽钢、剖分 T 型钢，缀材可以设置二级缀条，缀材的钢号也可以不同于柱肢单独指定。格构式截面定义先定义分肢截面，选择"下一步"再弹出缀材截面定义对话框。图 1.1-53、图 1.1-54 为格构式组合截面定义对话框：

薄壁型钢及薄壁型钢组合截面定义可以定义的截面形式如图 1.1-55 所示。

图 1.1-56 为布置有实腹、格构组合截面框排架模型的三维显示。

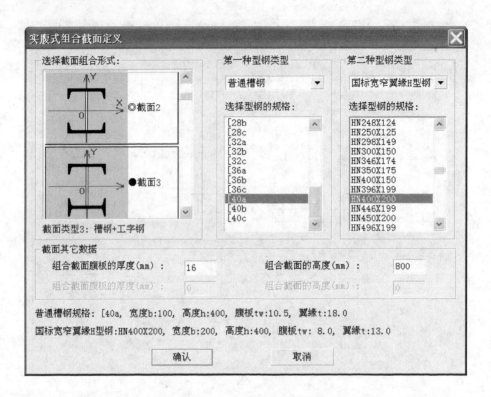

图 1.1-51　实腹式组合截面定义对话框

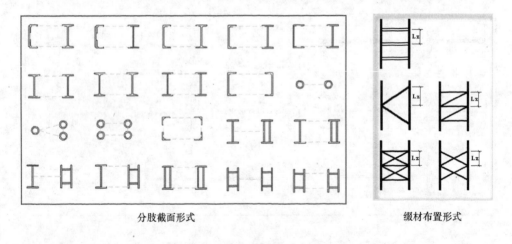

图 1.1-52　格构式组合截面定义可以定义的截面形式

2. 任意截面

在 08 版钢结构框架"三维建模与荷载输入"中的柱、支撑截面定义中新增一类任意截面定义，截面定义按钮如图 1.1-57 所示：

该截面形状与截面的构成可以由用户自行定义，每个截面的构成可以由钢板、各类型钢、任意多边形部件进行任意组合，每个部件的材料也可以单独指定。用户定义好的截面程序能够自动计算形心位置、面积、惯性矩等各类截面特性，如图 1.1-58，用户可以在程序自动计算的基础上人为干预截面特性与指定构件布置时插入点的位置。关于任意截面

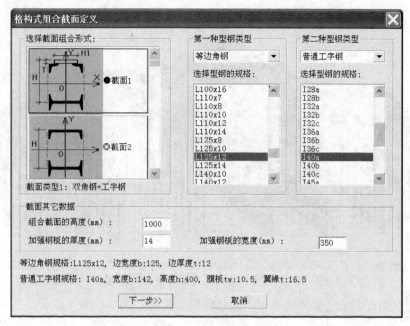

图 1.1-53　分肢定义对话框

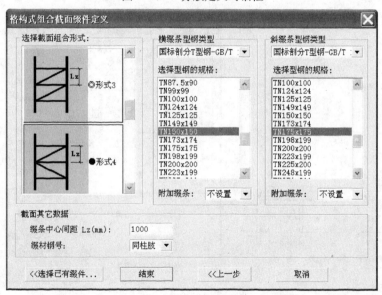

图 1.1-54　缀材定义对话框

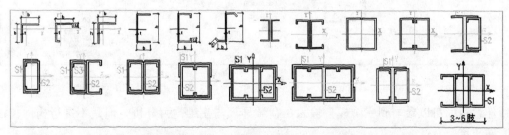

图 1.1-55　薄壁型钢及薄壁型钢组合截面定义可以定义的截面形式

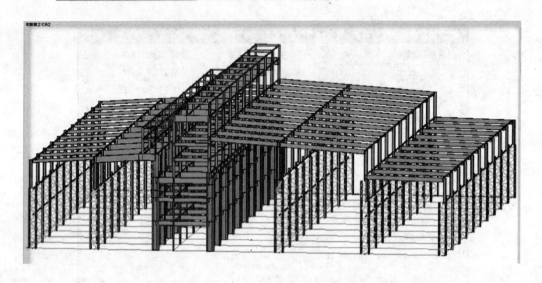

图 1.1-56　布置有实腹、格构组合截面框排架模型的三维显示

的定义与管理是在钢结构框架模块中"任意截面编辑器"菜单项中完成的，这一部分的操作详见 STS 升版说明。定义好的任意截面，可以点取上述截面定义按钮，指定给柱、支撑截面定义。

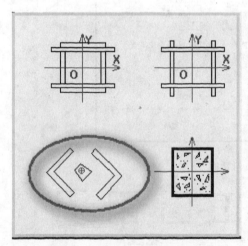

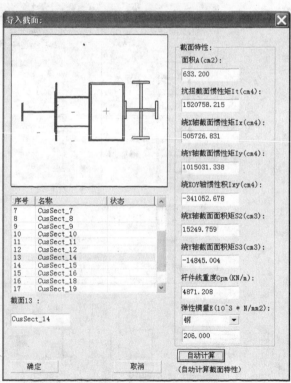

图 1.1-57　任意截面定义按钮　　　　　图 1.1-58　自动计算截面特性

任意截面可以参与到三维模型输入、荷载导算与三维内力分析，但是不进行构件校核与配筋计算。

三、构件定义对话框新增功能（图1.1-59）

（1）对话框的位置、大小信息能够自动保存，再次打开时恢复到上次退出这个对话框时的状态。里面的构件截面列表每列的宽度、排序信息也能自动保存。

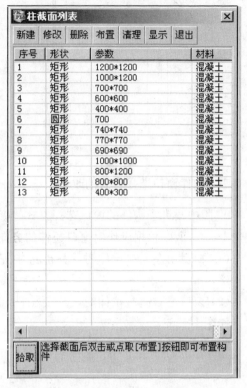

（2）"显示"功能：用于查看指定的构件定义类型在当前标准层上的布置状况。操作方式：例如先在柱截面列表中选择1号截面，再点击"显示"按钮，则此时柱截面列表对话框自动隐藏，平面图形上凡是属于1号截面的柱子开始闪烁显示，图形上除用鼠标滚轮进行缩放外，不能进行其他操作，如平移等。按鼠标左右键或键盘的任意键可返回柱截面列表对话框。

（3）"拾取"功能：直接从图形上选取构件，然后将其布置到新的平面位置。

当布置某根构件时，忘记了该构件的尺寸或偏心等布置参数，但知道它与已布置在平面上的某构件相同，此时用拾取功能操作十分简便。

拾取的构件不仅包括它的截面类型信息，还包括它的偏心、转角、标高等布置参数信息。

图1.1-59 构件定义对话框新增功能

操作方法如图1.1-60所示。

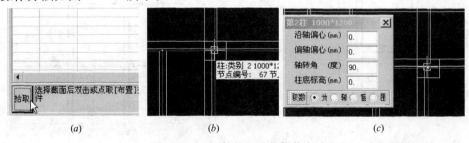

| *(a)* | *(b)* | *(c)* |

图1.1-60 "拾取"功能操作方法

(a) 点击构件定义列表对话框左下角的拾取按钮（或弹出对话框后直接按键盘Enter键或空格键）；
(b) 选择需要拾取的柱；*(c)* 程序自动根据拾取的柱信息弹出构件布置参数的输入窗口，此时即可按一般的布置方法进行新柱的布置

四、构件布置时的动态提示

08版程序在构件按点取方式布置时，鼠标停留的节点网格上将显示出构件布置后的效果，可以很方便地确定构件的布置参数是否正确，简化了布置后发现不正确再进行修改的操作。效果如图1.1-61。平面图状态下也有同类效果。

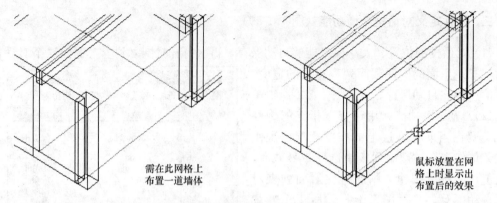

图 1.1-61　构件布置时的动态提示

五、构件窗口选择方式的改进

08 版中改进了构件的窗口选择方式。05 版中只有完全包含在指定窗口内的构件才能被选上。08 版中根据操作时窗口拉伸的方向，选取原则将有所区别：

（1）窗口由左向右拉伸时，只能选中完全包含在选取窗口中的网格线或构件，如图 1.1-62；

（2）窗口由右向左拉伸时，只要构件和网格线的一部分在选取窗口内部，就会被选中，如图 1.1-63。

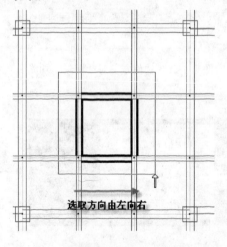

图 1.1-62　选取方向由左向右

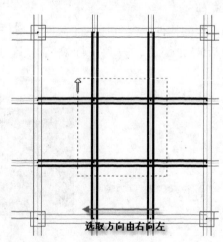

图 1.1-63　选取方向由右向左

六、鼠标右键的构件拾取和修改

08 版中改进了鼠标右键拾取构件的功能，丰富了拾取后的各项操作。在图形上网点附近点击鼠标右键，则会弹出该节点或网格上关联的构件信息表。在该表中可以查看构件的截面定义以及布置参数，也可对部分布置参数进行修改。如图 1.1-64 所示。

其中布置信息一栏的内容可以进行修改，修改完成后，需要点击对话框右上角的"√确定"按钮确定修改。

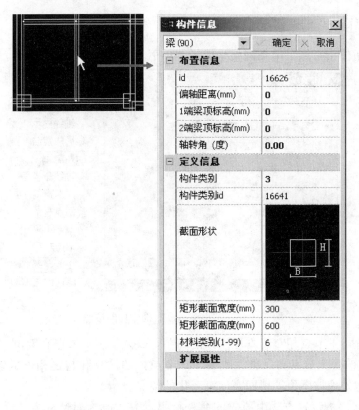

图 1.1-64　鼠标右键的构件拾取和修改

七、构件删除

构件删除功能现在统一放置到"构件删除"菜单项调出的对话框中。当在对话框中选中某类构件时，直接选取所需删除的构件，即可完成删除操作。命令位置及对话框界面如图 1.1-65 所示。

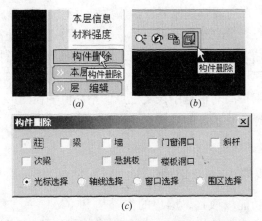

图 1.1-65　"构件删除"命令位置及对话框界面
(a) 右侧菜单中的构件删除项位置；(b) 工具栏上的构件
删除按钮位置；(c) 构件删除对话框界面

八、上节点高操作的变化

该功能按钮位于右侧菜单→网格生成子菜单下，如图1.1-66。

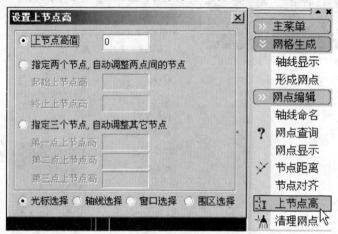

图 1.1-66 "上节点高"操作功能按钮

上节点高是指本节点相对于本层层顶的高差，默认状态下节点高度位于层高处，即其上节点高为0。改变上节点高，也就改变了该节点处的柱高和与之相连的墙、梁的坡度。该功能可方便地处理坡屋顶等楼面高度有变化的情况。

08版上节点高的设置方式由原先的命令行提示方式改为对话框方式。包含以下三种设置方式：

（1）单节点抬高：直接输入抬高值（单位：mm），并按多种选择方式选择按此值进行抬高的节点；

（2）指定两个节点，自动调整两点间的节点：指定同一轴线上两节点的抬高值，一般存在高差，程序自动将此两点之间的其他节点的抬高值按同一坡度自动调整，从而简化逐一输入的操作；

（3）指定三个节点，自动调整其他节点：该功能用于快捷地形成一个斜面。主要方法是指定这个斜面上的三点，分别给出3点的标高，此时再选择其他需要拉伸到此斜面上的节点，即可由程序自动抬高或下降这些节点，从而形成所需的斜面。例如若需要将图1.1-67（a）左边所示模型通过节点抬高而形成右边所示的坡面，则按图1.1-67（b）所示，操作方法为：在节点抬高对话框中设定三点的抬高值→在图形上依次选取①、②、③三点→此时程序提示选择需要抬高的其他点，框选上该层所有节点→点鼠标右键退出，操作完成。

九、增加柱墙标高参数

通过"上节点高"功能修改柱、墙顶的位置是PMCAD一直具备的功能。为了用更灵活的建模方式适应不规则的结构形式，08版中又增加了柱底标高、墙顶、底标高作进一步的控制。上述参数在相应构件的布置时可以输入。各参数单位均为"mm"，具体含义如下：

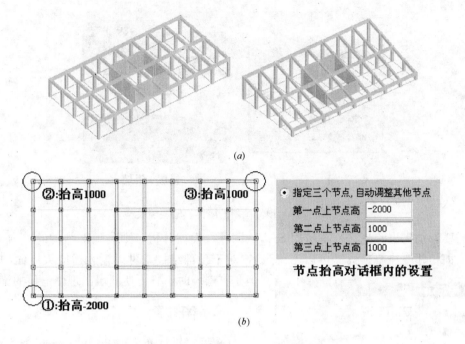

图 1.1-67　指定三个节点，自动调整其他节点

（1）柱底标高：柱底相对于层底的高差，高于层底为正，低于层底为负。效果如图 1.1-68 所示：

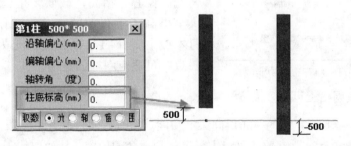

图 1.1-68　柱底标高参数

（2）墙底标高：墙底相对于层底的高差，高于层底为正，低于层底为负。作用效果与柱相同。

（3）墙顶标高：分为墙顶标高 1 和墙顶标高 2，分别代表墙两端的标高。当墙体的平面布置垂直时，墙顶标高 1 控制下端标高，墙顶标高 2 控制上端标高；其余情况墙顶标高 1 控制左端标高，墙顶标高 2 控制右端标高，如图 1.1-69 所示。该标高指墙两端的顶标高相对于所在节点的抬高的高度，即若存在节点抬高，则墙端标高＋该端节点抬高才是该墙端实际相对于层顶的高度。

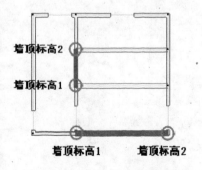

图 1.1-69　墙顶标高参数

该参数可用于建立顶部倾斜的墙体或者错层墙等模型，效果如图 1.1-70 所示：

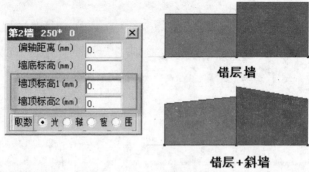

图 1.1-70   顶部倾斜的墙体、错层墙模型

需要特别指出的是，若需使用 SATWE 进行模型分析，则非顶部结构的剪力墙允许错层（即相邻两片墙顶标高可以不一致），对于顶部结构，可以输入适应坡屋面的斜墙，但是有斜墙时不宜再使斜墙出现墙上顶的错层。

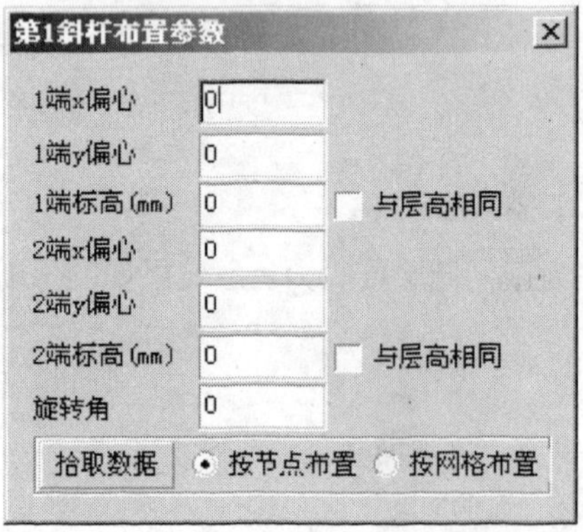

十、斜杆布置

08 版中斜杆布置功能由原先的命令行提示方式改为对话框方式设置（如图 1.1-71），布置斜杆的所有参数都集成在对话框内输入，包括两端的偏心、抬高、截面转角、以及布置方式。大大提高了布置的效率，使操作更加方便。而且本版中斜杆的截面类型扩充为与柱截面完全一致，可适应斜柱的建模。

图 1.1-71   斜杆布置功能

十一、一段网格上可布多道梁

08 版取消了 05 版程序的"布层间梁"功能。另一方面，放开了一段网格上可布置的梁数，通过"梁顶标高"参数，可将主梁调整到适合的位置，从而取代了原先的布层间梁功能，效果如图 1.1-72 所示。

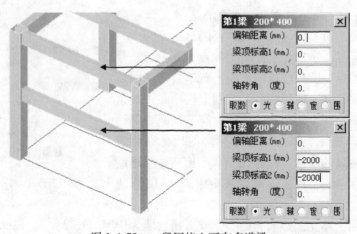

图 1.1-72   一段网格上可布多道梁

注意，当向一网格上布置多道梁时，新布梁的顶、底标高都不可位于已有梁的截面范围内，否则将无法布置。

网格上存在多道梁时，若需要删除其中某道，则其删除方法较一般构件要多几步操作。步骤如下：

（1）建议先使用工具栏"观察角度"或"透视视图"功能，将图形切换成立体线框图显示；

（2）按一般删除步骤，选取梁所在的网格线，此时两根同网格梁中被选中的那根在线框图中被加亮加粗显示，同时命令行提示出该梁的底标高以及是否需要删除此根梁，若当前选中的梁不是需要删除的梁，则点击右键或[Esc]键切换至下一根梁，效果如图 1.1-73 所示。

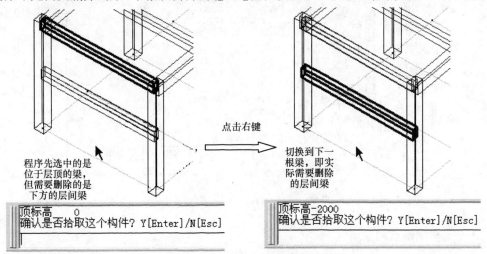

图 1.1-73　删除某道梁的步骤

十二、构件导入导出

对于不同的工程，如果建筑形式、功能、规模都类似，则结构使用的各类构件的截面形状和尺寸往往有许多相同之处。当截面尺寸类型较多，或者使用了异形构件时，截面定义的工作量较大，每个工程对相同截面的重复定义会对建模的效率有所影响。因此 08 新版中增加了构件导入/导出的功能，可以将某工程的构件截面定义信息存入独立的文件，而进行类似工程的建模设计时，再将此文件内含的构件截面定义导入，则可以省去定义同类截面的重复工作，提高建模效率。

构件截面定义的导入导出功能按钮位于下拉菜单→网点编辑下，位置如图 1.1-74 所示。

该功能目前支持的构件有墙、柱、梁、洞口、斜杆。导出后的截面信息存储在后缀为 .gj 的文件中。

图 1.1-74　构件导入导出功能按钮

1. 构件导出操作步骤

（1）指定构件导出的文件名，默认取工程名。

（2）在左侧树形列表框中列出的本工程构件截面列表中选取需要导出的类型，默认状态下全部选中，如图 1.1-75 所示。

（3）点击右下角导出按钮，完成导入操作。

2. 构件导入操作步骤

（1）选择已存在的构件截面定义文件（＊.gj）。

（2）左侧树形列表框中列出本文件中存储的各类构件的截面信息，选择需要导入的截面。

（3）点击右下角导入按钮，完成导入操作。

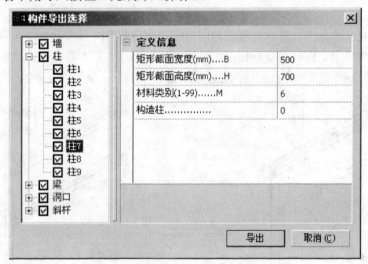

图 1.1-75   构件导出

十三、全楼网点的取消

全楼网点的取消也是 08 版程序的一个重要改进。

05 版 PMCAD 程序在存盘退出时必然将各标准层的节点压缩至一层后重新归并，这种做法可以令后续各计算程序能够方便地获取各层构件的对位关系。但该处理过程十分复杂，对于体量较大的工程模型数据，由于轴网复杂性较大、输入误差、用户建模习惯等等问题，常常造成全楼网点中出现过密过近的情况，也可能造成节点归并后偏移原位置等问题，从而令程序处理结果不甚理想。

08 版中取消了全楼网点的生成，网点完全按照每标准层上布置的位置记录，使模型最大程度保持原型，也避免了合并全楼节点产生的各种缺陷，从本质上提高了程序的稳定性。

第六节   楼层组装的改进

一、楼层组装的变化

新版楼层组装功能主要有以下几点变化（图 1.1-76）：

（1）由于广义楼层概念引入，增加了层底标高参数与自动计算层底标高功能。

（2）增加了楼层名称的设置，以便在后续计算程序生成的计算书等结果文件中标识出某个楼层。比如地下室各层、广义楼层方式时的实际楼层号等。

（3）增加了"生成与基础相连的墙柱支座信息"，勾选此项，确定退出对话框时程序会自动进行相应处理。

（4）由于楼面恒活数据已经完全根据标准层设置，因此此处不再设置荷载标准层。

图 1.1-76　楼层组装的变化

二、支座设置

该功能按钮位于右侧菜单→楼层组装子菜单下。

设置支座是 08 版程序新增的功能。JCCAD 程序将会根据模型底部的支座信息，确定传至基础的网点、构件以及荷载信息。支座的设置有自动设置和手工设置两种方式。

（1）自动设置：进行楼层组装时，若选取了楼层组装对话框左下角的"生成与基础相连的墙柱支座信息"，并按确定键退出对话框，则程序自动将所有标准层上同时符合以下两条件的节点设置为支座：

① 在该标准层组装时对应的最低楼层上，该节点上相连的柱或墙底标高（绝对标高）低于"与基础相连构件的最大底标高"（该参数位于设计参数对话框→总信息内，相应地，去掉了原先同一位置的"与基础相连最大楼层号"参数）；

② 在整楼模型中，该节点上所连的柱墙下方均无其他构件。

（2）手工设置：对于自动设置不正确的情况，可以利用"设置支座"和"取消支座"功能，进行加工修改，命令菜单位置如图1.1-77。

对于该功能需注意：

（1）清理网点功能对于同一片墙被无用节点打断的情况，即使此节点被设置为支座，也同样会被程序清理，从而使墙体合为一片；

图 1.1-77　手工设置支座

（2）对于一个标准层布置了多个自然楼层的情况，支座信息仅层底标高最低的楼层有效。

三、工程拼装

工程拼装命令位于下拉菜单→网点编辑菜单下和右侧主菜单→楼层组装菜单下。

使用工程拼装功能，可以将已经输入完成的一个或几个工程拼装到一起，这种方式对于简化模型输入操作、大型工程的多人协同建模都很有意义。

08 版的工程拼装功能可以实现模型数据的完整拼装。05 版的工程拼装功能仅能拼装结构的杆件布置和杆件上的输入荷载。而 08 版可以拼装包括结构布置、楼板布置、各类荷载、材料强度以及在 SATWE、TAT、PMSAP 中定义的特殊构件在内的完整模型数据，使其功能更为强大和实用。

工程拼装目前支持两种方式，如图 1.1-78 所示，选择拼装方式后，根据提示指定拼装工程插入本工程的位置即可完成拼装。

图 1.1-78　工程拼装的两种方式

两种拼装方式的拼装原则如下：

（1）合并顶标高相同的楼层

按楼层顶标高相同时，该两层拼接为一层的原则进行拼装，拼装出的楼层将形成一个新的标准层。这样两个被拼装的结构，不一定限于必须从第一层开始往上拼的对应顺序，可以对空中开始的楼层拼装。多塔结构拼装时，可对多塔的对应层合并，这种拼装方式要求各塔层高相同，是以前版本的拼装方式，简称"合并层"方式。

如图 1.1-79 所示两工程 A 和 B。当选择两工程按"合并顶标高相同的楼层"方式进行拼装时，由于工程 A 的 3～10 层与工程 B 的 1～8 层顶标高一一对应，故在此处两标准

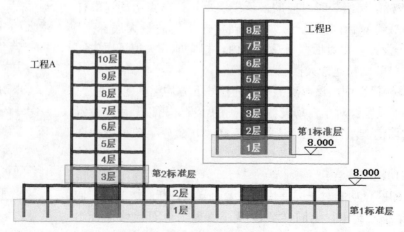

图 1.1-79　需被拼装的两工程

层会拼接成一个新的标准层 2，从而拼接出新的工程模型如图 1.1-80 所示。

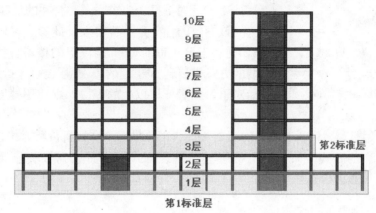

图 1.1-80　按"合并顶标高相同的楼层"方式拼装的结果

　　注意，若工程 B 中某一标准层所组装的楼层与工程 A 中多个标准层组装的楼层都有顶标高对应关系时，这些标准层会分别拼接成多个新的标准层。另外，如果工程 B 中有部分楼层在工程 A 中没有顶标高对应的楼层时，这些楼层会被拼装操作忽略，将不能拼装到工程 A 中。

　　(2) 楼层表叠加

　　楼层表叠加拼装方式的实现基于广义楼层的引入。这种拼装方式可以将工程 B 中的楼层布置原封不动的拼装到工程 A 中，包括工程 B 的标准层信息和各楼层的层底标高参数。实质上就是将工程 B 的各标准层模型追加到工程 A 中，并将楼层组装表也添加到工程 A 的楼层表末尾。

　　例如，对于多塔结构的拼装使用楼层表叠加方式时，每一个塔的楼层保持其分塔时的上下楼层关系，组装完某一塔后，再组装另一个塔，各塔之间的顺序是一种串联方式。而此时各塔之间的层高、标高均不受约束，可以不同。

　　同样是图 1.1-79 所示的 A、B 两工程，使用"楼层表叠加"方式拼装后结果如图 1.1-81 所示。

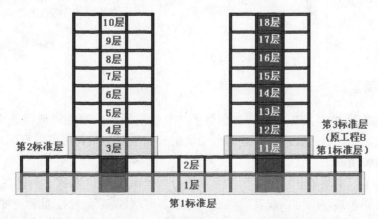

图 1.1-81　按"楼层表叠加"方式拼装的结果

图 1.1-82　输入合并的最高层号

在点击"楼层表叠加"按钮后，程序首先会弹出图 1.1-82 所示对话框。要求输入"合并的最高层号"。

该参数的含义是：若输入了此参数，假设输入值为 5，则对于 B 工程的 1～5 层以下的楼层直接按标准层拼装的方式拼装到 A 工程的 1～5 层上，生成新的标准层，而对于 B 工程 6 层以上的楼层，则使用楼层表叠加的方式拼装。

其主要作用是，多塔拼装时，可以对大底盘部分采用"合并拼装"方式，对其上各塔采用楼层表叠加的方式，即"广义楼层"的拼装方式。从而达到分块建模，统一拼装的效果。

四、模型三维显示的改进

（1）对各层或全楼的三维模型，渲染后的各杆件均加了描边，模型更加逼真，如图 1.1-83 所示。描边效果可以通过进入渲染（OpenGL）状态的屏幕右键菜单中的"设置描边"选项开启或关闭，同时可以设置描边线的颜色。

（2）在渲染状态下点鼠标右键，选取屏幕菜单中的"线框消隐开关"，可以生成该模型的线框消隐模型，如图 1.1-84 所示。

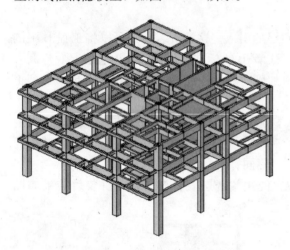

图 1.1-83　描边效果

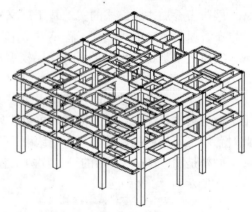

图 1.1-84　线框消隐模型

五、动态模型

动态模型是 08 版新增加的功能，相对于"整楼模型"一次性完成组装的效果，该功能可以实现楼层的逐层组装，更好地展示楼层组装的顺序，尤其可以很直观地反映出广义楼层模型的组装情况。

该命令位于"主菜单→楼层组装"下，运行后弹出图 1.1-85 所示对话框：

若选择自动组装，则可以在其右侧输入"组装时间间隔"，控制组装速度。

若选择交互组装，则使用者每按一次键盘 Enter 键，楼层多组装一层。其动态效果示意如图 1.1-86 所示：

图 1.1-85　动态模型

图 1.1-86　交互组装动态效果示意

第七节　其他改进及更新

一、存盘退出的选项

建模程序中选择存盘退出时弹出图 1.1-87 对话框。

如果建模工作没有完成，只是临时存盘退出程序，则这几个选项可不必执行，因为其执行需要耗费一定时间。

如建模已经完成，准备进行设计计算，则应执行这几个功能选项。各选项含义如下：

（1）生成梁托柱、墙托柱的节点：如模型有梁托上层柱或斜柱，墙托上层柱或斜柱的情况，则应执行这个选项，当托梁或托墙的相应位置上没有设置节点时，程序自动增加节点，以保证结构设计计算的正确进行。

（2）清除无用的网格、节点：模型平面上的某些网格节点可能是由某些辅助线生成，或由其他层拷贝而来，这些网点可能不关联任何构件，也可能会把整根的梁或墙打断成几截，打碎的梁会增加后面的计算负担，不能保持完整梁墙的设计概念，有时还会带来设计误差，因此应选择此项把它们自动清理掉。执行此项

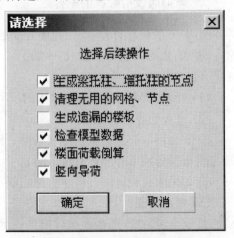

图 1.1-87　存盘退出对话框

后再进入模型时，原有各层无用的网格、节点都将被自动清理删除。

（3）检查模型数据：勾选此项后程序会对整楼模型可能存在的不合理之处进行检查和提示，用户可以选择返回建模核对提示内容、修改模型，也可以直接继续退出程序。目前该项检查包含的内容有：

①墙洞超出墙高。

②两节点间网格数量超过1段。

③未能由梁、墙正确封闭的房间。

④柱、墙下方无构件支撑并且没有设置成支座（柱、墙悬空）。

⑤梁系没有竖向杆件支撑从而悬空（飘梁）。

⑥广义楼层组装时，因为底标高输入有误等原因造成该层悬空。

⑦±0以上楼层输入了人防荷载。

（4）生成遗漏的楼板：如果某些层没有执行"生成楼板"菜单，或某层修改了梁墙的布置，对新生成的房间没有再用"生成楼板"去生成，则应在此选择执行此项。程序会自动将各层及各层各房间遗漏的楼板自动生成。遗漏楼板的厚度取自各层信息中定义的楼板厚度。

（5）楼面荷载倒算：程序做楼面上恒载、活载的导算。完成楼板自重计算，并对各层各房间作从楼板到房间周围梁墙的导算，如有次梁则先做次梁导算。生成作用于梁墙的恒、活荷载。这一步是原版本在PMCAD主菜单3进行的工作。

（6）竖向导荷：完成从上到下顺序各楼层恒、活荷载的线导，生成作用在底层基础上的荷载。这是原版在PMCAD主菜单3进行的工作。

另外，确定退出此对话框时，无论是否勾选任何选项，程序都会进行模型各层网点、杆件的几何关系分析，分析结果保存在工程文件layadjdata.pm中，为后续的结构设计菜单作必要的数据准备。同时对整体模型进行检查，找出模型中可能存在的缺陷，进行提示。

取消退出此对话框时，只进行存盘操作，而不执行任何数据处理和模型几何关系分析，适用于建模未完成时临时退出等情况。

二、与旧版模型数据的兼容性

使用08版程序打开05版程序建立的工程数据时，不仅可以完全继承PM主菜单1中输入的所有内容，也能够读取05版PM主菜单2、3中输入的大部分数据。具体可兼容的内容有：

（1）05版PM主菜单1中输入的所有内容。

（2）楼板信息：

① 完全读取旧版楼板信息（板厚、错层、洞口）；

② 根据房间形心坐标对位房间；

③ 如果未找到房间，程序会给出提示，并将房间信息记录在ghpmcheck.err文件中。

（3）楼面荷载：

① 完全读取05版楼面荷载信息；

② 房间对位规则同楼板。

（4）悬挑板：

① 完全读取旧版悬挑板信息（包括板厚、荷载）；

② 对于布置在圆弧网格上的悬挑板方向，旧版根据悬挑板所在弦判断方向（左上为正），新版为向外为正。

旧版工程数据存在以下情况时，08 版程序将无法完整兼容，需给予注意：

（1）原工程存在标准层布置不连续的情况。比如第 1 标准层分别组装在 1、3 自然楼层上，而第 2 自然楼层组装的是别的标准层，此时在 05 版 PM 主菜单 2 中，会将 1、3 自然楼层自动区分为 1、3 结构标准层，如果在这两个标准层上分别布置了不同的楼面信息或者修改了房间荷载，则 08 版中转入的第 1 标准层只能与第 3 结构标准层的信息对应（较高楼层的布置覆盖较低楼层的布置），未能对应完整的部分需要手工进行补充。

（2）楼层组装表中，一个结构标准层曾与多个荷载标准层对应。模型中存在该情况时，08 版程序只能自动将该标准层与其组装的最高楼层对应的荷载标准层恒活信息进行对应，用 08 版读入后需要手工添置新的标准层，与原先的其他荷载标准层对应。

（如发现上两条所述一对多的情况，程序会给出提示，并将标准层对应关系记录在 ghpmcheck. err 文件中。）

（3）不能读取次梁荷载信息、圈梁布置信息、预制板布置信息、组合楼盖（STS）布置信息、PM 主菜单 2 设置的材料强度信息。

（4）对于使用 02 版程序建立的模型，必须先用 05 版程序更新一次再用 08 版程序打开。08 版程序不能直接读取 02 版内容，否则将丢失很多内容，并且无法保证后续各项操作能正确运行。其中对于在 02 版的 PM 主菜单 3 中输入了梁墙荷载的情况，08 版程序目前无法处理，这部分荷载需在 08 版中补充输入。

另外还需说明，用 08 版第一次打开 05 版模型数据时程序会自动将模型转换为 08 版格式，存盘后生成新的模型数据文件。但此时工程目录下 05 版的模型数据仍然存在，并未被删除或覆盖。用户重进建模时仍可以选择打开 05 版的 .JWN 工程文件，再次载入旧模型重新转换。

三、08 版程序生成的文件

08 版 PMCAD 建模程序在数据管理、优化等方面上都做了很多工作，故本版建模程序生成的文件内容相比之前版本有较大变动。具体生成的文件列表如表 1.1-2。

08 版程序生成的文件　　　　　　　　　　　表 1.1-2

［工程名］.jws	模型文件，包括建模中输入的所有内容、楼面恒活导算到梁墙上的结果，后续各模块部分存盘数据等。由于 08 版中后续计算程序都直接使用此文件数据，不再使用 05 版的各种中间文件，从而也进一步提高了程序的稳定性
［工程名］.bws	建模过程中的临时文件，内容与［工程名］.jws 一样，当发生异常情况导致 jws 文件丢失时，可将其更名为 jws 使用
axisrect. axr	"正交轴网"功能中设置的轴网信息，可以重复利用
layadjdata. pm	建模存盘退出时生成的文件，记录模型中网点、杆件关系的预处理结果，供后续的程序使用
pm3j_2jc. pm	荷载竖向导算至基础的结果
pm3j_perflr. pm	各层层底荷载值

第二章 荷 载 校 核

第一节 荷 载 校 核 简 介

执行主菜单 2：平面荷载显示校核程序"CHKW.EXE"。

荷载校核：主要是检查交互输入和自动导算的荷载是否准确，不会对荷载结果进行修改或重写，也有荷载归档的功能。其主界面如图 1.2-1。

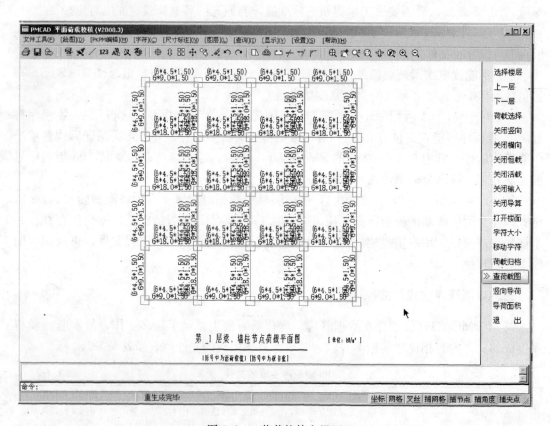

图 1.2-1 荷载校核主界面

软件初始状态：墙、梁荷载图（首层、输入和楼板导算）。

荷载类型和种类很多，按荷载作用位置分为主梁、次梁、墙、柱、节点和房间楼板；按荷载工况分为恒载、活载及其他各种工况；按获得荷载的方法分为交互输入的、楼板导算的和自重（主梁、次梁、墙、柱、楼板）；按荷载作用构件位置分为横向和竖向；按荷载作用面分布密度分为分布荷载（均布荷载、三角形、梯形）和集中荷载。

荷载检查有多种方法：文本方式和图形方式；按层检查和全楼检查；按横向检查和竖

向检查；按荷载类型和种类检查。荷载检查主要通过屏幕右侧的主菜单实现。

第二节　主要功能使用说明

主菜单如图 1.2-2 所示：

下面分别介绍主菜单各个菜单功能：

一、选择楼层

程序进入时缺省的楼层是第一层，点取此菜单后选择切换到要检查的其他自然层。

二、上一层

点取此菜单后直接切换到当前层的上一层，如当前层是 2，点取此菜单后直接切换到 3 层。

三、下一层

点取此菜单后直接切换到当前层的下一层，如当前层是 2，点取此菜单后直接切换到 1 层。

四、荷载选择

此菜单选择荷载类型、荷载工况和显示方式等，点取此菜单后弹出图 1.2-3 所示的界面让用户选择。

　　其中的墙荷载指作用在墙上的荷载；柱荷载指的是作用在柱上的荷载；梁荷载指的是作用在梁上的荷载；楼面荷载指的是作用在房间内的楼板上的均布面荷载；楼面导算荷载指的由楼板传到墙或梁上，再由次梁传给主梁的由程序自动算出的荷载；交互输入荷载指的是在建模中通

选择楼层
上一层
下一层
荷载选择
关闭竖向
关闭横向
关闭恒载
关闭活载
关闭输入
打开导算
打开楼面
字符大小
移动字符
荷载归档
查荷载图
竖向导荷
导荷面积
退　出

图 1.2-2　荷载校
核主菜单

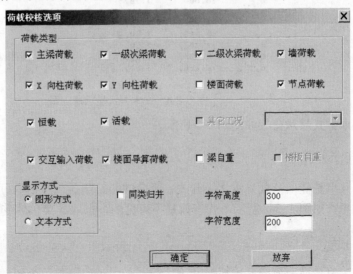

图 1.2-3　荷载选择

过荷载输入菜单输入的荷载。

梁自重指由程序自动算出的梁自重荷载；楼板自重指由程序自动算出的楼板自重。

其中方框是核选框，√号表示选中，荷载检查包括此类荷载，用光标再点一下变为空白，表示取消，荷载检查不包括此类荷载。

其中同类归并：把能合并的同类荷载合并为一个。如作用在同一根梁上同一工况的两个集中力，如果它们位置相同，那么可合并成一个荷载表示。

其中字符高度和宽度，图形方式显示荷载字符尺度。

其中显示方式包括文本方式、图形方式，带圆点表示选中，空白的表示不选。文本输出时，各校核项目中的荷载类型及参数按 PM 说明书附录 B 中定义。

文本方式显示荷载如图 1.2-4 所示，平面杆件或房间编号如图 1.2-5 所示。

```
c  No.  1 story  ---   death floor  load  list           c

c                                                        c
ccccccccccccccccccccccccccccccccccccccccccccccccccccccccc
     1,   6.00,     2,   6.00,     3,   6.00,     4,   6.00,     5,   6.00,
     6,   6.00,     7,   6.00,     8,   6.00,     9,   6.00,    10,   6.00,
    11,   6.00,    12,   6.00,    13,   6.00,    14,   6.00,    15,   6.00,
    16,   6.00,


ccccccccccccccccccccccccccccccccccccccccccccccccccccccccc
c                                                        c
c  No.  1 story  ---   live  floor  load  list           c

c                                                        c
ccccccccccccccccccccccccccccccccccccccccccccccccccccccccc
     1,   3.00,     2,   3.00,     3,   3.00,     4,   3.00,     5,   3.00,
     6,   3.00,     7,   3.00,     8,   3.00,     9,   3.00,    10,   3.00,
    11,   3.00,    12,   3.00,    13,   3.00,    14,   3.00,    15,   3.00,
    16,   3.00,

ccccccccccccccccccccccccccccccccccccccccccccccccccccccccc
c                                                        c
c  No.  1 story  ---   20 death beam-wall load list      c

c                                                        c
ccccccccccccccccccccccccccccccccccccccccccccccccccccccccc
         2,   6,     18.000,   1.50,
         3,   6,     18.000,   1.50,
         4,   6,     18.000,   1.50,
         7,   6,      9.000,   1.50,
         8,   6,      9.000,   1.50,
        10,   6,      9.000,   1.50,
        11,   6,      9.000,   1.50,
        12,   6,     18.000,   1.50,
```

图 1.2-4 文本方式显示荷载图

图形方式显示荷载如图 1.2-6 所示。

五、关闭竖向

此菜单是竖向荷载显示切换开关。竖向的墙、梁荷载当前是可见的，点取此菜单后变成不可见；如图 1.2-7 所示，若当前是不可见的，点取此菜单后变成可见。

六、关闭横向

此菜单是横向荷载显示切换开关。与"关闭竖向"菜单类似。

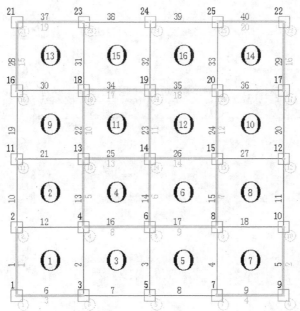

图 1.2-5 平面杆件或房间编号（圆圈内）图

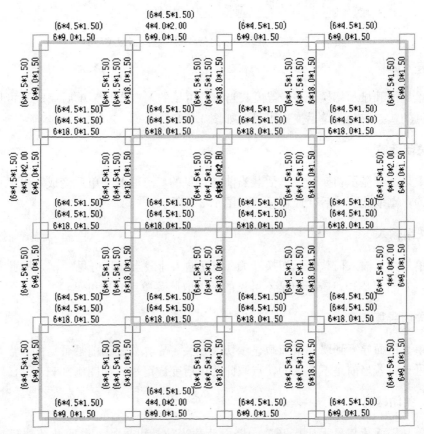

图 1.2-6 第 1 层梁、墙柱节点荷载平面图（单位：kN/m²）

（括号中为活荷载值）［括号中为板自重］

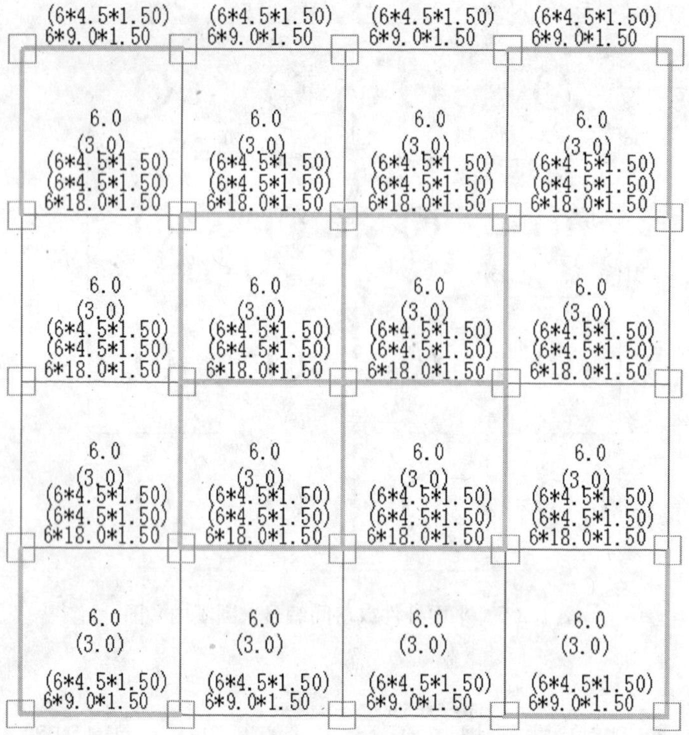

| (6*4.5*1.50) | (6*4.5*1.50) | (6*4.5*1.50) | (6*4.5*1.50) |
| 6*9.0*1.50 | 6*9.0*1.50 | 6*9.0*1.50 | 6*9.0*1.50 |

6.0 (3.0) 等

图 1.2-7　墙、梁和楼面的荷载图（竖向荷载关闭）

七、关闭恒载

此菜单是恒载显示切换开关。若恒载当前是可见的，点取此菜单后变成不可见；若当前是不可见的，点取此菜单后变成可见，如图 1.2-8 所示。

八、关闭活载

此菜单是活载显示切换开关。活载当前是可见的，点取此菜单后变成不可见；若当前是不可见的，点取此菜单后变成可见，如图 1.2-9 所示。

九、关闭输入

此菜单是交互输入荷载显示切换开关。交互输入荷载当前是可见的，点取此菜单后变成不可见，如图 1.2-10；若当前是不可见的，点取此菜单后变成可见。

十、关闭导算

此菜单是楼面导算到墙、梁荷载显示切换开关。导算荷载当前是可见的，点取此菜单后变成不可见；若当前是不可见的，点取此菜单后变成可见，如图 1.2-11 所示。

十一、关闭楼面

此菜单是楼面荷载显示切换开关。楼面荷载当前是可见的，点取此菜单后变成不可见；若当前是不可见的，点取此菜单后变成可见，如图 1.2-12 所示。

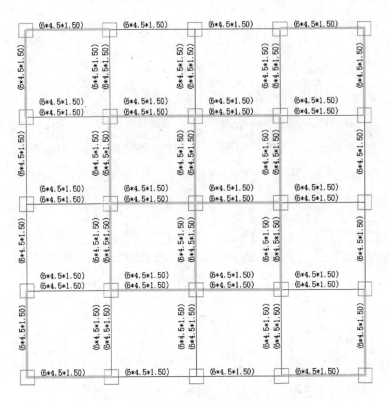

图 1.2-8 墙和梁活载图（不包含恒荷载）

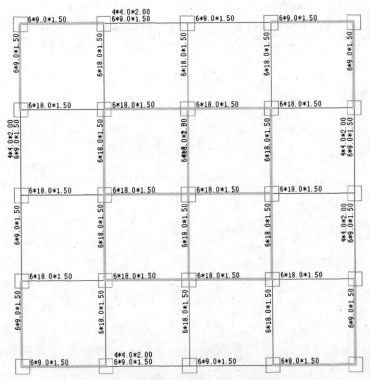

图 1.2-9 墙和梁恒载图（不包含活荷载）

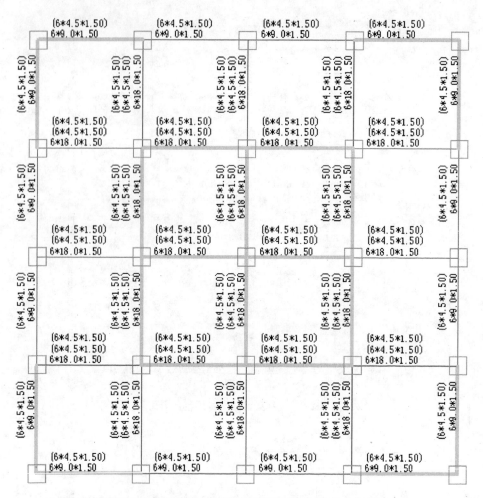

图 1.2-10 墙和梁的楼面导算荷载图（不包含输入荷载）

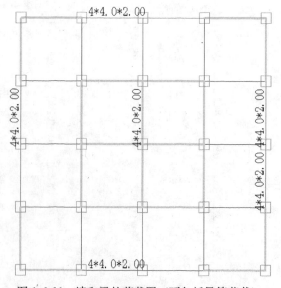

图 1.2-11 墙和梁的荷载图（不包括导算荷载）

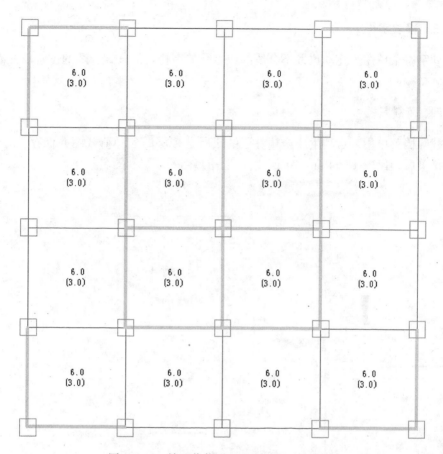

图 1.2-12 楼面荷载图 （ 括号内的为活载）

十二、字符大小

字符大小菜单用来修改屏幕上字符的宽和高，以便清晰地显示荷载。如图 1.2-13，字高为 400mm。

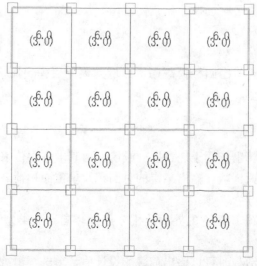

图 1.2-13 字符大小

十三、移动字符

移动字符菜单用来拖动位置不合适的或重叠的字符，使其到合适的位置以便清晰地显示荷载。

十四、荷载归档

荷载归档菜单用来自动生成全楼各层的或所选楼层的各种荷载图并保存，方便存档。点取此菜单后弹出图 1.2-14 的界面让用户选择归档的楼层和图名。

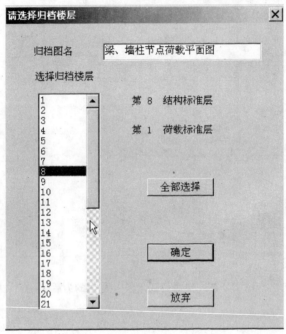

图 1.2-14　荷载归档界面

归档图名缺省名取决于所选择的荷载类型和荷载工况。

十五、查荷载图

查荷载图菜单用来查看已归档荷载图，点取此菜单后弹出图 1.2-15 的界面让用户选择归档的图名和荷载类型。

十六、竖向导荷

竖向导荷菜单用来算出作用于任意层柱或墙的由其上各层传来的恒活荷载，可以根据荷载规范的要求考虑活荷折减，输出某层的总面积及单位面积荷载，也可以输出某层以上的总荷载。

点取此菜单后弹出图 1.2-16 的界面让用户选择竖向导荷类型和竖向导荷结果的表达方式。

同时选择了恒载和活载时可以输出荷载的设计值，单选择恒载或活载时输出荷载的标

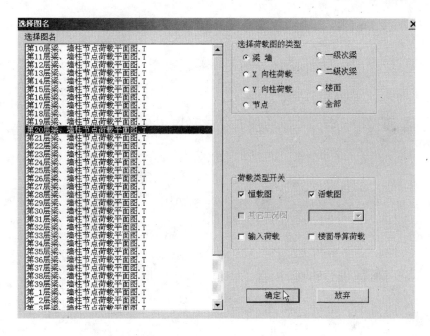

图 1.2-15　查荷载图界面

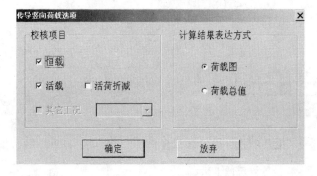

图 1.2-16　竖向导荷界面

准值。

选择荷载图表达方式时，是按每根柱或每段墙上分别标注由其上各层传来的恒活荷载，如图 1.2-17 所示荷载总值是荷载图中所有数值相加的结果。

选择荷载总值表达方式时，用图 1.2-18 的界面表达竖向导荷结果。

其中本层导荷楼面面积不包括没有参于导荷的房间面积，如不包括全房间洞的房间面积。

其中本层楼面面积是本层所有房间面积的总和，是实际面积。

其中本层平均每平米荷载值是按导荷面积计算的。

十七、导荷面积

导荷面积菜单用来显示参与导荷的房间号及房间面积，点取此菜单后屏幕显示房间号和导荷面积，如图 1.2-19 所示。

每个房间有一个包含空格的字符串，其中空格前面的字符表示房间号，后面的表示

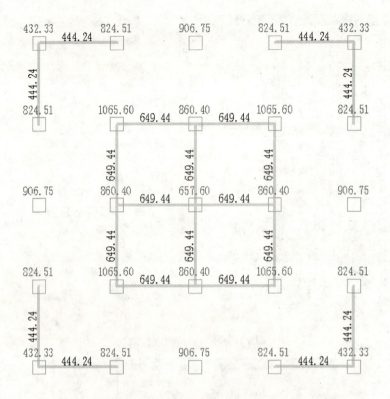

图 1.2-17   荷载图表达方式

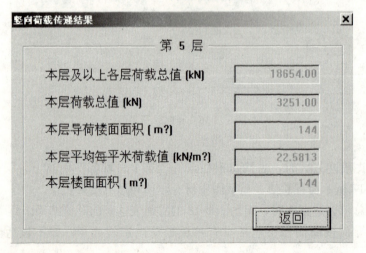

图 1.2-18   荷载总值表达方式

间导荷面积。

十八、退出

点取此菜单后退出。

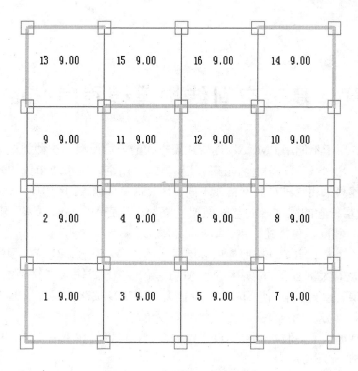

图 1.2-19　房间号和导荷面积

第三章　复杂空间结构建模程序 SpaS CAD

SpaS CAD 用于不能用 PMCAD 逐层建模方式输入的模型。这种类型结构属于复杂空间结构。为此，SpaS CAD 提供空间三维建模方式，用空间网格线布置构件和荷载，这和 PMCAD 楼层建模采用二维平面网格线不同。SpaS CAD 输入的结构，可以完全没有 PMCAD 的那种楼层概念的限制，如空间网架、塔架、球壳等。SpaS CAD 建模输入的杆件类型和 PMCAD 相同，包括柱、梁、剪力墙和楼板。

SpaS CAD 接力 PMCAD 按照楼层逐层输入的模型。在很多建筑模型中，只有很少部分为复杂结构，其大部分仍可以用 PMCAD 逐层建模方式输入，这种情况可以将 SpaS CAD 和 PMCAD 配合使用，使 SpaS CAD 接力 PMCAD 按照楼层逐层输入的模型，再补充复杂空间结构部分。用这种工作方式将会效率更高。

SpaS CAD 提供了读取 Auto CAD 文件的接口，可以将在 Auto CAD 中输入的空间定位网格线导入到 SpaS CAD 中来。

和 SpaS CAD 输入的模型接口结构计算的模块有两个：结构空间有限元分析软件 SATWE 和复杂空间结构分析和设计软件 PMSAP，用户可任选其一作结构分析。在 SpaS CAD 程序运行时可以直接调用这两个计算模块，运行哪个模块时，必须插上该模块的软件锁。

第一节　SpaS CAD 软件入口

为方便用户使用空间建模系统，SpaS CAD 在 PKPM 系列软件中的入口有四个，分别位于 PMCAD，SATWE，PMSAP 和钢结构菜单下。其入口菜单分别如图 1.3-1～图

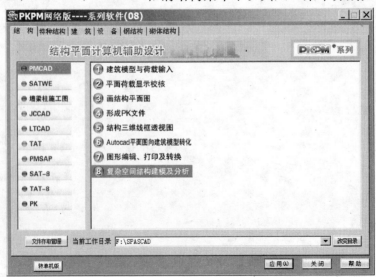

图 1.3-1　SpaS CAD 在 PMCAD 中的入口

1.3-4 所示，选择这些菜单命令即可进入空间建模环境。

前三种接口的功能和操作都是相同的，在接力 SATWE 和 PMSAP 进行分析和计算时要使用相应模块的软件锁。第四种在钢结构菜单下运行时只需使用 STS 的软件锁，此时使用的是 SpaS CAD 简化版。简化版本略去了二维构件（墙和板）的功能。

图 1.3-2　SpaS CAD 在 SATWE 中的入口

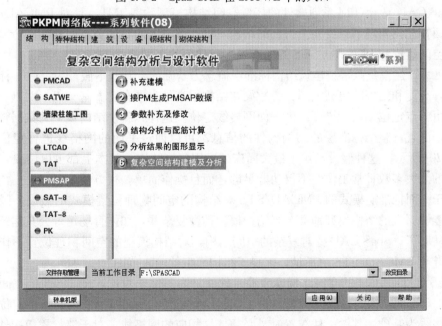

图 1.3-3　SpaS CAD 在 PMSAP 中的入口

虽然 SpaS CAD 并不禁止用户将不同的工程存放一个目录下，但鉴于在进行计算时，要求每个工程要存放在不同的目录中，所以建议用户在进行计算时，每个目录只存放一个工程的计算结果。

图 1.3-4　SpaS CAD 在钢结构中的入口

第二节　空间建模与平面建模

SpaS CAD 是 PKPM 系列软件的任意空间结构模型输入工具，是对 PMCAD/STS 功能的全面补充，实现了只要能想得到的结构，都能够输入的目的。下面就用一个简单的例子说明空间建模和 PMCAD/STS 的标准层平面建模的差别。

PMCAD 建模是以常规建筑结构标准层概念为基础的，其基本假设为：（1）柱、墙竖直布置，高度和结构的层高相同；（2）梁在结构层高处水平布置。基于以上两点假设，柱子可以由节点定位，墙、梁可以由平面网格线定位。这样，就使结构模型的数据管理大大简化了，而且，整个标准层的结构构件的信息都可以通过平面的网格线进行定位。如图 1.3-5（b）所示。这种假设，对于量大面广的民用建筑结构，基本上都可以解决，对于工程师们的绝大多数日常工作，不仅功能足够，而且操作简单，很方便。

基于平面标准层模式的 PMCAD/STS 对结构的空间物理位置模式的假设，限制了这种软件能够输入的结构模型种类。当结构模型稍微复杂些，如体育场馆等公共建筑，就显得力不从心了。SpaS CAD 针对复杂的空间结构，对结构模型的空间物理位置不作任何假设，弥补了 PMCAD/STS 的不足，扩展了结构模型的输入范围。

SpaS CAD 是真正的空间结构模型输入软件，为了便于对比，图 1.3-6 的空间结构是和图 1.3-5 平面结构的对应模型。由图 1.3-6（a）可见，SpaS CAD 中的构件定位都是以空间网格线为基础，其梁、柱布置时，必须依靠相应的网格线，对于墙、楼板构件要选取包围它的所有网格线（必须共面）才能布置该墙或楼板构件。因为定位网格线可以任意倾斜，所以，柱、梁等结构构件也可以任意倾斜，同样，墙、板构件也可以任意倾斜，如图 1.3-6（c）、（d）所示。对于用户们长期争论的斜梁、斜板等结构构件的输入问题，就有了一个完整的解决方案。

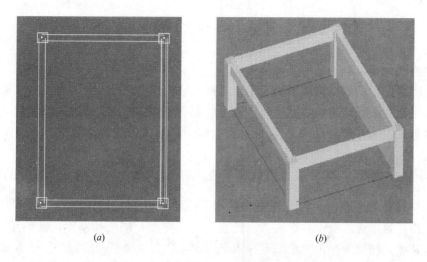

图 1.3-5　PMCAD/STS 建模的概念示意图

(a) 平面视图；(b) 空间视图

由于 SpaS CAD 中结构构件布置的任意性，可以完全满足各种特殊的结构物、构筑物的模型输入要求，PMCAD/STS 标准层模式的结构模型只是 SpaS CAD 中的一个特例。

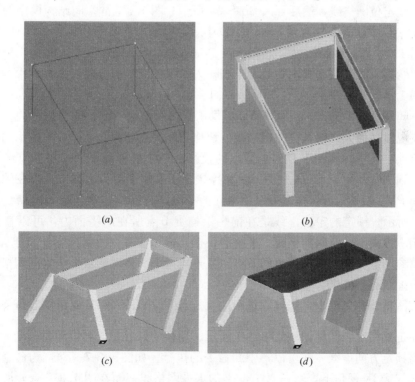

图 1.3-6　空间建模的概念示意图

(a) 网格线图；(b) 轴网和构件图；(c) 斜梁、斜柱；(d) 斜墙、斜板

第三节　空间网格线输入方法

空间网格线是 SpaS CAD 中各种结构模型信息的基础。软件中，针对空间网格线的输入方法，同时考虑了一般结构模型的通用性和特殊结构的方便性。

通用性是指对于任意的空间网格线，都可以用空间坐标的形式输入网格线的端点。例如，绝对坐标的输入方式为：! X，Y，Z；相对坐标的输入方式为：X，Y，Z（没有前面的感叹号）。

许多空间结构模型，其大多数构件布置在水平面、正立面、侧立面（XOY/YOZ/ZOX）这三个特殊的平面内。为此程序提供水平面、正立面、侧立面 ⬚ ⬚ ⬚ 三个窗口菜单，使用户自动进入某一水平面（或正立面、侧立面）的工作基面，此后用户画点、画线、鼠标移动、捕捉等操作完全限定在该平面内，和在二维平台上面的操作方式完全一样，从而在这三个特殊的窗口内的操作可以大大简化。下面就以在 ZOX 平面内（前视图）为例，说明这些快捷输入方法，这些方法在另外两个视角时同样适用。

图 1.3-7（a）所示的空间结构模型，如果用标准层模式输入，屋盖部分很难输入。在 SpaS CAD 中，除了可以直接输入外，用户还可以用 PMCAD/STS、Auto CAD 软件输入结构的空间定位网格线，然后导入 SpaS CAD 中。图 1.3-7 的空间结构模型的下半部分就是从 PMCAD 中输入，导入到 SpaS CAD 中后，再输入上半部分。

由于图 1.3-7 所示的结构模型上部比较复杂，输入可采用在两个方向上，分别输入其中的一榀，然后空间复制到其他的榀上。当输入一榀的上半部分时，选择其中的一榀进行操作，如图 1.3-7（b）所示。

对于空间网格线的输入，SpaS CAD 提供了工作面锁定功能，配合透明的视角切换功能，可以实现以平面方式输入空间网格线的快捷功能。在如图 1.3-7（c）所示的任意视角下，捕捉节点（在特殊视图下，多个节点的投影在一个屏幕像素上，捕捉节点不惟一），并透明切换到 XOY/YOZ/ZOX 视图下，程序锁定了工作平面为捕捉节点所在的平面。这时的操作和 PMCAD/STS 一样，可以用平面的方法进行操作，输入空间网格线了。如图 1.3-7（d）所示，锁定的定位虚线是在前一个捕捉节点所在的平面内，可以直接输入距离，定位相应方向上的空间网格线。系统会根据光标和参考点的相对位置，自动确定该方向上，距离参考点为输入的距离值的节点，并连接两个节点，形成一个空间网格线。水平的方向锁定虚线也是同样有效的。

在输入网格线的过程中，还可以透明地执行 XOY/YOZ/ZOX 视角切换命令，这三个命令按钮在工具栏上，图标如 ⬚ ⬚ ⬚ 所示。切换的好处是，可以随时改变 3 个坐标轴方向的距离锁定方向虚线，并可以不中断命令的执行。如图 1.3-7（d），为命令执行过程中，可切换到 ZOX 视角下，输入 X 方向上的水平网格线，而在图 1.3-7（c）所示的视角下，是无法通过 X 轴方向锁定的方法输入距离而输入网格线的。

对于其他的斜网格线，需要输入空间的三维坐标（相对/绝对）。如果节点已经存在，还可以通过光标捕捉的方式，完成网格线的定位节点输入。

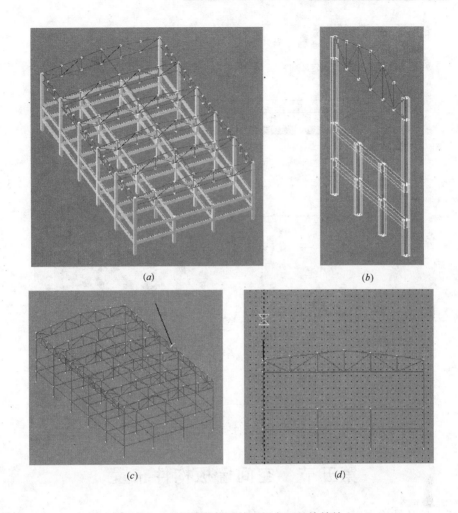

图 1.3-7　空间结构模型特定视角下的快捷输入
(*a*) 空间模型；(*b*) 分片操作；(*c*) 空间节点定位；(*d*) 锁定工作平面输入节点

第四节　空间杆件布置

　　梁、柱和支撑为一维结构构件，在 SpaS CAD 中，统一用网格线定位（PMCAD/STS 中的柱用节点定位），在布置这些构件时，要选中要布置的网格线，杆件会沿着空间网格线的方向布置到模型上。由于 SpaS CAD 中的网格线是可以任意定位的，所以，SpaS CAD 中的杆件在空间的布置也是任意的，完全解决了斜梁、斜柱的输入问题。

　　SpaS CAD 可以操作的杆件截面类型包含了 PMCAD 中常用的截面类型和 STS 中的型钢截面类型，如图 1.3-8 所示。可以通过选中对话框左上方选择截面种类框内的型钢构件/自定义构件来选择采用 STS 中的型钢截面，还是采用 PMCAD 中的自定义截面，并可以通过对话框右下方截面形状预览框内的图形，查看所选截面的几何尺寸。

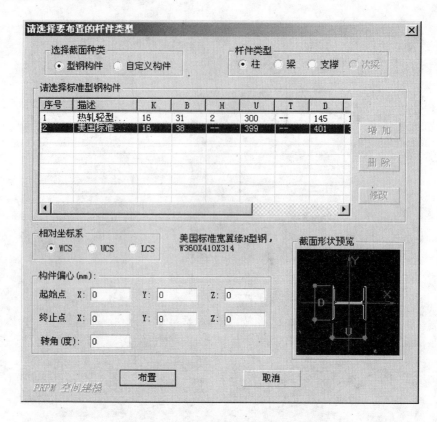

图 1.3-8 空间杆件布置的概念示意图

第五节 空间墙板构件布置

墙板构件从结构有限元分析的角度看，属于 2D 构件。和 PMCAD/STS 模型输入软件不同，SpaS CAD 采用包围网格线定位的方法确定墙板构件的空间布置问题。因为网格线在空间可以任意布置，自然也就有效地解决了空间斜板、斜墙的问题，从而使 SpaS CAD 在结构模型输入方面前进了一大步。为了和有限元分析软件配合，SpaS CAD 中还允许对墙板构件设置刚性板、弹性板 6、弹性板 3、弹性膜等多种属性。

针对空间墙板构件输入的特殊性，SpaS CAD 中，提供了通用输入法、简化输入法两种模式，如图 1.3-9 所示。所谓通用输入法，是指只有选中了闭合区域的所有包围网格线，才可以成功布置墙板构件。这种方法的适应性广泛，所有的结构模型都可以使用。通用布置方法的选择方式多种多样，可以在命令的执行过程中，用 TAB 键切换选择模式。图 1.3-9 （a）、（b）所示两种选择网格线的模式使用得最普遍，图 1.3-9 （a）为矩形窗口选择模式，在选择之前，旋转结构模型，使要布置的墙板包围网格线集合尽量能够在一个窗口选中，也可以连续选择，并在两次选择之间旋转结构，将包围网格线集合分多次选中。图 1.3-9 （b）所示的带形窗口特别适合斜平面的墙板构件布置，随鼠标移动，会在选择的起始点和当前点之间拉出一个带形的窗口，并可以用＋/－号随时改变带形窗口的宽度。当然，也可以用单选的方式连续点取包围网格线。

当结构模型的墙板方向具有水平/垂直关系时，SpaS CAD 还提供了单线输入的简化输入模式,如图 1.3-9(c)所示。单选其中的一根网格线,程序会根据对话框中的搜索方向自动搜索一个目标包围网格线(每次选中,最多只能布置一个墙板构件)。可以连续选择网格线布置墙板构件,并允许在单选网格线的过程中,随时改变搜索方向。

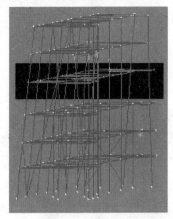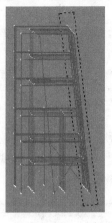

图 1.3-9 空间墙板构件布置选择
(a)矩形窗口;(b)带形窗口;(c)单线模式

第六节 荷 载 布 置

荷载信息编辑功能提供了如图 1.3-10 所示的各种操作,分别是:荷载定义、荷载布置、点荷拷贝、杆荷拷贝、面荷拷贝、点荷删除、杆荷删除、面荷删除、温差荷载、荷载显示。各功能的使用方法可依据软件提示逐步进行,

本软件可采用灵活的用户自定义荷载工况模式的荷载信息管理方案。除了系统提供的默认的工况组合外,还允许用户自定义任意多个、任意形式的荷载工况组合,从而解决了建筑结构中单工况离散式、耦联荷载的处理问题。

下面简单介绍荷载定义和荷载布置两个功能。

一、荷载定义

是荷载信息管理的入口,用来定义在结构中要布置的所有荷载类型信息。SpaS CAD 中,荷载定义是分若干个荷载工况来组织的。除了系统隐含的荷载工况外,用户还可以自定义任意多个自定义荷载工况。

单击荷载定义命令,弹出如图 1.3-11 所示的对话框。对话框的下部有 3 个属性页,分别提供了定义点荷载、杆件荷载、和面荷载的输入界面。对话框的上部是荷载工况控制区,用户在这里可以增加、删除自定义的荷载工况(系统默认的工况不允许删除),并选择一个当前的荷载工况进行编辑。

荷载工况类型下拉列表框中显示的是当前操作的荷载工况的名字,荷载工况的名字具有以下形式:自定义恒载工况名称-XXX。其中自定义恒载工况名称为用户输入的任意字符串,是该荷载工况的全名,

图 1.3-10 荷载布置菜单

可以包含汉字；XXX 为该工况名字的缩略名字，这个缩略名字在后面的任意工况组合和 PMSAP 计算结果显示中要用到，建议用户输入的缩略名字为字母和数字的组合，长度不大于 3 个 ASCII 码，例如：TPH，WX3，AUX 等。荷载工况的全名和缩略名之间以"一"（用单字节输入方式）分割。系统有目前有 4 个保留的系统默认荷载工况缩略名，分别是：DL一恒荷载，LL一活荷载，WX一X 向风荷载，WY一Y 向风荷载。用户不要使用这些缩略名。

属性页中显示的荷载为当前荷载工况定义的所有荷载类型，如果用户要定义其他荷载工况下的荷载类型，要从上面的下拉列表框中选择目标荷载工况的名字，将该荷载工况选择为当前荷载工况。

点荷载的定义基本和上几个版本相同。将点荷载属性页激活为当前荷载定义属性页，右边的增加、编辑、删除按钮有效（在荷载布置模式下，这三个按钮是变灰的）。在当前版本中，点荷载只能布置在整体坐标系中。

图 1.3-11   荷载定义对话框

二、荷载布置

在 SpaS CAD 的当前版本中，荷载的布置在荷载定义之后进行，通过用户在退出荷载选择对话框时的当前选项，程序就会知道用户要想布置何种荷载，然后用户必须根据要布置荷载的种类，按照不同的选择规则选择目标对象，即可完成荷载的布置工作。无论布置何种荷载，在命令行提示区都会有比较详细的提示，对 SpaS CAD 不熟悉的用户，完全可以参考提示区信息完成操作。

单击荷载布置命令，弹出如图 1.3-12 所示的对话框，该对话框具有记忆性，属性页自动定位在最近一次退出该对话框时的状态。在荷载布置模式下，所有的荷载编辑命令都是变灰的，这是因为在荷载布置模式下，不允许用户更改已经定义的荷载。

荷载定义和选择

请选择工况类型： 1:恒荷载-DL ▼ 删除工况 增加工况

点荷载 | 杆件荷载 | 面荷载 |

序号	ID值	类型	l1	l2	l3	Fx/fx1	Fy/fy1	Fz/fz1
1	1	5	0	0	0	0	0	1
2	2	5	0	0	0	0	0	3.5
3	3	5	0	0	0	0	0	4
4	4	5	0	0	0	0	0	6
5	5	5	0	0	0	0	0	7
6	6	5	0	0	0	0	0	4
7	7	5	0	0	0	0	0	4
8	8	5	0	0	0	0	0	12
9	9	5	0	0	0	0	0	10
10	10	5	0	0	0	0	0	10
11	11	5	0	0	0	0	0	4
12	12	5	0	0	0	0	0	3
13	13	5	0	0	0	0	0	6

增加

编辑

删除

单位：
kN－m

确定 取消

图 1.3-12 荷载布置对话框

　　在荷载布置对话框中，首先选择要操作的当前荷载工况，该工况下定义的点荷载、杆件荷载、面荷载就显示在下面的三个属性页中。从相应的属性页中选择要布置的荷载，单击对话框下边的确定退出。程序自动判断用户选择的是点荷载、杆件荷载，还是面荷载，分别进行点荷载、杆件荷载，或者面荷载的布置操作。

　　如果用户选择的是点荷载，命令行给用户两行提示，第一行提示是显示用户选择的当前荷载工况，例如：**当前荷载工况：恒荷载－DL**。第二行提示提示用户如何布置点荷载：**请用光标捕捉要布置荷载的节点，或 TAB 键切换到批量选择方式：**，光标变成方形捕捉靶。点荷载有两种布置方式：单点布置和批量布置。在单点布置模式下，用光标捕捉要布置荷载的节点，布置成功后，会即时显示一个示意荷载在图上，在任何时候都可以按Tab 键批量选择要布置的节点，布置完毕后，鼠标右键返回。程序自动回到荷载选择对话框中，继续布置下一种类型的荷载（不一定非要布置点荷载）。甚至也可以在这里改变当前的荷载工况，布置另一个荷载工况的荷载。对于杆件荷载和墙板荷载的布置操作是完全类似的，用户输入时注意提示区的信息即可。

第七节 显 示 控 制

　　以上介绍的部分主要是输入结构模型相关参数，及对相关信息进行编辑的功能。下面介绍的是使任意结构空间建模的操作准确、快捷、方便的一些辅助工具。熟练掌握，并合理使用这些功能将大大简化结构建模工作。显示控制主要采用工具条进行操作：

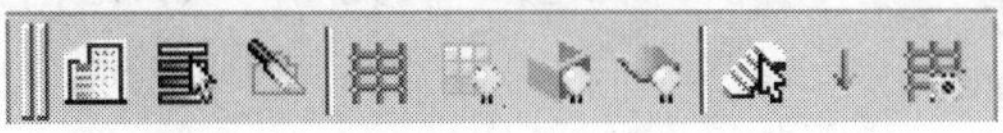

，将鼠标停留在每个按钮上，将会弹出相应的

功能提示。其中整体显示、按层显示、选择显示这几项是建模中最常用的。因为在一个庞大的复杂的整体结构上去布置构件和荷载，将会非常不方便，而选择其中某一局部操作，将它从整体结构中暂时分离出来，操作才能清晰、快捷。下面简要介绍各功能的使用方法和目的。

一、整体显示

结构模型建立完毕后，使用该命令可以显示当前输入结构的全部网格线及其他模型信息（具体与当前各显示开关有关），方便用户对结构进行整体观察。

二、按层显示

按层显示是指用户指定要显示的层号，或给定一个层数的范围值，屏幕上只显示用户指定的合理的层号，并只对显示的部分进行编辑操作（用户的批量选择操作，如布置杆件、荷载、约束等，只能对屏幕上可见的部分进行操作，以免造成不可预见的结果）。

在空间任意结构建模的过程中，有时层的概念被弱化了，因为有的结构无法清晰地划分出标准层。但从 PMCAD 转化过来的模型中层的信息是被保留的。

单击该命令，命令行出现提示：**请输入要显示的楼层范围（一分割），或显示的层号（，分割）＜1＞：**，程序的默认值为显示第一层，如果直接回车，只显示第一层。可以在输入区中输入一个楼层地范围，以"—"分割，或不连续的几层，以"，"分割，如果只显示一层，可以输入层号后回车。例如输入 6—6，和输入 6 后直接回车是等效的，都是只显示第 6 层。允许层号重复输入，只取其中一次是有效的输入。

三、选择显示

选择显示是结构建模中应该用到的最多的命令，在大量的网格线中，有选择地显示其中的一部分，对于结构的空间建模有很重要的意义。在工具栏中提供了快捷按钮，单击该命令，命令行出现提示：**请选择要显示的部分的网格线和节点：**，光标变为方框靶，可以连续单个点取，也可以拖动矩形框选取部分网格线和节点，选择完毕后，按鼠标右键，单击选择完毕返回。屏幕就只显示选择的部分。被选择的部分在逻辑上可以毫无关系。

四、显示开关

在工具栏中提供了网格显示开关：，杆件显示开关：，墙显示开关：以及楼板显示开关，用户可使用这些按钮进行显示状态的切换。

五、其他显示控制

除上述各种显示控制以外，用户还可以采用图 1.3-13 所示对话框进行各种显示状态的切换和控制，对话框中各按钮的意义较为明显，用户只需在需要显示或关闭的项目之前用鼠标进行切换并单击确定按钮即可。

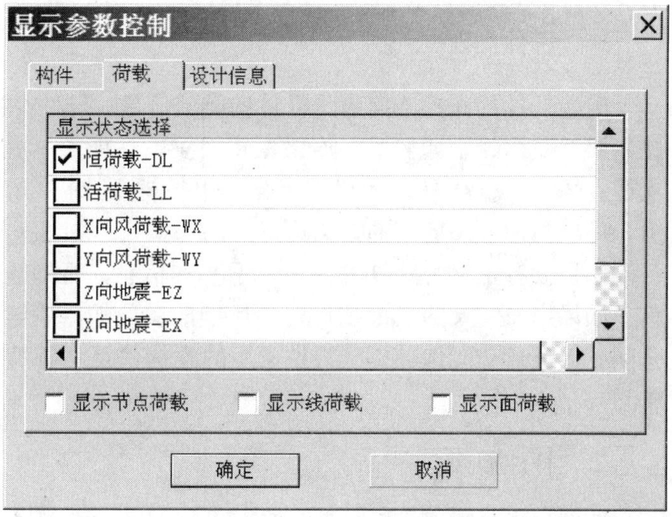

图 1.3-13 显示控制对话框

第八节 文 字 查 询

在结构建模的任何阶段，用户都可能想要知道结构建模的具体信息和进展情况，如节点的空间位置、杆件的布置信息、荷载布置信息等。为了使用户在任何时候都能够对结构的详细情况了如指掌，本软件在本菜单中提供了两大类信息查询功能：静态文本查询、动态 ToolTips 方式。

动态 ToolTips 方式是用户在屏幕上用鼠标停靠在待查询对象位置时，该位置上的结构布置信息将会在屏幕上出现的 Tip 条框中显示出来。动态 ToolTips 的开关可以在前述显示控制对话框中进行控制，这里不多作说明，下面仅介绍静态文本查询的内容。

如图 1.3-14 所示，文本查询功能共分几个命令组：杆件信息、墙板构件信息、荷载信息、文本显示控制信息以及荷载查询。其中：

杆件信息包括：杆件类型、杆件截面、布置偏心、材料、抗震等级；

墙板构件信息包括：板类型、板厚度、布置偏心、材料、抗震等级；

荷载信息包括：点荷载、杆件荷载、面荷载；

文本显示控制信息包括：清除显示、字符设置；

荷载查询包括：点荷信息、杆荷信息、面荷信息。

考虑到用户在建模过程中输入的信息很多，从屏幕显示中检查信息对于少数信息具有简单快捷的特点。但对于信息量较大时，很多用户更倾向于打印出来检查。因此文字查询功能提供了两个版本，区别仅在于文字的显示方式：空间文字、平面投影文字。空间文字版本的文字显示沿着要查询信息的局部坐标系，例如，杆件界面文字信息显示在杆件布置的局部坐标系中，这种文字显示方式适用于在屏幕上查看；平面投影文字信息显示的文字位置仍然在空间上，但文字所在平面的法线和整体 Z 轴平行，适合用户将投影面切换到 XOY 平面后，打印出来进行信息检查。

屏幕菜单

文字查询

杆件类型
杆件截面
布置偏心
材　料
抗震等级

板类型
板厚度
布置偏心
材　料
抗震等级

点荷载
杆件荷载
面荷载

清除显示

字符设置

点荷信息
杆荷信息
面荷信息

图 1.3-14　文字
查询菜单

一、杆件类型

沿着杆件的布置方向显示杆件的类型信息。杆件类型的名称可能是：柱、梁、支撑、不调幅梁、连梁、转换梁、耗能梁、叠合梁、角柱、框支柱、角柱＋框支柱、无特殊定义、单拉杆 F kN（F 为单拉杆的预轴力，可以模拟预加应力的拉索构件）。

如果没有定义特殊杆件，只显示基本信息，否则显示特殊杆件的名称。如果用户定义的是单拉杆，在后续的参数输入中考虑双模量非线性选项，以进行非线性分析（只拉不压的索构件是一种特殊的材料非线性单元）。

二、杆件截面

沿着杆件的布置方向显示杆件的截面类型和参数定义信息。杆件截面的名称根据不同的截面类型，显示方式可能会有差异，下面是一个可能的显示字符串，对应的杆件截面是标准型钢库中的一种：热轧无缝钢管—国标：$16 * 77 * 351 * 14$。

三、布置偏心（杆件）

沿着杆件的布置方向显示杆件布置的偏心信息。字符串的显示方式为：起始：EX1，EY1，EZ1；终止：EX2，EY2，EZ2；转角：ALFA。其中，（EX1，EY1，EZ1）、（EX2，EY2，EZ2）分别代表起始点和终止点的偏心（建议用户除非特殊需要，取相同的值，简化模型操作），ALFA为布置的转角。偏心和转角的参考坐标系为网格线相关坐标系。

四、材料（杆件）

沿着杆件的布置方向显示杆件的材料信息。杆件材料的名称如果单独指定了材料，显示指定材料的信息，否则，显示为默认值。

五、抗震等级（杆件）

沿着杆件的布置方向显示杆件的抗震等级信息。杆件抗震等级的显示字符串可能是：不考虑抗震、一级抗震、二级抗震、三级抗震、四级抗震、特一级抗震、默认抗震等级。如果没有单独指定抗震等级，杆件的抗震等级为：默认抗震等级，由结构计算参数的定义确定。

六、板类型

沿着墙板的布置平面显示板构件的类型信息。板构件类型的名称可能是：墙板、楼板、屋面板，和刚性板、弹性板 6、弹性板 3、弹性膜的组合。如果没有定义特殊板构件，只显示基本信息，否则显示基本构件信息和特殊板构件的组合信息的名称。

七、板厚度

沿着墙板的布置平面显示板的厚度信息。显示的字符串为：板厚度：THK。其中，THK 为以毫米表示的板构件的厚度。

八、布置偏心（板构件）

沿着墙板的布置平面显示板的厚度信息。字符串的显示方式为：偏心：ECC。其中，ECC 为以毫米表示的板构件的偏心。

九、材料（板构件）

沿着墙板的布置平面显示板的材料信息。板构件材料的名称如果单独指定了材料，显示指定材料的信息，否则，显示为默认值。

十、抗震等级（板构件）

沿着墙板的布置平面显示板的抗震等级信息。板构件抗震等级的显示字符串可能是：不考虑抗震、一级抗震、二级抗震、三级抗震、四级抗震、特一级抗震、默认抗震等级。如果没有单独指定抗震等级，板构件的抗震等级为：默认抗震等级，由结构计算参数的定义确定。

十一、点荷载

显示当前工况中，在结构上布置的点荷载情况，显示范围仅限于在屏幕上显示的节点。字符串的显示方式为：LDID— Fx * Fy * Fz * Mx * My * Mz。其中，LDID 为当前荷载工况的 ID 值；Fx、Fy、Fz、Mx、My、Mz 分别为该点布置的集中力/弯矩值。

十二、杆件荷载

显示当前工况中，在结构上布置的杆件荷载情况，显示范围仅限于在屏幕上相应网格线正处于显示状态的杆件。SpaS 中的杆件荷载信息是以杆件为基本物理传力机制的，如果没有杆件，即使网格线选中，也布置不了杆件荷载。字符串的显示方式为：LDID—LDTYPE P1 * P2 * P3 * P4 * …。其中，LDID 为当前荷载工况的 ID 值；LDTYPE 为杆件荷载的类型号，参见杆件荷载定义部分；P1、P2、P3、P4 等分别为和该类型杆件荷载对应的参数，参见杆件荷载定义部分。

十三、面荷载

显示当前工况中，在结构上布置的面荷载情况，显示范围仅限于在屏幕上，能够有效地显示的墙板构件。SpaS 中的面荷载信息是以墙板构件为基本物理传力机制的，如果没有墙板构件，即使网格线选中，也布置不了面荷载。字符串的显示方式为：LDID— fx * fy * fz * mx * my * mz。其中，LDID 为当前荷载工况的 ID 值；fx、fy、fz、mx、my、mz 分别为该平面上的力/力矩的分布值。各分量都以整体坐标系为参考系。对于 Z 方向的荷载值，由于工程习惯和数学习惯正好相反，在参数设置中，允许用户修改正值对应的方向（在计算参数定义中）。

十四、清除显示

该命令清除屏幕上所有的用于文本信息查询的文本。

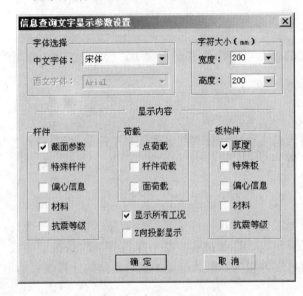

图 1.3-15　字符设置

十五、字符设置

当使用文本查询模型信息时，设置显示字符的大小、字体、显示方式等。单击字符设置命令，弹出如图 1.3-15 所示的字符设置对话框。在字体选择框中选择要使用的字体，该字体包含了当前 Windows 操作系统的所有可用的字体，字符大小为逻辑单位。

以上介绍的文本查询命令，均是单一查询方式。例如，当查询杆件截面信息时，除杆件截面信息外，屏幕上清除其他的文本信息显示。如果用户想显示多组信息，可以在显示内容下面的三类多选组中选中要显示的文本信息，这里是 SpaS CAD 中显示多中文本信息的惟一命令入口。如果用户要将结构模型信息打印出来，这种查询方式允许用户在一个打印图中显示尽可能多的信息，也方便查询检查。

对于荷载，可以的文字信息包括点荷载信息、杆件荷载信息、面荷载信息。荷载信息默认情况下是以单工况荷载的形式显示的，用户也可以选中所有工况选项，一次查询所有工况的荷载布置信息。SpaS CAD 会自动规避多荷载工况下文字的显示。

默认情况下，文本的显示方向随空间附属信息的空间定位而改变。如果要打印平面投影内的信息，用户可以选择 Z 向投影显示，这样，所有的文字都会在平行于 XOY 平面的方向上显示（Z 向的标高仍然随着附属的结构构件），便于打印查看。

十六、荷载信息查询

荷载信息查询功能可以帮助用户查询某个节点、杆件和墙板上布置的荷载，单击命令即提示用户点选待查询目标对象，待选择返回后弹出相应对话框，用户即可在对话框中看到目标对象上所布置的荷载信息，如图 1.3-16 所示。

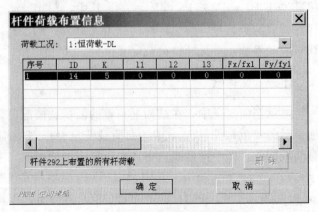

图 1.3-16　荷载信息查询

第九节　层　号　指　定

有的规范验算条款是以层概念为基础的，如层间位移角限值等。另外，作层号指定可以将结构从逻辑上分开成若开组，便于图形检查。为了使任意空间结构也能够充分利用规范上的这些条款，并满足后处理的需要，SpaS CAD 中增加了层号指定的功能。这里的层号指定与结构层号不一定相同，这里的层号只是将节点分组，是广义上的层。当然，把一个结构层上的节点归到一个广义层中，对于规范验算和后处理都是有益的。

单击层号指定命令，弹出如图 1.3-17 所示对话框，用户可以在对话框中直接输入各层标高，然后单击分层命令，程序即按照用户的输入进行搜索并自动设定层号。另外 SpaS CAD 也可以手工进行分层，该功能更加灵活，可以把任意一组结构指定为一层，上述对话框中单击［手工分层］按钮，命令行出现提示：**请输入要指定的层号：**，在下面的命令行提示区内输入任意的整型数来对下面要选择的节点进行分组。输入数字后回车，命令行出现提示：**请用光标捕捉要指定为该层的节点，或 TAB 键切换到批量选择方式：**，光标变成捕捉靶，可以用光标单点选择设定节点的层号属性，不同层号的节点

图 1.3-17　层号指定对话框

上会显示一个不同颜色的球，来提示用户该点设定层号属性成功。如果要批量选择，可以按 TAB 键，命令行提示：**进入批量选择方式：**，用上面介绍的批量选择节点的方法选定要设定层号属性的节点。如果选中的节点上以前已经设定了层号属性，新设定的层号属性将覆盖原来的层号属性。

第十节　和其他软件的有机结合

SpaS CAD 能够和多种软件配合，完成结构模型的输入、分析工作，合理地利用各种软件的优势，提高用户的工作效率。

（1）与 PMCAD 配合

对于部分规则的建筑结构，SpaS CAD 可以导入 PMCAD 的结构模型数据（该命令在下拉菜"单模型导入"->"导入 PM 平面模型"）。用户可以利用 PMCAD 概念简单，输入快捷的特点，先在 PMCAD 输入模型的规则部分，然后导入到 SpaS CAD 中，补充输入复杂部分。

（2）与 Auto CAD 配合

SpaS CAD 可以直接导入 Auto CAD 的平面或空间的 dwg 网格线图，然后把这些已有的网格线作为布置构件的定位网格线。如果用户对 Auto CAD 熟练，就可以在 Auto CAD

中输入结构模型的定位网格线，并导入到 SpaS CAD 中，再在 SpaS CAD 中增加其他结构模型信息。目前，SpaS CAD 对 dwg 文件支持的最高版本号为 2006 版。

（3）目前 SpaS CAD 可接力 SATWE 和 PMSAP 进行结构的分析和计算。

第十一节　结　构　计　算

SpaS CAD 2008 版提供对 SATWE 和 PMSAP 的计算接口的支持，用户输入模型以后，即可接力这两个模块进行分析计算以及相应的后处理操作，其中结构计算菜单如图 1.3-18 所示。

设计参数输入与 PKPM 其他模块基本相同，各参数的意义用户较为熟悉，这里不多做介绍，下面简单介绍一下 SpaS CAD 的工况组合：工况组合功能给用户提供了对任意荷载工况进行任意组合的机会，是 SpaS CAD 中新增加的功能，合理地使用这个功能，可以完成结构任意复杂荷载效应组合的计算分析。在 SpaS CAD 中，已经用任意荷载组合功能替代并拓展了组荷载的概念。

单击该命令，弹出如图 1.3-19 所示的任意荷载工况组合的对话框。该对话框内的列表空间具有在位编辑的功能，用户只需要在要输入内容的区格内单击鼠标左键，就激活在位编辑功能，信息输入完成后，在对话框的任意其他位置单击一下鼠标，完成输入操作。

列表的第一列为工况组合的名字，用户可以输入任何一个容易记忆的名字作为该工况组合的名字。从第二列开始，每一列代表一个单工况荷载的组合系数，列的顶端显示的是用户在输入荷载工况名字时输入的缩略名字。列数根据用户输入的荷载工况的数目而定（允许用户输入任意多个荷载工况，所以，后面可能有任意多列），但至少包含了系统默认的工况。

图 1.3-18　结构计算菜单

组合名称	DL	LL	WX	WY	KGH
组合1－有KGH	1.35	1.4	0.8	0.8	1.4
组合2－有KGH	1	1.4			1
组合3－无KGH	1.2	1.4	1	1	0

图 1.3-19　荷载工况组合输入对话框

如果在荷载工况组合中不考虑某一种单工况荷载，组合系数是 0，也可以不填。如图 1.3-19 所示，定义了 3 种自定义的荷载工况组合：

① 组合名字：组合 1－有 KGH，组合方程：$1.35 \times DL + 1.4 \times LL + 0.8 \times WX + 0.8 \times WY + 1.4 \times KGH$；

② 组合名字：组合 2－有 KGH，组合方程：$1.0 \times DL + 1.4 \times LL + 1.0 \times KGH$；

③ 组合名字：组合 3－无 KGH，组合方程：$1.2 \times DL + 1.4 \times LL + 1.0 \times WX + 1.0 \times WY$；

除了用户自定义的这些荷载工况组合外，综合考虑规范上的各项条款，SpaS CAD 提供了系统默认的组合，无论用户定义了多少种自定义荷载工况组合（也可以一个都不定义），系统都要对默认的组合进行分析。要查看系统的默认荷载工况组合，单击列表下面的查看系统默认荷载工况组合按钮，弹出如图 1.3-20 所示的对话框，列出了系统默认的 70 种荷载工况组合，根据不同的参数选项，分别可以考虑其中的 18 种、34 种或全部的 70 种。

系统默认荷载组合

序号	DL	LL	WX	WY
SYS-1	{1.35, 1.0}	0.7*1.4	−	−
SYS-2	{1.2, 1.0}	1.4	{0.6*1.4, −0.6*1.4}	−
SYS-3	{1.2, 1.0}	1.4	−	{0.6*1.4, −0.
SYS-4	{1.2, 1.0}	0.7*1.4	{1.4, −1.4}	−
SYS-5	{1.2, 1.0}	0.7*1.4	−	{1.4, −1.4
SYS-6	{1.2, 1.0}	{1.2, 1.0}	{0.28, −0.28}	−
SYS-7	{1.2, 1.0}	{1.2, 1.0}	−	{0.28, −0.2
SYS-8	{1.2, 1.0}	{1.2, 1.0}	−	−
SYS-9	{1.2, 1.0}	{1.2, 1.0}	{0.28, −0.28}	−
SYS-10	{1.2, 1.0}	{1.2, 1.0}	−	{0.28, −0.2

1. 非抗震组合时，取SYS-1至SYS-5，共有18种组合；

2. 抗震组合时，取SYS-1至SYS-7，共有34种组合；

3. 同时考虑水平和竖向地震时，取SYS-1至SYS-10，共有70种组合。

确定　　取消

图 1.3-20 系统默认工况组合显示对话框

荷载工况组合中的列表项数默认为 20 项空白项，如果用户已经将这些空白项用完，还要增加荷载工况组合时，单击列表下面的增加工况组合按钮，一次可以新增加 20 个空白项，对已经定义的荷载工况组合没有影响。用户可以任意增加自定义荷载工况组合的个数，直到自己满意为止，组合的数量在理论上没有限制。

另外 SpaS CAD 还提供对基础模块的数据接口，该组命令的使用比较简单，用户输入时注意命令行的相关提示即可。

第四章　AutoCAD 平面图向建筑模型转化

本程序可把 AutoCAD 平台上生成的建筑平面图转化成建筑结构平面布置的三维模型数据，从而节省用户重新输入建筑模型的工作量，如图 1.4-1 所示。程序根据 Dwg 平面图上的线线关系转换成 PKPM 中的轴线和建筑构件梁、柱、墙、门、窗等建筑构件和它们的平面布置。

本程序直接由 PKPM 菜单调用，不需要进入执行 AutoCAD 软件，程序可直接读取直到 AutoCAD2006 的各种版本的 DWG 图形文件。本程序先把 DWG 图形文件转化成为 PKPM 格式图形文件（.T 图形文件），再对该 .T 图形文件进行模型识别和转化。

同时给用户提供在 AutoCAD 环境下运行的程序，该程序自动安装在 PKPM 的 CFG 目录中。程序包括 Tchdwg2000. Arx（或 Tchdwg. arx）和 DwgToPkpm. Mnc。有时当用 PKPM 菜单转化 DWG 图形文件不能成功时，可在 AutoCAD 环境下调用该程序直接对 DWG 图形文件进行平面模型识别和转化。

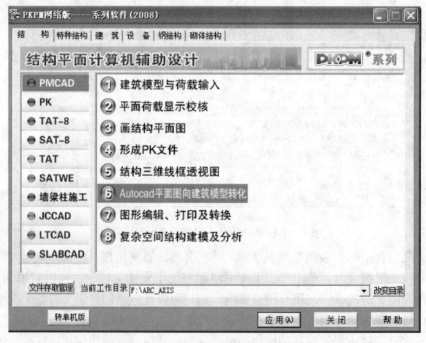

图 1.4-1　AutoCAD 平面图向建筑模型转化

第一节　软件转换模型主要思路

Dwg 平面图由线条和字符等基本图素构成，没有物理意义，不可能自动从图上识别出平面建筑布置的内容，即不可能知道哪些是轴线，哪些是墙、柱等等。所以用户人机交互操作的主要工作之一就是对各种构件指定其相对应的图素。一般图纸都把不同类别的构件画在不同的图层上，这就方便了程序的选取识别。比如识别轴线时，用户只要点取某一根轴线，则程序就会把与该轴线相同图层的图素都选中，把它们都归为轴线的内容。

转图时轴线、墙、柱、梁等不同的构件一定要用不同的图层分开。如果该平面图上各种构件图层分类混乱，比如把梁、墙画到同一种图层上，人机交互分别指定的工作量就会很大。

根据用户的选择，软件针对不同构件进行相应的分析判别处理。

一、墙和梁的判别

（1）必须是一对平行的墙线或梁线，且平行线之间的距离满足墙和梁宽度所设置的范围，即距离在最小墙（梁）宽和最大墙（梁）宽之间（图1.4-2）。

（2）平行墙（梁）线附近有与之平行的轴线，且平行墙线的中心线与轴线之间的距离小于所设置"最大偏心距"。

该对平行线附近位置如果画有轴线，则该墙或梁转化成功的几率较高。如果平行线附近位置没有画轴线时，程序可以在该对平行线的中心位置自动生成轴线（非圆弧的梁或墙），并在墙或梁的相交处轴线自

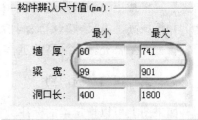

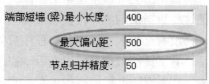

图1.4-2　墙和梁的判别

动延伸相交，延伸的范围限于参数设定中墙或梁的最大宽度。这种情况下转化的效果有时需要人工调整。

转化不理想时，可以人工补充墙或梁下的轴线，程序设有专门的菜单补充轴线，对圆弧的梁或墙必须补充了轴线才能转换。

二、柱的判别

封闭的矩形、圆形或多边形柱图层，且距轴线交点在合理取值范围内。

三、门、窗洞口的判别

一个门窗图块或平行的门窗线段，且位于墙上和轴线上。

四、补充墙、门窗、梁、柱下的轴线或网格线

用户可先将已有轴线，利用程序提供的菜单延伸到构件所在位置，或用"生成网格线"菜单逐个指定墙或梁的一对对的平行线段，令其在其中生成网格线。圆弧的梁或墙没有轴线或网格线时不能转化建筑构件。

五、"构件设置参数"中参数

用户应注意设置这些参数。具体包括：构件在三维层高方向的尺寸，如梁高、窗台高、窗高、门槛高、门高等，当然这只是总的设置，对于不同的构件可能有不同的高度，这可以在模型录入菜单中继续修改。还要注意调整"构件辨认尺寸值"中的各项参数值，

使其与当前工程相适应。

六、门窗表及门窗名称的识别处理

如果图上可以指定门窗的名称和门窗表，则程序可以正确确定平面图上各门窗名称对应位置的洞口尺寸。

读不到门窗表时，程序从平面图上只能识别出洞口的宽度，当画图比例不准时，该宽度可能只是洞口宽度的近似值。有了门窗名称和门窗表识别，程序在平面图上识别出洞口信息后，将找出该洞口附近的门窗名称，再从门窗表中找出该名称对应的门窗宽度和高度，并把该高、宽尺寸赋给该洞口的布置信息。这时该洞口的高度就是门窗的实际高度了，省去人工补充输入洞高的工作。该洞口的宽度也应是准确的门窗宽度。

七、梁标识信息的识别

如果图上可以指定梁的标注数据，主要是梁的截面宽度和高度的标注数据，则程序会把这些数据识别出并转换成平面上对应梁的截面高度和宽度的完整截面数据。

没有梁的截面标注时，程序只能识别梁的截面宽度，梁的截面高度还需要人工补充定义。有了梁标识信息的识别后，程序把每个识别到的高度和宽度数据放到梁的截面定义表中，在平面图上根据平行关系找到梁附近的梁名称，再从截面定义表中找出该名称对应的梁宽度和高度，并把该梁高、梁宽尺寸赋给该梁的布置信息。如果在平面图上根据平行关系未找到梁名称时，程序根据平行线识别到的梁宽度，从梁的截面定义表中找出与该梁宽对应的梁高值，并把它赋给该梁截面。如果该梁的梁宽对应梁截面表中多个梁截面高度时，程序会取与该梁距离最近尺寸标注上的梁截面高度。

通过这样的过程，省去了人机交互补充输入梁截面高度的工作，提高了转图效率。

八、指定基点

用户对每一个转换的楼层，应指定它的基点位置，最后把若干楼层通过基点处对位，组装成一整栋建筑。为便于操作，基点应指定在各层都存在且为同一节点上。

九、转换及编辑模型

转换完成的建筑模型，应返回到 PMCAD 的模型输入中继续编辑修改，才能成为结构 CAD 各设计模块使用的建筑模型。

第二节 操作步骤说明

主界面如图 1.4-3 所示。
右侧主菜单具体内容如图 1.4-4 所示。
下面按转换功能分别介绍说明其工作流程及操作步骤。

一、功能介绍

其主要功能是处理分析平面图上的轴线（网格线）、墙体、柱、梁、门、窗等建筑构

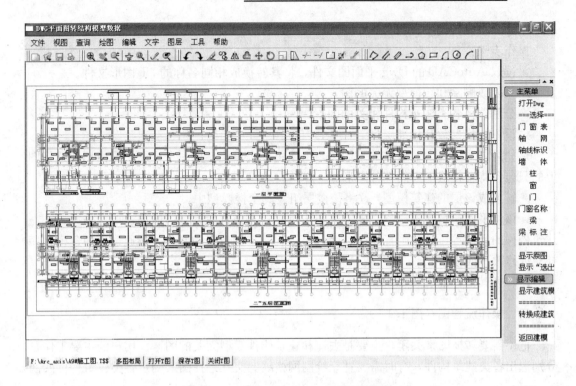

图 1.4-3　DWG 平面图转结构模型主界面

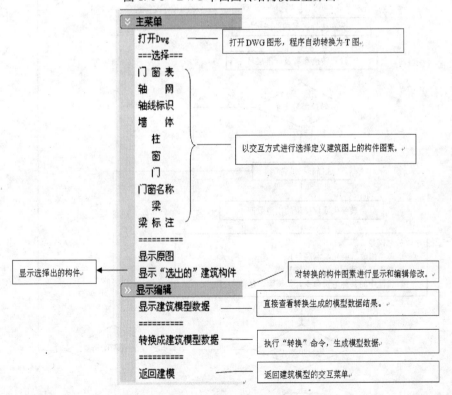

图 1.4-4　右侧主菜单具体内容

件的图素，将其转化生成 PKPM 的建筑层模型数据，可节省人工录入建筑模型的工作量。

操作步骤：

➢ 读取 AutoCAD 的 Dwg 平面图文件，将其转换成相同名称的 . T 图形文件。

➢ 关闭或删除和转模型无关的图素。

➢ 分别选择各类建筑构件相关的图素。

➢ 设置转换参数和标准层号。

➢ 如果图形上包含若干层的平面图，由于每一次只能转换一个楼层，需由用户选择图上的只包含待转换层平面的部分图形。

➢ 转换成该层的建筑模型，并将该楼层组装到全楼模型中。

➢ 该层平面信息并不完整，需要进一步对它补充布置信息。一般通过单参修改，补充建筑构件的尺寸等，通过画直线梁、墙补充梁、墙布置遗漏的部分，或通过平面建模程序补充或修改平面模型。

➢ 转换其他标准层。

二、操作流程图 （图 1.4-5）

把不需要转换图素关闭，主要是去掉和建筑构件模型无关的图素。用户的主要工作是分别选出各类建筑构件，有时需要补充绘制网格线。交互选择图素确定各类建筑构件的同

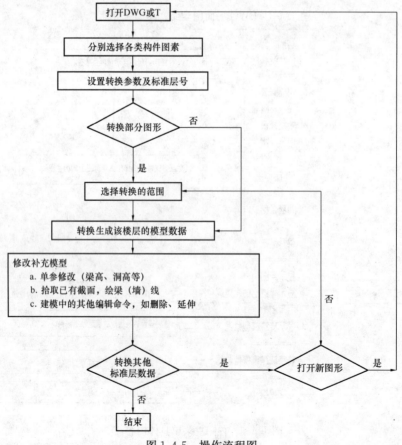

图 1.4-5 操作流程图

时可切换显示已被选出的建筑构件,可通过显示菜单来回切换显示原图和已选出的构件图。菜单如图 1.4-6 所示。

三、操作步骤及命令介绍

1. 打开 DWG

选择该命令就是读取 AutoCAD 的 Dwg 平面图文件,将其转换成相同名称的 . T 图形文件。其转换过程如图 1.4-7 所示。

图 1.4-6　显示菜单

一个 DWG 文件最好只包含一个楼层的平面图。包含多个层的平面图的文件由于较大,图形转化、选择图素、编辑图形等的操作速度可能较慢。由于程序每次只能转换一个楼层的模型,对包含多个层的平面图转换时还要用窗口做"转换局部"的操作。因此,用户应先把包含多个层的平面图文件分离成为每层一个单独的图文件。

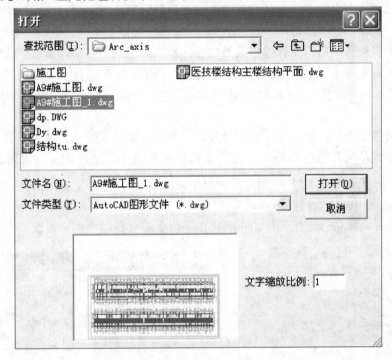

图 1.4-7　打开 DWG

转换 Dwg 文件后,已经有一个同 Dwg 平面图文件相同名称的 . T 图形文件放在当前工作目录中。如需反复执行转换程序,再次进入程序时,可直接通过工具条 或下拉菜单"文件"→"打开",打开该 . T 文件,省去重新转化 DWG 文件操作,如图 1.4-8 所示。

2. 关闭或删除与转换模型无关的图素

把不需要转换图素关闭或删除,主要是去掉与建筑构件模型无关的图素,避免转换出多余的构件,提高转图的效率,增加转图的稳定性。

3. 分别选择各类建筑构件相关的图素

一般情况下,平面图上轴线、墙体、柱、梁、门、窗等每一类构件的图素会布置在相

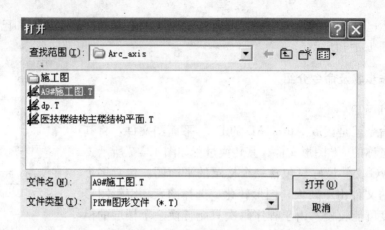

图 1.4-8　打开 .T 文件

同的图层上，而他们之间不同类的构件的图层不一样，程序正是通过这些图层属性的区别才能将轴线、墙体、柱、梁、门、窗区分别辨认出来。

选择图素是指当用户用光标选择某类构件（如轴线）的某一个图素时，软件会自动选择和该图素具有相同图层属性的所有图素作为该类构件。一般规范的图纸，同类构件（如轴线）都布置在同一个图层上（或很少几个图层上），因此这种选择只需一步或几步即可完成。

在选择图素过程中，软件会把已选择过的图素变为灰暗的颜色，如果图面上还有属于该类建筑构件但是没有变色的图素，可继续选择，直到全部变色为止。如果选择错了图素，可选择工具条上 ↶（UNDO命令）放弃刚做的选择。

4. 显示已选中的建筑构件图（图 1.4-9）

为保证选择定义构件的正确性，可利用以下命令进行显示和编辑修改。

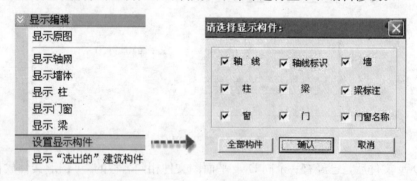

图 1.4-9　显示已选中的建筑构件图

（1）显示构件：对于已经选出的构件，用户可按构件类型分别显示，以便于确定构件选择是否完全，或者是否有误选。如直接点取右侧菜单"显示轴网"，则程序会将所有图素关闭，仅显示选出的轴网层。对于用户想同时显示几个图想要图层的情况，可选择"设置显示构件"，在弹出的对话框中勾选相应项即可。

（2）显示选出的建筑构件：点取此命令后，显示用户已选出的待转换的所有建筑构件图。

（3）显示原图：点取此命令后，即可由显示选出的构件图恢复成显示原图，在此显示状态下用户可继续做选择图素操作。

5. 转换成 PKPM 建筑模型数据

功能：转换生成 PKPM 建筑模型数据。

转换结果：生成 PKPM 工程名文件（Apsr.Fnm），模型数据文件（＊.Jws），楼层信息文件（＊.Sbd）。（注：＊为输入的工程名）

操作对象：用户选出的待转换建筑构件图。

操作步骤：点取此命令后，显示如图 1.4-10 所示的对话框：

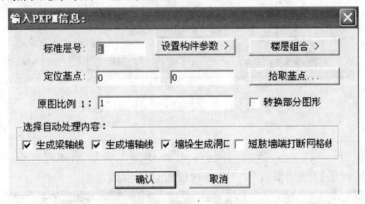

图 1.4-10　转换成 PKPM 建筑模型对话框

其中：

（1）［标准层号］：在多个标准层转换时，用户往往忽略该项输入，而发生标准层数据被覆盖的错误，请用户使用时特别注意。

（2）［楼层组合＞］：按此按钮后，显示如图 1.4-11 对话框：

在此对话框上，建立建筑楼层信息。具体地，用户可以一开始就把全部楼层组合信息设置好，也可以在最后一次标准层转换之前设置好。程序根据这个楼层组合表，形成 PKPM模型文件中的＊.sbd 和＊.jws 文件。具体操作如下：

➤ 增加新楼层信息：用户拾取［复制层数］中的数值、拾取［标准层数］的标准层号、选取层高，然后按［添加］按钮，此时［组装结果］中将按指定的标准层号和层高及层数增加新楼层信息，楼层号按自然层号自动增加。

➤ 修改楼层信息：首先拾取标准层数、层高及拾取［组装结果］需要修改的楼层信息，然后再按［修改］按钮。注意：在［组装结果框］中，用鼠标点某行，该行变黑，表示已拾取了。要拾取几行，只要用鼠标分别点取这几行即可。对于［复制层数］和［标准层数］只能拾取一行。

➤ 插入楼层信息：首先拾取要插入的［标准层数］的标准层号，及拾取［组装结果］中被插入的行。然后按一下［插入］按钮，指定的标准层号就插入到被插入的行的前面。如果要插入多次，请多按几下［插入］按钮。

➤ 删除楼层信息：首先拾取［组装结果］中要删除的若干行，然后按［删除］钮。

➤ 重新输入楼层组装信息：先按［全删］按钮，清除［组装结果］中全部信息，然后

图 1.4-11   [楼层组合>] 对话框

再次输入。

(3) [设置构件参数>]：按此按钮后，显示如图 1.4-12 所示对话框。此输入参数控制转换模型数据时的处理结果，用户应合理设置这些参数。

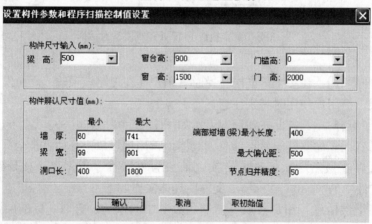

图 1.4-12   [设置构件参数>] 对话框

其中：

➤ 构件尺寸输入：分别输入建筑构件的三维尺寸的缺省值。包括梁高、门高、门槛高、窗高、窗台高等五个参数。此组参数值的输入，常取每种构件在该标准层中出现最多的尺寸值，当有个别构件与相应类别的输入值不符时，可在 PKPM 的模型输入中修改。

➤ 构件辨认尺寸值：单位均为毫米（mm）。转图前应大致查看当前图形中需进行转换的最厚及最薄的墙、最宽及最窄的梁、最大及最小的门窗洞口尺寸，以便分别输入各类构件的辨认尺寸值。查看梁宽或墙厚时，可采用下拉菜单"查询"下的"线线间距"，如图 1.4-13 所示。这些值应尽量与当前工程图相适应，太大或太小都会使转图效果不理想。以墙为例，最大值太大或最小值太小，可能会使本不是一道墙的两条墙线错误配对为一道墙，造成墙体混乱，而最大值太小或最小值太大，会把厚度在所设置范围之外的墙（如厚墙或薄隔墙等）遗漏，造成少墙。

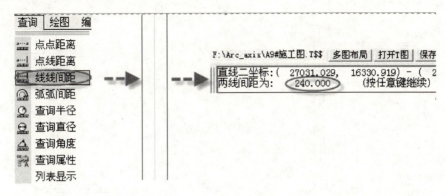

图 1.4-13 线线间距

➤ 最大偏心距：其值表示墙体或梁的中心线与其所依据的最近网格线的距离不能大于它，否则，该墙梁被忽略，或另行生成网格线。

（4）基点定位：当一个工程有多个标准层时，一定要注意为每个标准层指定相同的基点，否则可能造成工程组装后，出现楼层错位，对不齐的情况。为便于操作，通常点"拾取基点"按钮，在图中选择每个标准层中都存在的同一个节点作为定位基点。

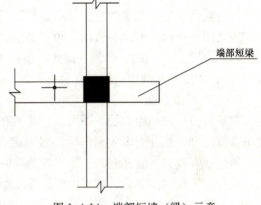

图 1.4-14 端部短墙（梁）示意

（5）转换部分图形：如果一张建筑平面图上有若干个标准层平面图，则用户可以不用分成几个 DWG 或 T 图，而用［转换部分图形］功能按钮来实现转换。这样在转换时用户只选择指定标准层的构件图形即可。

注意：为保证处理结果的正确性，建议将平面图分放在几个 DWG 或 T 文件中。

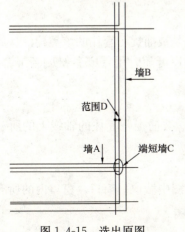

图 1.4-15 选出原图

（6）端部短墙（梁）最小长度：端部短墙（梁）指的是单独伸出的墙肢或梁段，

如图 1.4-14 所示。

当外围网格线布置的构件有偏心时（如图 1.4-15 中墙 B 所示），程序会在墙 A 的伸出轴线范围 D 内生成一小段端墙。但是正确的模型应是图 1.4-16 所示，因为程序会自动在墙 A 与偏心的墙 B 之间增加连接，它就和程序生成的端短墙 C 重合。错误结果如图 1.4-17 所示。

设置此参数，就是为了让程序能把生成的端墙 C 再自动删去，因此该参数应大于图中最大偏心的数值。当该平面上没有需要转出折端墙（梁）肢时，该参数值宜取大些。

注意：此参数也不能取值过大，否则会将较长的端部挑出梁也被忽略掉。

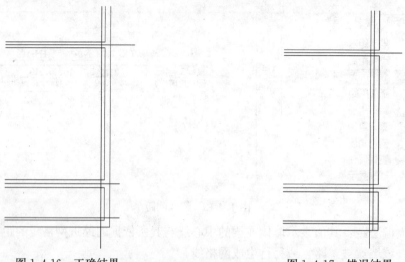

<table>
<tr><td>图 1.4-16　正确结果</td><td>图 1.4-17　错误结果</td></tr>
</table>

（7）最大梁宽：此参数主要功能是判断平行线之间是否能形成有效线对（构件）。当平行线之间的距离小于此参数时，可认为此对平行线可以形成有效线对。如图 1.4-18 中的梁其截面尺寸有 1100×1000，因此必须修改默认的参数，将最大梁宽由 901mm，改为 1101mm，否则此类截面的梁就会丢失。

6. 编辑模型数据

对于转换完成的标准层，平面信息并不完整，需要进一步对它补充布置信息。一般通过单参修改可快速补充输入洞口的高度或窗台高度、梁截面的高度等等，如图 1.4-19 所示。通过画直线梁、墙补充梁、墙布置遗漏的部分。

操作应该在转图之后，对当前层的模型存盘退出，进入到上一级的模型输入菜单。

（1）修改洞口尺寸：主要包括修改洞口的宽度、高度以及底标高。每次修改仅只修改同一个参数，如修改洞口宽度，修改时洞口高度保持不变，只修改洞口的宽度，同时如果有必要程序自动及时调整洞口定义信息。

单参修改有四种方式。

① 光标修改方式

在确定了要修改的单参数值后，首先进入该方式，凡是被捕捉靶套住的该类构件（如门窗），在按【Enter】后，该类构件的当前值被替换，用户可随时用【F5】键刷新屏幕，观察修改结果。

② 沿轴线修改方式

当切换为【沿轴线布置】方式时，在按【Enter】后，被捕捉靶套住的轴线上的所有该类构件的当前值被替换。

③ 按窗口修改方式

当切换为【按窗口布置】方式时，此时用户用光标在图中截取一窗口，窗口内的所有该类构件的当前值被替换。

④ 按围栏布置方式

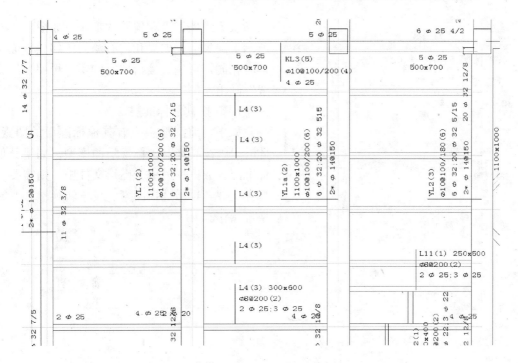

图 1.4-18　最大梁宽设置

图 1.4-19　编辑模型数据

当切换为【按围栏布置】方式时，用光标点取多个点围成一个任意形状的围栏，将围栏内所有该类构件的当前值被替换。

（2）修改梁高：主要修改矩形截面梁的梁宽度。对于不同宽度的梁，可以同时修改成具有相同高度的梁，修改时所修改梁的宽度保持不变，只修改相应梁的宽度，同时如果有必要程序自动及时调整梁截面定义表。

（3）画直线梁、墙：对于转换模型后丢失或遗漏的梁（墙），用户可用右侧菜单"绘梁线"（"绘墙线"）中的"绘直线梁"（"绘直线墙"）补充布置。

操作时，可以多使用"绘梁线"（"绘墙线"）对话框上的"拾取"工具条，如图 1.4-20 所示。使用"拾取"可以在平面上鼠标点取已经正确布置的梁或墙的截面和偏心，省

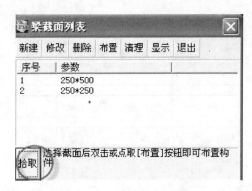

图 1.4-20　"拾取"工具条

去输入梁或墙截面和偏心的工作。如图 1.4-21 所示，缺失的梁如果和它右侧的相邻梁截面与偏心相同，可先直接拾取右侧梁，再用"绘梁线"画出左侧梁。

7. 转换其他标准层

如果当前图形中也有其他标准层的图素，此时可继续转换其他标准层的模型。如果其他标准层的数据在另一个图形文件中，则需要先打开文件，再做选择图素、设置转换参数、转换等操作。

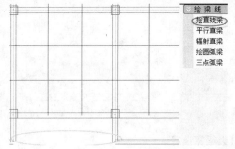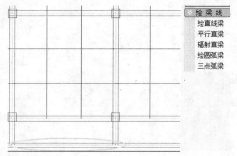

图 1.4-21　画直线梁

四、其他功能

1. 选择建筑构件图层名称及图层号

模型数据只分析处理建筑的轴线（网格线）、墙体、柱、梁、门、窗等类构件。建筑构件图素的分类选择定义是由用户完成的。操作结果是把用户选择的构件图素分别置放在相应的图层上。

［说明］建筑构件图层的定义如下：

建筑构件名称	图层名称	图层号
轴线（网格线）	选择网格线	900001
墙体	选择墙线	900002
窗	选择窗线	900004
门	选择门线	900005
柱	选择柱线	900003
梁	选择梁线	900006
门窗名称	选择门窗名称	900008
梁标注	选择梁标注	900009

2. 交互方式分别选择确定各类建筑构件图形

该方法适用随意绘制的平面图形文件，即该图上的轴线（网格线）、墙体、柱、梁、门、窗的图层是用户随意定义的。程序不知道该图层名，需要用户在这里交互指定。

交互确定法是通过分别点取［选择轴线］、［选择墙体］、［选择窗］、［选择门］、［选择柱］、［选择梁］、［选择梁标注］、［根据轴线标注生成轴线］命令菜单完成的。

此时不能简单地通过图层属性就能区分出各类建筑构件，如用 PlolyLine/LwPoly-Line/Solid/3Dface 绘制的墙体和柱具有同样属性时，就很难将它们区分开。如果出现这种情况，需要逐个选取单一图素确认。

3. 根据轴线标注生成轴线或网格线

功能：由于有些建筑图上的轴线和其他相应标注混在一起，或整个是一个图块，程序无法找到确切的轴线图层。本命令可根据标注的轴圈，自动生成轴线。另外，平面图上的轴线，有时只画到平面的外圈，没有延伸到构件中间，本菜单可将轴线延伸到用户指定的建筑构件所在的范围。

操作对象：原有图形。

操作步骤：点取此命令后，提示：

＞请选择轴圈＜回车结束＞：

点取图形上的轴圈后，程序自动把图形上与它相同的所有轴圈都加亮显示，并提示：

＞请调整选择的轴圈：

此时提示用户可对图形上加亮选择上的轴圈，利用增加或删除的选择操作命令进行删选，确认后回车。接着提示：

＞请给出轴线的绘制范围，第一点：

＞第二点：

定义一个窗口，用来指定轴线的绘制范围。最后在给定的窗口内，按选择的轴圈自动绘制出相应的轴线。

4. 补充绘制网格线

建筑平面图上的某些建筑构件中间常没有轴线穿过，有时程序不能将这样的构件转换成模型构件。遇到此种情况时，可以用"生成网格线"命令把这些建筑构件上的轴线（网格线）补全。

生成网格线：

功能：绘制建筑构件（直线型和弧型）的网格线。在用户选择的一对或一组（例如窗）平行线间生成一条轴线。

操作对象：用户选出的待转换建筑构件图。

操作步骤：点取此命令后，提示：

＞请给出两点穿过要生成网格线的建筑构件，第一点＜回车结束＞：

＞第二点＜回车结束＞：（该点穿过一组平行线）

若选择的为直线型建筑构件，需要用户指定网格线的起始和终止位置。此时程序自动在该组平行线中间生成一红色短线段，参考它来确定网格线的起点和终点位置。命令接着提示：

＞请依次给出轴线的起终点：

＞起点：

按命令指示拖动红线的起点到指定位置，命令接着提示：

＞终点：

按命令指示拖动红线的终点到指定位置。

若选择的为弧型建筑构件，程序按弧的大小自动生成弧型网格线。

不管选择的是直型建筑构件还是弧型建筑构件，此时程序自动在红色网格线上绘制出一箭头。命令接着提示：

＞请给出网格线的偏心（＋表示与显示箭头同向，－表示与显示箭头反向）＜0＞：

网格线可以位于建筑构件中心，也可偏离建筑构件，其位置可通过输入网格线距墙体（或梁）中心线的偏心值来确定。当偏心与显示箭头方向同向时，输入正值；否则输入负值。直接回车表示无偏心。

网格线最好不要横向穿越建筑构件。

5. 编辑门窗表

功能：转换生成 PKPM 建筑模型门窗数据。

操作对象：用户选出的门窗表。

操作步骤：点取此命令后，显示如图 1.4-22 所示的对话框：

编	门窗名称	宽度 (mm)	高度 (mm)	窗台高 (mm)
1	M1	1000	2100	0
2	M2	2360	2400	0
3	M3	1000	2000	0
4	JLM1	3000	2300	0
5	16M0921	900	2100	0
6	15M0721	700	2100	0
7	16M0821	800	2100	0
8	TSM1524C	1500	2400	0
9	TSC0915A	900	1500	900
10	TSC1212A	1200	1200	900
11	TSC1115A	1100	1500	900
12	TSC1215A	1200	1500	900
13	ZC1	2200	1350	900
14	ZC2	1260	1350	900
15	ZC3	2700	1600	900

图 1.4-22　编辑门窗表

用户可编辑修改此表格内的数据，如门窗名称、窗台高度等，修改以后的数据在转图程序执行时会自动识别处理。

6. 修改建筑构件属性

功能：编辑修改建筑构件属性。即在选择处理过程中，如果构件选择有误（可通过分别显示建筑构件来检查），可在此进行调整修改。

操作对象：用户选出的待转换建筑构件图。

操作步骤：例如：发现把轴线错放到墙体转换图层上，利用此命令可修改过来。

点取此命令后，提示：

＞ 请选择构件图素＜回车结束＞：选择要修改的图素或直接回车结束。

＞ 选择正确的构件属性：如图 1.4-23 所示：

7. 保存网格线

功能：保存当前图上的所有网格线，在当前工作目录下生成图形文件。由于大多建筑的标准层平面极为相似，为此，可把此标准层的网格线保存起来，在进行下一个建筑标准层转换时参考使用，避免重复操作。

操作对象：用户选择的转换建筑构件图。

操作步骤：点取此命令后，提示如图 1.4-24 所示。

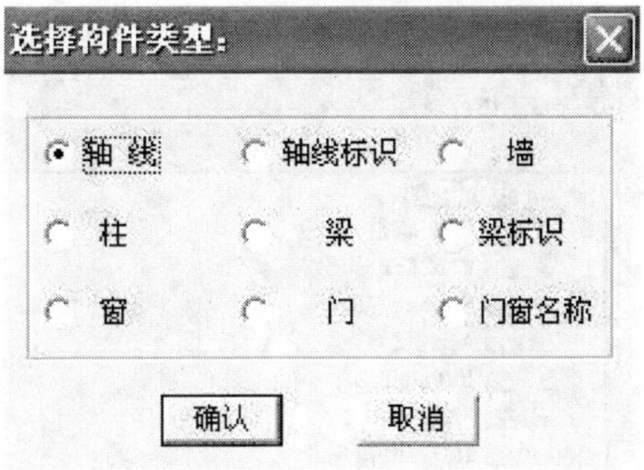

8. 加载网格线

功能：插入保存过的网格线图形文件（pkpm_axis_*.t）。

操作对象：用户选择的转换建筑构件图。

操作步骤：点取此命令后，显示如图 1.4-25 所示对话框，在此界面上用户选择插入的已保存的网格线图形文件。

图 1.4-23　修改建筑构件属性

图 1.4-24　保存网格线

选择确认以后，则在当前图形上自动插入已保存的网格线。

9. 查看模型数据的图形显示

功能：查看转换生成的 PKPM 模型数据中指定标准层的数据。

操作对象：任意图。

操作步骤：点取此命令后，若没有指定工程目录，则显示如图 1.4-26 的对话框，在此界面上点取欲查看工程所在目录。

然后提示：

＞ 请输入标准层号<1>：

确认标准层号后，自动显示出转换生成的此标准层的模型数据。

五、问题解答

1. 如何进行多楼层的转换？

如果每个楼层对应着不同的施工图文件，则每次打开一个图形文件，选择构件图素后，进行转换处理即可。

注意：进行转换操作时，要给出相应的楼层号及转换基点（楼层组装时的参考点）。如果多个楼层施工图在一个图形文件中，则转换时要点取［转换部分图形］按钮，然后用窗口选择欲转换楼层的图形部分。

2. 如何转换处理门窗表的参数信息？

图 1.4-25　加载网格线

图 1.4-26　选择工作目录

若要保证把门窗表参数信息（指表中的洞口尺寸）与图上的门窗关联起来，需要做以下操作：

（1）选择门窗表图素。

（2）选择施工图上的门窗标注符号。

（3）在生成建筑模型数据过程中，程序自动把门窗尺寸取门窗表中相应的参数值。

3. 异型柱处理的条件是什么？

其轮廓线一定是一条连续绘制的折线（既 POLY 图素）。

4. 有构件丢失问题发生后怎么办？

需要进行如下检查：

（1）第一，核查构件上是否有网格线（尤其是弧形构件一定要有网格线），具体可使用下拉菜单上的［绘墙/梁/窗网格线］或［绘制凸窗或阳台网格线］命令进行网格线的绘制。

（2）第二，丢失构件是否超出［构件识别］参数范围，具体可在［设置构件参数］对话框中重新指定。

5. 由 DWG 图形文件生成的 T 图形文件的存放位置在哪里？

当前工程目录下，与 DWG 文件同名。

6. 若 DWG 图形文件名中有空格，程序如何处理的？

生成的 T 图形文件名中的空格用"＿"代替。

7. 梁标注选择包括哪些内容？

标注信息和标注引线。

8. 轴线标注选择包括哪些内容？

轴圈、轴线编号及连接轴圈的线段。

第 二 篇

结构计算分析软件SATWE、TAT、PMSAP2008

第一章　SATWE 软件的改进

一、结构分析的统一前处理实现一模多算

08 版本统一了 SATWE、TAT、PMSAP 三个计算软件的前处理。即对参数定义、特殊构件定义、多塔定义、温度荷载定义、特殊风荷载定义、特殊支座定义等部分采用同样的界面、操作以及内部采用统一的数据结构，使得其中一个计算软件定义的数据，在其他计算软件同样有效，从而实现一模多算的效果。

08 版程序将特殊构件定义等信息记录在 PMCAD 模型对应的同样杆件上，所以它们能够与 PMCAD 模型互动。也就是说，在 PMCAD 中对模型的调整修改后，其原有的特殊构件定义等信息可以保留。由于各个计算模块都是从 PMCAD 模型中读取数据，因此实现了一模多算。

08 版本把人防荷载定义、吊车荷载定义前移至 PMCAD 建模之中，这样，SATWE、TAT、PMSAP 等均从 PMCAD 中读取这两类荷载（TAT 可以计算人防面荷载是 08 版增加的内容），并取消了 05 版在 SATWE、TAT、PMSAP 中定义人防荷载、吊车荷载的内容。

二、越层柱的改进

05 版可以通过修改上节点高来修改柱顶标高，但对于底层柱底标高不可以修改，因此对于越层柱、柱底不等高嵌固柱的情况一般通过增加标准层，或将越层柱分成几段到各个标准层中来解决。

08 版对柱的建模输入增加了柱底标高参数，可以对越层柱输入柱底标高，使该柱从本层底标高往下延伸，而且其延伸往下跨越的层数不受限制，可以延伸到相邻的下一层，也可以延伸跨越到下面好几层，甚至直接延伸到地面。程序可以通过坐标值自动计算出该柱和下部连接的楼层号和该楼层上的相应杆件的连接关系。这种输入方式简化了越层柱的输入，改善了这种柱的计算效果（见图 2.1-1）。

用户应注意：柱底标高参数是相对本层底的 0 标高的正值（往上延伸）或负值（往下延伸），输入正值时不能高于本层的柱顶标高即上节点高。

08 版本这种通过设置柱、墙、斜梁、斜杆等构件的上延或下延的输入方式，使得每个层可能不再仅仅和紧邻的、惟一的上层或惟一的下层相连（在 05 版前的程序中一直是这样的），从而可能上接或者下接多个不同的楼层。这是 08 版的显著变化之一。

从图 2.1-2 所示可见该结构，建模中在第 1 层两边的排架柱设置上节点抬高，在第 5 层两边的柱设置柱底标高，从而使两层柱在空间上建立了相连关系。此时，第 1 层有的柱（中间两根）和第 2 层柱相连接，有的柱（两边两根）和第 5 层柱相连接，因此，08 版的柱、墙、梁杆件不再限于仅和相邻的楼层相接。同时，可以看到引入了广义层后，建立此

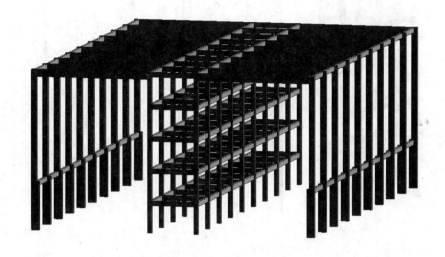

图 2.1-1　越层柱示意图

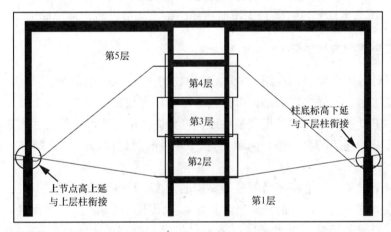

图 2.1-2　越层柱的连接关系图

模型不用再将长柱分层打断，简化了建模步骤，也使得模型更为简洁。

三、越层支撑的改进

05 版 SATWE 对支撑的处理有一定的局限性，08 版相应地进行了一些改进。

05 版对于支撑端部不在楼面标高处的节点，会将该点强制移动到距离最近的楼层标高，也就是说，不能准确计算层间支撑。对于层间支撑结构有时需要在层间位置增加标准层输入，造成建模繁琐或计算误差。如图 2.1-3 所示。

08 版本按照支撑的真实标高进行处理，支撑可以位于层间，可以将相连的柱、墙打断，而且可以在同一层同一节点布置多根不同标高支撑（目前最多可在柱间增加 3 个节点），如图 2.1-3 (b)（c）最底层对比所示。

05 版对于越层支撑，程序会自动按层打断，打断过程中有可能由于相应节点的构件存在偏心布置，各层形成的偏心坐标不一致，因而支撑各段可能不在一个平面内。

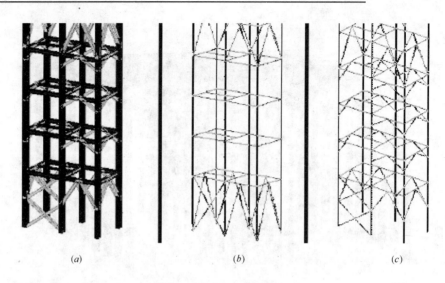

(a)　　　　　　　　　(b)　　　　　　　　　(c)

图 2.1-3　柱间支撑改进图

(a) PM 模型；(b) 05 版；(c) 08 版

08 版则不再将越层支撑打断，支撑所属楼层按上部节点所在楼层确定。

四、广义层建模方式的分析

增加了可计算的楼层数，取消了 05 版总层数在 99 层以下的限制。

对于下联多塔、上联多塔等结构可以按照广义层方式建模。

在原先的 PM 建模中，楼层组装是按照从低到高的顺序串联的组装。楼层从下到上的顺序号是从 1 开始连续的自然数，简单易懂。05 版前的建模和非广义层方式的建模一直是这样。

为了适应下联多塔、上联多塔等复杂结构的建模，PMCAD 建模中引入了子结构拼装的广义层建模方式。由于广义层概念下，楼层不再限于从下到上的顺序组装，而可以在不同塔号之间任意跳跃组装。每个楼层可能不再仅仅和唯一的上层或唯一的下层相连（在05 版的程序中是这样的），而可能上接多层或者下接多层。这种新的楼层管理方式是新版本程序的改动，十分繁琐，在涉及比如：①风荷载计算；②高位转换层的刚度比；③上下层的刚度比；④上下层的承载力比；⑤上下层的层间位移和位移比；⑥ $0.2Q_0$ 的楼层剪力调整；⑦层框支柱的调整；⑧剪力墙加强区的高度计算；⑨柱墙活荷载折减系数等方面，改动工作量很大。

建议在 08 版程序使用过程中，使用非广义层方式已经可以较好地处理的工程，优先使用非广义层方式建模。

对下联多塔、上联多塔结构，PMCAD 建模使用广义层方式建模和 SATWE、TAT前处理中的多塔定义是互斥的，即在 PMCAD 中按广义层定义模型后，在 SATWE、TAT 中不能再定义多塔了。但在 PMSAP 中使用广义层时，仍然允许每一层定义多塔。

图 2.1-4 所示结构是按照广义层方式建模的，在 PMCAD 中层的定义如右边数值框中所示。共 21 层。该模型如果按照非广义层方式建模则应该定义 13 层，然后在计算模块前处理时，要对第 3~10 层进行多塔定义。

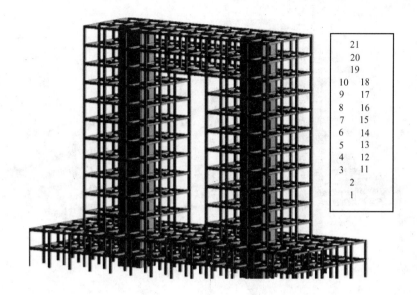

图 2.1-4　广义层结构模型图

综上所述，广义层建模的特点是：

（1）对于多塔结构，尤其是层高不一致的大底盘多塔或上联多塔，采用广义层建模比较方便，且模型描述更准确。在楼层组装或工程拼装时，要特别注意各楼层底标高的正确性，它是广义层相互连接的关键参数。

（2）楼层组装时，层和层之间只能上下相连，不能左右相连。

（3）广义层下的楼层组装顺序，仍应遵循从下而上的原则，跳跃只限于在每塔组装完成后到组装另一塔之间，或塔和连体组装之间，以方便分析时的各种参数的统计和计算结果的查阅。

（4）广义层模型在采用模拟施工计算恒载时，应正确填写总信息中的"施工次序"参数，尤其是模拟施工 3（分层刚度分层加载）。

（5）对广义层模型的计算结果输出，仍然按照楼层顺序输出和管理。比如，图 2.1-4 模型的第 3～18 层，其左边平面各层和右边平面各层是分别输出的。

五、斜坡梁建模方式的分析

斜坡梁在坡屋面、体育场看台等结构中常常用到，08 版本建模、分析时，对此作了较大改进（见图 2.1-5）。

05 版中，梁两端节点只能与本层的其他构件相连，两端有高差时，高差不能跨越本层层高范围。对于屋面坡梁，当它直接和下一层的梁或柱连接时，需要增加输入在梁端的短柱，靠该短柱才能够使坡梁和下层柱（或梁）相连。

08 版进行了改进，梁两端节点有高差时，程序可以根据它的空间坐标，自动计算出它和其他楼层相应杆件的连接关系。如图 2.1-6 所示。

斜梁两端节点的高差还可以上下跨越本层到其他不同楼层。斜梁往下延伸时，既可以延伸到下面的相邻层，也可以往下跨越几层和下面不相邻的任意楼层相连。

对于斜坡屋面梁，用户还应注意如下处理：

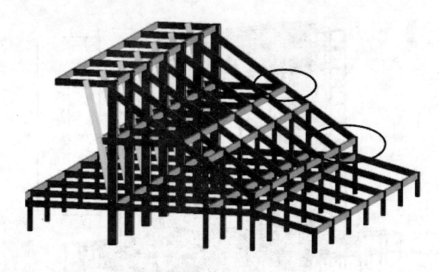

图 2.1-5　斜坡梁模型图

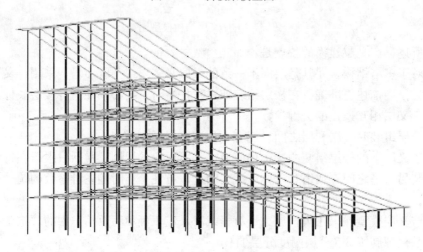

图 2.1-6　斜坡梁连接图

（1）当斜坡梁下端需与下层梁或墙相连时，其下层梁或墙的连接处必须有节点，如果没有相应的连接节点，需要人工在下层梁或墙中间增加节点，以保证其与上层梁的连接。

（2）当两横向斜坡梁下端与下层的纵向梁或墙垂直相连，并且需要形成斜的房间、即斜板房间时，应在上层斜坡梁的下端部同时输入可能与下层梁重叠的封口梁，封口梁的截面应与下层纵向梁相同，如果下层纵向是墙，则封口梁可按 100mm×100mm 的虚梁输入。因为有了封口梁才能形成斜房间，才能将斜房间的荷载向周边传递。

当上层封口梁与下层纵梁重叠时，SATWE、TAT、PMSAP 将在生成计算数据过程中，将两根重叠梁合二为一，并把上下两根梁上的荷载合并（下层梁也可能作为下层水平房间的一边）。对于上层封口梁与下层墙重叠时，程序将取消虚梁，并把该虚梁上荷载作用到下层的墙上。

六、错层梁结构和层间梁结构

08 版本可以在同一轴线上重复布置多根不同高度的梁，通过梁两端的高度来区别梁的位置。如图 2.1-1 所示，结构可以只按两层建模，中间布置不同高度的梁即可。

但是，如果要考虑错层部分的楼板刚度，则仍应在层间梁的位置设置楼层。

05 版对于层间梁的处理局限于无剪力墙的节点，即层间梁只能连接到柱上才能计算。08 版改进了剪力墙的计算，使其墙在上下层中间可以有协调点与其他杆件相连，这样可使连接到剪力墙上的层间梁也能正确地计算。

同样，对于连接到剪力墙的层间支撑，08 版也能够正确地计算处理。

七、错层剪力墙与顶部山墙的分析处理

08 版 PM 可以通过输入上节点高来改变墙两端节点的上部标高，增加参数"墙顶标高 1"和"墙顶标高 2"，分别代表墙顶两端相对于楼面的高差，还增加参数"墙底标高"来改变墙底的标高，因此，可以实现山墙、错层墙的建模，SATWE 相应地进行了改进，实现了对山墙、斜墙、错层墙等复杂情况的处理。主要是两类剪力墙：

（1）结构顶部的、倾斜的山墙剪力墙；

（2）非顶部的其他层的错层剪力墙。

当出现错层墙时，墙体左右相邻边的协调性由程序采用广义协调方式自动考虑。

需要特别指出的是，在结构顶部的墙体允许为山墙（顶部倾斜），也可以为错层；非顶部结构的剪力墙允许错层，但不允许顶部倾斜，也就是说，程序能够处理的典型情形如图 2.1-7、图 2.1-8 所示。

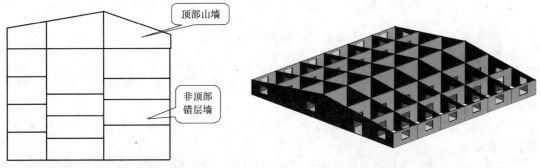

顶部山墙

非顶部
错层墙

图 2.1-7　程序能够处理的
错层墙和山墙的典型情形

图 2.1-8　端部山墙斜墙图

八、新增约束节点的定义和处理原则

除了对底层结构的下节点程序自动定义为约束节点外，08 版本对约束节点的处理，增加了人工定义和修改的功能。用户可以对其他任意层的下节点定义为约束节点，还可以把程序自动对底层设置的约束节点改为非约束节点。

为了适应广义层方式建模的情况，08 版本建模中把原参数"与基础相连的最高层号"改为"与基础相连构件的最大标高"。SATWE、TAT、PMSAP 均对该标高及其以下的自由节点（柱、墙、支撑）进行嵌固约束；还把在 PMCAD 中的其他（在指定标高以上的）楼层定义的约束节点读入。

剪力墙底部两端节点约束后，墙中间单元划分产生的底部节点也将被约束。

九、08 版特殊构件定义的调整及与 05 版的兼容性

08 版对特殊构件定义的界面作了较大的调整，如图 2.1-9 所示。

图 2.1-9　特殊构件定义界面

1. 特殊构件定义对象

特殊构件定义包括对特殊梁、特殊柱、特殊支撑、特殊墙、弹性板、刚性板等的定义。

08 版层间复制增加了楼层指定功能，可以输入被复制的层号（图 2.1-10），05 版只能拷贝前层。

08 版特殊构件定义右侧主菜单增加了本层删除和全楼删除的选项，可以指定删除的信息类别，如图 2.1-11 所示。

增加了"图形显示/文字显示"菜单，可通过文字或颜色显示特殊构件属性，如两端铰接梁以颜色显示时在梁两端各出现一个红色小圆点，而文字显示则可在梁上方标注，如："两端铰接梁"等，方便查看。

2. 特殊梁

特殊梁定义包括定义不调幅梁、连梁、转换梁、一端铰接梁、两端铰接梁、耗能梁、组合梁等，还定义与本层统一定义的梁抗震等级数值不同的梁的抗震等

图 2.1-10　特殊构件楼层复制交互界面

级、本层统一定义的梁材料强度数值不同的梁的材料强度。

在"特殊梁"菜单下 08 版增加了"刚度系数"、"扭矩折减"、"调幅系数"的定义，缺省值分别对应"分析与设计参数补充定义"—〉调整信息页的"连梁刚度折减系数（中梁刚度放大系数)"、"梁扭矩折减系数"、"梁端负弯矩调幅系数"。

3. 特殊柱

特殊柱定义包括定义上端铰接柱、下端铰接柱、两端铰接柱角柱、框支柱、门式刚架柱，还定义与本层统一定义的柱抗震等级数值不同的柱的抗震等级、本层统一定义的柱材料强度数值不同的柱的材料强度。

图 2.1-11　特殊构件选择复制交互界面

在"特殊柱"菜单下 08 版增加了"剪力系数"菜单，可以指定柱两个方向的地震剪力系数。这是针对广东省规程提供的系数。

4. 特殊墙

特殊墙定义包括定义与本层统一定义的剪力墙抗震等级数值不同的剪力墙的抗震等级、本层统一定义的剪力墙材料强度数值不同的剪力墙的材料强度。

在"特殊墙"菜单下 08 版增加了"配筋率"菜单，可以指定与统一定义的剪力墙竖向筋配筋率数值不同的剪力墙的竖向筋配筋率。

5. 弹性板

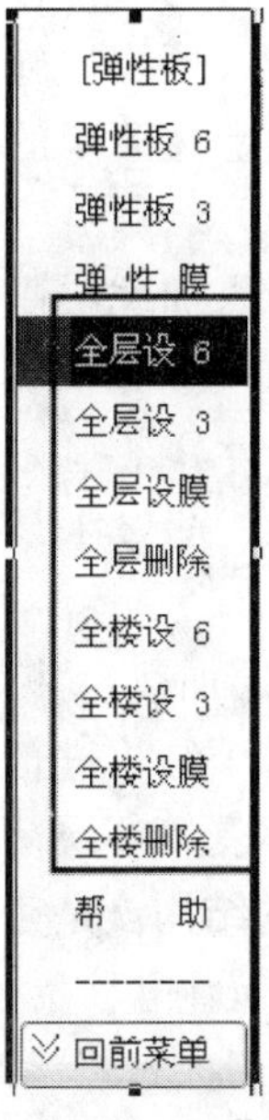

弹性板定义楼板的弹性板类型为弹性板 6、弹性板 3 或弹性膜。

在"弹性板"菜单下 08 版增加了全层定义和全楼定义、删除的功能，以方便用户操作（图 2.1-12）。

6. 数据存取方式的改进

05 版特殊构件信息是定义在 SATWE 文件中并按照 SATWE 定义的杆件编号存取的。由于 SATWE 定义的杆件编号和 PMCAD 建模的并不一致。当对 PM 建模修改后，其构件编号发生了变化，用户再进入 SATWE 时，程序需要进行新、旧杆件对位和更新的工作。但如果用户没有重进 SATWE 前处理菜单，发生漏项操作时，SATWE 文件没有进行相应更新，则会造成后续计算的错误。

08 版将特殊构件定义信息全部保存在 PMCAD 建模数据文件中，避免了上述问题，而且可以在多个程序中对同一数据进行操作，比如"材料强度"既可以在 PM 中定义，也可以在 SATWE、TAT 中定义，三个程序是对同一个数据进行操作，在任一程序中得到的均是同一个值。这样也可以减小建模的工作量。

图 2.1-12　弹性板定义菜单

在 PMCAD 中即使采用"工程拼装"，只要两个工程都定义过"特殊构件"，则拼装后的工程仍将保留 SATWE 各自所定义的"特殊构件"信息。

7. 新旧版本的兼容

（1）当选择"05 版数据"时，程序将把 05 版的特殊构件信息转换为 08 版的特殊构件信息。

（2）对于新旧版本的标准层数——对应的结构模型，特殊构件信息可以做到 100％的新旧兼容。

（3）对于新旧版本的标准层不是一一对应的结构模型，则新旧版本的特殊构件对于多出的标准层不能转换，需要用户重新审核、校对。

（4）对于越层柱、越层支撑，如果采用直接越层，而不是层层定义，则新旧版本的特殊构件就不能有效对位，从而造成兼容的不完整。

十、08 版吊车荷载、人防荷载的改进和分析

08 版吊车荷载和人防荷载在 PMCAD（STS）中定义。

（1）吊车荷载定义针对每对柱节点（也可以是梁节点），这样边柱、中柱，甚至每对柱的最大轮压、最小轮压、水平刹车力均可以不同。以这样的荷载传递到 TAT、SATWE 和 PMSAP 进行计算。

（2）人防荷载的人防等级，可以每层不同、分别定义。

（3）人防荷载的面荷载可以按房间调整。

（4）吊车荷载、人防荷载均可以在 SATWE、TAT、PMSAP 中计算。

（5）通过自定义组合分项系数，可以自己确定人防荷载、吊车荷载的组合对象和组合分项系数。

十一、增加模拟施工 3 和施工次序定义

模拟施工加载 3：新增了分层刚度、分层加载的对恒载的施工模拟方法，称为"模拟施工加载 3"。"模拟施工加载 3"是对模拟施工加载 1 的改进，用分层刚度取代了模拟施工加载 1 中的整体刚度，在使用上与模拟施工加载 1 类似，只须预先在参数定义菜单的"恒活荷载计算信息"选项中点取选择"模拟施工加载 3"即可（见图 2.1-13）。

"模拟施工加载 1"算法采用了一次集组结构刚度、分层施加恒载，只计入加载层以下的节点位移量和构件内力的做法，来近似模拟考虑施工过程的结构受力。"模拟施工加载 3"是采用由用户指定施工次序的分层组装刚度、分层加载进行恒载下内力计算。

"模拟施工加载 1"和"模拟施工加载 3"的加载模式分别如图 2.1-14、图 2.1-15 所示。

由图 2.1-14、图 2.1-15 可见，"模拟施工加载 1"是集组了整体刚度后分层加载，"模拟施工加载 3"是分层集组刚度、分层施加荷载。对一个 n 层结构，要分成 n 个结构进行计算。这 n 个结构分别由原结构的第 1 层（承受第 1 层荷载）、第 1~2 层（承受第 2 层荷载）、第 1 至第 i 层（承受第 i 层荷载）等组成的部分楼层结构（第 1 至 n 层的结构，是完整结构，但只承受第 n 层荷载）。对这 n 个结构，分别组建刚度，分别求解节点位移量，然后叠加求内力。尽管"模拟施工加载 1"方法运行速度快，然而"模拟施工加载 3"毕竟更符合施工过程的实际情况，内力、配筋计算更为准确。

施工次序定义："模拟施工加载 3"的计算模式下，为适应某些复杂结构，新增了自

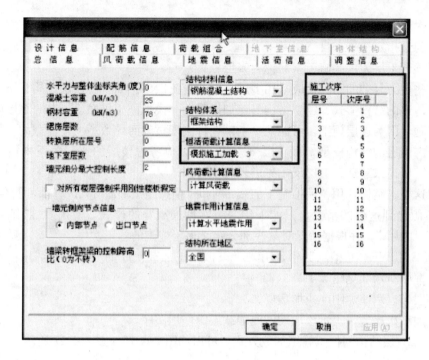

图 2.1-13   模拟施工加载方式选择和施工次序选择

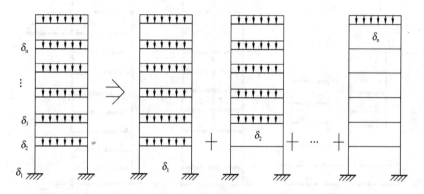

图 2.1-14   "模拟施工加载 1"的刚度和加载模式

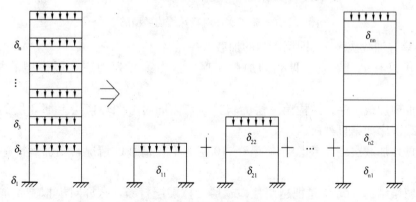

图 2.1-15   "模拟施工加载 3"的刚度和加载模式

定义施工次序菜单，可以对楼层组装的各自然层分别指定施工次序号。

程序隐含指定每一个自然层是一次施工（简称为逐层施工），用户可通过施工次序定义指定连续若干层为一次施工（简称为多层施工）。

对一些传力复杂的结构，应采用多层施工的施工次序，如：转换层结构、下层荷载由上层构件传递的结构形式、巨型结构等，如果采用"模拟施工加载 3"中的逐层施工，可能会有问题，因为逐层施工，可能缺少上部构件刚度贡献而导致了上传荷载的丢失。

对于广义层的结构模型，由于层概念的泛延，应考虑楼层的连接关系来指定施工次序，避免下层还未建造，上层反倒先进入施工行列。

类似这样的结构，用"模拟施工加载 1"和"模拟施工加载 3"计算都可能会有问题。所以，05 版遇到这样的情况，只能采用"一次性加载"的模式。使用 08 版则可以使用"模拟施工加载 3"，并根据情况对某些部分定义多层施工的施工次序。

08 版 SATWE"总信息"中，引入了模拟施工加载次序的参数，如"总信息"图右侧红色方框中所示（见图 2.1-13）。其中：

（1）层号表示该加刚度或加载层。

（2）加载次序号，表示该加刚度或加载层的作用次序。

比如：10 层结构的模拟施工加载方式，可以如图 2.1-16、图 2.1-17 所示。

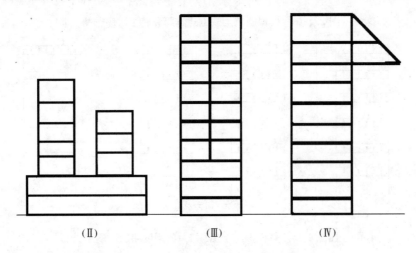

（Ⅱ）　　　　　　　（Ⅲ）　　　　　　　（Ⅳ）

图 2.1-16　施工次序对特殊结构类型的影响

05 版只有加载次序 1，即第Ⅰ列的加载次序。

08 版可以有第Ⅱ、Ⅲ、Ⅳ列的加载次序，其中第Ⅱ列为广义层模型的加载次序。又如：

对第Ⅲ列加载次序，结构第三层为转换层，需同时考虑转换层上部 3 层的刚度和荷载，则加载次序如第Ⅲ列所示。

对第Ⅳ列加载次序，考虑结构第 8～10 层有上传荷载的情况，则加载次序如第Ⅳ列所示。

对于越层结构，05 版是把越层柱、越层支撑层层打断，这样对模拟施工加载或加刚度没有问题。

08 版对越层柱或越层支撑采用整体记录的方式，如图 2.1-18 所示，则模拟施工不能层层加载或加刚度，也必须通过模拟施工加载次序来正确实现，如下面的加载次序。

1	1	1	1	1	1	1	1
2	2	2	2	2	2	2	2
3	3	3	3	3	3	3	3
4	4	4	4	4	3	4	4
5	5	5	5	5	3	5	5
6	6	6	6	6	3	6	6
7	7	7	7	7	3	7	7
8	8	8	3	8	4	8	8
9	9	9	4	9	5	9	8
10	10	10	5	10	6	10	8
(I)		(II)		(III)		(IV)	

加载次序 1/2/3/4

图 2.1-17　加载次序图

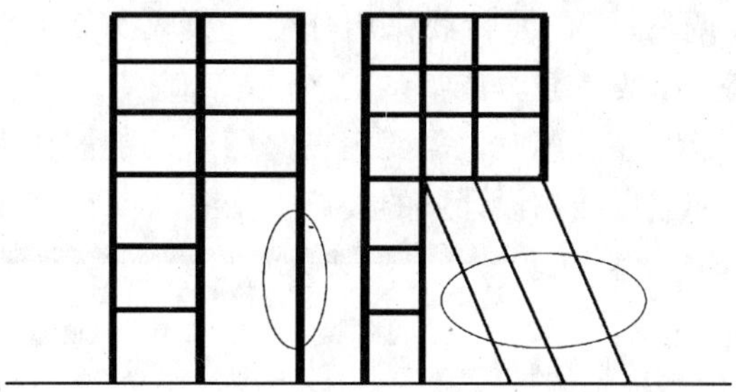

图 2.1-18　越层柱、越层支撑图

当结构中产生圆圈中的越层柱、越层支撑时，模拟施工次序如下：

层号	模拟施工次序号
1	1
2	1
3	1
4	2
5	3
6	4

总之，不论是正常的由下而上分层，还是广义层建模，加载次序是模拟施工中很重要的参数，也是这次 08 版软件的重要改进之一。

最后对“如何正确定义楼层施工次序”给出一个总原则：

(1) 在结构分析时，如果已经明确地知道了实际的施工次序，就按照实际的来，这总是没错的；

(2) 在结构分析时，如果对实际的施工次序还不太清楚，那么你的施工次序定义至少要满足下面的条件：被定义成在同一个施工次序内施工且同时拆模的一个或若干个楼层，当拆模后，这一部分的结构在力学上应为合理的承载体系，且其受力性质应尽可能与整体结构建成后该部分结构的受力性质接近。

实际上这个条件也是“实际工程施工中制定施工、拆模次序”应满足的必要条件。比如图 2.1-16 所示的悬挑结构，其第 8、9、10 层如果采用各自不同的施工次序，一则会出现承载体系不合理（越层斜撑从中间被截断，出现假悬臂），二则受力性质与最终的真实情况相去甚远（越层斜撑的轴力将改变符号，由压变拉或由拉变压），这就是老版本的缺省施工次序不能适应此类结构的根本原因。

十二、增加中震分析和设计

对于中（大）震弹性，主要有两条：(1) 地震影响系数最大值 α_{max} 按中震（2.8 倍小震）或大震（4.5～6 倍小震）取值；（2）取消组合内力调整（取消强柱弱梁、强剪弱弯调整）。

程序使用时，需要用户：（1）按中震或大震输入 α_{max}；（2）构件抗震等级指定为四级。

对于中（大）震不屈服，主要有五条：（1）地震影响系数最大值 α_{max} 按中震（2.8 倍小震）或大震（4.5～6 倍小震）取值；（2）取消组合内力调整（取消强柱弱梁、强剪弱弯调整）；（3）荷载作用分项系数取 1.0（组合值系数不变）；（4）材料强度取标准值；（5）抗震承载力调整系数 γ_{RE} 取 1.0。

程序使用时，需要用户：（1）按中震或大震输入 α_{max}；（2）点开"按中震（或大震）不屈服做结构设计"的按钮（见图 2.1-19）。

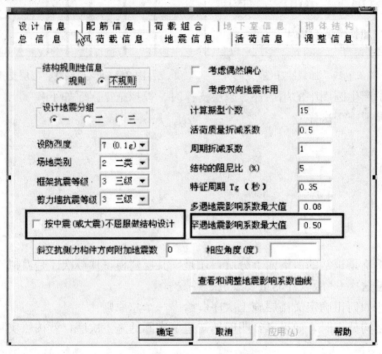

图 2.1-19　中震设计选择对话框

十三、增加自动计算的特殊风荷载和自适应的荷载组合

工业建筑或者多层框架采用轻钢屋面（坡屋面）的情况比较多，其顶层风荷载的作用和一般的高层建筑是不同的（图 2.1-20）。由于通常不考虑屋面刚度，墙面风荷载通过屋面支撑系统传递，风荷载不能均匀作用在所有节点上，只能作用在受风面的柱顶节点；由于屋面恒载较小，屋面风吸力可能控制构件设计和连接设计，不考虑是不安全的。

05 版软件需要用户考虑墙面风荷载的作用和屋面风吸力的作用，用户通过软件提供的"特殊风荷载"功能，定义＋X、－X、＋Y、－Y 方向的特殊风，修改荷载组合等，软件计算是可以考虑此类结构风荷载的正确作用的，但是存在以下不足：

（1）操作复杂。用户要完成修改风荷载设计参数、定义特殊风、修改荷载组合等操作；

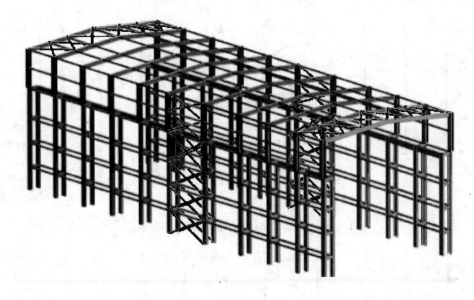

图 2.1-20　采用轻钢屋面的厂房结构

（2）软件没有输出特殊风荷载作用下的位移，无法校核；

（3）基础设计没有考虑特殊风荷载的组合。

08 版软件针对此类结构，增加了自动计算和作用特殊风荷载的功能，输出了特殊风作用下的节点位移，特殊风作用下的内力传递给了基础设计，解决了上述问题。

操作步骤如下：

（1）首先在"体型系数"菜单中，按房间确定顶层斜坡屋面的迎风面、背风面的体型系数（图 2.1-21、图 2.1-22）；

（2）选择"［横向 X］"或"［横向 Y］"（其为异或方式，在 X、Y 方向来回切换）来指定结构的横向方向，以便程序判断顶层坡屋面斜梁；

（3）最后选择"自动生成"，程序将自动生成 4 组特殊风荷载，分别为＋X、－X、＋Y、－Y（图 2.1-23、图 2.1-24）；

（4）自动生成 4 组特殊风荷载以后，还可以用"查看"、"定义梁"、"定义节点"、"删除"等操作，来查看、增加、删除各组特殊风荷载。

计算原则如下：

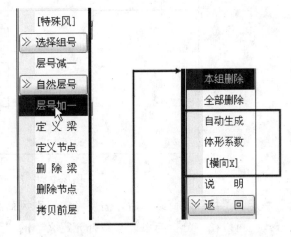

图 2.1-21　特殊风定义菜单

程序按照"分析与设计参数补充定义"中"风荷载信息"中定义的参数，根据《建筑结构荷载规范》（GB 50009）计算各层迎风面和背风面的水平风荷载，然后分别分配到迎风面和背风面的柱顶节点上。顶层坡面梁间风荷载按照均布荷载作用，向上为负。节点风荷载和梁间风荷载考虑了相应的受荷范围。

图 2.1-22　顶层屋面迎风面、背风面体形系数

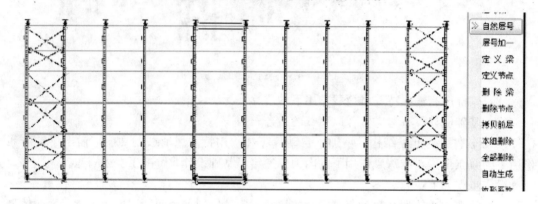

图 2.1-23　某组特殊风荷载的顶层风荷载作用

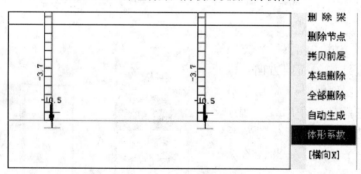

图 2.1-24　细部作用图

定义了特殊风荷载以后，需要考虑特殊风荷载与恒载、活载、地震作用等的组合设计方式。可以在"分析与设计参数补充定义"的"荷载组合"中选择"采用自定义组合及工况"，以确定各组特殊风荷载与其他荷载的组合设计方式。

还需注意，在此自动生成的特殊风荷载是针对全楼的，总信息中的风荷载计算信息，需要选择"不计算风荷载"，否则会造成重复计算。但是水平风荷载参数必须是正确的。因为自动计算特殊风荷载时，要用到这些参数。

特殊风荷载的荷载分项系数的原则：

（1）当选择了自动计算特殊风荷载后，程序默认：第 1 组为 w_x、第 2 组为 $-w_x$、第

3组为w_y、第4组为$-w_y$。

（2）在"自定义荷载组合"中，对风荷载的组合取消负分项系数的组合项，如：原来有-1.4的组合，现在取消了。因为第2组、第4组就是负风。所以$+1.4×$第1组、$+1.4×$第2组，就实现了加减正负风的要求。

十四、增加墙梁刚度模型的转换

剪力墙洞口连梁自动转为框架梁：程序对于建模时输入的剪力墙洞口进行自动判断，对于跨高比大于该值的墙梁自动转换为框架梁，采用梁元进行分析，否则仍按墙元分析，如果输入零值则不进行转换（图2.1-25、图2.1-26）。该参数的目的主要是方便用户建模

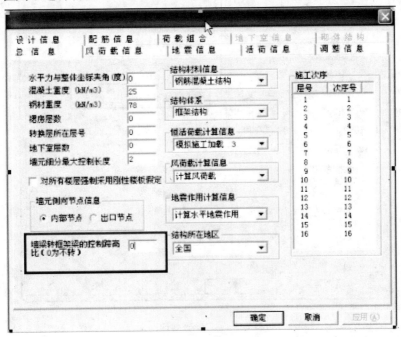

图 2.1-25 参数选择图

输入，可直接按照剪力墙洞口输入，无需手工转换为"墙＋框架梁"。但目前程序自动判断局限于规则对齐的洞口，对于上下层洞口不对齐、墙厚变化等特殊情况不进行转换，应通过平面图查看转换后的结果。

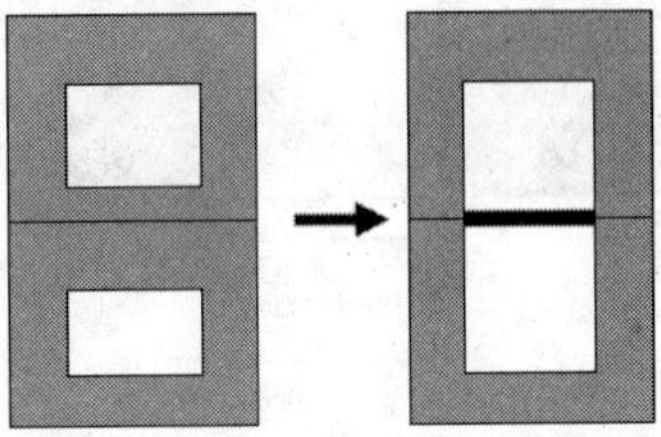

图 2.1-26 模型转换示意图

十五、增加托墙梁刚度的放大选择

实际工程中常常会出现"转换大梁上面托剪力墙"的情况，当用户使用梁单元模拟转换大梁，用壳单元模式的墙单元模拟剪力墙时，墙与梁之间的实际的协调工作关系在计算模型中就不能得到充分体现，存在近似性。

实际的情况是：剪力墙的下边缘与转换大梁的上表面变形协调。计算模型的情况是：剪力墙的下边缘与转换大梁的中性轴变形协调。于是计算模型中的转换大梁的上表面在荷载作用下将会与剪力墙脱开，失去本应存在的变形协调性。换言之，与实际情况相比，计

算模型的刚度偏柔了。这就是软件提供托墙梁刚度放大系数的原因。

为了再现真实的刚度，根据我们的经验，托墙梁刚度放大系数一般可以取为 100 左右。当考虑托墙梁刚度放大时，转换层附近的超筋情况（若有）通常可以缓解，当然，为了使设计保持一定的裕度，也可以不考虑或少考虑托墙梁刚度放大。

使用该功能时，用户只须指定托墙梁刚度放大系数（图 2.1-27），托墙梁段的搜索由软件自动完成。最后指出一点，这里所说的"托墙梁段"在概念上不同于规范中的"转换

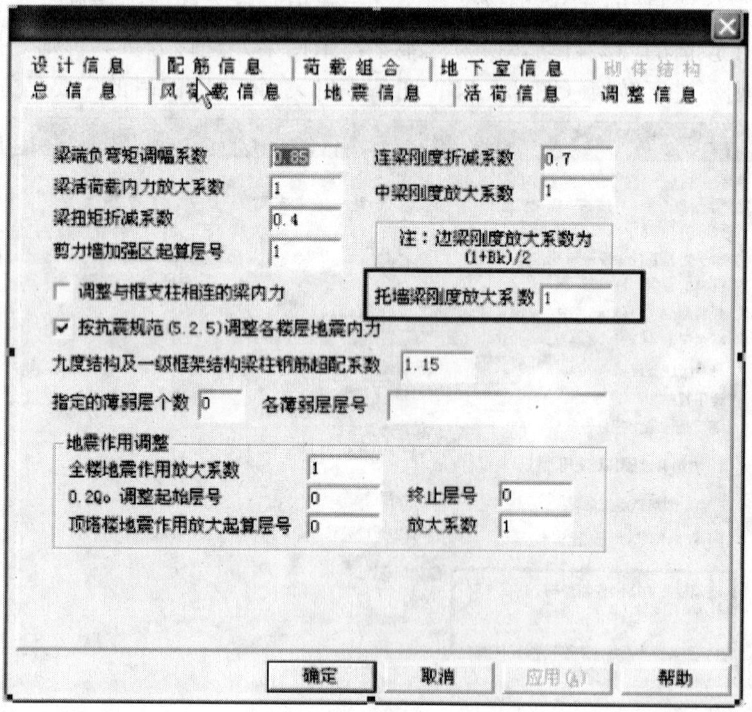

图 2.1-27　参数选择图

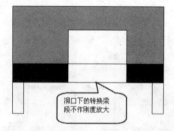

图 2.1-28　转换梁考虑上部洞口

梁"，"托墙梁段"特指转换梁与剪力墙"墙柱"部分直接相接、共同工作的部分，比如说转换梁上托开门洞或窗洞的剪力墙，对洞口下的梁段，程序就不看作"托墙梁段"，不作刚度放大，可参见图 2.1-28 的示意。

十六、其他参数的增加

查看和调整地震影响系数曲线：点击该按钮，在弹出的对话框中可查看按规范公式的地震影响系数曲线（图 2.1-29），并可在此基础上根据需要进行修改，形成自定义的地震影响系数曲线。

梁活荷载内力放大系数：将原"梁设计弯距放大系数"改为"梁活荷载内力放大系数"（图 2.1-30）。该系数只对梁在满布活荷载下的内力（包括弯矩、剪力、轴力）进行放大，然后与其他荷载工况进行组合，而不再乘在组合后的弯矩设计值，即弯矩包络图上。一般工程建议取值 1.1～1.2，如果已经考虑活荷载不利布置，则应填 1。

扣除地面以下几层的回填土约束：该参数提供回填土约束解除功能（图 2.1-31）。比

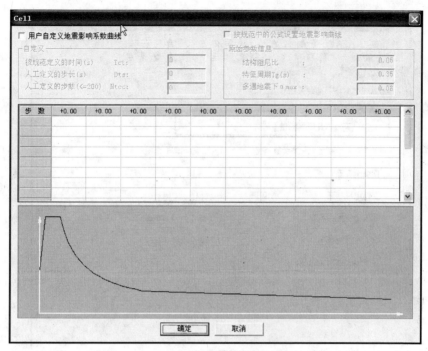

图 2.1-29　自定义地震影响系数的交互界面

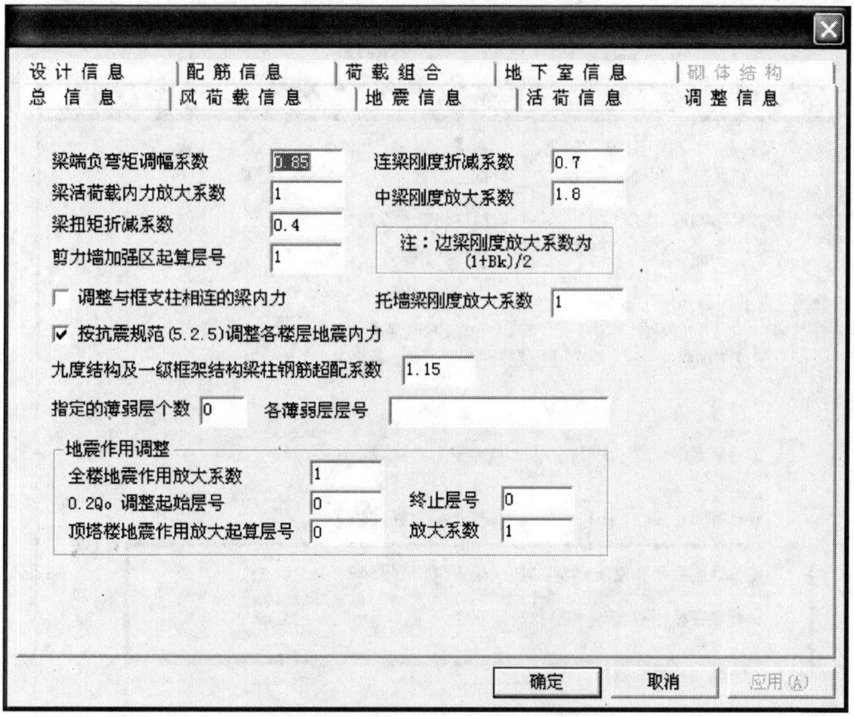

图 2.1-30　参数选择图

如结构有 5 层地下室，解除两层时，意味着地下一层和地下二层不受回填土约束，仅地下三～五层受到回填土约束。

底部墙竖向分布筋配筋率最高层号：该参数用来设定不同竖向配筋率的层号。

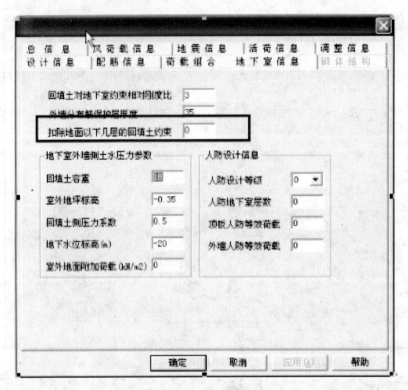

图 2.1-31   参数选择图

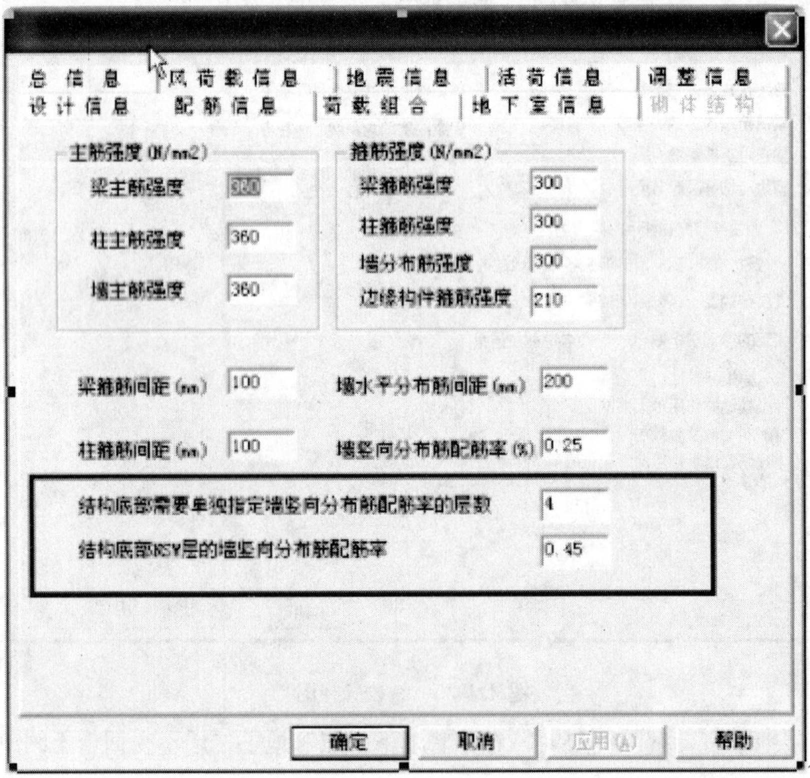

图 2.1-32   参数选择图

底部墙竖向分布筋最小配筋率：该参数可以对剪力墙结构设定不同的竖向配筋率，如加强区和非加强区定义不同的竖向分布筋配筋率（图 2.1-32）。

十七、对建模新增加的多种截面的计算分析和设计

在 08 版钢结构框架"三维建模与荷载输入"中的柱、支撑截面定义中新增实腹式、格构式组合、薄壁型钢及薄壁型钢组合截面，梁截面定义中增加薄壁型钢及薄壁型钢组合截面。

在 08 版建模中增加了方钢管混凝土、圆柱劲性混凝土等，如图 2.1-33 下排所列。

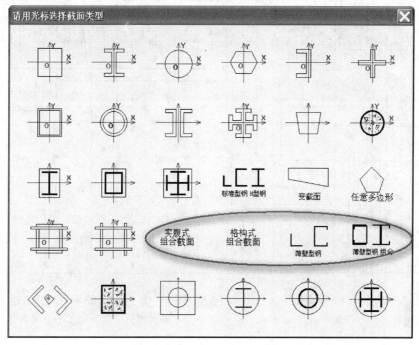

图 2.1-33 新增截面类型图

在 08 版钢结构框架"三维建模与荷载输入"中的柱、支撑截面定义中新增一类任意截面定义，截面定义按钮如图 2.1-34 所示。

这些新增截面类型的杆件，SATWE 中都可进行刚度、内力、位移的计算。对新增的劲性混凝土截面还可以进行截面设计。对组合柱、格构柱截面也可进行设计和验算。

十八、增加三角形过渡单元改进了协调性

08 版 SATWE 采用三角形单元过渡划分，对复杂结构可以保证单元划分节点的协调性，

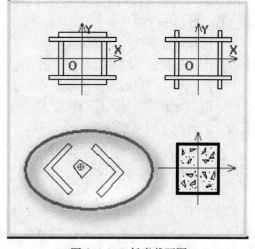

图 2.1-34 任意截面图

大大提高了 SATWE 处理复杂洞口的能力。

对上下洞口复杂的墙体，SATWE 增加采用三角形单元划分过渡，以消除可能产生的不协调节点。相同模型在新旧版本下的划分结果可参照图 2.1-35、图 2.1-36，可以发现 05 版程序在处理节点密集的情况时，上下层节点并不能保证协调，08 版在这方面有很大改进。

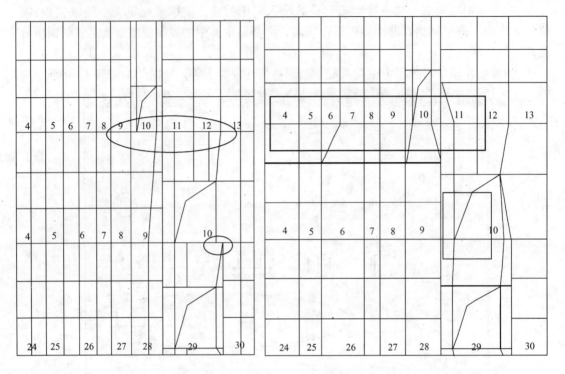

图 2.1-35   05 版 SATWE 单元划分
可能产生不协调节点

图 2.1-36   08 版 SATWE 采用三角形
单元划分过渡消除了不协调节点

十九、增加符合异形柱设计规程的设计

08 版软件按照《混凝土异形柱结构技术规程》（JGJ 149—2006），增加了异形柱的相应的分析设计功能（图 2.1-37），主要有：

（1）按异形柱整截面计算纵向主筋；

（2）按异形柱分柱肢验算截面的抗剪承载力；

（3）按异形柱分柱肢验算异形柱节点域抗剪承载力；

（4）根据《混凝土异形柱结构技术规程》（JGJ 140—2006）的要求，调整了异形柱强柱弱梁、强剪弱弯的调整系数。

另外还须注意，总信息中的结构类型、异形柱结构的位移比控制值、薄弱层地震作用放大系数值与《混凝土结构设计规范》（GB 50010）、《建筑抗震设计规范》（GB 50011）和《高层建筑混凝土结构技术规程》（JGJ 3）是不同的。在实际操作时可以人工调整控制。

程序严格按照规范的要求，对异形柱进行双向偏压方式的配筋，具体公式见《混凝土异形柱结构技术规程》（JGJ 140—2006）。对异形柱的构造控制，程序也严格遵循规程要求。

异形柱节点域的抗剪验算是着重增加的内容，见图 2.1-38。

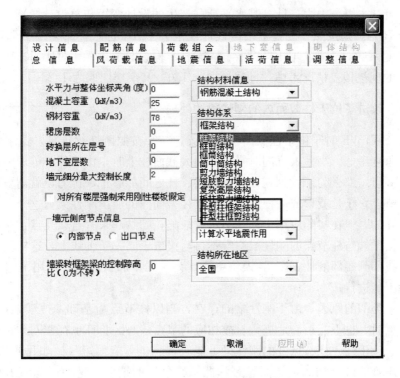

图 2.1-37 异形柱结构类型选择图

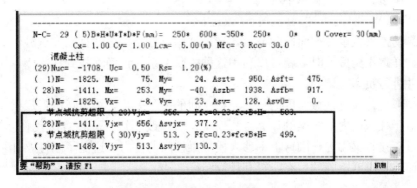

图 2.1-38 异形柱节点域验算输出图

二十、调整混凝土柱长度系数的控制方式

当在 05 版 SATWE 中点取"混凝土柱长度系数执行混凝土规范（7.3.11-3）"时，程序将无条件地对结构中的所有混凝土柱的长度系数按照《混凝土结构设计规范》（GB 50010—2002）第 7.3.11-3 条进行计算和采用，并不判断该柱水平荷载产生的设计弯矩是否超过其总设计弯矩的 75%；08 版 SATWE 完善了该条的实现：

1）当不钩选"混凝土柱长度系数执行混凝土规范（7.3.11-3）"时，混凝土柱的长度系数将按照《混凝土结构设计规范》（GB 50010—2002）第 7.3.11-2 条的现浇楼盖情况进行考虑，即底层取为 1.0，其余楼层取为 1.25。

2）当钩选"混凝土柱长度系数执行混凝土规范（7.3.11-3）"时，程序将对每一个柱截面的每一组基本组合内力，计算其水平荷载产生的设计弯矩与总设计弯矩的比值，如果该比值大于 75%，则按照《混凝土结构设计规范》（GB 50010—2002）第 7.3.11-3 条计算其计算长度系数，否则，仍旧按照《混凝土结构设计规范》（GB 50010—2002）第 7.3.11-2 条的现浇楼盖情况考虑，即底层取为 1.0，其余楼层取为 1.25。

二十一、改进了位于柱截面内的刚性梁的处理

05 版的 SATWE 对于位于柱截面内的短梁，一律按照刚性梁计算，这主要是从正确模拟刚度的角度考虑。当多根梁同时搭在一根大截面柱上时，由于偏心等原因，这些梁通常并不交于一点，那么为了做到在该节点处梁、柱之间能够正确传力，就需要用短梁来连接梁端和柱节点，于是就形成一根或数根位于柱截面内的所谓刚性梁。这个办法从计算原理上讲是正确的，但在实际应用中存在一定的缺陷，归纳起来有这么几点：

（1）连接梁端与柱节点的刚性梁通常不再与梁位于同一条轴线上，这样就会造成主梁搜索失败（找不到端部的柱支座），误将主梁判为次梁，那么竖向力作用下主梁的负弯矩调幅就不能正确进行；

（2）基于类似的原因，由于刚性梁的存在，当以柱节点为基础，搜索梁柱交接关系、形成梁柱节点时，也不能正确地进行，故相应的节点核心区验算也存在问题；

（3）由于位于同一柱节点处的刚性梁可能较多、也可能很短（比如几厘米），这有可能造成刚度矩阵的过分病态，从而显著降低结构分析的精度，这种情况因工程而异。总之，刚性梁越多、越短，就越不利。

08 版 SATWE 针对上述问题进行了改进：

（1）自动搜索位于柱截面内的节点，记录这些节点与柱之间存在的这种包含关系或关联关系。这样在主梁搜索时，就可以利用这种关联关系，正确地找到柱支座，从而正确地形成主梁并进行负弯矩调幅。

（2）类似地，通过柱截面内的节点与柱之间的关联关系，可以正确形成梁柱节点。

（3）对于柱截面内的短梁的计算方法作了调整，改用矩阵变换算法代替刚性梁算法。该方法通过直接将梁端力在刚臂上平移来模拟梁柱间的传力，避免了刚性梁计算带来的大刚度，从而改善刚度矩阵的性态，提高计算精度。

二十二、增加了"分段、分塔方式的 $0.2Q_0$、$0.25Q_0$ 调整"

05 版的 SATWE 无论对于单塔结构还是多塔结构、立面规则的结构还是立面不规则的结构，在作 $0.2Q_0$ 调整时，均看作一个塔楼，且在立面上不分段（认为是一段），应该说这样的调整方式对立面规则的单塔楼结构是合适的，但对于多塔结构（尤其是各塔的结构形式差异较大时）或立面有突变的结构就不是很准确了。

08 版 SATWE 增加了"分段、分塔方式的 $0.2Q_0$ 调整"，程序可以自动通过用户定义的多塔信息，将整个结构拆分成数段，在每段之中，Q_0 取为本段底层的地震剪力，$1.5V_{fmax}$ 取为本段框架最大楼层剪力的 1.5 倍，从而最终确定出 $0.2Q_0$ 调整系数（完全类似地，在钢框架-支撑结构中，程序将自动作 $0.25Q_0$ 与 $1.8V_{fmax}$ 调整）。

比如一个双塔结构，三层底盘，底盘以上左塔 10 层、右塔 15 层，则结构将被分作三段进行调整：三层底盘、左塔 10 层和右塔 15 层。

二十三、剪力墙组合配筋

SATWE 在后处理的图形文件输出栏目增加"剪力墙组合配筋修改及验算"（见图 2.1-39）。

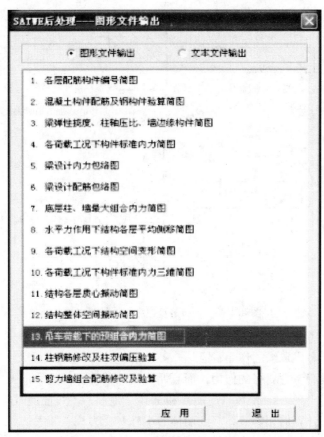

图 2.1-39　选择菜单

SATWE 结构计算中对剪力墙采用单肢墙的配筋模式，这种配筋模式有时造成边缘构件配筋过大。剪力墙组合墙体的配筋模式，可以对 L 形、T 形、带边框柱或更多肢剪力墙采用多肢组合受力、平截面假定的双偏压配筋模式，常可以大大减少按照单肢计算得出的剪力墙边缘构件配筋结果，使设计更加合理。

墙肢组合配筋后，仍可保留单肢墙的配筋，以便对照查看。组合墙的配筋可以传递到 JLQ 的剪力墙施工图中。

1. 传统的分段配筋方法

SATWE 结构计算中在计算剪力墙纵筋时，采用将各种形状的剪力墙分解为一个个直线墙段，对各直线墙段按单向偏心受力构件计算配筋，输出直线墙段单个端部暗柱的计算配筋，如图 2.1-40 所示。

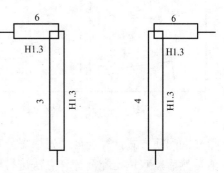

图 2.1-40　SATWE 分段配筋方法

SATWE 抗震设计时，剪力墙边缘构件纵筋面积计算按图 2.1-41 标注的原则进行。

剪力墙边缘构件的配筋采用将分段直墙的暗柱配筋相加的方法存在如下不足：

（1）一般情况下分段相加的方法偏于保守。由于相连的墙肢（或柱）相互之间必然对彼此受力产生贡献，再加上按照分段直线墙方法配筋的是每一个墙肢各个组合中的最大作用，而这些最大作用一般不会同时出现，因此，这种方法配筋一般情况下都会偏大。

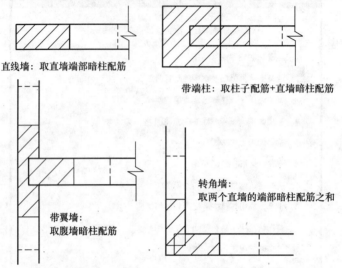

图 2.1-41　SATWE 边缘构件配筋方法

①端柱：没有考虑端柱的协同工作；

②翼墙：没有考虑翼缘的作用；

③转角墙：没有考虑翼缘的作用，而且两直线墙的计算都是取最大配筋，可能对应的控制工况不能同时出现，如 X 风（地震）和 Y 风（地震）不可能同时出现。

（2）这种方法计算的相邻墙体（或墙体与端柱）受力相差较大的，可能配筋结果相差也很明显，这使得在很多情况下钢筋的利用效率不高，如图 2.1-42 所示，两段直墙配筋相差很大。

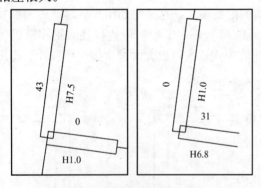

图 2.1-42　相连墙肢配筋相差很大

2. 剪力墙组合配筋的原理和实现

剪力墙组合配筋方法就是针对剪力墙配筋的上述不足而提出一种解决方案，其基本原理是采用基于平截面假定的双偏压的配筋计算方法。思路如下：

（1）将模型平面图中相连的墙肢（或者柱子）通过人工选择，形成组合墙；

（2）将 SATWE 中的墙肢（或柱子）的内力组合至截面形心；

（3）将组合墙当作一个整体截面按照异形柱的配筋方式计算配筋：先根据分布筋配筋率布置好分布钢筋，再给节点处钢筋赋上初值，然后按双偏压配筋计算方法进行配筋计算或校核。

图 2.1-43 是选取两片垂直的 L 形相交的剪力墙,两片墙各有自己的内力作用在形心处,如图 2.1-43 中两个细线表示的坐标系,组合墙的内力计算将各片墙的内力叠加至组合墙的中心(粗线显示的坐标系)。

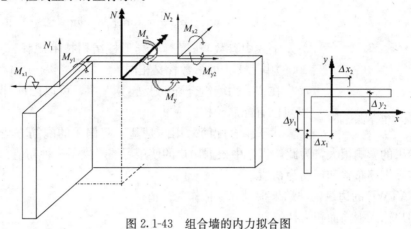

图 2.1-43 组合墙的内力拟合图

剪力墙内力组合

其计算原理如下:

$$N = N_1 + N_2 \tag{2.1-1}$$

$$M_x = M_{x1}\sin\theta_1 + M_{y1}\cos\theta_1 + N_1 \times \Delta y_1 \cdots + M_{x2}\sin\theta_2 + M_{y2}\cos\theta_2 + N_2 \times \Delta y_2 \tag{2.1-2}$$

$$M_y = M_{y1}\sin\theta_1 + M_{x1}\cos\theta_1 + N_1 \times \Delta x_1 \cdots + M_{y2}\sin\theta_2 + M_{x2}\cos\theta_2 + N_2 \times \Delta x_2 \tag{2.1-3}$$

式中　　N、M_x、M_y——组合墙的轴力及 X、Y 向的弯矩;

　　　　N_1、N_2——墙肢 1 和墙肢 2 的轴力;

　　　　M_{x1}、M_{x2}——墙肢 1、2 的平面内弯矩;

　　　　M_{y1}、M_{y2}——墙肢 1、2 的平面外弯矩;

　　　　θ_1、θ_2——墙的方向角;

Δx_1、Δy_1、Δx_2、Δy_2——墙肢形心与组合墙形心的距离。

其他各种形状的组合墙的内力组合方法与上面例题类似,对有柱子的情况,也采用上面的公式,只是 M_x、M_y、θ 分别为 X、Y 分方向的弯矩和柱子转角。

组合墙的配筋计算采用《混凝土异形柱结构技术规程》(JGJ 149—2006)中的异形柱正截面承载力计算公式的变形,并以指定的分布筋配筋率(一般为 0.3%)进行分布筋配筋,得到分布筋面积 A_{sv} 及钢筋位置,再进行边缘构件的钢筋计算,如图 2.1-44 所示。

组合墙计算公式如下:

$$N \leqslant \sum_{i=1}^{n_c} A_{ci}\sigma_{ci} + \sum_{j=1}^{n_s} A_{sj}\sigma_{sj} \tag{2.1-4}$$

$$N\eta_a e_{iy} \leqslant \sum_{i=1}^{n_c} A_{ci}\sigma_{ci}(Y_{ci} - Y_0) + \sum_{j=1}^{n_s} A_{sj}\sigma_{sj}(Y_{sj} - Y_0) \tag{2.1-5}$$

$$N\eta_a e_{ix} \leqslant \sum_{i=1}^{n_c} A_{ci}\sigma_{ci}(X_{ci} - X_0) + \sum_{j=1}^{n_s} A_{sj}\sigma_{sj}(X_{sj} - X_0) \tag{2.1-6}$$

$$e_{ix} = e_i\cos\alpha$$

$$e_{iy} = e_i\sin\alpha$$

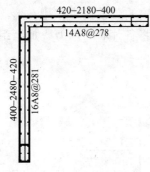

图 2.1-44　组合墙配筋

$$e_i = e_0 + e_a$$

$$e_0 = \frac{\sqrt{M_x^2 + M_y^2}}{N}$$

$$\alpha = \arctan \frac{M_x}{M_y} + n\pi$$

上式中参数与《混凝土异形柱结构技术规程》(JGJ 149—2006)中 5.1.1 的参数含义相同。

在"剪力墙组合配筋及验算"中，可以配筋计算，也可以对已有配筋校核。

由于组合配筋采用的是基于双偏压的配筋方法，因此初值对配筋结果的影响很大，为此，程序中根据用户的使用习惯提供了三种初值：

①按实际钢筋布置和选筋为初值；

②按 SATWE 的边缘构件结果乘以 0.9 倍作为初值；

③以用户输入钢筋面积为初值。

组合墙配筋方法通过整体截面的双偏压计算方法，将钢筋在全截面中进行有效的布置，既减少了总的配筋面积，又能使所配钢筋在截面中达到最大的利用价值，更趋合理。图 2.1-45 是前述 L 形组合墙的组合配筋前后对比。

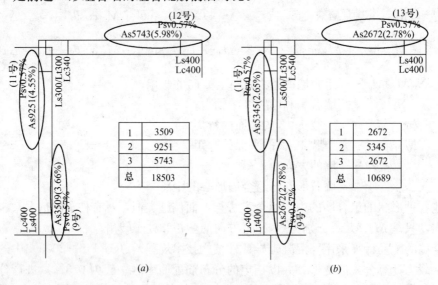

图 2.1-45　组合配筋效果：1. 总配筋减少 40%；2. 钢筋分布更合理，效率提高

(a) 组合配筋前；(b) 组合配筋后

大量的实例及测试证明，剪力墙组合配筋方法考虑了相邻剪力墙或端柱对剪力墙配筋的贡献，对相连的剪力墙进行整体校核和计算，这种方法比原来的单片墙计算更合理，一般情况下既能为工程合理节约大约 15%～40% 的钢筋，而且使钢筋在墙体中的布置效率更高，在工程建设中大大节约了项目成本。图 2.1-46、图 2.1-47 为两种典型的验算，达到了减少边缘构件配筋量的目的。

3. 剪力墙组合配筋方法的合理应用

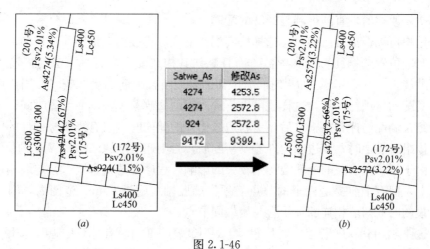

图 2.1-46
(a) 调整前配筋；(b) 调整后配筋

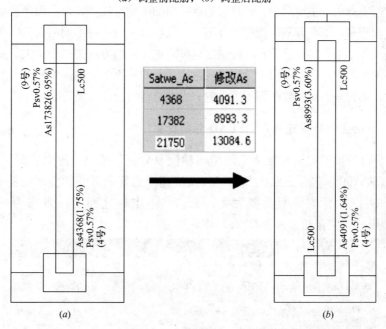

图 2.1-47
(a) 调整前配筋；(b) 调整后配筋

剪力墙组合配筋方法作为 SATWE 配筋的一个补充功能，能够很好地弥补 SATWE 计算中采用分段配筋、边缘构件节点配筋相加的方法造成的钢筋偏大的问题。

（1）SATWE 软件提供剪力墙组合方法，并非是要对所有的剪力墙都采用这个方法配筋。一般只是在使用 SATWE 计算得到的配筋比较大的情况下，才使用该程序进行重新计算或交互修改验算，以得到更加经济合理的配筋结果。

（2）组合截面墙肢不应太长。这是因为程序是基于平截面假定的，墙肢过长会超出平截面假定的范围，导致计算结果不准确。

（3）组合配筋采用双偏压的配筋方法，因此，选择不同的初值可能得到不同的配筋结果。这是双偏压配筋方式本身具有的多解性，不能看成是错误，而且如果有必要的话，我们可以多次修改初值，直到得到最经济的配筋。

（4）用户可以根据自己的习惯选择按实配初值或者直接输入钢筋面积作初值，前一方法可以在对应位置选钢筋直径和根数，而且默认其构造要求，后一方法则需输入初始面积，程序默认为 0.0。因此，如果时间有限而需要用组合配筋的墙体较多，用户可以采用按默认的实配初值进行计算，这样就可以不进入钢筋修改菜单，从而节省时间。

（5）组合墙配筋计算完毕之后，更新边缘构件的配筋时，只有当边缘构件的所有墙肢都包含在该组合墙中时，该边缘构件才刷新配筋，否则还是取原来 SATWE 的值。

（6）由于柱子对墙肢的配筋会产生较大的影响，程序在选组合墙时，与墙相连的柱子会自动选上，但有个前提是柱子的节点必须在墙肢轴线附近 10mm 范围内，因此，建议在 PM 建模的时候与墙相连的柱子宜与墙端同节点。

（7）这种方法目前对圆弧墙、地下连续墙（超长墙）等的计算有时不太理想，需慎重使用。

组合配筋方法能更合理地计算剪力墙的配筋，节约成本，但 SATWE 程序并没有将组合配筋作为默认的配筋方法，主要因为：一是常造成结果的不确定性。如果由程序自动选择墙肢形成组合墙，会面临多种组合方案，而每种方案下，又可以采用 3 种不同的初值，初值不同会得到不同的配筋计算结果；二是目前程序提供的这种附加计算的方法工作量不大。一般剪力墙结构或含剪力墙的结构中，剪力墙由于受压或受弯而超筋的并不多，纵向配筋一般取构造配筋即可满足。因此，用户只需对少数配筋不正常的剪力墙进行组合截面配筋即可。

二十四、复杂空间结构建模 SPASCAD 分析计算

08 版在 SATWE 中增加"复杂空间结构建模及分析"菜单，复杂空间结构建模（程序名为：SPASCAD），它可完成比 PMCAD 按层建模更复杂多变的空间结构的模型输入，这样 SATWE 可以计算的模型类型大大扩充。本书中称这种工作方式为 SPASCAD＿SATWE 工作模式，主菜单显示见图 2.1-48。

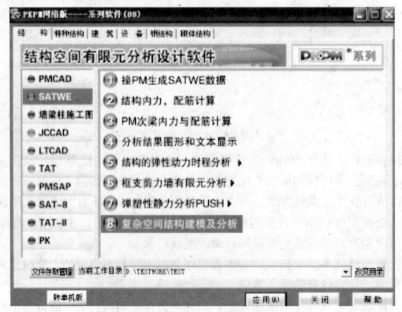

图 2.1-48　SPASCAD＿SATWE 主菜单

1. SPASCAD_SATWE 的整体思想

SPASCAD_SATWE 是一个将前处理、分析计算与后处理三大模块集成到一个统一的工作环境下的有限元分析设计软件，其目标对象是从 PMCAD 导入并在空间建模中扩充的结构模型以及 SPASCAD 的自建模型。

为了实现上述目标，SPASCAD_SATWE 对 SATWE 的构件、模型以及单元等多方面进行了修改与扩充。

在构件形式上除了兼容原有 PMCAD 中的规则构件以外，增加了斜板、斜墙等构件形式；在层管理上突破了标准层限制，对每一层均可以按照广义层定义；在整体模型上，实现所有节点的变形协调模式；在网格及单元上通过引入新的网格剖分模式以及单元类型对墙板实行三角形与四边形混合计算。

SPASCAD_SATWE 的操作模式是在空间建模程序中直接调用 SATWE 计算。它采用单一的工作界面，在统一图形界面下实现所有模型几何参数、物理参数以及计算控制参数的输入，并查看所有分析计算结果，而分析计算只是一个后台模块，因此，在 SPAS-CAD_SATWE 模式下，SATWE 的前面 7 项菜单不起作用。

2. 计算模型的前处理

(1) PMCAD 导入模型的完善

SPASCAD_SATWE 解决的最多的工程情况是在 PMCAD 中完成的规则楼层的建模，在 SPASCAD 中导入该模型并扩充复杂空间模型部分，最后调用 SATWE 完成计算。

对于一般没有标准层概念的非规则结构，更适宜在 SPASCAD 里直接建立模型，但工程中更常见的结构是部分为规则结构含有标准层，适宜在 PMCAD 里建立模型，而另一部分为非规则结构，则适宜在 SPASCAD 里完成。如图 2.1-49 所示小型体育馆结构。

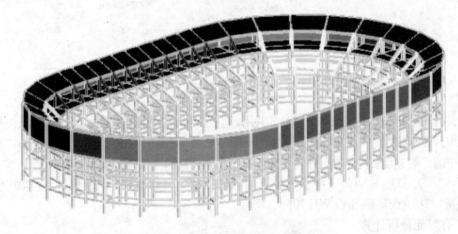

图 2.1-49 规则结构附加非规则结构

结构的 1~3 层为一般规则结构，适宜在 PMCAD 里快速建模，而上面几层不仅含有大量的斜杆且含有斜板，这些构件在 PMCAD 里很难完成甚至无法实现，此时可以通过 SPASCAD 里的"模型导入"功能先将 PMCAD 里生成的三层导入（图 2.1-50），然后在 SPASCAD 里完成模型其他部分。

另外对于支撑、斜梁等斜杆，虽然可以在 PMCAD 里完成布置，但是大量的斜杆会使布置变得很困难，此时通过 SPASCAD 导入 PMCAD 模型，然后在此基础上进一步修

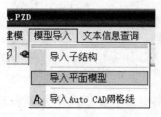

图 2.1-50　模型导入

改，完成斜杆的布置，则模型输入的工作量将大幅减少。

（2）SATWE 计算控制

SPASCAD_SATWE 的主要参数定义在 SPASCAD 中完成。

直接读取 PMCAD 建模的 SATWE 计算时，SATWE 的主要参数定义在 SATWE 主菜单第一项中完成，而 SPAS-CAD_SATWE 的参数定义通过 SPASCAD 的"结构计算"控制菜单中的"设计参数"传递（图 2.1-51）。

图 2.1-51　设计参数

上述计算分析参数的定义与 PMSAP 共用，但是其中部分控制参数在 SPASCAD_SATWE 里不采用，控制参数的主要内容仍然沿用原 SATWE 菜单中第一项的控制参数，但是"剪力墙信息"中的"侧节点按内部节点处理"被取消，原因将在后面协调模式里解释。

而 SPASCAD_SATWE 中关于计算内容的控制项（如图 2.1-52 所示）在本版本中将继续保留，这一点与原 SATWE 相同。

3. 有限元分析计算

SPASCAD_SATWE 的有限元分析计算仍然采用原 SATWE 的程序框架，但在此基础上进行了大量的扩充与修改，无论是程序结构，还是计算模型与单元以及最后的内力计算都有着很大的不同，因此，计算结果也会有差别。

（1）程序结构的改变

SPASCAD_SATWE 是一个单一界面的有限元分析设计程序。

SPASCAD_SATWE 程序结构最大的变化是减少了用户对于中间环节的干预。原来在 SATWE 前七项菜单中所要处理的特殊构件定义等工作都可以在 SPASCAD 下完成，而有限元

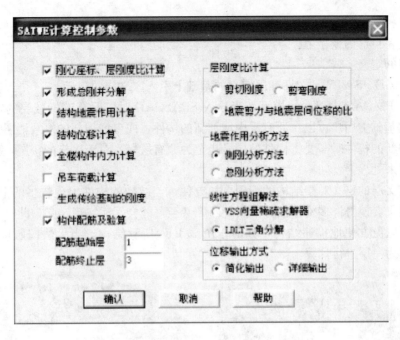

图 2.1-52　计算选项

所需要的初步数据也在 SPASCAD 中生成，但是这里所生成的数据只是对 SPASCAD 的数据的整理，并不是有限元计算数据，真正有限元计算所需数据在 SATWE 里自行完成，同样对于结果的调用也取消了外部菜单，真正的调用只需要操作右侧菜单（图 2.1-53）。

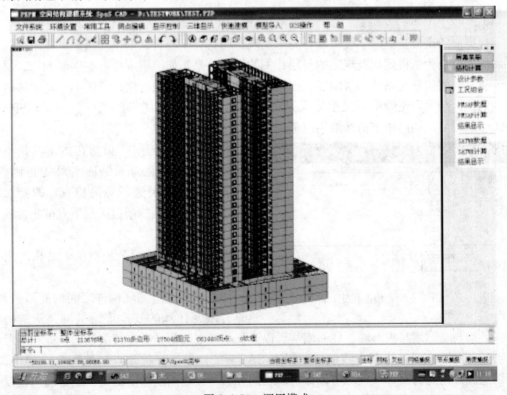

图 2.1-53　调用模式

通过这种结构的调整，就使得有限元计算成为一个完全置于后台的模块，用户可以把更多精力放在自己的模型上。

（2）层的定义

SPASCAD_SATWE 在标准层定义的基础上引入广义层的定义。

对于在 PMCAD 中建立的模型，当导入 SPASCAD 时，原有的标准层的定义仍可以保留。在此基础上用户可以在原有层内增加新的构件，或者增加新的复杂楼层。当在某标准层内增加新的构件时需要将构件的层号指定为原有层号。对于扩充的楼层，程序则会按照广义楼层来处理。

引入广义层的定义对于结构的管理更加方便。当结构的构件出现较多的上下交错时，标准层的定义会使得许多构件被标准层打断，甚至可能会无法实现定义，此时广义层相对于标准层可以更方便地描述结构，如对于图 2.1-54 所示结构，当无法按照标高分层时，也可以指定为一层进行计算。

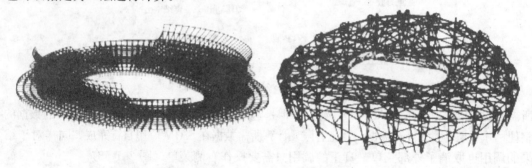

图 2.1-54 广义层示意

标准层的定义是借助于楼板和标高来实现，而具有广泛含义的广义层是可以不受任何限制的。但是为了得到规范规定的与层相关的统计结果，如层刚度中心、层刚度比、层最大位移、层间位移角以及每层的竖向力统计等参数，随意地进行层的指定不一定能够给出正确的统计结果，正确的广义层定义是得到正确的统计结果的必要条件。因此，SPAS-CAD_SATWE 的层指定仍然沿用规范中标高意义上的层指定（图 2.1-55）。

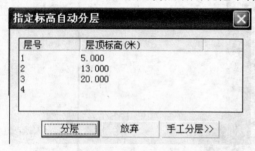

图 2.1-55 层的指定

对于"手工分层"，虽然在指定时是不受任何限制的，但是为了保证结果的正确性，程序会对指定的层进行标高检查，即要求下层节点的上标高不能超过上层节点的下标高。

（3）协调模式

SPASCAD_SATWE 对整个结构采用变形协调模型。

协调模式是指关联构件之间的变形关系，这是有限元计算的基本理论基础。从结构本身讲，墙与墙、墙与板、墙与柱、墙与梁以及梁与板之间都是有连接关系的，即在不考虑断裂的情况下变形是协调一致的。原版本 SATWE 只保证杆件端点和墙板角点的协调，当墙边界点指定为出口节点时可以保证墙之间和墙与柱之间变形的协调，使得墙与板以及梁与板之间刚度与变形不连续，这是一种简化处理方式，在 SPASCAD_SATWE 中所有的墙边界点全部为出口节点。

新版中按照通用有限元软件的网格剖分模式，首先根据物理模型的拓扑结构，对所有边界线进行网格离散，这样就使得所有构件在连接处都具有公共节点，剖分时把边界点作为约束条件只在构件内部独立操作。边界的公共节点保证了刚度和荷载传递的连续性、变形的协调性（图 2.1-56）。

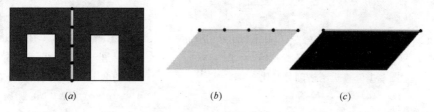

图 2.1-56　边界节点连接关系
(a) 墙柱公共节点；(b) 弹性板与梁公共节点；(c) 刚性板与梁公共节点

图 2.1-57 所示为协调变形与非协调变形的示意图。

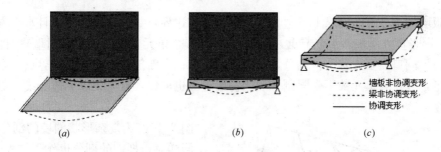

图 2.1-57　协调性影响
(a) 墙板变形；(b) 墙梁变形；(c) 梁板变形

如图 2.1-57 所示，非协调模型会导致整体刚度下降，构件之间刚度以及荷载的传递都会出现偏差，这种偏差在地震分析中的高阶振型中的表现往往会比较明显。

毫无疑问，节点的增加会增加方程组的求解规模，影响计算效率。为了给用户提供必要的选择余地，程序会对刚性板结构放弃这一严格的协调要求，采用原 SATWE 的协调模式，从而减少计算规模，提高效率。

（4）网格剖分

SPASCAD _ SATWE 对板和墙都采用了通用的网格剖分模式。

网格剖分是对板和墙进行有限元计算的关键环节，网格的数量和质量直接影响分析的速度和精度，原 SATWE 剖分程序保持最初推出时的剖分算法，并在此基础上做了一些完善和修改。受当时计算机技术的限制，板的网格剖分非常稀疏，只含有 PMCAD 中定义的基本点，不含内部点，这对于刚性楼板模型是没有明显影响的，但是如果采用弹性楼板模型会使得板的刚度过大；墙剖分的优点是剖分出来的全部为四边形网格，单元质量高，但是因为对单元和节点数加了许多限制，当墙上含有边洞口时需要做许多附加处理，往往需要把墙体打断，因此，无法扩展为一个通用的剖分程序。

在新版 SATWE 中，引入了 SlabCAD 中的剖分方法，对板按照剖分尺度确定边界点后进行任意剖分，程序会尽量在板内形成均匀网格，且为了保证分析精度，优先采用四边形网格；

对于墙元程序会自动进行分析，判断是否可以采用原有剖分方法，并优先采用。图 2.1-58、图 2.1-59 分别为旧版和新版软件对板剖分比较示意图和对墙剖分的比较示意图：

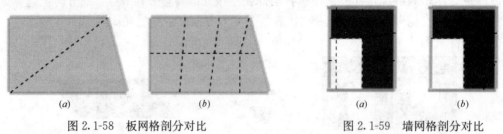

图 2.1-58　板网格剖分对比
(a) 旧版；(b) 新版

图 2.1-59　墙网格剖分对比
(a) 旧版；(b) 新版

按原算法板只剖分为两个单元，没有增加边界点，也没有增加内部点，因此板的刚度很大；如图 2.1-58 (b) 所示，新剖分算法像通用有限元软件一样首先在边界按照剖分尺度确定边界点，然后由剖分程序确定内部网格，网格的疏密程度是由用户指定的剖分尺度所确定。

旧版墙的剖分算法要求上下边界点数以及左右边界点数要分别相等，且水平方向最多 9 个节点，竖直方向最多 4 个节点，每块墙最多 24 个单元，否则就需要对墙作打断处理，而对于边界洞口需要先移位再剖分，然后修改刚度；在新剖分算法中，边界点完全由剖分尺度确定，节点与单元数不受限制，墙的初始定义也可以含有 5 条以上边界线，更加自由灵活。

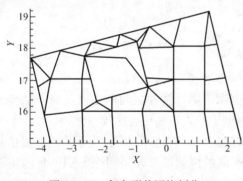

图 2.1-60　复杂形状网格剖分

图 2.1-60 为复杂形状的墙的剖分结果。

同样对于杆件的剖分也作了较大的调整，原 SATWE 对柱的剖分最多为三段，而梁则基本不会进行剖分，SPASCAD_SATWE 对于不与墙板相连或者仅与刚性板相连的杆件按照一个单元来处理，而对于其他情况的杆件则按照用户指定的剖分尺度进行离散。

（5）单元类型

SPASCAD_SATWE 增加了三角形单元。

三角形单元相对于四边形单元来说由于自由度少、阶次低，所以精度与抗网格畸变性能方面均不如四边形单元，但是可以有效解决网格剖分的问题，保证边界节点的协调性，同时在容易出现畸变四边形单元的情况下，合理地插入三角形单元可以较好地消除畸变单元的影响，尤其是对于开洞墙和复杂形状板的剖分（图 2.1-61）。

（6）墙元模型

SPASCAD_SATWE 除了增加了墙类型以外，还增加了新的墙元剖分模式，取消了每个墙元的节点与单元限制。

原 SATWE 只需要处理从 PMCAD 中建立的竖直矩形墙，为了适应结构形式的多样化趋势，SPASCAD_SATWE 中增加了任意形状的墙的计算（图 2.1-62），对于任意形状的墙着重处理斜墙构件，如图 2.1-63 所示水塔结构。

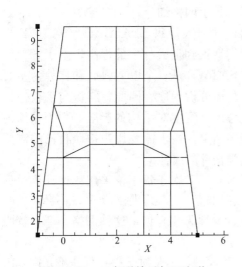

图 2.1-61　三角形单元与四边形
单元混合应用

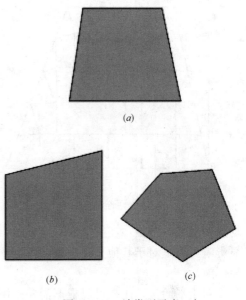

图 2.1-62　墙类型示意

(a) 正梯形墙；*(b)* 侧梯形墙；*(c)* 任意形状墙

需要特别指出，SPASCAD_SATWE 中的斜墙分为两种情况：一种是上下边界平行但两条侧边可以不平行的斜墙，另一种情况是任意形状的斜墙，墙可以有一定的倾角，但是通常情况下建议不超过 45°，否则程序的数检会给出警告信息。程序对于前一种情况会给出内力及配筋结果，而对于第二种情况，只是在整体分析时考虑其刚度影响。对于侧梯形墙，在本版本中暂归类为任意形状墙。

虽然原 SATWE 的墙元网格剖分有着很大的局限性，如竖向最多三层单元，横向最多八个单元，且上下节点数及左右节点数必须对应等。但是由于其剖分质量好，所以可以在较少网格下有着较高的精度，因此，在 SPASCAD_SATWE 中保留了两套网格剖分模式，并由程序内部确定优先采用原有剖分模式。如图 2.1-64 所示为新的剖分模式剖分得到的结果。

需要指出图 2.1-64 中所示梯形墙，当墙没有洞口时墙柱的定义是没有问题的，但当墙开洞时，由于洞口的位置影响或者墙的形状影响可能会使得通常意义的墙梁墙柱定义无法实现。

右侧墙柱及上墙梁无法按常规方式定义，将会导致内力整理失败。

畸变单元的出现会严重影响单元的精度，虽然剖分程序会尽量避免这种情况出现，但是有些情况下由于基本几何结构的定义可能会使得剖分程序变得无能为力，如小角度及短边的存在，因此，在建模时应尽量避免出现这种情况。

图 2.1-63　水塔结构

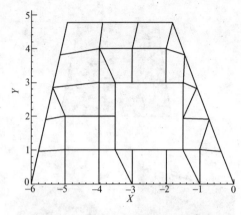

图 2.1-64 洞口对墙梁墙柱的影响

（7）板元模型

SPASCAD_SATWE 增加了斜板构件，且对板进行了网格细分。

斜板的引入使得 SPASCAD_SATWE 程序的通用性得到很大程度的提高，由于 SPAS-CAD_SATWE 是一个以剪力墙和杆件为主要目标的整体分析程序，因此，斜板与平板一样都只是考虑其刚度对结构的影响，而不输出内力和配筋结果，这也需要用户按照自己的需要指定这类构件的属性。

原 SATWE 对于板不论采用哪种计算模型均采用较粗的网格，在剖分时只有板角点而没有板内部点，这对于刚性板来说不会产生明显影响，但是对于其他三种模型（弹性 6、弹性 3、弹性膜）来说，这种网格会产生较明显影响。

对于平面板，用户可以根据需要采用不同的计算模型，但是对于斜板程序不允许采用平面内刚性假定，只允许采用弹性 6 模型。

（8）内力计算

SPASCAD_SATWE 增加了积分模式的墙元内力计算。

墙元中墙梁墙柱的内力可以通过两种模式得到：一种是通过单元的刚度阵；一种是通过单元的应变矩阵及积分。两者各有优缺点：通过刚度阵求解内力的模式优点是精度高，但是缺点是有一定的适用范围；通过应变矩阵及积分求内力的模式优点是适用于所有情况，但缺点是当网格较粗时精度会偏低。

图 2.1-65 所示开洞墙，指定不同的网格剖分尺度会有不同的网格剖分结果。对于图 2.1-65 （a），在整理墙梁墙柱内力时，左右两个墙柱的上下边界宽度刚好分别对应两个单元，上下两个墙梁的左右边界刚好对应一个单元，因此，通过单元刚度阵，由：

$$K\delta = P$$

经过整理可以得到单元的边界力，统计以后就可以得到墙梁、墙柱的内力。

但是对于图 2.1-65 （b）所示情况，墙梁与墙柱的边界并不恰好是单元的边界，此时通过上述方式去整理内力得到的结果可能会产生很大的偏差，就需要去借助应变矩阵并积分的模式：

$$S = DB\delta$$

例如，对于左墙柱，墙柱的坐标区间为 $[-6, -4]$，在此区间内确定数个离散点，

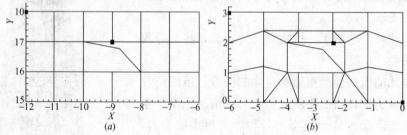

图 2.1-65 内力求解的适用范围示意图

（a）刚度阵模式适用网格；（b）应变矩阵及积分模式适用网格

并判断每个点所在的单元，用插值模式得到每个离散点的应力，最后进行积分得到整个区间上的合力。因为只是求离散点的应力，所以不受网格的限制。

为了改善应力结果，首先求应力时在墙元内部进行磨平以保证应力的连续性（图2.1-66），其次在求剪力墙平面外力的时候采用了杂交化后处理的方法提高精度。

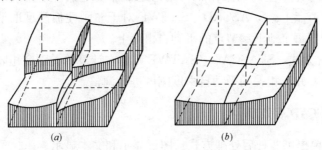

(a)　　　　　　　　　(b)

图 2.1-66　应力磨平示意

(a) 磨平前；(b) 磨平后

（9）荷载导算

SPASCAD_SATWE 采用了选择性的荷载导算。

从 PMCAD 导入的模型，其各层楼面上的均布恒荷载、活荷载都已经完成了向房间周边梁墙上的导算，即此时梁、墙上已经有了导算荷载，而楼板恒、活面荷载都被置为 0。

对于在 SPASCAD 中补充输入的板构件，只要其上面定义了均布恒、活荷载，程序仍可以自动完成板面荷载的导算，但是程序没有板自重计算的功能。

因为从 PMCAD 导入模型上的楼板荷载已被导算出去，它上面的荷载已经为 0，因此在这种情况下就不应再用 SATWE 作楼板本身的内力计算。

当导算荷载时，程序会自动查找板边界上的墙以及梁，并将荷载转移。如果没有发现墙或者梁，则导算荷载会出错。

在 SPASCAD 中建立的板的荷载的导算遵循与 PMCAD 相同的荷载导算原则，即对于矩形板按照塑性铰线导算，对于一般形状板按照板边梁墙的总长度平均导算。

（10）刚性板限制

SPASCAD_SATWE 将每层内的刚性板容量修改为 100。

原 SATWE 中每一层最多有 10 个塔、10 块刚性板（即 10 个主从关系），这对于一般规则结构来说是足够的，但是对有些特殊结构则无法满足要求，如图 2.1-67 所示国家博物馆的结构，因此，SPAS_SATWE 将其调整为 100。

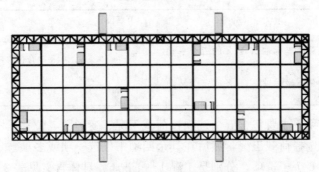

图 2.1-67　刚性板示意

（11）地下室约束作用

SPASCAD_SATWE 修改了 LDL^T 分解法非刚性板模型的地下室约束引入方式，增加了 VSS 解法的地下室约束。

原 SATWE 对于地下室的约束作用，无论是哪种模型都会建立一个主节点，并把约束作用施加到该主节点上。SPASCAD_SATWE 对于非刚性板模型取消该主节点，而直接将约束作用施加到每个地下室节点的平动自由度上。

对于 VSS 求解方式，SPASCAD_SATWE 则是在计算单元刚度矩阵时，判断节点是否属于地下室节点，并对相关的平动自由度刚度进行调整。

二十五、SPASCAD 后处理

SPASCAD 主要提供两种后处理方式：图形显示和文本显示。

1. 图形显示

SPAS 图形显示菜单主要包含如下四个部分：（1）结构模态显示；（2）节点位移显示；（3）构件内力显示；（4）配筋及验算显示。为方便用户查看结果，以上每个部分均可输出图形文件，其后缀名为.T。另外，用户还可以指定区域、变换视角、改变标注字体大小显示分析结果。

（1）结构模态显示

模态显示菜单主要包含三个选项：频率阶数、振型位移图、振型云图。用户需首先填入频率阶数，然后才能选择振型位移图和振型云图，它们是程序提供的两种模态显示方式。其中，振型位移图选项将显示结构模态对应的构型图（振型位移叠加原始结构）；振型云图选项将彩色显示结构振型位移的梯度线。另外，振型位移图选项还包含两个子选项：①模态放大倍数，它可以放大或缩小模态显示；②是否显示原始构型，它支持模态图与原始构型同时显示。

注：a. 频率阶数须大于 0，且小于结构分析中指定的模态数；b. 大多数情况下，结构的低阶频率和振型将决定该结构的主要性能，因此，建议用户重点关注低阶频率和振型。

（2）节点位移显示

节点位移共 8 项，分别是：u_x、u_y、u_z、θ_x、θ_y、θ_z、u_0、θ_0，具体含义见表 2.1-1。该处的节点是指梁、柱、支撑的端点和墙元、楼板的边界点（如果采用平面单元则转动位移恒为零）。

节 点 位 移 选 项 表

表 2.1-1

节点位移 选项名称	含　义	节点位移 选项名称	含　义
u_x、u_y、u_z	沿总体坐标轴 X、Y、Z 的三个平动位移	u_0	平动合位移，$u_0 = \sqrt{u_x^2 + u_y^2 + u_z^2}$
θ_x、θ_y、θ_z	沿总体坐标轴 X、Y、Z 的三个转动位移	θ_0	转动合位移，$\theta_0 = \sqrt{\theta_x^2 + \theta_y^2 + \theta_z^2}$

节点位移显示菜单主要包含五个选项：荷载工况、变形图、位移云图、位移值、数值查询。用户必须先选择荷载工况，然后在其余四项中任选一项或多项。

荷载工况包含 6 个子选项，分别是工况 1～工况 6，具体含义见表 2.1-2。用户选择了荷载工况后，位移图形显示的其余四个选项均针对该工况操作。

节　点　位　移　选　项　表　　　　　　　　　　表 2.1-2

荷载工况号	工 况 含 义	荷载工况号	工 况 含 义
工况 1	X 方向地震作用下的标准内力	工况 4	Y 方向风荷载作用下的标准内力
工况 2	Y 方向地震作用下的标准内力	工况 5	恒载作用下的标准内力
工况 3	X 方向风荷载作用下的标准内力	工况 6	活载作用下的标准内力

变形图选项可以显示变形后的实际结构模型，用户可直观地查看结构变形。变形图选项还提供了两个有用的参数：①结构变形放大倍数，可放大或缩小结构变形显示；②是否显示变形前模型，用户可选择在变形图的基础上同时显示原始构型。

位移云图选项可以彩色显示结构变形的梯度线，它包含如下几个子选项：u_x、u_y、u_z、u_0、θ_x、θ_y、θ_z、θ_0，每一项的具体含义见表 2.1-1。用户可任选一项，但不可多选。

位移值选项可以在结构变形图以及位移云图上标注各节点的实际位移值，它包含如下几个子选项：u_x、u_y、u_z、u_0、θ_x、θ_y、θ_z、θ_0，用户可任选一项或多项。

SPASCAD 程序还提供了位移数值查询模式，当选择打开查询模式时，用户可用鼠标在屏幕上逐点查看结构各处的位移值。

（3）构件内力显示

构件内力是指建筑结构中梁、柱、支撑、墙梁、墙柱等构件的轴力、剪力、弯矩和扭矩等，它们是判断结构安全与否的重要指标，是指导结构设计的主要因素，因此，需特别关注。SPASCAD 构件内力显示菜单主要包括如下五个模块：①构件标准内力显示；②地震作用调整后的构件内力显示；③梁设计内力包络图；④吊车荷载预组合内力显示；⑤基础设计荷载显示。

1）构件标准内力显示

该菜单主要包含 3 个选项：荷载工况、内力云图、内力值，用户必须选择荷载工况，其余两项可任选一项或全选。

荷载工况共有 6 个子选项，分别是工况 1～工况 6，其含义见表 2.1-2。内力云图选项将用彩色条纹绘制结构内力的梯度线，它主要包括 5 种构件类型：梁、柱、支撑、墙梁、墙柱，每种构件类型又包含多个内力分量，详见表 2.1-3。内力值选项将在构件的端部和中部标注各项内力分量，它同样包括 5 种构件类型：梁、柱、支撑、墙梁、墙柱，每种类型又包含多个内力分量。选择标准内力菜单后，程序首先显示第 1 层的构件内力，用户可通过"换层显示"和"显示上层"菜单更改层号。

梁、柱、支撑、墙梁、墙柱的内力选项表　　　　　　　表 2.1-3

构 件 类 型	内力分量名称	含　义
柱、支撑、墙柱	N	轴力
	V_{xd}	X 方向底部剪力
	V_{yd}	Y 方向底部剪力
	M_{xt}	X 方向顶部弯矩
	M_{yt}	Y 方向顶部弯矩
	M_{xd}	X 方向底部弯矩
	M_{yd}	Y 方向底部弯矩

续表

构 件 类 型	内力分量名称	含 义
梁、墙梁	N_{max}	主平面内各截面上的轴力最大值
	V_{max}	主平面内各截面上的剪力最大值
	T_{max}	主平面内各截面上的扭矩最大值
	M_{yi}	主平面外 I 端的弯矩
	M_{yj}	主平面外 J 端的弯矩
	V_{ymax}	主平面外各截面上的剪力最大值
	M_{-i}	主平面内，从左到右 8 等分截面上的弯矩
	V_{-i}	主平面内，从左到右 8 等分截面上的剪力

注：虽然内力云图选项和内力值选项均包含梁、柱、支撑、墙梁、墙柱 5 种构件类型，但各个选项中对于构件类型的选择并不完全相同，前者对于每种构件类型最多只能选择一种内力分量，后者却可选择多种内力分量。

2）地震作用调整后的构件内力显示

与构件标准内力显示类似，该菜单主要包含三个选项：荷载工况、内力云图、内力值，用户必须选择荷载工况，其余两项可任选一项或全选。该菜单的显示结果在形式上与构件标准内力基本相同，但数值不同，因为它考虑了地震作用调整，包括：$0.2Q_0$ 调整（楼层框架总剪力调整）、转换层调整、薄弱层调整等。

3）梁设计内力包络图

该菜单的功能是以图形方式显示梁各截面的设计内力包络图。每根梁给出了 9 个设计截面，梁内力曲线由各设计截面上的内力连线而成。选择该菜单后，程序首先显示第一层的梁设计内力包络图，用户可通过"换层显示"和"显示上层"菜单更改层号。

4）吊车荷载预组合内力显示

该菜单的作用是显示梁、柱在吊车荷载作用下的预组合内力，它主要包含 3 个选项：预组合、梁内力、柱内力。其中，预组合项用于选择吊车预组合方式；梁内力项用于显示梁内力包络图；柱内力项用于显示柱的预组合内力。选择该菜单后，程序首先显示第一层梁、柱在吊车荷载作用下的预组合内力，用户可通过"换层显示"和"显示上层"菜单更改层号。

5）基础设计荷载显示

基础设计荷载是指建筑结构传递给下部基础的支座反力，它实际上就是底层柱、墙的最大组合内力。基础设计荷载菜单主要包含两个子菜单：荷载组合和内力分量，用户须先选择荷载组合，然后才能选择内力分量。其中，荷载组合包含 7 个选项：V_{xmax}、V_{ymax}、N_{max}、N_{min}、M_{xmax}、M_{ymax}、$D+L$，分别表示 7 种荷载组合方式，具体含义见表 2.1-4；内力分量包含 6 个选项：F_x、F_y、F_z、M_x、M_y、M_z，具体含义见表 2.1-5。

支 座 反 力 选 项 表　　　　　　　　　　表 2.1-4

荷载组合选项	含 义	荷载组合选项	含 义
V_{xmax}	X 方向最大剪力	M_{xmax}	X 方向最大弯矩
V_{ymax}	Y 方向最大剪力	M_{ymax}	Y 方向最大弯矩
N_{max}	最大轴力	$D+L$	"1.2恒＋1.4活"组合
N_{min}	最小轴力		

支 座 反 力 选 项 表　　　　　　　　　　表 2.1-5

支座反力选项	含 义
F_x、F_y、F_z	沿总体坐标 X、Y、Z 三个方向的力
M_x、M_y、M_z	沿总体坐标 X、Y、Z 三个方向的力矩

（4）配筋和验算显示

配筋及验算显示菜单主要包括以下 5 个模块：①各层配筋构件编号显示；②混凝土构件配筋和钢构件验算显示；③梁弹性挠度、柱轴压比和墙边缘构件显示；④柱钢筋修改和柱双偏压验算显示；⑤梁设计配筋包络图显示。

1）各层配筋构件编号显示

该菜单的功能是：分层显示梁、柱、支撑、墙梁、墙柱的序号。墙梁和墙柱是 SAT-WE 提出的新概念，SPAS 沿用该概念。简单来说，墙柱就是剪力墙的一个配筋墙段，它可能由一片墙元的一部分组成（如洞口两侧），也可能由几片墙元连接而成；墙梁是指上下层剪力墙洞口之间的部分。选择该菜单后，屏幕首先显示第一层的配筋构件编号，用户可通过"换层显示"和"显示上层"菜单更改层号。

2）混凝土构件配筋和钢构件验算显示

该菜单的功能是：显示混凝土梁（柱和支撑）、型钢混凝土梁（柱和支撑）、钢梁（柱和支撑）、混凝土墙梁和墙柱的配筋及验算结果，如果混凝土构件超配筋或者钢构件验算不满足设计要求，则程序会在相应位置醒目地标注。选择该菜单后，程序首先显示第一层的相应信息，用户可通过"换层显示"和"显示上层"菜单更改层号，各项的具体含义跟 SATWE 一致。

3）梁弹性挠度、柱轴压比、墙边缘构件显示

该菜单主要包含 3 个子菜单：梁弹性挠度、柱轴压比、墙边缘构件，分别显示梁的弹性挠度简图、柱轴压比和计算长度系数以及由剪力墙和边框柱产生的边缘构件信息。选择该菜单后，程序首先显示第一层的相应信息，用户可通过"换层显示"和"显示上层"菜单更改层号，各项的具体含义同 SATWE。

4）柱钢筋修改和柱双偏压验算显示

该菜单的功能是：修改各层柱的实配钢筋，并对该实配钢筋作双偏压、拉验算，对于不满足双偏压验算的柱，程序会用红色标注。选择该菜单后，程序首先显示第一层的相应信息，用户可通过"换层显示"和"显示上层"菜单更改层号。

5）梁设计配筋包络图显示

该菜单的功能是以图形方式显示梁各截面的配筋结果，其中，负弯矩对应的配筋以负数表示，正弯矩对应的配筋以正数表示。选择该菜单后，程序首先显示第一层的相应信息，用户可通过"换层显示"和"显示上层"菜单更改层号。

2. 文本显示

文本显示菜单包含 12 个选项，分别表示与位移、内力、配筋等相关的 12 个文本文件，其文件名和主要内容参见表 2.1-6，每个文件的具体格式和详细内容与 SATWE 一致，此处不再赘述。当选择了文本菜单中的选项后，程序会自动打开相应的文本文件。

文本显示菜单选项（计算结果文本文件） 表 2.1-6

文件名	主 要 内 容	文件名	主 要 内 容
WMASS. OUT	结构设计信息	WGCPJ. OUT	超配筋信息
WZQ. OUT	周期、振型、地震力	WDCNL. OUT	柱、墙底层最大组合内力
WDISP. OUT	结构位移	SAT-K. OUT	薄弱层验算结果
WNL∗. OUT	各层内力标准值，∗号表示层号	WV02Q. OUT	框架柱倾覆弯矩及 0.2Q₀ 调整系数
WWNL∗. OUT	地震作用调整后的各层内力值，∗号表示层号	SATBMB. OUT	剪力墙边缘构件数据
WPJ∗. OUT	各层配筋信息，∗号表示层号	WCRANE∗. OUT	吊车荷载预组合内力，∗号表示层号

第二章 TAT 软件的改进

一、TAT 采用与 SATWE 完全一致的前处理

TAT 前处理新界面如图 2.2-1 所示：

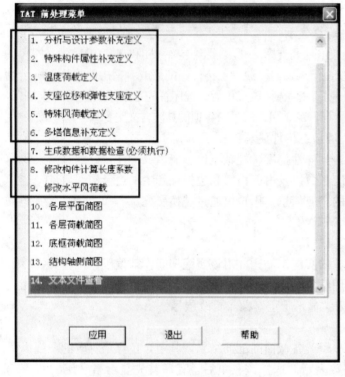

图 2.2-1 TAT 前处理菜单图

TAT 前处理的操作流程与 SATWE 完全一致，从参数定义、特殊构件、支座位移或刚度、特殊风荷载、多塔信息等，都与 SATWE 一样。因为 1～6 项菜单采用了与 SATWE 前处理完全一致的动态库。

新版 TAT 生成数据，包括：几何数据、楼板数据、多塔信息、特殊构件定义、竖向恒活荷载、水平风荷载、温度荷载、支座位移或刚度、特殊风荷载。这些都是用与 SATWE 完全一致的前处理所定义的。

原来的文本文件中的特殊构件数据文件、错层数据文件、多塔数据文件、特殊荷载（底框、温度、吊车、特殊风、支座位移等）数据文件等均已改为后缀为 .PM 的二进制文件（不可见），只有通过交互式图形界面，才能修改这些文件的内容。

新版 TAT 更容易保留已定义的附加信息，只要保留或传递（＊.PM 和 工程名．＊），则有关 TAT 的建模、附加设置及定义等，均可保留或传递，比原版本方便许多。

二、生成数据和数据检查（必须执行）

新版 TAT 把生成数据和数据检查放在了参数修正、特殊构件定义、附加荷载定义的后面，这点与 SATWE 类似。当在参数修正中选择或改变了："强制刚性楼板假定"、"地下室层数"、"结构水平力与整体坐标的夹角"、"梁柱重叠作为刚域"、"风荷载信息"、"调整信息"、"特殊构件中房间的板厚信息"等等，均应选择此项，重新生成数据和数据检查。

1. 越层柱、越层支撑的自动生成

新版 TAT 在"生成数据和数据检查"时，自动搜索越层柱、越层支撑。在刚度、荷

载、质量、作用力计算中，按每层杆件单独分析，但在配筋验算时按整体考虑，即程序后面按如下方式处理：

（1）在柱计算长度系数的计算过程中，自动考虑越层柱的影响；

（2）配筋时或钢柱验算时，自动考虑越层柱的影响；

（3）自动考虑单边越层，在柱长度系数和配筋验算中自动考虑其影响；

（4）越层柱的越层点在新版 TAT 中自动被确认为弹性节点，而且该越层节点上会有质量、地震力、风力的作用，也可以作用节点荷载（如自重轴力）。这样，其内力就有可能不连续（如：恒载下的上柱与下柱轴力会不同）。

2. 保留已经修改过的柱计算长度系数和风荷载

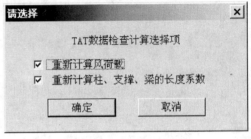

图 2.2-2 生成数据选择

新版 TAT 在选择"生成数据和数据检查"时，屏幕弹出如下选择（图 2.2-2），是否需要重新计算柱计算长度系数、是否需要重新计算水平风荷载。这是针对后面对这两种内容的修改所作的提示。当后面修改了"柱计算长度系数"或"水平风荷载"，在再次生成数据和数据检查时，选择此项，将相应的保留已修改过的内容。

三、弹性动力时程分析的新增功能

新版 TAT 在结构分析选择菜单中，把弹性动力时程分析结合进去，使其为结构分析中的一个选项，如图 2.2-3 所示。

当选择"弹性动力时程计算"时，屏幕弹出如图 2.2-4 所示的选择。

其中"选择地震波"与原版一样。当选择地震波（一般应选择 3 条地震波，即 2 条天然波、1 条人工波）以后，对分析参数：

（1）主方向作用最大加速度——该加速度参数应根据规范要求取值，程序自动以主方

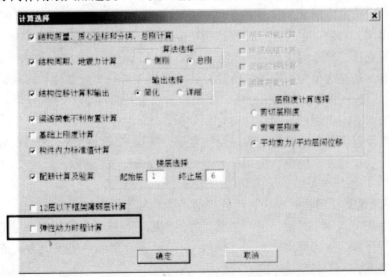

图 2.2-3 弹性动力时程分析选择

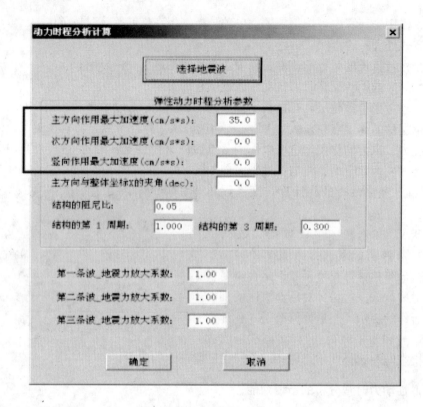

图 2.2-4   地震加速度选择

向最大加速度对结构进行 X、Y 向分别作用。

（2）次方向作用最大加速度——该加速度参数也应根据规范要求取值，一般按主方向最大加速度乘以 0.85，这样与主方向最大加速度同时作用，相当于双向地震组合。次方向总是与主方向成 90°作用。

（3）竖向作用最大加速度（目前没有开放这项功能）——该加速度参数也应根据规范要求取值，一般按主方向最大加速度乘以 0.65，这样，其与主方向、次方向共同形成对结构的三向作用。目前，程序没有开放这项功能。

（4）对所选择的每条地震波（一般选 3 条，所以只给了 3 条波的放大系数），提供地震力放大功能。这是为了与反应谱法所计算的地震作用进行更好的比较而设置的。

新版 TAT 不但可以按直接积分法、按侧刚模型进行弹性动力时程分析，而且还可以按振型分解法对总刚模型进行弹性动力时程分析。

不论侧刚模型还是总刚模型，程序均按楼层、按塔来统计弹性动力时程分析的各种结果，如：速度、加速度、位移、层间位移、位移比、最大反应力、反应剪力、反应弯矩等等。

新版 TAT 增加了弹性时程分析后处理的功能，具体操作如下：

（1）对每条波、每个时刻，进行楼层剪力的判断，当该时刻的任何一层的楼层剪力大于反应谱法所计算的楼层剪力的 0.65 倍时，则记录该时刻的各层反应力，依次类推，可以记录到该地震波若干时刻的反应力；

（2）以这些反应力作为外力，求得结构构件的内力；

（3）根据这若干组的内力，对各层柱、墙、支撑进行预组合内力的计算，对梁进行弯矩包络、剪力包络和轴力包络的统计计算（与吊车荷载预组合内力计算的方法一致），如图 2.2-5 所示，预组合内力分 X、Y 向；

| 第　1　层时程分析预组合内力 |

内力输出单位：m(米)，kN(千牛)，kN.m(千牛.米)

柱局部坐标下的预组合内力输出：

第　1　柱单元　上节点号：　1　下节点号：　1
　　地震波X向作用　预组合内力

(工况号)	轴力	X剪力	Y剪力	X底弯矩	Y底弯矩	X顶弯矩	Y顶弯矩	扭矩	
(1)	-235.6	15.1	-5.6	22.6	70.1	-5.3	-25.1	0.5	+Vxmax
(2)	200.2	-17.3	2.3	-9.0	-80.7	11.6	21.9	-1.5	-Vxmax
(3)	129.1	-8.9	4.1	-16.9	-41.5	11.6	22.1	-1.5	+Vymax
(4)	-239.2	15.1	-5.6	22.6	69.9	-7.8	-12.7	1.4	-Vymax
(5)	-235.6	15.1	-5.6	22.6	70.1	11.6	22.1	-1.5	+Mxmax
(6)	116.0	-7.2	4.0	-17.1	-34.4	-8.4	-18.2	1.6	-Mxmax
(7)	-235.6	15.1	-5.6	22.6	70.1	7.7	22.5	-1.3	+Mymax
(8)	213.3	-17.3	2.5	-10.1	-82.0	-5.3	-25.1	0.5	-Mymax
(9)	-239.6	14.5	-4.9	19.6	67.5	10.2	21.0	-1.3	Nmax, +Mxmax
(10)	-239.6	0.0	0.0	0.0	0.0	0.0	0.0	0.0	Nmax, -Mxmax
(11)	-239.6	14.5	-4.9	19.6	67.5	10.2	21.0	-1.3	Nmax, +Mymax
(12)	-137.9	-3.0	-0.9	4.5	-9.3	0.8	-9.0	0.2	Nmax, -Mymax
(13)	264.9	0.0	0.0	0.0	0.0	0.0	0.0	0.0	Nmin, +Mxmax
(14)	264.9	-12.7	2.5	-10.3	-61.7	-5.2	-15.8	0.4	Nmin, -Mxmax
(15)	144.2	2.1	1.9	-8.2	6.4	-3.3	6.6	0.2	Nmin, +Mymax
(16)	264.9	-12.7	2.5	-10.3	-61.7	-5.2	-15.8	0.4	Nmin, -Mymax

　　地震波Y向作用　预组合内力

(工况号)	轴力	X剪力	Y剪力	X底弯矩	Y底弯矩	X顶弯矩	Y顶弯矩	扭矩	
(1)	-59.2	6.6	3.1	-19.2	25.8	0.0	-13.2	1.2	+Vxmax
(2)	127.2	-5.5	-4.4	27.2	-20.2	0.3	14.1	-0.8	-Vxmax
(3)	-196.0	1.0	7.2	-39.4	1.3	3.7	-6.3	0.7	+Vymax
(4)	170.9	-1.9	-7.4	41.6	-5.6	-4.6	5.1	-0.9	-Vymax
(5)	170.9	-1.9	-7.4	41.6	-5.6	7.1	-3.8	-0.4	+Mxmax
(6)	-207.6	0.9	7.1	-39.8	0.0	-6.2	-4.3	0.6	-Mxmax
(7)	-59.2	6.6	3.1	-19.2	25.8	1.3	14.7	-1.1	+Mymax
(8)	-104.9	-5.5	-1.1	6.5	-20.4	0.4	-14.2	1.5	-Mymax
(9)	-156.6	-1.0	-1.4	4.1	-3.3	3.7	6.1	-0.7	Nmax, +Mxmax
(10)	-238.0	3.0	2.3	-18.0	12.4	0.0	0.0	0.0	Nmax, -Mxmax
(11)	-238.0	3.0	2.3	-18.0	12.4	3.7	6.1	-0.7	Nmax, +Mymax
(12)	-156.6	-1.0	-1.4	4.1	-3.3	4.3	-2.9	-0.1	Nmax, -Mymax
(13)	328.8	-1.7	-3.5	24.8	-6.2	0.0	0.0	0.0	Nmin, +Mxmax
(14)	141.2	3.9	2.6	-11.4	14.3	-3.6	-3.9	0.8	Nmin, -Mxmax
(15)	141.2	3.9	2.6	-11.4	14.3	-4.4	9.2	-0.4	Nmin, +Mymax
(16)	328.8	-1.7	-3.5	24.8	-6.2	-3.6	-3.9	0.8	Nmin, -Mymax

图 2.2-5　弹性动力时程分析预组合内力

（4）在构件配筋时，将在地震力参与的组合中，增加考虑时程分析的预组合地震内力。

如果一个结构考虑地震时，有：

①一般反应谱地震作用；

②偶然偏心地震作用；

③双向地震作用；

④多方向地震作用；

⑤弹性动力时程分析地震作用。

则程序当遇到有地震参与的组合，如："恒＋活＋地震"时，将进行：

①恒＋活＋反应谱地震；

②恒＋活＋偶然偏心地震；

③恒＋活＋双向地震；

④恒＋活＋多方向地震；

⑤恒＋活＋弹性动力时程分析地震。

构件配筋、验算结果将取其最大值输出。

四、增加符合《混凝土异形柱结构技术规程》的设计

新版本软件按照《混凝土异形柱结构技术规程》（JGJ 149—2006），增加了异形柱的相应的分析设计功能（图 2.2-6），主要有：

（1）按异形柱整截面计算纵向主筋；

（2）按异形柱分柱肢验算截面的抗剪承载力；

（3）按异形柱分柱肢验算异形柱节点域抗剪承载力；

（4）根据《混凝土异形柱结构技术规程》（JGJ 149—2006）的要求，调整了异形柱强柱弱梁、强剪弱弯的调整系数。

图 2.2-6　异形柱结构类型选择

另外还须注意，总信息中的结构类型，异形柱结构的位移比控制值，薄弱层地震作用放大系数值，与《混凝土结构设计规范》（GB 50010）、《建筑抗震设计规范》（GB 50011）和《高层建筑混凝土结构技术规程》（JGJ 3）是不同的。在实际操作时可以人工调整控制。

程序严格按照规范的要求，对异形柱进行双向偏压方式的配筋，具体公式见《混凝土

异形柱结构技术规程》（JGJ 149—2006）。对异形柱的构造控制，程序也严格遵循《混凝土异形柱结构技术规程》（JGJ 149—2006）要求。

异形柱节点域的抗剪验算是着重增加的内容，见图 2.2-7。

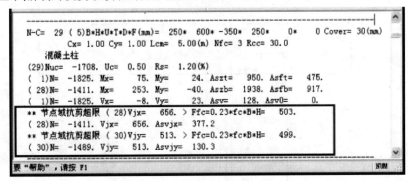

图 2.2-7　异形柱节点域验算输出

五、新增边框柱的分析功能

TAT 原版本对边框柱的处理是：对端部只与一段墙相连的边框柱，简化为墙的一部分。新版本对边框柱则原样保留，边框柱作为一根与墙相连的独立柱来分析设计，如图 2.2-8 所示。

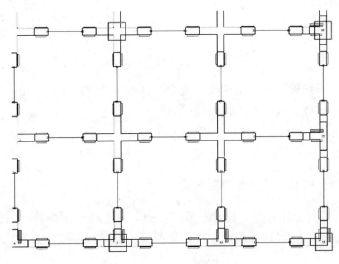

图 2.2-8　边框边缘构件图

六、对建模新增加的多种截面的计算分析和设计

与 SATWE 处理相同，详见本书第二篇第一章"十七、对建模新增加的多种截面的计算分析和设计"相关内容。

七、新增调整前构件内力的输出

（1）梁输出调幅前和调幅后的恒、活弯矩，方便校核。如图 2.2-9、图 2.2-10 所示；

（2）增加《型钢混凝土组合结构技术规程》（JGJ 138—2001）中，对型钢混凝土柱、梁进行配筋和截面验算等；

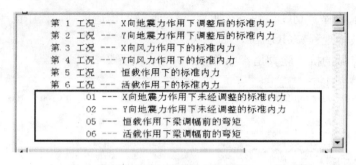

图 2.2-9　内力工况编号图

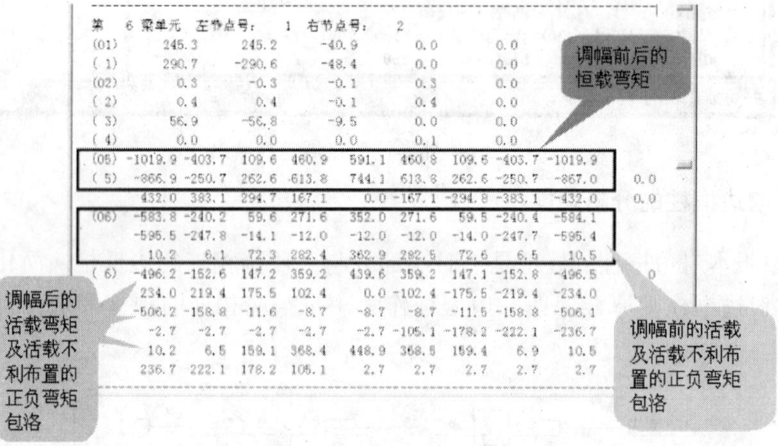

图 2.2-10　梁内力说明

（3）增加《矩形钢管混凝土结构技术规程》（CECS 159：2004）中，对矩形钢管混凝土柱、梁进行截面承载力验算、承担系数验算等；

（4）增加《混凝土异形柱结构技术规程》（JGJ 149—2006）中对薄弱层地震内力放大系数改为 1.2，以及调整强柱弱梁、强剪弱弯放大系数。结构类型增加"异形柱结构"类型。

八、调整混凝土柱长度系数的控制方式

新版 TAT 对混凝土柱考虑了长度系数的控制。由于柱长度系数的取值直接影响到柱的配筋，且非常敏感，所以这样的调整仅限于混凝土柱。程序按如下方式控制混凝土柱的长度系数：

（1）当不选择"柱长度系数按规范 7.3.11-3 条"时，程序始终按底层柱长度系数 1.0、上层柱长度系数 1.25 执行；

（2）当选择了"柱长度系数按规范 7.3.11-3 条"时，程序按每一组设计组合内力，判断水平荷载产生的设计弯矩与总设计弯矩的比值，如果大于 75％时，才取梁柱刚度比计算的长度系数。这样，对每一组设计内力，其所对应的长度系数是不同的。

（3）当结构为"排架厂房结构"，且定义了吊车时，程序自动考虑排架柱的长度系数。即：当该组设计内力有吊车参与时，采用排架柱的长度系数。

对于混凝土柱，没有有侧移、无侧移之分，均按有侧移考虑，只是长度系数不同，所以新版 TAT 在长度系数调整、修改菜单中，界面作了相应的调整，如图 2.2-11 所示。

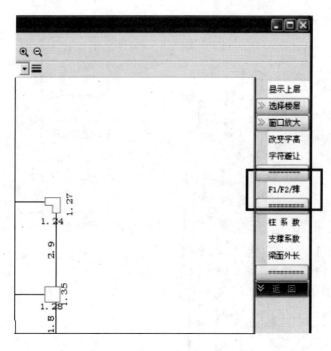

图 2.2-11　柱长度系数修改菜单

图 2.2-11 中 "F1/F2/排" 的含义是："F1" 为底层 1.0、上层 1.25；"F2" 为梁柱刚度比的长度系数；"排" 为排架柱长度系数。菜单每选一次，切换一次目标，以最前面的为准显示目标长度系数值，并且可以修改该目标的长度系数值。

九、改善了整体空间振型简图

新版 TAT 在图形输出中，增加、改善了许多功能。其中，在配筋验算简图、标准内力简图、边缘构件配筋简图、设计包络简图中（图 2.2-12），增加了 "构件信息" 一项，可以随时查看到柱、梁、墙、支撑的各种信息。也可以在 "立面选择" 后的立面图中，选择 "构件信息" 项进行查看（图 2.2-13）。

新版 TAT 对采用总刚分析的

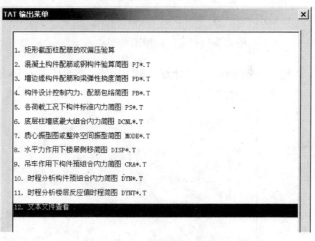

图 2.2-12　TAT 后处理菜单

结构整体振型图的输出、动画做了改进；操作方法与 SATWE 类似。

十、水平力作用下楼层侧移简图

新版 TAT 增加了楼层侧移单线条的显示图，可以显示地震力、风力作用下的楼层位移、层间位移、位移比、层间位移比、平均位移、平均层间位移、作用力、层剪力、层弯矩等等。其操作菜单如图 2.2-14 所示。

其中，"工况选择"见图 2.2-15。

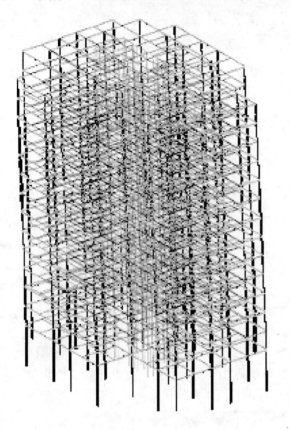

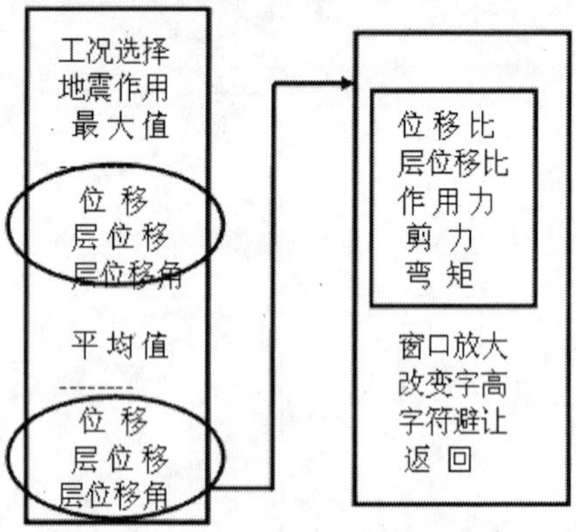

图 2.2-14   模层位移显示菜单

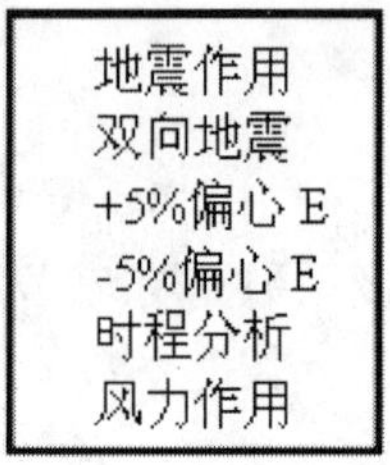

图 2.2-13   空间振型图

图 2.2-15   位移显示工况选择

选择工况如果没有计算，则程序不予确认。在第 2 栏仍为原来选择的工况。简图示见图 2.2-16。

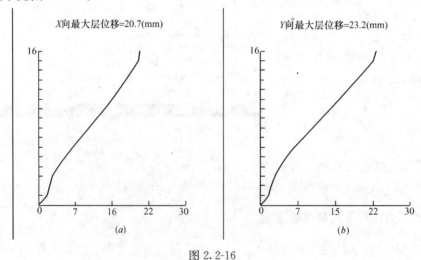

图 2.2-16

(a) X 向最大层位移曲线；(b) Y 向最大层位移曲线

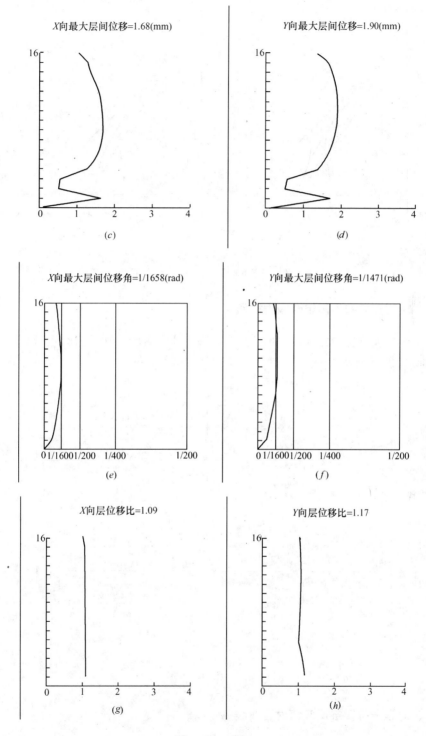

图 2.2-16（续）
（c）X 向最大层间位移曲线；（d）Y 向最大层间位移曲线；
（e）X 向最大层间位移角曲线；（f）Y 向最大层间位移角曲线；
（g）X 向层位移比曲线；（h）Y 向层位移比曲线

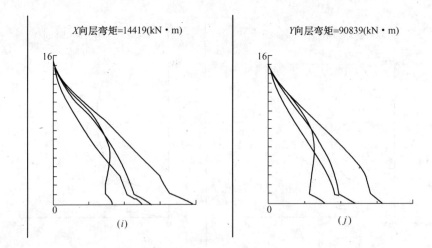

图 2.2-16（续）

(*i*) *X* 向层弯矩曲线；(*j*) *Y* 向层弯矩曲线

十一、时程分析构件预组合内力简图

与吊车荷载预组合内力查询类似，新版 TAT 可以输出弹性动力时程分析预组合内力简图，如图 2.2-17 所示。

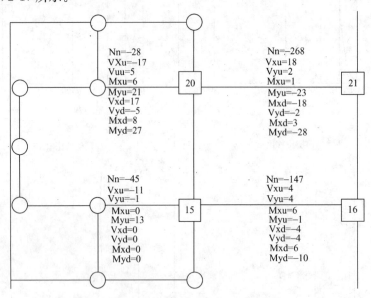

图 2.2-17　柱预组合内力图

十二、时程分析楼层反应值时程曲线

新版 TAT 可以输出弹性动力时程分析后的各层、各塔、各条地震波的时程反应值曲线，即反应位移、反应层间位移、反应速度、反应加速度、反应力、反应剪力、反应弯矩等，如图 2.2-18 所示。

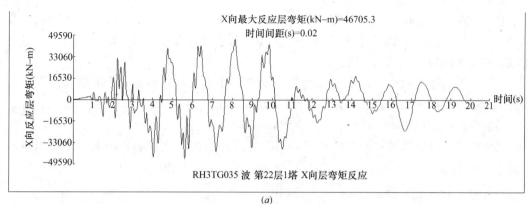

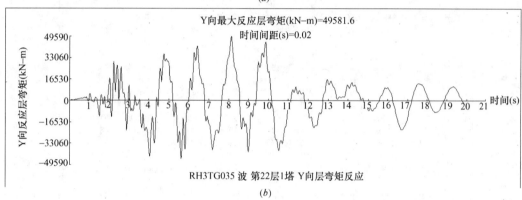

图 2.2-18

(a) HT0035 波第 16 层 1 塔 X 向加速度反应；(b) HT0035 波第 16 层 1 塔 Y 向加速度反应

十三、新增图形输出和文本文件输出

新版 TAT 中的"柱计算长度修改和查看"、"水平风荷载修改和查看"的方式、方法，与原版本一致，没有改变。

新版 TAT 几何和荷载图形输出中，增加了"立面查看"的功能。

新版 TAT 把底框荷载单独列出，以便查看。方法与原版一样。

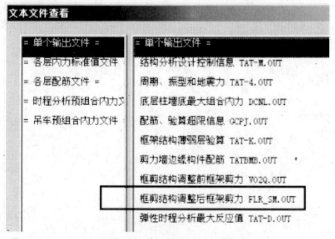

图 2.2-19　后处理文本输出

新版 TAT 在文本文件输出中，只列出了：①几何数据 DATA. TAT；②荷载数据 LOAD. TAT；③错误和警告信息 TAT-C. ERR；④数据检查报告 TAT-C. OUT；⑤柱墙支撑下端水平刚域 DXDY. OUT。

生成数据和数据检查后，一般应查看 TAT-C. ERR 文件，看看是否有错误或警告问题的信息等，然后调整或修改，直至没有问题后，才能选择后面的计算分析。

新版 TAT 输出的文本文件如图 2.2-19 所示。

其中增加了"框剪结构调整后框架剪力"的文件输出（文件名：FLR ＿ SM. OUT），如图 2.2-20 所示，以及弹性动力时程分析预组合内力的文本输出。

各层柱或短肢墙所承担的地震力剪力和弯矩的比例

层号	塔号	X剪力 (kN)	比值 (%)	Y剪力 (kN)	比值 (%)	X弯矩 (kN-m)	比值 (%)	Y弯矩 (kN-m)	比值 (%)
16	1	369.	62.	455.	59.	923.	62.	1138.	59.
15	1	748.	68.	909.	65.	3018.	66.	3684.	63.
14	1	768.	54.	888.	59.	5168.	60.	6169.	61.
13	1	810.	45.	956.	53.	7436.	55.	8847.	59.
12	1	879.	42.	1005.	50.	9897.	51.	11662.	56.
11	1	888.	38.	988.	45.	12383.	48.	14428.	54.
10	1	1096.	43.	1256.	53.	15453.	47.	17944.	53.
9	1	1065.	39.	1189.	47.	18436.	45.	21273.	52.
8	1	1081.	37.	1194.	44.	21464.	44.	24617.	51.
7	1	1073.	34.	1170.	40.	24469.	43.	27894.	49.
6	1	1015.	31.	1098.	35.	27311.	41.	30968.	48.
5	1	1115.	32.	1157.	35.	30431.	40.	34208.	46.
4	1	941.	26.	953.	27.	33067.	38.	36876.	44.
3	1	791.	20.	994.	27.	34174.	37.	38267.	43.
2	1	791.	20.	1009.	28.	35282.	36.	39680.	42.
1	1	788.	18.	672.	16.	40089.	32.	43777.	37.

图 2.2-20   楼层框架、剪力墙、剪力弯矩分配比值

第三章　PMSAP 软件的改进

一、PMSAP 新增了广义层处理功能

参看图 2.3-1 广义层示意。

08 版 PMSAP 可以适应 PMCAD 中按照广义楼层输入的结构。广义楼层之间不必再有 $K+1$ 层必须在 K 层上方的约定。只要拼装后的整体结构正确、合理，PMSAP 就可适应。

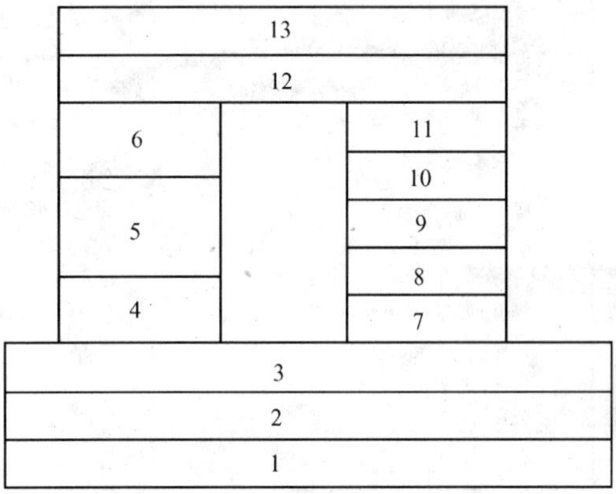

图 2.3-1 就是多塔、错层结构按照广义层输入的一个例子，这样的输入方式避免了完整的楼层被强制切开，无论是从结构分析的角度，还是从内力调整、计算结果统计的角度，都更为合理。

图 2.3-1　使用广义层输入多塔、错层结构示意

PMSAP 在每个广义层中，如同普通结构一样，仍然允许分为多个塔块，具体操作可以参见"补充建模"模块中的"多塔信息"。广义层中仍然允许定义多塔，为用户"按照多塔方式修改各个塔块的层高、材料等参数"提供了方便。

二、新增了分层刚度、分层加载的"施工模拟 3"

参看图 2.3-2，图 2.3-3，图 2.3-4 的相关菜单条和图解。

施工模拟 3 是对"施工模拟 1"的改进，用分层刚度取代了施工模拟 1 中的整体刚度。换言之，施工模拟 1 是在整体刚度模型下的分层加载模拟；施工模拟 3 则是对分层形成刚度、分层施加荷载的实际施工过程的完整模拟。因此，施工模拟 3 的计算结果一般更为合理。

施工模拟 3 的计算工作量大。因为，施工模拟 1 对刚度矩阵的组装和求解只需要一次，施工模拟 3 由于要分层形成刚度，对刚度矩阵的组装和求解的次数和施工次序数相同。但是，目前计算机的能力完全可以胜任。

施工模拟 3 在软件使用上与施工模拟 1 完全类似，只需预先在参数定义菜单的"施工模拟"选项中点取选择"算法 3"即可（图 2.3-2）。图 2.3-3、图 2.3-4 分别为施工模拟 3 和施工模拟 1 的图解示意。

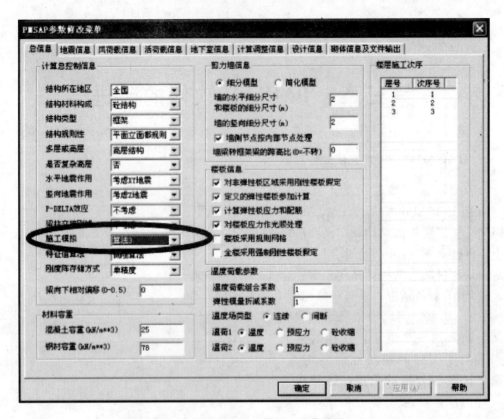

图 2.3-2 指定施工模拟 3 的菜单项

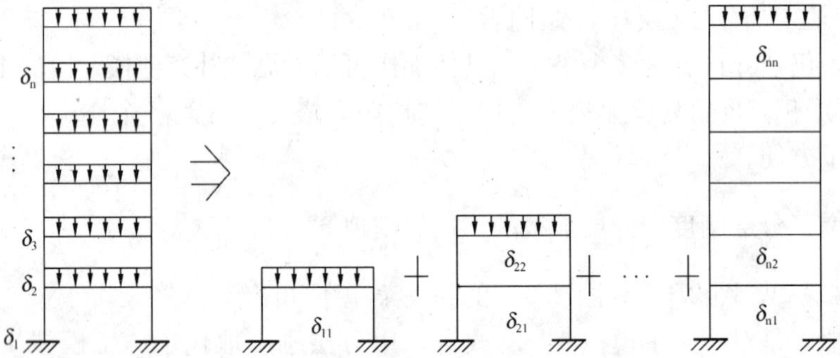

图 2.3-3 施工模拟三图解

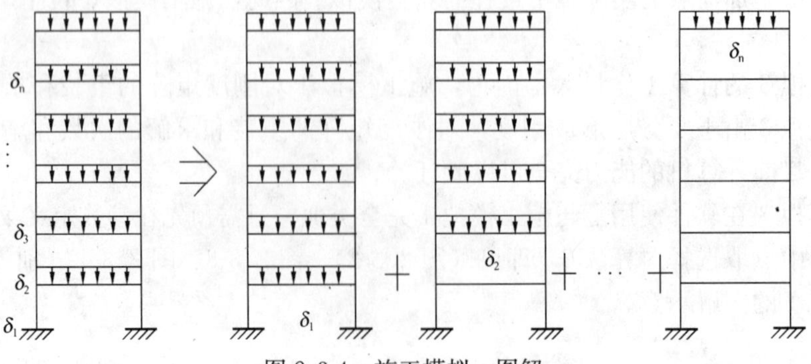

图 2.3-4 施工模拟一图解

三、新增了楼层施工次序的定义

参看图 2.3-5 中相关菜单条和图解。

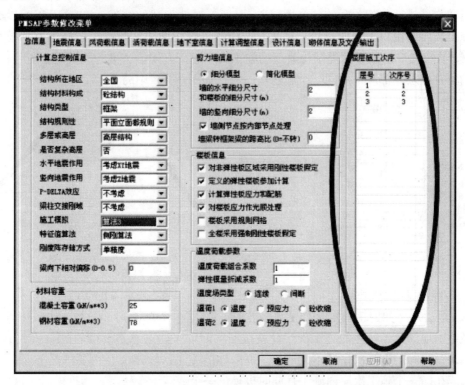

图 2.3-5　指定楼层施工次序的菜单项

（1）过去 PMSAP 软件不提供"楼层施工次序"的用户干预，程序内部自动按照"逐层施工、逐层拆模"的方式来做恒荷载的施工模拟；但实际的建筑施工中，往往存在"连续的多个楼层一起施工、一起拆模"的方式，比如转换层结构的施工往往就是如此。为了能够适应这种施工方式，新版 PMSAP 特增加了楼层施工次序的用户干预。图 2.3-6 给出了转换层结构楼层施工次序的典型定义方式。

（2）"楼层施工次序的用户干预"还有一个重要作用，就是可以适应广义层结构的施工模拟。比如一个双塔结构，三层大底盘，底盘上面为两个 7 层的塔楼，该结构可以按照广义楼层输入，底盘层号为 1～3；左塔楼层号为 4～10，右塔楼层号为 11～17；如果我们假定楼层施工次序为（1）→（2）→（3）→（4，11）→（5，12）→（6，13）→（7，14）→（8，15）→（9，16）→（10，17），就必须对每个楼层指定施工次序号（1～10），具体参见图 2.3-7。此时，"逐层施

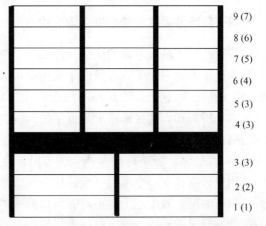

图 2.3-6　转换层结构的楼层施工次序定义示意图

工、逐层拆模"的老的缺省方式就不合理了。

（3）对于实际工程中常见的悬挑结构的施工模拟，老版本 PMSAP 做施工模拟时缺省的"逐层施工、逐层拆模"的方式是不适用的，所以用老版本 PMSAP 计算此类结构时，只能对"与悬挑部分相关联的各个楼层"，取用一次性加载的结果；新版 PMSAP 增加了楼层施工次序的用户干预功能后，对此类结构就可以按照"实际的楼层施工、拆模次序"来定义。图 2.3-8 给出了此类结构典型的施工次序定义方式，这里的关键是，与悬挑结构关联的所有楼层，都应采用同一个施工次序，比如图 2.3-8 中的 2、3、4 层就是如此。

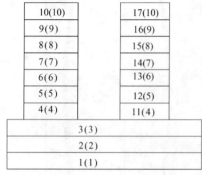

图 2.3-7 广义层的楼层编号
及其施工次序号示意

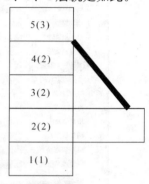

图 2.3-8 悬挑结构的楼层施
工次序定义示意图

（4）最后对"如何正确定义楼层施工次序"给出一个总原则：① 在结构分析时，如果已经明确地知道了实际的施工次序，就按照实际的来，这总是没错的；② 在结构分析时，如果对实际的施工次序还不太清楚，那么你的施工次序定义至少要满足下面的条件：被定义成在同一个施工次序内施工且同时拆模的一个或若干个楼层，当拆模后，这一部分的结构在力学上应为合理的承载体系，且其受力性质应尽可能与整体结构建成后该部分结构的受力性质接近。实际上这个条件也是"实际工程施工中制定施工、拆模次序"应满足的必要条件。比如图 2.3-8 中的悬挑结构，其 2、3、4 层如果采用各自不同的施工次序，一则会出现承载体系不合理（越层斜撑从中间被截断，出现假悬臂）；二则受力性质与最终的真实情况相去甚远（越层斜撑的轴力将改变符号，由压变拉或由拉变压），这就是老版本的缺省施工次序不能适应此类结构的根本原因。

四、新增墙梁自动转成框架梁的功能

按照开洞墙输入形成的墙梁（连梁），在 PMSAP 中将按照有限壳单元进行分析。但有不少设计人员习惯于或者倾向于采用梁单元分析墙梁。新版 PMSAP 提供了墙梁自动转框架梁的功能，这个功能允许用户在 PMCAD 中建模时，总是把剪力墙体系按照开洞墙输入（如所周知，这在操作上是方便的），而在计算阶段，通过输入"墙梁自动转框架梁的跨高比 R"（图 2.3-9），来将所有跨高比大于 R 的墙梁自动转换成框架梁进行分析和设计（图 2.3-10）。当跨高比 R 指定为零时，意思是不作转换。换言之，对于含剪力墙的结构，用户只需建立一个模型（墙体按开洞墙输入），就可以获得两种墙梁计算方式的结果。需要指出的是，对于上下层不对齐洞口形成的墙梁，程序不作转换；对于上下层不同厚度的墙开洞形成的连梁，梁宽取高度加权均值。

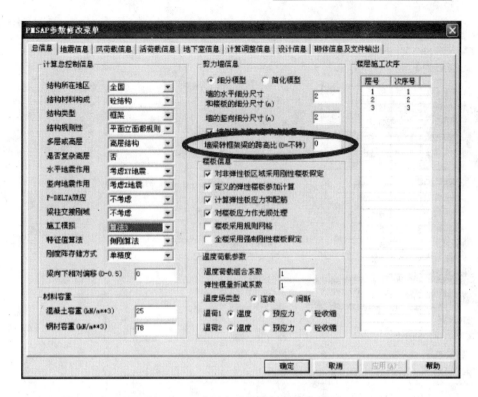

图 2.3-9 墙梁自动转框架梁的菜单项

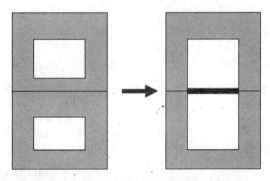

图 2.3-10 墙梁自动转框架梁示意

五、新增剪力墙和楼板的偏心考虑

参看图 2.3-11～图 2.3-13 相关菜单条及示意。

新版 PMSAP 增加了剪力墙偏心的自动考虑，这在老版本中是被忽略的。由于剪力墙的偏心输入，在平面上看，墙的长度会发生改变，因而会影响其抗侧力刚度；在立面上看，偏心会造成剪力墙面外的附加弯矩。新版 PMSAP 准确地考虑了这两个效应。

旧版 PMSAP 在计算弹性楼板时，认为楼板的中性面与梁的中性轴重合，这是不准确的。新版 PMSAP 提供了"梁板向下相对偏移（0～0.5）"参数，比如 0.5 对板指半个板厚，对梁指半个梁高。如果填写 0.5，意味着梁、板的上表面及柱顶，三者对齐，一般而言，这是准确的计算模型。但考虑到过去的计算习惯问题以及计算结果的连续性，该参数的缺省值取为零。

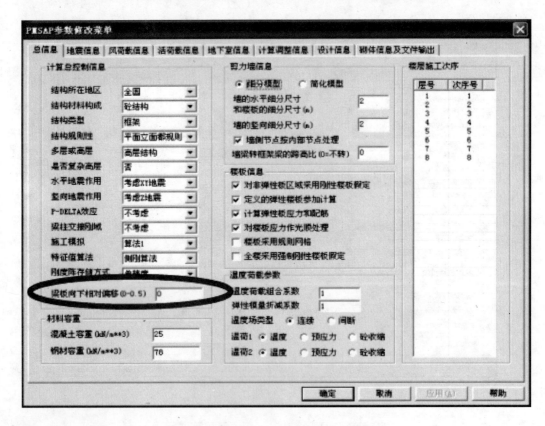

图 2.3-11 指定楼板和梁向下偏心的菜单项

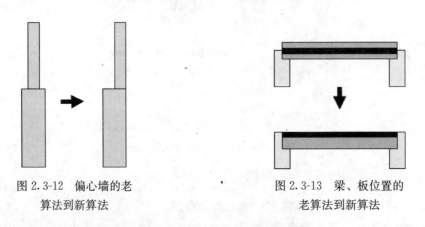

图 2.3-12 偏心墙的老
算法到新算法

图 2.3-13 梁、板位置的
老算法到新算法

六、新增"用温度效应模拟预应力和混凝土收缩"的功能

参看图 2.3-14 相关菜单条。

新版 PMSAP 中的温度效应计算提供了模拟预应力和混凝土收缩的功能，也即每个温度工况允许为"温度"、"预应力"和"混凝土收缩"三个属性之一。在进行"预应力"和"混凝土收缩"计算时，需要用户自己算出等效温差，在"补充建模"中进行输入。如果温度工况的属性为预应力，程序将自动设定温度场的类型为"间断型"；如果温度工况的属性为混凝土收缩，程序将自动忽略钢构件上的等效温度荷载。

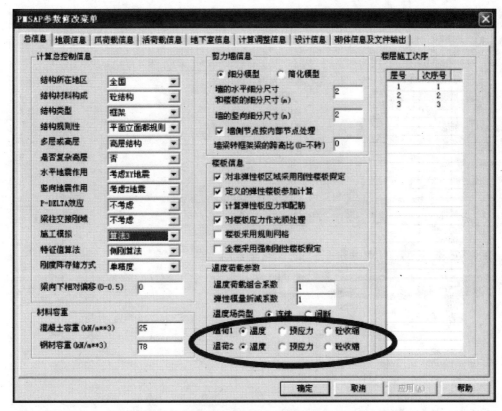

图 2.3-14　用温度效应模拟预应力和混凝土收缩的菜单项

七、新增"竖向地震的振型叠加反应谱计算方法"

参看图 2.3-15 相关菜单条。

规则高层建筑的竖向地震作用一般可以按照《建筑抗震设计规范》（GB 50011）给出的简化方法进行分析，这也是老版本 PMSAP 提供的方法。但对于结构中的长悬臂、多塔之间的连廊、网架屋顶以及各种空间大跨结构，其竖向地震作用分布往往比较复杂，简化方法有可能与实际情况出入较大。基于此，除了依旧提供"抗震规范的简化方法"，新版PMSAP 还提供了"竖向地震的振型叠加反应谱计算方法"，该方法在理论上较为严密，可以更好地适应大跨结构等复杂情形的竖向地震分析。当用户选用"振型叠加反应谱法"计算竖向地震作用时，PMSAP 会自动计算、考虑结构的竖向振动振型；竖向地震的最大影响系数取为相应水平地震的 65%，同时依据规范进行了 1.5 倍的放大。尤其需要注意的是，当选用"振型叠加反应谱法"计算竖向地震作用时，参与的振型数一定要取得足够多，以使得水平和竖向地震的有效质量系数都超过 90%。

八、新增"中（大）震弹性"和"中（大）震不屈服"设计功能

参看图 2.3-16 相关菜单条。

对于中（大）震弹性，主要有两条：①地震影响系数最大值 α_{max} 按中震（2.8 倍小震）或大震（4.5～6 倍小震）取值；②取消组合内力调整（取消强柱弱梁、强剪弱弯调整）。

程序使用时，需要用户：①按中震或大震输入 α_{max}；②构件抗震等级指定为 4 级。

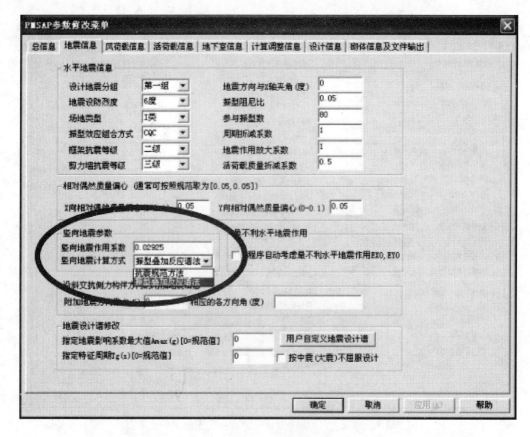

图 2.3-15　竖向地震的振型叠加反应谱计算菜单项

图 2.3-16　"中（大）震弹性"和"中（大）震不屈服"菜单项

对于中（大）震不屈服，主要有 5 条：①地震影响系数最大值 α_{max} 按中震（2.8 倍小震）或大震（4.5～6 倍小震）取值；②取消组合内力调整（取消强柱弱梁，强剪弱弯调整）；③荷载作用分项系数取 1.0（组合值系数不变）；④材料强度取标准值；⑤抗震承载力调整系数 γ_{RE} 取 1.0。

程序使用时，需要用户：①按中震或大震输入 α_{max}；②点开"按中震（或大震）不屈服设计"的按钮。

九、新增"用户自定义地震设计谱"的功能

参看图 2.3-17 相关菜单条和交互界面。

新版 PMSAP 允许用户输入任意形状的地震设计谱，以考虑来自安评报告或其他情形的比规范设计谱更贴切的反应谱曲线。

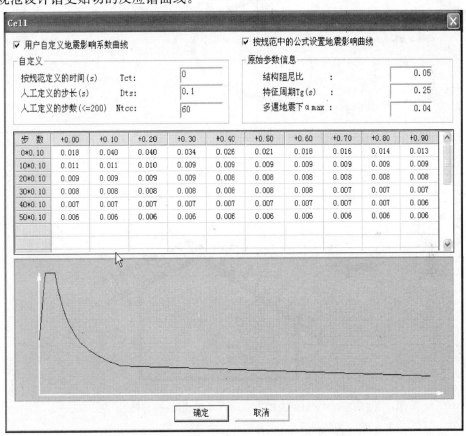

图 2.3-17　地震影响系数曲线的交互输入界面

十、新增"自动考虑屋面风荷载"的功能

参看图 2.3-18、图 2.3-19 相关菜单条及示意。

新版 PMSAP 能够根据楼板的布置情况自动搜索出屋面平板和屋面斜板，从而自动确定出屋面风荷载（包括水平分量和竖向分量），并自动形成相应的竖向风工况，考虑其荷载组合。此时需要用户输入"屋面体形系数"，它指的是屋面板的切向风的体形系数，应

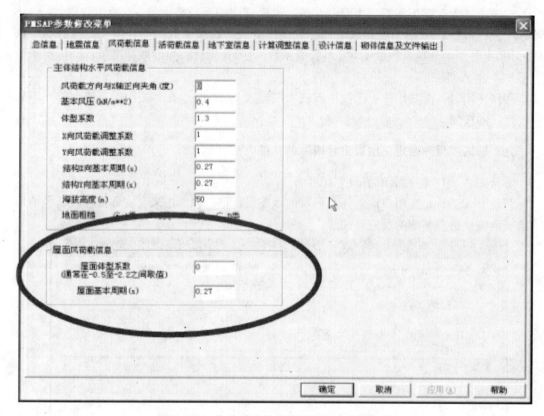

图 2.3-18　自动形成并考虑屋面风荷载菜单条

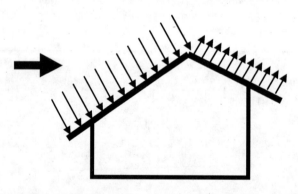

图 2.3-19　PMSAP 根据风向自动形成屋面风荷载示意

为负值。屋面风荷载形成的风工况名称为"W01，W02，…"，相应的位移、内力分析结果均可在后处理程序 3DP 中查看。

十一、新增风荷载计算时的"双向周期指定"

参看图 2.3-20 相关菜单条。

风荷载计算时需要用到风荷载作用方向的结构基本平动周期。老版 PMSAP 只提供一个周期指定，也即对两个方向的风荷载采用一个周期值作计算，是一种近似的处理方式。在实际工程中，有不少建筑在风荷载作用的两个正交方向具有差异较大的周期，这样的

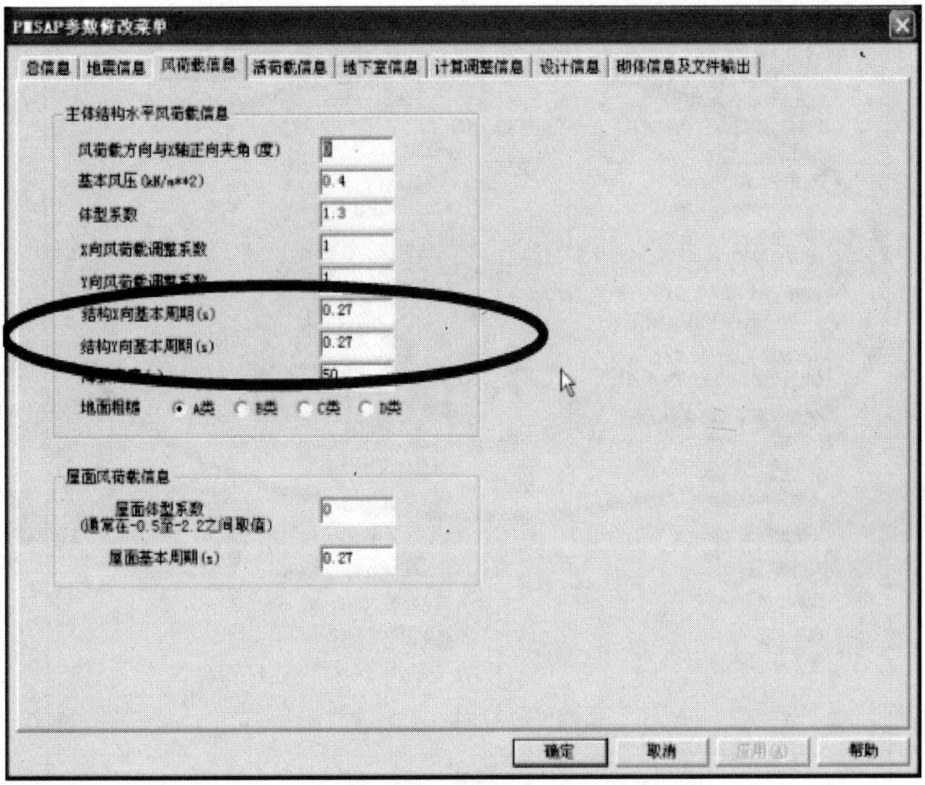

图 2.3-20　风荷载信息中与新增功能相关的项目

话，只用一个周期计算两个方向的风荷载就不够准确了。

新版 PMSAP 在风荷载参数中增加了"结构 X 向基本周期（s）"和"结构 Y 向基本周期（s）"的输入，可以使风荷载的计算更为准确。

值得注意的是，如果用户指定了"风荷载方向与 X 轴正向夹角"为 ANGLE，则"结构 X 向基本周期（s）"指的是结构在 ANGLE 方向的周期；而"结构 Y 向基本周期（s）"指的是结构在"ANGLE $+90°$"方向的周期。对于两个方向周期差异较大的结构，这一点一定要注意，不要搞错。

十二、地下室回填土计算改进

参看图 2.3-21、图 2.3-22 相关菜单条和示意。

新版 PMSAP 改进了回填土刚度的考虑方式：

（1）可通过"室外地面到结构最底部的距离 H"调整回填土的高度，使得回填土约束在竖向的分布范围不再限于整层高，比如说可以是 2.8 层；

（2）通过"地面处回填土刚度折减系数 γ"调整刚度分布形式，如果用户填写的回填土刚度（X 向或 Y 向）为 K，则结构最底部的回填土刚度即取为 K，而室外地面处的回填土刚度即为 $\gamma \times K$，也就是说，X 向或 Y 向的回填土刚度的分布均允许为矩形（$\gamma=1$）、梯形（$0<\gamma<1$）或三角形（$\gamma=0$）；

（3）增加了"刚度填写负值"表示完全嵌固的功能，也即 X 向回填土刚度填为 $-k$，

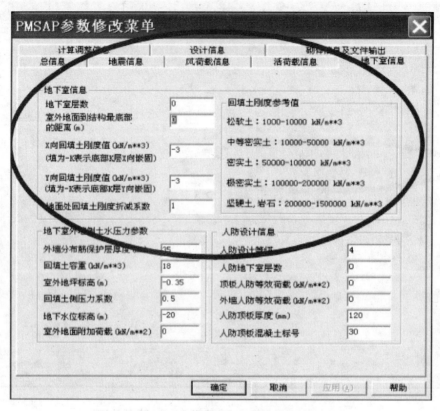

图 2.3-21　地下室信息中与新增功能相关的项目

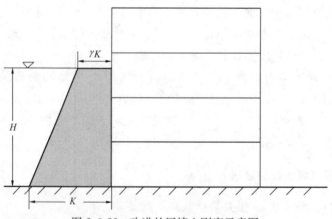

图 2.3-22　改进的回填土刚度示意图

表示底部 k 层在 X 向嵌固，Y 向回填土刚度填为 $-k$，表示底部 k 层在 Y 向嵌固；

（4）增加了各类土质的刚度值参考。

十三、增加了弧梁、弧墙、弧楼板计算功能

新版 PMSAP 完善了弧形构件处理。在 PMCAD 或 SPASCAD 中输入的弧形墙、弧形梁，PMSAP 均可自动剖分为直梁、直墙进行计算和设计。同时，对于由弧墙和弧梁围成的具有弧形边的弹性楼板，也采用折线逼近的方式进行了考虑。

十四、后处理 3DP 改写为完全三维(包括数字标注、OPENGL 功能等)均支持实时转动

参看图 2.3-23、图 2.3-24。

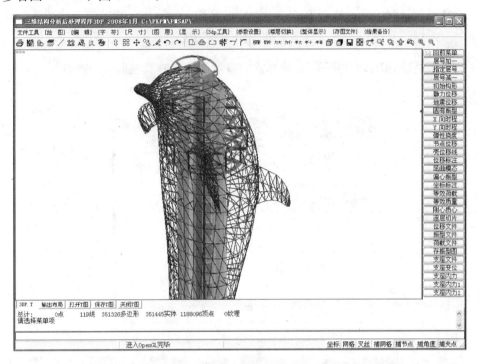

图 2.3-23　PMSAP 可支持任意空间结构的计算和三维结果察看

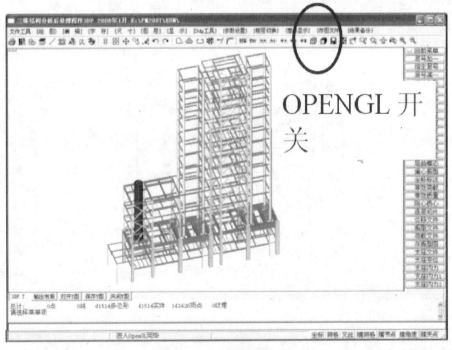

图 2.3-24　OPENGL 开关

（1）所有的数字标注都改为真三维，因而可以支持实时转动。按住 CTRL 键及鼠标中轮，拖动鼠标，即可实现屏幕图形的实时转动。这对于复杂空间结构的结果察看是很方便的。

（2）特别要强调的是，新版 PMSAP 中的配筋简图、轴压比简图等设计结果，也都改为三维的，并且都支持切片显示、指定范围显示等功能。

十五、后处理 3DP 增加平面/空间方式的荷载图形检查及楼面荷载检查

参见图 2.3-25～图 2.3-27。

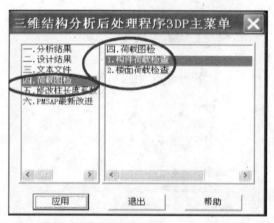

图 2.3-25　荷载图形检查的交互菜单

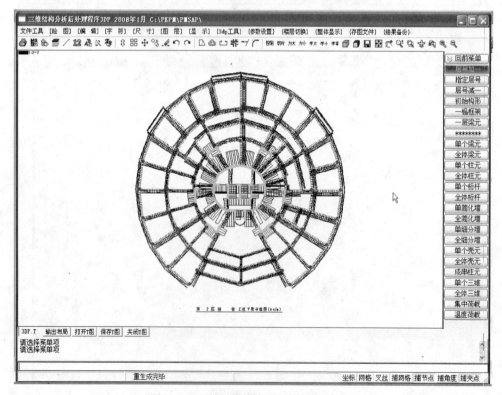

图 2.3-26　梁、墙荷载图形检查示意图

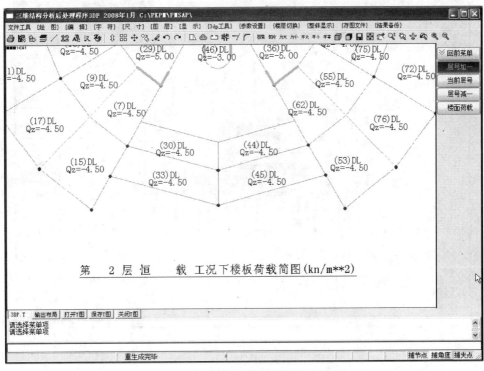

图 2.3-27　楼板荷载图形检查示意图

十六、增加了支座反力输出图形及文件（包含单工况及各种最大组合）

参见图 2.3-28、图 2.3-29。

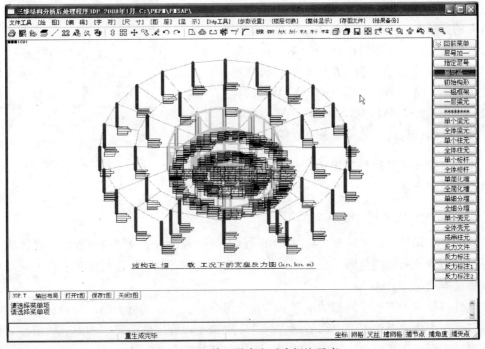

图 2.3-28　单工况支座反力标注示意

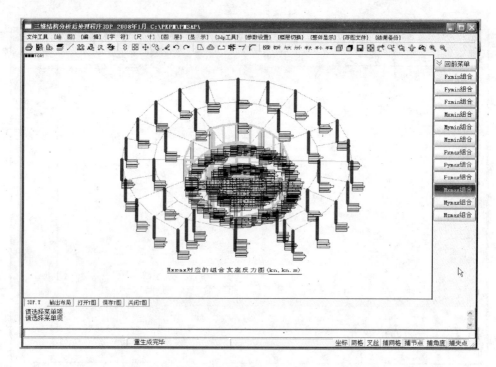

图 2.3-29   最大组合支座反力标注示意

十七、增加了读入 SATWE 特殊构件定义数据及参数定义数据的功能

参见图 2.3-30 的相关菜单条。

此功能是为了方便用 SATWE/PMSAP 两个程序作校对的用户。在"补充建模"模块中设有"读 SAT 设置"的菜单条，点取此菜单条，将自动读取已有的 SATWE 特殊构件、多塔信息等数据；在"参数补充及修改"模块中设有"读 SAT 参数"的菜单条，点取此菜单条，将自动读取已有的 SATWE 的计算参数定义；当使用 SATWE/PMSAP 两个程序作对比计算时，使计算前提保持一致是至关重要的。

图 2.3-30   读取 SATWE 特殊构件定义及计算参数的菜单条

十八、增加了各荷载工况的"分项系数和组合值系数"的用户干预

参见图 2.3-31 的相关菜单条。

新版 PMSAP 提供了对永久荷载、活荷载、风荷载、水平及竖向地震、温度效应的分项系数及组合值系数的全面干预功能，程序会按照这些系数，依据规范自动形成程序内部的缺省基本荷载组合。

此外，是否考虑程序内部的缺省基本荷载组合，也可以进行干预，如果在"计算调整信息"菜单中将"考虑程序内部的缺省组合"钩选上，程序就会自动考虑这些组合，若不选，则将不考虑这些组合。这意味着用户可以对荷载组合进行 100% 的自定义（参看第十

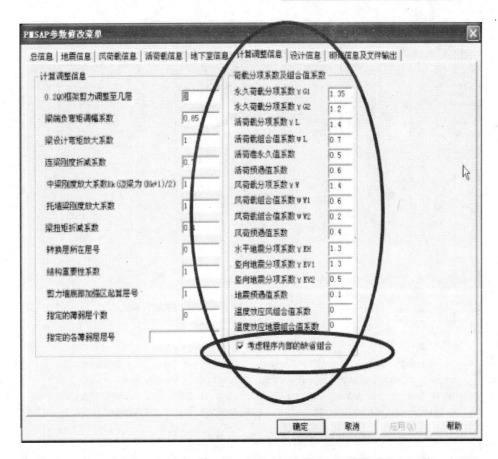

图 2.3-31　对分项系数、组合值系数及缺省组合的干预

九条）。

十九、增加了用户自定义组合功能和整体屈曲分析（BUCKLING）功能

参见图 2.3-32 的交互界面。

除了程序内部按规范自动确定的基本荷载组合以外，新版 PMSAP 还允许用户增加自定义的基本荷载组合，只要在图 2.3-32 所示的交互菜单中填写自己的组合系数即可。对于新增的荷载组合，组合名称可以为空，也可以指定一个名称，但该名称不能是 "BUCKLING"。

当用户增加一个或多个名称为 "BUCKLING" 的组合时，这些组合将被看作是用于屈曲分析的组合，而不作为补充的基本荷载组合。如果 PMSAP 检测到用户定义了名称为 "BUCKLING" 的组合，就将自动针对这些组合，对结构作屈曲分析。屈曲分析的结果在 "详细摘要" 文件中输出，用于判断结构在指定组合下是否会发生失稳；屈曲模态可以在后处理程序 3DP 中以图形方式察看，以确定结构的稳定薄弱部位。

二十、增加了构件内力调整系数的文件输出

参见图 2.3-33 的相关菜单条及文件示例。

当用户需要对构件（梁、柱、墙）设计作详细校核时，可以在文本文件输出中打开内力调整文件，以了解构件的单工况内力和组合内力在 PMSAP 设计中进行调整的具体

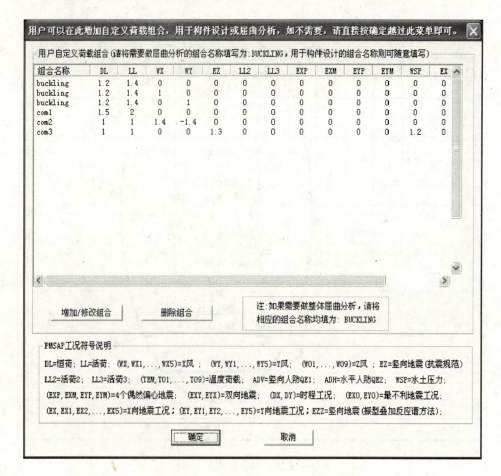

图 2.3-32 用户附加自定义"荷载基本组合"及"屈曲分析组合"对话框

情况。

二十一、增加了"罕遇地震弹塑性变形验算的抗震规范方法"

参见图 2.3-34 的文件示例。

其输出结果见"简单摘要"文件。需要注意的是，本结果仅适用于不超过 12 层的规则框架，其他情形仅作参考。示例如图 2.3-34 所示。

二十二、对多塔结构增加了"结构分塔剪重比"的输出

用户可以在详细摘要"(ITEM074)"项察看此项数据，示例如图 2.3-35 所示。

二十三、增加了"底框砖混结构的有限元整体算法"

参见图 2.3-36 的相关菜单条。

新版 PMSAP 可以用有限元整体算法对底框砖混结构进行分析，并给出底框部分的框架和剪力墙的配筋设计结果以及砌体部分的混凝土梁的配筋设计结果（砌体墙仅作分析，不作设计和验算）。

当分析底框砖混结构时，需要用户正确填写砌体信息，尤其是底部框架层数。此外，

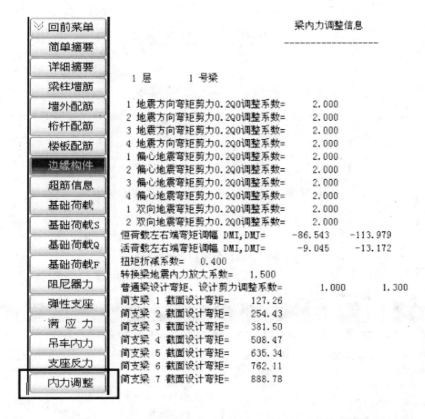

图 2.3-33　构件单工况内力及组合内力的调整系数输出文件

15. 大震下弹塑性层间位移角(简化方法)

本计算适合于不超过12层的规则框架, 其余情况仅作参考

符号说明:
ISUB　: 层号
ITOW　: 塔号
Qy　: 楼层抗剪承载力
Qe　: 大震下楼层弹性剪力
Ksiy　: 楼层屈服强度系数
Ytap　: 弹塑性层间位移增大系数
dUe　: 大震下楼层弹性平均层间位移角
dUp　: 大震下楼层弹塑性平均层间位移角
dUeMax　: 大震下楼层弹性最大层间位移角
dUpMax　: 大震下楼层弹塑性最大层间位移角

采用的大震地震影响系数=　0.240

EX　地震作用下结构弹塑性层间位移角:

ISUB	ITOW	Qy	Qe	Ksiy	Ytap	dUe	dUp	dUeMax	dUpMax
1	1	21912.	2116.	10.36	1.30	1/3240	1/2492	1/3240	1/2492
2	1	14626.	1613.	9.07	1.83	1/1844	1/1006	1/1844	1/1006
3	1	27525.	1232.	22.34	1.30	1/1944	1/1495	1/1944	1/1495

EY　地震作用下结构弹塑性层间位移角:

ISUB	ITOW	Qy	Qe	Ksiy	Ytap	dUe	dUp	dUeMax	dUpMax
1	1	21912.	2116.	10.36	1.30	1/3240	1/2492	1/3240	1/2492
2	1	14626.	1613.	9.07	1.83	1/1844	1/1006	1/1844	1/1006
3	1	27525.	1232.	22.34	1.30	1/1944	1/1495	1/1944	1/1495

EZZ　地震作用下结构弹塑性层间位移角:

ISUB	ITOW	Qy	Qe	Ksiy	Ytap	dUe	dUp	dUeMax	dUpMax
1	1	21912.	0.	4958661.63	1.30	1/999999	1/999999	1/999999	1/999999
2	1	14626.	0.	3624626.86	1.30	1/999999	1/999999	1/999999	1/999999
3	1	27525.	0.	3664938.08	1.30	1/999999	1/999999	1/999999	1/999999

图 2.3-34　罕遇地震弹塑性变形验算结果输出示例

(ITEM074) 结构分塔剪重比

层号	塔号	轴力	EX		EY		EZZ	
1	1	20459.	176.	0.86%	176.	0.86%	24.	0.12%
	2	20459.	176.	0.86%	176.	0.86%	24.	0.12%
2	1	13639.	134.	0.99%	134.	0.99%	39.	0.29%
	2	13639.	134.	0.99%	134.	0.99%	39.	0.29%
3	1	6820.	103.	1.51%	103.	1.51%	57.	0.83%
	2	6820.	103.	1.51%	103.	1.51%	57.	0.83%

图 2.3-35 结构分塔剪重比的输出

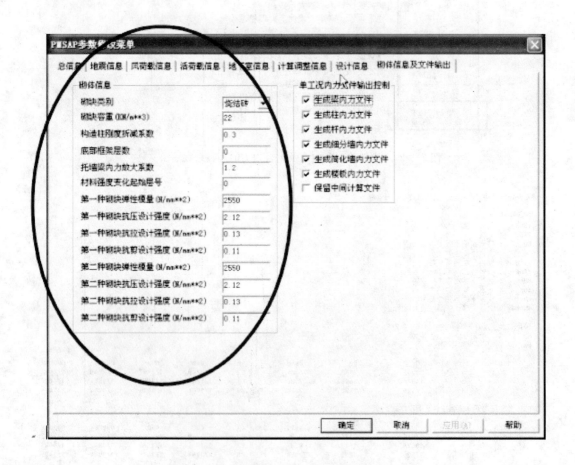

图 2.3-36 PMSAP 中的砌体计算信息输入

PMSAP 还特别提供了"托墙梁内力放大系数"这个参数，用于考虑地震作用下托墙梁上的砌体墙开裂、托墙梁承受的局部荷载增大这一情况。

二十四、完善了后处理程序 3DP 的各种结构属性的显示控制

参见图 2.3-37 的相关菜单条。

绝大部分的显示控制设置都在 3DP 的下拉菜单条"〔参数设置〕"和"〔3dp 工具〕"中。

图 2.3-37　PMSAP 后处理程序 3DP 中的显示控制信息的完善

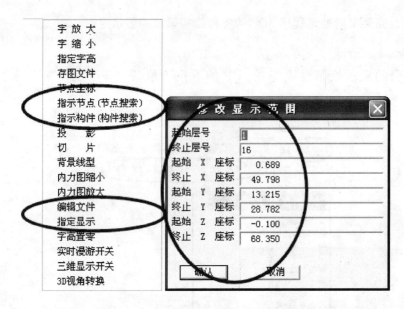

图 2.3-37　PMSAP 后处理程序 3DP 中的显示控制信息的完善（续）

二十五、增加了钢构件统计文件

参见图 2.3-38 的文件示例。

在 3dp 文件输出的"构件自重"文件里，可以查到主要针对钢构件的统计信息。主要包括三部分内容：

（1）各层、各类构件的混凝土、钢材、砌体的重量；

（2）整个结构中各类型钢杆件截面的总重量；

（3）整个结构中各类型钢杆件截面的杆件长度、截面积和根数统计。

该文件主要用于钢框架、钢塔架等结构的设计（下料）。示例如图 2.3-38 所示。

二十六、增加了"分段、分塔方式的 $0.2Q_0$、$0.25Q_0$ 调整"

老版本的 PMSAP 无论对于单塔结构还是多塔结构，立面规则的结构还是立面不规则的结构，在作 $0.2Q_0$ 调整时，均看作一个塔楼，且在立面上不分段（认为是一段），应该说这样的调整方式对立面规则的单塔楼结构是合适的，但对于多塔结构（尤其是各塔的结构形式差异较大时）或立面有突变的结构就不是很准确了。

新版 PMSAP 增加了"分段、分塔方式的 $0.2Q_0$ 调整"，程序可以自动通过用户定义的多塔信息，将整个结构拆分成数段，在每段之中，Q_0 取为本段底层的地震剪力，$1.5V_{fmax}$ 取为本段框架最大楼层剪力的 1.5 倍，从而最终确定出 $0.2Q_0$ 调整系数（完全类似地，在钢框架-支撑结构中，程序将自动作 $0.25Q_0$ 与 $1.8V_{fmax}$ 调整）。

比如一个双塔结构，三层底盘，底盘以上左塔 10 层、右塔 15 层，则结构将被分作三段进行调整：三层底盘、左塔 10 层和右塔 15 层。

二十七、改进了变厚度墙的配筋计算

参见图 2.3-39 的示意。

| 简单摘要 |
| 详细摘要 |
| 梁柱墙筋 |
| 墙外配筋 |
| 桁杆配筋 |
| 楼板配筋 |
| 边缘构件 |
| 超筋信息 |
| 基础荷载 |
| 基础荷载S |
| 基础荷载Q |
| 基础荷载F |
| 阻尼器力 |
| 支座文件 |
| 满 应 力 |
| 吊车内力 |
| 反力文件 |
| 内力调整 |
| 构件自重 |

1.各层构件材料自重统计(t)

层号	BEAM		COLUMN		TRUSS		WALL	
	CONCRETE	STEEL	CONCRETE	STEEL	CONCRETE	STEEL	CONCRETE	BRICK
1	0.000	0.000	0.000	0.197	0.000	0.000	0.000	0.000
2	0.000	0.000	0.000	0.225	0.000	0.000	0.000	0.000
3	0.000	0.000	0.000	0.163	0.000	0.000	0.000	0.000
4	0.000	0.000	0.000	0.185	0.000	0.000	0.000	0.000
5	0.000	0.000	0.000	0.132	0.000	0.000	0.000	0.000
6	0.000	0.000	0.000	0.184	0.000	0.000	0.000	0.000
7	0.000	0.000	0.000	0.156	0.000	0.000	0.000	0.000
8	0.000	0.000	0.000	0.138	0.000	0.000	0.000	0.000
9	0.000	0.000	0.000	0.098	0.000	0.000	0.000	0.000
10	0.000	0.000	0.000	0.107	0.000	0.000	0.000	0.000
11	0.000	0.000	0.000	0.092	0.000	0.000	0.000	0.000
12	0.000	0.000	0.000	0.098	0.000	0.000	0.000	0.000
13	0.000	0.000	0.000	0.061	0.000	0.000	0.000	0.000
14	0.000	0.000	0.000	0.038	0.000	0.000	0.000	0.000
	0.000	0.000	0.000	1.874	0.000	0.000	0.000	0.000

2.各类截面钢杆件自重统计(t)

柱截面号	截面名称	重量(t)
1	K33S40X40*	1.105
2	K33S50X50*	0.224
3	K33S63X63*	0.228
4	K33S75X75*	0.317
		1.874

3.全楼各类截面钢杆件长度(m)、截面积(m**2)及根数统计

1	号柱截面	K33S40X40*	杆长=	0.233	截面积=	0.000309	根数=	8
1	号柱截面	K33S40X40*	杆长=	0.330	截面积=	0.000309	根数=	4
1	号柱截面	K33S40X40*	杆长=	0.371	截面积=	0.000309	根数=	8
1	号柱截面	K33S40X40*	杆长=	0.482	截面积=	0.000309	根数=	8
1	号柱截面	K33S40X40*	总杆长=	458.418				
2	号柱截面	K33S50X50*	杆长=	0.682	截面积=	0.000480	根数=	8
2	号柱截面	K33S50X50*	杆长=	0.867	截面积=	0.000480	根数=	4
2	号柱截面	K33S50X50*	杆长=	0.964	截面积=	0.000480	根数=	4
2	号柱截面	K33S50X50*	杆长=	1.251	截面积=	0.000480	根数=	32
2	号柱截面	K33S50X50*	总杆长=	59.764				
3	号柱截面	K33S63X63*	杆长=	1.251	截面积=	0.000729	根数=	32
3	号柱截面	K33S63X63*	总杆长=	40.030				
4	号柱截面	K33S75X75*	杆长=	1.251	截面积=	0.001016	根数=	32
4	号柱截面	K33S75X75*	总杆长=	40.031				

图 2.3-38 PMSAP 针对钢杆件的统计信息

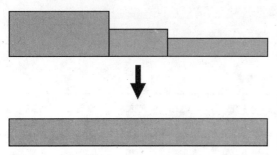

图 2.3-39　配筋设计中变厚度墙的等效厚度

旧版 PMSAP 对于变厚度墙的分析是正确的，但配筋设计时，墙厚直接取成端部墙段的厚度，这是不准确的。

新版 PMSAP 对此进行了改进，设计厚度取为等效厚度，等效厚度为各段墙的长度加权平均。显然，这是一种面积等效，这种方式一方面对于配筋设计比较合理，另一方面这种等效不改变墙的轴压比。

二十八、增加了 71～77 类型钢截面的强度、稳定验算

参见图 2.3-40 的截面输入示意。

除了已有的 31～40 类型钢截面，新版 PMSAP 增加了 71～77 类型钢截面的分析和验算。

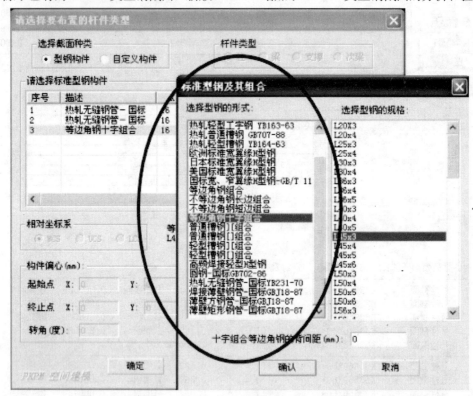

图 2.3-40　第 31～40 及第 71～77 类型钢截面在 SPASCAD 中的输入菜单

二十九、改进了弹性楼板的计算并增加配筋图的简化表示

参见图 2.3-41、图 2.3-42。

改进了 PMSAP 弹性板的全楼整体分析和设计功能，增加了三角形、四边形混合网格划分方式，并根据用户要求，给出了简化的配筋图表示方式，见菜单条"板顶配筋 j"和"板底配筋 j"。所谓简化方式是指对板的每条边搜索出最大配筋值，每条边只标注这个最

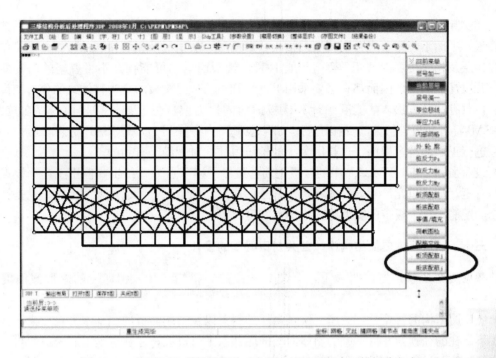

图 2.3-41 PMSAP 弹性楼板的三角形、四边形混合网格划分方式

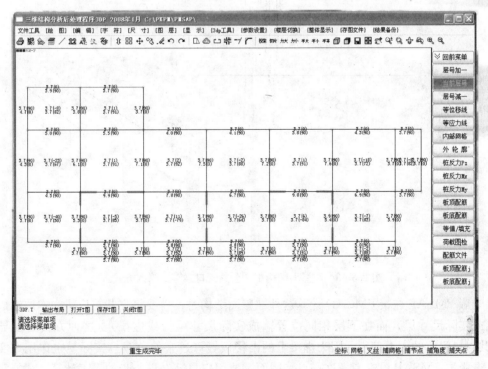

图 2.3-42 PMSAP 弹性楼板的配筋简化表示（只标注板边最大配筋）

大配筋值，而不是对边上的每个节点逐个标注。

经过数年的不断改进，PMSAP 弹性楼板的分析和设计功能已经比较完善、实用，并在国家体育馆、国家体育场看台等大量实际工程中得到应用。

在实际工程中，对于屋面板、体育场看台板等斜板；多塔楼之间采用固结连接的连廊的楼板；平面不规则、大开洞楼层的楼板；转换层、加强层及相邻楼层的楼板；悬挑结构所在楼层及相邻楼层的楼板等等；凡此种种，楼板面内均可能存在不可忽略的面内变形（中面的拉压变形），因而都有必要采用 PMSAP 中的弹性楼板的全楼整体式的分析和设计方法，只有这种方法，才能准确计算楼板的面内拉力或压力。如果楼板面内存在拉力，PMSAP 将对楼板进行偏心受拉配筋；如果楼板面内存在压力，PMSAP 将忽略压力，对楼板进行正截面抗弯配筋，这是因为小的轴压力往往对配筋是有利的。

最后强调一点，PMSAP 中的楼板配筋，虽然是以节点方式给出，但用于计算该点配筋的弯矩，却是单元尺寸内的分布弯矩积分后取平均的结果，所以从实质上讲，它是针对板带的配筋，这个板带的宽度隐含为单元宽度。

三十、改进了坡屋面结构中"公共封口梁"的设计

参见图 2.3-43。先说明一下，下文中所说的虚梁指"100×100"的矩形截面混凝土梁。

坡屋面结构的特点是：坡屋面所在楼层的斜梁以及斜屋面板的底部水平封口梁，直接落在下层柱的柱顶，并且本层的斜屋面板的底部水平封口梁，往往也是下层楼板的封口梁（这时我们可以简称该梁为"公共封口梁"）。

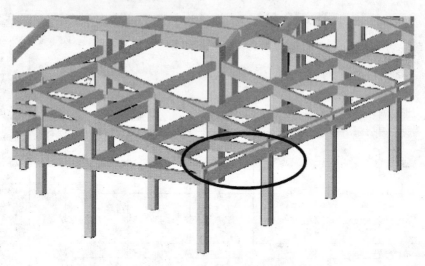

图 2.3-43   坡屋面结构中"公共封口梁"的输入方式

老版 PMSAP 在接 PMCAD 计算这种坡屋面结构时，需要将公共封口梁在本层输成虚梁（或实际尺寸梁）而在下层相同位置输成实际尺寸梁（或虚梁）。这种方式可能导致"公共封口梁"的内力偏小，因为虚梁上的由楼板导算过来的荷载，实际上也作用在实梁上，老版本 PMSAP 没有考虑这一点，因而需要用户自己做进一步的手工计算，才能完成封口梁的设计。

新版 PMSAP 仍然采用"将公共封口梁在本层输成虚梁（或实际尺寸梁）而在下层相同位置输成实际尺寸梁（或虚梁）"的输入方式，但会进一步自动搜索出模拟"公共封口梁"的虚梁上的、来自楼板的荷载，然后将这个荷载自动转移到实梁上。这样一来，"公

共封口梁"的内力和配筋，就都正确无误了，做到了自动化，不再需要用户做手工补充计算。

此外特别指出一点，PMSAP中某一层的斜梁的端点，可以直接落在任何别的楼层的柱顶、墙顶或梁端等任何有意义的支座处，二者之间不需要"短柱"进行连接。

三十一、混凝土柱长度系数完整实现"混凝土规范7.3.11-3条"

参见图2.3-44的相应菜单项。

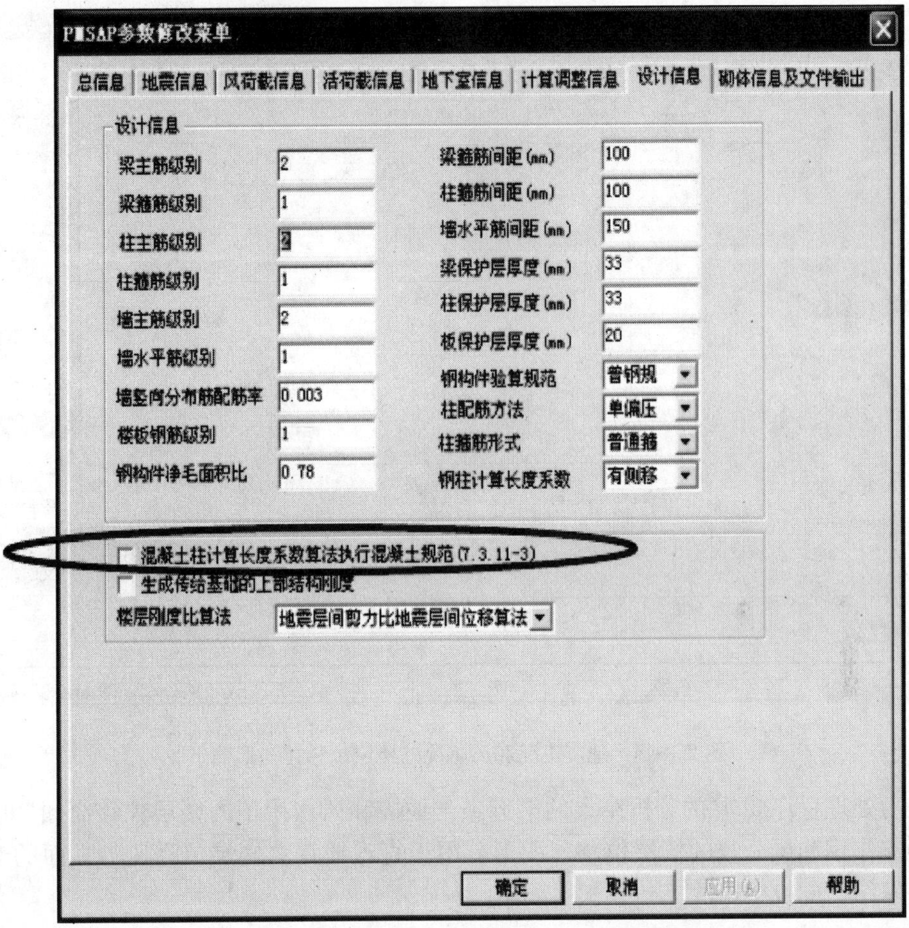

图2.3-44　混凝土柱长度系数控制（7.3.11-3）

当在老版PMSAP中点取"混凝土柱长度系数执行混凝土规范（7.3.11-3）"时，程序将无条件地对结构中的所有混凝土柱的长度系数按照《混凝土结构设计规范》（GB 50010）第7.3.11-3条进行计算和采用，并不判断该柱水平荷载产生的设计弯矩是否超过其总设计弯矩的75%；新版PMSAP完善了该条的实现：

（1）当不钩选"混凝土柱长度系数执行混凝土规范（7.3.11-3）"时，混凝土柱的长度系数将按照《混凝土结构设计规范》（GB 50010）第7.3.11-2条的现浇楼盖情况进行考虑，即底层取为1.0，其余楼层取为1.25。

（2）当钩选"混凝土柱长度系数执行混凝土规范（7.3.11-3）"时，程序将对每一个柱截面的每一组基本组合内力，计算其水平荷载产生的设计弯矩与总设计弯矩的比值，如果该比值大于 75％，则按照第 7.3.11-3 条计算其计算长度系数，否则，仍旧按照《混凝土结构设计规范》（GB 50010）第 7.3.11-2 条的现浇楼盖情况考虑，即底层取为 1.0，其余楼层取为 1.25。

三十二、后处理程序 3DP 增加了"楼层位移比"的图形输出

参见图 2.3-45。

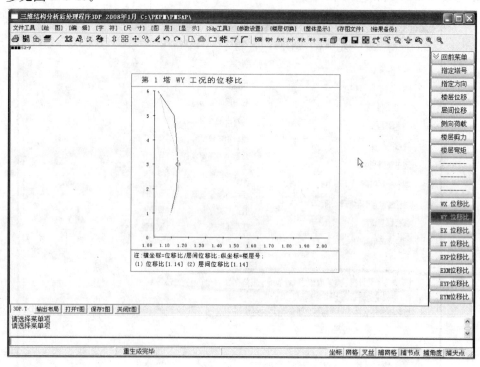

图 2.3-45　地震工况和风工况的楼层位移比图形输出

在后处理程序 3DP 的分析结果的第五项"地震和风作用下的楼层位移简图"中，增加了地震作用和风荷载的楼层位移比图形，用于直观地观察楼层位移比沿立面的变化规律，了解结构的抗扭特性。

三十三、时程分析增加了"三向地震波库"及相应计算

参见图 2.3-46、图 2.3-47。

新版 PMSAP 增加了新的三向地震波库，每条波都含有本方向分量（主分量）、垂直方向分量（次分量）和竖向分量三种成分。当三个分量都需要考虑时，主、次和竖三个方向的加速度峰值宜按照 1∶0.85∶0.65 的比例取值。特别需要指出的是，当用户需要考虑地震波的竖向分量时，必须将地震信息输入菜单中的"竖向地震计算方式"选为"振型叠加反应谱法"，因为只有这样，程序才会计算竖向振型。

对于 X 向作用的多条地震波，PMSAP 程序将自动搜索出各条波产生结构反应最大的时刻，将各条波最大时刻的响应取平均，作为工况"DX"；对于 Y 向作用的多条地震波，

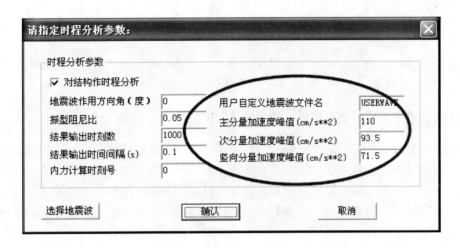

图 2.3-46　地震波的主分量、次分量和竖向分量指定

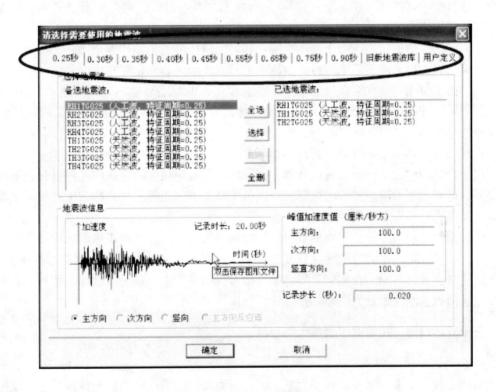

图 2.3-47　三向地震波库

PMSAP 程序也将自动搜索出各条波产生结构反应最大的时刻，并将各条波最大时刻的响应取平均，作为工况"DY"；时程工况 DX 和 DY，都将考虑进荷载组合和构件设计当中，考虑方式同地震工况 EX 和 EY。

此外，用户选择的每一条波，程序都将自动将其主分量作用于结构的 X 向和 Y 向两个方向。比如你选择了一条波 EW，它的主分量、次分量和竖向分量分别记作 EW-1、EW-2 和 EW-3，那么当这条波的主分量作用于 X 向时，地震波在结构 X、Y、Z 三个方向的分量分别为 EW-1、EW-2 和 EW-3；当这条波的主分量作用于 Y 向时，地震波在结

构 X、Y、Z 三个方向的分量分别为 EW-2、EW-1 和 EW-3；这是初用三向地震波时容易混淆之处，特予以说明。

时程分析的主要结果，均可在"详细摘要"文件中查到；同时，后处理程序 3DP 中"分析结果"的第六项，也专门提供了时程分析结果的图形显示。

三十四、改进了"位于柱截面内的刚性梁"的处理

老版本的 PMSAP 对于位于柱截面内的短梁，一律按照刚性梁计算，这主要是从正确模拟刚度的角度考虑。当多根梁同时搭在一根大截面柱上时，由于偏心等原因，这些梁通常并不交于一点，那么为了做到在该节点处梁、柱之间能够正确传力，就需要用短梁来连接梁端和柱节点，于是就形成一根或数根位于柱截面内的所谓刚性梁。这个办法从计算原理上讲是正确的，但在实际应用中存在一定的缺陷，归纳起来有这么几点：

（1）连接梁端与柱节点的刚性梁通常不再与梁位于同一条轴线上，这样就会造成主梁搜索失败（找不到端部的柱支座），误将主梁判为次梁，那么竖向力作用下主梁的负弯矩调幅就不能正确进行。

（2）基于类似的原因，由于刚性梁的存在，当以柱节点为基础搜索梁柱交接关系、形成梁柱节点时，也不能正确地进行，故相应的节点核心区验算也存在问题。

（3）由于位于同一柱节点处的刚性梁可能较多、也可能很短（比如几厘米），这有可能造成刚度矩阵的过分病态，从而显著降低结构分析的精度，这种情况因工程而异。总之，刚性梁越多、越短，就越不利。

新版 PMSAP 针对上述问题进行了如下改进：

（1）自动搜索位于柱截面内的节点，记录这些节点与柱之间存在的这种包含关系或关联关系。这样在主梁搜索时，就可以利用这种关联关系，正确地找到柱支座，从而正确地形成主梁并进行负弯矩调幅。

（2）类似地，通过柱截面内的节点与柱之间的关联关系，可以正确形成梁柱节点。

（3）对于柱截面内的短梁的计算方法作了调整，改用矩阵变换算法代替刚性梁算法。该方法通过直接将梁端力在刚臂上平移来模拟梁柱间的传力，避免了刚性梁计算带来的大刚度，从而改善刚度矩阵的性态，提高计算精度。

三十五、增加"托墙梁刚度放大"功能

参见图 2.3-48 菜单项。

实际工程中常常会出现"转换大梁上面托剪力墙"的情况，当用户使用梁单元模拟转换大梁，用壳元模式的墙单元模拟剪力墙时，墙与梁之间的实际的协调工作关系在计算模型中就不能得到充分体现，存在近似性。

实际的情况是，剪力墙的下边缘与转换大梁的上表面变形协调。计算模型的情况是，剪力墙的下边缘与转换大梁的中性轴变形协调。于是计算模型中的转换大梁的上表面在荷载作用下将会与剪力墙脱开，失去本应存在的变形协调性。换言之，与实际情况相比，计算模型的刚度偏柔了，这就是软件提供托墙梁刚度放大系数的原因。

为了再现真实的刚度，根据我们的经验，托墙梁刚度放大系数一般可以取为 100 左右。当考虑托墙梁刚度放大时，转换层附近的超筋情况（若有）通常可以缓解。当然，为

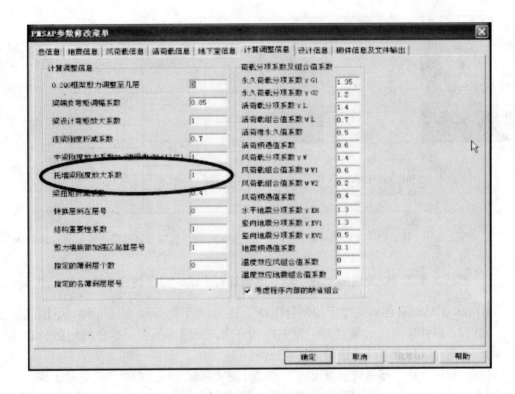

图 2.3-48　托墙梁刚度放大菜单项

了使设计保持一定的裕度，也可以不考虑或少考虑托墙梁刚度放大。

使用该功能时，用户只须指定托墙梁刚度放大系数，托墙梁段的搜索由软件自动完成。最后指出一点，这里所说的"托墙梁段"在概念上不同于规范中的"转换梁"，"托墙梁段"特指转换梁与剪力墙"墙柱"部分直接相接、共同工作的部分，比如说转换梁上托开门洞或窗洞的剪力墙，对洞口下的梁段，程序就不看作"托墙梁段"，不作刚度放大，可参见图 2.3-49 的示意。

三十六、增加"错层剪力墙、顶部山墙"的分析处理

参见图 2.3-50 示意。

08 版 PM 可以通过输入上节点高来改变墙两端节点的上部标高，通过输入墙底标高来改变墙底的标高，因此可以实现山墙、错层墙的建模，PMSAP 相应地进行了改进，实现了对于山墙、斜墙、错层墙等复杂情况的处理。主要是两类剪力墙：

（1）结构顶部的、倾斜的山墙剪力墙；

（2）非顶部的其他层的错层剪力墙。

当出现错层墙时，墙体左右相邻边的协调性由程序采用广义协调方式自动考虑。

需要特别指出的是，在结构顶部的墙体允许为山墙（顶部倾斜），但不能为错层（也即左右相邻墙体顶部的公共节点标高必须相同）；非顶部结构的剪力墙允许错层，但不允许顶部倾斜。也就是说，程序能够处理的典型情形如图 2.3-50 所示。

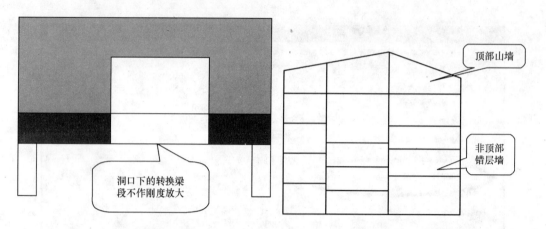

图 2.3-49　托墙梁刚度放大示意　　　图 2.3-50　程序能够处理的错层墙和山墙的典型情形

三十七、完善了"钢管混凝土柱"与"型钢混凝土梁、柱"的分析和设计

近年来，PMSAP 逐步完善了"钢管混凝土柱"、"型钢混凝土柱"和"型钢混凝土梁"的分析和设计，并在大量重要工程中得到应用。型钢混凝土梁、柱的配筋和验算规程，都已由冶金部标准修改为建设部行业标准。

目前，程序允许"圆钢管混凝土柱"和"方钢管混凝土柱"两种钢管混凝土柱。

型钢混凝土梁、柱允许的截面形式包括：矩形混凝土截面内加单工字钢；矩形混凝土截面内加对称双工字钢；矩形混凝土截面内加不对称双工字钢；矩形混凝土截面内加方钢管；以及 PMCAD 中新增的 102，103，104，105 类截面。

第四章　PUSH&EPDA 软件的改进

弹塑性静、动力分析 PUSH&EPDA 软件自 2005 年版本以来进行了大量深入的改进和功能增加，包括：EPDA 完善了模拟剪力墙弹塑性性质的"剪力墙宏单元"；在模拟梁、柱和支撑弹塑性性质的"纤维束"模型基础上增加了"塑性铰"模型；增加了具备阻尼特征的线性、非线性隔振单元；增加了速度型，线性、非线性位移型的减震阻尼器单元；PUSH 软件中提供了大量可以细节考虑结构实际特性的功能；在自主科研的基础上增强了"能力谱方法"等等（图 2.4-1）。

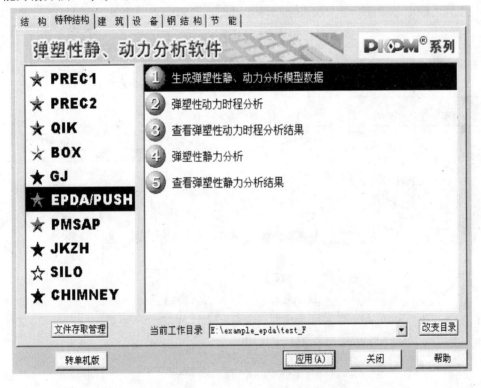

图 2.4-1　PUSH&EPDA 软件界面

一、PUSH&EPDA 软件前处理改进

与 PUSH&EPDA 软件核心计算功能增强相适应，前处理程序进行了较大的改进，如图 2.4-2 所示。

1. 保持与 SATWE 和 PMSAP 软件的无缝化接口

用户在使用 SATWE 或 PMSAP 软件进行弹性阶段设计后，工程的几何模型和计算配筋信息可以实现不需任何干预地传递到 PUSH&EPDA 软件中，大大简化了用户进行罕遇地震分析的数据准备的工作量。

2. 增强了实配钢筋修改功能

新版 PUSH&EPDA 软件继承了老版本的实配钢筋修改功能。为了适应剪力墙边缘构件主要受力钢筋直接积分到剪力墙宏单元中，独立给出了边缘构件配筋信息。新版程序采用坐标对位方式，使得用户自定义实配钢筋在工程模型修改后仍然可以保留，避免了重复劳动（图 2.4-3～图 2.4-5）。

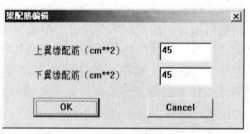

图 2.4-3　梁实配钢筋修改对话框

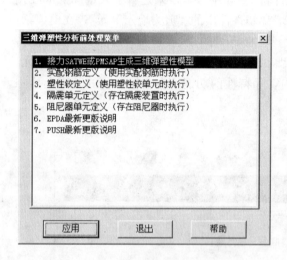

图 2.4-2　改进后的 PUSH&EPDA
软件前处理界面

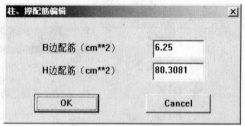

图 2.4-4　柱、支撑实配钢筋修改对话框

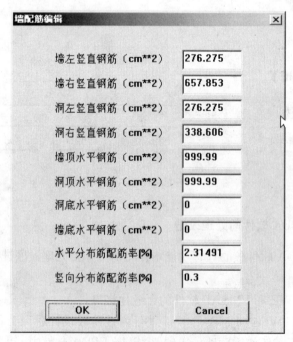

图 2.4-5　剪力墙钢筋修改对话框

3. 增加了"塑性铰单元"相关参数输入功能

EPDA 软件在旧版本模拟梁、柱和支撑的"纤维束"单元模型基础上增加了"塑性铰"单元模型。前处理功能进行了相应的增加。用户如果选择采用"塑性铰"单元时可以交互输入构件的轴向、剪切、弯曲"塑性铰"特性，如图 2.4-6 所示。对于钢构件，EPDA软件按照美国规范，参考 FEMA273（274）给出了自动生成塑性铰性质的功能。对于混凝土构件，由于 FEMA273（274）的规定过于简单，EPDA 软件没有给出自动生成塑性铰性质的功能，需要用户依据试验和理论数据自行定义。

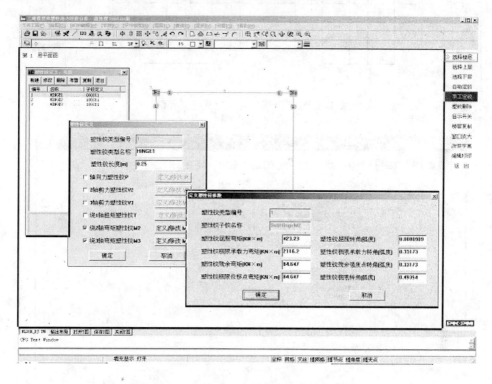

图 2.4-6　"塑性铰"模型交互定义对话框

4. 增加了"隔震单元"相关参数输入功能

EPDA 软件增加了具备阻尼特性的线性、非线性"隔震单元"。用户可以在此基础上进行结构的隔震设计。EPDA 软件提供了常见的隔震装置性能参数，用户可以参考选择使用，也可以自定义隔震单元相关参数（图 2.4-7～图 2.4-9）。

5. 增加了减震"阻尼器单元"相关参数输入功能

EPDA 软件增加了速度型和线性、非线性位移型"阻尼器单元"。用户可以直接考虑阻尼器阻尼性质进行实际工程的减震设计。隔震单元的前处理界面如图 2.4-10、图2.4-11所示。

二、EPDA 软件核心计算功能改进

1. 基于非线性壳单元的"剪力墙宏单元"

EPDA 软件新版本提供了一种基于非线性壳单元的"剪力墙宏单元"来模拟剪力墙的弹塑性性质。剪力墙的弹塑性性质模拟是建筑结构弹塑性分析中的难点之一，至今为止还

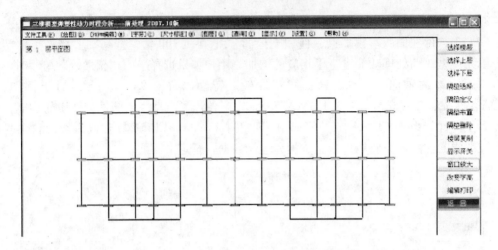

图 2.4-7　"隔震单元"交互定义界面

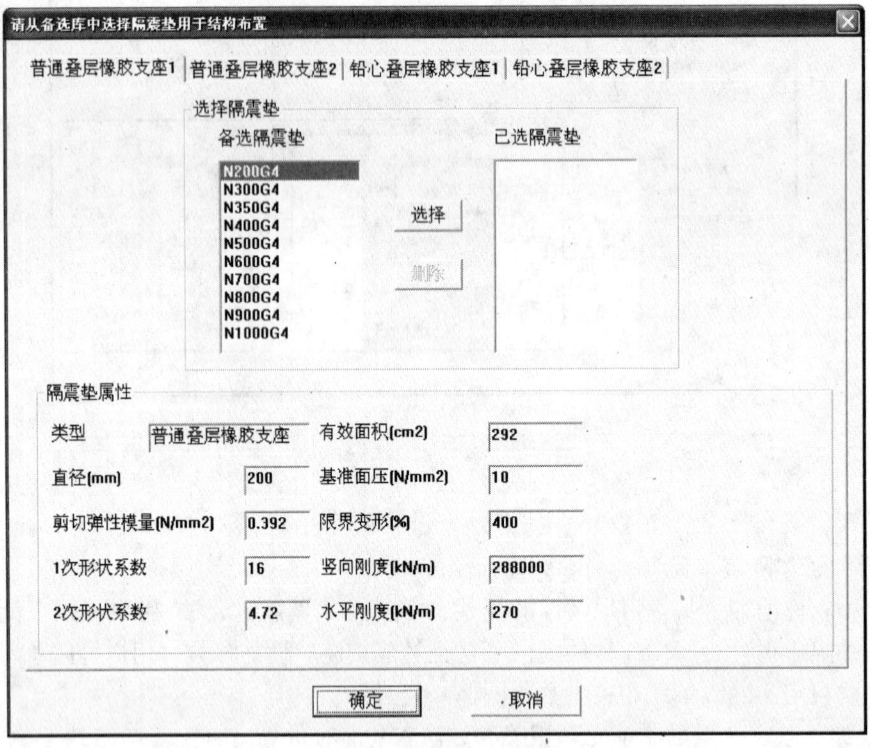

图 2.4-8　隔震单元选择对话框

有较多的理论问题亟待解决。EPDA 软件在现有研究成果的基础上，本着兼顾计算精度和计算效率的原则给出了剪力墙弹塑性性质的模拟方法。这种"剪力墙宏单元"的模拟对象为 2～3m 左右的分层开洞剪力墙片，单元模型的基础为非线性壳单元。非线性壳单元由提供平面内刚度的非线性膜单元和提供平面外刚度的非线性板单元组合而成。剪力墙的平面内刚度对整个结构抗侧力起主要作用，平面外刚度相对次要，因此，在本研究中对于膜部分严格按照本构关系采取数值积分的方式考虑其弹塑性性质，平面外板部分为了减少计

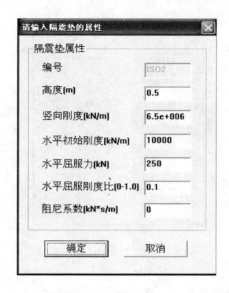

图 2.4-9 EPDA 隔震单元自定义对话框

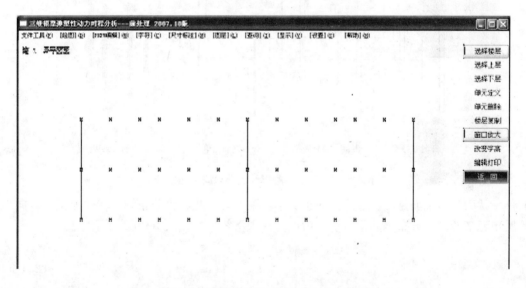

图 2.4-10 "阻尼器单元"交互定义界面

算工作量采用折减弹性薄板单元刚度的方法考虑其刚度贡献。通过分块积分的方式考虑剪力墙开洞情况。"剪力墙宏单元"需要重点考虑如下的一些基本理论问题。

（1）开洞剪力墙单元基本模型

EPDA 软件中考虑开洞情况的"剪力墙宏单元"模型如图 2.4-12 所示，开洞剪力墙由混凝土壳单元、分布钢筋壳单元、主要受力钢筋纤维束组成，该模型可以较好地模拟剪力墙弹塑性阶段的复杂应力状态。

单元平面内膜部分采用非线性 ALLMAN 膜单元形式，非线性壳单元中的板部分采用刚度按照剪力墙弹塑性状态折减后的 KIRCHHOFF 薄板单元。

（2）弹塑性剪力墙单元的二维本构关系

"剪力墙宏单元"由混凝土、分布钢筋和边缘构件主要受力钢筋三部分组成。EPDA

图 2.4-11　阻尼器单元自定义对话框

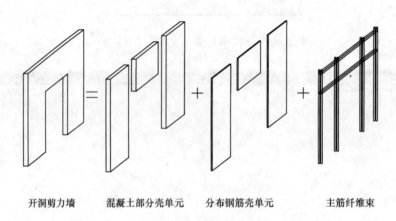

|开洞剪力墙|混凝土部分壳单元|分布钢筋壳单元|主筋纤维束|

图 2.4-12　钢筋混凝土开洞剪力墙单元模型

软件中认为分布钢筋是沿 X、Y 方向正交不耦联的，因此，将分布钢筋转变为正交各向异性膜单元来考虑。分布钢筋不抗剪，剪应力一项置零，如式（2.4-1）所示。

$$\begin{Bmatrix} d\sigma_x \\ d\sigma_y \\ 0 \end{Bmatrix} = \begin{bmatrix} E_x & & \\ & E_y & \\ & & 0 \end{bmatrix} \begin{Bmatrix} d\varepsilon_x \\ d\varepsilon_y \\ d\gamma_{xy} \end{Bmatrix} \tag{2.4-1}$$

剪力墙中混凝土部分采用增量式正交各向异性的 Darwin—Pecknold 本构关系模型，如式（2.4-2）所示。

$$\begin{Bmatrix} d\sigma_1 \\ d\sigma_2 \\ d\tau_{12} \end{Bmatrix} = \frac{1}{1-\mu^2} \begin{bmatrix} E_1 & \mu\sqrt{E_1 E_2} & 0 \\ \mu\sqrt{E_1 E_2} & E_2 & 0 \\ 0 & 0 & \frac{1}{4}(E_1 + E_2 - 2\mu\sqrt{E_1 E_2}) \end{bmatrix} \begin{Bmatrix} d\varepsilon_1 \\ d\varepsilon_2 \\ d\gamma_{12} \end{Bmatrix} \tag{2.4-2}$$

（3）弹塑性剪力墙单元考虑有洞口情况的分块积分方法

对于剪力墙中存在洞口情况，EPDA 软件的做法是将剪力墙中的混凝土部分和分布钢筋等效钢筋片按照洞口形状和位置，将单元细分为多个子块，按照整个单元的形状函数进行分块积分，得到单元的刚度矩阵和节点力向量，如式（2.4-3）所示。

$$
\begin{cases}
[K_e] = t \sum_{i=1}^{n} \int_{-1}^{1} \int_{-1}^{1} [B]^T ([D_h] + [D_s]) [B] J \mid \mathrm{d}\xi \mathrm{d}\eta \\
\{\mathrm{d}F_e\} = t \sum_{i=1}^{n} \int_{-1}^{1} \int_{-1}^{1} [B]^T (\{\mathrm{d}\sigma_h\} + \{\mathrm{d}\sigma_s\}) \mid J \mid \mathrm{d}\xi \mathrm{d}\eta
\end{cases}
\tag{2.4-3}
$$

（4）开洞剪力墙刚度折减方法

高层建筑结构非线性分析的计算量是十分巨大的，因此，软件实现时必须在计算精度和计算效率间达成平衡。如前所述，EPDA 软件采用了分块积分的方法来考虑剪力墙开洞对单元刚度的影响，但在本研究中发现此时剪力墙的刚度与更加细分网格时仍然有 20% 左右的差别，而且这种差别是与剪力墙洞口的大小、位置密切相关的。解决该问题的最直接办法是采用尺寸更小的有限单元网格划分，但在微机上以"隐式求解"为基础应用于实际高层建筑结构的非线性动力分析是不现实的，因为自由度的增加将是巨大的，而且会带来程序收敛性等一系列的应用问题。

EPDA 软件采用了一种刚度折减的方法来解决该问题，如图 2.4-13 所示。将建筑结构中的每片剪力墙取出，令其保持弹性，将其墙底嵌固，墙顶加单位水平力，分别采用分块积分模型和网格细分模型计算得到墙顶的水平位移 δ_1 和 δ_2，进而得到剪力墙刚度折减系数。将结构中每片剪力墙分块积分得到的弹塑性刚度乘上刚度折减系数即得到非线性分析中的剪力墙计算刚度。

（5）弹塑性剪力墙单元中边缘构件主要受力钢筋的考虑方法

EPDA 软件给出了带有任意加强钢筋的 ALLMAN 膜单元形式，用于考虑剪力墙中边缘构件主筋对剪力墙刚度的影响。该方法可以较好考虑边缘构件中主要受力钢筋对整个结构的刚度贡献和弹塑性性质，如图 2.4-14 所示。

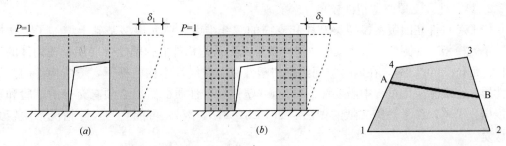

图 2.4-13　剪力墙刚度折减方法
（a）分块积分模型；（b）网格细分模型

图 2.4-14　剪力墙中
主要受力钢筋考虑

任意四边形 ALLMAN 膜单元（1，2，3，4）中任意布置钢筋（A，B）。钢筋节点力和节点位移在膜单元局部坐标系下的关系为：

$$
\{F_s\} = [K_s]\{\delta_s\}
\tag{2.4-4}
$$

钢筋刚度矩阵
$$
[K_s] = \frac{EA}{L}
\begin{bmatrix}
c^2 & cs & -c^2 & -cs \\
cs & s^2 & -cs & -s^2 \\
-c^2 & -cs & c^2 & cs \\
-cs & -s^2 & cs & s^2
\end{bmatrix}
\tag{2.4-5}
$$

$$
c = \cos\theta, \quad s = \sin\theta
\tag{2.4-6}
$$

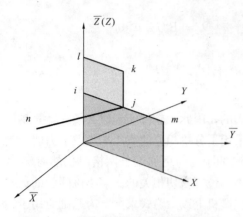

图 2.4-15   剪力墙特殊协调性考虑方法

θ 为钢筋与局部坐标系 X 轴夹角，顺时针方向为正。

（6）弹塑性剪力墙单元复杂情况变形协调方法

在实际建筑结构中，经常会出现剪力墙单元之间或剪力墙单元与框架梁之间单元节点不对应的情况，此时需要进行特殊的处理以满足单元之间的变形协调，如图 2.4-15 所示。EPDA 软件从 3 次 Hermite 插值函数出发，给出了可以考虑"墙—墙"或"墙—梁"节点不协调时的处理方法。

引入 j 节点与 i、m 节点之间的位移协调条件：

$$\{\delta_j\} = [H_a]\{\delta_i\} + [H_b]\{\delta_m\} \tag{2.4-7}$$

其中 $[H_a]$、$[H_b]$ 为协调矩阵，由 3 次 Hermite 插值函数得到。

同时考虑刚性楼板假定和单元偏心后可以将剪力墙的单元转换矩阵写为如下形式：

$$[T_0] = [A][T][H][\overline{T}][B] \tag{2.4-8}$$

其中 $[A]$ 为考虑单元偏心的转换矩阵，$[B]$ 为考虑刚性楼板假定的转换矩阵，$[T]$ 为从协调坐标系 (X, Y, Z) 到单元局部坐标系 (X, Y, Z) 的转换矩阵，$[\overline{T}]$ 为从整体坐标系 $(\overline{X}, \overline{Y}, \overline{Z})$ 到协调坐标系 (X, Y, Z) 的转换矩阵，$[H]$ 为协调矩阵，根据单元的协调节点由 $[H_a]$、$[H_b]$ 组合得到，如单元 (i, j, k, l) 的 j 节点与 i、m 两个节点协调时，$[H]$ 为协调矩阵。

2. 梁、柱和支撑的"塑性铰单元"实现

EPDA 软件在旧版本模拟梁、柱和支撑的"纤维束"单元模型基础上增加了"塑性铰"单元模型，如图 2.4-16 所示。"塑性铰单元"认为构件的弹塑性发展集中在构件的某些特征部位（如端部），在内力空间给定"塑性铰"非线性本构前提下，考虑构件的弹塑性性质。在实际应用过程中需要注意的是，"塑性铰"性质的给出必须有充分的试验和理论依据，简单地参考一些文献的做法（如 FEMA273、274）可能会与实际情况产生较大的误差。

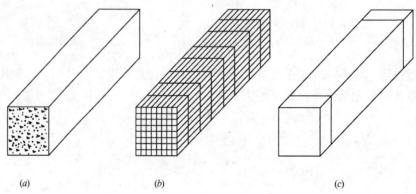

(a) (b) (c)

图 2.4-16   钢筋混凝土构件纤维束单元与塑性铰单元模型

(a) 钢筋混凝土构件；(b) 纤维束模型；(c) 塑性铰模型（两端为塑性铰）

3. 具备阻尼特性的线性、非线性"隔震单元"实现

EPDA 软件实现的具备阻尼特性的线性、非线性"隔震单元"模型如图 2.4-17、图 2.4-18 所示。该隔震单元为两节点、具备三个平动方向自由度的复合单元。与位移相对应的非线性刚度为双折线形式。该单元具备单元阻尼特性，可以考虑隔震装置对结构的阻尼贡献。

4. 速度型和线性、非线性位移型减震"阻尼器单元"实现

新版 EPDA 软件增加了速度型和线性、非线性位移型阻尼器减震单元，用户可以直接在结构中布置阻尼器单元以实现减震计算。

速度型阻尼器表达如下：

$$\{F_{\mathrm{damper}}^{\mathrm{k}}\}_v = \{C_i(\dot{\delta}_{t+\theta\Delta t}^k \mid_{\mathrm{DOF1}} - \dot{\delta}_{t+\theta\Delta t}^k \mid_{\mathrm{DOF2}})^{\alpha_i}\} \qquad (2.4\text{-}9)$$

位移型阻尼器表达如下：

$$\{F_{\mathrm{damper}}^{\mathrm{k}}\}_d = \{K_i(\delta_{t+\theta\Delta t}^k \mid_{\mathrm{DOF1}} - \delta_{t+\theta\Delta t}^k \mid_{\mathrm{DOF2}})\} \qquad (2.4\text{-}10)$$

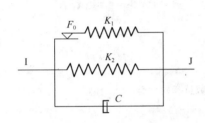

图 2.4-17　隔震单元示意图

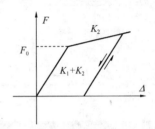

图 2.4-18　隔震非线性刚度

式中　　　　i——作用有阻尼器的节点自由度编号；

$DOF1$、$DOF2$——阻尼器两个相关自由度；

　　C_i——单元阻尼系数；

　　α_i——阻尼器速度指数；

　　K_i——阻尼器单元当前状态切线刚度。

5. EPDA 软件的其他改进

新版 EPDA 软件还对旧版 EPDA 软件进行了较多的完善工作，如增加了杆件网格细分功能，增加柱、剪力墙抗剪面积验算输出，改进吊柱等情况程序不能计算问题，将旧版地震波改为双向地震作用功能等等。EPDA 核心计算参数控制参数如图 2.4-19 所示。

三、PUSH 软件核心计算改进

1. PUSH 软件核心计算新增功能

新版 PUSH 软件较大地增强了其核心计算功能，使得静力推覆计算方法能够更好地应用于实际工程的罕遇地震分析。PUSH 软件核心计算参数控制对话框如图 2.4-20 所示。增强的核心计算能力如下：

（1）侧推荷载模式中，在原来的"倒三角形"和"矩形"基础上，增加了"实时模式"。可以更好地跟踪静力推覆过程中结构荷载的实时变化情况。

（2）增强了弧长法求解功能。静力推覆分析方法的重要难点是保证程序正确收敛于平

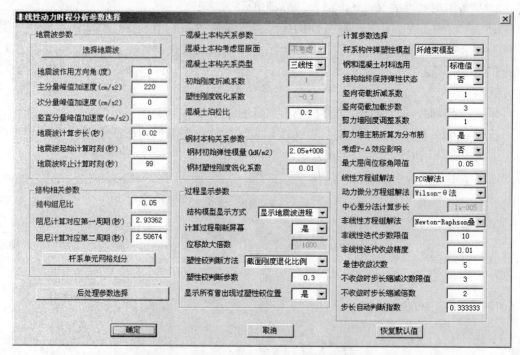

图 2.4-19　EPDA 核心计算参数选择对话框

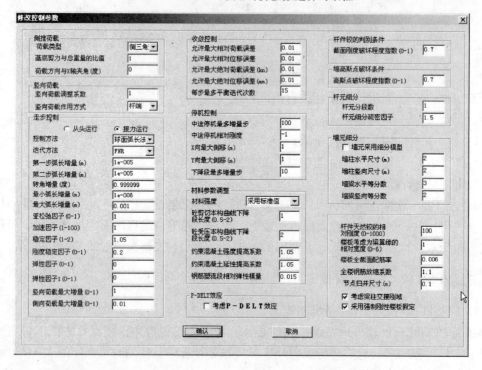

图 2.4-20　PUSH 核心计算参数选择对话框

衡路径，新版 PUSH 软件在原来的弧长法基础上进一步进行了完善工作。

（3）考虑到钢筋混凝土构件由于箍筋的存在，混凝土的强度和延性会有所提高，新版

PUSH 软件给出了约束混凝土强度和延性提高系数。

（4）新版 PUSH 软件增加了杆件和剪力墙单元细分功能。

（5）楼板的平面外刚度对于结构的抗侧力能力会有较大的影响，因此，PUSH 软件增加了"将楼板考虑为梁翼缘"功能。

（6）增加了梁、柱交界部位考虑为刚域功能。

（7）增加了强制刚性楼板假定功能。

2. PUSH 软件能力谱方法的完善

新版 PUSH 软件对能力谱方法也进行了较大的改进，如图 2.4-21 所示。增加了弹塑性阻尼的考虑，较好地改进了原有的抗倒塌计算结果。增加了几种改进的能力谱方法，其中方法 6 为 ATC40 推荐的能力谱方法的标准做法，方法 1～方法 5 为改进的能力谱方法。

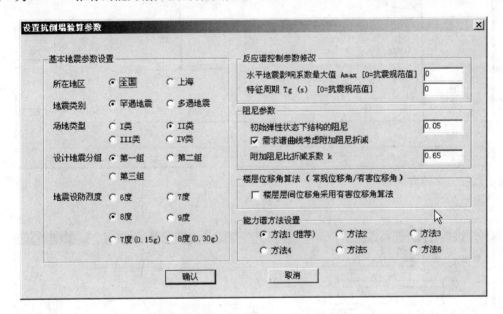

图 2.4-21　PUSH 能力谱方法参数对话框

3. PUSH 软件后处理功能增加

新版 PUSH 软件给出了更加完善的静力推覆分析后处理功能，增加了梁、柱和剪力墙内力各加载步查看功能，增加了楼层框架、剪力墙内力分配查看功能（图 2.4-22～图 2.4-24）。新版 PUSH 软件在结果的文本输出方面也比旧版增加了较多的内容。

四、PUSH&EPDA 软件正确性验证与工程应用

1. PUSH&EPDA 软件正确性验证

新版 PUSH&EPDA 软件从多个角度验证了所实现的弹塑性静、动力分析基本理论和软件实现的正确性。

（1）四梁四柱十层钢框架结构隔震、

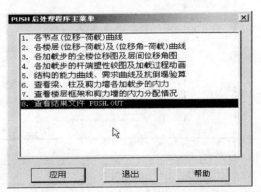

图 2.4-22　PUSH 软件后处理功能

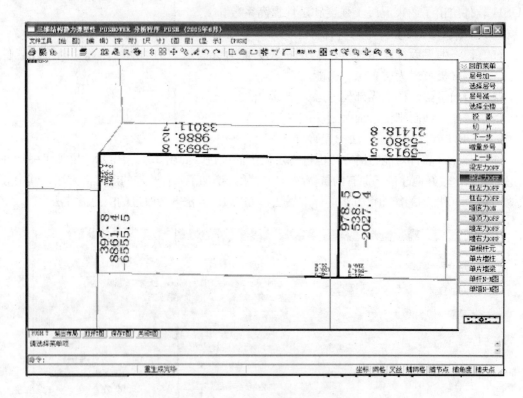

图 2.4-23　PUSH 软件剪力墙内力图

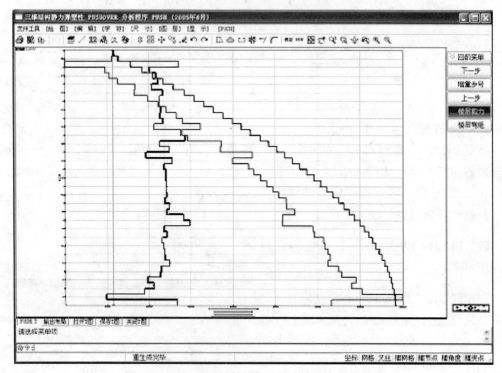

图 2.4-24　PUSH 软件框架和剪力墙的内力分配图

减震验证。

EPDA 与 SAP2000 隔震、减震计算结果对比如图 2.4-25 所示。

（2）九层实际钢框架结构隔震、减震验证。

EPDA 与 SAP2000 隔震、减震计算结果对比及模型如图 2.4-26 所示。

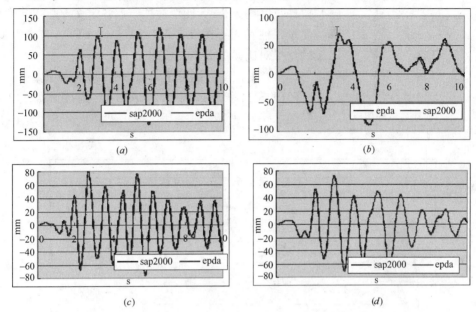

图 2.4-25

（a）未布置隔震、减震装置顶点位移；（b）布置隔震装置后顶点位移时程；
（c）布置位移型阻尼器后顶点位移时程；（d）布置速度型阻尼器后顶点位移时程

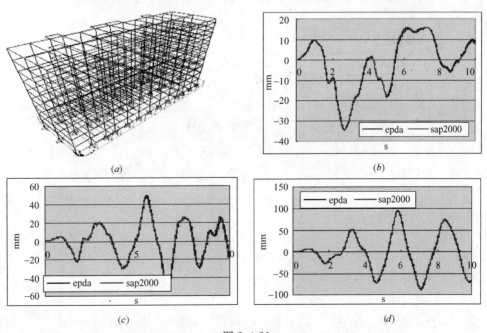

图 2.4-26

（a）结构模型图；（b）布置隔震装置后顶点位移时程；
（c）布置位移型阻尼器后顶点位移时程；（d）布置速度型阻尼器后顶点位移时程

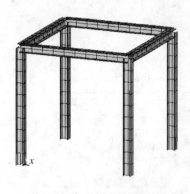

图 2.4-27 单层钢框架模型

（3）四梁四柱单层钢框架结构弹塑性分析对比。

参数：工字钢截面 200mm×200mm×10mm，主轴沿 x 方向。钢材弹性模量 $E_s=2×10^{11}\,N/m^2$，泊松比 $\nu=0.3$，屈服强度：$2.35×10^8\,N/m^2$，刚度蜕化系数 0.015。梁柱长度均为 3m，四个柱顶节点各定义 10000kg 的节点质量，柱底固支图 2.4-27。PUSH、EPDA 与 ABAQUS 的结果对比如图 2.4-28、图 2.4-29 所示。

（4）九层实际钢框架结构弹塑性分析对比。

PUSH、EPDA 与 ABAQUS 的结果对比如图 2.4-30～图 2.4-32 所示。

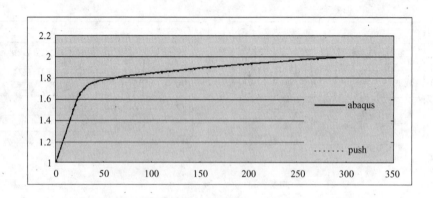

图 2.4-28 非线性静力分析 ABAQUS 与 PUSH 结果对比

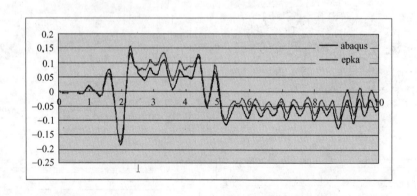

图 2.4-29 ELC-NS 波 1.6g 峰值加速度下非线性动力分析 ABAQUS 与 EPDA 结果对比

（5）五层混凝土结构弹塑性分析对比。

PUSH、EPDA 与 ABAQUS 的结果对比如图 2.4-33～图 2.4-35 所示。

（6）十层不开洞剪力墙结构弹塑性分析对比。

EPDA 与 ABAQUS 的结果对比如图 2.4-36 所示。

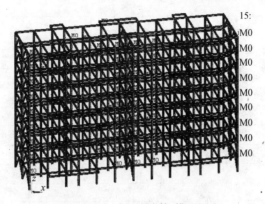

图 2.4-30　九层钢框架模型图

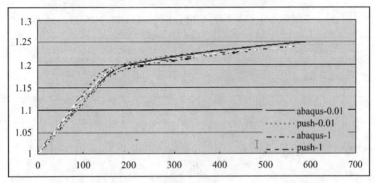

图 2.4-31　九层钢框架静力推覆分析 PUSH 与 ABAQUS 结果对比

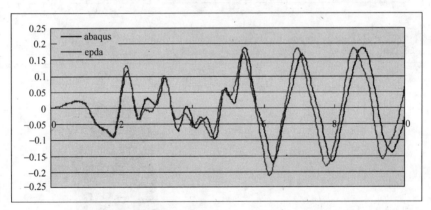

图2.4-32　ELC-NS 波 0.4g 峰值加速度下非线性动力分析 ABAQUS 与 EPDA 结果对比

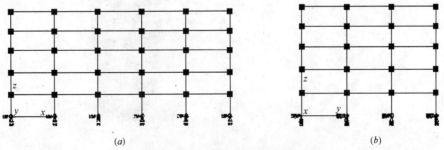

(a)　　　　　　　　　　　　　　　　(b)

图 2.4-33　五层混凝土框架模型图

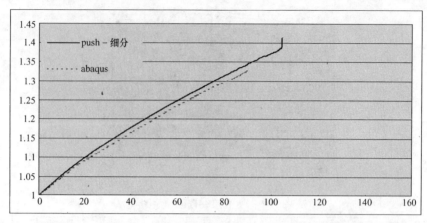

图 2.4-34　五层混凝土框架静力推覆分析 PUSH 与 ABAQUS 结果对比

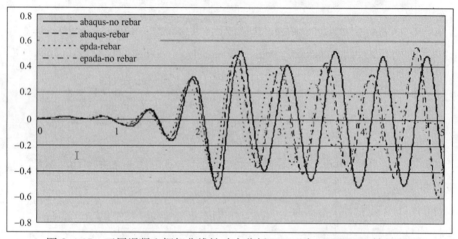

图 2.4-35　五层混凝土框架非线性动力分析 EPDA 与 ABAQUS 结果对比

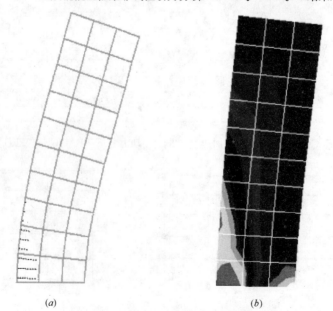

(a)   *(b)*

图 2.4-36　第一次出现受拉开裂时 EPDA 和 ABAQUS 应力及变形图比较

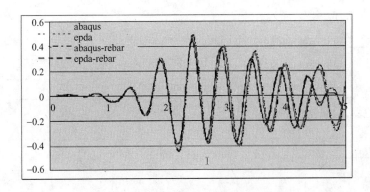

图 2.4-37　弹性墙在 ELC-NS 波 $1.6g$ 峰值加速度下 ABAQUS 与
EPDA 的动力时程反应对比

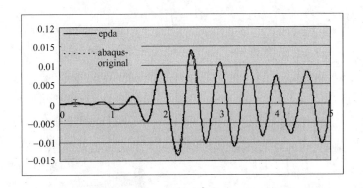

图 2.4-38　弹塑性单片墙在 ELC-NS 波 $0.05g$ 峰值加
速度下 ABAQUS 与 EPDA 对比

（7）十层开洞剪力墙结构弹塑性分析对比。

EPDA 与 ABAQUS 的结果对比如图 2.4-39～图 2.4-41 所示。

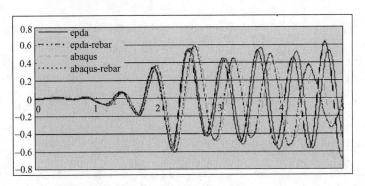

图 2.4-39　弹性开洞墙 ELC-NS 波 $1.6g$ 峰值加速度下 ABAQUS 与 EPDA 对比

（8）实际高层结构 PUSH 计算与试验结果对比。

PUSH 与一实际高层建筑结构静力推覆分析结果的对比如图 2.4-42、图 2.4-43 所示。

2. PUSH&EPDA 软件工程应用

PUSH&EPDA 软件已经协助设计人员完成了上百个大型复杂结构的弹塑性静、动力

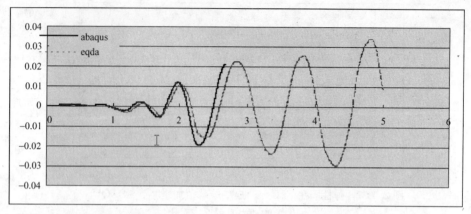

图 2.4-40   弹塑性开洞墙 ELC-NS 波 0.05g 峰值加速度下 ABAQUS 与 EPDA 对比

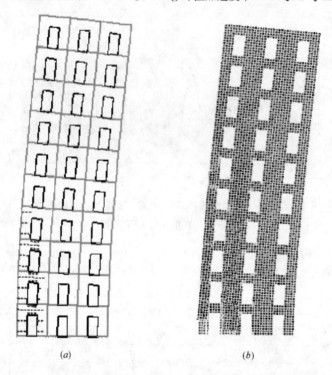

(a)   (b)

图 2.4-41   第一次受拉开裂时 EPDA 和 ABAQUS 应力及变形图比较

分析工作，包括 2008 奥运会主体育场看台、2008 奥运会主体育馆、2008 奥运会五棵松体育馆、河南艺术中心、北京疾病预防中心、国家博物馆改扩建工程、天津诚基中心（60层超高层混凝土结构）、摩根中心（46 层钢结构）、天津北辰区某高层办公楼（带 30m 跨度隔震连廊）、内蒙大厦等工程，为结构设计人员提供了认识建筑结构罕遇地震性能的实用量化工具，如图 2.4-44～图 2.4-51 所示。

目前，EPDA 软件的计算速度也是令人比较满意的，对于 50 层左右、10 万自由度以内的超高层建筑结构，一条 12s 的地震波使用单台微机的计算时间在 20 小时以内，静力推覆分析的时间在 10 小时以内，满足了结构设计人员在一星期内快速完成罕遇地震分析的实用化需要。

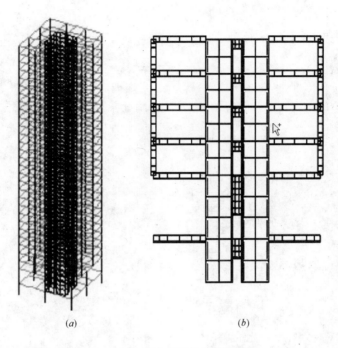

(a) (b)

图 2.4-42   某高层结构试验模型图

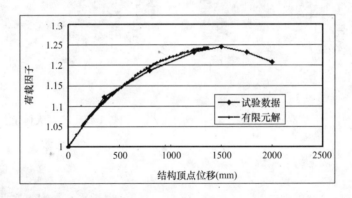

图 2.4-43   PUSH 计算结果与模型试验结果对比图

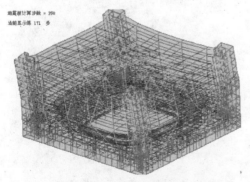

图 2.4-44   2008 奥运会五棵松体育场

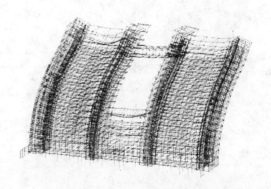

图 2.4-45   30m 跨隔震连廊结构

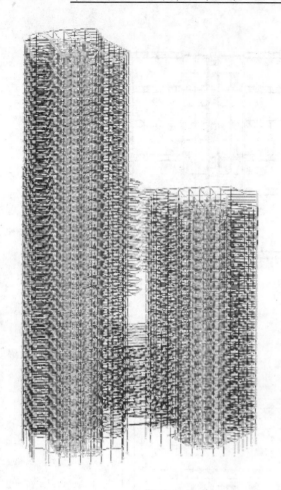

图 2.4-46   63 层双塔结构

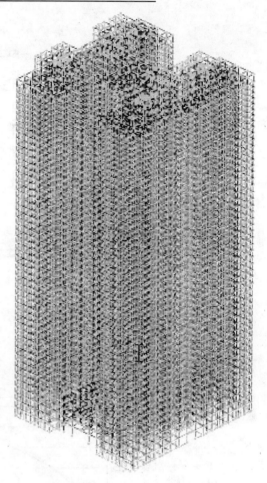

图 2.4-47   55 层大体量混凝土结构

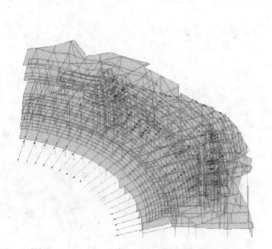

图 2.4-48   2008 奥运会国家主体育场看台

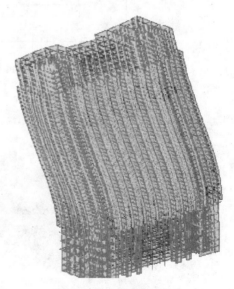

图 2.4-49   天津诚基中心

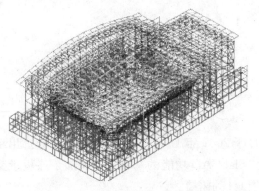

图 2.4-50　2008 奥运会国家体育馆

图 2.4-51　国家博物馆改扩建工程

第五章 SLABCAD 软件的改进

复杂楼板有限元分析与设计软件 SlabCAD 于 2007 年 1 月份从 SATWE 模块分拆出来成为一个单独的模块，该模块在完善以前版本 SlabCAD 功能的基础上，添加了【板带交互设计及验算】程序，以满足设计者快速方便设计的需要。

SlabCAD 软件自发布以来，得到了广大用户的高度关注和好评，为了使用户能更好地使用这个软件，现将近年来程序做的一些修改更新以及新添加的板带设计程序介绍如下。同时，希望用户朋友能一如既往地经常与我们保持联系，相互交流，对我们的软件提出更高的要求。

一、前处理修改

1. 增加了柱帽修改功能，用户可以通过单击柱帽来查看或修改柱帽的参数。

2. 修改板自重的考虑方法

以前需要将板的自重人工折算到恒载中，现在只需填上恒载，自重由程序在内部按板厚和密度（$25kN/m^3$）自动处理，如图 2.5-1 所示。

3. 添加了是否修改模型的判断

如果在 PM 中修改了模型，因为构件及房间标号都改变了，则相应在复杂楼板中的设置也应重新输入，否则会导致程序出错。选择图 2.5-2 中粗黑框中的按钮，则程序自动删除所有楼板中的设置。如果模型中的柱子、房间没有修改，则可以不选择该按钮，然后可以选择下面选项中的部分信息读取。

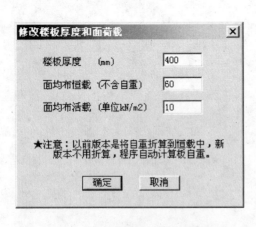

图 2.5-1 修改板厚及面荷载

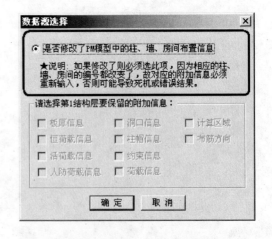

图 2.5-2 数据源选择——是否修改 PM 模型

4. 添加了人防荷载分房间布置的功能

鉴于 SATWE 程序中人防荷载可以分房间布置，在 SlabCAD 中也考虑这一功能，见

图 2.5-3，用户可以像定义板厚一样定义各房间的人防荷载。一旦定义了人防荷载，程序将产生一个 Airload.SLB 的文件。该文件是文本格式的文件，用户也可以用记事本打开，在里边修改各房间的人防荷载之后保存即可。

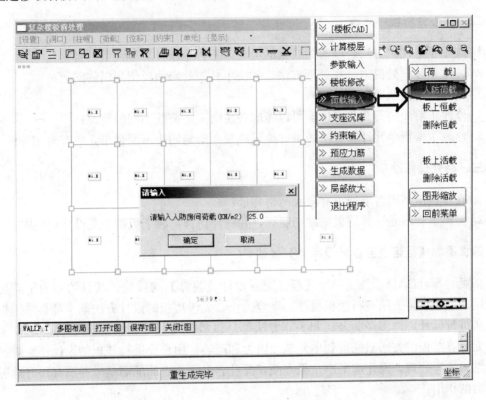

图 2.5-3　人防荷载分房间定义

当上次定义了人防荷载之后，程序在再次进入时，就会提示是否保存"人防荷载信息"，如图 2.5-4 所示。

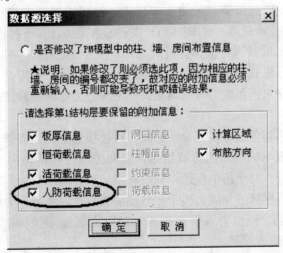

图 2.5-4　是否保存以前的人防荷载信息

5. 完善了多层楼板计算的功能

新程序将为各计算楼层建立一个 "slab00 *" 的子文件夹，各层的参数及数据分别存放于这些子文件夹中。

二、核心分析程序修改

1. 改正了等代梁方法建模时梁自重的考虑，不再重新计算等代梁的自重；
2. 修改了柱帽处内力计算处理方法，解决了柱帽处峰值反倒削弱的问题；
3. 增加了对变截面梁的处理；
4. 修改了对人防荷载的考虑，可以考虑各房间人防荷载不同的情况；
5. 修改了楼板单元计算方法，更好地适应三角形与四边形混合单元的有限元分析。

三、后处理修改

1. 查看点值结果时增加了有限元网格背景；
2. 关掉了有限元计算结果的冲切验算，并将冲切计算放于板带交互设计模块中。

四、添加【板带交互设计及验算】模块

新版的 SlabCAD 添加了一个【板带交互设计及验算】的模块，其目的是为了满足目前常用的板带设计方法进行楼板设计。迄今为止，关于楼板的设计方法基本都是采用板带的方法进行设计，许多经验公式和手算方法都是以板带为基础，然而旧的 SlabCAD 采用有限元计算楼板的方法只能得到单元节点内力和配筋，用户要进行楼板的设计还需对这些配筋结果进行处理，操作起来不是很方便，况且有限元节点的配筋结果并没有很好地考虑水平力的作用。

1. 板带设计的思路

正是考虑到楼板节点配筋的不方便，SlabCAD 新增加了这个【板带交互设计及验算】的模块，该模块可完成以板带为对象的内力计算、配筋计算、裂缝宽度计算、挠度计算以及柱子柱帽处的冲切验算。新版板带设计方法的思路如下：

（1）PM 建模时在柱上板带位置输入等代梁。等代梁宽度宜按柱上板带规则取，即《钢筋混凝土升板结构技术规范》（GBJ 130）规定的水平力计算下的板带宽度取值。

（2）使用 SATWE 软件进行整体分析。

（3）对竖向荷载（恒载、活载和人防）进行有限元分析。如果是预应力板结构则布置板的预应力钢筋，程序求出预应力等效荷载并作出预应力等效荷载作用下板的有限元分析结果。

（4）借鉴板柱体系常用的等代框架的思路，对楼板划分柱上板带和跨中板带。对柱上板带，水平作用内力取 SATWE 的计算结果，竖向作用（包括预应力荷载）内力取有限元分析的结果进行积分。对于跨中板带，只取有限元积分的结果。

（5）板带配筋。程序区分预应力板带和非预应力板带，非预应力板带按照受弯构件或偏心受拉构件进行配筋，预应力板带则按照《预应力混凝土结构抗震设计规程》（JGJ 140—2004）求出非预应力配筋。

（6）板带验算。对非预应力板带进行裂缝宽度验算、挠度验算和冲切验算，对预应力

板带则进行应力验算、挠度验算和冲切验算。

（7）可以方便地查看有限元分析结果、板带内力及包络图、配筋结果、验算结果。

（8）对预应力楼板进行施工图设计。

2. 板带设计的功能

【板带交互设计及验算】程序具有下列一些功能：

（1）支持 PM 中定义等代梁宽度为柱上板带宽和程序自动按两边跨度的 1/4 来划分柱上板带和跨中板带两种板带划分方法，并可以对板带宽度进行逐个修改或拷贝修改；

（2）对于按等代梁方式建模的楼板，可以读取 SATWE 计算的等代梁水平荷载作用下的内力作为柱上板带的内力，与有限元计算结果的竖向荷载作用下的内力进行组合并配筋；

（3）对板带按梁的方式进行配筋计算、裂缝验算、挠度验算；

（4）读取 SATWE 计算结果中的柱子上下柱的轴力差扣除冲切面内的竖向荷载作为冲切计算的冲切力，进行柱子或柱帽的冲切验算。

3. 适用范围

楼板有限元分析部分适用于各种形状的复杂楼板，板带设计部分则主要适用于比较规则的适合划分板带的楼板，包含板柱结构的楼板、预应力楼板、转换层结构的厚板、人防地下室的顶板、需考虑板面内拉伸和剪切作用的特殊结构等。

4. 板带交互设计及验算程序简明使用介绍

【板带交互设计及验算】模块的相关操作界面与结果查看如图 2.5-5～图 2.5-21 所示。

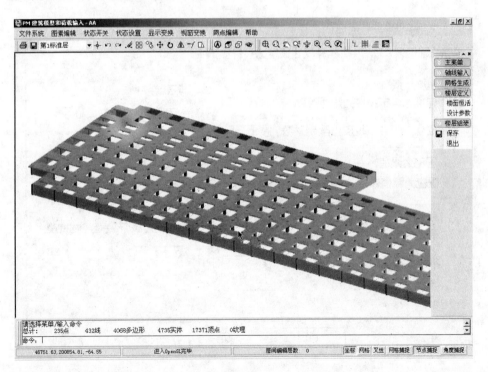

图 2.5-5　PM 建模时在柱上板带位置输入等代梁

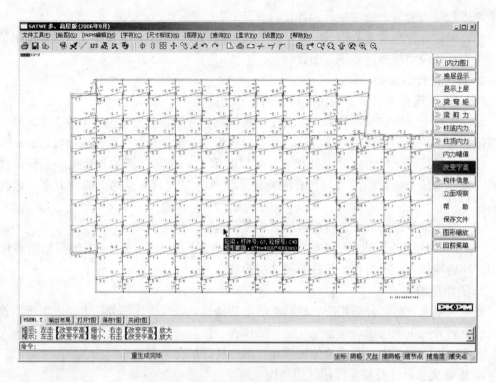

图 2.5-6 使用 SATWE 软件进行整体分析

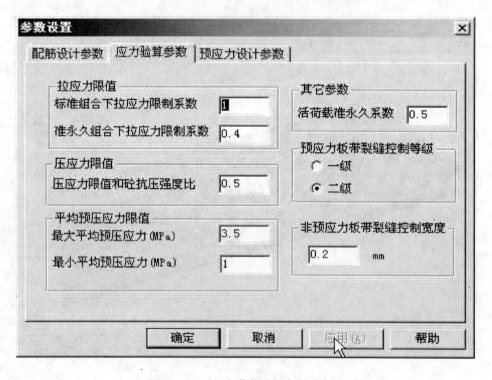

图 2.5-7 对竖向荷载进行有限元分析

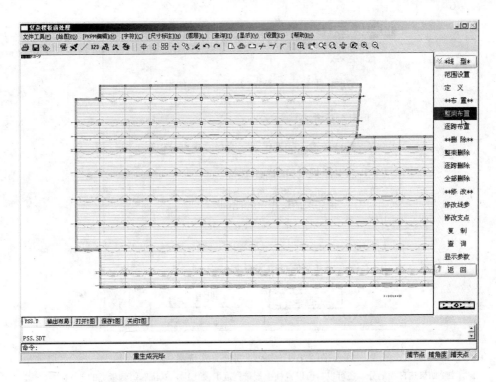

图 2.5-8　如果是预应力板结构则布置板的预应力钢筋

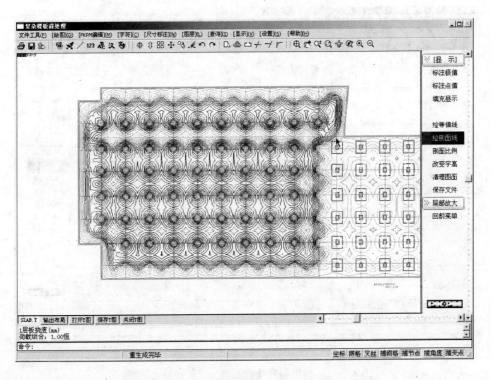

图 2.5-9　得到竖向荷载作用下有限元分析的结果

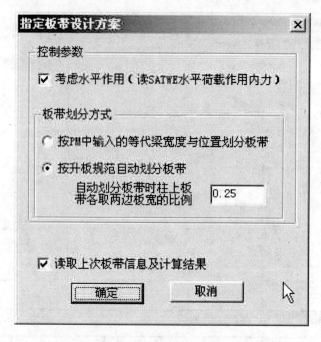

图 2.5-10 板带划分方式选择

如果选自动划分，还可以自己设置柱上板带宽度取值比例，默认取每侧板宽的 1/4。

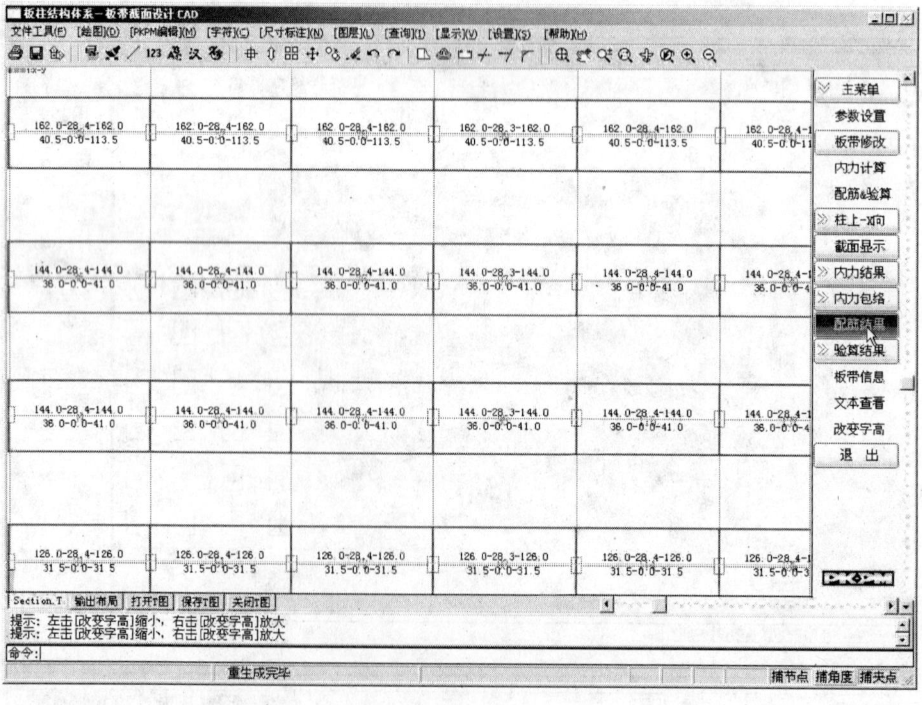

图 2.5-11 板带划分及截面划分（X 向柱上板带）

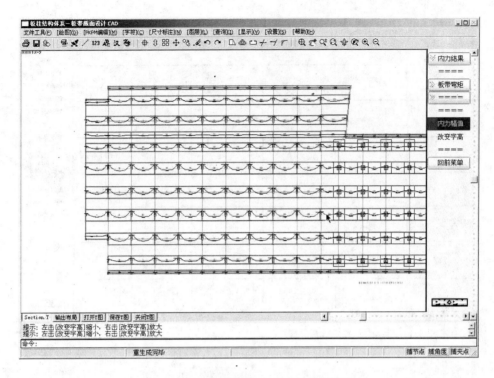

图 2.5-12　计算板带内力（恒载积分结果）

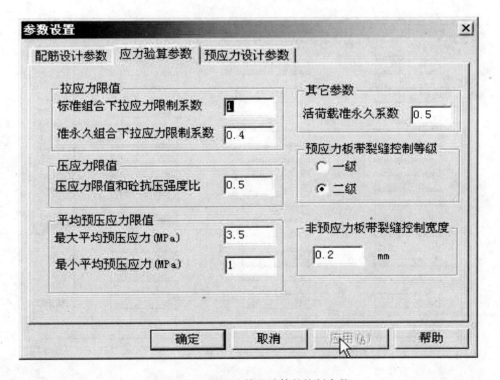

图 2.5-13　设置配筋和验算的控制参数

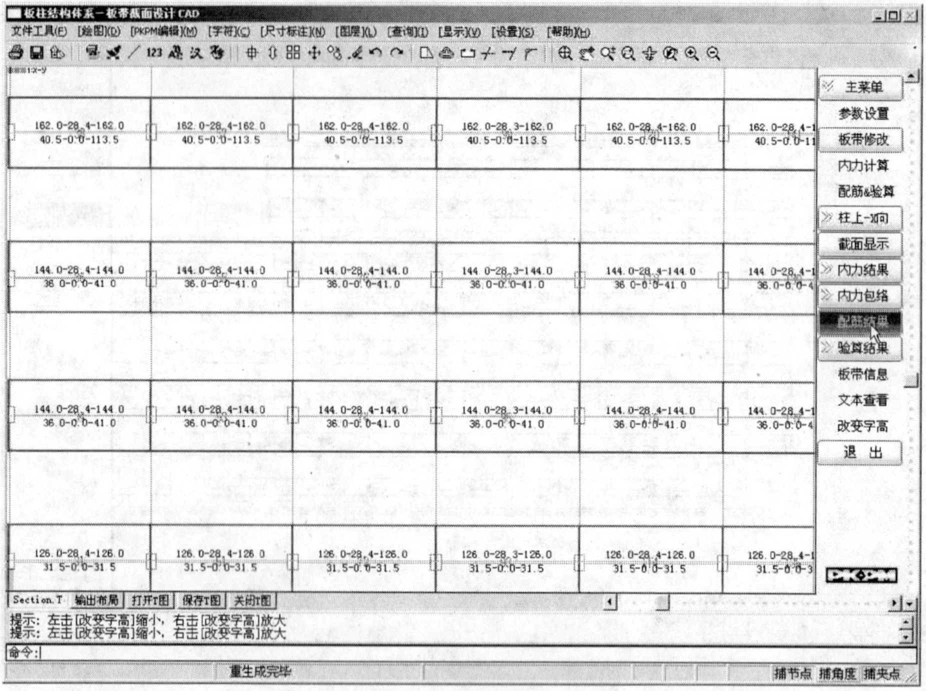

图 2.5-14　板带配筋结果

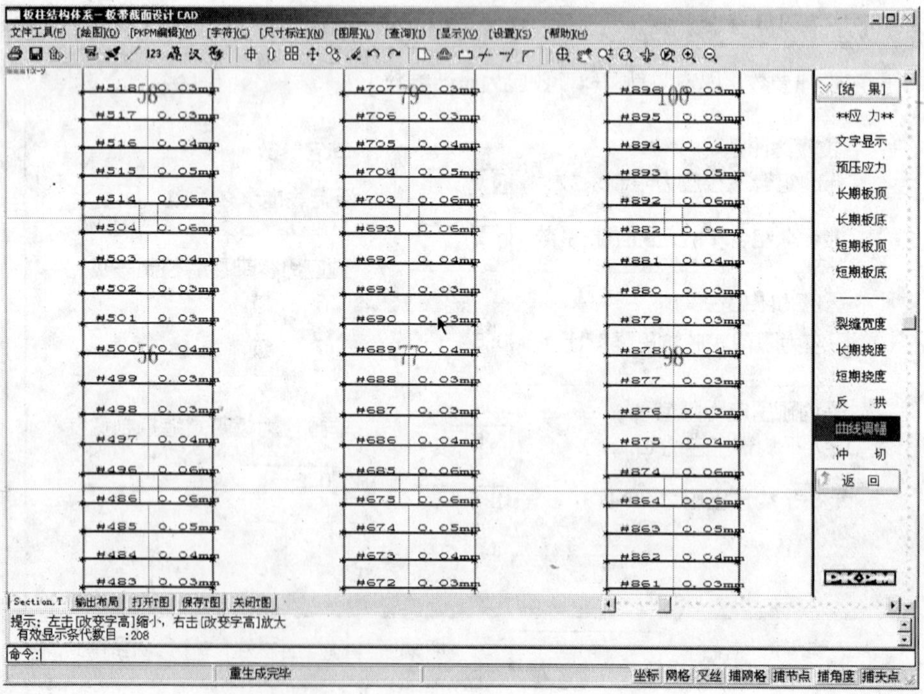

图 2.5-15　板带裂缝宽度验算结果

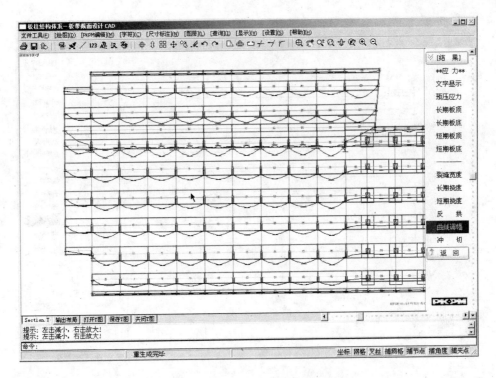

图 2.5-16 板带挠度验算结果

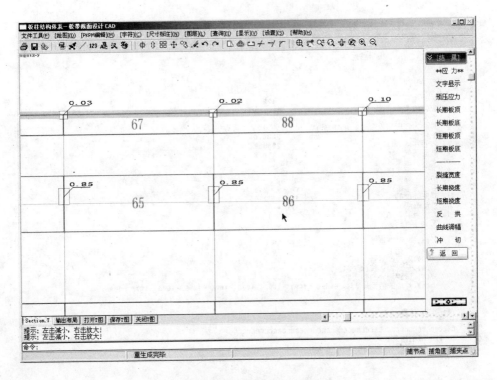

图 2.5-17 板冲切验算结果

图 2.5-18　预应力反拱

```
                    板带信息

一、板带几何材料信息

    1. 板带编号                          122
    2. 板带位置                        柱上板带
    3. 板带方向                           X 向
    4. 是否为预应力板带 (0 非/1 是)         1
    5. 板带长度                        8400.0
    6. 截面宽度                        2868.8
    7. 截面高度                         450.0
    8. 上保护层厚度                  10
    9. 下保护层厚度                  10
   10.混凝土强度等级                C  40
   11.受拉强度等级                  Fy  =  210
   12.受压强度等级                  Fyc =  210
   13.抗震等级                      NFE =    2
   14.本板带共有跨数                       1
      第 1 跨信息
      {
        (1).起始节点                    59
        (2).终止节点                    70
        (3).对应PM梁号                 296
        (4).是否为边跨(0是/1否)          1
        (5).该跨划分的截面数             9
        (6).对应的截面号:     -1090 -1091 -1092 -1093 -1094 -1095 -1096 -1097 -1098
      }

二、板带内力信息

    CCCCCCCCCCCCCCCCCCCCCCCCCCCCCCCCCCCCCCCCCCCCCCCCC
    C   以下输出信息的单位:                            C
    C        轴力和剪力为 kN, 弯矩为 kN.m              C
```

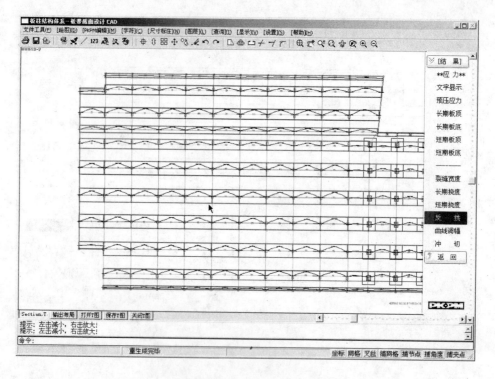

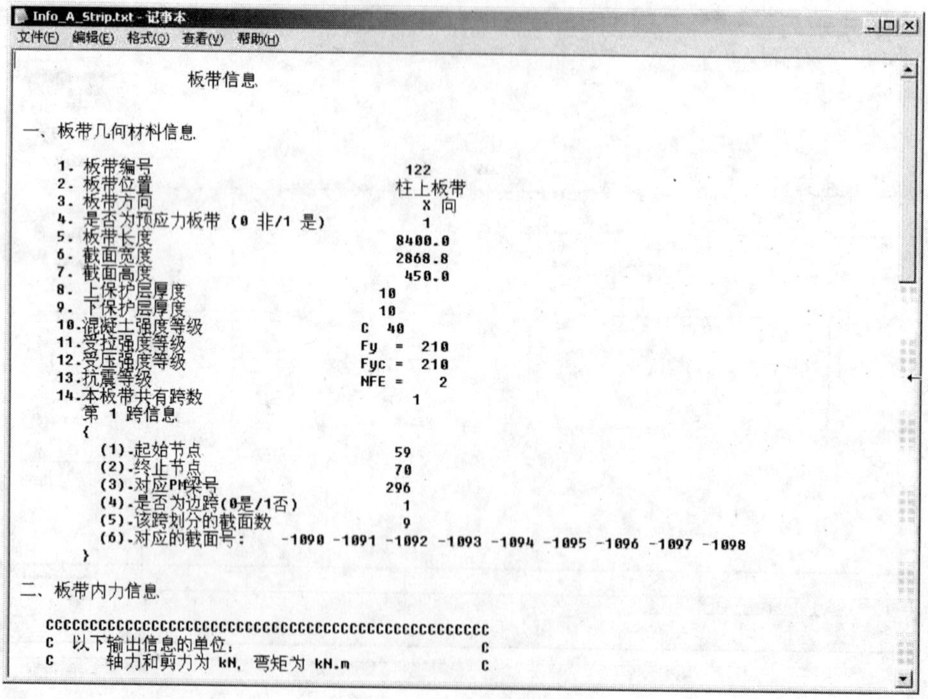

图 2.5-19　板带信息查询

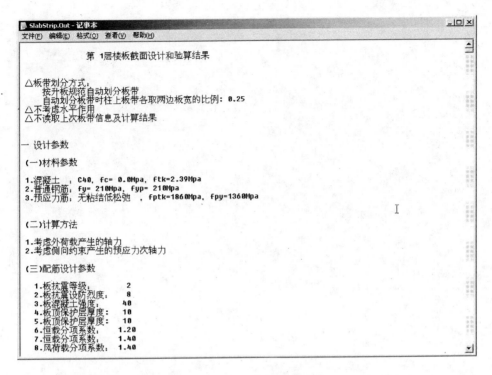

图 2.5-20　文本信息查看

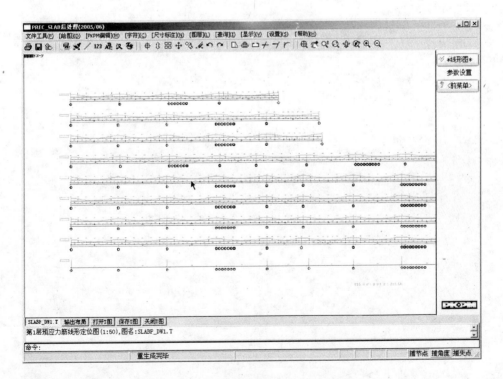

图 2.5-21　预应力施工图（线形定位图）

第 三 篇

结构设计施工图 2008

概　　述

本篇介绍 PKPM 软件施工图模块的功能特点与使用方法。

施工图模块是 PKPM 设计系统的主要组成部分之一，其主要功能是辅助用户完成上部结构各种混凝土构件的配筋设计，并绘制施工图。该模块包括板、梁、柱、墙四个子模块，用于处理上部结构中最常用到的四大类构件。四个模块功能相近，风格统一，设计思路近似，故都集中在本篇中进行介绍。05 版说明书中，本篇内容分散于各处，用户需要看 PMCAD 说明书（板）、PK 说明书（梁、柱）、JLQ 说明书（剪力墙）等多本说明书。08 版将四个模块的说明文档集中形成本篇，用户需要了解施工图相关内容，只需查阅本篇即可。

施工图模块是 PKPM 软件的后处理模块，需要接力其他 PKPM 软件的计算结果进行计算。其中板施工图模块需要接力建模软件 PM 生成的模型和荷载导算结果来完成计算；梁、柱、墙施工图模块除了需要 PM 生成的模型与荷载外，还需要接力结构整体分析软件生成的内力与配筋面积信息才能正确运行。施工图模块可以接力计算的结构整体分析软件包括空间有限元分析软件 SATWE、多高层建筑三维分析软件 TAT 和特殊多高层计算软件 PMSAP。

板、梁、柱、墙模块的设计思路相似，基本都是按照划分钢筋标准层、构件分组归并、自动选筋、钢筋修改、施工图绘制、施工图修改的步骤进行操作。其中必须执行的步骤包括划分钢筋标准层、构件分组归并、自动选筋、施工图绘制，这些步骤软件会自动执行，用户可以通过修改参数控制执行过程。如果需要进行钢筋修改和施工图修改，用户可以在自动生成的数据基础上进行交互修改。

出施工图之前，需要划分钢筋标准层。构件布置相同、受力特点类似的数个自然层可以划分为一个钢筋标准层，每个钢筋标准层只出一张施工图。钢筋标准层是 08 版软件中引入的新概念，它与结构标准层有所区别。PM 建模时使用的标准层也被称为结构标准层，它与钢筋标准层的区别主要有两点：一是在同一结构标准层内的自然层的构件布置与荷载完全相同，而钢筋标准层不要求荷载相同，只要求构件布置完全相同。二是结构标准层只看本层构件，而钢筋标准层的划分与上层构件也有关系，例如屋面层与中间层不能划分为同一钢筋标准层。板、梁、柱、墙各模块的钢筋标准层是各自独立设置的，用户可以分别修改。

对于几何形状相同、受力特点类似的构件，通常做法是归为一组，采用同样的配筋进行施工。这样做可以减少施工图数量，降低施工难度。各施工图模块在配筋之前都会自动执行分组归并过程，分在同一组的构件会使用相同的名称和配筋。08 版归并过程已经集成到施工图软件中，原 05 版中的梁、柱归并菜单取消。

归并完成后，软件进行自动配筋。板模块根据荷载自动计算配筋面积并给出配筋，其他模块则是根据整体分析软件提供的配筋面积进行配筋。软件选配的钢筋符合国家标准规范的要求，配筋时主要依据的规范有《混凝土结构设计规范》（GB 50010—2002）、《建筑抗震设计规范》（GB 50011—2001）、《高层建筑混凝土结构技术规程》（JGJ 3—2002）等。具体配筋技术条件在本书各章中详细说明。用户可以修改和调整钢筋，各模块统一将相关命令放入屏幕右侧菜单中，可参考相关各章了解其使用方法。

施工图绘制是本模块的重要功能。软件提供了多种施工图表示方法，如平面整体表示法、柱、墙的列表画法、传统的立剖面图画法等。其中最主要的表示方法为平面整体表示法，软件缺省输出平法图，钢筋修改等操作均在平法图上进行。软件绘制的平法图符合平法图集 03G101-1（梁、柱、墙）和 04G101-4（板）的要求。

软件使用 PKPM 自主知识产权的图形平台 TCAD 绘制施工图。绘制成的施工图后缀为 .T，统一放置在工程路径的"\施工图"目录中。已经绘制好的施工图可以在各施工图模块中再次打开，重复编辑。施工图模块提供了编辑施工图时使用的各种通用命令（如图层设置、线型设置、图素编辑等）和专业命令（如构件尺寸标注、大样图绘制、层高表绘制等）。这些命令统一放置在屏幕上方的下拉菜单和工具条中，具体使用方法在本篇的第一章中有介绍。

也可使用独立的 T 图编辑软件 TCAD 来编辑施工图，TCAD 的使用方法请参考相关说明书。TCAD 提供了 T 图转 AutoCAD 图的接口，熟悉 AutoCAD 的用户可以将软件生成的 T 图转换成 AutoCAD 支持的 dwg 图进行编辑。

本篇共分为六章。第一章介绍结构施工图模块的通用菜单，即各模块下拉菜单和工具条命令的功能和使用方法。第二至五章分别介绍板、梁、柱、墙模块的功能特点、技术条件、使用方法。第六章介绍本软件安装和配置的方法以及注意事项。

第一章　结构施工图的通用菜单

08 版统一了结构施工图的菜单布置、操作方式和界面风格。图 3.1-1 是 08 版柱结构施工图的界面示例。

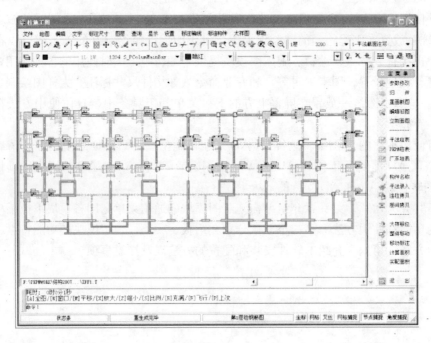

图 3.1-1　08 版柱施工图界面

第一节　简　　介

一、右侧菜单

屏幕右侧的菜单主要为专业设计的内容，体现不同模块的功能特性，不同的模块内容不同。一般为钢筋归并、布置钢筋、钢筋标注修改等内容。图 3.1-2 是柱施工图的右侧屏幕菜单示例。

二、下拉菜单和工具条

下拉菜单完全相同。下拉菜单的主要内容主要为两大类，第一类是通用的图形绘制、编辑、打印等内容，操作与 PKPM 通用菜单"图形编辑、打印及转换"相同，可参阅相关的操作手册。第二类是含专业功能的四列下拉菜单，包括施工图设置、平面图标注轴线、平面图上的构件标注和构件的尺寸标注、大样详图。这些内容 05 版一般放在右侧菜单，其内容和风格不完全统一，08版将这些内容集中、统一起来，并保证了风格上的统一（图 3.1-3）。

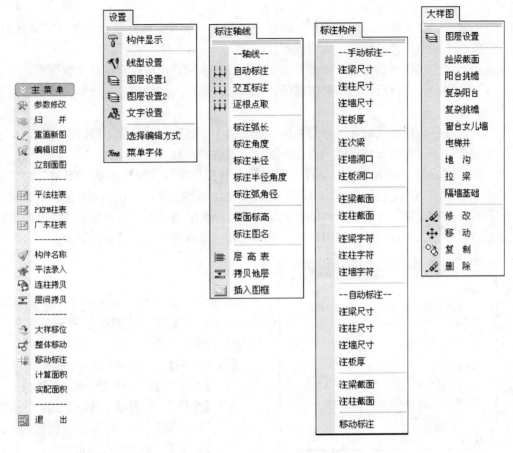

图 3.1-2　柱施工图菜单　　　　　　　　　　图 3.1-3　下拉菜单

工具条菜单（图 3.1-4），主要包括一些通用的 CFG 编辑命令、图层设置、线型设置、颜色设置、楼层切换等，各模块基本一致。

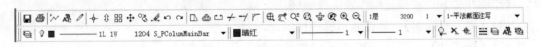

图 3.1-4　工具条

三、统一、便捷的专业操作方式

针对施工图设计阶段的特点，对修改标注、移动标注等常用的专业操作，提供了统一、便捷的专业操作方式：

（1）双击钢筋标注字符可以进行专业的钢筋修改；

（2）单击字符后拖动鼠标可以进行专业的标注移动；

（3）支持右键菜单；

（4）采用与 AutoCAD 一致的夹点编辑方式。

第二节 参 数 设 置

参数设置主要包括：线型设置、图层设置、文字设置、构件显示、菜单字体等内容，程序提供了面向用户的设计参数管理器。

（1）用户可以利用程序提供的对话框修改设计参数，也可以直接修改数据库；

（2）用户可以自己订制图形的属性：图层名，图层实体的颜色、线型、线宽，以及文字高度等；

（3）这些参数修改后，保存到系统设置文档中，对用户的其他工程同样有效，不需要反复设置，即使重新安装软件，也会保留用户修改的参数。

PKPM 安装目录的 \ CFG \ 目录下有两个数据库文件"绘图参数.MDB"和"用户绘图参数.MDB"，"绘图参数.MDB"是系统设计参数文件，"用户绘图参数.MDB"是用户设计参数文件。在今后的新版本更新中，程序会根据系统设计参数文件内容的增减自动更新用户设计参数文件，而用户修改了的内容不会被覆盖，仍旧会保留下来。

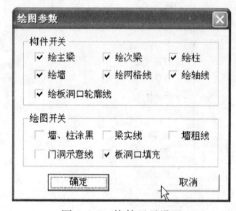

图 3.1-5 构件显示设置

一、显示

该命令是用于控制当前施工图平面构件的显示开关，主要通过控制图层表相关参数实现其功能（图 3.1-5）。

【构件开关】用来控制各构件的显示。

（1）【绘主梁】：是否显示主梁轮廓线；

（2）【绘柱】：是否显示柱轮廓线；

（3）【绘次梁】：是否显示次梁轮廓线；

（4）【绘墙】：是否显示墙轮廓线；

（5）【绘网格线】：是否绘制节点及网格线；

（6）【绘轴线】：是否显示轴线标注；

（7）【绘板洞口轮廓线】：是否显示板洞口轮廓线。

【绘图开关】用来控制构件轮廓线的画法。

（1）【墙、柱涂黑】：是否显示墙、柱填充；

（2）【梁实线】：控制与楼板相连一侧梁线画实线还是虚线；

（3）【墙粗线】：墙线是否加粗；

（4）【绘门洞示意线】：是否显示门洞示意线；

（5）【板洞口填充】：是否显示楼板洞口填充。

二、线型设置

线型设置是设置当前图面各种构件要显示的线型，在【线型设置】点选鼠标右键，可以弹出如图 3.1-6 所示的编辑菜单。

线型输入格式说明：正数表示实线段长度，负数表示空白段长度，0 表示一个点。

【Access 修改】可以用 Microsoft Access 软件直接打开文件"用户绘图参数.MDB"

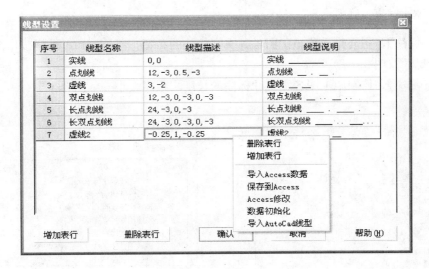

图 3.1-6 线型设置修改对话框

进行修改，修改的数据库表项为"系统线型表"，可以在数据库中增加或删除。

【导入 AutoCad 线型】，可以直接导入 AutoCad 专用的线型描述文件 ∗.LIN，转化为 CFG 格式的线型描述。

三、图层设置

用户可以根据各设计单位的实际情况或需求，设置各类图素的层名、层实体颜色、线型、线宽。可以在对话框内直接修改（图 3.1-7），也可以用 Microsoft Access 软件直接打开文件"用户绘图参数.MDB"进行修改，修改的数据库表项为"系统构件图层表"。

序号	构件类型	层号	层名	颜色	线型	线宽
1	轴线	701	S_Axis		点划线	0.18
2	轴线标注	702	S_AxisDim		实线	0.18
3	梁	706	S_Beam		实线	0.18
4	次梁	707	S_SubBeam		虚线	0.18
5	柱平法截面	1200	S_PColumSect			0.25
6	柱集中标注	1201	S_ColumFocus			0.25
7	柱原位标注	1202	S_ColumLocal		实线	0.25
8	柱平法纵筋	1204	S_PColumMai		实线	0.25
9	柱平法箍筋	1205	S_PColumHoo		实线	
10	柱平法表	1206	S_PColumTable			
11	柱截面标注	1203	S_ColumDimSect		长点划线	

导入Access数据
保存到Access
Access修改
数据初始化
数据导出->TXT
数据导入TXT->LIB

确认　　取消　　帮助(H)

图 3.1-7 对话框修改构件图层表

注意：不能在数据库中增加或删除表行，构件类型不能修改，否则程序可能会无法找到或识别部分图层参数。

四、标注设置

【文字标注】，主要是设置施工图各种文字标注的高宽，单位 mm，是指按出图比例打印的实际尺寸（图 3.1-8）。

【尺寸标注】，控制施工图各类尺寸标注的长度、距离大小等（图 3.1-9）。

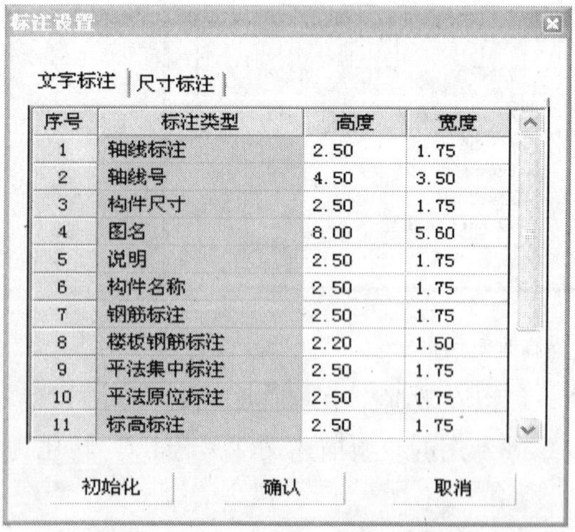

图 3.1-8　标注设置—文字标注

图 3.1-9　标注设置—尺寸标注

五、菜单字体

菜单字体主要是设置当前操作界面的屏幕菜单、下拉菜单的显示字体的大小（图 3.1-10），字体高设定字体的显示高度，默认值为 14；字体宽设定字体的显示宽度，默认值为 0，输入"0"程序自动处理字体的高度，按 0.5 倍的字体高取值。

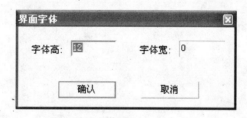

图 3.1-10　菜单字体设置

第三节　施 工 图 标 注

08 版标注内容与 05 版基本相同，但 08 版统一了各施工图模块标注项目与风格，分为【标注轴线】和【标注构件】两大类，如图 3.1-11 所示。

一、标注轴线

1. 自动标注轴线

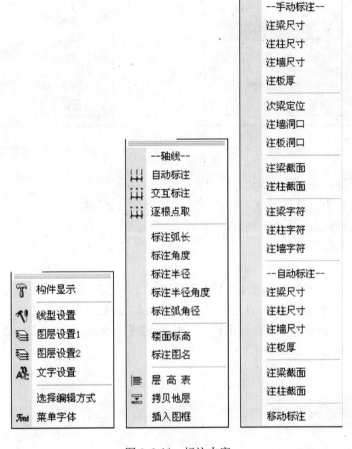

图 3.1-11 标注内容

仅对正交的且已命名的轴线才能执行，它根据用户所选择的信息自动画出轴线与总尺寸线，用户可以控制轴线标注的位置，如图 3.1-12 所示。

2. 交互标注轴线

交互标注轴线操作步骤：

（1）选择需要标注的起止轴线，要求轴线必须平行，程序自动识别起止轴线间的轴线；

（2）挑出不标注的轴线，程序标注时忽略不标注的轴线；

（3）指定标注位置；

（4）指定引出线长度。

控制参数如图 3.1-13 所示。

【总尺寸】指是否标注起止轴线距离。

【轴线号】指是否标注轴线号。

【标注网格线】指绘制每条轴线两端点间线段，并稍有出头。

操作步骤如下：

（1）选择起止轴线，选中的轴线用红色线显示；

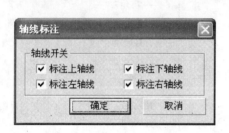

图 3.1-12　自动标注轴线参数

图 3.1-13　交互标注轴线对话框

（2）挑出不标注的轴线：

用户可以挑出不标注的轴线，程序标注结果将没有该轴线；

（3）指定标注位置；

（4）指定引出线长度。

3. 逐根点取

可每次标注一批平行的轴线，但每根需要标注的轴线都必须点取，按屏幕提示指示这些点取轴线在平面图上画的位置，这批轴线的轴线号和总尺寸可以画，也可以不画。标注的结果与点取轴线的顺序无关，参数同【交互标注轴线】，结果如图 3.1-14所示。

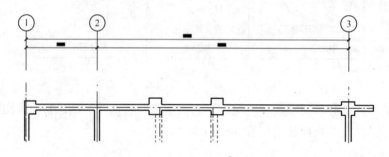

图 3.1-14　逐根点取

4. 标注弧长

标注弧长操作步骤：

（1）指定起止轴线（圆弧网格两端轴线），程序自动识别起止轴线间的轴线，并用红色线显示；

（2）挑出不标注的轴线；

（3）指定需要标注弧长的弧网格；

（4）指定标注位置；

（5）指定引出线长度。

参数对话框如图 3.1-15 所示，含义同【交互标注轴线】。

5. 标注角度

标注角度操作步骤：

（1）指定起止轴线（圆弧网格两端轴线），程序自动
识别起止轴线间的轴线，并用红色线显示；

（2）挑出不标注的轴线；

（3）指定标注位置；

（4）指定引出线长度。

参数同【标注弧长】。

6. 标注半径

标注半径操作步骤：

（1）指定起止轴线（圆弧网格两端轴线），程序自动
识别起止轴线间的轴线，并用红色线显示；

（2）挑出不标注的轴线；

（3）指定标注位置；

（4）指定引出线长度。

参数同【标注弧长】。

7. 标注半径角度

标注半径角度指程序同时标注半径和角度，操作步骤参考【标注角度】和【标注半径】。

8. 标注弧角径

标注弧角径指程序同时标注弧长、角度和半径，操作步骤参考【标注弧长】、【标注角度】和【标注半径】。

9. 楼面标高

指在施工图的楼面位置上标注该标准层代表的若干个层的各标高值，各标高值均由用户键盘输入（各数中间用空格或逗号分开），再用光标点取这些标高在图面上的标注位置，输入对话框如图 3.1-16 所示。

结果如图 3.1-17、图 3.1-18 所示。

图 3.1-16 楼面标高对话框

10. 标注图名

指标注平面图图名。图名内容由程序自动生成，主要包含楼层号及绘图比例信息，用户可指定标注位置，如图 3.1-19 所示。

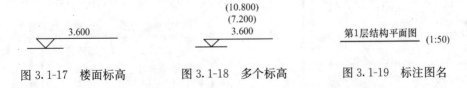

图 3.1-17 楼面标高   图 3.1-18 多个标高   图 3.1-19 标注图名

11. 层高表

在当前图面指定为插入工程的结构楼层层高表。由程序根据当前楼层的楼层表信息自动生成，见图 3.1-20。

12. 拷贝他层

施工图设计过程中，有些情况下需要将其他图上的内容复制到当前图面上，〔拷贝他

层] 可以将选中图上特定层的内容复制到当前图面上。

操作步骤：

（1）选择要复制图的文件名，如图 3.1-21 所示。

层面	13.200	
4	9.900	3300.000
3	6.600	3300.000
2	3.300	3300.000
1	0.000	3300.000
层号	标高(m)	层高(m)

结构层楼面标高
结 构 层 高

图 3.1-20 层高表

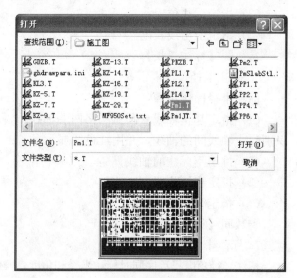

图 3.1-21 选择要复制的文件

（2）选择要复制图的特定层（图 3.1-22）。如果有不需要复制的图层，可以将选择框前面"√"去掉。

13. 插入图框

插入图框操作步骤：

（1）请移动光标确定图框位置（[TAB] 改图纸号，[Esc] 不标）。

如果默认的图框图号不合适可以按 [TAB] 键重新设置图框的尺寸大小以及形式（图纸的放置方式，是否绘制图签、会签）等。

（2）修改图框（图 3.1-23）。

二、标注构件

标注构件分为手动标注和自动标注两类，其

图 3.1-22 设置要复制的图层

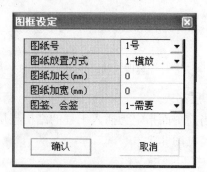

图 3.1-23 图框设定

中手动标注指由用户选择要标注的构件进行标注的过程，选择构件的同时也指定了标注位置；自动标注指由程序自动计算标注位置，并对平面图中所有该类型构件进行标注的过程。标注菜单如图3.1-24所示。

1. 注梁尺寸

标注梁线与轴线的相对位置。

（1）手动标注

移动光标至所要标注尺寸的梁（不与图上其他尺寸交叉的位置），点击左键，则图面上自动标注出该梁的尺寸及轴线的相对位置，继续移动光标可标注其他梁，按【ESC】键或鼠标右键退出。结果如图3.1-25所示。

（2）自动标注

程序自动计算标注位置，大致在构件中部，并且标注平面图中所有梁。

图3.1-24　标注构件菜单分类

2. 注柱尺寸

标注柱外轮廓与所在节点的相对位置。

（1）手动标注

左边出现十字光标，移动光标至所要标注尺寸的柱，点击左键，则标注出该柱两个面上的尺寸及与轴线的相对位置，再移动光标至其他要标注尺寸的柱位置处，即可继续标注尺寸，按【ESC】键或鼠标右键退出。

注意，尺寸标注位置取决于光标点与柱所在节点的相对位置。结果如图3.1-26所示。

（2）自动标注

默认标注位置在柱右下方，对平面图中所有柱进行标注。

3. 注墙尺寸

标注墙线与轴线的相对位置。

（1）手动标注

操作与【手动注梁尺寸】相同，结果如图3.1-27所示。

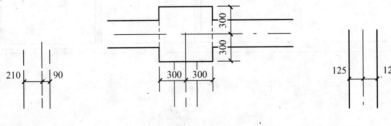

图3.1-25　注梁尺寸　　　　图3.1-26　注柱尺寸　　　　图3.1-27　注墙尺寸

（2）自动标注

操作与【自动注梁尺寸】相同。

4. 注板厚

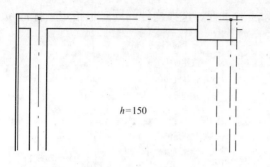

图 3.1-28　注板厚

标注房间现浇板厚度，不能标注预制板。

（1）手动标注

选择需要标注的房间，屏幕上将显示该房间的楼板厚度，再指定标注位置即可，结果如图 3.1-28 所示。

（2）自动标注

默认标注位置在房间形心，对平面图中所有房间进行标注。

5. 次梁定位

标注次梁与所平行的房间边界的相对位置。

操作步骤：

（1）选择需要标注的房间，程序自动搜索并分组房间内的次梁，按组进行标注；

（2）指定每组次梁标注位置；

（3）指定每组次梁引出线长度。

6. 注墙洞口

标注墙洞口与洞口所在网格两端点的相对位置。

操作步骤：

（1）选择需要标注的墙段（单个或多个相连的墙段），程序用红色线段显示所选择的墙段，如果多个相邻墙段全长开洞，程序能自动识别并进行标注；

（2）指定标注位置；

（3）指定引出线长度。

结果如图 3.1-29 所示。

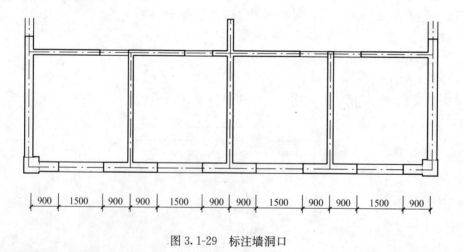

图 3.1-29　标注墙洞口

7. 注板洞口

标注楼板洞口与布置时所在节点的相对位置。

操作步骤：

（1）选择需要标注的房间，程序自动搜索房间内的洞口，对每个洞口分别进行标注；

（2）指定标注位置；

（3）指定引出线长度。

结果如图 3.1-30 所示。

8. 注梁截面

标注梁截面尺寸信息。

（1）手动标注

移动光标至所要标注截面的梁
（不与图上其他尺寸交叉的位置），点
击左键（选择构件的同时也确定了标
注位置），则图面上自动标注出该梁
截面尺寸信息，继续移动光标可标注

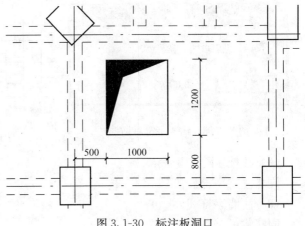

图 3.1-30　标注板洞口

其他梁，按 ESC］键或鼠标右键退出。结果如图 3.1-31 所示。

（2）自动标注

默认标注位置在梁中部，左上方，对平面图中所有梁进行标注。

9. 注柱截面

标注柱截面尺寸信息，标注位置在柱右下方。

（1）手动标注

移动光标至所要标注截面的柱，点击左键，则图面上自动标注出该柱截面尺寸信
息，继续移动光标可标注其他柱，按 ESC］键或鼠标右键退出。结果如图 3.1-32 所示。

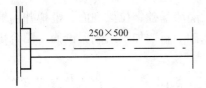

图 3.1-31　标注梁截面

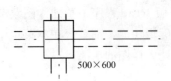

图 3.1-32　标注柱截面

（2）自动标注

对平面图中所有柱进行标注。

10. 标注字符

指注写构件文字信息，标注内容由用户输入，可以选择是否同时标注构件尺寸，菜单
有【注梁字符】、【注柱字符】和【注墙字符】三种。

（1）注梁字符

操作步骤：

① 输入标注内容，可以选择是否同时标注构件尺寸（图 3.1-33）；

② 选择相应构件；

③ 指定标注位置。

可连续标注多个构件，结果如图 3.1-34 所示。

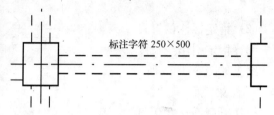

图 3.1-33   输入字符对话框   图 3.1-34   注梁字符

（2）注柱字符

同【注梁字符】。

（3）注墙字符

同【注梁字符】。

11. 移动标注

用户可移动已经完成的标注，对于尺寸标注可以沿尺寸界限方向成批移动。

第四节　大　样　图

本菜单的主要功能是绘制结构图中常用的各种形式的大样图，对于不同大样，用户只需输入参数，定义大样尺寸、钢筋等，程序自动绘制大样详图，并标注截面尺寸、钢筋、剖面号和绘图比例等。本菜单主要用于补充其他程序不能自动生成的大样图。

05 版 Jccad 程序中基础详图菜单，包括绘制隔墙基础、拉梁剖面、电梯井、地沟详图和详图编辑功能，都整合在本菜单中，并在此基础上新增加了绘制梁剖面、阳台挑檐、窗台女儿墙大样图的功能。

单击菜单栏中的大样图菜单，程序弹出大样图菜单的子菜单，如图 3.1-35 所示，其中包括 14 项命令，并被划分成三个部分：

1. 设置大样图相关的图层。

2. 绘制不同类型大样图的命令组。

3. 编辑已绘好大样图的命令组。

各菜单功能如下：

一、图层设置

程序弹出图层设置对话框，只有大样图相关图层，与点击工具栏上的图层设置按钮和设置菜单下的图层设置菜单不同。具体操作参见第一章有关章节的内容。

二、绘梁截面

"绘梁截面"命令可以绘制九种不同截面形式的大样图（如图图 3.1-35   大样图菜单   3.1-36 下拉框中所示）。主要表现梁翼缘、挑耳分布不同时的各种梁截面。通过设置不同的参数，还可以绘制其他六种截面类型：左花篮、右花篮、左挑耳、右挑耳、左挑耳右板、左板右挑耳。

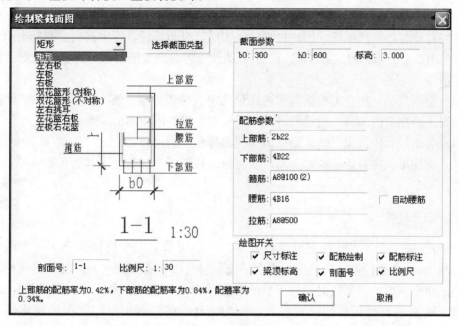

图 3.1-36 绘梁界面

（1）选择截面。截面可通过点击下拉框和点击"选择截面类型"按钮两种方式选择。点击"选择截面类型"按钮后，会弹出选择梁截面类型对话框，双击需要选择的梁截面类型或单击需要选择的梁截面类型，再点击"确定"按钮，进行选择。

对话框左半部的图可通过鼠标左键和中键拖动进行移动，也可通过鼠标滚轮滚动进行放大缩小进行查看（鼠标需在图框范围内）。

（2）截面参数。输入所选择截面的截面尺寸和梁顶标高参数。参数的具体意义在对话框左半部的图中示出。

通过设置不同的参数可以绘出列表中没有列出的截面类型。例如左花篮右板（图3.1-37），通过将截面尺寸参数 c 设置为零，可以绘制左挑耳右板形梁截面大样图。将截面尺寸参数 d 设置为零，可以绘制右板形梁截面大样图。建议用户不要用此方法绘制右板形梁截面大样图，应使用程序专门的右板形梁截面类型。

（3）配筋参数。输入所选择截面的配筋参数。包括上部钢筋、下部钢筋、箍筋、腰筋和拉筋。钢筋输入格式符合标准图集 03G 101-1 标准。用户输入加号、减号等字符时应使

图 3.1-37 修改参数

用英文字符。上、下部钢筋支持双排筋。钢筋等级支持大小写的 abcd，代表 HPB235、HRB335、HRB400、RRB400 级钢筋，输入时应使用半角字符。绘图时自动转为钢筋符号。

选择自动腰筋复选框后，用户只需输入腰筋等级和直径，程序根据《混凝土结构设计规范》（GB 50010－2002）第 10.2.16 条自动计算需要的腰筋个数，并实时在对话框左半部的图中示出。

（4）绘图开关。用户可根据需要选择只画出大样图的某些部分。取消复选框的对号，绘图时则不画相应的部分。效果实时在对话框左半部的图中示出。

（5）剖面号和比例尺。输入梁截面的剖面号和比例尺。

（6）配筋率。在对话框的左下角，实时给出截面的上部筋、下部筋和整体配筋率供用户参考。

三、阳台挑檐

"阳台挑檐"命令主要是通过参数化方法绘制简单的阳台挑檐大样图（对话框如图 3.1-38 所示）。主要绘制从梁挑出，有水平段和竖直段，或只有水平段的阳台挑檐。可与挑出楼屋面有高差。水平段配上、下钢筋和上、下分布筋。竖直段配内侧钢筋和分布筋。水平段上筋在端头弯折后伸入竖直段，作为竖直段的内侧钢筋，并在顶端弯折（如图 3.1-38 中所示）。当阳台地面与楼屋面的高差相差较小时，水平段上筋伸入楼板内；高差相差较大时，水平段上筋自动弯折到梁内。

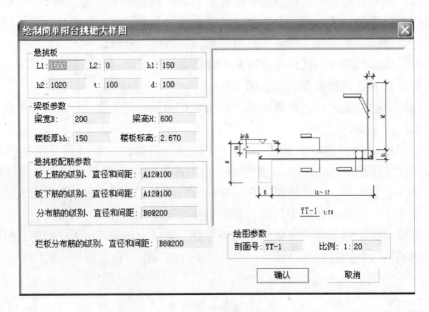

图 3.1-38　绘阳台挑檐

对话框中的参数输入与绘梁截面对话框相似，可参照上面的说明。

当参数 t 输入零时，大样图只有水平段。

参数 L2 只起图中标示作用，参数 L1 对大样图水平段长度起控制作用。

四、复杂阳台

"复杂阳台"命令主要是通过参数化方法绘制复杂的阳台大样图。主要绘制从梁或墙挑出,有水平段、竖直段、阳台梁和扶手的阳台。竖直段、阳台梁和扶手部分可以没有。扶手也可只有内侧或外侧部分。有扶手时,扶手钢筋可配封闭箍筋,或由竖直段钢筋弯折而成。竖直段栏板钢筋可单侧(内侧)配筋,也可双侧配筋。楼屋面、挑出梁顶和阳台地面之间的高差可不同。水平段上筋在端头弯折后形成阳台梁的箍筋,然后弯折伸入竖直段,作为竖直段的内侧钢筋,并在顶端弯折,形成扶手筋。当阳台地面与楼屋面的高差相差较小时,水平段上筋伸入楼板内;高差相差较大时,水平段上筋自动弯折到梁内。

对话框中的参数输入与绘梁截面对话框相似,可参照上面的说明。

五、复杂挑檐

"复杂挑檐"命令主要是通过参数化方法绘制复杂的挑檐大样图。主要绘制从梁或墙挑出,有水平段、倾斜上段、倾斜下段和扶手的挑檐。倾斜上段、倾斜下段和扶手部分可以没有。扶手也可只有内侧或外侧部分。有扶手时,扶手钢筋可配封闭箍筋,或由倾斜上段钢筋弯折而成。倾斜段栏板钢筋可单侧(内侧)配筋,也可双侧配筋。楼屋面、挑出梁顶和挑檐地面之间的高差可不同。当阳台地面与楼屋面的高差相差较小时,水平段上筋伸入楼板内;高差相差较大时,水平段上筋自动弯折到梁内。

对话框中的参数输入与绘梁截面对话框相似,可参照上面的说明。

六、窗台女儿墙

"窗台女儿墙"命令主要是通过参数化方法绘制窗台女儿墙大样图。主要绘制从板边或梁边挑出,有竖直上段、竖直下段、下封口和扶手的窗台女儿墙。竖直上段或竖直下段、下封口和扶手部分可以没有。扶手也可只有内侧或外侧部分。有扶手时,扶手钢筋可配封闭箍筋,或由竖直段钢筋弯折而成。竖直段栏板钢筋可单侧(内侧)配筋,也可双侧配筋,或者不配筋。

对话框中的参数输入与绘梁截面对话框相似,可参照上面的说明。

七、电梯井

"电梯井"命令是通过参数化方法绘制电梯井的大样图,包括平面大样和剖面大样(对话框如图 3.1-39 所示)。可横向并列绘制多个电梯井,及井边地梁和基础板等详图。基础板钢筋的直径和等级分开输入,由数字表示。暂不支持对话框中图的鼠标操作。

需输入参数均有文字说明。

点击对话框右部图下方的按钮可查看电梯井大样图的三个部分。

八、地沟

"地沟"命令是通过参数化方法绘制地沟剖面的大样图(对话框如图 3.1-40 所示)。地沟底板类型可以为三七灰土、素混凝土和钢筋混凝土。地沟墙体为砖墙时可以有圈梁。

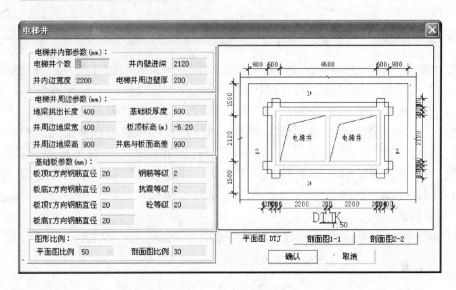

图 3.1-39 电梯井

管沟一边为建筑原有墙体时的墙厚不为零，且地沟墙体为砖墙时，可以设置盖板与建筑原有墙体的搭接方式，有砖挑出方式、砌筑方式和地梁挑出方式三种。

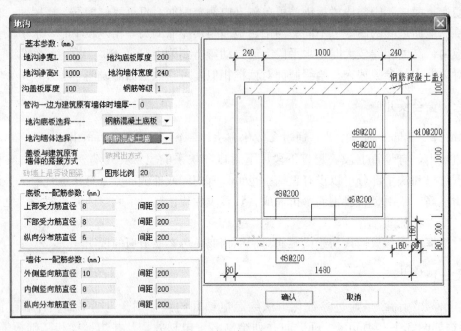

图 3.1-40 地沟

底板不同时，相应的地沟墙体类型范围也不同：

地沟底板为三七灰土时，地沟墙体为砖墙；

地沟底板为素混凝土时，地沟墙体为砖墙或素混凝土墙。

地沟底板为钢筋混凝土时，地沟墙体为砖墙、素混凝土墙或钢筋混凝土墙。

基础板钢筋的直径和等级分开输入，由数字表示。暂不支持对话框中图的鼠标操作。

需输入的参数均有文字说明。

九、拉梁

"拉梁"命令是通过参数化方法绘制拉梁的大样图。在输入钢筋数据时，用 A、B、C 表示 HPB235 级、HRB335 级和 HRB400 级钢筋，在下拉框中选择（图 3.1-41）。暂不支持对话框中图的鼠标操作。

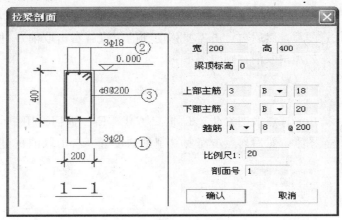

图 3.1-41 拉梁剖面

十、隔墙基础

"隔墙基础"命令是通过参数化方法绘制隔墙基础的大样图。对话框如图 3.1-42 所示。该类基础在基础数据输入时并不出现，一般也不需要进行承载力和基础内力计算。暂不支持对话框中图的鼠标操作。

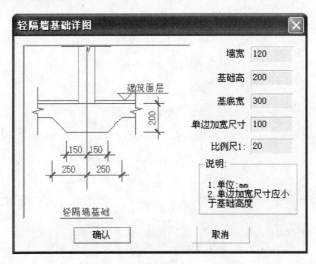

图 3.1-42 轻隔墙基础详图

十一、修改

程序提示——请用光标点取图素（[Tab]窗口方式/[Esc]返回），用户可选取图上已绘制的大样图上的任意图素，程序根据选择的大样图，弹出相应的绘大样图对话框，对话框中的参数与原图一一对应。用户修改对话框中的参数后，点击"确定"，程序根据新的参数在原位置上绘制新的大样图。如用户点击"取消"，则原图不变。

十二、移动

程序提示——请用光标点取图素（[Tab]窗口方式/[Esc]返回），用户可选取图上已绘制的大样图上的任意图素，然后再点击需要移动到的位置（右击取消）。程序整体将原大样图平移到新位置。如用户取消，则原图不变。

十三、复制

程序提示——请用光标点取图素（[Tab]窗口方式/[Esc]返回），用户可选取图上已绘制的大样图上的任意图素，然后再点击需要复制到的位置（右击取消）。程序整体将原大样图复制到新位置。

十四、删除

程序提示——请用光标点取图素（[Tab]窗口方式/[Esc]返回），用户可选取图上已绘制的大样图上的任意图素，程序将删除选择的大样图。

第二章　画结构平面施工图

执行 PMCAD 主菜单三、画结构面图（PM5W. DLL）。

对于框架结构、框剪结构、剪力墙结构的结构平面图绘制，需要由这项功能菜单作出，本菜单还完成现浇楼板的配筋计算。

对钢结构的平面图，将在 STS 软件的画结构平面图菜单中调用本程序。因此，对钢结构平面图的操作，也应按照本说明。

可选取任一楼层绘制它的结构平面图，每一层绘制在一张图纸上，图纸名称为 PM*. T, * 为层号。

结构平面图上梁墙既可用虚线画，也可用实线画出，一般程序按实线画平面图上梁、墙，用户需用虚线画平面上梁墙时，可修改绘图参数对话框中的参数，类似这样的控制参数，均记录在 CFG 目录下的"用户绘图参数 . MDB"文件中。

本菜单也可完成楼板的人防设计，PKPM 系统的楼板人防设计应由本模块完成，如地下室顶板等。当人防等级非 0 且板的人防等效荷载非 0 时，在板内力计算时程序自动取板等效荷载，同时按人防规范计算板的配筋。

每自然层的操作分为：

输入计算和画图参数；

计算钢筋混凝土板配筋；

画结构平面图。

运行文件是 PM5W. DLL。

屏幕右侧的菜单主要为专业设计的内容，包括楼板计算、画预制板、楼板钢筋等内容。

下拉菜单的主要内容主要为两大类，第一类是通用的图形绘制、编辑、打印等内容，操作与 PKPM 通用菜单"图形编辑、打印及转换"相同，可参阅相关的操作手册。第二类是含专业功能的四列下拉菜单，包括施工图设置、平面图标注轴线、平面图上的构件标注和构件的尺寸标注、大样详图。与施工图其他模块的内容一致。

第一节　楼板计算和配筋参数

程序显示右侧主菜单如图 3.2-1 所示，可用光标或键盘点取相应选择项。

一、绘新图

如果该层没有执行过画结构平面施工图的操作，程序直接画出该层的平面模板图。

如果原来已经对该层执行过画平面图的操作、当前工作目录下已经由当前层的平面图，则执行"绘新图"命令后，程序提供两个选项，如图 3.2-2 所示。其中：

"删除所有信息后重新绘图"是指将内力计算结果，已经布置过的钢筋，以及修改过的边界条件等全部删除，当前层需要重新生成边界条件，内力需要重新计算。

"保留钢筋修改结果后重新绘图"是指保留内力计算结果及所生成的边界条件，仅将已经布置的钢筋施工图删除，重新布置钢筋。

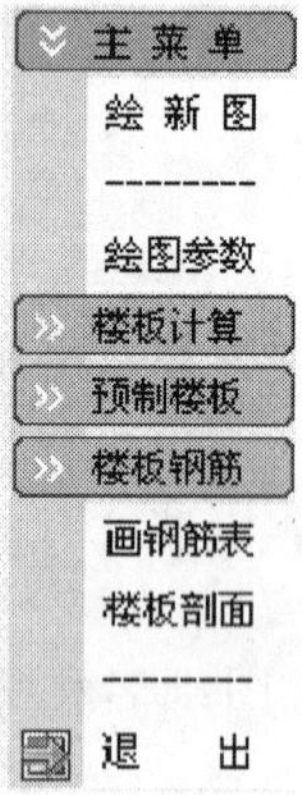

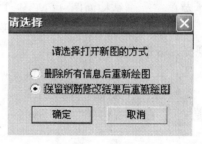

图 3.2-1

图 3.2-2 绘新图

二、绘图参数

点取绘图参数设定按钮，弹出如图 3.2-3 所示对话框。在绘制楼板施工图时，要标注正筋、负筋的配筋值、钢筋编号、尺寸等，不同设计院的绘图习惯并不相同，如 HRB335 级钢筋是否带钩、钢筋间距符号的表示方式、负筋界限位置、负筋尺寸位置、负筋伸入板的距离是 1/3 跨还是 1/4 跨等。修改钢筋的设置不会对已绘制的图形进行改变，只对修改后绘图起作用。

注意：负筋界限位置是指负筋标注时的起点位置。

负筋长度：选取"1/4 跨长"或"1/3 跨长"时，负筋长度仅与跨度有关，当选取"程序内定"时，与恒载和活载的比值有关，

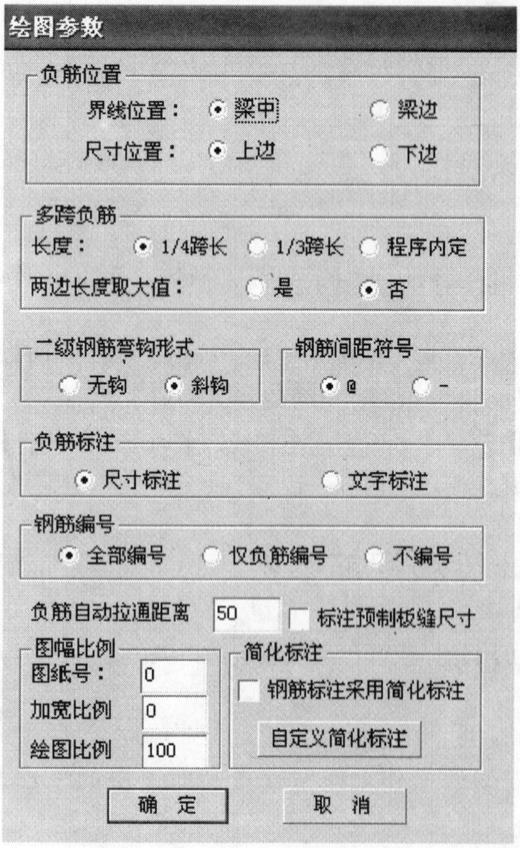

图 3.2-3 绘图参数

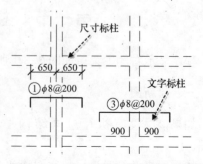

图 3.2-4 尺寸标注与文字标注的区别

当 $Q_k \leqslant 3G_k$ 时，负筋长度取跨度的 1/4；当 $Q_k > 3G_k$ 时，负筋长度取跨度的 1/3。其中，Q_k 为可变荷载标准值；G_k 为永久荷载标准值。对于中间支座负筋，两侧长度是否统一取较大值，也可由用户指定。

负筋标注：可按尺寸标注，也可按文字标注。两者的主要区别在于是否画尺寸线及尺寸界线。如图 3.2-4 所示。

钢筋编号：板钢筋要编号时，相同的钢筋均编同一个号，只在其中的一根上标注钢筋信息及尺寸。不要编号时，则图上的每根钢筋没有编号号码，在每根钢筋上均要标注钢筋的级配及尺寸。画钢筋时，用户可指定哪类钢筋编号，哪类钢筋不编号。一般的情况下，有三种选项：

正负筋都编号

仅负筋编号

都不编号

此参数所对应的功能如图 3.2-5～图 3.2-7 所示。

简化标注：钢筋采用简化标注时，对于支座负筋，当左右两侧的长度相等时，仅标注负筋的总长度。用户也可以自定义简化标注（图 3.2-8）。在自定义简化标注时，当输入原始标注钢筋等级时应注意 HPB235、HRB335、HRB400、RRB400、冷轧带肋钢筋分别用字母 A、B、C、D、E 表示，如 A8@200 表示 ϕ8@200 等。

三、楼板计算

进入楼板计算后，程序自动由施工图状态（双线图）切换为计算简图（单线图）状态。同时，当本层曾经做过计算，有计算结果时自动显示计算面积结果，以方便用户直观了解本层的状态。如图 3.2-9 所示。

首次对某层做计算时，应先设置好计算参数，其中主要包括计算方法（弹性或塑性）、边缘梁墙、错层板的边界条件，钢筋级别等参数。设置好计算参数后，程序会自动根据相关参数生成初始边界条件，用户可对初始的边界条件根据需要再做修改。

自动计算时程序会对各块板逐块做内力计算，对非矩形的凸形不规则板块，则程序用边界元法计算该块板，对非矩形的凹形不规则板块，则程序用有限元法计算该块板，程序自动识别板的形状类型并选相应的计算方法。对于矩形规则板块，计算方法采用用户指定好的计算方法（如弹性或塑性）计算。当房间内有次梁时，程序对房间按被次梁分割的多个板块计算。

执行自动计算时，在对每块板做计算时不考虑相邻板块的影响，但会考虑该板块是否是独立的板块，以考虑是否能按"使用矩形连续板跨中弯矩算法"（即结构静力计算手册"活荷载不利算法"）。如是连续板块则可考虑活荷载不利算法，否则仅按独立板块计算。对于中间支座两侧板块大小不一、板厚不同的情况，程序分别按两块板计算内力及计算面积，实配钢筋则是取两侧实配钢筋的较大值。

对于自动计算来说，各板块是分别计算其内力，不考虑相邻板块的影响，因此对于中间支座两侧，其弯矩值就有可能存在不平衡的问题。对于跨度相差较大的情况，这种不平衡弯矩会更为明显。为了在一定程度上考虑相邻板块的影响，特别是对于连续单向板的情况，当各块板的跨度不一致时，其内力计算就可在跨度方向上按连续梁的方式计算，以满

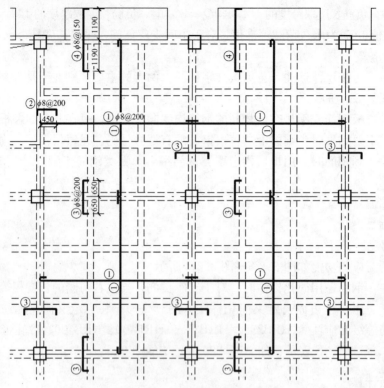

图 3.2-5　正负筋都编号示意

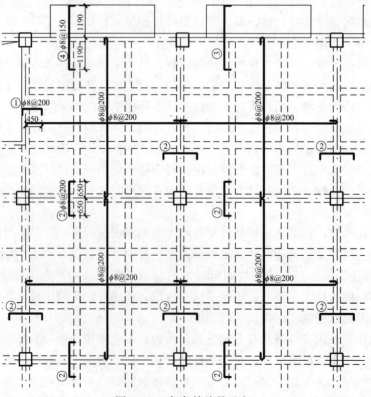

图 3.2-6　仅负筋编号示意

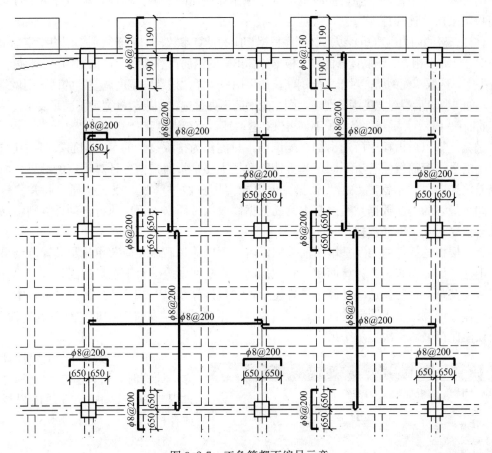

图 3.2-7　正负筋都不编号示意

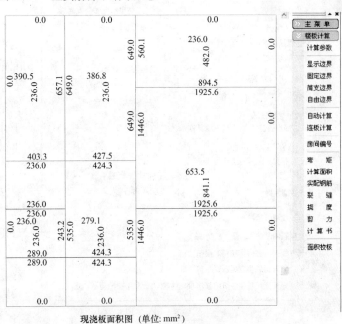

图 3.2-8　自定义简化标注

图 3.2-9　计算面积简图

足中间支座弯矩平衡的条件，同时也可以考虑相邻板块的影响。对应这种情况下的计算方法用户可采用"连板计算"。

在计算板的内力（弯矩）以后，程序根据相应的计算参数，如钢筋级别、用户指定的最小配筋率等计算出相应的钢筋计算面积。根据计算出来的钢筋计算面积，再依据用户调整好的钢筋级配库，选取实配钢筋。对于实配钢筋，如果用户选择"按裂缝宽度调整"的话，则做裂缝验算，如果验算后裂缝宽度满足要求，则实配钢筋不再重选，如果裂缝宽度不满足要求，则放大配筋面积（5%），重新选择实配钢筋再做裂缝验算，直至满足裂缝宽度要求为止。

做完计算以后由程序所选出的实配钢筋，只能作为楼板设计的基本钢筋数据，其与施工图中的最终钢筋数据有所不同。基本钢筋数据主要是指通过内力计算确定的结果，而最终钢筋数据应以基本钢筋数据为依据，但可能由用户做过修改，或者拉通（归并）等操作。如果最终的钢筋数据是经过基本钢筋数据修改调整而来，再次执行自动计算则钢筋数据又会恢复为基本钢筋数据。

有了楼板的计算内力及基本钢筋数据以后，可以通过右侧相应菜单显示其计算结果及实配钢筋。如显示弯矩、计算面积、实配钢筋、裂缝宽度等。对于矩形房间，还可以显示支座剪力及跨中挠度。这些计算结果均显示在"板计算结果? .T"（? 代表层号）中，如果需要保存计算结果于图形文件中，则需要执行下拉菜单"文件"中的"另存为"命令，否则仅能保存最后一次显示结果。

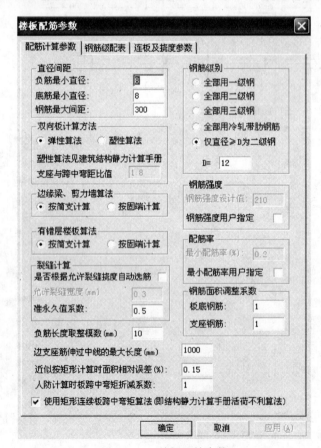

图 3.2-10　楼板配筋参数

对于矩形板块，当按弹性计算方法计算时，可以输出详细的计算过程（即计算书），方便用户校核或存档。

1. 计算参数

配筋计算参数（图 3.2-10）：

负筋最小直径/底筋最小直径/钢筋最大间距（mm）：程序在选实配钢筋时首先要满足规范及构造的要求，其次再与用户此处所设置的数值做比较，如自动选出的直径小于用户所设置的数值，则取用户所设的值，否则取自动选择的结果。

双向板的计算方法选择（弹性算法/塑性算法）：

钢筋级别选择，I级钢（HPB235），II级钢（HRB335），III级钢（HRB400），冷轧带肋钢筋。对I级钢（HPB235），还可选择I级钢、II级钢混合配筋，即仅板钢筋≥某一直径（如 12mm）时才选用II级钢。

板底钢筋放大调整系数/支座

钢筋放大调整系数，程序隐含为1。

边缘梁、剪力墙按固端或简支计算。

有错层楼板支座按固端或简支计算。

钢筋强度用户指定，钢筋强度设计值（N/mm²）：对于钢筋强度设计值为非规范指定值时，用户可指定钢筋强度，程序计算时则取此值计算钢筋面积。

最小配筋率用户指定：对于受力钢筋最小配筋率为非规范指定值时，用户可指定最小配筋率，程序计算时则取此值做最小配筋计算。

按照允许裂缝宽度选择钢筋（是否选用）：如用户选择按照允许裂缝宽度选择钢筋，则程序选出的钢筋不仅满足强度计算要求，还将满足允许裂缝宽度要求。

矩形连续板跨中弯矩算法（是否选用）：即《建筑结构静力计算手册》第四章第一节（四）中介绍的考虑活荷载不利布置的算法。

负筋长度取整模数：对于支座负筋长度按此处所设置的模数取整。

准永久值系数：在做板挠度计算时，荷载组合应为准永久组合，其中活荷载的准永久值系数采用此处用户所设定的数值。

边支座筋伸过中线的最大长度：对于普通的边支座，一般的做法是板负筋伸至支座外侧减去保护层厚度，根据需要再做弯锚。但对于边支座过宽的情况下，如支座宽1000mm，可能造成钢筋的浪费，因此，程序规定支座负筋至少伸至中心线，在满足锚固长度的前提下，伸过中心线的最大长度不超过用户所设定的数值。

近似按矩形计算时面积相对误差：由于平面布置的需要，有时候在平面中存在这样的房间，与规则矩形房间很接近，如规则房间局部切去一个小角、某一条边是圆弧线，但此圆弧线接近于直线等。对于此种情况，其板的内力计算结果与规则板的计算结果很接近，

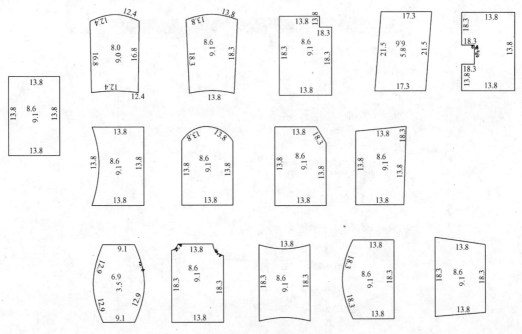

图 3.2-11　近似计算示意

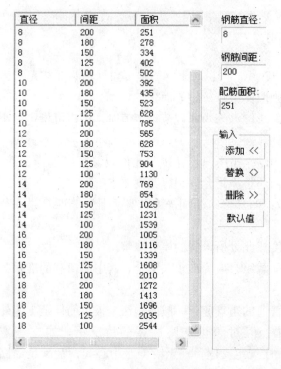

图 3.2-12　钢筋级配表

可以按规则板直接计算。如图 3.2-11 中所示，所有板的内力计算与最左侧规则板的结果一致。

人防计算时板跨中弯矩折减系数：根据《人民防空地下室设计规范》（GB 50038—94）第 4.6.6 条之规定，当板的周边支座横向伸长受到约束时，其跨中截面的计算弯矩值可乘以折减系数 0.7。根据此条的规定，用户可设定跨中弯矩折减系数。

钢筋级配库：

点取钢筋级配表，程序随后弹出可供挑选的板钢筋级配表（图 3.2-12），程序有隐含值，用户可按本单位的选筋习惯对该表修改。

连续板及挠度参数：

设置连续板串计算时所需的参数（图 3.2-13）。此参数设置后，所选择的连续板串才有效。

其中：

左（下）端支座：指连续板串的最左（下）端边界。

右（上）端支座：指连续板串的最右（上）端边界。

次梁形成连续板支座：在连续板串方向如果有次梁，次梁是否按支座考虑。

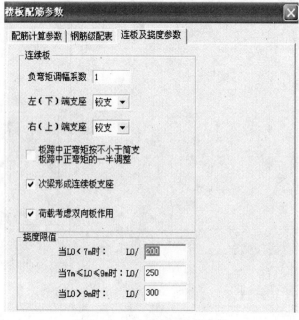

图 3.2-13　连续板及挠度参数

荷载考虑双向板作用：形成连续板串的板块，有可能是双向板，此块板上作用的荷载是否考虑双向板的作用。如果考虑，则程序自动分配板上两个方向的荷载；否则板上的均布荷载全部作用在该板串方向。

挠度限值的设定：在做板挠度计算时，挠度值是否超限按此处用户所设置的数值验算。

2. 修改板边界条件

板在计算之前，必须生成各块板的边界条件。首次生成板的边界条件是按以下条件形成的：

公共边界没有错层的支座两侧均按固定边界。

公共边界有错层（错层值相差 10mm 以上）的支座两侧均按楼板配筋参数中的"错层楼板算法"设定。

非公共边界（边支座）且其外侧没有悬挑板布置的支座按楼板配筋参数中的"边缘梁、墙算法"设定。

非公共边界（边支座）且其外侧有悬挑板布置的支座按固定边界。

用户可对程序默认的边界条件（简支边界、固定边界）加以修改。表示不同的边界条件用不同的线型和颜色，红色代表固支，蓝色代表简支（图 3.2-14）。板的边界条件在计算完成后可以保存，下次重新进入修改边界条件时，自动调用用户修改过的边界条件。

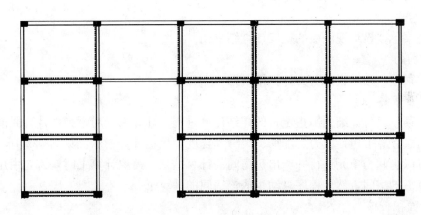

图 3.2-14 边界条件显示

3. 自动计算

在这里程序对每个房间完成板底和支座的配筋计算，房间就是由主梁和墙围成的闭合多边形。当房间内有次梁时，程序对房间按被次梁分割的多个板块计算。

点此菜单程序自动按各独立房间计算板的内力。

当施工图上已经布置有钢筋，再次点击"自动计算"时，会弹出图 3.2-15 所示对话框。

4. 连板计算

对用户确定的连续板串进行计算。用鼠标左键选择两点，这两点所跨过的板为连续板串，并沿这两点的方向进行计算，将计算结果写在板上，然后用连续板串的计算结

图 3.2-15　自动计算提示

果取代单个板块的计算结果。如想取消连续板计算，只能重新点取"自动计算"。

5. 房间编号

选此菜单，可全层显示各房间编号。当自动计算时，提示某房间计算有错误时，方便用户检查。

6. 弯矩

选此菜单，则显示板弯矩图，在平面简图上标出每根梁、次梁、墙的支座弯矩值（蓝色），标出每个房间板跨中 X 向和 Y 向弯矩值（黄色）。

注意：HPB 235 级与 HRB 335 级混合配筋时，配筋图上的钢筋面积均是按 HPB 235 级钢筋计算的结果，如实配钢筋取为 HRB 335 级钢筋，则实配面积可能比图上的小。

7. 计算面积

选此菜单，显示板的计算配筋图，梁、墙、次梁上的值用蓝色显示，各房间板跨中的值用黄色显示，当为 HPB 235 级和 HRB 335 级混合配筋时，图上数值均是按 HPB 235 级钢筋计算的结果。

8. 裂缝

选此菜单，显示板的裂缝宽度计算结果图。

9. 挠度

选此菜单，显示现浇板的挠度计算结果图。

10. 剪力

选此菜单，显示板的剪力计算结果图。

11. 计算书

选此菜单，可详细列出指定板的详细计算过程。计算书仅对于弹性计算时的规则现浇板起作用。计算书包括内力、配筋、裂缝和挠度。楼板计算书示例见图 3.2-16。

计算以房间为单元进行并给出每房间的计算结果。需要计算书时，首先由用户点取需给出计算书的房间，然后程序自动生成该房间的计算书。

12. 面积校核

选此菜单，可将实配钢筋面积与计算钢筋面积做比较，以校核实配钢筋是否满足计算要求。实配钢筋与计算钢筋的比值小于 1 时，以红色显示。

四、预制楼板

布置预制板信息在建模过程中已经定义，在此菜单下主要是将预制板信息在平面施工图中画出来，菜单为以下 4 项（图 3.2-17）：

1. 板布置图

板布置图是画出预制板的布置方向，板宽、板缝宽，现浇带宽及现浇带位置等。对于预制板布置得完全相同的房间，仅详细画出其中的一间，其余房间只画上它的分类号。

2. 板标注图

楼板计算书

日期：　3/03/2008
时间：　9:51:10:42 am
一、基本资料：
　　1、房间编号：　38；次房间号：　1。
　　2、边界条件（左端/下端/右端/上端）：固定/固定/固定/固定/
　　3、荷载：
　　　　永久荷载标准值：g ＝　4.50 kN/M2
　　　　可变荷载标准值：q ＝　2.50 kN/M2
　　　　计算跨度　Lx ＝　3000 mm ；计算跨度　Ly ＝　3000 mm
　　　　板厚　H ＝　100 mm；　砼强度等级：C20；钢筋强度等级：直径大于12选用HRB335
　　4、计算方法：弹性算法。
　　5、泊松比：　μ＝1/5。
　　6、考虑活荷载不利组合。
二、计算结果：
　　Mx ＝(0.01760+0.01760/5)*(1.20* 4.5+1.40* 1.2)* 3.0^2 ＝　1.36kN·M
　　考虑活载不利布置跨中X向应增加的弯矩：
　　Mxa ＝(0.03680+0.03680/5)*(1.4* 1.2)* 3.0^2 ＝　0.70kN·M
　　Mx＝　1.36 ＋　0.70 ＝　2.05kN·M
　　Asx＝ 235.99mm2，实配Φ 8@200 (As ＝ 251.mm2)
　　ρ min ＝ 0.236% ， ρ ＝ 0.251%

　　My ＝(0.01760+0.01760/5)*(1.20* 4.5+1.40* 1.2)* 3.0^2＝　1.36kN·M
　　考虑活载不利布置跨中Y向应增加的弯矩：
　　Mya ＝(0.03680+0.03680/5)*(1.4* 1.2)* 3.0^2 ＝　0.70kN·M
　　My＝　1.36 ＋　0.70 ＝　2.05kN·M
　　Asy＝ 235.99mm2，实配Φ 8@200 (As ＝ 251.mm2)
　　ρ min ＝ 0.236% ， ρ ＝ 0.251%

　　Mx' ＝0.05130*(1.20* 4.5+1.40* 2.5)* 3.0^2 ＝　4.11kN·M
　　Asx' ＝ 253.41mm2，实配Φ 8@180 (As ＝ 279.mm2,可能与邻跨有关系)
　　ρ min ＝ 0.236% ， ρ ＝ 0.279%

　　My' ＝0.05130*(1.20* 4.5+1.40* 2.5)* 3.0^2 ＝　4.11kN·M
　　Asy' ＝ 253.41mm2，实配Φ 8@180 (As ＝ 279.mm2,可能与邻跨有关系)
　　ρ min ＝ 0.236% ， ρ ＝ 0.279%

图 3.2-16　计算书示例

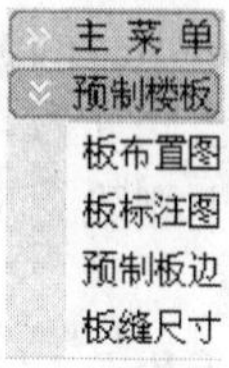

板标注图是预制板布置的另一画法，它画一连接房间对角的斜线，并在上面标注板的型号、数量等。先由用户给出板的数量、型号等字符，再用光标逐个点取该字符应标画的房间，每点一个房间就标注一个房间，点取完毕时，按［ESC］键，或按鼠标右键，则退回到右边菜单。

主 菜 单
预制楼板
板布置图
板标注图
预制楼板边
板缝尺寸

图 3.2-17

3. 预制板边

预制板边是在平面图上梁、墙用虚线画法时，预制板的板边画在梁或墙边处，若用户需将预制板边画主梁或墙的中心位置时，则点预制板边菜单，并按屏幕提示选择相应选项即可。

4. 板缝尺寸

板缝尺寸是当在平面图上只画出板的铺设方向不标板宽尺寸及板缝尺寸时，点此菜单并选择相应选项即可。

预制楼板标注示例见图 3.2-18。

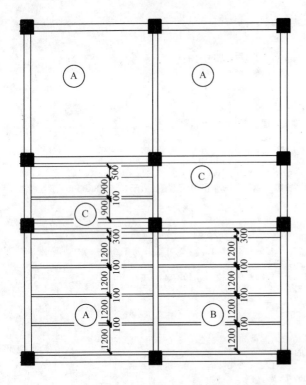

图 3.2-18 预制板标注示例

五、画板钢筋

画板钢筋之前，必须要执行过"楼板计算"菜单，否则画出钢筋标注的直径和间距可能都是 0 或不能正常画出钢筋。

楼板设计计算后，程序给出各房间的板底钢筋和每一根杆件的支座钢筋。

板底钢筋以主梁或墙围成的房间为单元，给出 X、Y 两个方向配筋。用"逐间布筋"，"板底正筋"菜单画时是以房间为单元画出板底钢筋。用"板底通长"菜单时，将由用户指定板底钢筋跨越的范围，一般都跨越房间。程序将在用户指定的范围和方向上取大值画出钢筋。

用"支座通长"菜单时，可把并行排列的不同杆件的支座钢筋连通，程序将在用户指定的多个支座和方向上取大值画出钢筋。

程序给每一根梁、墙和次梁杆件都配置了支座负钢筋，而且当两支座钢筋相距很近（小于绘图参数对话框中负筋自动拉通距离）时，程序自动将两负筋合并，按拉通钢筋处理。用"逐间布筋"菜单时，不管房间的每边包含几根杆件都只在每边上的其中一根杆件上画出支座钢筋。当使用"支座负筋"菜单时可以取任一杆件画出其上的钢筋。

每个房间的板底筋和每个杆件的支座筋不会重复画出，比如用"板底正筋"已画出某房间板底筋后，再用"板底通长"菜单重画了该房间后，该房间原有的板底正筋将自动从图面上删除。又比如对已画出的支座钢筋用"支座通长"连接后，原有的支座钢筋也自动删除。

无论是"板底通长"还是"支座通长"仅仅只能表示钢筋在一个方向上的拉通，在与其拉通钢筋的垂直方向，只能是一个房间或一个杆件（网格）范围。对于双向范围内的拉通，就必须使用"区域"。区域是以房间为基本单位，可以是一个房间，也可以是多个彼此相连的房间，但需能形成一个封闭的多边形。由于区域钢筋一般是表示双向拉通，因此与普通的拉通（单向拉通）稍有不同，在画此类钢筋时需要同时标注其区域范围。对于已经布置好的区域钢筋可多次在不同位置标注其区域范围。

程序自动拉通钢筋时，拉通钢筋取在拉通范围内所有钢筋面积的最大值。但这样做不一定很经济，用户可将拉通钢筋做适当调整，以使其满足大部分拉通范围的要求，在局部不足的地方再做补强。

在已有拉通钢筋的范围内，可能存在局部需要加强的（支座或房间）范围，此范围的钢筋与拉通钢筋的关系是补充拉通钢筋在局部的不足，此类钢筋可称为"补强钢筋"。补强钢筋必须在已布置有拉通钢筋的情况下才能布置。

本项菜单给用户提供多种方式将现浇楼板钢筋绘出，二级菜单为16项，如图 3.2-19 所示。

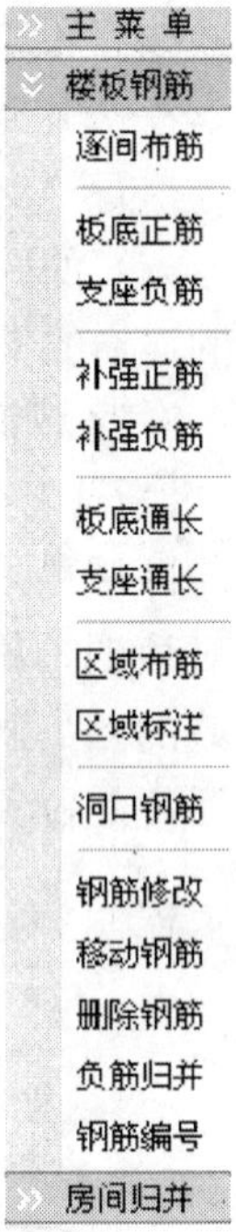

1. 逐间布筋

由用户挑选有代表性的房间画出板钢筋，其余相同构造的房间可不再绘出。用户只需用光标点取房间或按［TAB］键转换为窗选方式，成批选取房间，则程序自动绘出所选取房间的板底钢筋和四周支座的钢筋。

2. 板底正筋

此菜单用来布置板底正筋。板底筋是以房间为布置的基本单元，用户可以选择布置板底筋的方向（X 方向或 Y 方向），然后选择需布置的房间即可。

3. 支座负筋

此菜单用来布置板的支座负筋。支座负筋是以梁、墙、次梁为布置的基本单元 ，用户选择需布置的杆件即可。

图 3.2-19

4. 补强正筋

此菜单用来布置板底补强正筋。板底补强正筋是以房间为布置的基本单元，其布置过程与板底正筋相同。注意，在已布置板底拉通钢筋的范围内才可以布置。

5. 补强负筋

此菜单用来布置板的支座补强负筋。支座补强负筋是以梁、墙、次梁为布置的基本单元 ，其布置过程与支座负筋相同。注意，在已布置支座拉通钢筋的范围内才可以布置。

6. 板底通长

这项菜单的配筋方式不同于其他菜单，它将板底钢筋跨越房间布置，将支座钢筋在用户指定的某一范围内一次绘出或在指定的区间连通，这种方法的重要作用是可把几个已画好房间的钢筋归并整理重新画出，还可把某些程序画出效果不太理想的钢筋布置，按用户指定的走向重新布置。比如非矩形房间处的楼板。

执行"板底通长"菜单，钢筋不再按房间逐段布置，而是跨越房间布置，画 X 向板底筋时，用户先用光标点取左边钢筋起始点所在的梁或墙，再点取该板底钢筋在右边终止点处的梁或墙，这时程序挑选出起点与终点跨越的各房间，并取各房间 X 向板底筋最大值统一布置，此后屏幕提示点取该钢筋画在图面上的位置，即它的 Y 坐标值，随后程序把钢筋画出。

通长配筋通过的房间是矩形房间时，程序可自动找出板底钢筋的平面布置走向，如通过的房间为非矩形房间，则要求用户点取一根梁或墙来指示钢筋的方向，也可输入一个角度确定方向，此后，各房间钢筋的计算结果将向这方向投影，确定钢筋的直径与间距。

板底钢筋通长布置在若干房间后，房间内原有已布置的同方向的板底钢筋会自动消去，如它还在图面上显示，按［F5］重显图形后即消失了。

7. 支座通长

执行"支座通长"菜单，是由用户点取起始和终止（起始一定在左或下方，终止在右或上方）的两个平行的墙梁支座，程序将这一范围内原有的支座筋删除，换成一根面积选大的连通的支座钢筋。

8. 区域钢筋

执行"区域钢筋"菜单，首先选择围成区域的房间，可点选、窗选、围栏选，选择的区域最外边界会自动被加粗加亮显示，选择区域完成后，程序弹出如图 3.2-20 所示对话框，用户指定钢筋类型（正筋或负筋）以及钢筋布置角度，程序自动在属于该区域的各房间同钢筋布置方向取大值，最后由用户指定钢筋所画的位置以及区域范围所标注的位置。

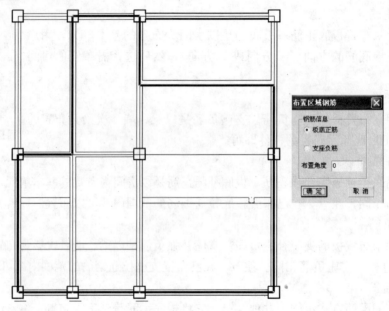

图 3.2-20　布置区域钢筋

9. 区域标注

对于已经布置好的"区域钢筋"，可多次在不同的位置标注其区域范围，如图 3.2-21 所示同一根区域钢筋，在不同的位置所标注的区域范围的示意。

10. 洞口配筋

对洞口作洞边附加筋配筋，只对边长或直径在 300～1000mm 的洞口才作配筋，用光标点取某有洞口的房间即可。注意，洞口周围是否有足够的空间以免画线重叠。

11. 钢筋编辑

可对已画在图面上的钢筋移动、删除，或修改其配筋参数。

修改钢筋程序弹出的对话框如图 3.2-22 所示。

同编号修改——钢筋修改其配筋参数后，所有与其同编号的钢筋同时修改；

移动钢筋菜单可对支座钢筋和板底钢筋用光标在屏幕上拖动，并在新的位置画出，删除钢筋菜单可用光标删除已画出的钢筋。

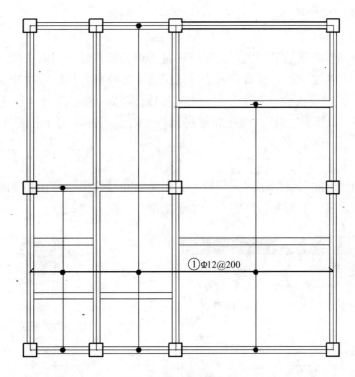

图 3.2-21 区域钢筋标注

可对弧墙、弧梁上的支座钢筋和有弧形边长的板底钢筋准确画出。

钢筋的移动、删除和替换都不影响钢筋编号和钢筋表的正确性。

画楼板钢筋时，程序在设计上尽量躲避板上的洞口，但有时难以躲开，请用户用钢筋移动菜单将这些钢筋从洞口处拉开，或用任意配筋菜单重新设定钢筋的长度。

12. 负筋归并

程序可对长短不等的支座负筋长度进行归并。归并长度由用户在对话框中给出（图3.2-23）。对支座左右两端挑出的长度分别归并，但程序只对挑出长度大于300mm的负筋才做归并处理，因为小于300mm的挑出长度常常是支座宽度限制生成的长度。注意：支座负筋归并长度是指支座左右两边长度之和。

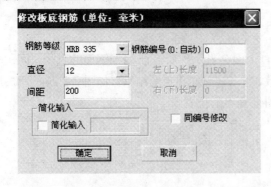

图 3.2-22 修改板底钢筋

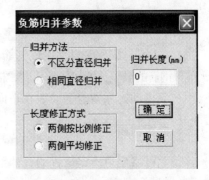

图 3.2-23 员筋归并参数

归并方法主要是区分是否按同直径归并，如选择"相同直径归并"，则按直径分组分别做归并，否则，不考虑钢筋直径的影响，按一组做归并。

13. 钢筋编号

对于已经绘制好的钢筋平面图，由于绘图过程中的随意性，从而造成钢筋编号从整体上来说，没有一定的规律性，想查找某编号的钢筋需要反复寻找。此功能主要是对各钢筋重新按照指定的规律重新编号，编号时可指定起始编号、选定范围（点选、窗选、围栏选）、相应角度后（图 3.2-24），程序先对房间按此规律排序，对于排好序的房间先板底再支座的顺序重新对钢筋编号。

14. 房间归并

程序可对相同钢筋布置的房间进行归并。相同归并号的房间只在其中的样板间上画出详细配筋值，其余只标上归并号。它有 6 个子菜单，见图 3.2-25。

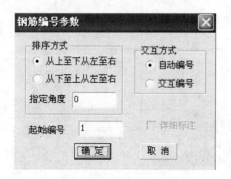

图 3.2-24   钢筋编号参数   图 3.2-25   房间归并菜单

自动归并：程序对相同钢筋布置的房间进行归并，而后要点取［重画钢筋］，用户可根据实际情况选择程序提示。

人工归并：对归并不同的房间，人为地指定某些房间与另一房间归并相同，而后要点取［重画钢筋］。

定样板间：程序按归并结果选择某一房间为样板间来画钢筋详图。为了避开钢筋布置密集的情况，可人为指定样板间的位置。注意此菜单操作后要点取［重画钢筋］，程序才能将详图布置到新指定的样板间内。

六、钢筋表

执行本菜单，则程序自动生成钢筋表，上面会显示出所有已编号钢筋的直径、间距、级别、单根钢筋的最短长度和最长长度、根数、总长度和总重量等结果，如图 3.2-26 所示。

用户应移动光标指定钢筋表在平面图上画出的位置。

七、楼板剖面

此菜单可将用户指定位置的板的剖面，按一定比例绘出，如图 3.2-27 所示。

八、退出主菜单

点此项菜单，弹出如图 3.2-28 所示对话框，这时，该层平面图即形成一个图形文件，

楼板钢筋表

编号	钢筋简图	规格	最短长度	最长长度	根数	总长度	重量
①	6000	Φ10@180	6126	6126	66	404316	249.3
②	6000	Φ10@150	6126	6126	80	490080	302.2
③	85　3300　85	Φ14@125	3470	3470	288	999360	1207.6
④	85　1790　287	Φ14@125	2162	2162	96	207552	250.8
总重							2010

图 3.2-26　楼板钢筋表

该文件名称为 PM*.T。*代表楼层号，如第二层的平面图名称为 PM2.T，用户须按这个规律记住这些名称，在后面的图形编辑等操作时需要调用这些名称。

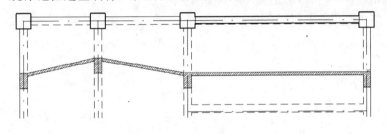

图 3.2-27　楼板剖面图

图 3.2-28　退出主菜单

第二节　组合楼板（此部分内容仅限于钢结构模块）

一、组合楼板计算

组合楼板计算包括施工阶段压型钢板受弯/挠度验算，使用阶段组合楼板受弯/抗剪/挠度/自振频率/配筋计算（图 3.2-29），计算结果均以图形方式显示，并生成计算书供用户审核。

1. 施工阶段压型钢板验算

对于施工阶段验算，根据用户输入的施工荷载、布置参数等内容进行验算，验算结果以图形方式显示，对于不满足规范要求的数据结果以红色字符显示，供用户审核。

2. 使用阶段组合楼板计算

使用阶段计算仅适用于组合型楼板，非组合型楼板根据其受力特点按普通混凝土楼板设计。组合楼板计算内容按技术条件进行，计算结果以图形方式显示，对于不满足规范要求的以红色字符或框线提示，便于用户检查。

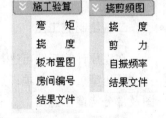

图 3.2-29

在"现浇板计算配筋图"中，如两个方向均为 0.0 时表示该房间板为单向板且压型钢板作为板底受拉钢筋已满足要求，而同时"板跨中实配钢筋图"中显示的是构造钢筋。

3. 生成计算书

对于组合楼板，程序可生成计算书，默认文件名为"STS-ZHLG-BXX.OUT"，其中XX为标准层号，计算书内容包括 9 部分，分别为房间布置参数、组合楼板定义参数、工程中所使用的压型钢板参数、施工阶段压型钢板验算结果、使用阶段组合楼板计算结果、板跨中计算结果、次梁支座处板计算结果、主梁/墙支座处板计算结果及验算不满足提示信息等内容。

在计算书中如果在数据项后带有"×"即表明该项验算结果不满足要求。在板跨部分的计算结果中，配筋项无数据表示该房间板按边界元法计算，弯矩项无数据说明该房间板为组合楼板，数据可查使用阶段的组合楼板的相应计算结果。

在计算书中的房间、主梁、墙、次梁杆件编号可在"施工阶段压型钢板验算图"中选"房间编号"打印保存，见图 3.2-30。

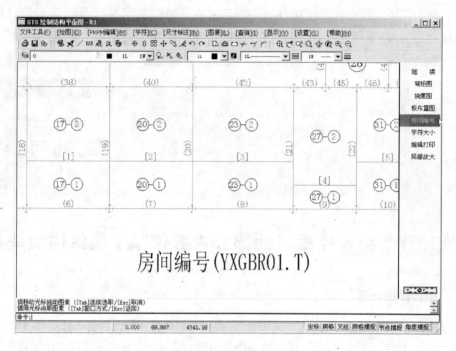

图 3.2-30 房间编号

二、绘制施工图

在完成计算后即可进行组合楼板的施工图绘制工作，在绘制结构平面图的主菜单中选择"画压型板"菜单项即进入组合楼板的绘图操作栏（图 3.2-31），可绘制压型钢板布置图及部分构造示意图。

画压型板
板布置图
板标注图
板构造图

图 3.2-31 组合
楼板构造图

1. 绘制板布置图

选择此菜单可绘制压型钢板布置图，线间距为压型钢板的板宽。

2. 绘制板标注图

选择此菜单可按房间分别绘制压型钢板名称，亦可输入 [TAB] 键自动完成所有房间标注。当选择自动标注时，程序提供两种标注方式，分别为全部注明压型钢板名称或同型号压型钢板以编号标注。

3. 绘制板构造图

选择此菜单可由用户有选择地插入所需的组合楼板构造示意图，见图 3.2-32，包括 10 项内容。所插入的构造图选自标准图集 01SG519 及其他参考资料，用户需修改其中内容以符合各具体工程的要求，如开孔补强措施图需修改其中的角钢或槽钢型号等参数。

4. 钢材统计及报价

运行"钢材定货"菜单（图 3.2-33）可统计全楼的用钢量，该处统计的用钢量均为毛重。用钢量统计表中包含压型钢板用量，根据不同规格分别列出重量和生产厂商，统计时包含压型钢板开孔部分面积，但不考虑施工损耗。

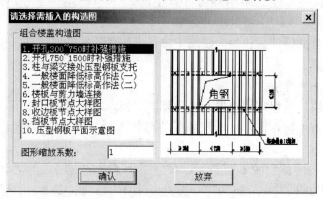

图 3.2-32 组合楼板构造图

图 3.2-33

"钢材报价"可估算全楼压型钢板的用量和综合造价。

5. 使用说明

（1）在使用阶段组合楼板验算中，非矩形房间按双向板计算时简化为外包的矩形板设计。

（2）压型钢板布置方向与矩形板非正交布置时，且组合楼板按双向板配筋时，将垂直肋混凝土板方向计算配筋量转换为矩形板正交方向配筋。

（3）组合楼板配置板底构造分布钢筋，按最低 0.2%配筋率双向配置设计，可提高火灾时板的安全性，加强压型钢板与混凝土之间的组合作用，并且起到集中荷载的分布作用。

（4）在输入荷载数据时请注意：组合楼板的恒载需增加压型钢板及凹槽混凝土重量，并检查一下组合楼板的导荷方式。

（5）程序目前不能处理带弧线的房间及栓钉、非组合板横向抗剪钢筋等设计。

第三节 技 术 条 件

一、内力计算

1. 板的弹性计算规则

按照由主梁、次梁或墙围成的每一板块，逐个地单独进行板的弯矩计算和配筋。计算时分别按矩形板（单向板、双向板）和非矩形板进行计算，考虑每一板块四周的支承条件和梁墙的偏心状况。单向板与双向板的判断参照《混凝土结构设计规范》（GB 50010—

2002)第 10.1.2 条。

单向板：

两端铰支时，
$$M_{中} = \frac{1}{8}gl^2$$

一固一铰时，
$$M_{中} = \frac{9}{128}gl^2, M_{支} = \frac{1}{8}gl^2$$

两端固定时，
$$M_{中} = \frac{1}{24}gl^2, M_{支} = \frac{1}{12}gl^2$$

双向板（长边/短边＜3）：按《建筑结构静力计算手册》（中国建筑工业出版社，1974）中弹性理论计算所得弯矩，未考虑板的塑性影响。

边跨跨端计算时，程序隐含的设计是：如为砖墙支座，支座弯矩按简支计算，如为梁或混凝土墙支座，按固定端计算。

可以人工修改边跨跨端的支座算法。

对非矩形的凸形不规则板块，则程序用边界元法计算该块板，对非矩形的凹形不规则板块，则程序用有限元法计算该块板，程序自动识别板的形状类型并选相应的计算方法。这两种算法运行速度较慢。

为了考虑矩形楼板各板块间活荷载的不利布置，程序采用了《建筑结构静力计算手册》（1974 年版）第四章第一节（四）中介绍的连续板实用计算方法，这是一种将活荷载在各房间间隔交叉布置，以求得较大跨中弯矩的一种方法。该法一般适用于等跨区格连续板。

在"修改楼板配筋参数"中，有"是否采用连续板跨中弯矩算法（用/不用）的选项。就是指是否采用这一种算法。

2. 板的塑性计算规则

对于双向板（长边/短边≤2）时，按塑性计算，对于双向板（长边/短边＞2）、单向板或不规则板程序则自动按弹性计算。

3. 连续板串算法

此种算法与自动计算中的主要区别是考虑了在中间支座上内力的连续性，即中间支座两侧的内力是平衡的，而自动计算中支座两侧的内力不一定是平衡的。这种算法在计算时荷载可考虑双向板的作用，包括中间次梁的作用等。

关于荷载的双向板作用，程序并非简单地取 X 向或 Y 向跨中 1m 板带的均布荷载进行计算，而是综合考虑楼板的边界条件、X 向和 Y 向在跨中位移相等的条件计算荷载。

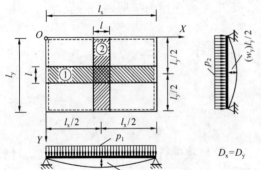

我们假设有二个位于跨中且相互正交的单位宽度的板条，如图 3.2-34 所示。显然，这两个板条的中心位移应当相等。因此：

$$p_0 = p_1 + p_2$$
$$(w_x)_{l_x/2} = (w_x)_{l_y/2}$$

图 3.2-34 板带荷载分配计算图

根据总的荷载 p_0 和板的边界条件，我们可以确定分配在两个方向上的板条荷载。

二、配筋设计

楼板钢筋最小配筋率为 0.2 和 $45f_t/f_y$ 中的较大值。

楼板钢筋最小直径、最大间距及支座筋长度等的确定按照《钢筋混凝土结构构造手册》(中国有色工程设计研究总院主编，第三版)，采用分离式配筋。

受力钢筋最小直径：板厚<100mm 时　取Φ 6@200；

板厚≥100mm 且≤150mm 时　取Φ 8@200；

板厚>150mm 时　取Φ 12@200。

受力筋最小间距：100mm

非受力筋方向的分布钢筋：

受力筋直径≤14mm 时　取Φ 6@250；

受力筋直径>14mm 时　取Φ 8@250。

并且，分布钢筋面积将大于受力钢筋面积的 15%，且大于板截面面积的 0.15%。

孔洞直径或边长大于 300mm 且小于 1000mm 时，在孔洞每侧设置附加钢筋，其面积不小于孔洞宽度内被切断的受力钢筋面积的一半，且不小于 2Φ 10，对于圆形孔洞附加 2Φ 12 的环形钢筋，其搭接长度为 30d。

对于直径或边长大于 1000mm 的楼板开洞，按构造手册应在其周围布置梁，程序不对这种洞口设置附加钢筋。

板的计算弯矩和钢筋面积以及由程序自动选出的钢筋直径、间距均标在平面图上，可供用户审核。

程序计算楼板钢筋时隐含采用的钢筋强度设计值为 HPB235 级钢筋 210MPa，HRB 335 级钢筋 300MPa。用户如采用其他设计强度的钢筋，可以在"钢筋强度"中修改强度设计值。

HPB235 级钢筋与 HRB335 级钢筋混合配筋时，程序显示的"楼板计算配筋图"中输出的均是按 HPB235 级钢筋设计出的钢筋面积，当程序实际选用了 HRB 335 级钢筋的级配时，实际配筋面积将比图中数据小。

三、裂缝和挠度计算

板的裂缝验算，程序采用与梁裂缝计算完全相同的公式计算板的裂缝宽度。

挠度计算分为两部分：

当板块为双向板时，使用按荷载效应标准组合并考虑荷载长期作用影响的刚度 B 代替《静力计算手册》中的 B_c。弯矩值分别是相应于荷载效应的标准组合和准永久组合计算的，准永久荷载值系数程序取 0.5。

挠度系数根据板的边界条件和板的长宽比查《建筑结构静力计算手册》中相应表格求得。刚度 B 按《混凝土结构设计规范》(GB 50010—2002) 第 8 章第 2 节相关规定求得。

当板块为单向板时，程序采用与梁挠度计算完全相同的公式计算板的挠度。

四、人防计算

当考虑人防计算时，程序默认的等效荷载是按人防规范中的顶板覆土厚度小于 0.5m

的条件取值。荷载组合时永久荷载分项系数取 1.2，等效静荷载分项系数取 1.0。同时材料强度综合调整系数 γ_d 根据材料的种类做相应调整，见表 3.2-1（即《人民防空地下室设计规范》（GB 50038—2005）表 4.2.3），计算过程与普通板的计算过程相同。

材料强度综合调整系数 γ_d 表 3.2-1

材　料　种　类		综合调整系数 γ_d
热轧钢筋 （钢材）	HPB235 级 （Q235 钢）	1.50
	HRB335 级 （Q345 钢）	1.35
	HRB400 级 （Q390 钢）	1.20
	RRB400 级 （Q420 钢）	1.20
混凝土	C55 及以下	1.50
	C60～C80	1.40

五、组合楼板计算（此部分内容仅限于钢结构模块）

1.《高层民用建筑钢结构技术规程》（JGJ 99—98）

2.《钢－混凝土组合楼板结构设计与施工规程》（YB 9238—92）

六、计算公式

压型钢板在施工阶段的挠度计算

按单跨简支板验算

$$\delta = \frac{5ql^4}{384EI_s} \leqslant [\delta]$$

按连续板验算时，考虑到下料不利影响，统一按两跨连续板验算

$$\delta = \frac{ql^4}{185EI_s} \leqslant [\delta]$$

式中　I_s——单位宽度压型钢板有效截面惯性矩；

　　　q——单位宽度荷载标准值；

　　$[\delta]$——挠度限值，取 20mm 或 $l/180$ 的较小值，计算跨度时不考虑洞口切除因素。

压型钢板在施工阶段的受弯承载力计算

$$M \leqslant fW_s$$

$$W_{sc} = \frac{I_s}{x_c}; W_{st} = \frac{I_s}{h_s - x_c};$$

$$M = \frac{1}{8}ql^2$$

式中　M——跨内最大弯矩值；

　　　W_s——W_{sc} 和 W_{st} 的较小值；

　　　f——压型钢板强度设计值；

　　　I_s——单位宽度有效宽度截面惯性矩；

　　　x_c——压型钢板受压翼缘至形心轴的距离；

h_s——压型钢板截面总高。

$$q = 1.2q_恒 + 1.4q_活$$

恒载包括：钢板自重，湿钢筋混凝土板重（含凹槽部分），当挠度＞20mm，混凝土板厚增加 0.7 挠度值；活载为施工荷载。

1. 压型钢板组合型楼盖承载力计算（50～100mm 混凝土板厚）

（1）受弯承载力计算

按简支单向板计算顺肋方向的正弯矩

$$x = \frac{A_p f}{f_{cm} b}$$

当 $x \leqslant h_c$ 时，$x \leqslant 0.55h_0$

$$y_p = h_0 - x/2$$
$$M \leqslant 0.8 f_{cm} x b y_p$$

当 $x > h_c$ 时

$$A_{p2} = 0.5(A_p - f_{cm} h_c b / f)$$
$$M \leqslant 0.8(f_{cm} h_c b y_{p1} + A_{p2} f y_{p2})$$

式中　M——单位宽度组合楼板跨内弯矩设计值；

　　　h_0——组合楼板的有效高度；

　　　x——组合楼板的受压区高度，当 $x > 0.55h_0$ 时，取 $0.55h_0$；

　　　y_p——压型钢板截面应力合力至混凝土受压区截面应力合力的距离；

　　　A_p——压型钢板截面面积；

　　　f——压型钢板抗拉强度设计值；

　　　f_{cm}——混凝土弯曲抗压强度设计值；

　　　h_c——压型钢板顶面以上的混凝土计算厚度；

　　　A_{p2}——塑性中和轴以上的压型钢板截面面积；

y_{p1}、y_{p2}——压型钢板受拉区截面应力合力分别至受压区混凝土板截面和压型钢板截面压应力合力的距离。

对于顺肋方向板端负弯矩，按固端板另行计算配筋。

（2）斜截面抗剪承载力计算

$$V_{in} \leqslant 0.07 f_c b h_0$$

式中　V——单位宽度组合楼板斜截面剪力设计值；

　　　f_c——混凝土轴心抗压强度设计值。

压型钢板组合楼板承载力计算（＞100mm 混凝土板厚）

$$\lambda_e = \mu \frac{l_x}{l_y}$$

$$\mu = \left(\frac{I_x}{I_y}\right)^{1/4}$$

当 $\lambda_e \leqslant 0.5$ 时，按顺肋方向单向板计算；

当 $0.5 < \lambda_e < 2.0$ 时，按双向板计算，两个方向板弯矩按 YB 9238—92 第 3.2.9 条分别计算；

当 $\lambda_e \geqslant 2.0$ 时，按混凝土板计算。

式中 μ——组合楼板的受力异向性系数；

l_x——组合楼板强边（顺肋）方向的跨度；

l_y——组合楼板弱边（垂直肋）方向的跨度；

I_x、I_y——分别为组合楼板强边和弱边方向的截面惯性矩，计算 I_y 时只考虑压型钢板顶面以上的混凝土厚度 h_c。

2. 压型钢板组合楼板挠度计算

$$\delta = \frac{5ql^4}{384\overline{B}} \leqslant \frac{l}{360}$$

荷载按顺肋方向简支单向板计算：

（1）按荷载短期效应组合

$$B_s = B, B = E_s I$$

$$I = \frac{1}{\alpha_E}\left[I_c + A_c(X'_n - h'_c)^2\right] + I_s + A_s(h_0 - x'_n)^2$$

$$x'_n = \frac{A_c h'_c + \alpha_E A_s h_0}{A_c + \alpha_E A_s}$$

$$\alpha_E = \frac{E_s}{E_c}$$

式中 B_s——组合楼板短期荷载作用下的等效刚度；

E_s——压型钢板的弹性模量；

E_c——混凝土的弹性模量；

I——组合楼板全截面发挥作用时的等效截面惯性矩；

X'_n——全截面有效时，组合楼板中和轴至受压边缘的距离；

A_s——压型钢板截面面积；

A_c——混凝土截面面积；

h'_c——组合楼板受压边缘至混凝土部分重心之间的距离；

I_s、I_c——压型钢板及混凝土部分各自对自身形心的惯性矩。

（2）按荷载长期效应组合

$$B_L = \frac{1}{2}B$$

式中 B_L——组合楼板长期荷载作用下的等效刚度。

在计算长期荷载时，活荷载的准永久值系数统一取 0.5。

楼板负弯矩部位混凝土裂缝宽度验算：

不考虑压型钢板的作用，按混凝土板计算。

组合楼板自振频率 f 的验算：

$$f = \frac{1}{0.178\sqrt{\omega}} \geqslant 15\text{Hz}$$

式中 ω——取永久荷载产生的挠度（cm）。

第三章 梁 施 工 图

梁施工图模块的主要功能为读取计算软件 SATWE（或 TAT、PMSAP）的计算结果，完成钢筋混凝土连续梁的配筋设计与施工图绘制。具体功能包括连续梁的生成、钢筋标准层归并、自动配筋、梁钢筋的修改与查询、梁正常使用极限状态的验算、施工图的绘制与修改等。

08 版梁施工图模块在保留 05 版施工图操作风格的基础上，对程序进行了全面的改写。08 版的主要改进包括以下几个方面：

（1）将归并程序与施工图程序合并，程序集成化程度更高。

（2）归并程序更灵活，用户可以设置钢筋标准层，可以任意修改连续梁的命名与分组，可以拆分合并连续梁。

（3）重新编写了梁归并模块，05 版程序以计算面积为基准进行归并，容易出现归并结果过大情况，新版采用先选筋后归并的方法，以选好的钢筋规格为基准进行归并，归并结果更合理。

（4）自动配筋模块修正了老程序自动配筋过程中的一些不够合理的地方，使得配出的钢筋整齐，经济。添加了一些配筋参数，使自动配筋过程更灵活。

（5）编辑旧图功能进一步强化，有旧图的楼层优先打开旧图。

（6）数据的合理性检查更严格，对于不合理的数据可以给出容易理解的提示，程序界面更友好。

（7）原位改筋界面与表式改筋界面都添加了实时更新的示意图，添加了计算配筋面积和实配钢筋面积的实时显示，方便用户监控钢筋的修改情况。

（8）修正了立剖面图的画法，所有钢筋一笔成形，使施工图更加美观、整齐，也便于用户对立剖面图进行修改。

（9）图纸的图层、线型、字体等的修改功能进一步强化，采用统一的修改界面，并可实时更新。

图 3.3-1 为梁施工图的操作主界面。

屏幕右侧的菜单主要为专业设计的内容，包括设钢筋层、连梁的归并与修改、钢筋标注修改、挠度裂缝计算等内容。

下拉菜单的内容主要为两大类，第一类是通用的图形绘制、编辑、打印等内容，操作与 PKPM 通用菜单"图形编辑、打印及转换"相同，可参阅相关的操作手册。第二类是含专业功能的四列下拉菜单，包括施工图设置、平面图标注轴线、平面图上的构件标注和构件的尺寸标注、大样详图。此部分的功能与操作方法与施工图其他模块的内容一致，请参考第一章的说明。

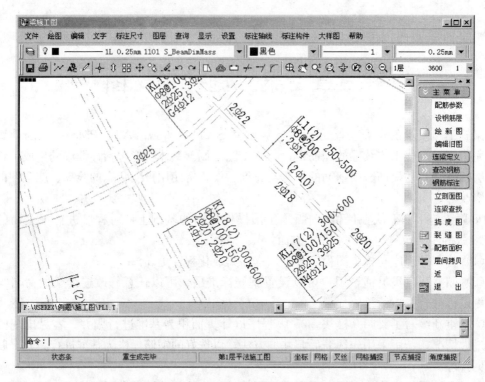

图 3.3-1   施工图模块主界面

第一节   连续梁的生成与归并

SATWE、TAT、PMSAP 等空间结构计算完成后，做梁柱施工图设计之前，要对计算配筋的结果作归并，从而简化出图。

梁（包括主梁及次梁）归并规定把配筋相近、截面尺寸相同、跨度相同、总跨数相同的若干组连梁的配筋选大归并为一组，从而简化画图输出。根据用户给出的归并系数，程序在归并范围内自动计算归并出有多少组需画图输出的连梁，用户只要把这几组连梁画出就可表达几层或全楼的梁施工图了。

连续梁生成和归并的基本过程是：

划分钢筋标准层，确定哪几个楼层可以用一张施工图表示。

根据建模时布置的梁段位置生成连续梁，判断连续梁的性质属于框架梁还是非框架梁。

（1）对几何条件（包括性质、跨数、跨度、截面形状与大小等）相同的连续梁归类，相同的程序称作"几何标准连续梁类别"相同，找出几何标准连续梁类别总数。

（2）对属于同一几何标准连续梁类别的连续梁，预配钢筋，根据预配的钢筋和用户给出的钢筋归并系数进行归并分组。

（3）为分组后的连续梁命名，在组内所有连续梁的计算配筋面积中取大，配出实配钢筋。

一、划分钢筋标准层

实际设计中，存在若干楼层的构件布置和配筋完全相同的情况，可以用同一张施工图代表若干楼层。在08版软件中，可以将这些楼层划分为同一钢筋标准层，软件会为各层同样位置的连续梁给出相同的名称，配置相同的钢筋。读取配筋面积时，软件会在各层同样位置的配筋面积数据中取大值作为配筋依据。

第一次进入梁施工图时，会自动弹出对话框，要求用户调整和确认钢筋标准层的定义。程序会按结构标准层的划分状况生成默认的梁钢筋标准层。用户应根据工程实际状况，进一步将不同的结构标准层也归并到同一个钢筋标准层中，只要这些结构标准层的梁截面布置相同。因为在08版新的钢筋标准层概念下，定义了多少个钢筋标准层，就应该画多少层的梁施工图。因此，用户应该重视钢筋标准层的定义，使它既有足够的代表性，省钢筋，又足够简洁，减少出图数量。

在施工图编辑过程中，也可以随时通过右侧菜单的"设钢筋层"命令来调整钢筋标准层的定义。

调整钢筋标准层的界面如图3.3-2所示。

左侧的定义树表示当前的钢筋层定义情况。点击任意钢筋层左侧的⊞号，可以查看该钢筋层包含的所有自然层。右侧的分配表表示各自然层所属的结构标准层和钢筋标准层。

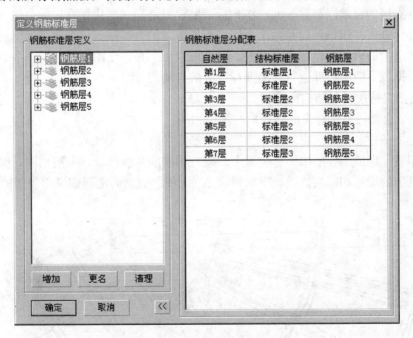

图3.3-2　钢筋标准层定义界面

钢筋层的增加、改名与删除均可由用户控制。左侧树形结构下方有三个按钮："增加"、"更名"和"清理"分别代表这三个功能。"增加"按钮可以增加一个空的钢筋标准层。"更名"按钮用于修改当前选中的钢筋标准层的名称。比较特殊的是"清理"，由于含有自然层的钢筋标准层不能直接删除（不然会出现没有钢筋层定义的自然层），所以想删除一个钢筋层只能先把该钢筋层包含的自然层都移到其他钢筋层去，将该钢筋层清空，再使用"清理"按钮，清除空的钢筋层。

有两种方法可以调整自然层所属的钢筋标准层：

（1）在左侧树表中将要修改的自然层拖放到需要的钢筋层中去（图3.3-3左）。

（2）在右侧表格中修改自然层所属的钢筋标准层（图 3.3-3 右）。

两种方法的效果相同，用户可以任选一种使用。

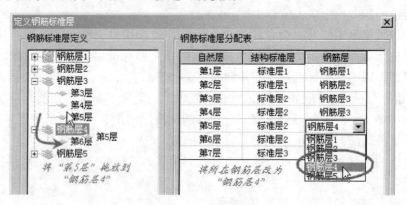

图 3.3-3   修改钢筋标准层

钢筋标准层的概念与 PM 建模时候定义的结构标准层相近但是有所不同。一般来讲，同一钢筋标准层的自然层都属于同一结构标准层，但是同一结构标准层的自然层不一定属于同一钢筋标准层。用户可以将两个不同结构标准层的自然层划分为同样的钢筋层，但应保证两自然层上的梁几何位置全部对应，完全可以用一张施工图表示（图 3.3-4）。

软件根据以下两条标准进行梁钢筋标准层的自动划分：

（1）两个自然层所属结构标准层相同

（2）两个自然层上层对应的结构标准层也相同。

符合上述条件的自然层将被划分为同一钢筋标准层。

本层相同，保证了各层中同样位置上的梁有相同的几何形状；上层相同，保证了各层中同样位置上的梁有相同的性质。下面以表 3.3-1 中的数据为例详细说明规则的运作：

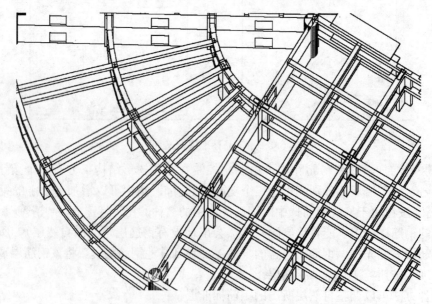

图 3.3-4   结构标准层不同但可用同一张梁施工图的两个楼层

表 3.3-1

自然层	结构标准层	钢筋标准层
第 1 层	标准层 1	钢筋层 1
第 2 层	标准层 1	钢筋层 2
第 3 层	标准层 2	钢筋层 3
第 4 层	标准层 2	钢筋层 3
第 5 层	标准层 2	钢筋层 3
第 6 层	标准层 2	钢筋层 4
第 7 层	标准层 3	钢筋层 5

第 3 层与第 4 层都被划分到钢筋层 3，是因为它们的结构标准层相同（都属于标准层 2），而且上层（第 4 层和第 5 层）的结构标准层也相同（也都属于标准层 2）。而第 6 层的结构标准层虽然也是标准层 2，但由于其上层（第 7 层）的标准层号为 3，因此不能与第 3、4、5 层划分在同一钢筋标准层。

此处的"上层"指楼层组装时直接落在本层上的自然层，是根据楼层底标高判断的，而不是根据组装顺序判断的。详细信息请参考 PMCAD 关于"广义层"的介绍。

钢筋标准层所起的作用与 05 版梁归并程序中的竖向强制归并功能类似。但与 05 版程序的实现有一些不同：

（1）05 版竖向强制归并要求同一归并段的自然层连续，08 版即使自然层不连续，也可以划分为同样的钢筋标准层。

（2）05 版是先完成本层归并，再做竖向归并，竖向归并的结果与配筋面积和归并系数有关。08 版则是无条件地按平面位置归并，同一钢筋标准层内的自然层，只要平面位置相同的连续梁都有同样的名称和配筋。

（3）08 版的梁名称是分钢筋层编号，各钢筋层都是从 KL-1 开始编号。而 05 版梁名称的编号是全楼连续的，要实现分层编号只能分次进行归并。

二、连续梁生成

梁以连续梁为基本单位进行配筋，因此在配筋之前首先应将建模时逐网格布置的梁段串成连续梁。软件按下列标准将相邻的梁段串成连续梁：

（1）两个梁段有共同的端节点。

（2）两个梁段在共同端节点处的高差不大于梁高。

（3）两个梁段在共同端节点处的偏心不大于梁宽。

（4）两个梁段在同一直线上，即两个梁段在共同端节点处的方向角（弧梁取切线方向角）相差 180°±10°。

（5）直梁段与弧梁段不串成同一个连续梁。

见图 3.3-5。

用户可以使用右侧菜单的"连梁定义"→"连梁查看"命令来查看连续梁的生成结果。如果不满意，还可以通过"连梁拆分"或"连梁合并"命令对连续梁的定义进行调整。见图 3.3-6。

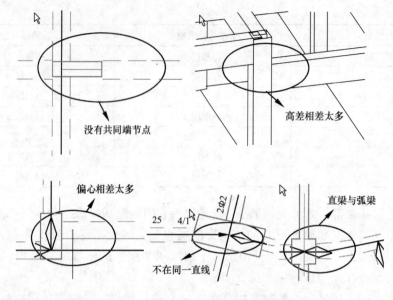

图 3.3-5　不能自动串成连续梁的各种情况

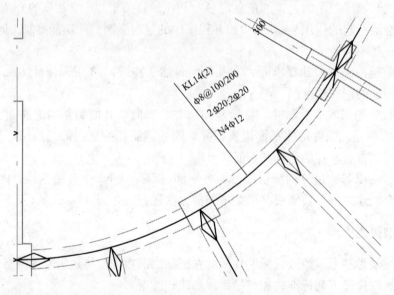

图 3.3-6　连续梁查看

图 3.3-6 为连梁查看命令的示意。软件用亮黄色的实线或虚线表达连续梁的走向，实线表示有详细标注的连续梁，虚线表示简略标注的连续梁。走向线一般画在连续梁所在轴线的位置，如果连续梁有高差，此线会发生相应的偏心。连续梁的起始端绘制一个菱形块，表达连续梁第一跨所在位置，连续梁的终止端绘制一个箭头，表达连续梁最后一跨所在位置。

三、支座调整与梁跨划分

一个连续梁由几个梁跨组成。梁跨的划分对配筋会产生很大影响。在梁与梁相交的支座处，程序要作主梁次梁判断，在端跨时作端支撑梁或悬挑梁的判断。并且根据判断情况确定是否在此处划分梁跨。其判断原则是：

（1）框架柱或剪力墙一定作为支座，在支座图上用三角形表示。

（2）当连续梁在节点有相交梁，且在此处恒载弯矩 $M<0$（即梁下部不受拉）且为峰值点时，程序认定该处为一梁支座，在支座图上用三角形表示。连续梁在此处分成两跨。否则认为连续梁在此处连通，相交梁成为该跨梁的次梁，在支座图上用圆圈表示。

（3）对于端跨上挑梁的判断，当端跨内支承在柱或墙上，外端支承在梁支座上时，如该跨梁的恒载弯矩 $M<0$（即梁下部不受拉）时，程序认定该跨梁为挑梁，支座图上该点用圆圈表示，否则为端支承梁，在支座图上用三角形表示。

（4）PM 中输入的次梁与 PM 中输入的主梁相交时，主梁一定作为次梁的支座。

按此标准自动生成的梁支座的可能不满足设计人员的要求，可以使用右侧菜单"连梁定义"→"支座修改"中对梁支座进行修改（图 3.3-7）。本软件用三角形表示梁支座，圆圈表示连梁的内部节点。对于端跨，把三角支座改为圆圈后，则端跨梁会变成挑梁；把圆圈改为三角支座后，则挑梁会变成端支承梁。对于中间跨，如为三角支座，该处是两个连续梁跨的分界支座，梁下部钢筋将在支座处截断并锚固在支座内，并增配支座负筋；把三角支座改为圆圈后，则两个连续梁跨会合并成一跨梁，梁纵筋将在圆圈支座处连通。支座的调整只影响配筋构造，并不影响构件的内力计算和配筋面积计算。一般来说，把三角支座改为圆圈后的梁构造是偏于安全的。支座调整后，软件会重配该梁钢筋并自动更新梁的施工图。

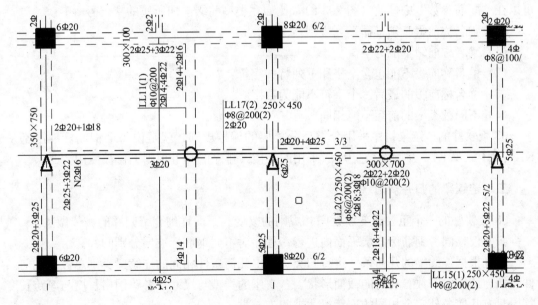

图 3.3-7　在平面图中调整梁支座

四、连续梁的性质判断与命名

软件会根据连续梁的支座特点对连续梁进行性质判断并命名。连续梁性质判断规则如下：

（1）判断是否为框架梁。如果连续梁的支座中存在框架柱，则此连续梁被认定为框架梁；否则，被认定为非框架梁。

（2）判断是框架梁否为框支、底框梁。如果框架梁上存在梁托柱的情况，则此梁被认定为框支梁。如果框架梁位于底框层，且其梁上有墙，则此梁被认定为底框梁。非框架梁不会做框支、底框梁的判断。

（3）判断框架梁是否为屋面框架梁。如果梁上不存在墙、柱等构件，则此梁被认定为屋面框架梁。非框架梁不会做屋面梁的判断。

05 版软件是根据梁所在楼层判断梁性质：位于底框层的主梁均为底框梁，位于顶层的主梁均为屋面框架梁，位于中间层的梁均为普通框架梁。与 05 版软件相比，08 版对框支梁、底框梁以及屋面框架梁的判断更为细致。按上层构件进行判断更符合设计需要。

图 3.3-8   修改梁名称前缀

08 版软件不再需要由用户指定底框层，而改为由软件自动判断。当用户通过主界面砌体结构模块的"底框梁施工图绘制"进入梁施工图模块时，软件会将最高一层的混凝土结构层判断为底框层。如果位于底框层中的主梁托着砌体墙，则将此梁判断为底框梁。

连续梁采用类型前缀＋序号的规则进行命名。默认的类型前缀为：框架梁 KL，非框架梁 L，屋面框架梁 WKL，底框梁 KZL。类型前缀可以在"配筋参数"中修改（图 3.3-8），比如在类型前缀前加所属的楼层号等。

修改梁名称前缀必须遵循下列规则：

（1）梁名称前缀不能为空。

（2）梁名称前缀不能包含空格和下列特殊字符："<> ( ) @＋＊/"。

（3）梁名称前缀的最后一个字符不能为数字。

（4）不同种类梁的前缀不能相同。

08 版软件的连续梁排序采用分类型分楼层的编号规则，就是说每个钢筋标准层都从 KL1、L1 或 WKL1 开始编号。05 版采用的全楼大排序的编号规则不再被使用。

五、连续梁的归并规则

08 版软件的一个重要改变就是归并规则的改变。下面详细介绍归并的具体做法。

归并仅在同一钢筋标准层平面内进行。程序对不同钢筋标准层分别归并。

首先根据连续梁的几何条件进行归类。找出几何条件相同的连续梁类别总数。几何条件包括连续梁的跨数、各跨的截面形状、各支座的类型与尺寸、各跨网格长度与净跨长度等。只有几何条件完全相同的连续梁才被归为一类。

接着按实配钢筋进行归并。首先在几何条件相同的连续梁中选择任意一根梁进行自动配筋，将此实配钢筋作为比较基准。接着选择下一个几何条件相同的连续梁进行自动配筋，如果此实配钢筋与基准实配钢筋基本相同（何谓基本相同见下段阐述），则将两根梁归并为一组，将不一样的钢筋取大作为新的基准配筋，继续比较其他的梁。

每跨梁比较 4 种钢筋：左右支座、上部通长筋、底筋。每次需要比较的总种类数为跨数×4。每个位置的钢筋都要进行比较，并记录实配钢筋不同的位置数量。最后得到两根梁的差异系数：差异系数 ＝ 实配钢筋不同的位置数÷（连续梁跨数×4）。如果此系数小于归并系数，则两根梁可以看作配筋基本相同，可以归并成一组。

从上面的归并过程可以看出，归并系数是控制归并过程的重要参数。归并系数越大，则归并出的连梁种类数越少。归并系数的取值范围是 0～1，缺省为 0.2。如果归并系数取 0，则只有实配钢筋完全相同的连续梁才被分为一组，如果归并系数取 1，则只要几何条件相同的连续梁就会被归并为一组。

六、连续梁拆分与合并

如果用户对系统自动生成的连续梁结果不满意，可以进行手工的连续梁拆分和合并。连梁拆分和连梁合并都是 08 版新增的功能。

可以使用右侧菜单"连梁定义"→"连梁拆分"命令中对已经生成的连续梁进行拆分（图 3.3-9）。点击命令后在图上选择要拆分的连续梁，然后选择从哪个节点拆分。系统会进行确认提示："确定要拆分所选连续梁吗？"。选择"是"即可拆分所选连续梁。拆分后第一根梁会沿用原来的名称，第二根梁将会被重新编号并命名。

图 3.3-9　连续梁拆分

选择拆分节点时需要注意两点：一是只能从中间节点拆分，端节点不能作为拆分节点。二是只能从支座节点（就是查看支座时显示为三角的节点）拆分，非支座节点（就是查看支座时显示为圆圈的节点）不能拆分。如果拆分节点不合要求，系统会给出提示，不予拆分。

如果存在其他与欲拆分梁同名的连续梁，则系统会提示是拆分一组梁还是拆分一根梁（图 3.3-10）。如果选择"同时拆分同名连续梁"，则名称相同的一组梁全部被拆分，如果选择"只拆分所选连续梁"，则只拆分一根连续梁，拆分后形成的两根连续梁都会被重新

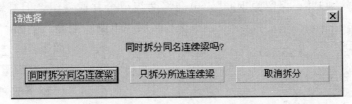

图 3.3-10　拆分同名梁时的提示

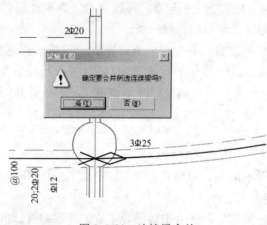

图 3.3-11　连续梁合并

命名。

可以使用右侧菜单"连梁定义"→"连梁合并"命令中对已经生成的连续梁进行合并（图 3.3-11）。点击命令后在图上选择要合并的两根连续梁，系统会进行确认提示："确定要合并所选连续梁吗？"。选择"是"即可合并所选连续梁。合并后的新梁会重新命名。

合并连续梁时，待合并的两个连续梁必须有共同的端节点，且在共同端节点处的高差不大于梁高，偏心不大于梁宽。不在同一直线的连续梁可以手工合并，直梁与弧梁也可以手工合并。

七、更改连续梁名称

可以使用右侧菜单"连梁定义"→"修改梁名"命令中更改连续梁的名称。点击命令后选择欲改名的连续梁，弹出如图 3.3-12 所示的更名界面。输入连续梁的新名称并点击"确定"即可完成更改梁名的操作。

图 3.3-12　修改梁名

更名界面中有一选项"同组梁名称同时修改"，如果勾选此项，则所有名称相同的一组梁都会被改名，如果不选此项，则只有选中的梁名称被修改。此选项默认处在勾选状态，实现的是简单的成组更名功能。不选此项更名即可将某根连续梁从一组连续梁中独立出来，单独进行配筋和钢筋修改。

使用修改梁名还可以将不同组的连续梁归并成同一组。只要将其中一组梁的名称改成与另一组相同就可以。系统在执行改名操作前会先检查是否有同名连续梁。

如果发现同名连续梁，但是两组梁几何信息不同，则认为更名失败，自动取消更名操作。

如果发现同名连续梁且两组梁几何信息相同可以归并，则给出如图 3.3-13 的提示。各选项含义如下：

（1）如果选择"取消更名"则本次操作取消，梁名不变。

（2）如选择"归并，重新选筋"则将两组梁合并成一组，并根据配筋面积最大值自动选筋。

（3）如选择"归并，保留原钢筋"，也会将两组梁合并成一组，但是钢筋将采用未改名那一组梁的配筋。例如，将 L1 改成 L2，且原来也有一组叫 L2 的连续梁可以归并，系统会归并两组梁并保留原来叫 L2 的那一组梁上的配筋。保留下来的钢筋不一定符合新加入那一组梁（本例里指原来叫 L1 的

图 3.3-13　发现同名梁时的提示

连续梁）的要求，因此选择保留原钢筋时，应谨慎核查。

第二节 自 动 配 筋

08 版梁施工图模块的自动配筋规则与 05 版软件基本一致，在一些细部做了修改，同时添加了一些配筋参数，使自动配筋过程更加符合实际工程需要，更加灵活。

自动配筋的基本过程是：（1）选择箍筋；（2）选择腰筋；（3）选择上部通长钢筋和支座负筋；（4）选择下筋；（5）其他钢筋的选择和调整。

下面介绍各步过程的具体做法。

一、选择箍筋

计算软件输出的各种箍筋计算面积，包括各截面的配箍面积包络 A_{stv}、距支座 $1.5h_0$ 处的配箍面积 A_{stm}、抗扭单肢箍筋面积 A_{st1} 等，施工图软件根据这些数据和连续梁特性选配加密区箍筋和非加密区箍筋。选配箍筋的具体过程如下：

（1）确定最小箍筋直径。箍筋的最小直径根据梁的抗震等级和性质（是否框架梁）确定。根据《混凝土结构设计规范》（GB 50010—2002）第 11.3.6.3 条，一级抗震的框架梁箍筋最小直径为 10mm，二、三级抗震框架梁箍筋最小直径为 8mm。根据《混凝土结构设计规范》（GB 50010—2002）第 10.2.11 条，对四级抗震、非抗震框架梁及非框架梁，如果梁高 $h>800mm$，箍筋最小直径为 8mm，如果梁高 $h\leqslant800mm$ 箍筋最小直径为 6mm。如有必要，还根据 A_{st1} 对最小直径进行放大。如果抗扭单肢箍筋面积 A_{st1} 大于单根最小直径钢筋的面积，则放大最小直径，直到单根最小直径钢筋的面积大于 A_{st1} 为止。

（2）确定箍筋最小肢数。最小箍筋肢数根据梁宽和最大箍筋肢距确定。根据《混凝土结构设计规范》（GB 50010—2002）第 11.3.8 条，一级抗震的框架梁箍筋最大肢距为 max（200mm，20d），二、三级抗震的框架梁箍筋最大肢距为 max（250mm，20d），其他梁箍筋最大肢距为 300mm。软件据此计算最小肢数 $N=(b-2c)/v$，其中 b 为梁宽，c 为保护层厚度，v 为箍筋最大肢距。选筋时用最小肢数作为初始肢数，如果最小肢数为单数，则初始肢数会自动加 1 以保证自动选择的箍筋不会出现单肢箍。

（3）选择加密区箍筋。加密区的箍筋间距程序固定取 min（100mm，$h/4$），其中 h 为梁高。根据已取得的直径、肢数、间距可以计算实配箍筋面积，如果小于计算配箍面积，则放大直径。如果直径放大到选筋库中的最大值仍不满足要求，则放大箍筋肢数。通常通过调整直径和肢数即可使配箍面积满足要求，特殊情况下，如果直径和肢数都已经最大面积仍不满足，则减小箍筋间距，每次减小 25mm，直到箍筋面积满足要求或箍筋间距减小到 25mm 为止。

（4）选择非加密区箍筋。加密区长度通常按《混凝土结构设计规范》（GB 50010—2002）第 11.3.6-2 条选取。一级抗震框架梁加密区长度取 max（2h，500mm），二至四级抗震框架梁加密区长度取 max（1.5h，500mm）；对框支、底框梁，如果上部支撑的墙上有开洞，则箍筋全长加密；否则，加密区长度取 max（0.2L_n，1.5h），其中 L_n 为梁净跨长，h 为梁高。对非框架梁、非抗震框架梁，如果计算需要箍筋加密，则加密区长度按 max（1.5h，500mm）计算。非加密区箍筋计算面积取配箍面积包络在非加密区的最大值。非加密区的直径、肢距与加密区相同，间距取 2 倍加密区间距。如果实配面积小于计算面积，则减小非加密区间距，直到实配面积满足或非加密区箍筋间距等于加密区箍筋间距为止。

（5）《混凝土结构设计规范》第 10.2.11 条规定箍筋直径不得小于受压纵向钢筋直径的 0.25 倍。在配完纵筋后，软件进行此项检查，如果箍筋直径不满足要求，则对箍筋直径进行放大。

以上是 08 版的箍筋配筋方法，此方法与 05 版及以前版本所使用的方法基本相同，但有两点改进：其一，在配筋参数中添加了箍筋选筋库，用户可以配箍筋时所使用的钢筋直径。其二，框支、底框梁不再全部全长加密，而是增加了梁上墙是否有洞口的判断条件，这与规范规定更为贴近。

二、选择腰筋

根据是否参与受力的不同，腰筋分构造腰筋与抗扭腰筋两种。程序根据计算软件输出的抗扭纵筋面积 A_{stt} 是否大于 0 判断腰筋的性质并给出配筋。

构造腰筋的选择方法遵循《混凝土结构设计规范》（GB 50010—2002）第 10.2.16 条的规定：当梁的腹板高度 $h_w \geqslant 450$mm 时，在梁的两个侧面应沿高度配置纵向构造钢筋，每侧纵向构造钢筋（不包括梁上、下部受力钢筋及架立钢筋）的截面面积不应小于腹板截面面积 bh_w 的 0.1%，且间距不宜大于 200mm。除此之外，软件还设置了腰筋最小直径的参数，即腰筋最小选择 12mm，用户可以自行修改。

框支、底框梁的构造腰筋选择还应满足《建筑抗震设计规范》（GB 50011—2001）第 7.5.4.3 条要求：沿梁高应配置腰筋，数量不小于 2Φ14，间距不大于 200mm。

抗扭腰筋的选择方法基本同构造腰筋，但有两点需要注意：首先，如果需要纵筋抗扭，则一定选配至少 2 根腰筋，即不考虑 $h_w \geqslant 450$mm 才配腰筋的规定。其次，如果根据构造选出的腰筋面积小于抗扭纵筋面积 A_{stt}，软件不会增加腰筋根数或直径，而是直接将多出来的那部分抗扭纵筋面积分配到顶筋和底筋上。

此处应注意腹板高度 $h_w = h_0 - h_f$，其中 h_0 为截面的有效高度，h_f 为上部翼缘厚度，如果梁两侧有现浇板，则 h_f 为两侧板厚的较大值。

"最小腰筋直径"是 08 版新加的配筋参数（图 3.3-14）。用户可以通过此参数控制腰筋的选择。

三、纵筋的选择方法

08 版增加了一个参数："主筋优选直径"，相应的纵筋选择方法与 05 版及以前的版本有所不同。本节介绍纵筋的选择方法及参数"主筋优选直径"的含义。

选择纵筋的基本原则是尽量使用优选直径，尽量不配多于两排的钢筋。首先根据箍筋肢数确定最小的单排根数，根据《混凝土结构设计规范》（GB 50010—2002）第 10.2.1 条确定最大的单排根数（钢筋直径假定为主筋优选直径，见图 3.3-15），然后用计算配筋面积除以优选直径的面积得到优选钢筋根数。如果优选钢筋根数大于最小单排根数且小于等于 2×最大单排根数，则选筋完毕。如果优选钢筋根数过小（小于等于最小单排根数），说明计算配筋面积小，需要减小钢筋直径。如果优选钢筋根数过大（大于 2×最大单排根数），说明计算配筋面积大，需要增大钢筋直径。如果使用主筋选筋库中的最大直径仍然不能满足计算配筋面积，说明计算配筋面积过大，两排配筋已经不能满足要求，则将钢筋直径固定为最大直径，增大钢筋根数直到满足要求。

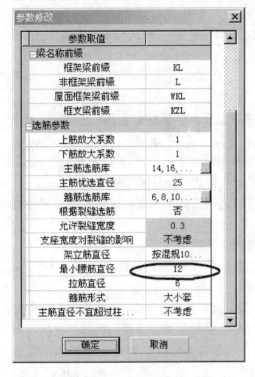

图 3.3-14　最小腰筋直径　　　　　　　　　图 3.3-15　主筋优选直径

从上面的配筋过程可以看出，大部分梁的自动配筋均使用优选直径。这样就减少了钢筋种类数，降低了施工难度。

四、选择通长筋与支座负筋

根据一般的施工习惯，梁的上部钢筋在支座是连通的，且有部分上筋是通长延伸多跨。因此梁上部钢筋并不是分跨选配，而需要考虑整根连续梁的情况。

考虑到连续梁各跨可能出现偏心、高差、截面尺寸不同等情况，并不是每个支座处的左右负筋都能够连通。软件在自动配筋时，首先找到有上述情况的支座进行分段，将上筋分成一段一段进行配筋。如果连续梁中没有上述情况，则整根连续梁作为一段进行配筋。

分好段后，对每段梁按下列四步进行配筋：

（1）选择钢筋直径。由于每段梁的上筋都至少有一部分是连通各跨的，所以各跨支座配筋都应该使用统一的直径。程序的做法是将整段梁的各个支座都配一遍钢筋，然后在所有支座配筋中选择直径最大的作为此段梁上筋使用的统一直径。

（2）根据统一的直径计算配筋面积反算各支座需要的钢筋根数。

（3）根据配筋包络图及相关构造要求确定各跨需要连通的钢筋根数，配出跨中通长钢筋。

（4）调整支座负筋直径。如果将支座负筋的某几根钢筋直径减小仍能满足配筋面积要求，则使用较小直径的钢筋以减少实配钢筋量。出于受力合理的考虑，减小的钢筋直径与初选钢筋直径的差异不会大于 5mm。

上述过程与 05 版及以前的软件有两点不同：（1）碰到支座负筋不能连通的地方会分段配筋。（2）08 版通长钢筋的根数根据计算确定，而 05 版则只有两种选择：两根连通或第一排上筋全部连通。对于配筋面积较大的大尺寸梁，此项修改可以节约一定的钢筋用量。

五、选择下筋

下筋根据配筋面积和前面所叙述的配筋方法进行选取，但是需要注意下筋的配筋面积可能经过调整。

程序选配纵筋时使用的纵筋计算配筋面积（包括上筋和下筋）按如下过程选取：

（1）程序读取计算软件输出的各截面计算配筋面积作为纵筋计算面积的初始值。

（2）如果 PM 中输入的钢筋等级与计算软件输入的钢筋强度不能对应，软件要做相应的等强度代换。

（3）乘上用户在"配筋参数"中输入的"上筋放大系数"或"下筋放大系数"。

（4）如果腰筋不满足抗扭要求，将腰筋不能承担的配筋面积分配到主筋的计算面积上。

以上是上筋、下筋通用的计算配筋面积读取过程。对于抗震框架梁，其下筋面积还需要根据《混凝土结构设计规范》第 11.3.6.2 条作出调整：框架梁梁端截面的底部和顶部纵向受力钢筋截面面积的比值，除按计算确定外，一级抗震等级不应小于 0.5，二、三级抗震等级不应小于 0.3。需要注意此条规定针对实配钢筋面积。这也是软件配完上筋才能配下筋的原因所在。

为配合图集 03G101—1 的做法，08 版软件可以输入不伸入支座的负筋。但是在自动配筋时，软件不会自动生成不入支座的负筋。

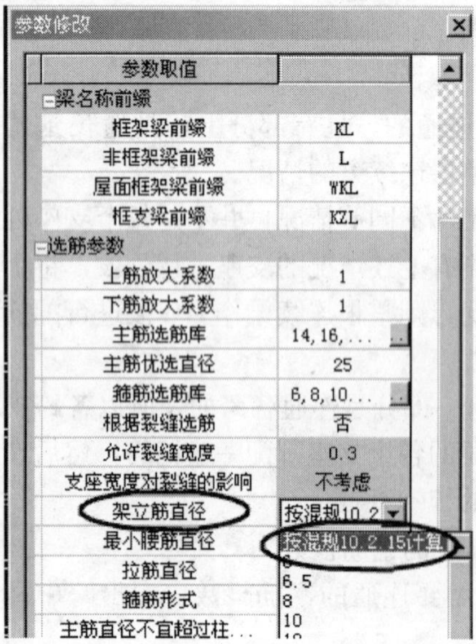

图 3.3-16　架立筋直径

六、其他钢筋的选择与调整

纵筋、箍筋和腰筋构成了梁的主体骨架，除这些这些钢筋外，梁中还包含架立筋、次梁附加筋等其他构造钢筋。对于这些钢筋软件也会给出自动配筋结果。

通长筋和箍筋确定后，架立筋的根数就确定了。程序只需选择架立筋直径。《混凝土结构设计规范》（GB 50010—2002）第 10.2.15 条规定：梁内架立筋的直径，当梁跨度小于 4m 时，不宜小于 8mm，当梁跨度 4～6m 时，不宜小于 10mm，当梁跨度大于 6m 时，不宜小于 12mm。05 版及以前的软件取此条规定中的较大值 12mm。08 版则将"架立筋直径"作为参数提供给用户，如果用户选择"按混规 10.2.15 计算"（图 3.3-16），则不同梁跨会选出不同直径的架立筋。

次梁附加筋的选择方法与 05 版相同：次梁加密箍筋固定为左右各加 3 个箍，如果不满足次梁集中力的要求则加 2 根吊筋，吊筋直径根据计算确定。

第三节　正常使用极限状态验算

根据实配钢筋和计算内力进行梁的正常使用极限状态验算是梁施工图模块的重要功能之一。08 版在 05 版的基础上对此部分进行了扩展，使之实用性更强。此部分主要的改进有：

（1）挠度计算和裂缝计算添加计算书功能，方便查看计算过程和中间结果。

（2）挠度图和裂缝图采用多文档形式显示，切换更方便。

（3）挠度图和裂缝图的显示位置与平法施工图连动，用户查阅更方便。

（4）挠度超限部位增加红色显示，使之更醒目。

（5）挠度图比例可调，便于生成更美观的图面。

（6）挠度计算增加参数"现浇板是否考虑翼缘"。

（7）增加次梁挠度的计算与显示。

一、挠度图与挠度计算

梁钢筋模块可以进行梁的长期挠度计算，并将计算结果以挠度曲线的形式绘出（图 3.3-17）。用户可以查询各连续梁的挠度。

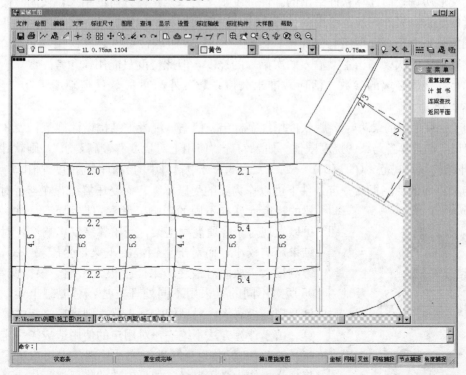

图 3.3-17　挠度图

长期挠度是根据梁的长期刚度用结构力学计算方法（图乘法）计算的，其中梁长期刚度 B 在等截面构件中可假定各同号弯矩段内刚度相等，并取用该区段内最大弯矩处的刚度。长期刚度的算法不仅考虑荷载效应标准组合，还需要考虑荷载长期作用的影响，其公式如下：

$$B = \frac{M_k}{M_q(\theta - 1) + M_k} B_s$$

软件不但可以计算混凝土梁的长期挠度，还可计算型钢混凝土组合梁的长期挠度。两种不同构件的主要区别在于短期刚度 B_s 的计算方法不同。

混凝土梁的具体算法请参见《混凝土结构设计规范》（GB 50010—2002）8.2 节，其短期刚度公式为：

$$B_s = \frac{E_s A_s h_0^2}{1.15\psi + 0.2 + \dfrac{6\alpha_E \rho}{1 + 3.5\gamma_f}}$$

型钢混凝土梁的具体算法请参见《型钢混凝土组合结构技术规程》（JGJ 138—2001）的 5.3 节，其短期刚度公式为：

$$B_s = \left(0.22 + 3.75 \frac{E_s}{E_c} \rho_s\right) E_c I_c + E_a I_a$$

比较两个公式可以发现混凝土梁的刚度主要由受拉钢筋面积 A_s 和有效高度 h_0 决定。而型钢混凝土梁的刚度则主要由型钢的刚度 $E_a I_a$ 决定。通常型钢刚度较大，这也是加入型钢可以有效降低梁挠度的原因。

长期挠度的计算是假定连续梁为简支连续梁，并不考虑支座的位移，也不考虑交叉梁之间的变形协调；而计算软件给出的弹性挠度则是有限元整体分析的结果，使用时需要注意二者的区别。另外，规范给出的计算公式是以框架梁为试验依据的，将其应用在非框架梁或交叉梁系上是否合理还有待商榷。因此，尽管 08 版软件可以计算次梁（包括在 PM 中当次梁输入的次梁和当主梁输入的次梁）的挠度，但此挠度只能用作参考。

除计算挠度必填的参数"活荷载准永久值系数"外，08 版软件还新增了 3 个参数，如图 3.3-18 所示。

对于挠度超限的梁跨，08 版软件用红字标出。依据《混凝土结构设计规范》表 3.3.2，程序可以自动计算各跨梁的挠度限值。如果勾选"使用上对挠度有较高要求"，则软件采用《混凝土结构设计规范》（GB 50010—2002）表 3.3.2 中括号中的数值作为挠度现值。

与梁相邻的现浇板在一定条件下可以作为梁的受压翼缘，而受压翼缘存在与否对不同梁的挠度计算有不同的影响。考察短期刚度的计算公式，可以发现对于普通混凝土梁，受压翼缘仅影响 γ_f，对最终结果影响较小，而对于型钢混凝土梁，受压翼缘对 I_c 的影响很大，从而对最终结果产生很大影响。根据此特点，05 版对不同的梁采用不同处理方法：对混凝土梁，没有计及现浇板翼缘，对型钢混凝土梁，则将现浇板按翼缘计算。由于计算方法不统一，对用户的使用造成了一定的困扰。故此 08 版对此问题进行统一处理：由用户决定是否将现浇板作为受压翼缘。如果勾选"将现浇板作为受压翼缘"，则软件按《混凝土结构设计规范》（GB 50010—

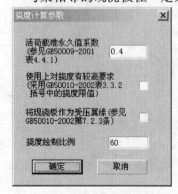

图 3.3-18 挠度计算参数

2002）第 7.2.3 条计算受压翼缘宽度。

参数"挠度图绘制比例"表示 1mm 的挠度在图上用多少 mm 表示。此数值越大，则绘制出的挠度曲线离梁轴线越远。

挠度图界面中新增加了"计算书"命令（图 3.3-19）。计算书输出挠度计算的各种中间结果，包括各工况内力、标准组合、准永久组合、长期刚度、短期刚度等。对于有疑问的梁跨，可以使用计算书进行复核。

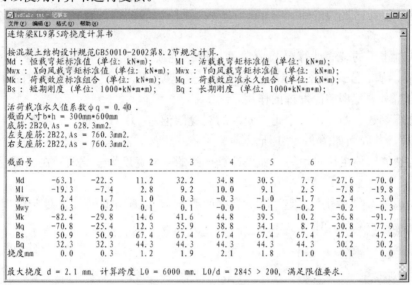

图 3.3-19 挠度计算书

二、裂缝图与裂缝计算

"裂缝图"命令可以计算并查询各连续梁的裂缝，绘制好的裂缝图如图 3.3-20 所示。

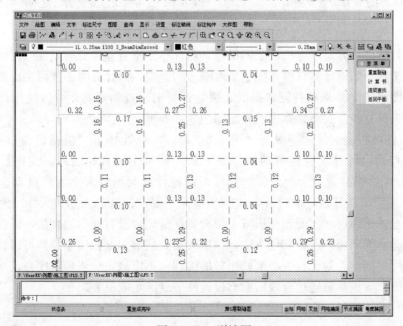

图 3.3-20 裂缝图

图上标明各跨支座及跨中的裂缝。

梁的裂缝是按荷载效应标准组合并考虑长期作用影响计算的。混凝土梁的裂缝计算公式请参见《混凝土结构设计规范》8.1 节，其基本公式为

$$w_{\max} = \alpha_{cr} \psi \frac{\sigma_{sk}}{E_s} \left(1.9c + 0.08 \frac{d_{eq}}{\rho_{te}} \right)$$

其中，ψ 为受拉钢筋应变不均匀系数，σ_{sk} 为受拉钢筋等效应力，c 为最外层纵向受拉钢筋外边缘至受拉区底边的距离（mm），d_{eq} 为受拉钢筋的等效直径，ρ_{te} 为受拉钢筋的配筋率。

型钢混凝土梁的裂缝计算公式请参见《型钢混凝土组合结构技术规程》《(JGJ 138—2001)5.2 节，基本公式与普通混凝土梁相同，但是 ψ、σ_{sk}、d_{eq} 和 ρ_{te} 等参数的计算方法有所不同，均需考虑型钢截面发挥的作用。

裂缝计算参数有两个，一个是"允许的裂缝限值"，另一个是"是否考虑支座宽度对裂缝的影响"，其界面如图 3.3-21 所示。

允许的裂缝限值由用户填写，如果计算得到的裂缝宽度大于此值，在图面上将以红色显示。

如果勾选了参数"考虑支座宽度对裂缝的影响"，程序在计算支座处裂缝时会对支座弯矩进行折减，折减公式如下（图 3.3-22）。

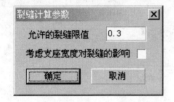

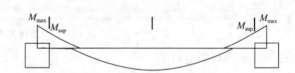

图 3.3-21　裂缝计算参数界面　　　　图 3.3-22　考虑支座宽度对裂缝的影响

$$M_{sup} = M_{\max} - \min(0.3M_{\max}, VB/3)$$

由于计算软件计算时不考虑柱截面尺寸，而计算支座裂缝需要的是柱边缘的弯矩，所以进行以上折减。如果计算软件考虑了节点刚域的影响，则计算时不宜再考虑此项折减。

与挠度图类似，08 版软件同样提供了裂缝计算书的查询功能，可以使用计算书对有问题的梁跨进行复核。裂缝计算书的界面如图 3.3-23 所示。

08 版软件可根据裂缝选择纵筋（图 3.3-24）。如果选择了"根据裂缝选筋"，则软件在选完主筋后会计算相应位置的裂缝（下筋验算跨中下表面裂缝，支座筋验算支座处裂缝）。如果所得裂缝大于允许裂缝宽度，则将计算面积放大 1.1 倍重新选筋。重复放大面积、选筋、验算裂缝的过程，直到裂缝满足要求或选筋面积放大 10 倍为止。

需要注意的是通过增大配筋面积减小裂缝宽度是比较没有效率的做法，通常钢筋面积增大很多裂缝才能下降一点。其他方法，如增大梁高或增大保护层厚度则可以比较迅速的减小裂缝宽度。因此，对比较关心钢筋用量的工程，不应该完全依赖程序自动增加钢筋的方法减小裂缝，应该尽量通过合理的截面设计使裂缝满足限值要求。

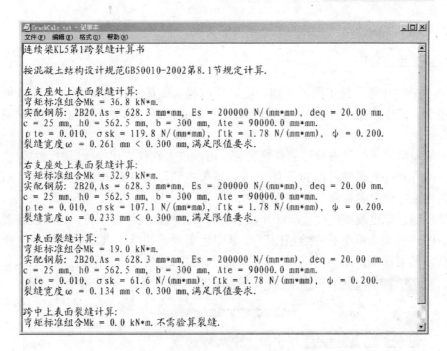

图 3.3-23 裂缝计算书

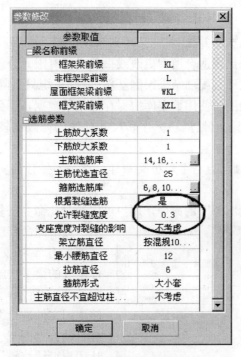

图 3.3-24 根据裂缝选筋

第四节 梁施工图的表示方式

梁施工图模块可以输出平法图、立剖面图、三维示意图等多种形式的施工图。本节主要介绍各种施工图的特点以及与施工图相关的功能。

一、施工图的管理

08 版的软件加强了施工图的管理功能，所有模块的施工图均放在"工程目录 \ 施工图"路径下，其中"工程目录"是当前工程所在的具体路径。梁平法施工图的缺省名称为 PL*.T,

其中的星号"*"代表具体的自然层号。每次进入软件或切换楼层时，系统会在施工图目录下搜寻相应的缺省名称的 T 图文件，如果找到，则打开旧图继续编辑，如果没有找到，则生成已缺省名称命名的 T 图文件。

如果模型已经更改或经过重新计算，原有的旧图可能与原图不符，这时就需要重新绘制一张新图。右侧菜单中的"绘新图"命令即是实现此功能。点此命令后，会弹出如图 3.3-25 所示的对话框，用户可以选择绘新图时所进行的操作。各相关选项的含义如下：

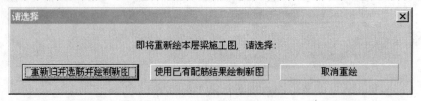

图 3.3-25　绘制新图时的对话框

（1）如果选择"重新选筋并绘制新图"，则系统会删除本层所有已有数据，重新归并选筋后重新绘图，此选项比较适合模型更改或重新进行有限元分析后的施工图更新。

（2）如果选择"使用已有配筋结果绘制新图"，则系统只删除施工图目录中本层的施工图，然后重新绘图。绘图时使用数据库中保存的钢筋数据，不会重新选筋归并。此选项适合模型和分析数据没变，但是钢筋标注和尺寸标注的修改比较混乱，需要重新出图的情况。

（3）"取消重绘"选项与点右上角小叉一样，都是不做任何实质性操作，只是关掉窗口，取消命令。

软件还提供了"编辑旧图"的命令，用户可以通过此命令反复打开修改编辑过的施工图。点击此命令后，软件会搜索施工图目录下所有 T 图文件，如果发现有本版软件生成的梁平法施工图，则弹出对话框如图 3.3-26 所示，用户可选取想要打开的施工图文件进行编辑。打开旧图后，软件会自动根据图形上的标注位置更新图面，让用户继续编辑。

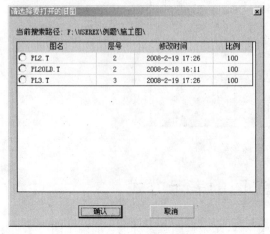

图 3.3-26　编辑旧图

二、平法图的绘制

平面整体表示法施工图，简称平法图，已经成为梁施工图中最常用的标准表示方法。该法具有简单明了，节省图纸和工作量的优点。因此从 05 版软件开始，梁施工图软件一直把平法作为软件最主要施工图表示法（图 3.3-27）。

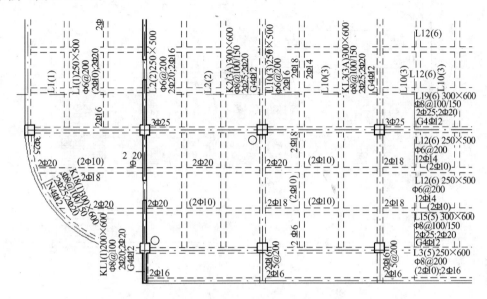

图 3.3-27　平法施工图

软件绘制的平法施工图完全符合图集《03G101—1 混凝土结构施工图平面整体表示方法制图规则和构造详图》。主要采用平面注写方式，分别在不同编号的梁中各选一根梁，在其上使用集中标注和原位标注注写其截面尺寸和配筋具体数值。

为方便输入，软件在修改钢筋时使用字母 A、B、C、D、E 来代表不同的钢筋等级。绘图时，也可以使用字母代替国标符号ΦΦΦ等表示钢筋等级。在配筋参数，软件提供了钢筋等级符号使用国标符号还是英文字母的选项（图 3.3-28）。

图 3.3-28　钢筋等级符号的选择

三、立剖面图的绘制

立剖面图表示法是传统的施工图表示法，现在虽因其绘制繁琐而使用人数渐渐减少，但其钢筋构造表达直接详细的优点是平法图无法取代的。08 版软件的绘制的立剖面图如图 3.3-29 所示。08 版立剖面图中所有钢筋均使用多义线图素 PLINE 一笔绘制完成，钢筋弯折处也按照实际的弯折半径绘制圆弧，这样可使绘制的图面更加美观规范，同时也方便用户对施工图进行修改。

绘制立剖面图的具体方法是点击右侧菜单"立剖面图"命令，选择需要出图的连续梁。软件会标示将要出图的梁，同时用虚线标出所有归并结果相同并要出图的梁。一次可以选择多根连续梁出图，所选的连续梁均会在同一张图上输出。由于出图时图幅的限制，一次选梁不宜过多；否则，布置图面时程序将会把立面图或剖面图布置到图面外。选好梁后，按下右键或 Esc 键结束选择。接下来程序会要求输入绘图参数。

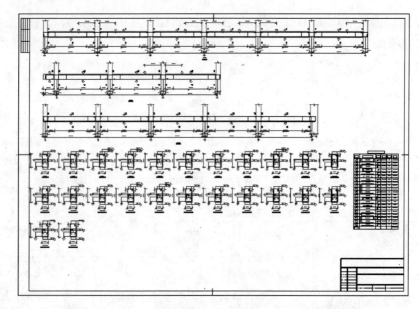

图 3.3-29 立剖面图

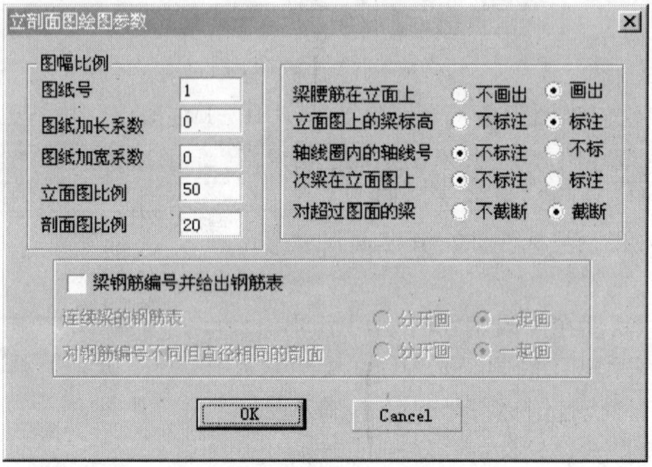

图 3.3-30 立剖面画法绘图参数

绘图参数界面如图 3.3-30 所示。用户在这里输入图纸号、立面图比例、剖面图比例等参数，程序依据这些参数进行布置图面和画图。下面简单介绍一下各参数的含义。

图纸号指用几号图纸画图，这个系数与图纸加长系数和图纸加宽系数一起确定了图幅大小。立面图比例和剖面图比例分别指定画立面图和剖面图时采用的比例尺，例如上图中立面图比例为 50 是指用 1：50 的比例绘制立面图。界面右侧的一些选项指定了一些具体图素的画法，各选项的含义都比较清晰，这里不一一说明了。

立剖面画法可以对每个连梁的钢筋进行汇总，要看汇总结果，请点选"梁钢筋编号并给出钢筋表"选项，这时程序会为本张图上的每个梁提供一个钢筋表。关于钢筋表的详细信息，请参考下节"两种立剖面画法的比较"。

参数定义完毕后就可以正式出图了。立剖面图的默认保存路径是施工图目录，如果一次选择多根连续梁，则默认的文件名是 LLM. T，如果一次选择一根连续梁，将用连续梁的名字作为默认的图名。路径和图名都可以修改，用户按程序提示输入图名（图 3.3-31），然后程序会自动绘制出施工图。

图 3.3-31　输入图名

四、两种立剖面画法的比较

立面施工图提供了两种画法，有钢筋表的画法和无钢筋表的画法。

有钢筋表时，程序要在图面上给出每根钢筋的编号并画出钢筋表，只有直径且长短弯钩尺寸均相同的钢筋才会编为一个号，虽根数直径相同，但钢筋编号不同的剖面不能合并为同一个剖面，因此有钢筋表时剖面数量较多，所费图纸也较多。针对此种情况，绘图参数中提供了一个选项，可以把两个截面相同，且钢筋直径根数相同，但钢筋编号不同的剖面合并在一处画出，这时可省略部分图面。

有钢筋表时，图面的特点是：

（1）立面图上标注每种钢筋编号，不写根数与直径，不注弯钩尺寸。

（2）剖面图上标注每种钢筋编号，且标注根数与直径。

（3）列出钢筋表，表中标注每种钢筋详细尺寸，且有数量统计。

图 3.3-32 是有钢筋表画法的示例。可以看出在有钢筋表图纸上，每种钢筋是通过立面、剖面和钢筋表三个方面才能表达完整，优点是钢筋表达全面，有材料统计，缺点是图纸量较多。

无钢筋表画图时，程序作剖面归并时仅依据截面尺寸和钢筋的根数、直径，可以比有钢筋表时剖面数量少很多，此时图面的特点是：

（1）立面图上不标钢筋编号，直接标注每种钢筋根数与直径，并且标注每种纵向钢筋弯钩的尺寸。

（2）剖面上不标钢筋编号，标注每种钢筋根数与直径。

（3）没有钢筋表。

图 3.3-33 是无钢筋表画法的示例，可以看出，对于无钢筋表时的图纸，在立面上即可读到每种钢筋的数量和构造，在剖面图上可看到它的排列及构造钢筋，图纸表达直观，节省图面，缺点是无材料统计表。

两种画法各有优劣，用户可以根据实际需要自行选择。

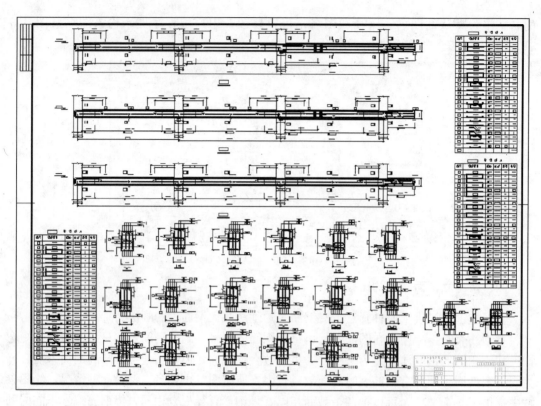

图 3.3-32　有钢筋表画法示例

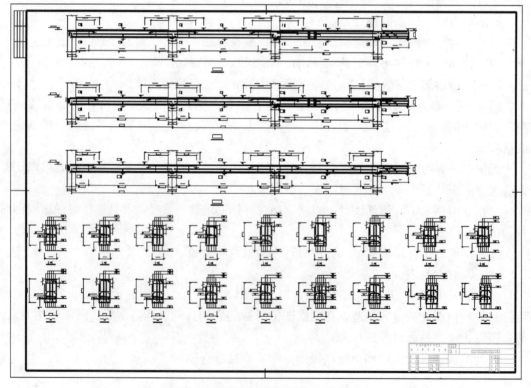

图 3.3-33　无钢筋表画法示例

五、三维图的绘制

与立剖面图相比，三维图更能直观的体现各构件的空间位置以及钢筋的构造特点与摆放情况。08版软件新增了三维图绘制方法，便于用户直观的判断钢筋构造是否合理（图3.3-34）。

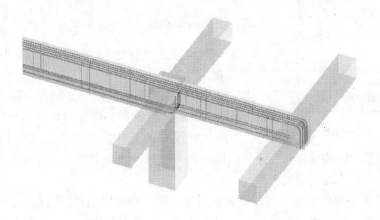

图 3.3-34　梁三维渲染图（局部）

第五节　钢筋修改与查询功能

钢筋的查询与修改是施工图软件的重要功能。此次改版在此方面做了大量细部修改，力图使钢筋设计和图面修改更简捷和人性化。主要的修改有以下几个方面：

(1) 提供即点即改的修改标注功能。

(2) 强化单梁修改功能和表式改筋功能，钢筋改动引起的变化提示更及时，更详细。

(3) 取消05版不太常用的立面改筋模式。

(4) 增加连梁重算功能，可以将修改乱了的梁配筋可以恢复到原始状态。

(5) 增加全部重算功能，可以在保留图面布局的情况下进行钢筋的自动重配。

(6) 动态提示给出的信息更详细完整。

(7) 强化梁标注显示/隐藏功能，分类更加多样。

(8) 增加连梁查找功能，可以根据名称快速找到需要修改的连续梁。

下面详细介绍各处修改的具体情况。

一、强化的原位标注功能

在08版中，双击钢筋标注即可进行修改（图3.3-35）。能够修改的项目包括所有的原位标注和集中标注。

具体操作方法是双击任意钢筋标注（集中标注或原位标注均可），在系统弹出的编辑框修改钢筋，按回车确认修改并退出对话

图 3.3-35　双击即可进行标注修改

框。也可在编辑状态双击其他标注继续编辑。

05 版软件中曾提供一个"原位标注"的命令，用户可以使用该命令直接修改各梁的原位标注。08 版的双击修改修改标注功能完全可以替代 05 版的"原位标注"命令，且操作更简便。因此，05 版中的"原位标注"命令在 08 版中被取消了。

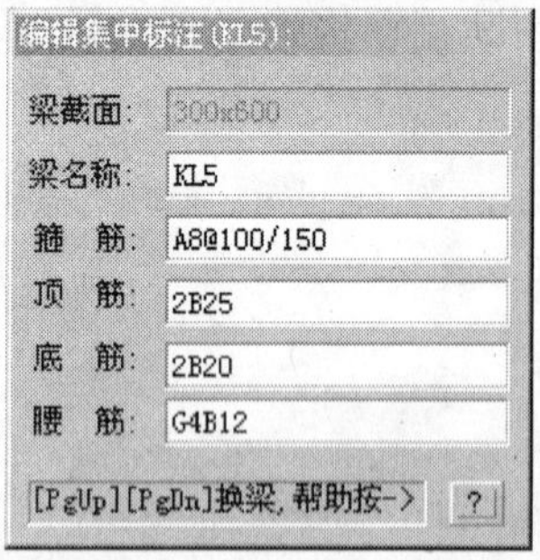

二、连梁修改功能

08 版的连梁修改功能与 05 版基本相同，其基本界面如图 3.3-36 所示。

连梁修改功能主要是修改连续梁的集中标注信息，包括箍筋、顶筋、底筋、腰筋等。修改的原则与 05 版软件基本相同：当钢筋发生修改后（例如底筋由 2B20 改为 2B22），

图 3.3-36　连梁修改功能

所有与原来钢筋相同的梁跨和标注为空的梁跨均被修改（例如所有原来底筋为 2B20 的梁跨和没有底筋的梁跨底筋变为 2B22）。

08 版软件的界面中增加了修改梁名称的文本框，修改钢筋的同时就可以修改梁名称，方便了用户操作。但需要注意的是这里只能修改一组梁的名称，不能修改单根梁的名称。

三、强化的单跨修改功能

05 版的单梁修改功能现在更名为更确切的"单跨修改"（图 3.3-37），同时在功能上做了一些改进。

05 版的勾选框"同时修改支座两侧钢筋"被取消了，取而代之的是左右顶筋及底筋输入框旁边的四个按钮 🔒 或 🔓。左顶筋旁的按钮代表左顶筋是否与左跨的右顶筋连通，右顶筋旁的按钮代表右顶筋是否与右跨的左顶筋连通，底筋左右的按钮则分别代表底筋是否与左右邻跨连通。单击按钮可以改变连通状态，🔒 代表与邻跨钢筋连通，修改本跨钢筋的同时邻跨对应钢筋也被修改；🔓 代表主筋锚入支座的状态，此时修改本跨钢筋与邻跨对应钢

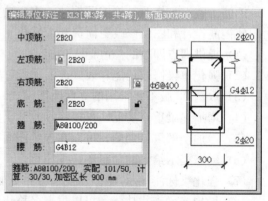

图 3.3-37　单跨修改界面

筋无关。如果钢筋不能被连通（比如端跨或两跨截面不同），则按钮被禁用，处在 🔓 的状态。

05 版 [PageUp] [PageDown] 换梁，上下箭头换跨的功能仍然保留，不过 08 版的换梁顺序是按连续梁名称顺序进行的。

随着输入焦点的不同，提示区会给出不同的详细提示。提示内容大致包括钢筋规格、实配面积、计算面积等。如上图就显示了加密区和非加密区箍筋的实配面积、计算面积以及加密区长度等信息。依靠这些信息用户可以直观迅速的判断输入的钢筋是否合理。

右侧的剖面示意图绘制的更加规范了，事实上该图就是调用立剖面图的相关模块绘制的，与实际的剖面图完全相同。该图可以随输入内容的变换而更新，图形还可平移或缩放。平移示意图的具体方法是：单击示意图，使输入焦点放在示意图上，按住鼠标中键拖动，图形也随之平移。

缩放示意图的具体方法是：单击示意图，使输入焦点放在示意图上，推动鼠标滚轮，图形即以鼠标所在位置为基点进行缩放。

四、强化的表式改筋功能

表式修改功能在表格安排和功能上也做出了一些调整（图 3.3-38）：

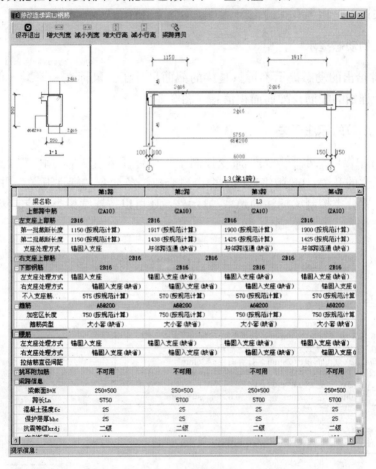

图 3.3-38 表式改筋界面

除可修改钢筋外，表格中还增加了修改加密区长度、支座负筋截断长度、支座处理方式等功能，这些单元格平时都是折叠起来的，需要时可以展开修改。

取消了修改单排钢筋根数的单元格，在输入钢筋时使用斜线"/"进行分排一样可以起到调整单排钢筋根数的作用。

取消了"支座左右钢筋同时修改的选项"，改为调节每跨的支座处理方式。

梁跨信息除提供截面尺寸及跨长外，还增加了混凝土强度、保护层厚度、抗震等级等信息，提示更完整。

提示信息栏给出与单跨改筋界面类似的详细提示信息。

图形区域不再是简单的示意图，而是与修改实时联动更新的详细立剖面图，与单跨修改界面中的剖面图一样，表式修改中的立剖面图也可以随时缩放平移。

五、连梁重算与全部重算

这两个命令是 08 版新增加的。其功能都是在保持钢筋标注位置不变的基础上，使用自动选筋程序重新选筋并标注。不同的是连梁重算针对单独的连续梁，全部重算针对本层所有梁。这两个命令重配了钢筋却保留了图面布局，对于需要大量进行移动标注工作的梁施工图软件来讲，是相当有用的。

六、详细的动态提示

08 版软件给出的动态提示不再只是梁的截面尺寸了。鼠标在一跨梁上停留片刻，即可看到此跨梁详细的配筋及配筋面积信息（图 3.3-39）。

七、分类细致的标注开关

05 版软件中提供"水平开关"命令控制水平梁标注的开关，提供"竖直开关"命令控制竖直梁标注的开关。08 版将这两条命令融合成一条命令"标注开关"并进行了扩充。除了按平面位置分类控制梁标注的隐藏/显示外，还可以按连续梁类型控制梁标注的隐藏/显示（图 3.3-40）。

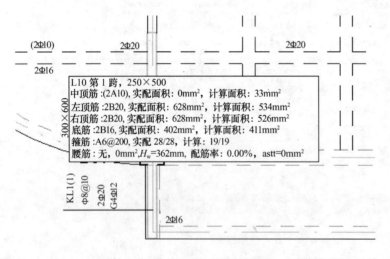

图 3.3-39   详细的动态提示功能

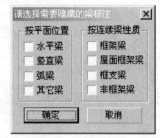

图 3.3-40   标注开关命令的
对话框

八、连梁查找功能

为方便根据连续梁名称对连续梁进行定位，08 版软件增加的连梁查找功能（图 3.3-41）。

进入此命令后，左侧会出现一个树形列表对话框，本层全部连续梁都会按名称顺序排列在表中，单击表中任意一项，软件就会对选中的梁加亮显示，同时将此梁充满显示在窗口中。有此功能后，一些按梁名称查找、排序等工作将会变得相当方便。

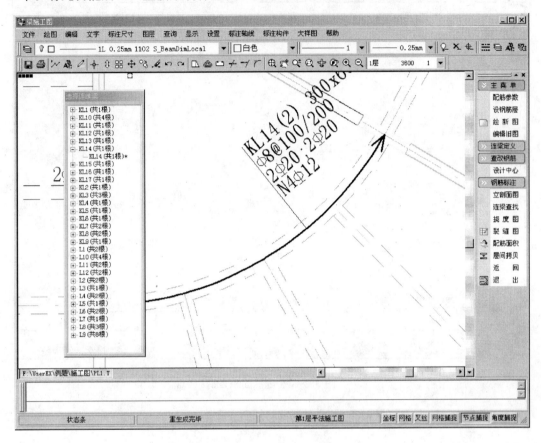

图 3.3-41　连梁查找功能

九、配筋面积查询功能

为方便用户修改钢筋，软件提供了配筋面积查询功能。点击右侧菜单"配筋面积"即可进入配筋面积查询状态。图 3.3-42 即为配筋面积查询的界面。

08 版软件既可查询计算配筋面积又可查询实配钢筋面积。第一次进入配筋面积查询状态时显示的是计算配筋面积。点击右侧菜单中的"计算配筋"和"实际配筋"即可在两种配筋面积中切换。需要注意计算配筋面积是在所有归并梁中取较大值，因此可能与SATWE 等计算软件显示的配筋面积不一致。

从图上可以看到，每跨梁上有四个数，其中梁下方跨中的标注代表下筋面积，梁上方左右支座处的标注分别代表支座钢筋面积，梁上方跨中的标注则代表上部通长筋的面积。

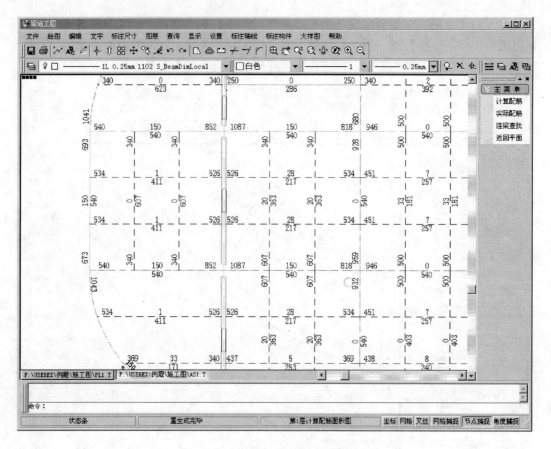

图 3.3-42 配筋面积查询

第四章 柱 施 工 图

08 版柱施工图模块在保留 2005 版施工图操作风格的基础上，对程序进行了全面的改写。08 版的主要改进包括以下几个方面：

（1）合并柱全楼归并和施工图绘制模块，柱钢筋归并和施工图绘制在一个界面下一次完成，程序集成化程度更高。

（2）柱全楼归并程序更加灵活方便。增加钢筋标准层的设置，并明确概念：对同一个钢筋标准层钢筋，程序对每个连续柱列将自动取其中包含的各层中配筋的较大值。

不同结构标准层或自然层可以归并为同一个钢筋标准层。

在新的钢筋标准层概念下，定义了多少个钢筋标准层，就应该画多少层柱的平法施工图。因此，用户应该重视钢筋标准层的定义，使它既有足够的代表性，省钢筋，又足够简洁。

（3）总结归纳各地的施工图绘制方法，提供多达 7 种的画法，包括：①平法截面注写；②平法列表注写；③PKPM 截面注写 1（原位标注）；④PKPM 截面注写 2（集中标注）；⑤PKPM 剖面列表法；⑥广东柱表；⑦传统的立剖面画法，可以满足不同地区、不同施工图绘制方法的需求。

（4）增加读取旧图的功能，对已经生成的柱施工图可反复打开继续画图，每次打开程序能够自动读取图中已有的钢筋信息（纵筋、箍筋等）和钢筋的标注位置等信息，用户可继续在其上工作。

（5）增加各种截面柱的配筋，05 版只能绘制矩形、圆形、十字、T 形、L 形等截面的柱，08 版可以绘制 PMCAD 中建模生成的各种截面柱。

（6）增加柱三维线框图和渲染图，用户可以更加直观地查看柱钢筋的绑扎和搭接等情况。

（7）增加了柱钢筋的计算钢筋面积和实配钢筋面积的显示，便于用户进行数据校核。

（8）和其他的施工图模块保持了相同的操作界面以及操作风格。

图 3.4-1 为柱施工图的操作主界面。

屏幕右侧的菜单主要为专业设计的内容，包括钢筋归并、画各类柱表、钢筋标注修改等内容。

下拉菜单的主要内容主要为两大类，第一类是通用的图形绘制、编辑、打印等内容，操作与 PKPM 通用菜单"图形编辑、打印及转换"相同，可参阅相关的操作手册。第二类是含专业功能的四列下拉菜单，包括施工图设置、平面图标注轴线、平面图上的构件标注和构件的尺寸标注、大样详图。与施工图其他模块的内容一致。

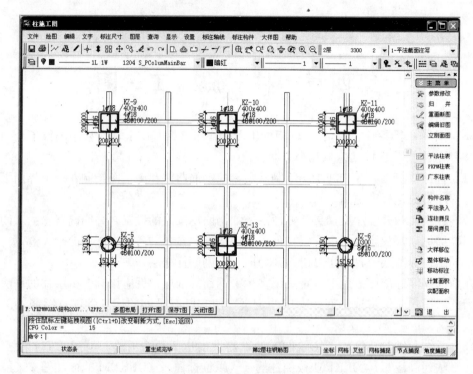

图 3.4-1　柱施工图主界面

第一节　柱钢筋的全楼归并与选筋

柱钢筋的归并和选筋，是柱施工图最重要的功能。程序归并选筋时，自动根据用户设定的各种归并参数，并参照相应的规范条文对整个工程的柱进行归并选筋。图 3.4-2 是柱选筋参数设置的对话框。

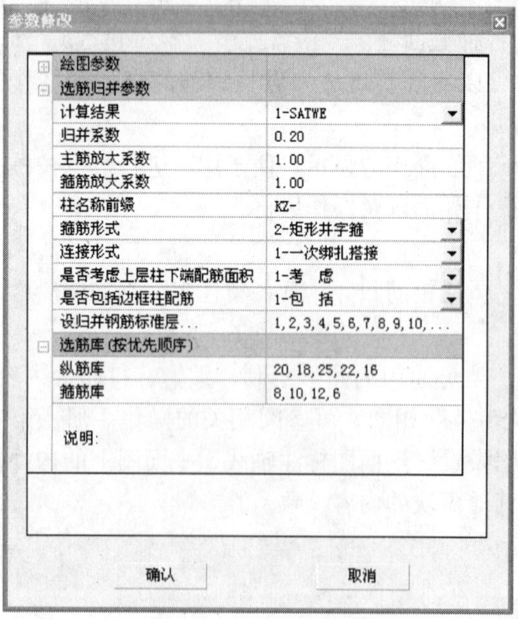

图 3.4-2　参数修改

[计算结果]，如果当前工程采用不同的计算程序（TAT、SATWE、PMSAP）进行过计算分析，用户可以选择不同的结果进行归并选筋，程序默认的计算结果采用当前子目录中最新的一次计算分析结果。

[归并系数]，归并系数是对不同连续柱列作归并的一个系数。

主要指两根连续柱列之间所有层柱的实配钢筋（主要指纵筋，每层有上、下两个截面）占全部纵筋的比例。该值的范围 0~1。如果该系数为 0，则要求编号相同的一组柱所有的实配钢筋数据完全相同。如果归并系数取 1，则只要几何条件相同的柱就会被归并为相同编号。

08 版的柱全楼归并的过程：

（1）对各层中每根柱的计算配筋面积乘以参数中的放大系数，然后根据钢筋归并标准层的设置，同一根柱对相同标准层的柱钢筋取最大值，选择每段柱的纵筋和箍筋。

（2）考虑归并系数在不同柱之间进行归并。不是同一个节点上的连续柱归并首先要求几何参数（截面形式、截面尺寸、柱段高、与柱相连的梁的几何参数）完全相同，然后计算两个柱之间实配纵筋数据（主要指纵筋）的不同率，如果不同率≤归并系数，就可以归并为同一个编号的柱。

不同率指两根柱之间实配纵筋数据不相同的数量占全部钢筋数量的比值。以某 10 层的矩形截面柱为例，描述一段柱的纵筋数据有 3 个：角筋、X 向纵筋、Y 向纵筋，10 层共有 30 个纵筋数据，如果这 30 个数据中有 3 个不同，不同率就是 3/30＝0.1。

[主筋放大系数]，只能输入≥1.0 的数，如果输入的系数＜1.0，程序自动取为 1.0。程序在选择纵筋时，会把读到的计算配筋面积 X 放大系数后再进行实配钢筋的选取。

[箍筋放大系数]，只能输入≥1.0 的数，如果输入的系数＜1.0，程序自动取为 1.0。程序在选择箍筋时，会把读到的计算配筋面积 X 放大系数后再进行实配钢筋的选取。

[柱名称前缀]，程序默认的名称前缀为 KZ—，用户可以根据施工图的具体情况修改。

[箍筋形式]，对于矩形截面柱共有 5 种箍筋形式供用户选择，程序默认的是矩形井字箍（图 3.4-3）。对其他非矩形、圆形的异形截面柱这里的选择不起作用，程序将自动判断应该采取的箍筋形式，一般多为矩形箍和拉筋井字箍。

图 3.4-3　箍筋形式

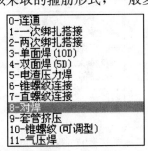

图 3.4-4　连接形式

[连接形式]，提供图 3.4-4 所示的 12 种连接形式，主要用于立面画法，用于表现相邻层纵向钢筋之间的连接关系。

[是否考虑上层柱下端配筋面积]，详见第一节"上下柱钢筋面积的考虑"有关说明。

[是否包括边框柱配筋]，可以控制在柱施工图中是否包括剪力墙边框柱的配筋，如果不包括，则剪力墙边框柱就不参加归并以及施工图的绘制，这种情况下的边框柱应该在剪力墙施工图程序中进行设计；如果包括边框柱配筋，则程序读取的计算配筋包括与柱相连的边缘构件的配筋，应用时应注意。

[绘图参数]，设置柱平面图的绘制参数，详见第三节"操作步骤说明"相关内容。

[设归并钢筋标准层]，用户可以设定归并钢筋标准层。程序默认的钢筋标准层数与结构标准层数一致。用户也可以修改钢筋标准层数多于结构标准层数或少于结构标准层数，如设定多个结构标准层为同一个钢筋标准层（图 3.4-5）。

设定归并钢筋标准层对用户是一项非常重要的工作，因为在 08 版新的钢筋标准层概念下，原则上对每一个钢筋标准层都应该画一张柱的平法施工图，设置的钢筋标准层越多，应该画的图纸就越多。另一方面，设置的钢筋标准层少时，虽然画的施工图可以简化减少，但由于程序将一个钢筋标准层内所有各层柱的实配钢筋归并取大，使其完全相同，有时会造成钢筋使用量偏大。

将多个结构标准层归为一个钢筋标准层时，用户应注意，这多个结构标准层中的柱截

图 3.4-5   设置钢筋标准层

面布置应该相同，否则程序将提示不能够将这多个结构标准层归并为同一钢筋标准层。

[纵筋库]，用户可以根据工程的实际情况，设定允许选用的钢筋直径，程序可以根据用户输入的数据顺序优先选用排在前面的钢筋直径，如 20，18，25，16……，20mm 的直径就是程序最优先考虑的钢筋直径。

注意：

[参数修改]中的归并参数修改后，程序将自动地重新进行钢筋归并。由于重新归并后配筋将有变化，程序将刷新当前层图形，钢筋标注内容将按照程序默认的位置重新标注。

[参数修改]如果只修改了"绘图参数"（如比例、画法等），程序将只刷新当前层图形，不重新归并。

第二节　柱施工图的多种绘制表示方式

总结归纳 PKPM 多年的开发成果以及各地的施工图绘制方法，08 版提供多达 7 种的画法，满足不同地区、不同施工图表示方法的需求。包括图 3.4-6 列出的画法。

点取屏幕上端工具条中[画法选择]框，可以选择不同的画法。

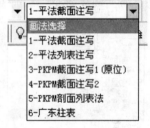

图 3.4-6　画法选择

一、平法截面注写

平法截面注写参照图集《03G101—1 混凝土结构施工图平面整体表示方法制图规则和构造详图》，分别在同一个编号的柱中选择其中一个截面，用比平面图放大的比例在该截面上直接注写截面尺寸、具体配筋数值的方式来表达柱配筋（图 3.4-7）。08 版程序增加了多种柱截面类型的绘制，适用的范围更广。

二、平法列表注写

平法列表注写参照图集《03G101—1 混凝土结构施工图平面整体表示方法制图规则和构造详图》。该法由平面图和表格组成，表格中注写每一种归并截面柱的配筋结果，包括该柱各钢筋标准层的结果，注写了它的标高范围、尺寸、偏心、角筋、纵筋、箍筋等图 3.4-8。08 版程序还增加了 L 形、T 形、和十字形截面的表示方法。适用范围更广。

三、PKPM 截面注写 1（原位标注）

将传统的柱剖面详图和平法截面注写方式结合起来，在同一个编号的柱中选择其中一个截面，用比平面图放大的比例直接在平面图上柱原位放大绘制详图（图 3.4-9）。

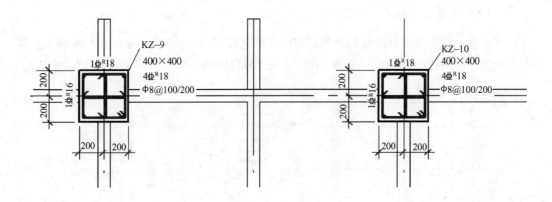

图 3.4-7　截面注写

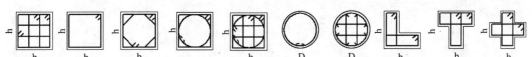

箍筋类型1.　箍筋类型2.　箍筋类型3.　箍筋类型4.　箍筋类型5.　箍筋类型6.　箍筋类型7.　箍筋类型8.　箍筋类型9.　箍筋类型10.
(man)

柱号	标高	b×h(bi×hi) (圆柱直径D)	b1	b2	h1	h2	全部纵筋	角筋	b边-侧中部筋	h边-侧中部筋	箍筋类型号	箍筋	备注
KZ-1	0.000~3.300	400×400	200	200	200	200		4Φ^R18	1Φ18	1Φ16	1.(3×3)	Φ8@100/200	
	3.300~6.600	200×600× 600×200	100	100	300	300	12Φ^R16				10.	Φ8@100	
KZ-2	0.000~3.300	400×400	200	200	200	200		4Φ^R20	6Φ20	1Φ16	1.(5×3)	Φ8@100/200	
	3.300~6.600	400×400	200	200	200	200		4Φ^R20	1Φ20	1Φ16	1.(3×3)	Φ8@100/200	
KZ-3	0.000~3.300	400×400	200	200	200	200		4Φ^R20	1Φ20	1Φ16	1.(5×3)	Φ8@100/200	
	3.300~6.600	400×400	200	200	200	200		4Φ^R18	1Φ18	1Φ16	1.(3×3)	Φ8@100/200	
KZ-4	0.000~3.300	400×400	200	200	200	200		4Φ^R18	1Φ18	1Φ16	1.(3×3)	Φ8@100/200	

图 3.4-8　平法列表注写

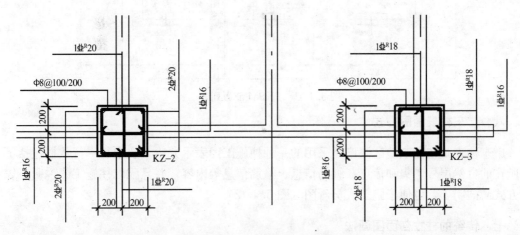

图 3.4-9　PKPM 截面注写1

四、PKPM 截面注写 2（集中标注）

在平面图上柱原位只标注柱编号和柱与轴线的定位尺寸，并将当前层的各柱剖面大样集中起来绘制在平面图侧方，图纸看起来简洁，并便于柱详图与平面图的相互对照（图 3.4-10）。

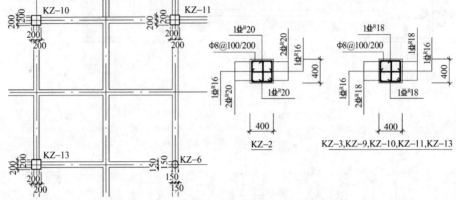

图 3.4-10 PKPM 截面注写 2

五、PKPM 剖面列表法

PKPM 柱表表示法，是将柱剖面大样画在表格中排列出图的一种方法。表格中每个竖向列是一根纵向连续柱各钢筋标准层的剖面大样图，横向各行为自下到上的各钢筋标准层的内容，包括标高范围和大样。平面图上只标注柱名称。这种方法平面标注图和大样图可以分别管理，图纸标注清晰（图 3.4-11）。

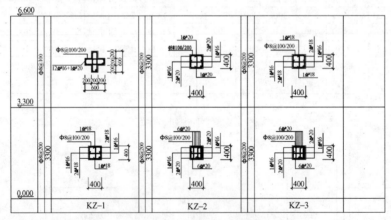

图 3.4-11 PKPM 剖面列表

六、广东柱表画图方式

广东柱表是在广东地区被广泛采用的一种柱施工图表示方法。表中每一行数据包括了柱所在的自然层号、集和信息、纵筋信息、箍筋信息等内容，并且配以柱施工图说明，表达方式简洁明了，也便于施工人员看图（图 3.4-12）。

七、传统的柱立剖面图画法

尽管平法表示法在设计院的应用越来越广，但是仍有不少设计人员使用传统的柱立剖

柱编号	层号	高度或 HHj/Ho	混凝土强度等级	截面型式	BXH或直径	$b_1 \times h_1$	t_1	t_2	①	②	③
					截面尺寸				竖	筋	
Z–3	1–4	2475	C25	F	200×600	200×600			2Φ16	2Φ16	
	Ho		C25	F	200×600	200×600			2Φ16	2Φ16	
	Hj								2Φ16	2Φ16	
Z–2	1–4	2475	C25	H	400×800	400×800			2Φ16	2Φ16	
	Ho		C25	H	400×800	400×800			2Φ16	2Φ16	
	Hj								2Φ16	2Φ16	
Z–1	1–4	2475	C25	G	300×800	300×800	600	500	2Φ18	2Φ18	2Φ18
	Ho		C25	G	300×800	300×800	600	500	2Φ18	2Φ18	2Φ18
	Hj								2Φ18	2Φ18	2Φ18

图 3.4-12　广东柱表

面图画法，因为这种表示方法直观，便于施工人员看图。这种方式需要人机交互地画出每一根柱的立面和大样。新版中对立剖面画法进行了改进，还增加了三维线框图和渲染图，能够很真实地表示出钢筋的绑扎和搭接等情况（图 3.4-13）。

KZ–11柱钢筋表 (1根)

编号	钢筋简图	规格	长度			根数	重量	备注
1		Φ18	2860			6	34.28	
2		Φ16	2860			2	9.03	
3		Φ18	3056			3	18.31	
4		Φ18	3215			1	6.42	
5		Φ18	2426			2	9.69	
6		Φ16	2472			2	7.80	
7		Φ8	1614			18	11.47	
8		Φ8	546			20	6.31	
							101.32	

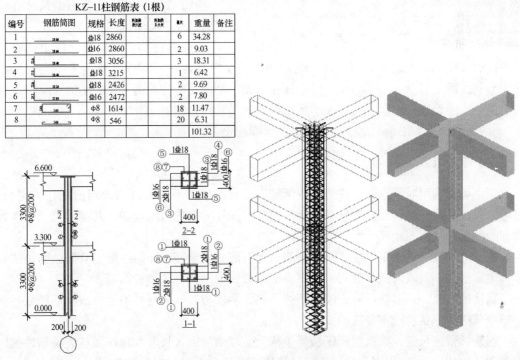

图 3.4-13　立剖面及三维图

第三节　操 作 步 骤 说 明

柱施工图的绘制主要包括以下几个步骤：

参数设置：设置绘图参数、归并选筋参数等。

归并：根据设定的归并选筋参数对全楼柱列进行归并选筋。

绘制新图：选择要绘制的自然层号，根据归并结果和绘图参数的设置绘制相应的柱施工图。

钢筋修改：主要包括［构件名称］、［平法录入］、［连柱拷贝］、［层间拷贝］、［大样移位］、［移动标注］等钢筋修改命令。

图 3.4-14　参数修改

柱表绘制：绘制新图只绘制了柱施工图的平面图部分，［平法柱表］、［PMPM柱表］、［广东柱表］等表式画法，需要用户交互选择要表示的柱、设置柱表绘制的参数，然后出柱表施工图。

一、参数修改

［参数修改］主要是设置绘图、归并选筋的参数（图 3.4-14），［选筋归并参数］、［选筋库］详见前面有关章节的说明。

［绘图参数］包括设置图纸尺寸、绘图比例以及平面图画法。

［平面图比例］设置当前图出图打印时的比例，设定不同的平面图比例，当前图面的文字标注、尺寸标注等的大小会有所不同。当前图面上显示的文字标注、尺寸标注的大小是由［标注设置］（详见第一章有关章节的说明）中设定的文字、尺寸大小和平面图比例共同控制的。

［剖面图比例］用于控制柱剖面详图的绘制比例。

二、平法录入

用户可以利用对话框的方式修改柱钢筋，在对话框中不仅可以修改当前层柱的钢筋，也可以修改其他层的钢筋。另外该对话框包含了该柱的其他信息，如：几何信息、计算数据和绘图参数（图 3.4-15）。

纵筋的修改：对于矩形柱，纵向钢筋分为三部分，角筋、X 向纵筋、Y 向纵筋；圆柱和其他异型柱，只输入全部纵筋，程序会根据截面的形状自动布置纵筋。

箍筋的修改：矩形柱可以修改箍筋的肢数，圆柱和其他异型柱不能修改箍筋肢数，程序根据截面的形状自动布置箍筋。

箍筋加密区长度：箍筋加密区长度包括上下端的加密区长度，程序默认的箍筋加密区长度数值为"自动"，程序自动计算，计算原则参见前面有关章节的介绍。

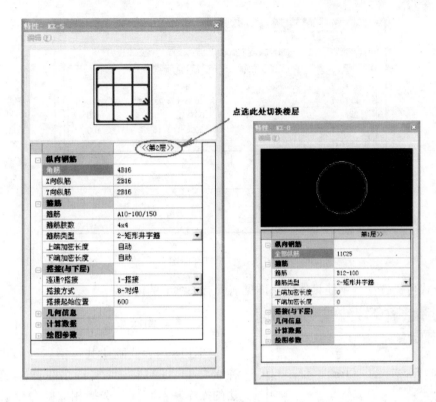

点选此处切换楼层

图 3.4-15 平法录入

纵筋与上层纵筋的搭接位置，程序默认的数值是"自动"，用户可以根据实际工程情况进行修改。

绘图参数：用户可以单独修改某根柱的施工图表示方法和绘图比例（图 3.4-16）。

三、编辑旧图

用户编辑过的柱施工图可以通过此命令反复打开修改（图 3.4-17），原来的数据可自动提取，如钢筋的各种数据（柱名、纵筋、箍筋），以及钢筋的标注位置。

四、立剖面图

选择要绘制立剖面图的柱，然后根据对话框的提示，修改相应的参数（图 3.4-18）。

［插入位置］，有两个选项。选择［当前图面］时，用户需要指定立剖面图在当前图面的插入位置，此时［图文件名称］选项不可用；选择［打开新图］时，程序自动根据用户输入的［图文件名称］绘制一张新图。

［框架顶角处配筋］，有柱筋入梁和梁筋入

图 3.4-16 平法录入中的绘图参数

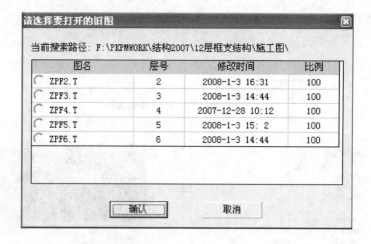

图 3.4-17　打开旧图

柱两种方式可供选择，钢筋具体做法详见前面有关章节的内容。

图 3.4-18

五、表式画法

PKPM 的表式画法共包括三种形式〔平法柱表〕、〔PKPM 柱表〕、〔广东柱表〕，这三种画法的操作基本相同，选择相应的命令后，会弹出对话框，供用户选择要绘制的柱，以及相应的参数设置。

〔柱表说明选项〕，有三个选项

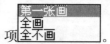

。

〔柱表插入位置〕，有两个选项，

当前图面
打开新图

。选择〔当前图面〕时，用户需要指定柱表在当前图面的插入位置，此时用户可以修改柱表的绘制比例，以便与当前图面上的其他图形协调比例，并且〔图文件名称〕选项不可用；选择〔打开新图〕时，程序自动根据用户输入的〔图文件名称〕绘制一张新图，比例自动取为 100。

六、连柱拷贝

选择要拷贝的参考柱和目标柱后，程序将根据用户对话框中的选项，拷贝相应选项的数据（图 3.4-19）。两根柱只有同层之间数据可以相互拷贝。

七、层间拷贝

选择拷贝的原始层号，可以是当前层，也可以是其他层，程序默认是当前层；拷贝的目标层可以是一层，也可以是多层。点选［确认］后，根据选项（如只选择纵筋或箍筋，或纵筋＋箍筋等），自动将同一个柱原始层号的钢筋数据拷贝到相应的目标层（图 3.4-20）。

图 3.4-19 连柱拷贝选项

图 3.4-20 层间拷贝

八、大样移位

此命令可以将相同编号柱的标注内容（详细标注和简化标注）的标注位置互换，可以解决标注相互重合或打架的问题。

九、整体移动

整体移动当前图面上同一个局部内的所有实体，如剖面图大样等。

十、移动标注

可以根据图素的特性，以不同的方式移动选择的实体或相关内容的实体。如：柱截面注写方式中的集中标注实体，选中其中任何一个实体，则所有的集中标注内容可以一起互动（图 3.4-21）。

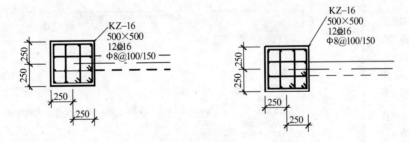

图 3.4-21 移动标注

十一、计算面积

显示柱的计算配筋面积：

T：1460.0　　　　　　　　　X（或 Y）方向柱上端纵筋面积，单位平方毫米

B：1460.0   X（或 Y）方向柱下端纵筋面积，单位平方毫米

G：391.3—0.0   加密区和非加密区的箍筋面积，单位平方毫米

十二、实配面积

显示柱的实配钢筋面积。显示内容示例如下：

矩形柱：

Asx：5399.6   X 方向纵筋面积，单位平方毫米

Asy：2613.0   Y 方向纵筋面积，单位平方毫米

GX（100mm）：471.2—314.2X 方向加密区和非加密区的箍筋面积，单位平方毫米

GY（100mm）：314.2—209.4Y 方向加密区和非加密区的箍筋面积，单位平方毫米

圆柱和其他异型柱：

As：5399.6 全截面纵筋面积，单位平方毫米

G（100mm）：226.2—226.2 加密区和非加密区的箍筋面积，单位平方毫米

十三、右键菜单

在操作屏幕上直接点选鼠标右键，会弹出图 3.4-22 所示菜单，该菜单上命令与右侧菜单的命令基本相同。

不同的两条命令有［修改标注］、［设计中心］。

［修改标注］，修改与柱钢筋标注相关的所有文字标注，如：集中标注、原位标注。

［设计中心］，是将当前工程所有柱的全部柱段的数据都以表格的形式列出，供用户修改，详细操作与［平法录入］命令一样。见图 3.4-23。

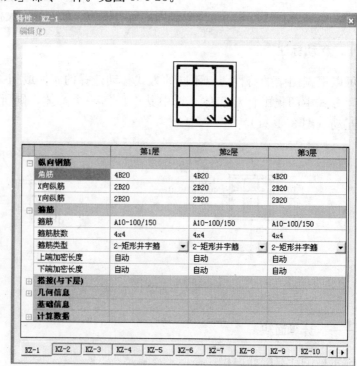

图 3.4-22   图 3.4-23 设计中心

十四、原位修改

直接用鼠标左键双击当前图面上的文字标注（包括尺寸标注），都会弹出一个小对话框供用户修改文字标注，对于钢筋标注，程序将自动将钢筋等级符号进行转换，如：

HPB235 级钢筋＝＝〉A

HRB335 级钢筋＝＝〉B

HRB400 级钢筋＝＝〉C

HRB400 级钢筋＝＝〉D

同样程序也会将对话框中钢筋标注内的 A、B、C、D 转换为对应的 HPB235、HRB335、HRB400、RRB400 级钢筋符号。

纵筋的修改 `12B20` ，包括集中标注和原位标注的纵筋都可以修改。

箍筋的修改 `A10@100` 。

柱名称的修改 `KZ-10` ，一般情况下柱的名称是由程序自动生成的，由［参数修改］中"柱名称前缀"＋归并号组成，用户也可以对柱名进行修改，不同归并号的柱不能修改为相同的柱名。

第四节 执行的规范条文及技术条件

一、柱纵筋最大允许间距

《混凝土结构设计规范》（GB 50010—2002）第 10.3.1.4 条，在偏心受压柱中，垂直于弯矩作用平面的侧面上的纵向受力钢筋以及轴心受压柱中各边的纵向受力钢筋，其中距不宜大于 300mm。

《混凝土结构设计规范》（GB 50010—2002）第 11.4.13 条，截面尺寸大于 400mm 的柱，纵向钢筋的间距不宜大于 200mm。

《建筑抗震设计规范》（GB 50011—2001）第 6.3.9.2 条，截面尺寸大于 400mm 的柱，纵向钢筋的间距不宜大于 200mm。

程序自动选筋时采取的纵向钢筋的间距范围是 100～200mm。

二、纵筋钢筋的面积

1.《混凝土结构设计规范》（GB 50010—2002）11.4.12.1

框架柱和框支柱中全部纵向受力钢筋的配筋百分率不应小于表 11.4.12-1 规定的数值，同时，每一侧的配筋百分率不应小于 0.2；对Ⅳ类场地上较高的高层建筑，最小配筋百分率应按表中数值增加 0.1 采用。

2. 混凝土异形柱结构技术规程（JGJ 149—2006）6.2.5

程序自动选筋时，全截面配筋率按照上述规定执行，矩形柱单边配筋不小于 0.2，除了异形柱规程规定的异形柱外的其他截面类型的异形柱，全截面配筋率也按异形柱规程的有关规定执行。

柱全部纵向受力钢筋最小配筋百分率（%）　　　　　　表 11.4.12-1

柱 类 型	抗 震 等 级			
	一 级	二 级	三 级	四 级
框架中柱、边柱	1.0	0.8	0.7	0.6
框架角柱、框支柱	1.2	1.0	0.9	0.8

注：柱全部纵向受力钢筋最小配筋百分率，当采用 HRB400 级钢筋时，应按表中数值减少 0.1；当混凝土强度等
　　级为 C60 及以上时，应按表中数值增加 0.1。

异型柱全部纵向受力钢筋的最小配筋百分率（%）　　　　　　表 6.2.5

柱 类 型	抗 震 等 级			
	二 级	三 级	四 级	非 抗 震
中柱、边柱	0.8	0.8	0.8	0.8
角柱	1.0	0.9	0.8	0.8

注：采用 HRB400 级钢筋时，全部纵向受力钢筋的最小配筋百分率应允许按表中数值减小 0.1，但调整后的数值
　　不应小于 0.8。

三、箍筋直径和箍筋间距

1. 《混凝土结构设计规范》（GB 50010—2002）11.4.12.2

框架柱和框支柱上、下两端箍筋应加密，加密区的箍筋最大间距和箍筋最小直径应符合表 11.4.12-2 的规定。

柱端箍筋加密区的构造要求　　　　　　表 11.4.12-2

抗震等级	箍筋最大间距（mm）	箍筋最小直径（mm）
一级	纵向钢筋直径的 6 倍和 100 中的较小值	10
二级	纵向钢筋直径的 8 倍和 100 中的较小值	8
三级	纵向钢筋直径的 8 倍和 150（柱根 100）中的较小值	8
四级	纵向钢筋直径的 8 倍和 150（柱根 100）中的较小值	6（柱根 8）

注：底层柱的柱根系指地下室的顶面或无地下室情况的基础顶面；柱根加密区长度应取不小于该层柱净高的 1/3；
　　当有刚性地面时，除柱端箍筋加密区外尚应在刚性地面上、下各 500mm 的高度范围内加密箍筋。

2. 《混凝土结构设计规范》（GB 50010—2002）11.4.12.3

框支柱和剪跨比 $\lambda \leqslant 2$ 的框架柱应在柱全高范围内加密箍筋，且箍筋间距不应大于 100mm。

3. 《混凝土结构设计规范》（GB 50010—2002）11.4.14

框架柱的箍筋加密区长度，应取柱截面长边尺寸（或圆形截面直径）、柱净高的 1/6 和 500mm 中的最大值。一、二级抗震等级的角柱应沿柱全高加密箍筋。

程序自动选筋时，柱长度自动取 PMCAD 建模中输入的长度。

四、箍筋肢距和肢数

1. 《混凝土结构设计规范》（GB 50010—2002）11.4.12.15

柱箍筋加密区内的箍筋肢距：一级抗震等级不宜大于 200mm；二、三级抗震等级不宜大于 250mm 和 20 倍箍筋直径中的较大值；四级抗震等级不宜大于 300mm。此外，每隔一根纵向钢筋宜在两个方向有箍筋或拉筋约束；当采用拉筋时，拉筋宜紧靠纵向钢筋并勾住封闭箍筋。

2. 混凝土异形柱结构技术规程（JGJ149—2006）6.2.11

异形柱箍筋加密区箍筋的肢距：二、三级抗震等级不宜大于 200mm，四级抗震等级不宜大于 250mm。此外，每隔一根纵向钢筋宜在两个方向均有箍筋或拉筋约束。

程序自动选筋时，矩形柱除按上述规定执行外，并保证每间隔一根纵向钢筋有一道箍筋。

圆柱按三肢箍计算箍筋的直径及间距。

T 形、L 形、T 形截面柱，按异形柱规程有关规定执行，并保证柱肢上每根纵筋在两个方向上均有箍筋或拉筋约束。

其他截面类型的柱，按二肢箍计算箍筋的直径及间距。

五、圆柱纵向钢筋根数

《混凝土结构设计规范》（GB 50010—2002）10.3.1

纵向受力钢筋的直径不宜小于 12mm，全部纵向钢筋的配筋率不宜大于 5%；圆柱中纵向钢筋宜沿周边均匀布置，根数不宜少于 8 根，且不应少于 6 根。

程序自动选筋时对圆柱纵筋选择的最少根数为 8 根。

六、钢筋的锚固

1. 受拉钢筋的锚固长度 l_a《混凝土结构设计规范》（GB 50010—2002）第 9.3.1 条

$$l_a = \alpha F_y / F_t \times D$$

其中，钢筋的外形系数 α 对 HPB235 级钢筋取 0.14，对 HRB335 级、HRB400 级钢筋取 0.16。

当 HRB335、HRB400 和 RRB400 级钢筋的直径大于 25mm 时，其锚固长度应乘以修正系数 1.1。

当 HRB335、HRB400 和 RRB400 级钢筋在锚固区的混凝土保护层厚度大于钢筋直径的 3 倍且配有箍筋时，其锚固长度可乘以修正系数 0.8。

2. 考虑抗震要求的纵向受拉钢筋锚固长度 l_{aE}《混凝土结构设计规范》（GB 50010—2002）第 11.1.7 条

一、二级抗震等级 $l_{aE} = 1.15 l_a$

三级抗震等级 $l_{aE} = 1.05 l_a$

四级抗震等级 $l_{aE} = l_a$

七、框架顶层边柱节点构造

根据《混凝土结构设计规范》（GB 50010—2002）第 11.6.7 条。

用户可以选用柱筋伸入梁方式或梁筋伸入柱方式。

选用柱筋伸入梁方式时程序按照图 3.4-24（a）做法，但只对框架平面内方向的柱筋伸入梁。

选用梁筋伸入柱方式时程序按照图 3.4-24（b）做法。

八、上下柱钢筋面积的考虑

当参数修改中的选项［是否考虑上层柱下端配筋面积］，选择"考虑"时，每根柱确定配筋面积时，选用图 3.4-25 中 Ag1、Ag2、Ag3 中的最大值。

Ag1、Ag2 为下柱下、上截面配筋面积，Ag3 为上柱下截面配筋面积。

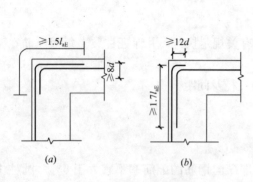

图 3.4-24　框架顶层节点构造

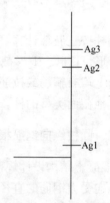

图 3.4-25　上下柱配筋面积

第五章 剪力墙施工图

第一节 概 述

在PKPM结构设计软件中的"施工图设计"包含"剪力墙施工图",可用于绘制钢筋混凝土结构的剪力墙施工图。

一、一般流程

该程序通常的使用流程示意如图3.5-1。首先用PMCAD程序输入工程模型及荷载等信息,再用PKPM系列软件中任一种多、高层结构整体分析软件(SATWE、TAT或PMSAP)进行计算。由墙施工图程序读取指定层的配筋面积计算结果,按使用者设定的钢筋规格进行选筋,并通过归并整理与智能分析生成墙内配筋。可对程序选配的钢筋进行调整。程序提供"截面注写图"和"平面图+大样"两种剪力墙的施工图表示方式,用户可随时可在"截面注写图"和"平面图+大样"方式间切换。

仅在PMCAD中输入工程模型、未经结构计算的情况下也可以利用"墙施工图"程序中的输入功能画施工图,这样构件的配筋和细部尺寸需完全由使用者逐项输入。推荐的用法仍是以整体分析的结果为基础画施工图。

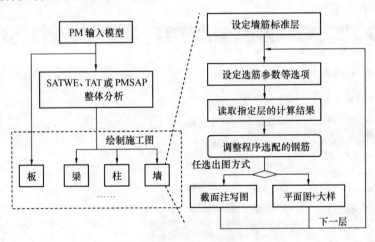

图3.5-1 常用流程

二、主要功能

1. 设计范围

施工图辅助设计的主要内容包括:

(1) 相交剪力墙交点处的墙柱配筋,包括与柱相连的剪力墙端柱配筋、若干剪力墙相交处的翼墙和转角墙配筋；

（2）剪力墙洞口处的暗柱配筋；

（3）剪力墙的墙体（也叫分布筋）配筋；

（4）剪力墙上下洞口之间的连梁（也叫墙梁）配筋。

以上设计程序均可自动完成，也可以人工干预、修改配筋截面的形式、钢筋的根数、直径及间距。

2. 施工图形式

软件提供两种表达方法的剪力墙结构施工图。

（1）剪力墙结构平面图、节点大样图与墙梁（连梁）钢筋表

在剪力墙结构平面图上画出墙体模板尺寸，标注详图索引，标注墙竖剖面索引，标注剪力墙分布筋和墙梁编号。

在节点大样图中画出剪力墙端柱、暗柱、翼墙和转角墙的形式、受力钢筋与构造钢筋。

墙梁钢筋用图表方式表达。

也可将大样图和墙梁表附设在平面图中。

（2）剪力墙截面注写施工图

参照"平法"图集，在各个墙钢筋标准层的平面布置图上，于同名的墙柱、墙身或墙梁中选择一个直接注写截面尺寸和配筋具体数值（对墙柱还要在原位绘制配筋详图），其他位置上只标注构件名称。

三、主菜单

在 PKPM 系列设计软件的主菜单中，剪力墙施工图位于"结构"页内的"墙梁柱施工图"项下（图 3.5-2）。

图 3.5-2　剪力墙施工图程序在主菜单中的位置

四、界面

软件菜单界面布置如图 3.5-3 所示。下拉菜单及工具栏为各施工图模块的通用功能，除切换"截面注写图"和"平面图＋大样"方式的下拉框外，均在本说明前面专门章节统一介绍。对于图中的线条、文字等图素均可执行针对图形本身的画图、编辑操作，此类操作不会改变构件的布置、配筋记录等设计数据。熟练的使用者可在命令行（提示区）输入 CFG 图形平台系统的命令。关于这部分的说明请参阅图形编辑、打印及转换程序 TCAD 的相关内容。以下主要介绍右侧菜单的使用。

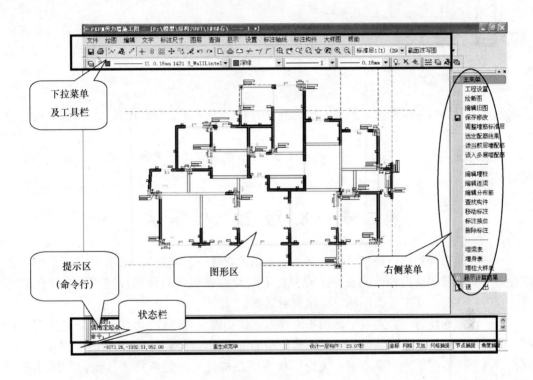

图 3.5-3 界面概览

五、相关名词

1. 墙柱

包括端柱、翼柱、暗柱等三类边缘构件。

边缘构件名称请参阅《混凝土结构设计规范》（GB 50010—2002）之 11.7.15 条和 11.7.16 条。程序中将端柱、翼墙和转角墙统称为"节点墙柱"。

各墙肢厚度和端柱中的柱尺寸依照 PMCAD 中输入的数据，用户在本模块可调整墙肢长度。

本程序中暗柱专指剪力墙洞边暗柱。单片墙尽端的边缘构件按暗柱的要求设计，在编辑时用节点墙柱的对话框修改。

墙柱的配筋结果可与结构分析模块中的"边缘构件"图相对照。

2. 阴影区

即上述规范条文附图中以阴影示意的部分。本程序中的"阴影区长"不包括核心区的尺寸，请参考下文"核心区"的附图。

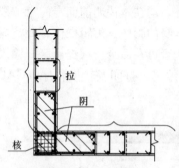

图 3.5-4　节点墙柱示意

3. 拉结区

指约束边缘构件中配箍特征值为 $\lambda_v/2$ 的区域。程序中按这一区域仅布置拉筋而无箍筋的情况计算。

4. 核心区

端柱的核心区指按柱输入的构件范围，通常是突出墙面的。

对翼墙柱，程序中将阴影区内各相交墙肢公共的部分称为"核心区"。程序中所称"墙肢"一般指核心区以外的墙体，如图 3.5-4 所示。

5. 墙梁

将上下层洞口间的墙称为墙梁，也称连梁。程序中缺省配筋形式为上下对称配筋，箍筋为双肢箍。

墙梁跨度应大于 200mm（对跨度小于 200mm 的洞口不予考虑）。程序根据计算结果确定墙梁高。

第二节　08 版 改 进 要 点

——界面布置和操作风格尽量与其他施工图模块统一。墙施工图专用的功能集中在右侧菜单中。在描述墙内构件的文字上点鼠标右键会弹出包含对该构件进行基本操作的菜单。双击构件配筋文字可调用相应的编辑对话框。

——将截面注写图方式与平面图＋大样方式的功能整合到统一的界面中，可使用工具栏上的下拉框切换。不再单设编辑墙内构件配筋的界面，将其与画施工图的步骤合一，可以在"截面注写图"或"平面图＋大样"状态下在构件所在位置修改各构件的尺寸及配筋。

——对墙柱详图，尤其是端柱类详图的纵筋布置做了改进：可处理更复杂的墙柱；协调了端柱与相连墙主筋位置；可按参数设置将较近的墙柱构件自动合并；改进了对斜交墙的处理。

第三节　钢 筋 标 准 层

08 版中保留了 05 版程序关于墙钢筋标准层的概念，但不再要求属于同一钢筋标准层的各自然层拥有相同的结构标准层（构件布置标准层），以此适应较复杂的工程中若干结构标准层差异不大而采用相同的墙配筋的需要。

同一个钢筋标准层选钢筋时，程序将对每个构件取该钢筋标准层包含的所有楼层的同一位置构件的最大配筋计算结果。首次执行剪力墙施工图程序时，程序会按结构标准层的划分状况生成默认的墙钢筋标准层。用户可根据工程实际状况，进一步将不同的结构标准层也归并到同一个钢筋标准层中，只要这些结构标准层的墙截面布置相同。因为在 08 版新的钢筋标准层概念下，定义了多少个钢筋标准层，就应该画多少层的剪力墙施工图。因此，用户应该重视钢筋标准层的定义，使它既有足够的代表性，省钢筋，又足够简洁，减少出图数量。

可在程序执行过程中调整各自然层与墙钢筋标准层间的归属关系，不再要求重设墙钢筋标准层后重新生成全部墙配筋。也就是说在画过若干层墙施工图后还可以再调整这一归属关系。但需注意：如果对已画图的楼层重新设置了墙钢筋标准层，当前工程文件夹中的图纸文件内所标注的文字未更新，可能与后设置的楼层关系不符，一般需要重新绘制影响到的各层施工图。

设定钢筋标准层的对话框与梁施工图相同。可在左侧的树形表中拖动自然层的名称到所属的钢筋标准层之下，也可在右侧的表格中点取要修改其所属墙钢筋标准层的自然层行的"钢筋层"栏，在出现的下拉框中选择适当的墙钢筋标准层名称（图 3.5-5）。

在该对话框中左右两部分所做的设置是等效的，使用者可以只关注其中之一。

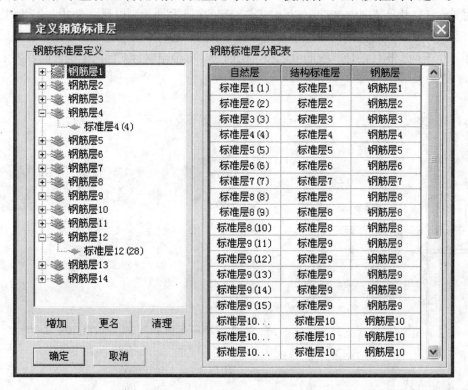

图 3.5-5　设定标准层

对话框中的"增加"按钮表示在既有的墙钢筋标准层之外新增；"更名"是针对墙钢筋标准层（结构标准层的名称已在建模程序中指定，不能在此处更改）；"清理"指清除未用到的（不包含任何自然层的）钢筋标准层。

梁、板、柱、剪力墙等不同构件设置的钢筋标准层是相互独立的，互不影响。

第四节 墙 内 构 件 编 辑

一、墙柱

对暗柱、端柱、翼墙柱、转角墙等边缘构件统一称为"墙柱"，程序根据点取的位置调用不同的对话框。

剪力墙边缘构件的相关规定见《混凝土结构设计规范》(GB 50010—2002)第 11.7.14～11.7.16 条，《高层建筑混凝土结构技术规程》(JGJ 3—2002)第 7.2.15～7.2.17 条，《建筑抗震设计规范》(GB 50011—2001)第 6.4.6～6.4.8 条。

1. 确定墙柱形状

墙柱构件的形状多按规范中边缘构件的最小值确定。使用 SATWE 等计算程序时，软件已针对各边缘构件初步确定了基本形状。在画施工图时，程序在此基础上进一步判断各构件的周边几何条件，修正墙柱形状。

如果在墙柱构件范围内遇到墙体尽端或与墙端的距离很小，则以到墙端的尺寸为墙肢长。

如果两个边缘构件之间的净距小于设定的下限值，这两个构件就会被合并。合并后的纵筋面积不小于两个构件的计算配筋值之和，配筋率、配箍率取合并前两个构件的较大值（图3.5-6）。

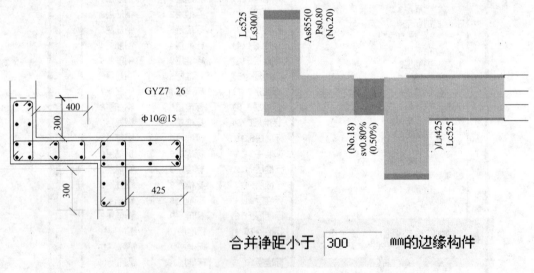

合并净距小于 [300] mm的边缘构件

图 3.5-6 构件合并

2. 配筋方式

确定墙柱配置纵筋的根数及规格的方法详见"读取计算结果"的说明。

获得纵筋的根数后，首先确保构件各角点布置纵筋，然后按每一墙肢设置箍筋的需要布置纵筋。剩余的纵筋大体上沿墙柱周边均匀布置。

矩形（或称一字形）小墙段按柱的要求，将计算配筋设置在两端，另两个侧边按构造要求的最大间距布置相同规格的纵筋。这里所称的"小墙段"需满足以下两个条件之一：墙长不大于墙厚的 3 倍；墙长不大于 800mm。

在完成纵筋布置后，沿各墙肢和构件外轮廓安排箍筋，再按"隔一拉一"和"无支长度不大于 300"的要求增补单肢箍。统计一道箍筋的总长，按构件配箍率要求确定箍筋的规格。

同一平面上外形相同而配筋量差异在设定的范围（参见"工程设置→配筋归并范围"）内时，归并为同一类构件。此过程对各墙钢筋标准层分别进行。用户应注意：相同的构件名称在不同的墙钢筋标准层一般代表不同的形状和配筋。

GB 50010—2002 表 11.7.16 针对构造边缘构件设定了纵筋最小根数、直径和箍筋最小直径、最大间距限值，约束边缘构件应更严格，因此程序中生成各类墙柱配筋时均考虑满足此要求。

3. 墙柱一般编辑操作

对于已按计算结果读入的构件配筋，可做进一步的编辑。

可以用右侧菜单的"编辑墙柱"命令，按程序提示拾取所关注的构件编辑其尺寸及配筋，也可以在提示区末行显示"命令："提示符时双击由构件引出的文字，调出相应的对话框。

在墙柱文字上或其轮廓范围内点右键，选择"复制墙柱"，程序将随光标移动显示所选构件的轮廓。在移动到目标位置后，点左键确认。

可以在复制过程中点右键，在弹出的菜单上选择"镜像"或"旋转"以实现更灵活地复制。如选择"继续"则忽略这一次右键操作，按原形状平移构件轮廓；如选择"退出"则取消此次复制操作（图 3.5-7）。

4. 节点墙柱

对多道墙相交位置的墙柱，程序提供"节点墙柱"对话框。这里所说的"节点"与 PM 建模程序中的概念相同。

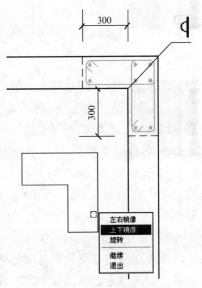

交汇于构件所在节点的每段墙称为一个墙肢，通常不包含各道段墙的公共区域。阴影区即 GB 50010—2002 所称"配箍特征值为 λ_v 的区域"，拉结区是"配箍特征值为 $\lambda_v/2$ 的区域"。

如果所选位置不包含建模时按"柱"输入的部分，程序将显示如图 3.5-8 所示对话框。墙肢表以上的部分反映整个构件的属性，表格中每一行代表一个墙肢。

图 3.5-7 复制墙柱

纵筋编辑框可接受至多六种规格的主筋，按形如 6C25＋10C20 的格式输入。为便于输入，以字母 A～E 依次代表 HPB235 级钢筋、HRB335 级钢筋、HRB400 级钢筋、冷轧带肋钢筋、冷轧扭钢筋，在图形区显示为相应的钢筋符号。

点取表中某一格时，程序会在相关位置高亮显示。如图 3.5-8 中的圆圈即表示墙肢表中当前格的变化会影响构件在这一位置的尺寸或配筋。

"附加箍筋"指除墙肢外圈箍筋之外的小箍筋或拉筋。如果增加了墙肢附加箍筋，而定位这些箍筋所需的纵筋数目超过了已有的根数，程序将按需要增加纵筋。

如果选中"用封闭附加箍"，当一个墙肢中的附加箍肢数不小于 2 时，程序将优先选

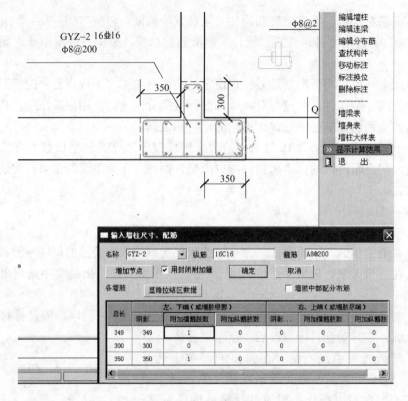

图 3.5-8　节点墙柱

用封闭箍筋，仅在附加箍为奇数肢时用一道拉筋。

"显隐拉结区数据"用于在墙肢表中切换拉结区的相关内容显隐状态，仅用于在墙抗震等级为一、二级的工程中编辑约束边缘构件。

08 版施工图程序对斜交墙柱的大样绘制较 05 版有明显改进，可自动生成如图 3.5-9 所示的五边形箍筋。

5. 端柱类节点墙柱

如果在所选节点处有与墙相连的柱，则所显示的对话框中另有设置柱内附加箍的表。如图 3.5-10

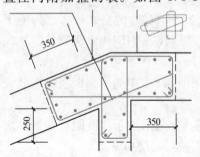

图 3.5-9　斜交墙柱　　　　图 3.5-10　节点墙柱·端柱

中"横箍肢数"指柱内横向的一道拉筋和一个小箍筋（计2肢），"竖箍肢数"指由墙体伸入柱区的箍筋之外的两道拉筋。

08版在布置端柱的纵筋时考虑了柱区与墙内纵筋位置相互协调（图3.5-11）。在墙柱相接的部位纵筋布置疏于其余部位。

6. 多节点墙柱

对常见的多墙在一个节点上交汇形成

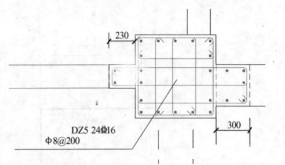

图3.5-11 端柱内的纵筋布置

的墙柱，只需要关注墙肢表中"墙肢根部"的数据即可。当墙柱中包含多个节点时，墙两端的阴影区数据分别见于"左、下端"和"右、上端"两组单元格中。这种情况多见于短肢剪力墙结构。

现在程序中可处理多个节点连成的较复杂墙柱，如图3.5-12所示。

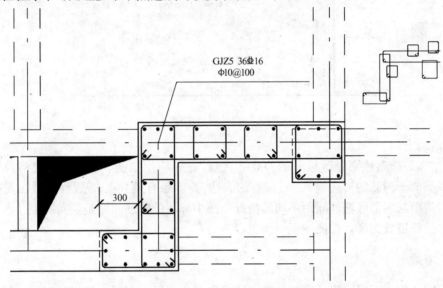

图3.5-12 多节点墙柱

注意：墙柱的平面形状不可以形成封闭的环。

程序读整体分析结果生成墙配筋时会将距离较近的构件合并（参见"确定墙柱形状"的相关内容）。如果要在此基础上进一步合并构件，可使用对话框中的"增加节点"按钮，按程序提示拾取需加入当前编辑墙柱的节点。

7. 洞边暗柱

墙上开设的门窗洞两侧可设置洞边暗柱。

从整体分析计算结果确定洞边暗柱配筋的过程与节点墙柱类似。先选配纵筋根数及规格，按构造要求确定箍筋布置形式，再按配箍率计算箍筋规格。

在编辑此类构件时使用与节点墙柱相同的"编辑墙柱"命令，程序提供如图3.5-13所示的对话框。

暗柱长度指水平沿墙方向的暗柱尺寸。柱内箍肢数中的"横"指垂直于墙面方向，

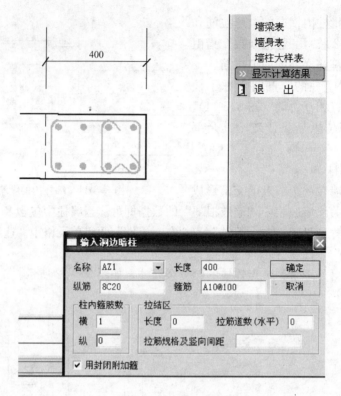

图 3.5-13　洞边暗柱

"纵"指沿墙方向。

　　"拉结区"指暗柱阴影区以外的"$\lambda_v/2$ 区域",一律用拉筋。在"拉筋规格及竖向间距"中以类似于箍筋的形式输入。(拉筋的表达与 05 版有差异。08 版程序可接受拉结区拉筋竖向间距与阴影区箍筋间距不同的情况。图中标注的拉筋间距是竖向间距。水平方向以指定的拉筋道数为准,在图中逐一画出。)

二、墙梁

　　程序默认将上下层洞间的高度均纳入连梁高度,上层无洞时以楼板顶面到洞顶的高度为连梁高。如使用者对"高度"数据做过修改则以该修改结果为准。

　　程序生成的连梁配筋总是上下对称的,使用者可以修改为连梁上下侧设置不同的纵筋。

　　编辑单个连梁时最少需要输入名称、高度、下部纵筋、箍筋规格等信息。如果输入信息不完整则不能按"确定"结束该对话框(图 3.5-14)。

三、分布筋

　　编辑分布筋时可随时变更"输入范围",即确定当前输入的内容影响哪些墙段。"整道"指与点取的墙段在同一轴线上的相连各墙,"逐片"则以相交的墙为界。图 3.5-15 为某工程的局部平面图,横向的墙体可看成被竖向的三道墙分割为两段。如果点取横墙中靠右的墙段,在"整道"编辑时两段均受此次编辑影响,"逐片"编辑则只影响右边一段。编辑时程序会在图中以高亮显示的方式示意影响到的各墙段。

　　程序根据墙厚确定分布筋的排数:墙厚不大于 400mm 时设两排,大于 400mm 而不

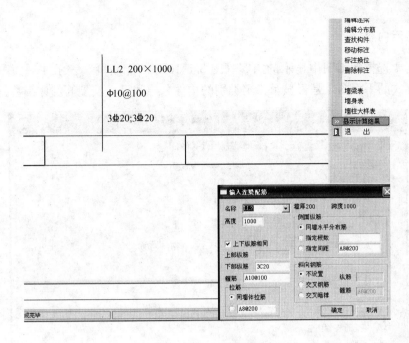

图 3.5-14 编辑连梁

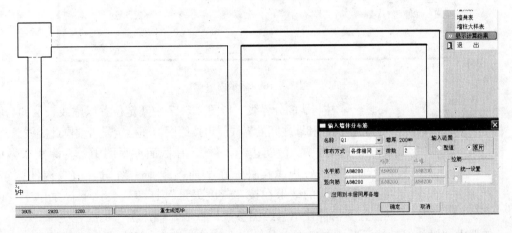

图 3.5-15 编辑分布筋

大于 700mm 设 3 排，700mm 以上设 4 排。默认配筋排布方式是各排分布筋规格相同，可设置为"两侧不同"（分别设置最外侧两排的分布筋规格，中间各排采用"中排"规格）或"两侧相同"（最外侧的两排分布筋规格相同，中间各排采用"中排"规格）。相关规定见 JGJ 3—2002 第 7.2.3 条。

在"确定"退出前可设定将当前编辑的内容"应用到本层同厚各墙"。

第五节 工 程 设 置

除特别说明处之外，"工程设置"的相关设置结果均保存在当前工程的工作子目录中。

可在操作过程中的任意阶段设置参数，当程序显示"命令："提示符时即可执行。一般仅影响设置后配筋、画图的结果而不改变已有的图形。

一、显示内容

可按需要选择施工图中显示的内容（图 3.5-16）。"配筋量"表示在平面图中（包括截面注写方式的平面图）是否显示指定类别的构件名称和尺寸及配筋的详细数据。

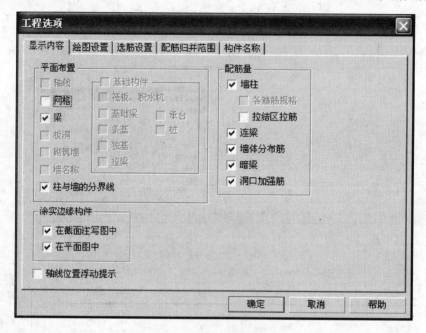

图 3.5-16　显示内容

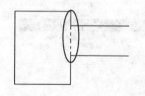

图 3.5-17　柱与墙的分界线

"柱与墙的分界线"指图 3.5-17 中圈定位置以虚线表示的与墙相连的柱和墙之间的界线。可按绘图习惯确定是否要画此类线条。

如选中"涂实边缘构件"，在截面注写图中，将涂实未做详细注写的各边缘构件；在平面图中则是对所有边缘构件涂实。此种涂实的结果在按"灰度矢量"打印后会比下拉菜单中"设置→构件显示（绘图参数）→墙、柱涂黑"的颜色更深。

如选中"轴线浮动提示"则对已命名的轴线在可见区域内示意轴号。此类轴号示意内容仅用于临时显示，不保存在图形文件中。

在用墙施工图程序生成图形文件后，可用通用的图形编辑工具 Modify 程序做进一步润色。在 Modify 中打开墙施工图文件时，会发现各类构件均在图中显示。可通过适当关闭图层达到指定的显示效果。

二、绘图设置

本页设置均对以后画的图有效，已画的图不受影响（图 3.5-18）。

可按使用者的绘图习惯选择用 TrueType 字体（如图 3.5-19 左图）或矢量字体（如图 3.5-19 右图）表示钢筋等级符号。（用下拉菜单的"文字→点取修改"命令中"特殊字符"输入的 HPB235、HRB335、HRB400 级钢只能按矢量字体输出。）

在画平面图（包括截面注写方式的平面图）之前可以设定要求在生成图形时考虑文字

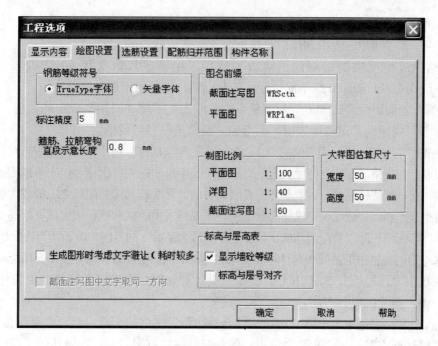

图 3.5-18　绘图设置

避让，这样程序会尽量考虑由构件引出的文字互不重叠，但 GAZ1-1　6Φ16　　GJZ-28　12Φ20
选中该项则生成图形时较慢。　　　　　　　　　　　　　　　　　Φ10@100　　　　Φ8@200

　　关于"标高与层高表"的开关选项在相关章节另行说明。　　　图 3.5-19　钢筋等级符号
"大样图估算尺寸"指画墙柱大样表时每个大样所占的图纸面积。

三、选筋设置

　　选筋的常用规格和间距按墙柱纵筋、墙柱箍筋、水平分布筋、竖向分布筋、墙梁纵
筋、墙梁箍筋等六类分别设置（图 3.5-20）。程序根据计算结果选配钢筋时将按这里的设

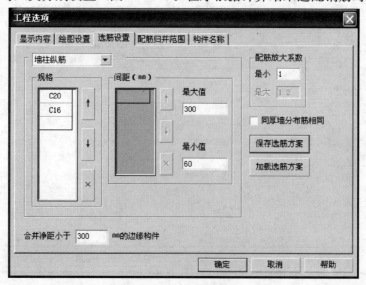

图 3.5-20　选筋设置

置确定所选钢筋的规格。

"规格"和"间距"表中列出的是选配时优先选用的数值。

"规格"表中反映的是钢筋的等级和直径，用 A～E 依次代表 HPB235 级钢筋、HRB335 级钢筋、HRB400 级钢筋、冷轧带肋钢筋、冷轧扭钢筋。

"纵筋"的间距由"最大值"和"最小值"限定，不用"间距"表中的数值。"箍筋"或"分布筋"间距则只用表中数值，不考虑"最大值"和"最小值"。

可在表中选定某一格，用表侧的"↑"和"↓"调整次序，用"×"删除所选行。如需增加备选项可点在表格尾部的空行处。选筋时程序按表中排列的先后次序，优先考虑用表中靠前者。例如：在选配墙柱纵筋时，取整体分析结果中的计算配筋和构造配筋之中的较大值，根据设定的间距范围和墙柱形状确定纵筋根数范围，按规格表中的钢筋直径依次试算钢筋根数和实配面积；当实配面积除以应配面积的比值在"配筋放大系数"的范围内时即认为选配成功。

如果指定的规格中钢筋等级与计算时所用的等级不同，选配时会按等强度换算配筋面积。

如果选中"同厚墙分布筋相同"，程序在设计配筋时，在本层的同厚墙中找计算结果最大的一段，据此配置分布筋。

"选筋方案"包括本页上除"边缘构件合并净距"之外的全部内容，均保存在 CFG 目录下的"墙选筋方案库 . MDB"文件中。保存时可指定方案名称，在做其他工程墙配筋设计时可用"加载选筋方案"调出已保存的设置。

可以在读入部分楼层墙配筋后重新设置本页参数，修改的结果将影响此后读入计算结果的楼层。这样可实现在建筑物中分段设置墙钢筋规格。

四、配筋归并范围

同类构件的外形尺寸相同，需配的钢筋面积（计算配筋和构造配筋中的较大值）差别在本页参数指定的归并范围内时，按同一编号设相同配筋（图 3.5-21）。

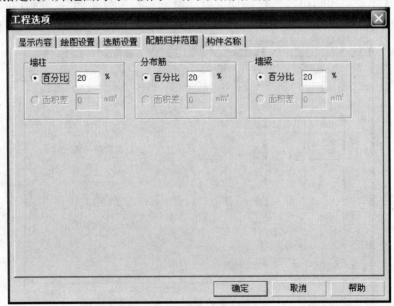

图 3.5-21   配筋归并设定

构件的归并仅限于同一钢筋标准层平面范围内。一般地说，不同墙钢筋标准层之间相同编号的构件配筋很可能不同。

五、构件名称

表示构件类别的代号默认值参照"平面整体表示法"图集设定。

如选中"在名称中加注 G 或 Y 以区分构造边缘构件和约束边缘构件"则这一标志字母将写在类别代号前面。

可在"构件名模式"中选择将楼层号嵌入构件名称，即以类似于 AZ1-2 或 1AZ-2 的形式为构件命名。使用者可根据自己的绘图习惯选择并设置间隔符。默认在楼层号与表示类别的代号间不加间隔符，而在编号前加"-"隔开（图 3.5-22）。

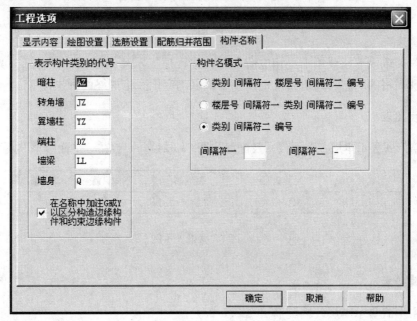

图 3.5-22　构件名称

加注的楼层号是自然层号。

第六节　读计算结果

08 版已改为可多次反复读取 SATWE 等结构计算结果，每次读一层（当前层）或指定的若干层。在每次读取之前可设定选筋的相关参数，以便实现对工程沿竖向分段采用不同的钢筋直径。

如果调用"读当前层计算结果"命令，程序将考虑与当前层划分在同一墙钢筋标准层内的所有各自然层计算结果，对同一平面位置的构件按较大的计算配筋量选配钢筋。

生成配筋平面图紧随读取过程在同一条命令中一起完成。程序按当前设置状态确定按截面注写方式或平面图－大样方式画平面，可利用工具栏上的下拉框随时在这两种模式间切换（图 3.5-23）。

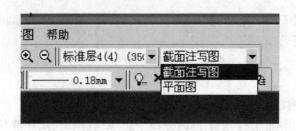

图 3.5-23 切换绘图方式

第七节 图 表

对于"平面图－大样"方式，通常需将相关表格插入图形。"截面注写"方式也需要画出"层高表"。

在右侧菜单或下拉菜单中点相应命令后，按程序提示移动鼠标，可看到随光标移动，图形区出现表格的示意。到适当位置按左键，以确定该表格最终的画出位置。

一、墙梁表

以表格形式显示本层各连梁尺寸及配筋（图 3.5-24）。一般在"平面图"方式下使用。

名 称	梁截面	上侧纵筋	下侧纵筋	箍 筋
LL-1	350×2300	3 Φ 20	3 Φ 20	ϕ 8@200

图 3.5-24 墙梁表示例

二、墙身表

以表格形式显示本层各墙配筋（图 3.5-25）。

名称	墙厚	水平分布筋	垂直分布筋	拉筋
Q-1	300	ϕ 6@500	ϕ 8@125	ϕ 6@500
Q-2	350	ϕ 6@500	ϕ 8@100	ϕ 6@500
Q-3	400	ϕ 6@500	ϕ 8@100	ϕ 6@500
Q-4	400	ϕ 6@450	ϕ 8@100	ϕ 6@500
Q-5	250	ϕ 6@500	ϕ 8@150	ϕ 6@450
Q-6	350	ϕ 8@100	ϕ 8@100	ϕ 6@500

图 3.5-25 墙身表示例

可以在"工程设置→显示内容→配筋量"中不选"墙体分布筋"，这样在平面图中不显示和标注分布筋，仅用表格显示。

三、墙柱大样表

一般在"平面图"方式下使用。首先在对话框的表格中选取要画的大样，再到图形区指定布置大样的范围。程序将按图 3.5-26 的形式画出所选各墙柱大样。

大样的比例在"工程选项→绘图设置"中设定。如对这一参数进行修改则会对以后画出的图形有影响而不改变已有的大样。

四、层高表

程序中的层高表是参照平法图集 03G101-1 提供的形式绘制的。在"工程选项→绘图设置"中有与此相关的开关。

"墙混凝土等级"列是可选的（图 3.5-27）。

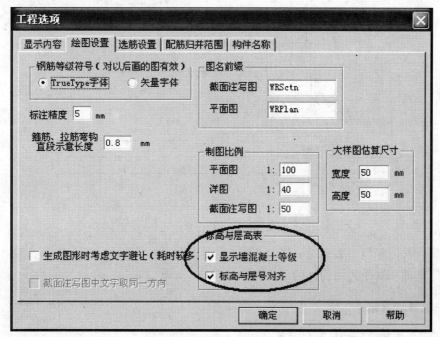

图 3.5-26　墙柱大样

GDZ-11 20Φ16
Φ8@200
±0.000~4.500

图 3.5-27　层高表的相关选项

在层高表中以粗线表示当前图形所对应的各楼层（图 3.5-28）。

层　号	层高(m)	墙混凝土等级	标高(m)
标准层 5(5)	3.10	C25	18.100
标准层 4(4)	3.10	C25	15.000
标准层 3(3)	3.10	C25	11.900
标准层 2(2)	6.00	C25	5.900
标准层 1(1)	5.90	C40	±0.000

层　号	标高(m)	墙混凝土等级	层高(m)
标准层 5(5)	18.100	C25	3.10
标准层 4(4)	15.000	C25	3.10
标准层 3(3)	11.900	C25	3.10
标准层 2(2)	5.900	C25	6.00
标准层 1(1)	±0.000	C40	5.90

图 3.5-28　层高表

"标高与层号对齐"开关会影响表中楼层数据与标高数字的相对位置和各栏的次序。图 3.5-28 中左侧是不选该开关项的结果,右侧是选中的结果。

第八节　显示计算结果

程序中提供"显示计算结果"的功能以便使用者检查配筋结果、调整配筋量。"计算结果"指分析软件 TAT 、SATWE 或 PMSAP 对工程做整体分析后所得的结果。各种分析软件提供计算结果的形式大体相同,但具体的菜单项名称略有差异。以下说明以 SATWE 为例。

一、墙柱计算结果

"显示墙柱计算结果"所得的图形可以与"分析结果图形和文本显示→梁弹性挠度、柱轴压比、墙边缘构件简图"中的边缘构件图对照。

图 3.5-29 中"构造配筋"、"计算配筋"均指墙柱纵筋的总截面面积,单位:mm^2。

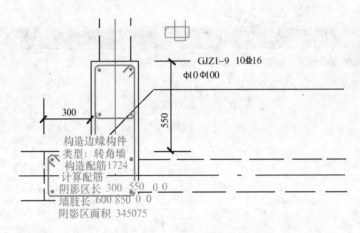

图 3.5-29　墙柱计算结果

"阴影区长"相当于 l_s 和 l_t,"墙肢长"相当于 l_c。

"阴影区面积"是边缘构件的截面面积,单位:mm^2。

二、墙身计算结果

包括分布筋和墙梁的计算结果。

计算结果数据显示在各段墙中部(图 3.5-30)。如该段墙上无洞,则墙梁的相关数据均显示为零。

墙体分布筋的单位是 mm^2/m。

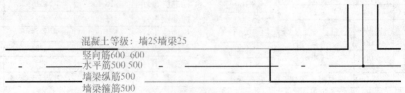

图 3.5-30　墙身计算结果

三、配筋数量

显示墙柱实配纵筋面积和配筋率，用于与计算结果对照。

四、清除显示结果

从图中清除上述各种临时显示的计算结果或实配钢筋数据，仅保留施工图的内容。

第九节　图形文件管理

墙施工图程序生成的最终图纸（T图格式）均位于工程文件夹下的"施工图"子文件夹内。文件名称默认以 WRSctn（截面注写图）或 WRPlan（平面图）开头，使用者可以在"工程设置→绘图设置"中按绘图习惯修改这两种前缀。

图文件名的形式为类似于 WRSctn3-1.T。前一数字表示该图属于哪个楼层，后一数字是在该层各图中编的流水号。

在首次切换到某一墙筋标准层时，程序默认进入一张新图。

对已经画过施工图的楼层在编辑过程中也可以调用"绘新图"命令，程序提供图3.5-31 所示可选方式。

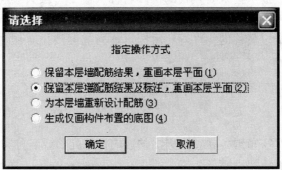

图 3.5-31　绘新图方式选择

"生成仅画构件布置的底图"相当于切换到新层时提供的新图。"为本层墙重新设计配筋"则重新进行读计算结果、并重新画墙柱大样等配筋构造。"保留本层墙配筋结果"不改变已有的墙内构件配筋。如要求保留标注则只替换平面布置图形，已画的文字标注均不移动。

每个标准层默认可有平面图－大样方式和截面注写方式的图纸各一张。如果多于一张，在切换到这一标准层或选择"编辑旧图"时，会出现选取图形的对话框（图3.5-32）。

左侧的表中列出当前层指定方式的全部图文件，右侧的预览框中可看到与表中选定格相应的图形。如选择"清除旧图"并确认则表中所列的图文件都被清除。

可以用该对话框中的下拉框改变当前楼层。

"画新图"按钮的效果相当于右侧菜单"绘新图"命令中的"生成仅画构件布置的底图"的方式。

通常仅在按截面注写方式绘制框架－筒体结构的墙施工图时，为使图形按较大比例绘制而选取各剪力墙集中处的筒体分画在不同图纸中。其他情况下使用者可以不关心图形名

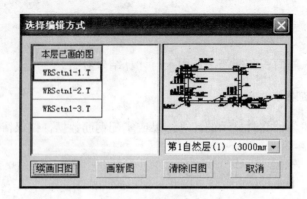

图 3.5-32　编辑旧图

称而由程序自行管理。

第十节　辅　助　功　能

一、查找构件

执行此命令时，按提示输入要查找的构件名称（对字母按大小写都可以），程序将闪动显示找到的相关构件文字。可按任意键结束闪动。

可用此功能搜索指定名称的构件，然后选定适当的标注位置做"标注换位"，使图面文字布置尽量均匀。

二、构件标注

1. 移动标注

可用于调整图面文字布置。在点取引出的墙内构件配筋或名称文字后，可看到该文字随光标移动，点左键确认移动结果。

当墙柱的箍筋形式较复杂时，程序提供了箍筋的层次示意图。此种图形也可用"移动标注"功能调整位置。如果要移动示意图中某一道箍筋的位置，请使用下拉菜单的"编辑→移动"命令。

2. 标注换位

用于"截面注写图"方式。可在多个同名的构件中指定选取哪一个做详细注写。

对于标准号相同的（尺寸和配筋完全一样而且同名的）多个构件，程序在平面图中只选一个详细写出各种尺寸、配筋数据，其余只标构件名。如果希望标注的位置与程序选择的不同，可使用此功能。点选要详细注写的构件名，程序将注写内容及详图标注于指定的构件位置。

可用此命令调整图面布置，使各部分图形疏略适中。

3. 删除标注

可删除多余的构件标注内容，包括该构件的配筋示意。点选不需要的文字标注，程序将成组的文字和引出线一同删去。

如需删除尺寸标注，请用下拉菜单中的"编辑→删除"命令或工具栏上的"删除"按钮。

第 四 篇

基 础 设 计 JCCAD2008

概　　述

08 版基础设计软件 JCCAD 各菜单充分整合，使建模、计算、施工图三个层次更加清晰。

基础建模中合并了桩基承台的详细计算，使桩基承台与柱下独基、墙下条基一样可完成详细设计。

突出两项整体式基础计算菜单：弹性地基梁板计算和桩筏、筏板有限元计算。改进大底盘整体基础的设计计算，自动划分单元稳定合理，改进考虑基础与上部结构共同作用—上部结构计算刚度的凝聚计算，增加了考虑筏板"后浇带"计算。

整合基础平面施工图，把原独基条基平面、地梁平法钢筋、筏板钢筋、桩位四个基础平面施工图菜单和桩基承台详图菜单整合为一个基础平面施工图菜单，从面扩大了该菜单的适应性。增加了桩基承台、独基基础中地下室防水隔板的设计计算。

改进了筏板基础的配筋模式。改进了地质资料输入模块，适应了土层相互之间穿插分布的复杂关系，人机交互操作更加简便。

第一章 地 质 资 料 输 入

地质资料是建筑物周围场地地基状况的描述，是基础设计的重要信息。如果要进行沉降计算必须有地质资料数据。通常情况下在进行桩基础的设计时也需要地质资料数据。在使用 JCCAD 软件进行基础设计时，用户必须提供建筑物场地的各个勘测孔的平面坐标、竖向土层标高和各个土层的物理力学指标等信息，在地质资料文件（内定后缀为.dz）中描述清楚。

地质资料文件可通过人机交互方式生成，也可用文本编辑工具直接填写。本节说明人机交互方式生成的方法，而用文本编辑工具直接填写的文件格式见附录 A。

JCCAD 可以将用户提供的勘测孔的平面位置自动生成平面控制网格，并以形函数插值方法自动求得基础设计所需的任一处的竖向各土层的标高和物理力学指标，并可形象地观察平面上任意一点和任意竖向剖面的土层分布和土层的物理力学参数。

由于用途不同，对土的物理力学指标要求也不同。因此，可以将 JCCAD 地质资料分成两类：有桩地质资料和无桩地质资料。有桩地质资料需要每层土的压缩模量、重度、状态参数、内摩擦角和粘聚力，每层五个参数；而无桩地质资料只需压缩模量，每层一个参数。

地质资料输入的步骤一般应为：

（1）归纳出能够包容大多数孔点土层分布情况的"标准孔点"土层，并点击［标准孔点］菜单根据实际的勘测报告修改各土层物理力学指标、压缩模量等参数进行输入。

（2）点击"孔点布置"菜单，将'标准孔点土层'布置到各个孔点。

（3）进入"动态编辑"菜单对各个孔点已经布置土层的物理力学指标、压缩模量、土层厚度、顶层土标高、孔点坐标、水头标高等参数进行细部调节。也可以通过添加、删除土层补充修改各个孔点的土层布置信息。

因程序数据结构的需要，程序要求各个孔点的土层从上到下的土层分布必须一致，实际情况中当某孔点没有某种土层时，需将这种土层的厚度设为 0 厚度来处理，因此孔点的土层布置信息中，会有 0 厚度土层存在，程序允许对 0 厚度土层进行编辑。

（4）对地质资料输入的结果的正确性可以通过"点柱状图"、"土剖面图"、"画等高线"、"孔点剖面"菜单进行校核。

（5）重复步骤（3）、步骤（4）完成地质资料输入的全部工作。

下面对地质资料输入的菜单进行详细的介绍。

进入菜单［地质资料输入］，屏幕弹出图 4.1-1 所示的"选择地质资料文件"对话框。

如果建立新的地质资料文件，应该在对话框的'文件名'项内输入地质资料的文件名并点取'打开'按钮进行地质资料的输入工作。

如果编辑已有的地质资料文件，可以在文件列表框中选择要编辑的文件并点取'打

图 4.1-1

开'按钮。屏幕显示地质勘探孔点的相对位置和由这些孔点组成的三角单元控制网格，如图 4.1-2 所示。用户即可利用地质资料输入的相关菜单观察地质情况，对已有的地质资料进行补充和修改。

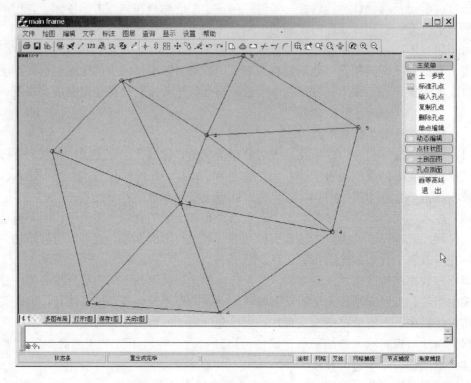

图 4.1-2

交互方式生成的地质资料文件与用文本编辑工具直接填写的文件采用相同的格式。

注意：如果用户希望采用其他工程已形成好的地质资料文件，请将该文件拷贝到当前工作目录下调用，否则采用主菜单 3 的沉降计算时可能产生错误。

地质资料文件记录了建筑物场地的每个勘探孔点的位置、孔点土层布置信息、土层的物理力学指标和孔点组成的三角单元控制网格等所有信息，其内容详述如下。

（1）每个勘探孔柱状图的土层分布及各土层的物理力学参数。土层分布指土层的名称、厚度、土层底面的标高和图幅。土层的物理力学参数指土的重度 G_y（用于沉降计算）、相应压力状态下的压缩模量 E_s（用于沉降计算）、内摩擦角 φ（用于沉降及支护结构计算）、粘聚力 c（用于支护结构计算）和计算桩基承载力的状态参数（对于各种土有不同的含义）。

提示：无桩基础土层的物理力学参数只需压缩模量 Es。

（2）所有孔点在任意坐标系下的位置坐标。在基础设计时，可通过平移与旋转将勘探孔平面坐标转成建筑底层平面的坐标。

（3）以勘探孔点作为节点顺序编号，将节点连线划分成多个不相重叠的三角形单元，并将三角形单元编号。程序将以这些三角形单元为控制网格，利用形函数插值的方法得到控制网格内部和附近的地质土层分布。

图 4.1-3

进入菜单［地质资料输入］，当在"选择地质资料文件"对话框中键入文件名后，屏幕显示交互生成地质资料文件状态，其右侧菜单区如图 4.1-3 的子菜单。下面将分节描述［地质资料输入］的各个菜单的功能。

一、土参数

菜单［土参数］用于设定各类土的物理力学指标。点击［土参数］菜单后，屏幕弹出"默认土参数表"，见图 4.1-4。表中列出了 19 类常见的岩土的类号、名称、压缩模量、重度、内摩擦角、粘聚力、状态参数。

用户应根据自己实际的土质情况对如上默认参数修改，特别是需要用到的那些土层参数。程序给出"默认土参数表"，是为了方便用户在此基础上修改。用户修改后，点击"OK"按钮使修改数据有效。

默认土参数表

土名称	压缩模量	重度	摩擦角	粘聚力	状态参数	状态参数含义
（单位）	(MPa)	(KN/M3)	(度)	(KPa)		
1 填土	10.00	20.00	15.00	0.00	1.00	(定性/-IL)
2 淤泥	2.00	16.00	0.00	5.00	1.00	(定性/-IL)
3 淤泥质土	3.00	15.00	2.00	5.00	1.00	(定性/-IL)
4 粘性土	10.00	18.00	5.00	10.00	0.50	(液性指数)
5 红粘土	10.00	18.00	5.00	0.00	0.20	(含水量)
6 粉土	10.00	20.00	15.00	2.00	0.20	(孔隙比e)
71 粉砂	12.00	20.00	15.00	0.00	25.00	(标贯击数)
72 细砂	31.50	20.00	15.00	0.00	25.00	(标贯击数)
73 中砂	35.00	20.00	15.00	0.00	25.00	(标贯击数)
74 粗砂	39.50	20.00	15.00	0.00	25.00	(标贯击数)
75 砾砂	40.00	20.00	15.00	0.00	25.00	(标贯击数)
76 角砾	45.00	20.00	15.00	0.00	25.00	(标贯击数)
77 圆砾	45.00	20.00	15.00	0.00	25.00	(标贯击数)
78 碎石	50.00	20.00	15.00	0.00	25.00	(标贯击数)
79 卵石	50.00	20.00	15.00	0.00	25.00	(标贯击数)
81 风化岩	10000.00	24.00	50.00	200.00	100000.00	(单轴抗压)
82 中风化岩	20000.00	24.00	50.00	200.00	200000.00	(单轴抗压)

确定　取消　帮助

图 4.1-4

提示：

（1）程序对各种类别的土进行了分类，并约定了类别号，见表 4.1-1。

土 的 名 称

表 4.1-1

土类号	土名称	土类号	土名称	土类号	土名称
1	填土	71	粉砂	81	风化岩
2	淤泥	72	细砂	82	中等风化岩
3	淤泥质土	73	中砂	83	微风化岩
4	黏性土	74	粗砂	84	新鲜基岩
5	红黏土	75	砾砂		
6	粉土	76	角砾		
		77	圆砾		
		78	碎石		
		79	卵石		

（2）无桩基础只需压缩模量参数，不需要修改其他参数。

（3）所有土层的压缩模量不得为零。

二、标准孔点

图 4.1-3 所示菜单中［标准孔点］用于生成土层参数表——描述建筑物场地地基土的总体分层信息，作为生成各个勘察孔柱状图的地基土分层数据的模板。

每层土的参数包括层号、土名称、土层厚度、极限侧摩阻力、极限桩端阻力、压缩模量、重度、内摩擦角、粘聚力和状态参数等 10 个信息。

首先用户应根据所有勘探点的地质资料，将建筑物场地地基土统一分层。分层时，可暂不考虑土层厚度，把其他参数相同的土层视为同层。再按实际场地地基土情况，从地表面起向下逐一编土层号，形成地基土分层表。这个孔点可以作为输入其他孔点的"标准孔点土层"。

点击［标准孔点］菜单后，屏幕弹出"土层参数表"，表中列出了已有的或初始化的土层的参数表，见图 4.1-5。

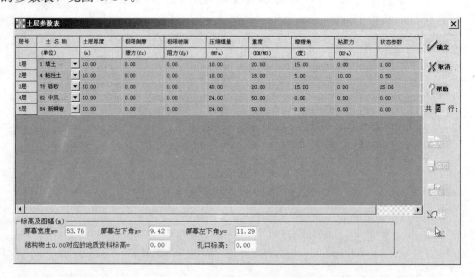

图 4.1-5

某层土的参数输完后，可通过"添加"按钮输入其他层的参数，也可用"插入"、"删除"按钮进行土层的调整。

按前述的地基土分层表的次序层层输入，最终形成"土层参数表"。

提示：

地质资料中的标高可以按相对与上部结构模型中一致的坐标系输入，也可按地质报告的绝对高程输入。当选择前一种输入方法时，应该将地质报告中的绝对高程数值换算成与上部结构模型一致的建筑标高；当选择后一种输入方法时，地质资料输入中的所有标高必需按绝对高程输入，并在"±0.00绝对标高"填入上部结构模型中±0.00标高对应的绝对高程。

土层参数表中参数都可修改，其中由"默认土参数表"确定的参数值也可修改，且其值修改后不会改变"默认土参数表"中相应值，只对以前土层参数表起作用。

标高及图幅框内的"孔口标高"项的值，用于计算各层土的层底标高。第一层土的底标高为孔口标高减去第一层土的厚度；其他层土的底标高为相邻上层土的底标高减去该层土的厚度。

允许同一土名称多次在土层参数表中出现。

当某层土的厚度在不同勘探点下不相同而其他参数均相同时，可设为同一层土。不同的土层厚度可用［单点编辑］菜单中修改土层底标高来实现，也可以在后面介绍的［动态编辑］中修改。

三、孔点输入

点击图4.1-3所示菜单中的［输入孔点］后，用户可用光标依次输入各孔点的相对位置（相对于屏幕左下角点）。孔点的精确定位方法同PM。一旦孔点生成，其土层分层数据自动取［标准孔点］菜单中"土层参数表"的内容。

在平面上输入孔点时可导入参照图形。

一般地质勘测报告中都包含AutoCAD格式的钻孔平面图（DWG图）。用户可导入该图作为底图，用来参照输入孔点位置，这样可大大方便孔点位置的定位。

首先应在"图形编辑修改"菜单下把AutoCAD格式的钻孔平面图（DWG图）转换成为与PKPM图形平台同名的.T图形。进入地质资料输入菜单后，点击上部菜单的"文件""插入图形"将转换好的钻孔平面图插入到当前显示图中，会弹出如图4.1-6所示的对话框，程序要求导入图形的比例必须是1∶1，如果原图不是这个比例，需要修改缩放比例。如在图4.1-6所示菜单里第一行给出的

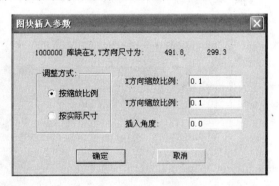

图4.1-6

X，Y方向尺寸491.8和299.3，通过调整X/Y方向缩放比例0.1，变形为49.18m和29.93m。

程序如果需要参照基础平面图来输入孔点信息，也可以通过"插入图形"命令插入底层的结构平面图，再参照结构平面图上的节点、网格、构件信息确定孔点坐标（图4.1-7）。

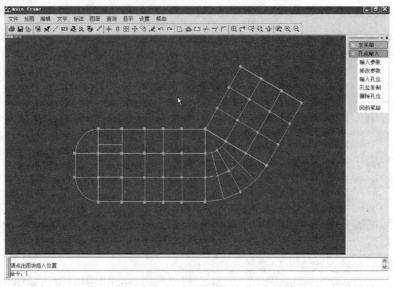

图 4.1-7

四、复制孔点

用于土层参数相同勘察点的土层设置。也可以将对应的土层厚度相近的孔点用该菜单进行输入，然后再编辑孔点参数。

五、删除孔点

用于删除多余的勘测点。

点击［修改参数］菜单后，只能选取一个孔位进行土层参数修改。若要修改另一个孔位，则必须再次点击［修改参数］菜单。或者某土层物理参数修改后在各个节点都作相同修改时可用"用于所有点"打勾来操作完成。

六、单点编辑

点击图 4.1-3 所示菜单中的［单点编辑］后，光标点取要修改的孔点，屏幕弹出图 4.1-8 所示的"孔点土层参数表"对话框。对话框包括标高及图幅的数据框和土层参数

图 4.1-8

表。标高及图幅的数据框内的孔口标高、探孔水头标高、孔口坐标（X，Y）、每一土层的土层底标高以及各土层物理参数都可修改。同时可用"删除"按钮删除某层土，用 Undo 按钮恢复删除的土层。

七、动态编辑

动态编辑是 08 版本新增加的功能，程序允许用户选择要编辑的孔点，程序可以按照点柱状图和孔点剖面图两种方式显示选中的孔点土层信息，用户可以在图面上修改孔点土层的所有信息，将修改的结果直观地反映在图面上，方便用户理解和使用。下面就动态编辑进行详细介绍。

点击图 4.1-3 菜单中的［动态编辑］，用光标点取要编辑的孔点见图 4.1-9：

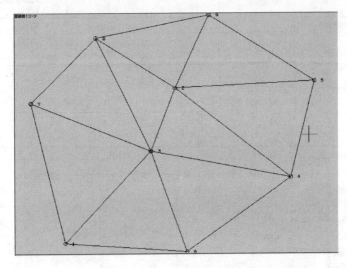

图 4.1-9

单击鼠标右键完成孔点拾取后，程序弹出如图 4.1-10 所示的对话框，选择显示方式。

点击"孔点柱状图"按钮或者"孔点剖面图"按钮完成显示方式的选择，进入孔点编辑截面。

右侧菜单见图 4.1-11：

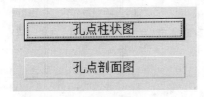

图 4.1-10

图 4.1-11

图 4.1-12 和图 4.1-13 分别显示了柱状图和剖面图的显示方式。

可以通过单击"剖面类型"菜单在两种显示方式中切换。

点击"孔点编辑"进入孔点编辑状态，将鼠标移动到要编辑的土层上，土层会动态加亮显示，表示当前操作是对土层操作，如土层添加、土层参数编辑、土层删除。见图 4.1-14 和图 4.1-15。

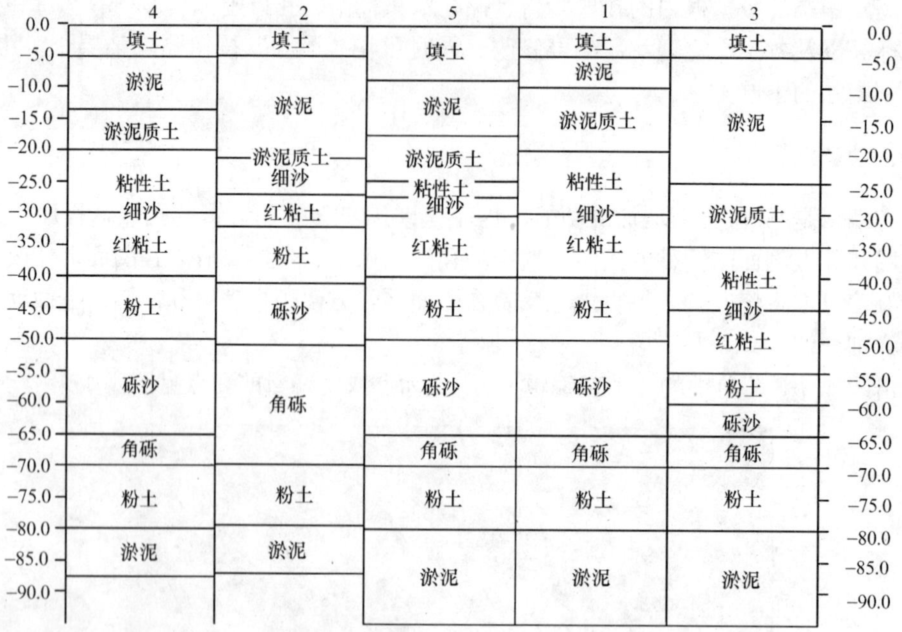

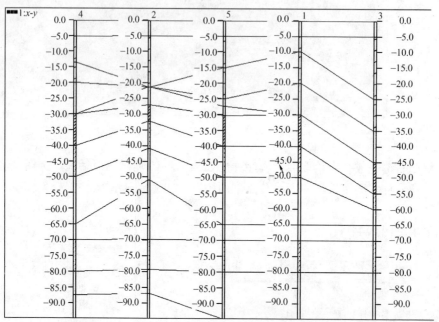

图 4.1-12

图 4.1-13

将鼠标移动到要编辑的土层中间位置时，土层间会动态加亮显示，表示当前操作是对土层间操作，如添加土层、孔点信息、0 厚度的土层参数修改，如果用户想编辑当前选中的土层，单击鼠标右键，弹出菜单选择相应的修改功能。见图 4.1-16 和图 4.1-17。

选择"结束编辑"菜单突出当前的孔点编辑状态，返回上级菜单。

选择"添加土层"用来在当前土层之上添加新的土层。

选择"修改土层"用来修改当前选中的土层中的参数。输入参数对话框见图 4.1-18。

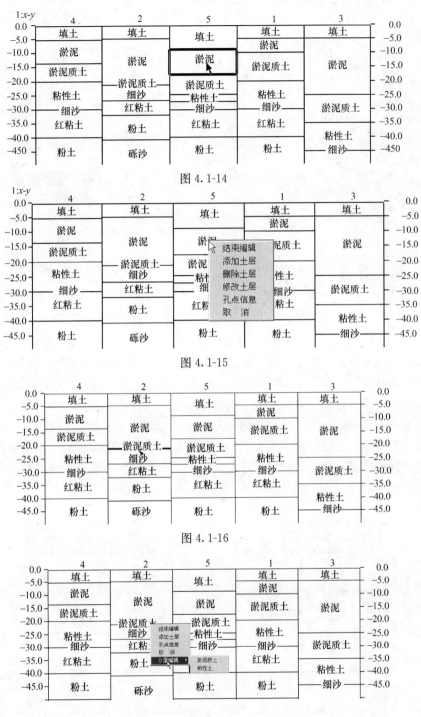

图 4.1-14

图 4.1-15

图 4.1-16

图 4.1-17

选择"删除土层"，完成当前土层操作，用户可以根据如图 4.1-19 所示的对话框选择删除的方式。

选择"孔点信息"，弹出如图 4.1-20 所示的对话框，用户可以修改当前孔点的坐标、标高等信息。

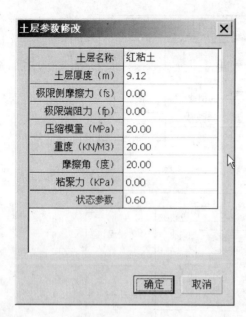

图 4.1-18

图 4.1-19

图 4.1-20

　　如果土层间有 0 厚度的土层存在，当选中土层后，鼠标右侧菜单会有"0 厚度编辑"菜单，用户可选择"0 厚度编辑"菜单下一级的 0 厚度土层菜单列表进行编辑。

　　点击孔点"标高拖动"进入孔点土层标高拖动修改状态，用户可以拾取土层的顶标高进行拖动来修改土层的厚度，当鼠标移动到土层顶标高时，程序自动拾取土层的顶标高，如果有多层的 0 厚度土层，程序会弹出，并动态加亮显示土层顶标高，点击鼠标左键确认拖动当前的选中状态，移动鼠标，程序自动显示当前鼠标的位置的标高，单击鼠标左键完成土层标高的拖动（图 4.1-21、图 4.1-22）。

图 4.1-21

1:x-y	4	2	5	1	3	
0.0						0.0
-5.0	填土	填土	填土	填土	填土	-5.0
-10.0	淤泥	淤泥	填上	淤泥		-10.0
-15.0	淤泥质土	淤泥质土	淤泥 .21m	淤泥质土	淤泥	-15.0
-20.0		粘性上	淤泥质土			-20.0
-25.0	粘性土	细沙	粘性土	粘性土		-25.0
-30.0	细沙	红粘土	细沙	细沙	淤泥质土	-30.0
-35.0	红粘土	粉土	红粘上	红粘土		-35.0
-40.0					粘性土	-40.0
-45.0	粉土	砾沙	粉土	粉土	细沙	-45.0
-50.0					红粘土	-50.0
-55.0	砾沙		砾沙	砾沙	粉土	-55.0
-60.0		角砾			砾沙	-60.0
-65.0	角砾		角砾	角砾	角砾	-65.0
-70.0						-70.0
-75.0	粉土	粉土	粉土	粉土	粉上	-75.0
-80.0						-80.0
-85.0	淤泥	淤泥	淤泥	淤泥	淤泥	-85.0
-90.0						-90.0

图 4.1-22

完成土层的编辑、添加、删除操作后，程序会根据修改结果重绘当前视图。

以上操作图例是在孔点柱状图显示方式上进行的，孔点剖面图的操作与上面的操作相同。

八、点柱状图

图 4.1-3 所示菜单中［点柱状图］用于观看场地上任何点的土层柱状图。

进入菜单后，用光标连续点取平面位置的点，"Esc"退出后，屏幕上显示这些点的土层柱状图，如图 4.1-23 所示。

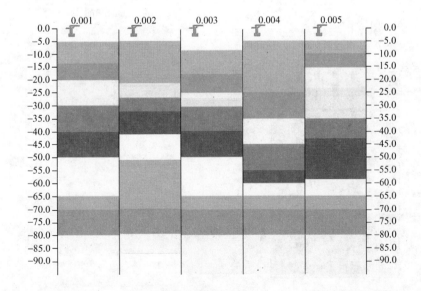

图 4.1-23

提示：

点土层柱状图时，取点为非孔点时，提示区中虽然会显示"特征点未选中"，但点取仍有效。该点的参数取周围节点的差值结果。

图 4.1-24 所示菜单"桩承载力"和"沉降计算"是为特殊需要而设计的。

当选择图 4.1-24 所示菜单"桩承载力"时，先输入图 4.1-25 所示的桩信息：

程序根据规范规定选择合适土层作为桩的持力层，每个持力层给出桩长范围及其对应的竖向承载力、水平承载力、抗拔承载力的最大最小值（图 4.1-26），通过比较可以容易地确定桩的初步方案，包括桩的施工方法、桩长、桩径、桩承载力。设计人员既可输入具体桩长求算承载力，又可输入承载力求算桩长。

当选择图 4.1-24 所示菜单"沉降计算"时，先输入图 4.1-27 所示的信息，程序将给出沉降计算值及计算书。

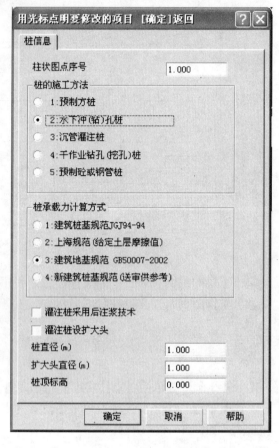

图 4.1-25

图 4.1-24

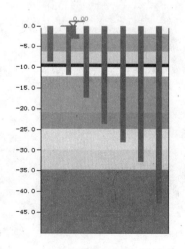

桩径	桩长范围		竖向力特征值		水平力特征值		抗拔力特征值	
D	L1	L2	Q1(KN)	Q2(KN)	H1(KN)	H2(KN)	B1(KN)	B2(KN)
1.00	8.3	9.2	391.	492.	145.	143.	421.	507.
1.00	11.5	12.3	1032.	1091.	160.	162.	628.	670.
1.00	13.8	21.0	1499.	2143.	176.	198.	762.	1327.
1.00	22.5	24.9	2603.	2894.	214.	224.	1462.	1676.
1.00	26.4	30.0	3032.	3689.	229.	252.	1865.	2318.
1.00	31.0	34.7	3990.	4670.	262.	286.	2444.	2914.
1.00	35.7	50.0	4854.	7469.	292.	383.	3040.	4843.

图 4.1-26

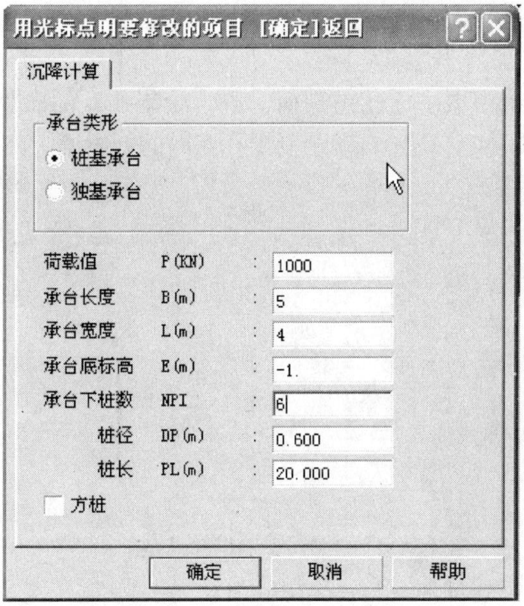

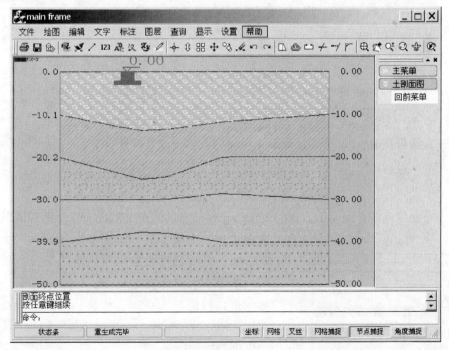

图 4.1-27

九、土剖面图

图 4.1-3 所示菜单中的［土剖面图］用于观看场地上任意剖面的地基土剖面图。

进入菜单后，用光标点取一个剖面后，则屏幕显示此剖面的地基土剖面图，如图 4.1-28 所示。

图 4.1-28

十、孔点剖面

在图 4.1-3 所示菜单中点击 [孔点剖面] 进入绘制孔点剖面状态（图 4.1-29），用户点取选择要绘制剖面的孔点，程序自动绘制出孔点间的剖断面。如图 4.1-30 所示。

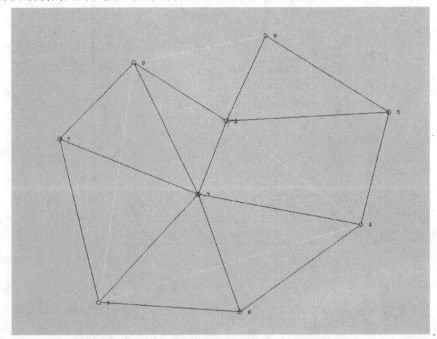

图 4.1-29

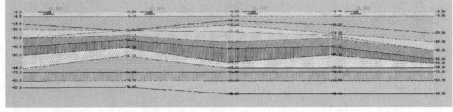

图 4.1-30

十一、画等高线

图 4.1-3 所示菜单中 [画等高线] 用于查看场地的任一土层、地表或水头标高的等高线图。

点击 [画等高线] 菜单后，屏幕的主区显示已有的孔点及网格，右上的对话框显示的条目区有地表、土层 1 底、土层 2 底、……、水头等项（图 4.1-31）。光标选择要绘制等高线的条目，则显示等高线图，如图 4.1-32 所示。

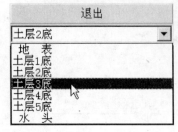

图 4.1-31

地表指孔口的标高；水头指探孔水头标高；土层 1 底、土层 2 底、……指第 1 层土层底部的标高、第 2 层土层底部的标高……等。

每条等高线上标注的数值为相应的标高值。

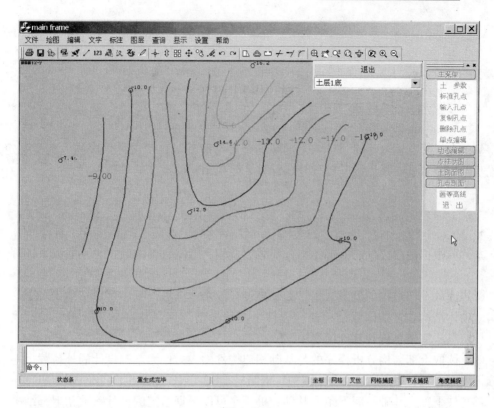

图 4.1-32

提示：

若地表或水头或某层土底的标高全场相同，则对应等高线图空白。

第二章 基础人机交互输入

基础人机交互输入是通过读入上部结构布置与荷载，自动设计生成或人机交互定义、布置基础模型数据，是后续基础设计、计算、施工图辅助设计的基础。

第一节 概　　述

本菜单根据用户提供的上部结构、荷载以及相关地基资料的数据，完成以下计算与设计：

（1）读取上部结构的模型数据作为基础设计的基本依据。程序可以读取 PMCAD、钢结构、砌体结构和复杂体系结构建模软件生成的模型数据，并将与基础相关的轴线、网格、柱信息、墙信息传到基础模型中。

（2）读取上部结构分析程序的与基础相连构件的内力作为基础设计的外荷载。上部结构分析程序包括：PMCAD、砌体结构、钢结构、SATWE、TAT、PMSAP、PK。

（3）柱下独立基础、墙下条形基础和桩承台可以根据给定的设计参数和上部结构计算传下的荷载，自动计算，给出截面尺寸、配筋等。当基础发生碰撞时可以生成联合基础，即双墙或多柱基础。

（4）人机交互布置各类基础，主要有柱下独立基础、墙下条形基础、桩承台基础、基础梁、筏板基础以及它们的组合。

（5）根据地质资料和预计桩承载力计算桩长。

（6）钢筋混凝土地基梁、筏板基础、桩筏基础是由用户指定截面尺寸并布置在基础平面上。这类基础的配筋计算和其他验算须由 JCCAD 的其他菜单完成。

（7）对平板式基础，可进行柱对筏板的冲切计算，上部结构内筒对筏板的冲切、剪切计算。

（8）可以完成柱对独基、桩承台、基础梁和桩对承台的局部承压计算。

（9）可由人工定义和布置拉梁和圈梁，基础的柱插筋、填充墙、平板基础上的柱墩等，以便最后汇总生成画基础施工图所需的全部数据。

（10）接上部结构柱施工图数据。柱的下部标有标准截面号（Z-*）；若有柱施工图数据则柱名称取施工图中标注的名称，并标出柱插筋的类别号（S-*）。例：KZ-1S-1。

第二节 主 要 改 进

一、上部结构标高的引入

在 08 版以前，上部结构没有标高的概念，因此在进行基础设计时需要补充一层荷载作用点标高，而且对于在上部结构分析程序中修改的柱、墙高度不能反映在基础模型中，需要人为修改。在 08 版 JCCAD 程序中可以直接读取上部结构模型中的层底标高和柱、墙底标高。

在设计独立基础时，标高对计算结果的影响主要体现在上部结构传来的柱底内力换算成基底弯矩的结果。

图 4.2-1 是上部结构建模程序中的楼层组装对话框。

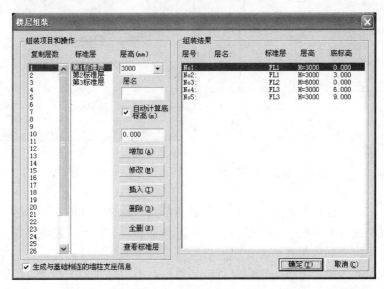

图 4.2-1

一般情况下柱、墙底标高是与层底标高相同的。在 08 版中还允许在构件布置时输入柱、墙底相对楼层底的标高。图 4.2-2 是柱布置时对话框和效果。

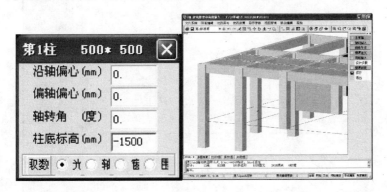

图 4.2-2

在计算独立基础时可以将该信息读入到基础模型中。针对不同情况可以采用不同的标高参数生成基础，见图 4.2-3。

当基础底标高相同时可以选择相对±0.000 的标高输入一个绝对标高；当因为柱底标高不同，需要将基础底设置在不同标高位置时，我们可以选择"相对柱底标高"输入基础底标高。这样，在柱底标高不同时也可以输入一次参数同时生成基础。

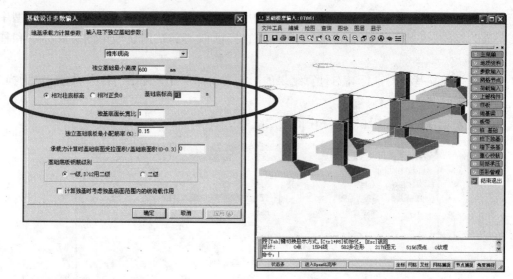

图 4.2-3

二、改进桩布置操作方式

在布置桩时，程序临时将桩与桩形心写成与节点、网格一样的图素，因此可以支持图素编辑的捕捉功能，并可输入相对偏移值。在进行桩布置、移动、复制、输入群桩基点等操作时，可以先将光标滞留在节点、桩形心等特征点上，然后移动光标。当光标靠近滞留点的引导线时引导线就会出现，这时就可输入目标点沿引导线距离参考点的距离，达到准确定位的效果（图 4.2-4）。程序支持多滞留点及其引导线，这一部分的详细内容请参见

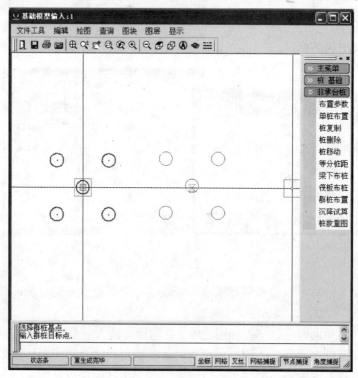

图 4.2-4

TCAD 部分内容。

三、导入桩位图

可以将 DWG 或 T 图中的桩位信息转化为基础模型中的桩径和布置信息。结合桩位编辑工具（移动、复制、删除等）将桩布置到适当的位置。现在程序只支持矩形和圆形桩，即在桩位布置图中用矩形（包括由直线围成的矩形）和圆形图素表示桩的位置。选择的图素如果不能形成桩的平面外围形状，则程序可以将其忽略。

想要实现将已有桩位布置图导入到基础模型中，首先需要在当前目录下存在已有的 DWG 或者 T 文件。

点击导入桩位后弹出图 4.2-5 所示菜单。

1. 选择文件

点击后弹出对话框如图 4.2-6 所示。

图 4.2-5　　　　　　　　　　　　　　　图 4.2-6

如果当前目录中有 dwg 或者 t 后缀的桩位图，选择该桩位图，程序自动将此图导入界面，导入前提示用户输入图纸比例尺，程序默认为 1∶100。程序会切换至被选择的文件上进行操作。

2. 按层选桩

选择过桩位文件后就可以在其上指定哪些图素是桩。可以通过"按层选桩"将所有位于同一图层的桩位图导入模型中。程序首先提示用户选择桩边线，用户可选择某一和桩在同一图层的图素，程序会将该图层中可能是桩边线的图素全部选择出来，选择完毕后单击鼠标右键退出选择状态。如果按层选取桩边线的效果不理想，还可以用"点选单桩"来选择，也可以二者配合使用。

点击后，屏幕显示如图 4.2-7 所示。

3. 点选单桩

如果桩位图中没有严格按图层区分不同构件，用"按层选桩"操作不方便，则可通过该菜单逐一将桩边线选出。程序支持反选操作，即已经选择过的图素再选择一次则认为是取消选择。［点选单桩］和［按层选桩］可以配合使用。不但可以将位于同一图层的所有

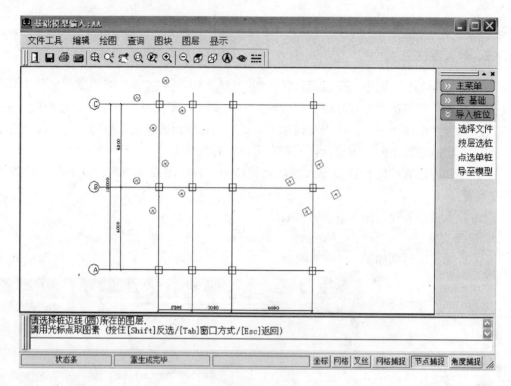

图 4.2-7

桩导入模型，程序还允许用户选择部分桩导入至基础模型中，通过"点选单桩"实现此功能。

4. 导至模型

前面的操作只是将可能成为桩边线的图素选择出来。本菜单是从选择出的图素中分析出桩的布置信息以及桩的尺寸，然后按群桩布置的操作将分析出来的桩与基础模型中的构件对

图 4.2-8

位。点击此菜单可以先输入基点，然后交互拖动转换后的桩，将其布置在适当的位置。注意：转换过来的桩没有单桩承载力、桩长和扩大头信息，需要用户将其补充。

四、构件［显示］和［拾取］

［显示］：首先选取构件定义对话框中的一个构件，然后点击［显示］按钮，则布置在图面上的相应构件会闪烁显示，直到点击鼠标后结束，并返回选择标准构件截面对话框。

［拾取］：当想要布置一个与图面上已有构件完全相同的构件时可利用此功能，点击［拾取］命令后，再在图面上点取被复制的构件，然后便可在想要的新的位置

上布置同类构件。在布置构件时可以修改偏心，转角等布置参数（图 4.2-8）。

五、完善桩承台自动生成功能

根据荷载生成桩承台时增加根据冲切、剪切生成承台高度，根据抗弯计算生成承台配筋。这样生成的桩承台信息更加完整，并可在模型输入中察看和修改。图 4.2-9 是新的桩承台定义对话框。钢筋的表示方法用 A、B、C 来表示一、二、三级钢，方便用户编辑。

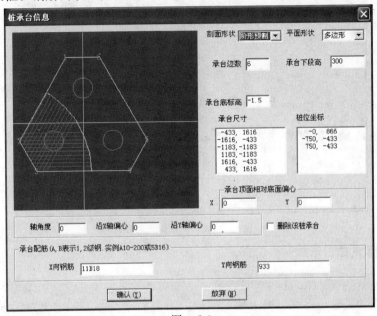

图 4.2-9

六、接 SATWE 吊车荷载

对于独立基础和桩承台基础，程序可以读 SATWE 吊车荷载中的几组目标组合并进行基础设计。该功能不能用于整体基础（筏板、基础梁）的设计。

七、按荷载生成基础梁翼缘宽度

程序根据荷载的分布情况、基础梁肋宽、高信息生成基础梁翼缘宽度。程序考虑了荷载分布情况和基础梁肋尺寸情况，保证同一轴线上相邻的基础梁肋宽、高相同的基础梁生成的翼缘宽度相同。

程序处理方法是先将节点荷载按周围基础梁和土体的相对刚度分配为线荷载，然后按各基础梁上的线荷载计算翼缘宽度。

生成后的翼缘宽度还可以在构件定义对话框中修改。自动生成的截面可能种类很多，可以人工归并。程序为了配合手工归并工作，在［删除］标准截面时支持多选功能，即选择多行数据，点取［删除］按钮后，选中的多个标准截面可以同时被删除。

八、接 08 版柱施工图

读取 08 版柱施工图生成的钢筋数据，当作柱插筋的隐含值，并将不需要的柱箍筋形状等参数过滤掉。在柱筋定义的对话框中，钢筋的表示方式同样用 A、B、C 表示，方便用户输入。柱插筋在基础中的箍筋一般就是 2 或 3 道矩形箍，起固定钢筋的作用。因此，在基础程序中仅读取了柱箍筋直径当作基础插筋的箍筋。图 4.2-10 为框架柱筋定义对话框。

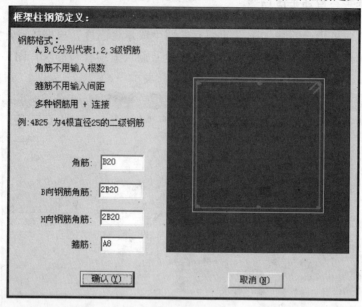

图 4.2-10

九、基础梁的截面增加偏心信息

对于一些工程，由于已有基础的影响，基础梁翼缘挑出尺寸受到限制，需要作成偏心基础。在 08 版的基础程序可以输入偏心基础。图 4.2-11 是基础梁定义对话框。

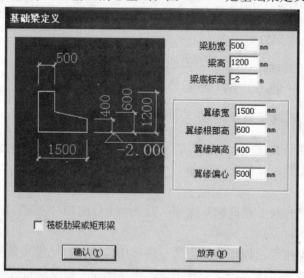

图 4.2-11

十、改进计算书输出

在自动生成柱下独基、墙下条基、桩承台之后，可以点取 [基础验算] 菜单。程序将所有上述基础重新计算一遍，并生成包括基础平面示意图及各类基础在不同计算内容下控制内力对应的计算结果供用户作为计算书使用。

十一、输出局部承压计算书

程序在进行柱对独基、承台、基础梁肋以及桩对承台的局部承压计算时会给出计算结果，并给出三种状况：不满足局部承压计算；满足局部承压计算但需要配间接钢筋；满足局部承压计算也不需要配间接钢筋（图 4.2-12）。

局部承压_柱.TXT - 记事本

文件(F) 编辑(E) 格式(O) 查看(V) 帮助(H)

JCCAD 计 算 结 果 文 件

工程名称: 1
计算日期: 2008- 3-25
计算时间: 9:55:11.57
计算内容: 柱与基础接触面的局部承压计算

R1 按1.35*Bc*Bl*fc*Aln计算
FL>R1:时 局部承压不够需要修改模型
FL<R1/1.5时 可不配置间接钢筋
R1>FL>R1/1.5时 需配置间接钢筋

Load	节点	柱	Fl(kN)	Rl(kN)	Ab(m2)	Al(m2)	Bc	Bl	fc	Aln(m2)	
560	1	1	541.9	4800.9	0.49	0.28	1.00	1.32	9554.3	0.28	不需配筋
483	4	4	583.0	6401.3	0.64	0.38	1.00	1.29	9554.3	0.38	不需配筋
561	5	5	416.5	6401.3	0.64	0.38	1.00	1.29	9554.3	0.38	不需配筋
483	6	6	4759.9	6707.1	0.64	0.42	1.00	1.23	9554.3	0.42	配间接筋
483	7	7	609.2	6401.3	0.64	0.38	1.00	1.29	9554.3	0.38	不需配筋
483	8	8	4880.0	6707.1	0.64	0.42	1.00	1.23	9554.3	0.42	配间接筋
483	9	9	592.7	6401.3	0.64	0.38	1.00	1.29	9554.3	0.38	不需配筋
483	10	10	395.9	6401.3	0.64	0.38	1.00	1.29	9554.3	0.38	不需配筋

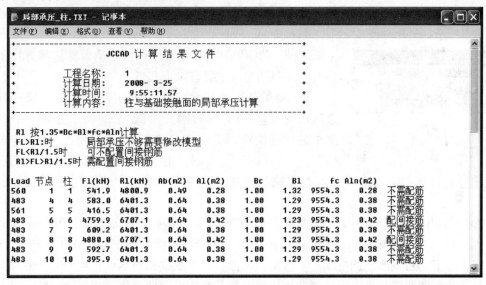

图 4.2-12

十二、增加显示内容按钮

在工具条上增加显示内容按钮，方便用户调用（图 4.2-13）。该功能和图 4.2-3 中右侧菜单中［图形管理］中的［显示内容］相同。

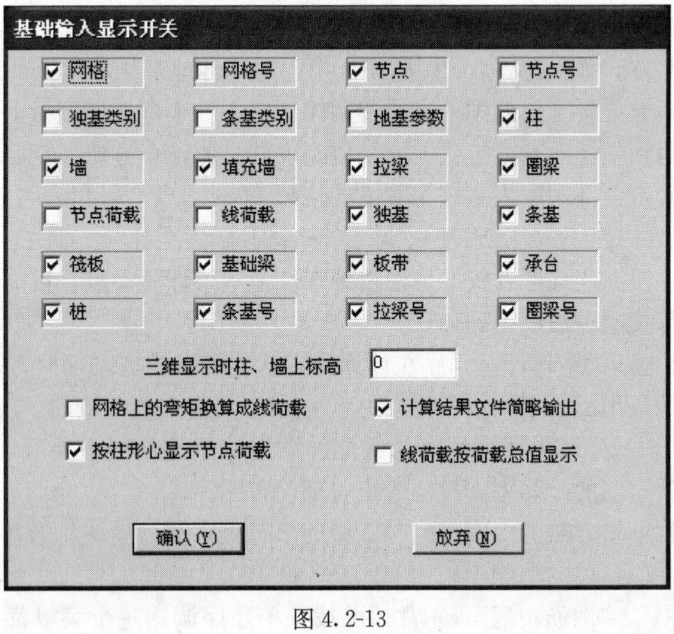

图 4.2-13

第三章 基础梁板弹性地基梁法计算

本菜单是采用弹性地基梁元法进行基础结构计算的菜单，它由 4 个从属分菜单组成如图 4.3-1 所示。

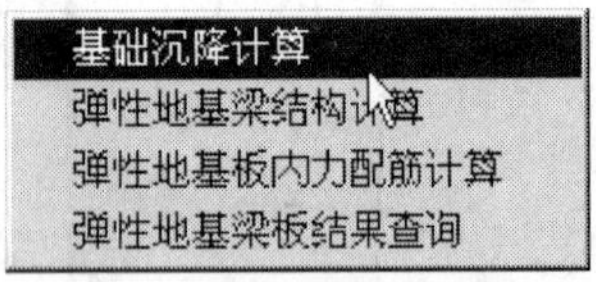

基础沉降计算
弹性地基梁结构计算
弹性地基板内力配筋计算
弹性地基梁板结果查询

图 4.3-1

2008 版 JCCAD 软件中关于弹性地基梁算法部分作了许多改进，归纳起来主要有以下几点：

1. 08 版弹性地基梁结构计算程序将 05 版的顺序计算方法改为模块化的并行计算。将原来的程序分成 7 个右侧菜单的功能模块："计算参数"、"等代刚度"、"基床系数"、"荷载显示"、"计算分析"、"结果显示"、"归并退出"。用户可根据需要任意点取菜单，进行该功能的选择、查看和执行。对计算结果不满意，可随时调整参数重新计算。

2. 08 版弹性地基梁结构计算增加了独立基础与梁式基础组合基础的计算方法，即可在节点下增加独基基床反力 F（F＝KK ＊ Adj 单位 kN/m），该系数由用户指定与修改，并可根据梁下是否垫渣土调整梁的基床反力系数，以控制独基与梁承担反力的比值和梁承受的柱子传来的弯矩与反力形成的弯矩比值。独基基床反力的存储管理与梁的基床反力系数完全相同。

3. 08 版弹性地基梁结构计算增加了吊车荷载的交互输入与计算，使适应于工业建筑设计。吊车荷载的交互输入通过在参数修改与计算模式选择对话框上加了一个按钮表实现。通过图形点取吊车荷载作用的柱对节点，确定轮压荷载的大小与作用位置，再将其与恒活荷载组合，分别计算各柱对，最后得到钢筋包络。

4. 在 2007 年关于弹性地基梁的课题研究中，对弹性地基梁等代上部结构刚度计算部分进行了细致的研究分析。借助国外经典通用软件对 128 个框架模型做上部与基础共同作用的分析计算，得到弹性地基梁等代上部结构刚度的具体计算方法。克服了用户在使用该功能时不知如何确定上部刚度为基础梁刚度的倍数 N 的困难。研究表明倍数 N 主要与上部结构层数 n、结构跨数 l 及地基梁与上部结构梁刚度比 m 有关，$N = (1.05n + 1.6)l^{1.7051}m^{-0.9641}$，根据此式可以较准确地得到弹性地基梁计算参数。目前此计算方法已在程序的上部结构等代刚度法中得到体现。

5. 08 版弹性地基梁结构计算程序在计算梁式基础翼缘构造配筋时，可根据参数输入确定是否采用板的最小配筋率 0.15％的要求，按最小要求配置构造筋。

6. 08 版弹性地基梁结构计算程序的梁配筋图增加了配筋图中混凝土与钢筋的强度，纵筋、箍筋、板带钢筋的配筋率，以便于审查部门审图。

7. 08 版弹性地基板结构计算程序将 05 版的串行程序改为模块化的并行运行。将原来的程序分成 6 个右侧菜单的功能模块："参数 & 计算"、"房间编号"、"板配筋量"、"冲切抗剪"、"板计算书"、"钢筋实配"。正常情况按菜单顺序调用每个菜单都有图形显示，所有功能均能实现，菜单非正常跳越时程序自动提示。计算结果不满意可反复调整参数进行，无须退出。

8. 08 版弹性地基板结构计算程序增加了板底钢筋配置间距参数，由用户控制实配钢筋间距。规范要求板的钢筋间距一般不小于 150mm，但由于一般板的通长钢筋与短筋并存，因此，板筋的实配比较复杂。故程序通过"板底通筋及短筋间距"参数，根据不同情况控制板底通筋间距和短筋间距，并使两者保持相同。该参数隐含为 300mm。当实配钢筋选择无法满足指定间距要求时，程序自动选择直径 36 或 40mm 的钢筋，间距根据配筋量反算得到。

9. 08 版弹性地基板结构计算程序按人防规范的规定，将允许底板构造配筋按 0.15% 取。用户只要选取采用板的最小配筋率 0.15% 的要求，底板构造配筋量大大减少。

10. 08 版弹性地基板结构计算程序中的板配筋图中增加了混凝土与钢筋的强度，房间编号图中增加了板厚度信息，以便于审查部门审图。

11. 08 版弹性地基梁算法中的沉降计算将原来的串行程序改为模块化的并行计算，将原来的程序分成 3 个右侧菜单的功能模块："刚性沉降"、"柔性沉降"、"结果查询"，用户可任意选择。前两个菜单分别对应刚性假定和柔性假定的两种沉降算法，其结尾都增加了一个菜单可调用弹性地基梁计算程序进行考虑基础及上部结构刚度的沉降计算。计算结果查询是新增功能，可查看所有计算结果图形与文件。

12. 08 版弹性地基梁算法中的沉降计算，在刚性沉降图中增加了各区格的沉降值，便于用户对各区位的沉降值一目了然。

以下将对 4 个从属菜单的功能与使用作介绍。

第一节　弹性地基板整体沉降

本菜单可用于按弹性地基梁元法输入的筏板（带肋梁或板带）基础、梁式基础、独立基础、条形基础的沉降计算。桩筏基础和无板带的平板基础则不能应用此菜单。如不进行沉降计算可不运行此菜单，如采用广义文克尔法计算梁板式基础则必须运行此菜单，并按刚性底板假定方法计算。

08 版弹性地基梁算法中的沉降计算将原来的串行程序改为模块化的并行计算，将原来的顺序运行程序分成 3 个右侧菜单的功能模块："刚性沉降"、"柔性沉降"、"结果查询"，如图 4.3-2 所示。

"刚性沉降"菜单是采用以下假定与步骤计算沉降的：（1）假设基础底板为完全刚性的；（2）将基础划分为 n 个大小相等的区格；（3）设基础底板最终沉降的位置用平面方程表示：$z = Ax + By + C$。

这样可得到 $n+3$ 元的线性方程组，未知量为 n 个区格反力加平

图 4.3-2

面方程的 3 个系数 A、B、C。方程组前 n 组是变形协调方程，后 3 组是平衡方程，解该方程组便可得到基底最终沉降和反力。有关刚性假定沉降计算的技术细节参看用户手册的技术条件中沉降计算的方法二。本方法适用于基础和上部结构刚度较大的筏板基础。

"柔性沉降"菜单是采用以下假定与步骤计算沉降的：（1）假设基础底板为完全柔性的；（2）将基础划分为 n 个大小可不相同的区格；（3）采用规范使用的分层总和法计算各

区格的沉降，计算时考虑各区格之间的相互影响。有关柔性假定沉降计算的技术细节参看本书技术条件中沉降计算的方法一。本方法适用于独基、条基、梁式基础、刚度较小或刚度不均匀的筏板。

"结果查询"菜单是将以上两种计算方法和这两种方法后面附带的考虑荷载变化、地基刚度变化、基础梁刚度、上部结构刚度影响的沉降计算结果全部列出，包括全部图形文件和文本文件。

下面将分别介绍这 3 个菜单的使用方法与应注意的问题。

一、"刚性沉降"菜单

当点取"刚性沉降"菜单后屏幕上会显示底板图形，并弹出对话框询问用户是否读取原有区格数据，否则清除原有区格数据。用户可根据具体情况回答，然后按对话框提示输入网格区格的宽高，并将其移动到合适位置。一般区格短向不少于 5 个，长向不少于 7 个，或长、宽约为 2000～3000mm，区格总数不能超过 1000 个，并尽量使区格与筏板边界对齐，一般区格的大小要反复调整几次才能达到较理想的状态。

接着屏幕显示地质资料勘探孔与建筑物相对位置，用户检查没有问题后点击鼠标右键或任意其他键退出本图形。屏幕接着出现"沉降计算参数输入"表（图 4.3-3）。

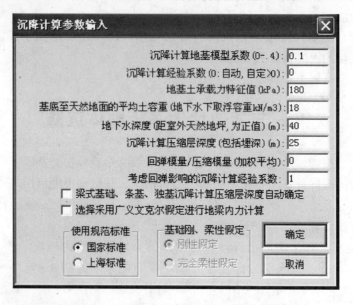

图 4.3-3

08 版软件表中的参数有所增加和改动，一些参数原来在交互输入定义的，现改为在这里首次输入。该参数表中的一些参数含义与使用在 05 版用户手册中作过介绍，这里仅对新增参数和改动过的参数加以说明。

"选择采用广义文克尔假定进行地梁内力计算"：选取此项后程序将按广义文克尔假定计算地梁内力。采用广义文克尔假定的条件是要有地质资料数据，且必须进行刚性底板假定的沉降计算。因此，当选取此选项后，在刚性假定沉降计算时即按反力与沉降的关系求出地基刚度 q_i/s_i（kN/m³），并按刚度变化率调整各梁下的基床反力系数。此时各梁基床反力系数将各不相同，一般来说边角部大些，中间小些。该参数的初始值为不选择广义文克尔假定计算。

"基础刚柔性假定"：用户在菜单中已选择了"刚性"或"柔性"假定计算沉降，因此该参数只显示选择的方法，不能修改选择。关于两种方法的技术原理详见用户手册中技术条件的沉降计算部分。刚性方法适用于基础和上部结构刚度较大的筏板基础。当基础计算仅有独基、条基时，用户点取"刚性沉降"菜单时，程序将提示不能采用刚性假定计算。柔性方法（规范手算方法）适用于独基、条基、梁式基础、刚度较小或刚度不均匀的筏板。

程序继续运行时会在屏幕下方的提示区显示"柔度矩阵、位移和平衡方程正在形成"，接着每 10 列柔度矩阵元素形成后就在提示区显示"××列元素已形成"。由于该矩阵是非对称满阵矩阵，并且通过数值积分形成矩阵元素，因此速度略慢些。计算完成后屏幕显示底板沉降反力图如图 4.3-4 所示。

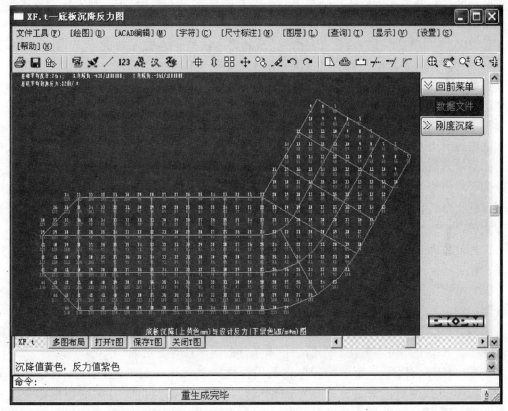

图 4.3-4

05 版软件没有给出各个点位的沉降，用户只能通过平面方程来计算各点沉降值，08 版增加了各区格的沉降值便于直观了解沉降情况。图 4.3-4 中黄色数字（上）为筏板基础各区格的沉降值，紫色数字（下）为设计反力（含基础自重）（下），并在屏幕左上角用汉字显示各块板的平均沉降值（即形心处沉降），X 向 Y 向倾角，平均附加反力值。

08 版软件会在右侧菜单区出现"数据文件"、"刚度沉降"子菜单，以下分别介绍这两个子菜单。

1. 点取"数据文件"菜单可查阅计算结果数据文件。

有关计算结果数据文件的内容与含义如下：首先是第一次计算出来的底板附加反力和底板设计反力（kN/m^2），下面是底板垂直变形方程的三个参数 A、B、C（即 $Z=Ax+By+C$ 中的三个参数）。

如果参加计算的基础不止一个，那么会相应显示各基础的位移方程三参数。如果显示的附加反力出现负值，说明基础埋深较大，基础和上部结构总重量还不及地基基坑挖出的土重量大，所以位移方程的第三项 C 可能出现负值，平均沉降也出现负值，即地基往上反拱、回弹。这就是说此时建筑物完工后仍处于再压缩变形阶段，不会进入附加应力阶段（即建筑加荷超过土自重应力阶段），如果要计算这种再压缩变形值，可令埋深为 0，用土的再压缩模量（可按再压缩曲线求得），按分层总和法计算。

数据文件下面显示出第一次修正系数、第一次修正后的回弹再压缩变形量（如果要求计算此项的话）及第一次修正后的反力与变形方程参数，格式同前面一样。这次修正主要是修正由于区格划分较多，K_{ij} 取值小于 1 引起的与《建筑地基基础设计规范》（GB 50007—2002）计算方法的差别。因此，显示的第一次修正系数一般大于 1。接着屏幕又显示第二次修正结果，格式同前。这次修正主要是按 GB 50007—2002 表 5.3.5 沉降计算经验系数 ψ_s 进行修正，用户也可按《高层建筑箱形与筏形基础技术规范》（JGJ 6—99）的规定或各地区有关的经验系数取值进行修正。

接下来的是各区格的地基刚度，它由公式 q_i/S_i（kN/m^3）计算得出，其中 q_i 和 S_i 分别为区格的反力和沉降值。一般说这个刚度值，比弹性地基中选用的基床反力系数要低得多。如果前面数据表格中填写采用广义文克尔法计算，则文件中还包括按填写的基床反力系数为平均值修正的各区格变基床反力系数，变基床反力系数的变化率是根据各区格的地基刚度变化率转化而来的。最后是用上述值得到的各梁下地基土的基床反力系数，一般边角部大些，中央小些。

文件最后面是根据各区格的地基刚度得到的各梁下的地基刚度值，该刚度值用于考虑荷载变化、地基刚度变化、基础梁刚度、上部结构刚度影响的沉降计算。

2. "刚度沉降"子菜单可进行考虑荷载变化、地基刚度变化、基础梁刚度、上部结构刚度影响的沉降计算。其基本原理就是，将沉降计算得到的各梁地基刚度作为基床反力系数带到内力计算程序中，采用准永久荷载，并经过一系列修正，得到考虑各种因素的沉降计算结果。有关介绍可看用户手册中技术条件的沉降计算方法六。

点取"刚度沉降"子菜单，程序将调用弹性地基梁内力计算程序，此时程序不采用并行菜单方式运行，而是进行顺序操作运行，并只给出与沉降有关的数据结果。程序首先进行计算参数选择，选择计算模式。然后出现上部等代刚度选择修改（如果采用上部等代刚度模式计算）。接着进行基床反力系数修改，这里的基床系数即是地基刚度。继续下去是荷载图，显示的是准永久荷载。再进行运算就得到如下梁的沉降图（图4.3-5）。

有关弹性地基梁计算程序的详细介绍可参看下一节的内容。

二、"柔性沉降"菜单

当点取"柔性沉降"菜单后，类似"刚性沉降"菜单，屏幕上会显示底板图形，要求

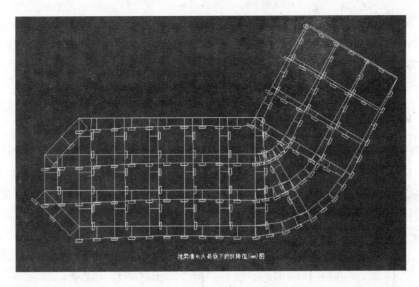

图 4.3-5

用户划分区格和参数输入，有关这部分的内容参见"刚性沉降"子菜单相应部分。完成参数输入后屏幕出现基底区格附加反力图形，以及相应的"沉降计算"、"改附加力"、"显示编号"、"显示反力"右侧子菜单，如图 4.3-6 所示。此处显示的附加反力是该筏板的平均附加反力，如果该筏板上设置了子筏板，则子筏板上的附加荷载取其自己的平均值。用户可根据图示的右侧子菜单进行附加反力的修改、调整，观察各区格编号，将图形切换回反力显示，编辑或打印图形，并最后进行沉降计算。

完成附加反力的修改后，可点取"沉降计算"子菜单，这时屏幕下方的提示区显示"正在进行第××区格中点的沉降计算"。

计算完成后屏幕显示的完全柔性基础沉降数值图，并可通过图 4.3-7 显示的菜单进行显示沉降量数值，沉降位移横剖面与纵剖面，查看计算结果数据文件等操作，该文件记载有各区格编号、附加反力、应力积分系数、当量压缩模量、经验修正系数、沉降值、基底各区格地基刚度值 q_i/S_i（kN/m^3）和转换到各梁下的地基刚度值，该刚度值是用于考虑荷载变化、地基刚度变化、基础梁刚度、上部结构刚度影响的沉降计算。数据文件中有详细的中文说明。

图 4.3-6　　　　　　　　　　　　　　图 4.3-7

右侧菜单的最后一项"刚度沉降"与"刚性沉降"菜单部分中的"刚度沉降"完全相同，是进行考虑荷载变化、地基刚度变化、基础梁刚度、上部结构刚度影响的沉降计算，只是采用的基床反力系数来自柔性沉降计算的地基刚度。两者的刚度值有差别，一般柔性沉降计算的刚度相对均匀些。

三、"结果查询"菜单

本菜单的内容完全是 08 版软件新增加的功能，目的是使用户在完成各种计算后能够方便地进行浏览比较。当点击"结果查询"菜单后，屏幕出现如图 4.3-8 显示的子菜单，通过该菜单可以调出沉降计算的全部结果。其中"数据文件"即为前面刚性沉降计算或柔性沉降计算中详细说明的数据文件。因两者的文件名相同，后运行的将会覆盖前面文件，所以点击"数据文件"菜单调出的是最后运行的计算数据。点取"刚性沉降 T"显示的是刚性沉降的计算结果图，其内容在前面的"刚性沉降"部分已有详细说明。

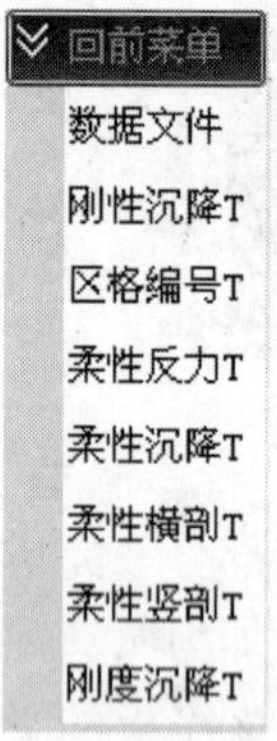

"区格编号 T"、"柔性反力 T"、"柔性沉降 T"、"柔性横剖 T"、"柔性竖剖 T"子菜单显示的是柔性沉降计算产生各种图形，它们分别为底板区格编号图、柔性沉降计算用的附加反力图、柔性沉降计算结果的数字表示图，柔性沉降计算结果的水平剖面表示图，柔性沉降计算结果的垂直剖面表示图。

图 4.3-8

"刚度沉降 T"子菜单显示的是考虑了荷载分布、地基、基础与上部结构刚度各种因素影响的沉降计算结果图形，图中显示各梁的沉降位移曲线且标有数字，如"刚性沉降"部分所示的图形。由于考虑基础与上部结构刚度的沉降计算既可采用刚性假定得到的地基刚度，也可采用柔性假定得到的地基刚度，而计算结果是同名可以相互覆盖，因此此处显示的图形是最后一次运行的计算结果。

第二节   弹性地基梁结构计算

08 版弹性地基梁的结构计算软件做了较大改动，将 05 版顺序运行软件改为 7 个功能模块由用户选择调用，以此方式完成梁式基础、带肋筏板式基础、划分了板带的平板式基础和墙下筏板式基础的内力与配筋计算。

运行弹性地基梁结构计算时，屏幕首先显示对话框，要求用户确认输出文件名，用户可根据情况自行决定。

接着屏幕出现如图 4.3-9 显示的菜单，通过这些菜单可调用 08 版弹性地基梁结构计算程序改进之后各功能模块。用户可根据需要任意点取菜单，进行各菜单功能的查看、修改和执行，对计算结果不满意，可随时调整参数重新计算。用户可不按顺序地调用这些菜单，如直接点取"计算分析"菜单，程序会先自动隐含调用计算分析所必须的菜单项，但不会显示前面菜单的任何图形，然后再执行"计算分析"步骤。因此 08 版软件可反复修改、检查、计算，无须退出程序。以下介绍各菜单的功能与使用方法。

图 4.3-9

一、"计算参数"菜单

本菜单的主要功能是读取相关数据，并通过对话框，修改计算参数，增加吊车荷载和选择计算模式。

当用户点取本菜单时，屏幕出现如图 4.3-10 所示对话框，在该对话框内有多个按钮选择项。

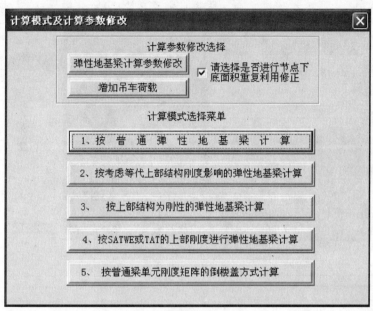

图 4.3-10

其中"弹性地基梁计算参数修改"按钮是采用如图 4.3-11 所示对话框方式修改混凝土强度等级、梁纵筋、箍筋、翼缘筋级别、箍筋间距、基床反力系数、受压区配筋率、抗扭刚度、弯矩、剪力柱宽折减、梁肋方向等参数，08 版基础软件在交互输入中取消了这些参数的初次定义而改在此处进行定义。

图 4.3-10 中"增加吊车荷载"按钮是 08 版软件新增功能，用于某些有小型吊车的工

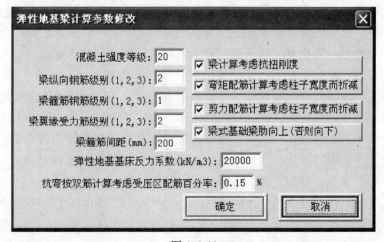

图 4.3-11

业框架建筑。点取本项后屏幕出现如图 4.3-12 所示地梁布置图,通过右侧菜单"轮压荷载"可输入吊车最大与最小轮压荷载,再通过右侧菜单"吊车节点"依次输入相应最大、最小轮压作用的各对节点。

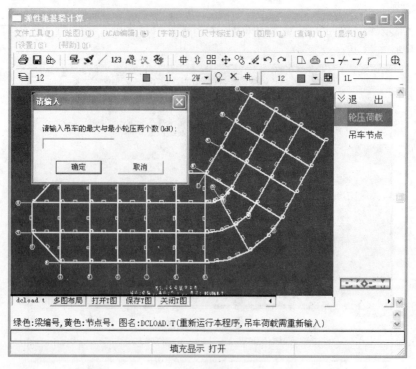

图 4.3-12

吊车荷载将与 1.2 恒荷+1.4 活荷载组合,吊车的荷载分项系数取 1.4,组合值系数取 0.7,吊车竖向荷载的折减系数取 1.0,如用户需要折减的话,在轮压输入时直接折减。程序可输入的吊车荷载对数最多为 16 个柱对。当重新运行本程序时,吊车荷载需重新输入。

图 4.3-10 中"计算模式选择菜单"下有弹性地基梁 5 种计算模式的选择按钮,每种方法的特点与应用与 05 版相差不大,只有模式 2 "按考虑等代上部结构刚度影响的弹性地基梁计算"有较大的改进。该模式是指进行弹性地基结构计算时可考虑一定的等代上部结构刚度的影响。上部结构刚度影响的大小可用上部结构等代刚度为基础梁刚度的倍数 N 来表达。以往推荐的做法是:按《高层建筑箱形与筏形基础技术规范》5.2.8 条的公式计算出上部结构等代刚度,再除以基础梁刚度就可得到计算所需的刚度倍数。2007 年进行的弹性地基梁课题研究对此问题做了详实的分析,发现了以往的计算方法的不足。本项研究采用了国际著名通用分析软件对框架结构体系进行了地基、基础与上部结构的一体化共同计算和等代梁方式的计算,通过对比分析发现《高层建筑箱形与筏形基础技术规范》采用梅耶霍夫的等效刚度方法得到的上部结构刚度使用在目前的等代梁模式中明显偏低,如要获得相同的位移差,则须大幅提高梅耶霍夫的等效刚度。通过大量的分析计算发现,上部结构的刚度倍数 N 主要与上部结构层数 n,结构跨数 l 及地基梁与上部结构梁刚度比 m 有关,并且它们之间有着不同的相关特性,最后通过对 128 组框架模型分析数据进行多变量非线性曲线拟合,得到以下关系表达式:

$$N = (1.05n + 1.6)l^{1.7051}m^{-0.9641}$$

根据此式可以较准确地得到弹性地基梁计算参数。目前此计算方法已在软件的上部结构等代刚度法中得到体现。当点取模式 2 按钮时屏幕会出现如图 4.3-13 所示对话框，要求用户确定刚度倍数。

用户只要将这 3 个参数代入屏幕显示的对话框中（图 4.3-13），点取自动计算按钮，程序就可按上式得出等代刚度倍数的计算结果。

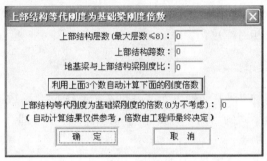

图 4.3-13

二、"等代刚度"菜单

如果用户选取了计算模式 2 或模式 3，即采用等代上部结构刚度法计算时，此菜单才有意义，否则程序自动跳过。当点取进入本菜单后，屏幕上出现位于基础上面的等代交叉梁体系图（UPST.T）（图 4.3-14）。

这一梁系通过柱子及剪力墙与基础梁系相接，当基础发生整体弯曲时上部梁系就会抑制这种弯曲，抑制弯曲能力取决于等代交叉梁系的刚度。图中梁线上的紫色数据是该梁相

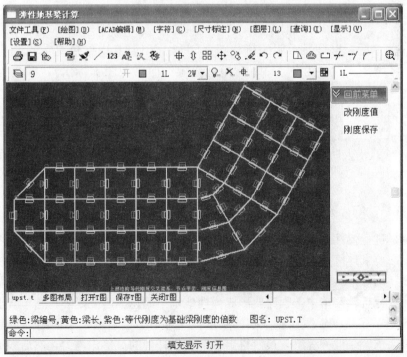

图 4.3-14

对于基础梁平均刚度的倍数（该数越大对基础整体弯曲约束性能越好），该数值是用户在"参数修改"时确定的，对模式 3 该数值由程序自动定义为 200。梁线上的绿色数据是该梁编号（该编号排在地基梁系后面），梁线下的黄色数据是该等代梁的长度（mm）。

用户可通过右侧菜单"改刚度值"来修改等代刚度倍数。由于同一基础的上部结构刚度可能不同，如高层和裙房，甚至同一建筑物的长跨方向和短跨方向的刚度倍数都可能不同，因此用户可根据具体情况做调整。

"刚度保存"菜单用来决定下次运行该程序是否保留目前图上显示的相对刚度值，程序的隐含是不保留当前相对刚度值。

三、"基床系数"菜单

用户可以通过右侧的"改基床值 K"菜单对各梁基床反力系数进行修改，以达到控制不同位置基床反力系数不同的目的，特别是当局部地基作了处理，承载力得到提高，其基床反力系数也应做相同提高。

右侧的"改独基值 K"菜单是 08 版新增功能，用于独立基础和地基梁基础的共同工作计算。当独立基础与地基梁基础刚接，且地基梁承受一部分反力时，用户可用本菜单在独基节点下输入独基反力系数（基床反力系数×独基面积，对于节点下有桩时也可采用输入桩基反力系数方法作类似处理），此时用户可根据地基梁承受的反力比例适当调整，减小地基梁下的基床反力系数，以达到共同工作的目的。

用户通过右侧的"是否保存 K"菜单可保存或不保存当前显示的基床反力系数，程序在未做修改的条件下的隐含是不保存当前基床反力系数，如做修改隐含为保存。当选择保存后，下次进入本工程时基床系数和独基系数都采用保留值。

四、"荷载显示"菜单

选择本菜单后，屏幕显示梁的荷载图（DH？.T），其中红色是节点垂直荷载，紫色为节点 M_X 弯矩，黄色为节点 M_Y 弯矩（弯矩方向已在图上标出），绿色为梁上均布荷载。图名中的"？"表示荷载组号，前面选择了几组荷载，这里就可以通过右侧菜单显示几幅荷载图。一般来说荷载图的排列次序为：恒+活 2 组，恒+活+风 4 组（没选则没有），恒+活+地震 4 组（没选则没有），恒+活标准组合即短期效应组合 1 组（用于裂缝计算），人防荷载组合 1 组（没选则没有），吊车荷载组合（每个柱对 2 组，没选则没有）。

五、"计算分析"菜单

该菜单是进行弹性地基梁有限元分析计算的一个必须执行过程，执行过程中没有图形显示。当用户要求计算要考虑底面积重复利用修正时，程序在运行中会用对话框提示用户底面积重复利用修正系数的理论值及是否修改，如不想修正的话，系数填 0。

在"计算分析"菜单中，程序要形成弹性地基梁的总体刚度矩阵，它包含上部结构等代刚度或 SATWE、TAT 凝聚到基础的刚度，局部剪力墙对墙下梁的刚度贡献，并形成荷载向量组，求解线性方程组，最后得出各节点、杆件的位移、内力，然后根据混凝土规范、基础规范、人防规范（处理 4、5、6 级核武人防和 5、6 级常武人防）、升板结构规范

（处理柱下平板结构），进行杆件配筋计算和相关的验算。有关弹性地基梁内力计算与配筋的技术要点请参阅用户手册中技术条件相关章节。

六、"结果显示"菜单

点取本菜单后，屏幕上弹出计算结果显示菜单如图 4.3-15 所示。用户可根据需要选择显示计算结果图形，可挑选部分计算结果显示，也可将全部计算结果都顺序显示。

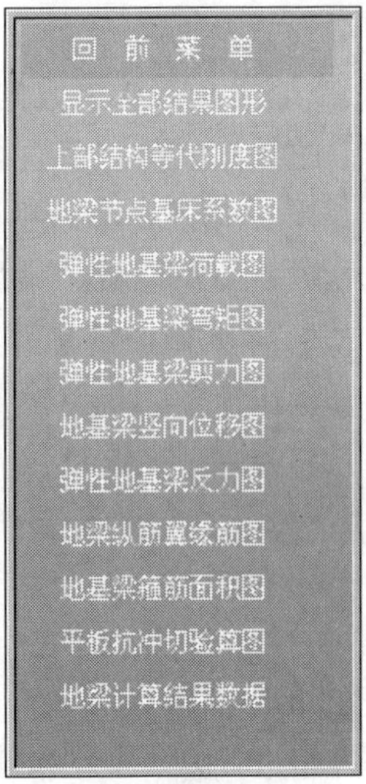

"上部结构等代刚度图"、"地梁节点基床系数图"、"弹性地基梁荷载图"已在前面部分介绍过。下面仅对计算结果部分作简要介绍。

计算得到的弯矩图、剪力图分别给出每根梁的弯矩、剪力分布曲线、梁端与跨中的弯矩值与梁端的剪力值。竖向位移图与反力图给出每根梁的竖向位移、文克尔反力分布曲线、梁端与跨中的位移值（mm）及梁端的反力值（kN/m^2）。注意这里的竖向位移仅仅是文克尔假定下的位移，并不是沉降值。同样反力也仅是文克尔假定下的反力，它只是竖向位移的衍生物（基床反力系数×位移），一般不能将此反力直接用于地基承载

图 4.3-15

力验算。用户在前面选择了几组荷载，这里每个内力、位移、反力图菜单下就显示几幅相应的图形。

配筋面积图则选择各组荷载下的最大包络配筋量。"地梁纵筋翼缘筋图"中用黄色字体给出每根梁的纵向钢筋量（mm^2）与翼缘受力筋（mm^2/每延米），上部钢筋标注在梁跨中上面，下部钢筋梁标注在梁两端的下部，如果是倒 T 形或 T 形梁式基础，则翼缘钢筋标注在上部钢筋后面的括号内。同时纵筋的配筋百分率用白色字体分别标在钢筋面积的上或下部。对于柱下平板基础，图中给出柱下板带每延米的配筋量，形式与前述一样，跨中板带钢筋量应到计算数据文件中查询。当钢筋计算超筋后，钢筋量以红色的 100000 数字表达，以示醒目。此外，程序对梁式基础的梁翼缘还作了抗剪计算，当图中梁的颜色变红即意味着该梁翼缘抗剪不满足规范要求。以上所述在纵筋图中都有说明，并在图中注明混凝土等级，钢筋级别，以便于审图。

在"地基梁箍筋面积图"中用黄色字体在梁两端下面标出箍筋量 A_{sv}（同一截面内箍筋各肢的全部截面积），以及在箍筋量下面用白色字标注的箍筋体积配箍率。当箍筋超筋时箍筋量以红色 100000 的数字表示。图中除以上说明外，还注明了混凝土等级、箍筋级别、箍筋间距，以适应审图需要。

"平板抗冲切验算图"只在柱下平板基础中才生成。图中在每个柱子的位置用黄色数字标出冲切计算的安全指标：混凝土底板的设计抗剪应力/冲切临界截面的计算最大剪应力，该值大于等于 1 为满足规范要求，否则将用红色数字表示。板的抗剪应力和计算最大剪应力是按《建筑地基基础设计规范》8.4.7 条方法计算的，已考虑了柱子产生的不平衡弯矩和边、角处的不利因素。每一组荷载组合下都对应有一幅相应的"平板抗冲切验算图"（不起控制作用的短期荷载效应组合除外）。对于用户关心的平板基础柱墩验算问题，建议用户首先要确定板厚＋柱墩的总高度，此时只要输入总高度的厚板，可容易得到合适

的总高度，然后将总高度划分为板厚和柱墩高度并确定长宽尺寸。从经济角度考虑，一般柱墩挑出长度应比高度大，然后用户在上部构件中输入柱墩尺寸，修改板厚再进行计算即可。

"地梁计算结果数据"是关于地基梁总信息、计算参数与各类信息、内力与配筋计算结果的数据文件（隐含名为 JCJS），其主要内容如下：

1. 总信息部分包括基础类型、基床反力系数、截面类型总数、混凝土等级、各类钢筋等级、节点总数、梁总数、节点荷载总数等。

2. 标准截面信息部分包括各个标准截面的肋宽、梁高、翼缘宽、翼缘根高、翼缘边高、抗扭惯矩、抗弯惯矩。

3. 梁数据部分包括梁编号、角度 * 10、左右节点号、截面号、轴线号、跨号、长度。

4. 荷载信息部分包括按荷载组合数排列的各梁上线荷载值（kN/m），按荷载组合数排列的各个节点荷载值（kN）。

5. 计算信息部分包括采用一维压缩储存的总刚矩阵所占用的单元的总数（此数最大不得超过 2400000）和计算时采用的底面积重复利用修正系数值。

6. 接下来是按各荷载组号顺序显示的各节点的编号、竖向位移值（mm）、基底反力。其后还是按各荷载组号顺序显示的梁和各块板的平均净反力、各节点的编号、竖向位移值和修正后的各节点的反力值。进行修正是由于节点反力较大，故根据平均净反力对其进行修正，它可作为板计算的荷载。如果是柱下平板结构，在节点修正反力后面还会跟着该荷载组下按节点顺序排列的各柱子冲切验算安全指标。

7. 最后是梁的内力与配筋计算结果部分。按梁的编号顺序分别显示每根梁在各组荷载下的梁弯矩、剪力、扭矩、翼缘弯矩及相应配筋，有关配筋的原则与方法参见用户手册的技术条件中的相应章节。该部分显示的每个梁前面都注明该梁的梁号、轴线号、跨号和每组荷载号。

该数据文件有详细的中文说明，可作为计算书存档。

七、"归并退出"菜单

该菜单的功能是对完成计算的梁进行归并及退出。这里的归并首先是程序自动根据各连续梁的截面、跨度、跨数等几何条件进行几何归并，然后再根据几何条件相同的梁的配筋量和归并系数进行归并。

归并系数初始值为 0.2（即 20%），对应截面的配筋量的偏差在该系数代表的百分比之内，钢筋就自动归并成相同的钢筋量。当两根连梁的钢筋归并成完全相同时，施工图只要画出任一根梁即可代表另外一根。程序完成归并后，在屏幕上出现归并结果（图 4.3-16），显示出每根连续梁归并后的标准名称，名称相同即为几何尺寸与配筋完全相同的连梁。

用户可利用右侧菜单"改梁名称"修改程序隐含的标准梁名称，该梁名称将传到施工图绘制程序，并自动标注名称。

"归并结果"菜单用来显示采用的归并系数，基础连续梁的总数，几何标准基础连续梁的数量，归并后的基础连续梁种类数。如果用户还希望进一步减少基础连续梁种类数，

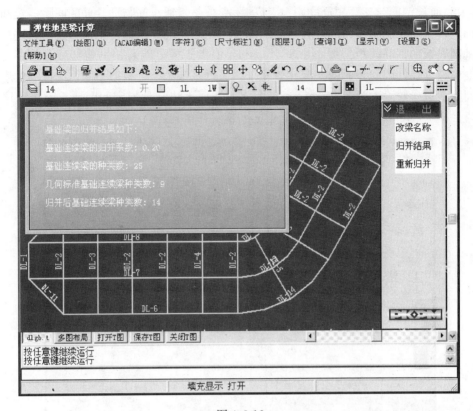

图 4.3-16

可以用"重新归并"菜单扩大归并系数来达到此目的。归并后基础连续梁种类数最小可达到几何标准基础连续梁的数量。对于柱下平板体系程序考虑到平面结构的布筋复杂,故不进行连梁的归并。

第三节 弹性地基板内力配筋计算

该菜单主要功能是地基板局部内力分析与配筋,以及钢筋实配和裂缝宽度计算。如梁式基础结构则无须运行此菜单。执行这项菜单时,屏幕右侧首先出现有如图 4.3-17 所示的子菜单。

08 版的地基板内力配筋计算的改进之一就是将参数修改与计算过程作为一个功能模块放在右侧菜单区,便于用户反复修改反复计算。以下介绍 6 个右侧菜单的功能与操作使用。

一、"参数 & 计算"菜单

本菜单的功能是确定、修改板计算参数和板的局部弯矩配筋计算。点取本菜单后,屏幕出现弹性地基板内力配筋计算参数表如图 4.3-18 所示。

08 版软件的参数表中大部分参数都是初次定义,其意义及使用方法与 05 版基本相同,这里只介绍 08 版新增加的功能或改进部分。

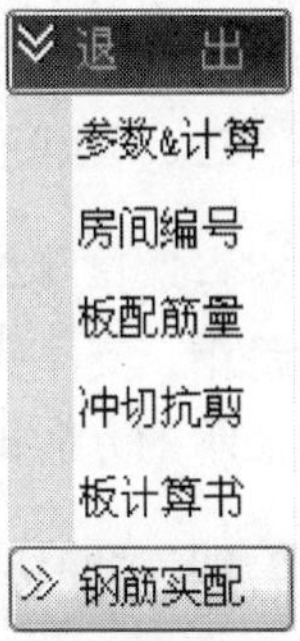

图 4.3-17

"板底通长钢筋与支座短筋间距"：该间距参数是指通长筋与通长筋的间距，短筋与短筋的间距，当通长筋与短筋同时存在时，两者间距应相同，以保持钢筋布置的有序。规范要求基础底板的钢筋间距一般不小于150mm，但由于板可能通长钢筋与短筋并存，也可能通筋单独存在，因此板筋的实配比较复杂。通过该参数，可根据不同情况控制板底总体钢筋间距。该参数隐含为300mm。当实配钢筋选择无法满足指定间距要求时，程序自动选择直径36或40mm的钢筋，间距根据配筋量反算得到。

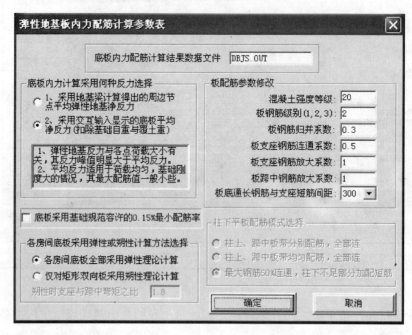

图 4.3-18

"底板采用基础规范容许的最小配筋率0.15％"：'√'表示不仅在平时条件下，而且在人防条件下底板配筋计算中均采用了0.15％的最小配筋率（参见基础规范与人防规范相关规定），否则将按普通构件的最小配筋率0.2％计算。

二、"房间编号"菜单

用户点取该菜单屏幕出现房间编号图如图4.3-19所示，08版软件不仅在每个房间给出编号（黄色上），而且还给出每个房间的板厚度（绿色下），通过房间编号图可很方便地同板计算书中的各房间的计算结果对应检查。

三、"板配筋量"菜单

点取该菜单屏幕出现各房间的板局部弯矩下的配筋面积图（BJ.T）。图中显示所有板的跨中、支座钢筋As/m。图中绿色数字为支座配筋量，黄色数字为跨中配筋量。跨中钢筋显示的方向即为主弯矩方向。

四、"冲切抗剪"菜单

点取该菜单屏幕出现肋板式基础的每个房间底板的抗冲切、抗剪安全系数图。地基基础

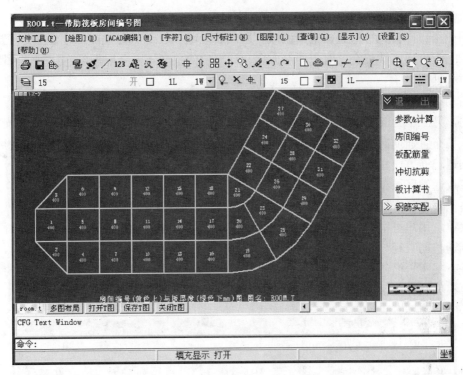

图 4.3-19

规范和箱形与筏形基础规范对梁板式筏基底板都作了抗冲切、抗剪验算要求，而两者的抗剪验算公式并不完全相同，箱形与筏形基础规范的方法更保守一些。本程序采用了地基基础规范的验算方法。图中每个房间均有抗冲切安全系数（黄色上），抗剪安全系数（黄色下），这里的安全系数定义为设计承载能力/设计反力，其值大于等于1时为满足规范要求。

五、"板计算书"菜单

点取该菜单屏幕出现文本格式的底板计算书，其内容为计算参数与计算结果，该文件内容如下。

首先输出的是底板计算参数：板混凝土级别、板钢筋等级、板钢筋归并系数、板钢筋连通系数、支座筋扩大系数、跨中筋扩大系数。

接着是按房间编号输出的各房间底板的弯矩与配筋，底板各房间的冲切安全系数：$0.7\beta_{hp}f_tu_mh_0/F_l$；底板各房间的抗剪安全系数：$0.7\beta_{hS}f_t(l_{n2}-2h_0)h_0/V_S$（其符号意义见《建筑地基基础设计规范》第 8.4.5 条），系数大于等于1为满足规范要求，小于1为不满足规范要求，并出现!!!!!! 符号。

文件中有详细的中文说明。

六、"钢筋实配"菜单

本菜单的功能是进行筏板的钢筋实配选择和裂缝宽度验算。本菜单形成的钢筋实配方案可直接用于后面的筏板钢筋施工图中，如果不运行此菜单，也可在筏板钢筋施工图绘制中另行进行钢筋实配。本菜单钢筋实配的基本方法是必须在筏板上布置一定量的通长钢筋，根据通筋量的大小，梁下不足之处再补充支座短筋，跨中钢筋则全部使用通长筋布置。因此用户须首先选择通长钢筋区域。通长筋区域一般要正交布置，对非正交布置，不宜少于三个方向区域相交。对于通筋方向与计算出的主弯矩方向配筋不一致时，采用矢量投影方式处理。

自动布置通筋区域只需点取相应菜单，程序自动将每块板作为两个通筋区域，一个为 X 方向，另一个为 Y 方向。

人工布置通筋区域时有两种方式，矩形区域和多边形区域，布置时按提示应先用鼠标指出与通长筋方向相同的梁，若没有该方向梁，按［TAB］键后，键盘输入角度。

完成通筋区域布置程序继续运行时就会显示按计算好的钢筋量布筋图如 4.3-20 所示：图中右侧菜单区有"改通长筋"、"改支座筋"、"裂缝计算"、"裂缝文件"、"板计算书" 5 个子菜单。用户可根据"改通长筋"、"改支座筋"菜单分别修改通长筋和支座筋。修改内容包括通长筋直径与间距，支座筋的直径、间距、两边挑出长度和两支座筋的连通，对于平板柱下支座短筋还可修改钢筋方向和布筋宽度。程序还有相同修改和相同拷贝的功能，用户可根据软件提示进行操作。

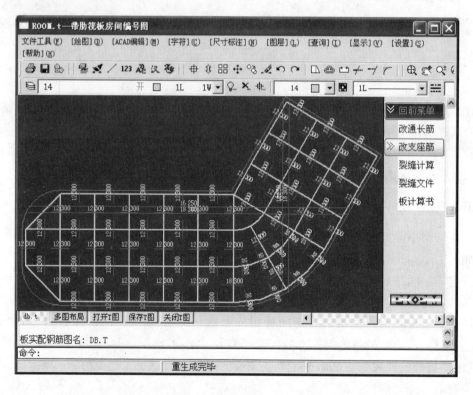

图 4.3-20

用户点取右侧菜单区的"裂缝计算"子菜单，就可查看裂缝宽度计算结果。如果不满意可修改配筋，重新验算。有关裂缝计算的技术问题请参看用户手册中技术条件的配筋与裂缝计算章节。一般来说，由于底板保护层较厚，仅采用受力筋抵抗裂缝效果不佳，如无必要可不进行裂缝计算，或采用防水规范的构造抗裂措施，即保护层中加钢筋网。

"裂缝文件"菜单以文本形式给用户提供裂缝计算的计算书，其中包括按梁号顺序显示的各梁支座短期弯矩、板厚、钢筋直径、面积、保护层厚度、支座裂缝宽度；按房间编号顺序显示的各房间跨中 X、Y 向（弯矩主方向）短期弯矩、板厚、钢筋直径、面积、保护层厚度、跨中 X、Y 向裂缝宽度。

该右侧菜单区的最后一个子菜单"板计算书"与上一级菜单中的"板计算书"都显示的是相同的计算结果文件，这里不再重复。

第四节　弹性地基梁板计算结果查询

本菜单的主要功能是方便用户查询主菜单 3（图 4.3-1）中完成的计算结果，包括图形和文本数据文件。当运行本菜单后，屏幕出现如图 4.3-21 所示菜单。

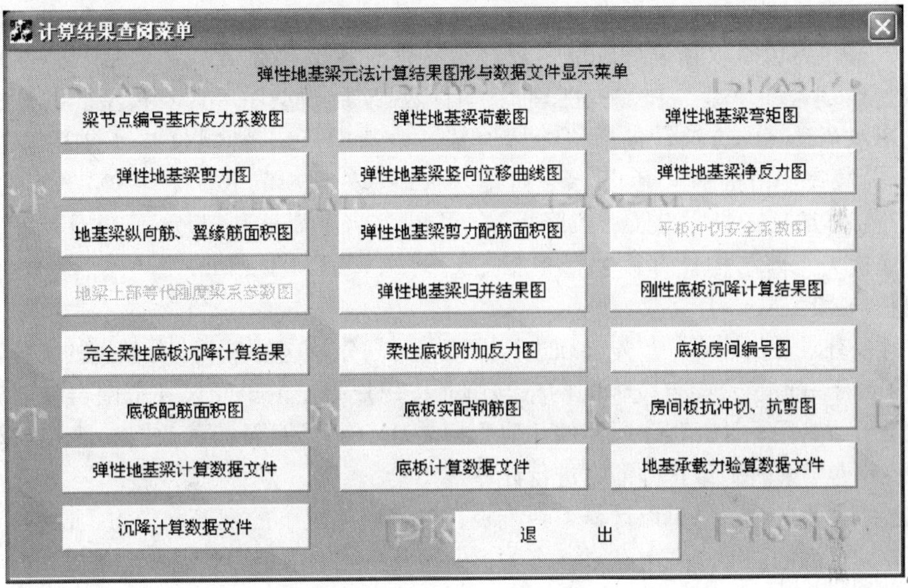

图 4.3-21

用户根据需要查询的结果选择相应的菜单查阅。这些图形与文本文件在前面的部分已有详细说明，此处不再赘述。当菜单中某项变灰，即意味着没有该项的图形或数据文件计算结果。

第四章　桩筏筏板有限元计算

本菜单用于桩筏和筏板基础的有限元法分析计算。可计算筏板基础的类型包括有桩、无桩、有肋、无肋、板厚度变化、地基刚度变化等各种情况；可以计算没有板的常规地基梁；可以将独基、桩承台按筏板计算，用于解决多柱承台、复杂的围桩承台；可以将独基、桩承台与筏板一起计算，用于解决独基、桩承台之间的抗浮板的计算。

程序对筏板基础按中厚板有限元法计算各荷载工况下的内力、桩土反力、位移及沉降，根据内力包络求算筏板配筋。程序提供多种计算模型方式，包括"弹性地基梁板模型"、"倒楼盖模型"和"弹性理论—有限压缩层模型"等计算模型。程序提供按多种应用规范计算的方法，包括"天然地基（地基规范）、常规桩基（桩基规范 94—94）（外荷载完全由桩基承担）"、"复合地基（地基处理规范 JGJ79—91）"、"复合桩基（桩基规范 JGJ94—94）"以及"沉降控制复合桩基（上海地基规范—1999）"等多种规范。程序接力上部结构计算模块，包括 SATWE、TAT 和 PMSAP，并能考虑上部结构刚度影响。

进行板有限元法计算，首先必须进行网格单元划分，这是一个十分繁重的工作，本程序实现了对于一般承台梁与筏板的网格与单元按用户指定的单元尺寸范围自动划分与编号，自动形成有限元计算程序所需的几何数据文件 DAT.ZF 及荷载数据文件 LOAD.ZF。荷载文件中包含多种荷载，并同时进行计算。

通过本菜单的运行，可以计算得到筏板在各荷载工况下的配筋、内力、位移、沉降、反力等较为全面的图形和文本结果。有关板模型及单元刚度矩阵参见技术条件。程序可以在用户指定的单元尺寸范围内自动进行网格（矩形与三角形）加密，形成合适的计算单元。

对于不是初次执行这一菜单的工程，首先需要进行如图 4.4-1 所示的选择。

图 4.4-1

如果选择了"第一次网格划分"，则所有已经存在的网格划分结果以及相关参数均被取消。

如果工程中包含桩承台，则弹出图 4.4-2 所示菜单进行选择，可以只选择计算桩筏、筏板或梁，也可只选择计算桩承台（一般用于多柱或围桩承台等复杂承台），也可两者都选择一起进行计算。

在基础模型输入时，可对多柱的复合承台进行计算。但该计算没有进行承台上筋的

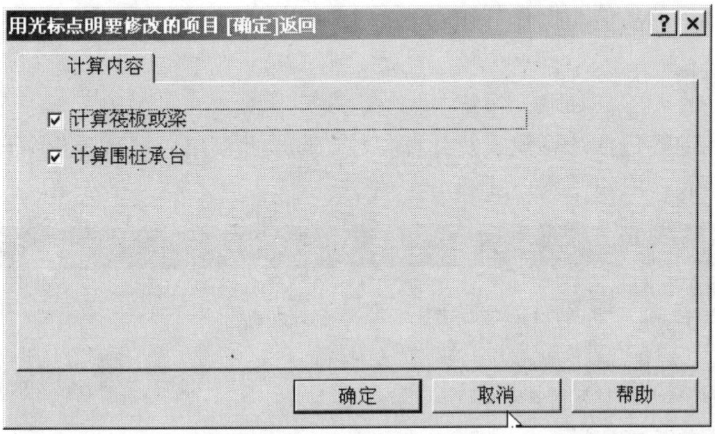

图 4.4-2

计算。用户可以把这种多柱的复合承台当作筏板计算，在本菜单中可把它转化为筏板信息，用桩筏筏板有限元方式计算，就可以计算出这种承台的上部钢筋，计算结果更加全面。

对于桩承台或独基之间的抗浮板，可以将其作为普通筏板输入，如图 4.4-3 所示。桩筏有限元程序可将桩承台、独基和其相交的筏板合并成一个整体筏板，桩基中的承台可以表现为不同的子筏板，其厚度、标高、受力参数取自各个承台信息，承台之间的抗浮板不考虑土反力只承受水浮力，如图 4.4-4 所示。对其整体进行分析计算后，用户可以选取抗浮板部分的筏板计算结果作为抗浮板配筋设计的依据。

如果选择了"在原基础上修改或计算"，则原来的网格划分结果以及相关参数将被保留，可以在此基础上进行更加深入的网格细分工作，或对上次划分结果进行计算，或只查看计算结果。进行选择后，程序将进入用户界面，图形右侧菜单区出现如图 4.4-5 所示的子菜单。

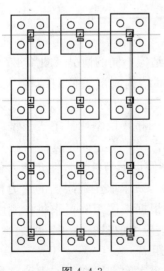

图 4.4-3

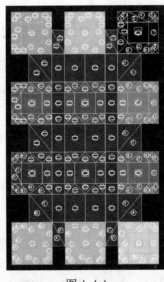

图 4.4-4

图 4.4-5

对主要子菜单的功能与操作分述如下。

一、模型参数

模型参数的内容包括计算模式及计算参数，点取此菜单后屏幕弹出"计算参数"对话框如图 4.4-6 所示。

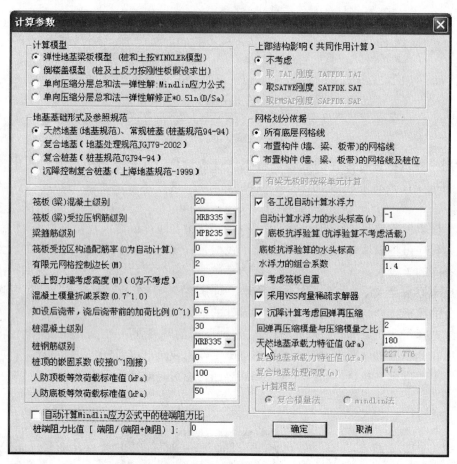

图 4.4-6

"计算模型"是对桩土计算模型的选择，四种计算模型适应不同的情况（图 4.4-7）。

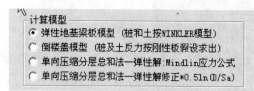

图 4.4-7

对于上部结构刚度较低的结构（如框架结构、多层框架剪力墙结构），其受力特性接近于 1、3 和 4 模型，其中 1 模型为简化模型，在计算中将土与桩假设为独立的弹簧；3 模型假设土与桩为弹性介质，采用 Mindlin 应力公式求取压缩层内的应力，利用分层总和法进行单元节点处沉降计算并求取柔度矩阵，根据柔度矩阵可求桩土刚度矩阵；4 模型是对 3 模型的一种改进，与 3 模型不同的是对土应力值进行修正，即乘 $0.5\ln(D_e/S_a)$。其中 S_a 为土表面结点间距，D_e 为有效最大影响距离。

对于上部结构刚度较高的结构（如剪力墙结构、没有裙房的高层框架剪力墙结构），其受力特性接近于2模型。2模型为早期手工计算常采用的模型，但是，由于2模型没有考虑筏板整体弯曲，计算值可能偏不安全。

1模型是工程设计常用模型，虽然简单，但受力明确。当考虑上部结构刚度时将比较符合实际情况。如果能根据经验调整基床系数，如将筏板边缘基床系数放大，筏板中心基床系数缩小，计算结果将接近3和4模型。

3模型由于是弹性解，与实际工程差距比较大，计算结果中会发现一些问题。如筏板边角处反力过大，筏板中心沉降过大，筏板弯矩过大并出现配筋过大或无法配筋。

4模型是根据建研院地基所多年研究成果编写的模型，可以参考使用。

3模型（单向压缩分层总和法—弹性解）的基本计算原理如下：

对于筏板基础的变形计算使用分层总和法计算，参见《建筑地基基础设计规范》（GB 50007—2002）5.3节第5.3.5条～5.3.9条的规定。地基总变形量采用规范公式5.3.5，相应的土层参数在"地质资料输入"菜单中，由用户给出，平均附加应力系数按照规范附录K采用。地基变形计算深度按照规范5.3.6条～5.3.7条的规定采用。考虑相邻荷载影响时，按照规范5.3.8条的角点法计算。基坑开挖地基土回弹值按照规范公式5.3.9计算。

桩基础最终沉降量计算按照《建筑地基基础设计规范》（GB 50007—2002）附录R的单向压缩分层总和法进行。桩基的最终沉降量如规范公式R.0.1和公式R.0.4-8所示；实体深基础计算桩基沉降经验系数可按照规范表R.0.3采用；实体深基础的底面积按图R.0.3（b）计算；地基中某点的竖向附加应力值按照明德林公式R.0.4-1计算。

4模型（单向压缩分层总和法—弹性解修正）是考虑地基土非弹性的特点进行修正，在弹性应力相叠加时考虑应力扩散的局限性。通过修正后计算结果比较接近1模型。

桩端阻力比 α_j 值在计算中影响比较大，因为不同的规范选择桩端阻力比 α_j 值也不同，程序默认的计算值与手工校核的不一致。如果选择上海规范，并在地质资料中输入每个土层的侧阻力、桩端土层的端阻力，程序以输入的承载值作依据。其他情况根据桩基规范计算桩承载力的表格查表求出每个土层的侧阻力、桩端土层的端阻力并计算桩端阻力比 α_j。程序可以自动计算，为了用户校核方便，还可以直接输入桩端阻力比 α_j（图4.4-8）。

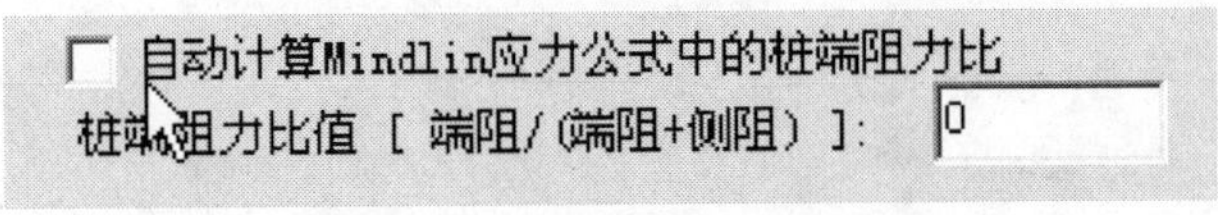

图 4.4-8

"地基基础形式及参照规范"是对基础及基础形式进行分类，不同的地基基础形式参照的规范是不同的（图4.4-9）。

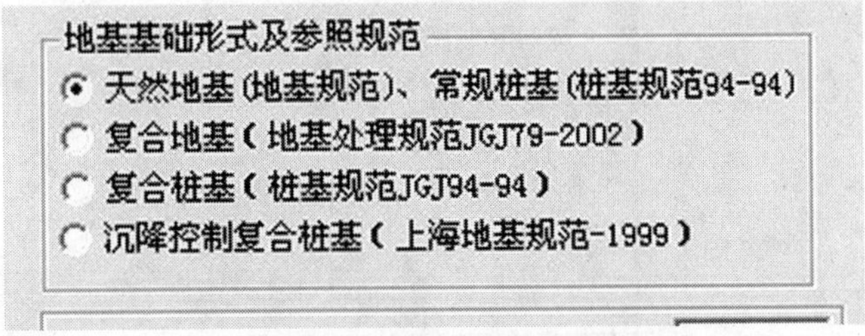

选项1是天然地基或常规桩基。如果筏板下没有布桩，则是天然地基，如有桩，则是常规桩基。所谓常规桩基是区别于复合桩基和沉降控制复合桩基，常规桩基不考虑桩间土

图 4.4-9

承载力分担。

选择 2 是复合地基。对于 CFG 桩、石灰桩、水泥土搅拌桩等复合地基，桩体在交互输入中按混凝土灌注桩输入，程序自动按《地基处理规范》（JGJ 79—2002）进行相关参数的确定，如复合地基承载力特征值及处理深度。如果没有布桩，有两种方法处理：一种是人工修改参数；另一种是修改地质资料的压缩模量，按天然地基进行设计，将处理深度范围内的土的压缩模量提高，提高比例可与处理后板底土承载力提高比例一致。

选项 3 为复合桩基。桩土共同分担的计算方法采用《建筑桩基技术规范》（JGJ 94—94）中 5.2.3.2 条的相关规定，根据分担比确定基床系数（1 模型）或分担比（2、3、4 模型）。一般基床系数是天然地基基床系数的十分之一左右，分担比一般小于 10%。其计算参数可根据《建筑桩基技术规范》沉降计算方法进行反推。

选项 4 为沉降控制复合桩基。桩土共同分担的计算方法采用上海市 1999 年的地基规范中 11.6 节的相关规定。如果上部荷载小于桩的极限承载力，土不分担荷载，其计算与常规桩基一样。当上部结构荷载超过桩极限承载力后，桩承载力不增加，其多余的荷载由桩间土分担，计算类同于天然地基。

图 4.4-10

"上部结构影响的选择"分三种情况，即不考虑、采用 TAT 上部结构刚度、采用 SATWE 上部结构刚度和采用 PMSAP 结构刚度（图 4.4-10）。

考虑上下部结构共同作用计算比较准确反映实际受力情况，可以减少内力，节省钢筋。

因为平铺在地基上的大面积筏板基础（或其他整体式基础，如地基梁等）在其筏板平面外的刚度是很弱的。在上部结构不均匀荷载作用下容易产生较大的变形差，导致筏板内力和配筋的增加。考虑基础与上部结构工作的原理是把上部结构的刚度叠加到基础筏板上，使其基础平面外刚度大大增加，从而大大增加抵抗上部结构传来的不均匀荷载的能力，减少变形差，减少内力与配筋，达到设计的经济合理性。详见技术条件。

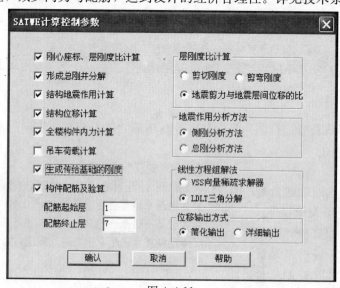

图 4.4-11

要想考虑上部结构影响，应在上部结构计算时在计算控制参数中点取"生成传给基础的刚度"，如图 4.4-11 所示。TAT 软件生成的刚度文件是 TATFDK.TAT，SATWE 软件生成的刚度文件是 SATFDK.SAT，PMSAP 软件生成的刚度文件是 SAPFDK.SAP。

"网格划分依据"分三种情况，包括所有底层网格线、布置构件的网格线、布置构件的网格线及桩位（图 4.4-12）。

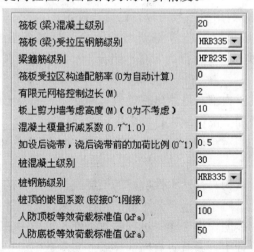

图 4.4-12

有限元单元划分不是对整个筏板外轮廓直接划分，而是首先依据上面三种选择的网格线或构件形成一个个闭合多边形"房间"，程序再依次对每个"房间"自动按"模型参数"中有限元网格控制边长对"房间"进行细分。这样划分保证了上部结构荷载的对位，保证墙、梁、板带在单元的边线上，保证各种单元节点的变形协调。网格划分依据分三种：

（1）所有底层网格线，程序按所有底层网格线先形成一个个大单元，再对大单元进行细分。

（2）布置构件（墙、梁、板带）的网格线，当底层网格线较为混乱时，划分的单元也可能比较混乱，本项选择只选择有布置构件（墙、梁、板带）的网格线形成一个个大单元，再对大单元进行细分。因为基础构件的布置一般较整齐清晰，这样划分单元成功机会很高。

（3）布置构件（墙、梁、板带）的网格线及桩位，以上两种划分都没有考虑桩的位置，桩不一定位于划分单元的节点上，本项选择是在（2）选择的基础上考虑桩位，有利于提高桩位周围板内力的计算精度。

单元尺寸及材料参数见图 4.4-13。

筏板受拉区构造配筋率：当为 0 时按《混凝土结构设计规范》（GB 50011—2001）自动计算，该规范 9.5.1 条规定为 0.2 和 $45f_t/f_y$ 中的较大值，地基规范 8.4.11 条与 8.4.12 条规定是 0.15%，应输入 0.15。

有限元网格控制边长：隐含值为 2m，一般可符合工程要求，对于小体量筏板或局部计算，可将控制边长缩小（如 0.5～1m）。

板上剪力墙考虑高度：板上剪力墙在计算中按深梁考虑，高度越高，剪力墙对筏板的贡献越大。其隐含值为 10，表明 10m 高的深梁，0 表明不考虑。

混凝土模量折减系数：其隐含值为 1，在计算时直接采用《混凝土结构设计规范》第 4.1.5 条中的弹性模量值。这也是为了满足用户的特殊要求，因为内力计算与刚度相关，刚度越大内力越大，有些用户为了降低配筋而对混凝土弹性模量进行缩小。

如设后浇带，浇后浇带时的荷载系数（0～1）：这个参数与后浇带的布置配合使用，解决由于后浇带设置后的内力、沉降计算和配筋计算、取值。后浇带将筏板分割成几块独立的筏板，程序将计算有、无后浇带两种情况。并根据两种情况的结果求算内力、沉降及配筋。填 0 取整体计算结果，填 1 取分别计算结果，取中间值 a 计算结果按下式计算：

$$实际结果＝整体计算结果×(1-a)+分别计算结果×a$$

a 值与浇后浇带时沉降完成的比例相关。

桩顶的嵌固系数（铰接 0～1 刚接）：该参数在 0～1 之间变化反映嵌固状况，无桩时此项系数不出现在对话框上。其隐含值为 0。对于铰接的理解比较容易，而对于桩顶和筏板现浇在一起也不能一概按刚接计算，要区分不同的情况，对于混凝土受弯构件（或节点），需要混凝土、纵向钢筋、箍筋一起受力才能完成弯矩的传递。由于一般工程施工时桩顶钢筋只将主筋伸入筏板，很难完成弯矩的传递，出现类似塑性铰的状态，只传递竖向力不传递弯矩。如果是钢桩或预应力管桩伸入筏板一倍桩径以上的深度，就可以认为是刚接。

人防顶板等效荷载标准值：根据基础建模输入的人防等级和人防规范程序自动给出初值，用户可以修改。程序自动将输入的人防顶板面荷载通过底层的柱、墙传到筏板上。

人防底板等效荷载标准值：根据基础建模输入的人防等级和人防规范程序自动给出初值，用户可以修改。该值为作用于筏板底部向上的均布面荷载，参与有限元计算。

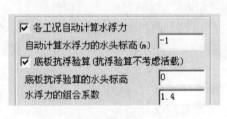

图 4.4-14

为了满足水浮力计算的需要，可进行水浮力计算选择及参数输入（图 4.4-14）。

各工况自动计算水浮力是在原计算工况组合中增加水浮力，标准组合的组合系数为 1.0，基本组合的组合系数可以自己修改确定。

底板抗浮验算是新增的组合，标准组合＝1.0 恒载+1.0 浮力，基本组合＝1.0 恒载+水浮力组合系数×浮力。

由于水浮力的作用，计算结果土反力与桩反力都有可能出现负值，即受拉。如果土反力出现负值，基础设计结果是有问题的，可增加上部恒载或打桩来进行抗浮。

水头标高与筏板底标高、梁底标高等都是相对结构±0.000 而言，±0.000 以上为正，±0.000 以下为负，单位是米。

以上水浮力计算根据阿基米德原理。一般认为，在透水性较好的土层或节理发育的岩石地基中，计算结果即等于作用在基底的浮力；对于渗透系数很低的粘性土来说，上述原理在原则上也应该是适用的，但是有实测资料表明，由于渗透过程的复杂性，粘土中基础所受到的浮托力往往小于水柱高度。但工程设计中，只有具有当地经验或实测数据时，方可进行一定折减。

"回弹再压缩"：对于先打桩后开挖的情况，沉降计算可以忽略基坑开挖地基土回弹再压缩。但对于其他情况的深基础，设计中要考虑基坑开挖地基土回弹再压缩。根据多个工程实测也发现，如果不考虑，裙房沉降偏小，主裙楼差异沉降偏大。对于主楼，回弹再压缩量占总沉降量的小部分，对于裙房，回弹再压缩量占总沉降量的大部分。有时为了减少沉降差应综合分析上述因素，考虑主裙的相互作用，

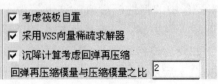

图 4.4-15

决定是否需要采取和采取何种减小主裙差异沉降的措施（图 4.4-15）。

回弹再压缩模量与压缩模量之比的取值可查勘察资料，如勘察资料没有提供可取 2～5 之间的值。

考虑筏板自重：打勾为计算筏板自重，否则为不计算。其隐含值为"是"。

二、刚度修改

本菜单用于设置各桩的刚度，当无桩时不显示此菜单。其下有五个子菜单，见图 4.4-16，内容如下：

单桩弹性约束刚度 K 包含竖向与弯曲刚度，程序能根据地质资料计算单桩刚度。如果有地质资料，用"刚度显示"可显示程序自动计算的刚度值。通过 2、3 与 4 可以对计算值进行修改，用菜单 5 显示刚度值。

桩竖向刚度可以根据试桩报告中 Q-S 曲线（图 4.4-17）的斜率求取［桩竖向刚度＝桩承载力特征值（kN）/对应的桩顶沉降（m）］，求算时应注意单位。桩弯曲刚度由于无法测得，且桩与筏板的联接不是完全刚接，桩弯曲刚度可取 0。图中提供了试桩沉降完成系数，用户可将试桩刚度结果进行折减，这是由于试桩过程只反映了单桩短期受力特性，如刚度为 0，则不考虑桩的作用。

图 4.4-16

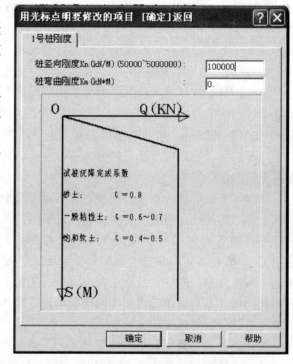

图 4.4-17

三、网格调整

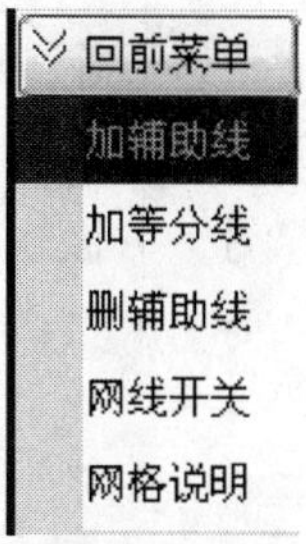

可根据 PMCAD 的网格线或其他网线划分的依据（用红线表示）生成筏板上一个个闭合多边形的"房间"。进入该子菜单，程序将自动添加一些辅助线，将凹多边形的"房间"转为两个或多个凸多边形"房间"。在此基础上，用户可进一步对这些"房间"人工修改，通过加、删辅助线或开、关某些网格线的方式重新修改某些"房间"的形状或尺寸。其子菜单内容（图 4.4-18）如下。

图 4.4-18

加辅助线：可在 PMCAD 已有的网格线或其他网线划分的依据上增

加辅助线，用白线表示，其作用与已有网格线等同，用来划分一个个闭合多边形的"房间"。可随意输入两点，但在原节点周围输入点时会自动捕捉到原节点。

加等分线： 用于一次完成多条网格线的输入。先完成有效网格线的捕捉，将两条捕捉到的网格线上的等分点连接，这几条互不相交的连线就是辅助线，并能记忆输入的辅助线。

删辅助线： 删除多余的辅助线。

网格开关： 网格开关的作用是对不合适的 PMCAD 的网格线或其他网线划分的依据进行删除及对删除后的网格线进行恢复。

新版 JCCAD 软件对桩筏基础的网格划分技术进行了较大规模的改进。

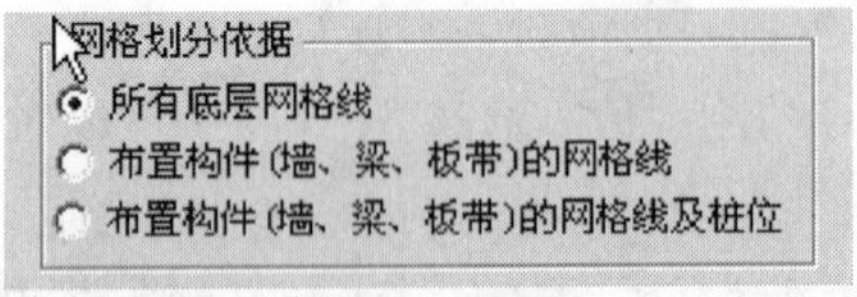

图 4.4-19

第一，将网格划分依据分为三类，如图 4.4-19所示，前两种网格划分依据采用一种网格自动划分方法，后一种网格划分依据采用另外一种网格自动划分方法。

第二，对不等厚筏板，自动寻找不同厚度板块的分界线并将这些分界线作为底层网格线参与有限元网格划分。这实质上是对不等厚筏板先按厚度分区，然后逐一对每一分区进行网格划分。

第三，对于依照前两种网格划分依据所做的网格划分，新版本采用了许多新技术，确保复杂情况下的网格质量。首先，对每一房间（房间是指划分时网格线所分割的几何图形），先判断其凹凸，如果为凹形房间（有一个内角大于 $180°$），则添加辅助线将其转为几个凸形房间。然后将凸形房间分为矩形房间、三角形房间和一般房间，对不同类型房间采用不同的划分方法。

第四，桩筏基础的有限元网格划分相对于筏板基础的网格划分要更加复杂，不但要考虑到上部结构的柱、剪力墙布置，而且还要考虑筏板下部的桩布置。当采用第三种网格划分依据对桩筏基础进行网格划分时，柱、桩将位于网格点上，剪力墙将位于网格线上。新版 JCCAD 软件对桩筏基础的网格划分采用了"先细化、后合并"的做法，即先将筏板划分为三角形网格，使柱、桩位于网格点上，剪力墙位于网格线上，然后依据一定规则将符合条件的相邻三角形单元合并为四边形单元，最终实现以四边形单元为主、三角形单元为辅的网格划分。具体实现方法如下：

（1）找出一个最优直角三角形单元，或最接近直角三角形的单元。

（2）寻找与该三角形单元相邻的三角形单元。

（3）将该三角形单元与所有相邻三角形单元进行组装，从中找出最优四边形单元（最优四边形单元应接近矩形）。

（4）寻找与四边形单元相邻的三角形单元。

（5）重复 3~4 步，得到最终的网格划分。

经过"先细化、后合并"的网格划分后，桩筏基础的筏板就形成了以四边形单元为主、三角形单元为辅的有限元网格。这种划分一方面增加了计算的准确性，另一方面也减少了计算的单元数。

四、单元划分

有限元单元划分是在前面网格调整后的基础上，按"模型参数"中有限元网格控制边长进行自动加密并划分单元。单元自动形成的原则为：（1）四边形单元，确保节点数为4，且最大内角不大于120°；（2）三角形单元，确保节点数为3。

单元划分自动生成单元，单元形状是四边形（每边可为曲线）或三角形，单元编号完全自动进行。程序自动检测单元并用阴影线填充，对于划分不成功的单元，程序在平面上标注出位置，并给出提示。此时，用户应返回"网格调整"菜单，对相应的"房间"作相应的修改。

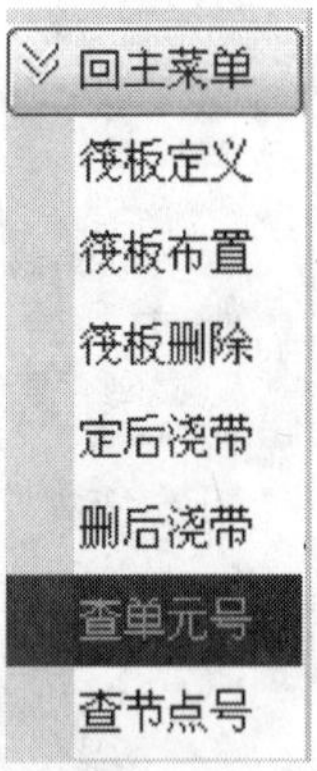

五、筏板布置

本菜单的功能是在形成好的单元上布置筏板的各项参数、设置后浇带、查询单元及节点的位置。该菜单下有如图 4.4-20 所示的子菜单。

图 4.4-20

用户可对各单元上的筏板厚度、标高、板面荷载、基床反力系数设置为不同数值，其初值为交互输入的数据，可以人为修改。

此外可以在此指定多条后浇带的位置（后浇带可以是封闭多边形或任意折线）及查询指定号码的单元或节点的位置。

筏板定义的内容以如图 4.4-21 所示的对话框方式给出：

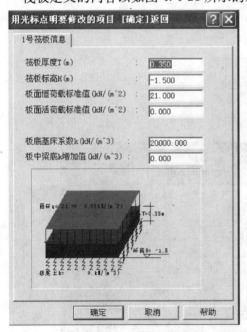

图 4.4-21

使用时先进行筏板定义，其中包括板底标高、板厚、板的均布荷载、板底水浮力、板及梁下土的基床反力系数，再进行筏板布置，可以直接布置和窗口布置。对于直接布置，在图形区上方，显示筏板与周围承台梁的交接情况。如不进行筏板布置，程序默认取第一种类型布置。基床反力系数可以由用户给出，也可以通过后面的沉降试算由程序给出建议值。

其中"板中梁底 k 增加值"是针对格梁和筏板下土基床系数不同情况下的调整参数。如果板不承受土反力，可将板的基床系数定为0，梁底 k 增加值设土相应的基床系数，计算时能考虑复杂的受力情况。

高层与裙房基础相连设计可考虑采用协调二者基础沉降方法，即采取可靠措施将高层部分的沉降减至最小，低层裙房部分的沉降在保证基础承载能力和稳定性的前提下适当增大，以减小二者的沉降差。当主楼层数多或地基土条件差时，要求采用桩箱或桩筏基础，层数小时也可以考虑刚性桩复合地基，裙房可采用天然地基上的独立基础、格形基础，水位高时，格形梁之间设抗水板，也有在梁板式筏基的中间板下敷设苯板、炉渣等以增沉的作法。这些都是裙房的增沉、减小主裙沉降差异的有效措施。

上面提到的在梁板式筏基的中间板下敷设苯板、炉渣等以增沉的作法在筏板定义中按

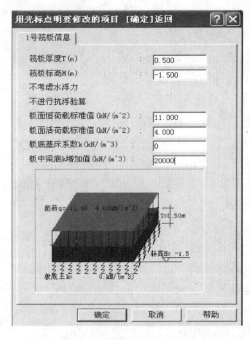

图 4.4-22

图 4.4-22 处理，将板底基床系数 k 设为 0，"板中梁底 k 增加值"设一合适的值。

高层与裙房基础相连设计也可在主楼和裙房间设置后浇带（缝），主楼在施工期间可自由沉降，待主楼结构施工完毕后再浇后浇带混凝土，使余下的不均匀沉降控制在允许范围内。计算时分成"后浇带"前内力计算与"后浇带"后内力计算。"后浇带"前内力是按独立的几块板分开计算，相互不连接，不传递弯矩与剪力。"后浇带"后内力是按整体计算弯矩与剪力。总内力是将前后内力进行叠加。通过设置加荷比例系数来模拟"后浇带"浇注时间。考虑"后浇带"的计算使内力更加合理，配筋更加节省。

点取"定后浇带"后，设计人员输入多点折线或封闭的多边线。多点折线或封闭的多边线通过的位置就是后浇带的位置（图 4.4-23）。

点取"删后浇带"，以前布置的后浇带全部删除。

计算结果中会显示主裙楼的沉降差（图 4.4-24）。

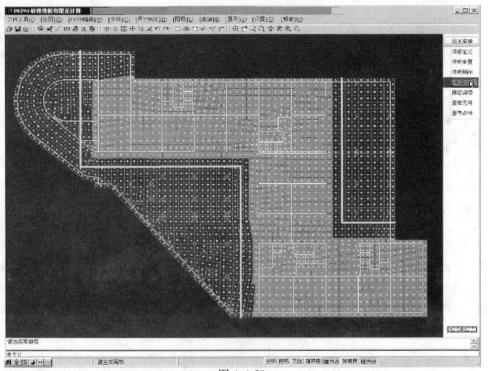

图 4.4-23

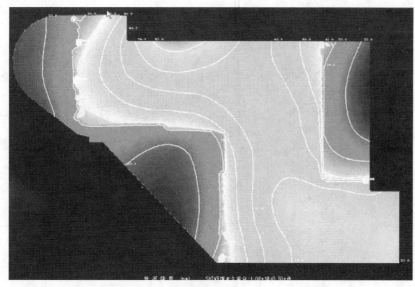

图 4.4-24

六、荷载选择

荷载选择只能在前面基础人机交互输入选取的荷载中作选择，高速解法器可以同时计算多种荷载工况。

对于交互输入中选择过的荷载类别在此全部列出，包括外加荷载、PMCAD 荷载、TAT 荷载、SATWE 荷载和 PMSAP 荷载，程序每次计算只能选择其中一种类别。外加荷载只包含基础交互输入的附加荷载，PMCAD 荷载、TAT 荷载、SATWE 荷载和 PM-SAP 荷载也包含基础交互输入的附加荷载。对于选中的任何一种类别的荷载，其中包含多种荷载效应组合，有计算沉降用的准永久组合，桩及土承载力校核用的标准组合以及构件配筋计算用的基本组合。

七、沉降试算

沉降试算的目的是对给定的参数进行合理性校核，其主要指标是基础的沉降值，对于桩筏基础同时给出《建筑桩基技术规范》（JGJ 94—94）及《上海地基基础设计规范》（DGJ 08—11—1999）的沉降计算值。对于筏基基础同时给出《建筑地基基础设计规范》（GB 50007—2002）及《上海地基基础设计规范》（DGJ 08—11—1999）的沉降计算值（图 4.4-25）。

在桩筏有限元计算中，桩弹簧刚度及板底土反力基床系数的确定等均与沉降密切相关，因此，基础计算的关键是基础的沉降问题。合理的沉降量是筏板内力及配筋计算的前提，在沉降量合理性的判断过程中，工程经验起着重要的作用。

群桩沉降放大系数：该系数程序自动计算，用户可以进行修改，1 表示不考虑群桩的相互作用对沉降的影响。计算群桩作用时，可考虑桩数、桩长径比、桩距径比、桩土刚度比四项因素，从而较全面反映桩筏的沉降影响因素。计算的原理可参见技术条件。当无桩时，此系数不出现在对话框上。该系数隐含值为 1，如大于 1 则为自动计算出的建议值。

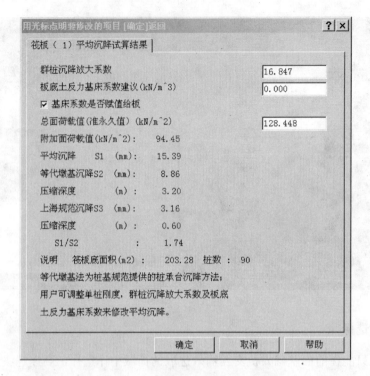

图 4.4-25

板底反力基床系数 k（kN/m³）：板底土反力基床系数是计算的重要参数，程序根据板底土极限阻力标准值和荷载自动计算该参数的建议值，供用户在进行板的定义时参考。对于桩筏基础其隐含值为 0；对于没有地质资料的筏板基础其隐含值为：交互输入时用户给定的数值；对于有地质资料的筏板基础为板面荷载值除以沉降值。

如果没有使用"沉降试算"计算板底土反力的基床系数，则必须使用"筏板布置"菜单人为指定该参数，否则程序将无法得到正确的计算结果。

八、计算

在保存文件时，对各个单元进行合理性校核，对于不合理单元程序进行细分，如果再校核不过，会给出出错的单元或节点号，回到主菜单的"网格调整"加删辅助线。如果校核顺利，则将数据进行保存并进行有限元计算。

桩筏计算的核心部分是有限元计算程序，只是与一般的薄板有限元不同，采用中厚板的 MINDLIN 板理论，并成功地解决了"锁定"问题，使得适用范围包括薄板、中厚板和厚板。其中的假设与推导详细见技术条件。在计算前程序自动进行数据检查，如存在问题须回到网格调整单元形成，重新进行网格划分。

新版 JCCAD 采用"应力钝化技术"解决了筏板基础局部配筋过大问题。由于板单元上有集中力作用部位的内力理论解是趋近于无穷大的，这种现象是不符合实际情况的，因为工程中的柱、桩都是有实际尺寸的，而且这些构件在筏板基础中的内力传递也是有一定扩散角度的，所以在柱、桩构件尺寸一定范围内的筏板基础极大内力计算值是没有实际工程意义的。如果只是按照理想化的有限元分析结果进行筏板基础的内力计算和配筋，势必造成局部配筋过大的情况。解决这一问题的实用方法是按照实际情况将柱、桩构件一定范围内的内力计算值进行符合工程实际的修正，使得通过有限元计算得到的基础局部内力值不再偏离工程实际情况，这就是新版 JCCAD 所采用的"应力钝化技术"。通过该技术的应用，基本解决了筏板基础局部配筋过大的问题。

九、结果显示

计算结果图形文件包括位移图(DIS＊.T)、反力图(TRE＊.T)、弯矩图(BEN＊.T)、剪力图(SHR＊.T)、梁弯矩图(BBE＊.T)、梁剪力图(SBE＊.T)等。(图 4.4-26～图 4.4-29)。

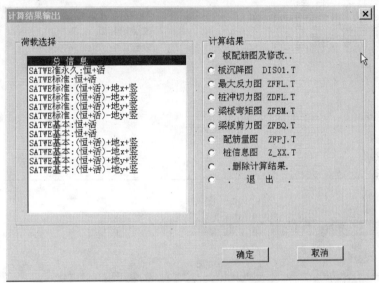

图 4.4-26

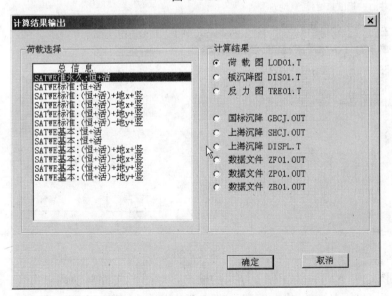

图 4.4-27

程序对多种荷载工况的计算结果进行统计归并，给出板弯矩图(ZFBM.T)和配筋量图(ZFPJ.T)。

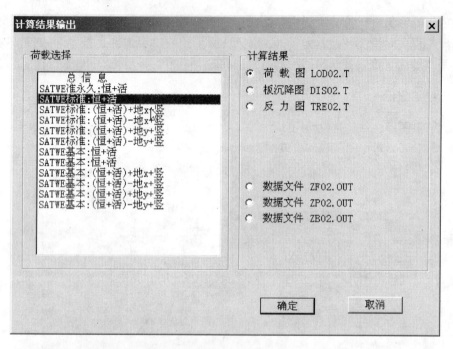

图 4.4-28

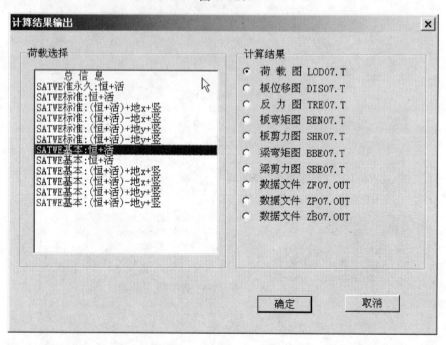

图 4.4-29

对于图形文件 ＊.T，为了便于结果的输出，对图形文件自动调出内容，并增加了简单编辑菜单，见图 4.4-30。其中图层管理主要进行各图层的开（显示）闭（不显示）及删除。

计算结果数据文件包括 ZF＊.OUT、ZP＊.OUT 和 ZB＊.OUT。该类文件都是文本文件，可以用写字板、记事本或 WORD 程序打开，进行编辑等操作。

ZF＊.OUT 的内容为节点位移、转角、每根桩反力及位移，并统计节点最大位移、最小位移及总反力与总荷载。ZP＊.OUT 的内容为板单元的 XOZ 弯矩、YOZ 弯矩、最大弯矩、最小弯矩与 XOZ 剪力、YOZ 剪力。ZB＊.OUT 的内容为梁单元的弯矩、扭矩与剪力。

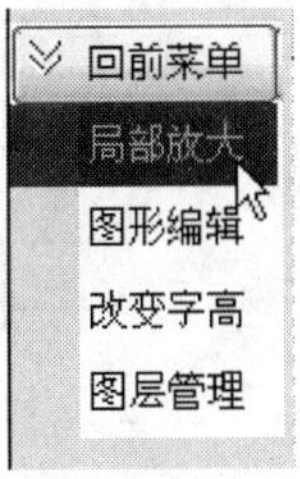

十、交互配筋

JCCAD 目前版本提供三种筏板配筋方式（图 4.4-31）：

A：梁板（板带）方式配筋；

B：分区域均匀配筋；

C：新梁板（板带）方式配筋。

图 4.4-30

当筏板较薄，板厚与肋梁高度比较小时，可采用板带配筋方式。梁板（板带）方式配筋和新梁板（板带）方式配筋的主要区别是柱上板带弯矩取值方法不同，按梁板（板带）方式配筋柱上板带弯矩取板带范围内有限元结果的最大值，按新梁板（板带）方式配筋柱上板带弯矩取该板带横截面范围的弯矩积分后再求出平均值。

当筏板较厚，板厚与肋梁高度比较大时，可采用分区域均匀配筋方式。

梁板（板带）方式配筋

使用梁板（板带）方式配筋的前提条件是必须在筏板上设置肋梁（对梁板式、墙下筏板式基础）或设置板带（对柱下平板基础）。对梁板式基础，肋梁按实际位置设置。对墙下筏板基础，应将所有墙下都布置肋梁，可用地基梁菜单下的墙下布梁来输入或根据墙的分布情况布置相应截面的暗梁。对柱下平板基础布置板带时，应注意板带位置。板带布置原则是将板带视为暗梁，沿柱网轴线布置，但在抽柱位置不应布置板带，以免将柱下板带布置到跨中。

配筋时，首先通过肋梁或板带的坐标对位，将板元法计算配筋量传至梁元法的相应数据上，然后再按梁元法的交互配筋设计程序进行设计，这样的设计结果就可以在基础平面施工图的"筏板配筋"菜单中绘出。

选择"梁板（板带）方式配筋"后，屏幕弹出如图 4.4-32 所示菜单。

请选择

筏板配筋方式

梁板（板带）方式配筋(A)　　分区域均匀配筋(B)　　新梁板（板带）方式配筋(C)

图 4.4-31

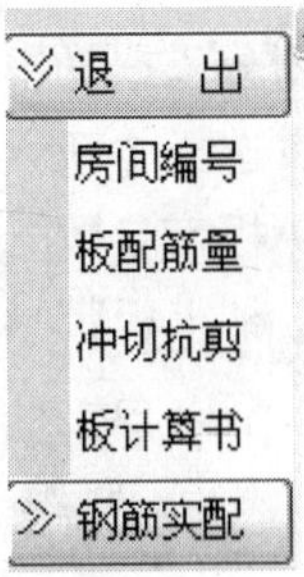

图 4.4-32

菜单中各命令的使用方法与主菜单 3 "基础梁板弹性地基梁法计算"下的第三分菜单"弹性地基板内力配筋计算"中的命令完全相同，用户请参阅相关说明。

分区域均匀配筋（图 4.4-33）

信息输入输入图 4.4-34 所示对话框中的板配筋参数。

区域布置的方式有矩形窗口、平行四边形、任意多边形，区域定义时还可进行角点修正和区域删除。

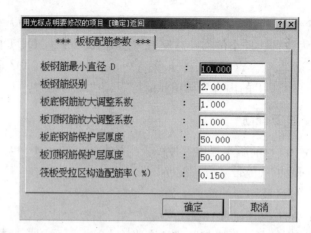

图 4.4-33　　　　　　　　　　　图 4.4-34

区域选择目的是将定义的区域赋予特性。板中有 4 种钢筋即 X 上筋、Y 上筋、X 下筋、Y 下筋，每种钢筋都可有相应的配筋区域，为了方便，还增加了"各区有效"和"各区无效"菜单。

配筋计算后可得出定义的各个区域和外区域 4 种钢筋的计算结果，所谓的外区域是定义区域没有包含的区域，一般理解为通长筋结果。

配筋修改是显示计算结果及进行人工干预。

配筋简图是将结果以图形方式简明地描述。

新梁板（板带）方式配筋

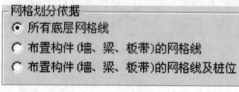

图 4.4-35

按新板带方式配筋，程序自动在各房间分界线处布置柱上板带，不像"梁板（板带）方式配筋"在建模时为形成柱上板带需布置暗梁或板带。划分房间的原则可以由用户根据需要，在"模型参数"对话框的"网格划分依据"中进行选择（图 4.4-35）。

选择"新梁板（板带）方式配筋"后，屏幕弹出如图 4.4-36 所示菜单：

板带参数

柱上板带半宽的确定可以采用两种方式：比值方式与定值方式（图 4.4-37）。

图 4.4-36

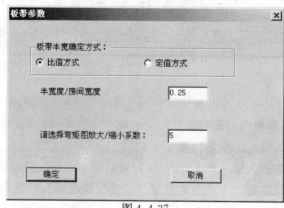

图 4.4-37

比值方式：在编辑框中填入板带半宽度与房间跨度的比值，上图中数值为 0.25 时，即表示板带半宽度取为房间跨度的 1/4。

定值方式：用户可以根据需要，自己定制板带半宽，单位为毫米。

"弯矩图放大/缩小系数"主要是用于后续计算结果显示中，根据具体工程以及房间尺寸的大小调整弯矩图的显示效果。

在确定柱上板带宽度之后，在原结构图上会显示各房间板带划分结果（图 4.4-38）。

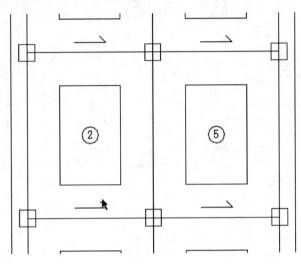

图 4.4-38

图 4.4-38 中，各房间中间显示房间编号，绿色线表示板带划分的结果，房间内箭头表示该房间板带起始编序号的位置，即在描述该房间时，该边的序号为 1，并按照逆时针方向递增。

板带修改

供用户针对个别房间个别板带进行尺寸的调整。点取此命令后，在提示区出现提示语句："请用光标指定房间（［Esc］退出）"，光标变成十字形状，当某一具体房间被选中时，即弹出修改板带半宽度的提示对话框，如图 4.4-39 所示。

可以在此对话框中对各房间各边进行修改，修改之后选择"确定"，即修改成功。

程序仍提示用户是否还进行其他房间的修改，在修改完毕之后，按"［Esc］"键或鼠标右键退出。

柱上板带

弯矩图

最大弯矩包络图用黄线绘制，最小弯矩包络图用白线绘制（图 4.4-40）。柱上板带相当于一根梁，为了求算各截面的弯矩，先取该板带横截

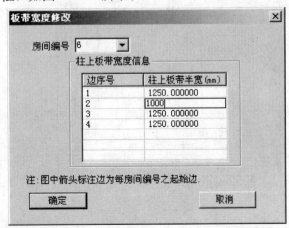

图 4.4-39

面范围的弯矩积分后再求出平均值。在"板带参数"对话框中设置不同的"弯矩图放大/缩小系数"可以改变弯矩包络图的显示效果。

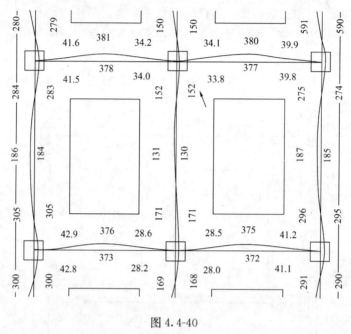

图 4.4-40

配筋图

对于柱上板带的配筋图，标注的位置与弯矩图相对应，当配筋结果显示为 0 时，表示按构造配筋（图 4.4-41）。

跨中板带

弯矩结果

对于跨中板带，X、Y 两个方向支座处的最大与最小弯矩分别标注在 X、Y 方向支座处，X、Y 两个方向的跨中最大、最小弯矩标注在房间中部（图 4.4-42）。

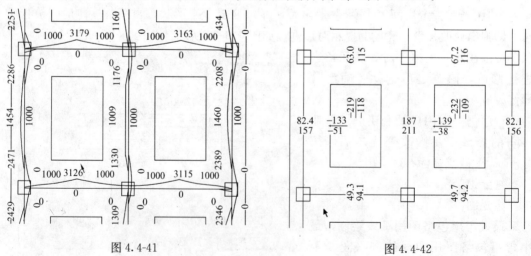

图 4.4-41   图 4.4-42

配筋结果

板带中部四个数值的含义：第一行是 X 方向和 Y 方向的上筋，第二行显示的数值是

X 和 Y 方向的下筋（图 4.4-43）。

X、Y 两个方向支座处的上筋、下筋分别标注在 X、Y 方向支座处。

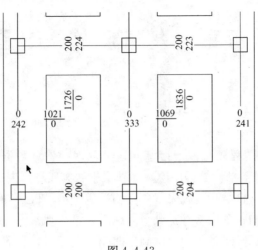

图 4.4-43

第五章 基础施工图

第一节 概 述

08 版本的基础施工图程序可以承接基础建模程序中构件数据绘制基础平面施工图，也可以承接 JCCAD 软件基础计算程序绘制基础梁平法施工图、基础梁立剖面施工图、筏板施工图、基础大样图（桩承台，独立基础，墙下条基）、桩位平面图等施工图。08 版本程序将基础施工图原来的各个模块（基础平面施工图、基础梁平法、筏板、基础详图）整合在同一程序中，实现在一张施工图上绘制平面图、平法图、基础详图功能，减少了用户有时逐一进出各个模块的操作，并且采用了全新的菜单组织，程序界面更友好。

程序的主界面如图 4.5-1 所示。

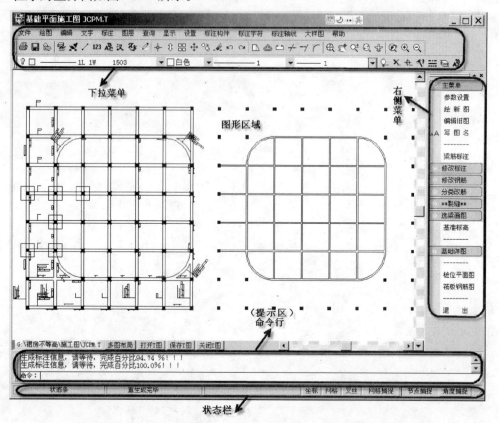

图 4.5-1

其中，下拉菜单的主要内容为两大类。第一类是通用的图形绘制、编辑、打印等内容，操作与 PKPM 通用菜单"图形编辑、打印及转换"相同，可参阅相关的操作手册。

第二类是含专业功能的四列下拉菜单，包括施工图设置、基础平面图上的标注轴线、基础平面图上的构件字符标注和构件的尺寸标注、大样详图。

屏幕右侧的菜单是绘制基础施工图的入口，可以完成基础梁平法施工图、立剖面施工图、独基条基桩承台大样图、筏板施工图、桩位平面图等施工图的绘制工作。可以采用连梁改筋、单梁改筋、分类改筋等修改基础梁钢筋标注，可以根据实配钢筋完成基础梁的裂缝验算功能。

下面介绍运行基础施工图程序前需要了解的菜单项。

一、参数修改

08 版本的参数修改将基础平面图参数和基础梁平法施工图参数整合在同一对话框中，当点取［参数修改］菜单后，程序弹出修改参数对话框，在完成参数修改并确定退出后，程序将根据最新的参数信息重新生成弹性地基梁的平法施工图，并根据参数修改重绘当前的基础平面图。如图 4.5-2 和图 4.5-3 所示。

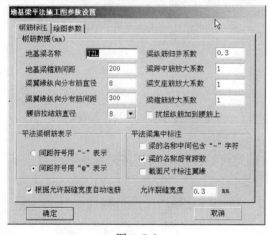

图 4.5-2

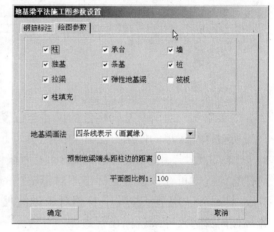

图 4.5-3

二、绘新图

用来重新绘制一张新图，如果有旧图存在时，新生成的图会覆盖旧图。

图 4.5-4

三、编辑旧图

打开旧的基础施工图文件，程序承接上次绘图的图形信息和钢筋信息继续完成绘图工作。通过图 4.5-4 所示的对话框来选择要编辑的旧图。

四、写图名称

点取此命令写当前图的基础梁施工图名称。

第二节 基 础 平 面 图

上部菜单如图 4.5-5 所示，将原基础平面图的标注构件、标注字符、标注轴线、大样图模块加到上部菜单。

图 4.5-5

一、标注构件

本菜单实现对所有基础构件的尺寸与位置进行标注，下设子菜单见图 4.5-6。

所有标注菜单的使用方法和功能说明如下：

"条基尺寸"用于标注条形基础和上面墙体的宽度，使用时只需用光标点取任意条基的任意位置即可在该位置上标出相对于轴线的宽度。

"柱尺寸"用于标注柱子及相对于轴线尺寸，使用时只需用光标点取任意一个柱子，光标偏向哪边尺寸线就标在哪边。

"拉梁尺寸"用于标注拉梁的宽度以及与轴线的关系。

"独基尺寸"用于标注独立基础及相对于轴线尺寸，使用时只需用光标点取任意一个独立基础，光标偏向哪边尺寸线就标在哪边。

"承台尺寸"用于标注桩基承台及相对于轴线尺寸，使用时只需用光标点取任意一个桩基承台，光标偏向哪边尺寸线就标在哪边。

"注地梁长"用于标注弹性地基梁（包括板上的肋梁）长度，使用时首先用光标点取任意一个弹性地基梁，然后再用光标指定梁长尺寸线标注位置。一般此功能用于挑出梁。

"注地梁宽"用于标注弹性地基梁（包括板上的肋梁）宽度及相对于轴线尺寸，使用时只需用光标点取任意一根弹性地基梁的任意位置即可在该位置上标出相对于轴线的宽度。

"标注加腋"用于标注弹性地基梁（包括板上的肋梁）对柱子的加腋线尺寸，使用时只需用光标点取任意一个周边有加腋线的柱子，光标偏向柱子哪边就标注哪边的加腋线尺寸。

"筏板剖面"用于绘制筏板和肋梁的剖面，并标注板底标高。使用时

条基尺寸
柱尺寸
拉梁尺寸
独基尺寸
承台尺寸
地梁长度
地梁宽度
标注加腋
筏板剖面
标注桩位
标注墙厚

移动尺寸

图 4.5-6

须用光标在板上输入两点，程序即可在该处画出该两点切割出的剖面图。

"标注桩位"用于标注任意桩相对于轴线的位置，使用时先用多种方式（围区、窗口、轴线、直接）选取一个或多个桩，然后光标点取若干同向轴线，按［Esc］键退出后再用光标给出画尺寸线的位置即可标出桩相对这些轴线的位置。如轴线方向不同，可多次重复选取轴线、定尺寸线位置的步骤。

"标注墙厚"用于标注底层墙体相对轴线位置和厚度。使用时只需用光标点取任意一道墙体的任意位置即可在该位置上标出相对于轴线的宽度。

二、标注字符

本菜单的功能是标注写出柱、梁、独基的编号和在墙上设置、标注预留洞口。

其下有六个子菜单，见图 4.5-7。

主要子菜单的使用方法和功能说明如下：

"注柱编号"、"拉梁编号"、"独基编号"这三个菜单分别是用于写柱子、拉梁、独基编号的，使用时先用光标点取任意一个或多个目标（应在同一轴线上），然后按［Esc］键中断，再用光标拖动标注线到合适位置写出预先设定好的编号。

"输入开洞"菜单的功能是在底层墙体上开预留洞的。点取本菜单后，在屏幕提示下先用光标点取要设洞口的墙体，然后输入洞宽和洞边距左下节点的距离（m）。

| 注柱编号 |
| 拉梁编号 |
| 独基编号 |
| 输入开洞 |
| 标注开洞 |
| 地梁编号 |

图 4.5-7

"标注开洞"菜单的作用是标注上个菜单画出的预留洞，使用时先用光标点取要标注的洞口，接着输入洞高和洞下边的标高，然后再用光标拖动标注线到合适的位置。

"地梁编号"菜单提供自动标注和手工标注两种方式，自动标注的用途是把按弹性地基梁元法计算后进行归并的地基连续梁编号自动标注在各个连梁上，使用时只要点取本菜单即可自动完成标注。手工标注将用户输入的字符标注在用户指定的连梁上。

三、标注轴线

本菜单的作用是标注各类轴线（包括弧轴线）间距、总尺寸、轴线号等，下设七个子菜单，见图 4.5-8

各子菜单的功能与 PMCAD 的操作一致，增加了一项 标注板带 。该菜单用于柱下平板基础中配筋模式按整体通长配置的平板基础，它可标注出柱下板带和跨中板带钢筋配置区域。使用方法类似于"逐根标注"轴线。

图 4.5-8

第三节　基础梁平法施工图

一、计算条件

1. 基础连续梁的生成与归并

程序根据轴线信息，自动将相同轴线上的连续梁段串成一根连续梁，根据计算结果对连续梁选筋。根据连续梁的配筋结果和几何信息进行命名。

2. 梁跨划分

一个连续梁由几个梁跨组成。梁跨的划分对配筋会产生很大影响。程序将柱、墙、基础梁作为连续梁的支座，对梁梁相交部分，程序不区分主次梁，互为支座处理。

3. 连续梁的性质判断与命名

连续梁采用类型前缀＋序号的规则进行命名。默认的类型前缀为：JZL。可以在参数修改对话框中修改。

4. 基础施工图基础梁的归并规则

首先根据连续梁的几何条件进行归类。找出几何条件（梁跨数、每跨长度、每跨梁截面）相同的连续梁，然后比较钢筋条件，只有几何条件和钢筋（上部钢筋、下部钢筋、纵筋、箍筋、腰筋、腰筋拉结筋、翼缘受力筋、翼缘分布筋）条件完全相同的连续梁才被归为一类。

归并的过程为首先在几何条件相同的连续梁中进行自动配筋，将此实配钢筋作为比较基准。接着选择下一个几何条件相同的连续梁进行自动配筋，如果此实配钢筋与基准实配钢筋基本相同（何谓基本相同见下段阐述），则将两根梁归并为一组。

5. 钢筋选取规则

箍筋肢数的确定

当梁宽大于 800 时，取箍筋肢数 6，梁宽小于等于 800 大于等于时 350 时，箍筋肢数取 4，梁宽小于 350，箍筋肢数取 2，箍筋直径由箍筋的计算面积，根据估计肢数和梁宽自动计算，最小箍筋直径取 8mm，当梁高大于 1300mm，箍筋直径最小取 10mm。

程序中箍筋不计算箍筋加密区长度，如果需要加密，用附加箍筋的功能来完成。

腰筋的确定

图 4.5-9

构造腰筋的选择方法遵循《混凝土结构设计规范》10.2.16 条的规定：当梁的腹板高度 $h_w \geqslant 450mm$ 时，在梁的两个侧面应沿高度配置纵向构造钢筋，每侧纵向构造钢筋（不包括梁上、下部受力钢筋及架立钢筋）的截面面积不应小于腹板截面面积 $b \times h_w$ 的 0.1%，且间距不宜大于 200mm。程序取 h_w 为梁高减去梁两侧现浇楼板厚度的较小值。

钢筋净距须满足规范要求，因此梁钢筋一排最多根数为：

梁宽≤200 时　3 根　　　　梁宽≤250 时　　4 根

梁宽≤300 时　4～5 根　　　梁宽≤350 时　　5～6 根

梁宽≤400 时　6～7 根

对于基础梁，上部钢筋最少根数为梁宽（mm）/100；梁下部钢筋最少配 2 根。

附加箍筋的钢筋间距取与箍筋相同，直径根据加密区宽度和箍筋面积综合计算。

二、菜单介绍

08 版施工图程序的右侧菜单如图 4.5-9 所示。下面分别来进行介绍。

1. 梁筋标注

菜单的功能是为用各种计算方法（梁元法、板元法）计算出的所有地基梁（包括板上肋梁）选择钢筋、修改钢筋并根据《混凝土结构施工图平面整体表示方法制图规则和构造详图》（04G 101—3）绘出基础梁的平法施工图，对于墙下筏板基础暗梁无需执行此项。

2. 基准标高

点取此命令写当前图中基础梁跨的基准标高，这个标高是当前施工图中布置的标高相同的多数基础梁的标高，少数不同的基础梁标高在原位标注中标注，标注值为相对基准标高的差值。

3. 修改标注

当点取 ⟫ 修改标注 按钮后，程序菜单见图 4.5-10。其功能如下：

"水平开关"关闭水平方向上的梁的集中标注和原位标注信息。

"垂直开关"关闭垂直方向上的梁的集中标注和原位标注信息。

"移动标注"用鼠标移动集中标注和原位标注的字符，调整字符位置。

"改字大小"批量修改集中标注和原位标注字符的字体大小。

图 4.5-10

4. 地梁改筋

"连梁钢筋"采用表格方式修改连梁的钢筋，当点取"连梁钢筋"按钮后，程序提示用户选取地基梁，当用鼠标选取地基梁后程序弹出修改钢筋界面如图 4.5-11 所示。

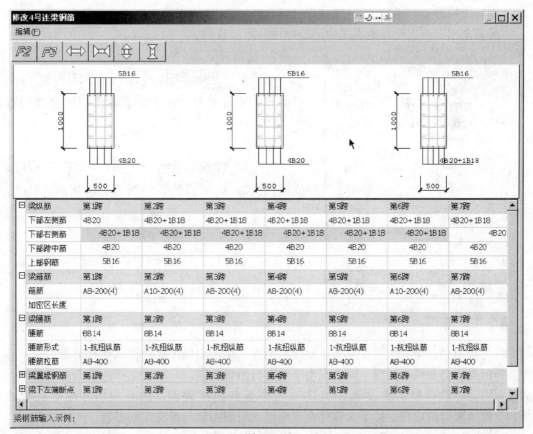

图 4.5-11

图 4.5-11 上显示为地基梁当前跨左中右截面的剖面图，初值为第一跨，可以通过编辑下部分的 cell 表格来修改钢筋信息。按 Enter 键程序关闭本对话框，完成本连梁一次修改操作。

梁纵筋的输入格式为 12B25，6/6 或 4B25＋4B22，2/6。其中容许输入两种钢筋直径，可以分上下两层，当为上部纵筋时大直径钢筋放在上排，程序在上排自动布置钢筋最多为 6 根。当为下部纵筋时大直径钢筋放在下排，程序在下排自动布置钢筋最多为6 根。

梁箍筋的输入格式为 B10-400（4），含义为直径 10 的二级钢筋间距 400mm 为 4肢箍。

腰筋的输入格式为 4B16，含义为根数为 4 的直径为 16 的二级钢筋。

腰筋拉筋的格式同梁箍筋。

梁翼缘钢筋（受力筋和分布筋）的格式同梁箍筋 。

梁两端的截断长度可手工修改，单位为毫米。

其中"钢筋复制"用于实现不同梁跨的钢筋复制功能。

"单梁改筋"采用手动选择连梁梁跨的修改方式，可以选择多个梁跨，用图 4.5-12 所示对话框修改相应的钢筋。程序可以只修改选中的梁跨的单项钢筋，如顶部钢筋、腰筋等

"原位改筋"手动选择要修改的原位标注钢筋。

"附加箍筋"程序自动计算附加箍筋，并生成附加箍筋标注。

"删除附加箍筋"手动选择已经标注的附加箍筋，删除钢筋。

"附箍全删"一次全部删除图中已经标注的附加箍筋。

图 4.5-12

5. 地梁裂缝

当点取 **＊＊裂缝＊＊** 按钮后，程序进行裂缝验算，出现菜单，并在图上标出裂缝宽度的数值。

6. 选梁画图

当点取 **选梁画图** 按钮后，程序进行连梁立剖面图的绘制，并出现如图 4.5-13 所示菜单：

图 4.5-13

首先选中"选梁画图"交互选择要绘制的连续梁，程序用红线标示将要出图的梁，一次选择的梁均会在同一张图上输出。由于出图时图幅的限制，一次选择的梁不宜过多，否则布置图面时软件将会把剖面图或立面图布置到图纸外面。选好梁后，按下右键或〔Esc〕键结束梁的选择。接下来软件会要求输入绘图参数与补充配筋参数。

"绘图参数"界面如图 4.5-14 所示。用户在这里输入图纸号、立面图比例、剖面图比

例等参数，程序依据这些参数进行布置图面和画图。下面简单介绍一下各参数的含义。

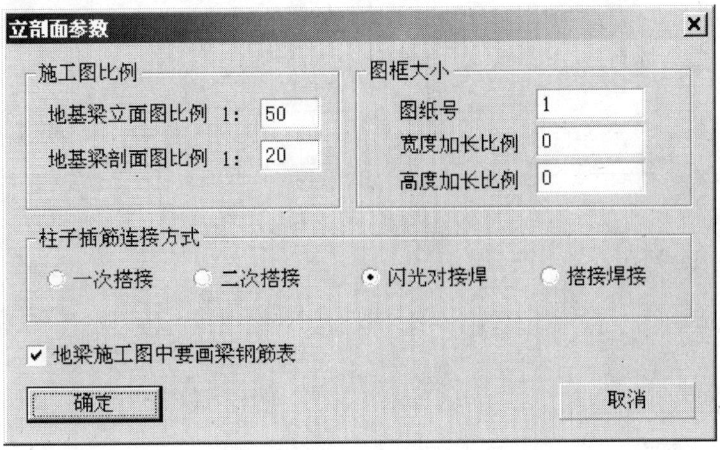

图 4.5-14

图纸号指用几号图纸画图，这个系数与图纸加长系数和图纸加宽系数一起确定了图幅大小。立面图比例和剖面图比例分别指定画立面图和剖面图时采用的比例尺，例如图 4.5-14 中立面图比例为 50 是指用 1：50 的比例绘制立面图。柱子插筋连接方式参数影响立面图中柱子钢筋的画法。

参数定义完毕后就可以正式出图了。程序首先要进行图面布置的计算。布图过程中可能会出现某些梁长度过长超出图纸范围的情况，这时软件会提示是否分段。如果选择"分段"，则程序会将此梁分为几段绘制，如果选"不分段"，则此梁会超出原来选定的图纸范围。布置计算完成后，用户按程序提示输入图名，然后程序会自动绘制出施工图（图 4.5-15）。

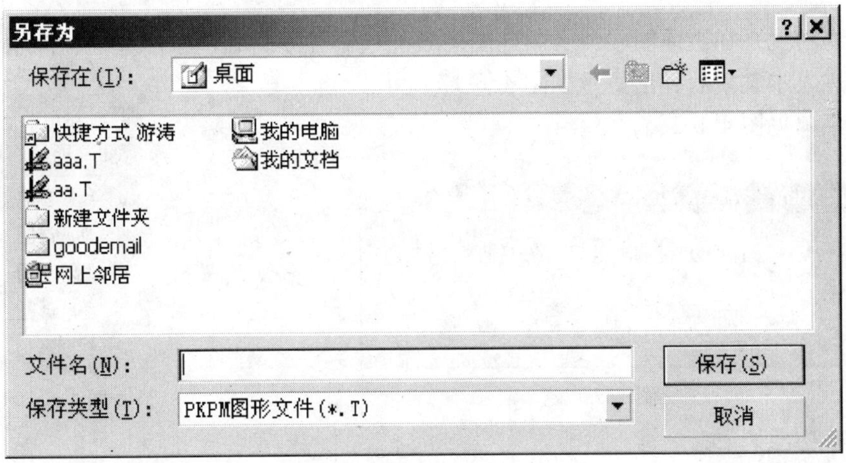

图 4.5-15

图 4.5-16 是一张立面剖面法绘制的施工图的示例。如果用户觉得自动布置的图面不满足要求，则可使用"参数修改"重新设定绘图参数，或使用"移动图块"和"移动标注"按钮来调整各个图块和标注的位置，得到自己满意的施工图。

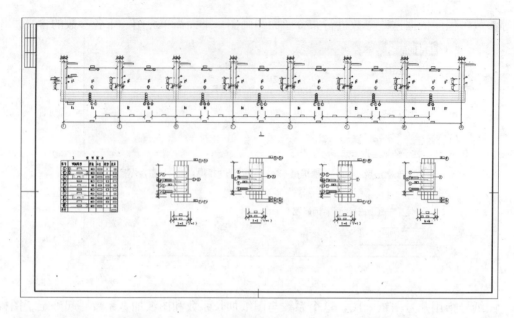

图 4.5-16

第四节　基　础　详　图

08 版本基础施工图程序可以接 JCCAD 计算程序的计算结果自动绘制独立基础、墙下条形基础、桩承台的详图，同时程序提供了几种采用参数化对话框方式绘制基础大样图的功能，下面分别来进行介绍。

一、自动生成基础大样图

菜单的功能是在当前图中或者新建图中添加绘制独立基础、条形基础、桩承台、桩的大样图，进入本菜单后弹出提示如图 4.5-17 所示。

其子菜单见图 4.5-18。

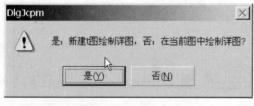

图 4.5-17

图 4.5-18

各菜单功能如下：

"绘图参数"点取该菜单后，弹出详图绘制对话框，如图 4.5-19 所示。

"插入详图"点取该菜单后，在选择基础详图对话框中列出应画出的所有大样名称（图 4.5-20），独基以"J—"字母打头，条基为各条基的剖面号。已画过的详图名称后面有记号"√"。用户点取某一详图后，屏幕上出现该详图的虚线轮廓，移动光标可移动该大样到图面空白位置，回车，即将该图块放在图面上。

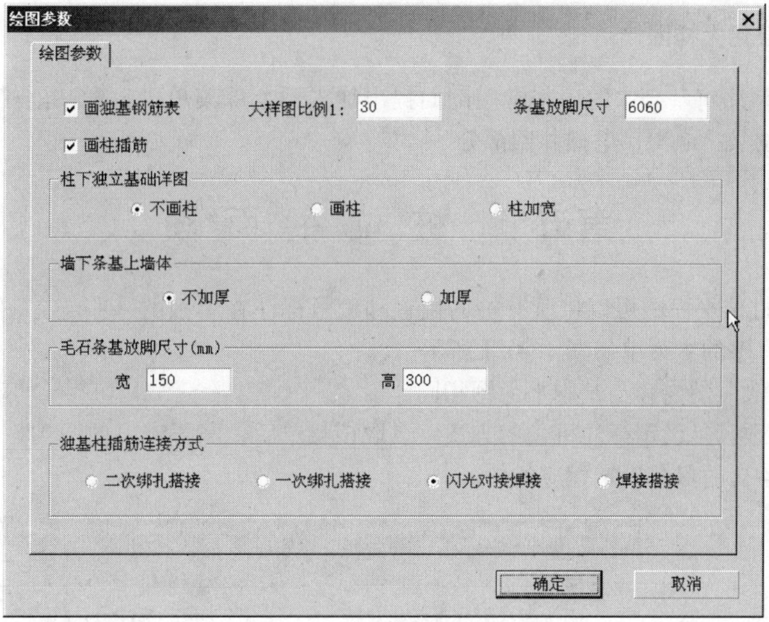

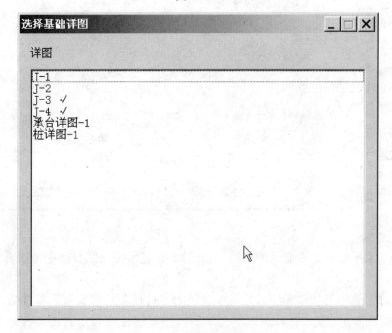

图 4.5-19

图 4.5-20

　　"删除详图"菜单可以将已经插入的详图从图纸中去掉。具体操作是点取菜单后，再点取要删除的详图即可。

　　"移动详图"可用来移动调整各详图在平面图上的位置。

　　"钢筋表"子程序是用于绘制独立基础和墙下条形基础的底板钢筋表。使用时只要用光标指定位置，程序会将所有柱下独立基础和墙下条形基础的钢筋表画在指定的位置上。钢筋表是按每类基础分别统计的。

二、参数化大样图

　　08 版本程序将基础中的一些常用剖面提出加入到上部菜单中，和基础相关的模块有隔墙基础、拉梁、地沟、电梯井四部分。

第五节　桩位平面图

　　08 版本桩位平面图可以将所有桩的位置和编号标注在单独的一张施工图上以便于施工操作。该程序的主菜单如图 4.5-21 所示。

　　"绘图参数"的内容与基础平面图相同。

　　"标注参数"是设定标注桩位的方式，点取该菜单后，屏幕弹出如图 4.5-22 所示对话框，可按照各自的习惯设定相应的值。

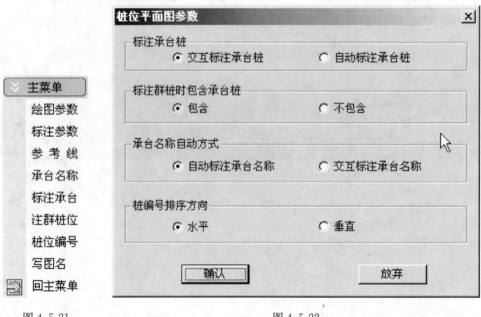

图 4.5-21　　　　　　　　　　　　　　　　　　图 4.5-22

　　"参考线"菜单控制是否显示网格线（轴线）。在显示网格线状态中可以看清相对节点有移心的承台。

　　"承台名称"菜单可按"标注参数"中设定的"自动"或"交互"标注方式注写承台名称。当选择"自动"方式时，点取本菜单后程序将标注所有承台的名称；当选择"交互"标注时，点取菜单后还要用鼠标点取要标注名称的承台和标注位置。

　　"标注承台"菜单用于标注承台相对于轴线的移心。可按"标注参数"中设定的"自动"或"交互"方式进行标注。

　　"注群桩位"菜单用于标注一组桩的间距以及和轴线的关系。点取该菜单后需要先选择桩（选择方式可按〔Tab〕键转换），然后选择要一起标注的轴线。如果选择了轴线，则沿轴线的垂直方向标注桩间距，否则要指定标注角度。先标注一个方向后，再标注与前一个正交方向的桩间距。

"桩位编号"菜单是将桩按一定水平或垂直方向编号。点取该菜单后先指定桩起始编号，然后选择桩，再指定标注位置。

其他命令和基础平面图相同，可参见有关章节。

如要进行其他右侧菜单没有的编辑可点取下拉菜单或工具条查找有关的指令。

第六节　筏板基础配筋施工图

一、概述

本菜单运行的必要条件是：执行过［JCCAD］模块的菜单［② 基础人机交互输入］。

如果筏板配筋信息取用程序计算结果，那么，在运行本菜单之前，至少应执行过下列两者之一：

1. ［JCCAD］模块的菜单［③ 基础梁板弹性地基梁法计算］→［弹性地基板内力配筋计算］→［钢筋实配］；

2. ［JCCAD］ 模块的菜单［⑤ 桩筏筏板有限元计算］→［交互配筋］；

本菜单的功能是：用于绘制筏板基础配筋施工图，它能满足不同用户对施工图的要求：粗犷型、精细型。

粗犷型：它只对筏板钢筋的级别、直径、间距感兴趣，而对其他信息不关心（如具体位置布置何种形状的钢筋、钢筋端部的具体尺寸、钢筋的长度、钢筋如何定位等），典型的例子是整个筏板的通长筋只用两组钢筋表示：水平通长筋、竖向通长筋。

精细型：精确、细致地表达出什么位置布置何种钢筋，程序根据钢筋两端的不同边界状态，形成各自的钢筋组，其精细程度可达到施工时钢筋的实际就位要求。

最简单的工作流程：在进入本模块后，依此点取［取计算配筋］→［画计算配筋］→［画施工图］即可(点取下拉菜单中的［文件］→［另存 T 图］，也可输出施工图)，至于本模块中列出的其他菜单命令，并不是说对每一个工程都必须执行，而是程序提供给用户改善施工图质量的工具，用户应该根据需要，执行不同的菜单项，达到绘制出的施工图符合要求。

操作约定：在本子模块中，如用户在捕捉对象操作时，允许同时捕捉多个目标，程序必采用"异或"方式，即对已捕捉到的对象作再一次的捕捉，等于放弃对该对象的捕捉。

二、程序的运行

点取 ［JCCAD］ 的主菜单→［⑥基础施工图］→［筏板钢筋图］即可进入绘制筏板基础配筋施工图的操作模块(图 4.5-23)。

三、程序操作说明

在点取该菜单项之后，程序将自动检查该模块的数据信息（对当前工程而言）是否已经存在。如果存在，那么在屏幕上将弹出图 4.5-24 所示的对话框，它让用户对此前建立

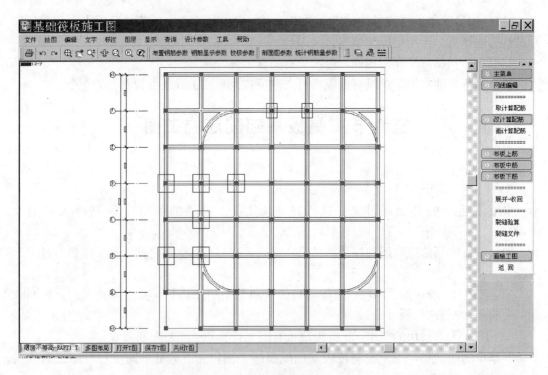

图 4.5-23　筏板基础工作界面

的信息的取舍作出选择：

选择"读取旧数据文件"项，表示此前建立的信息仍然有效；

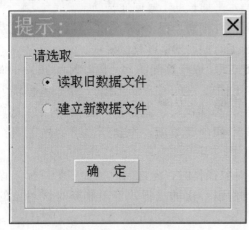

图 4.5-24　文件取舍

选择"建立新数据文件"项，表示初始化本模块的信息；此前已经建立的信息都无效；

在点取按钮"确认"后，在屏幕上将显示出图 4.5-23 所示的本模块程序的工作界面。

以下简述各子菜单项的功能。

1. 设计参数

该菜单项为对话框的操作，它位于屏幕顶部的下拉菜单中，用来让用户设定程序运行中使用的一些内定参数值，现按用途分为五类：［布置钢筋参数］、［钢筋显示参数］、［校核参数］、［统计钢筋量参数］和［剖面图参数］。

注意：这些参数的初值是程序内定的，因此，这些菜单项是否执行，不会影响程序的正常运行（至多影响用户对施工图的满意度）。

（1）布置钢筋参数

见图 4.5-25、图 4.5-26。这些参数只对将要布置的钢筋起作用，也就是说，它的改变不会自动改变已布置的钢筋信息。

（2）钢筋显示参数

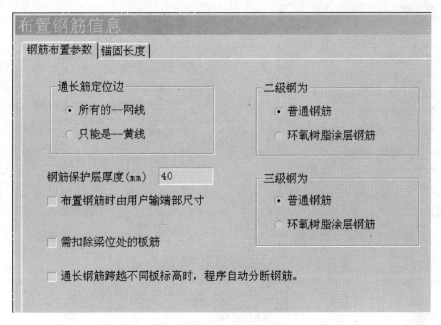

图 4.5-25 钢筋布置参数

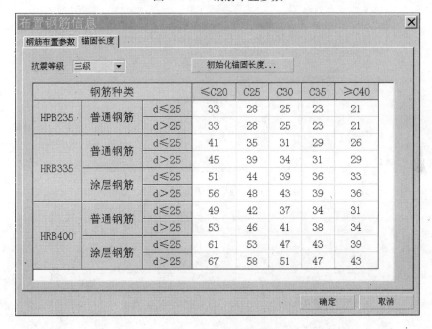

图 4.5-26 锚固长度

用来确定钢筋在图面上显示的方式和位置。这些参数在钢筋编辑时使用，与施工图无关，操作界面如图 4.5-27 所示。

（3）校核参数

用来设定钢筋校核时的表示方法。图 4.5-28 所示的是供用户选取方式的界面。

（4）统计钢筋量参数

在完成筏板钢筋的布置工作之后，如需要统计筏板的钢筋量，图 4.5-29、图 4.5-30、图 4.5-31 所示的信息，在处理钢筋统计时起作用。

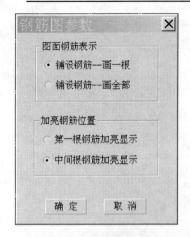

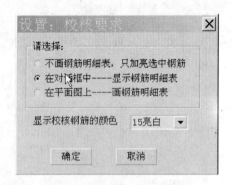

图 4.5-27　钢筋示图参数　　　　　　　　　图 4.5-28　钢筋校核参数

No.	钢筋直径		搭接方式	定尺长度
1	⊟ 一级钢筋			
2		≤10	绑扎	12000
3		≤14	绑扎	8000
4		≤22	对焊	8000
5		≤32	对焊	8000
6	⊟ 二级钢筋			
7		≤10	绑扎	12000
8		≤14	绑扎	8000
9		≤22	锥螺纹连接	8000
10		≤50	锥螺纹连接	8000
11	⊟ 三级钢筋			
12		≤10	绑扎	12000
13		≤14	绑扎	8000

图 4.5-29　钢筋搭接方式及定长

搭接长度修正系数　1.2(25%)　　初始化搭接长度...

钢筋种类			≤C20	C25	C30	C35	≥C40
HPB235	普通钢筋	d≤25	40	34	30	28	25
		d>25	40	34	30	28	25
HRB335	普通钢筋	d≤25	49	42	37	35	31
		d>25	54	47	41	37	35
	涂层钢筋	d≤25	61	53	47	43	40
		d>25	67	58	52	47	43
HRB400	普通钢筋	d≤25	59	50	44	41	37
		d>25	64	55	49	46	41
	涂层钢筋	d≤25	73	64	56	52	47
		d>25	80	70	61	56	52

图 4.5-30　钢筋搭接长度

"施工图上不画的钢筋"——"不参加统计"、"参加统计，列入钢筋统计表中"；为了简洁施工图图面，程序可根据用户的指定，对某些钢筋在施工图图面上可不画。对不画的钢筋，其钢筋量如何处理，用户可选择"不参加统计"或"参加统计列入钢筋统计表中"。如选择"不参加统计"，其效果等同于这些钢筋不存在；如选择"参加统计列入钢筋统计表中"，则这些钢筋参与钢筋编号的编排，只是不在图面出现而已。

（5）剖面图参数

本程序允许用户在平面图上任指定两点，即可画出该两点连线所在的筏板剖面图，剖面图上的内容由图 4.5-32 中的参数控制。

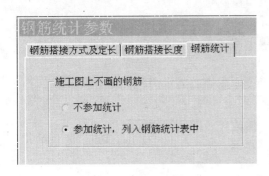

图 4.5-31 钢筋统计方式

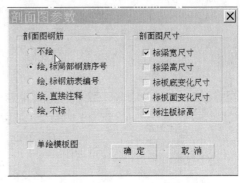

图 4.5-32 剖面图参数

2. 网线编辑

这部分内容不是必须操作的。

为了方便筏板钢筋的定位，可能需要对基础平面布置图的网线信息作一些编辑处理。只要编辑的网线信息与已布置的钢筋无关，那么，经过网线编辑后，已布置的钢筋信息仍然有效。

3. 取计算配筋

通过该菜单项，可选择筏板配筋图的配筋信息来自何种筏板计算程序的结果。

为使该菜单项能正常运行，在此之前，应在筏板计算程序中执行"钢筋实配"或"交互配筋"。

点取该菜单项，程序首先在工作目录中搜寻筏板计算程序输出的选筋结果信息，如发现有选筋信息，则屏幕上出现图 4.5-33 所示的对话框，供用户选择筏板钢筋的来源。

各选项的含义如下：

"弹性地基梁法—配筋"-----适用两种计算程序的配筋结果：

其一，[JCCAD]模块的菜单[③ 基础梁板弹性地基梁法计算]→[弹性地基板内力配筋计算]→[钢筋实配]的配筋结果；

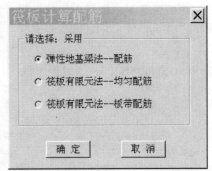

图 4.5-33 选取计算配筋

其二，[JCCAD]模块的菜单[⑤ 桩筏筏板有限元计算]→[交互配筋]→"梁板（板带）方式配筋 A"。

"筏板有限元法- - -均匀配筋"- - - - -[JCCAD]模块的菜单[⑤ 桩筏筏板有限元计算]→[交互配筋]→"分区域均匀配筋 B"。

"筏板有限元法- - -板带配筋"- - - -[JCCAD]模块的菜单[⑤ 桩筏筏板有限元计算]→[交互配筋]→"新梁板（板带）方式配筋 C"。

4. 改计算配筋

此项菜单不是必须执行的。

该菜单项，有三个用途：

其一，可在具体绘钢筋图之前，查看读取的配筋信息是否正确；

其二，可对计算时生成的筏板配筋信息进行修改；

其三，也可在此自定义筏板配筋信息。此项菜单包含如图 4.5-34 所示的项目。

以下简述各子菜单项的含义。

（1）显示内容

通过该菜单项，可设定图面的显示内容；见图 4.5-35。

（2）修改区域钢筋

通过该菜单项，可修改筏板的区域钢筋信息。

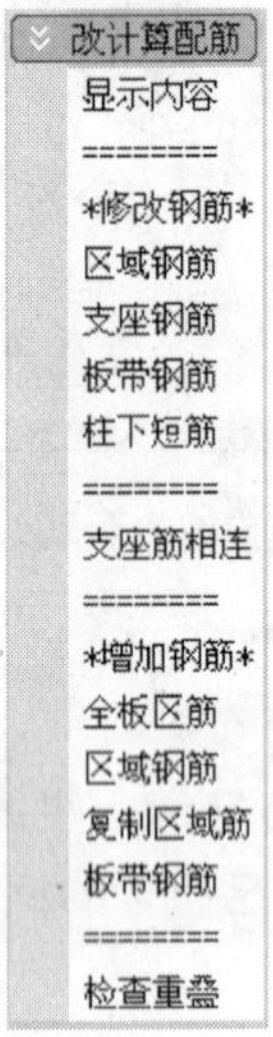

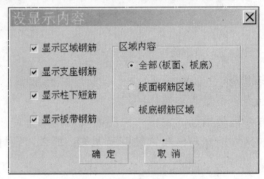

图 4.5-34　改计算
配筋的子菜单项

图 4.5-35　设定图面显示内容

操作的目标是代表区域的钢筋线。

该项操作的目标既可单选，也可多选。在具体操作时，如只选中一个目标，那么，程序提供的修改界面如图 4.5-36 所示，此时，不但可修改板面筋、板底筋和钢筋的放置角度，而且，可改变区域的边界；反之，只能修改钢筋的信息，不能修改区域位置的信息。

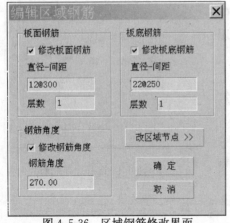

图 4.5-36　区域钢筋修改界面

如图 4.5-36 所示对话框中出现的数值是首选目标的信息，如某次操作只是要修改板面钢筋的信息，那么，应使"修改板底钢筋"、"修改钢筋角度"处于不打勾状态。

（3）修改支座钢筋

通过该菜单项，可修改筏板的支座钢筋信息。

操作的目标是定位支座钢筋的网线（不是支座钢筋线）。

如果只修改钢筋信息，则"修改尺寸"应不打勾；反之，如只修改尺寸，则"修改钢筋"应不打勾，见图4.5-37。

（4）修改板带钢筋

操作的目标是柱上板带所在的网线。修改的内容见图4.5-38。

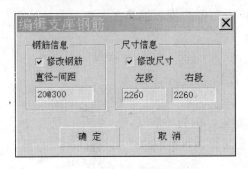

图4.5-37　支座筋修改界面

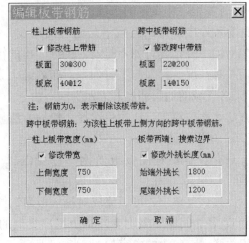

图4.5-38　板带钢筋修改界面

始端外挑长、尾端外挑长的用处：

板带钢筋是通过轴线上的某两节点来定义的，而钢筋是通过网线来定位的，这需要通过板带的端点坐标、板带宽度和外挑长度，确定板带的始端网线和尾端网线。

注意：对于不需要修改的内容，应使其处于不打勾状态。

（5）修改柱下短筋

操作的目标是节点。

柱下钢筋分两个方向，各自独立确定数据，见图4.5-39。

注意："修改钢筋"和"修改尺寸"的状态。

（6）增加全板区钢筋

点取该菜单项，程序自动搜索筏板边界作为一个区域设置通长钢筋；对话框的操作同［修改区域钢筋］。

（7）增加区域钢筋

通过该菜单项，用户可自定义布置通长钢筋的区域，输入区域钢筋。

图4.5-39　柱下短筋修改界面

（8）复制区域钢筋

通过该菜单项，可获取已有区域钢筋的信息（区域边界、钢筋信息），对话框的操作同［修改区域钢筋］，此时应注意钢筋的安放角度。

（9）增加板带钢筋

通过该菜单项，可增加以板带形式设置的通长筋，对话框的操作同［修改板带钢筋］。

5. 画计算配筋

通过该菜单项，可把［3取计算配筋］或［4改计算配筋］中的筏板钢筋信息，直接绘制在平面图上。

点取该菜单项，屏幕上会出现如图 4.5-40 所示的对话框，有二项内容需要用户回答：

"计算程序中设定的区域边线变网线" - - - 在本模块中，网线是钢筋定位的基础，如在计算程序中设定的区域不是已有的网线，那么，在此处应打勾该项，反之，则可不打勾。对前一种情况，如不打勾，则绘制出的筏板钢筋端部位置有可能与所希望的有出入；对后一种情况，打勾与不打勾，对布筋结果无影响。

"各区域的通长筋展开表示" - - - 由于本模块对布置的筏板钢筋在图面上的显示有二种方法，此项目就是让用户选择用何种方法显示。

6. 布板上筋

只有当需要对筏板板面钢筋进行编辑时，才需要进入该菜单项。

通过该菜单项，可以完成对筏板板面钢筋的布置，钢筋的信息（钢筋直径、间距、级别等）是由用户提供的，它与筏板计算结果不相关联，它包含的内容如图 4.5-41 所示。

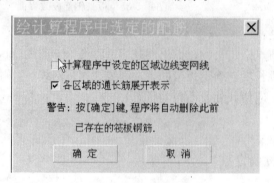

图 4.5-40　画计算配筋的选项

图 4.5-41　布板上筋的子菜单项

7. 布板中筋

只有当需要对筏板板厚中间层面钢筋进行编辑时，才需要进入该菜单项。

该菜单项用来编辑筏板板厚中间层位置的钢筋。

当筏板厚度较高时，从构造上来说，可能要在板厚中间部位铺设钢筋网，这些钢筋信息需要用户指定（即程序无计算选筋的功能）。

操作步骤同菜单项［6 布板上筋］。

8. 布板下筋

只有当需要对筏板板底钢筋进行编辑时，才需要进入该菜单项。

通过该菜单项，编辑筏板的板底钢筋，操作步骤同菜单项［6 布板上筋］。

9. 裂缝计算

程序将根据板的实际配筋量，计算出板边界和板跨中的裂缝宽度。

注意：只有梁板式的筏板才有该项功能。

10. 画施工图

通过该菜单项，就可生成筏板配筋施工图。为了提高施工图图面的质量，程序设置了多种功能，它包括内容见图 4.5-42。

（1）绘制内容

点取该菜单项，在屏幕上会弹出一对话框，如图 4.5-43 所示，它要求用户设定当前要画的筏板配筋图内容。

程序根据用户指定的要求，每组钢筋以单线的形式绘制在平面图上，同时标出该组钢筋的编号、级别、直径、间距等信息。

（2）移钢筋位置

通过该菜单项，可以移动平面图上绘制钢筋的位置；不管如何移动，钢筋都不会跑出该钢筋的铺设区域；随着钢筋位置的变动，程序都将反映出新位置钢筋的全貌；如果该钢筋的布置位置已被标注，那么，其标注的信息也随之变动。

（3）标钢筋范围

通过该菜单项，可以标注出某组钢筋的布置位置的信息。

（4）删钢筋范围

通过该菜单项，可以删除钢筋的布置位置标注。

（5）标直径间距

对于图面上的钢筋，程序作了统计并给出了各钢筋的编号。对于某一钢筋号，程序只在一处给出钢筋的级别、直径和间距，其余位置只给出钢筋的编号。

通过该菜单项，用户可以对钢筋的标注内容进行调整，同时，也可对标注位置进行调整。

对于钢筋的标注信息，程序提供了如图 4.5-44 所示的选项，用户可根据实际需要选定标注内容。

图 4.5-42　施工
图子菜单项

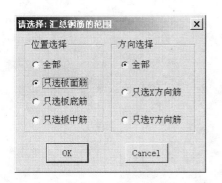

图 4.5-43　绘制内容

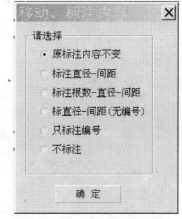

图 4.5-44　钢筋标注内容

（6）标支筋尺寸

通过该菜单项，程序可标注或删除支座钢筋的尺寸标注信息。

（7）标注板带

用类似标注轴线的方法标出柱上板带和跨中板带的范围。

（8）不画钢筋

可实现指定某些钢筋不会在施工图上画出，但其钢筋信息根据〔1 设计参数〕中"施工图上不画的钢筋"项的选择，决定其是否在钢筋表中出现。

（9）恢复画筋

是对上菜单项〔不画钢筋〕的反向操作。

（10）画钢筋表

对绘制在当前平面图上的钢筋进行统计并给出钢筋明细表，钢筋表的位置由用户拖动指定。

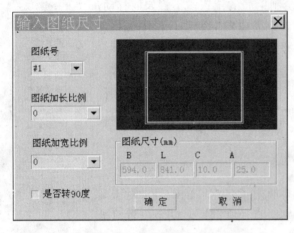

图 4.5-45　图纸尺寸选择

（11）画剖面图

用来绘制筏板的剖面图。

程序通过用户在平面图上用鼠标点取两点，画出以这两点连线所在的筏板剖面图。剖面图的剖面号由用户输入；剖面图需要标注的内容，由〔1 设计参数〕的〔剖面图参数〕中设定的参数决定。

（12）插入图框

点取该菜单项，屏幕上将弹出一个对话框，如图 4.5-45 所示。

用户可根据当前施工图图面的大小，设定采用的图纸尺寸。

第 五 篇

钢结构设计软件 2008

第一章　三维建模二维计算

三维建模二维计算方法是 08 版的一个新功能模块。

该方法是在二维建模计算方法的基础上，扩展了计算模型管理和荷载导算，实现了用二维模型来形成三维整体建模，用二维计算来分别完成三维结构的横向、纵向立面计算分析的功能。

三维建模：对于如图 5.1-1 所示的工业厂房三维模型，由横向立面、纵向立面、屋面支撑系统组成。软件提供的三维建模方法是首先定义平面网格轴线，通过分别建立横向立面和纵向立面，然后通过系杆布置来输入纵向构件（例如纵向系杆、屋面支撑等）来组装成三维模型。

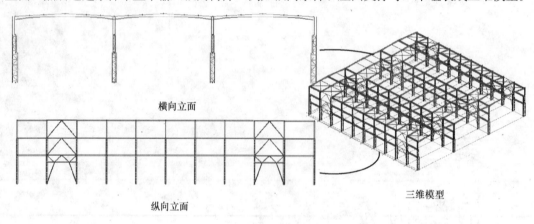

横向立面

纵向立面

三维模型

图 5.1-1　三维建模二维计算方法示意图

二维计算：横向立面和纵向立面建模时，就同时输入了荷载信息和计算参数，因此二维计算就是对于三维模型的各轴线立面，依次完成二维平面杆系的计算。横向立面和纵向立面分别考虑应该承担的主要荷载，计算结果不叠加。考虑了存在抽柱、托梁时的传力影响。

三维建模二维计算方法，比传统的由设计人员分别建立横向立面、纵向立面二维模型来进行结构分析的方法更加方便和高效；不同于真正意义的整体建模三维分析计算方法；是具有特定适用范围的一种建模分析方法。

本章对于三维建模二维计算方法的使用说明，适用于 08 版 STS 软件的门式刚架三维设计，框排架三维建模二维计算模块，STPJ 软件三维建模二维计算模块。

第一节　适用范围和功能特点

三维建模二维计算适用于，对于横向和纵向均可以采用二维计算的结构，以及此类结构部分立面抽掉柱子的情况。例如门式刚架，工业厂房排架结构等。

对于门式刚架、工业厂房排架等结构，具有清晰的荷载传导途径，竖向荷载、横向荷载（横向风荷载、吊车横向水平荷载、横向地震力等）主要由门式刚架或者排架承担，纵向水平荷载（山墙风荷载、吊车纵向刹车力、纵向地震力）主要由纵向支撑所在立面承担。现行的结构设计实践，大多还采用横向、纵向二维建模计算的方法。二维计算时，同属于横向、纵向立面的柱构件计算结果不叠加，按最不利的控制。

对于传统的横向、纵向二维建模和计算的方法，由于横向立面和纵向立面是不同的计算模型，二者之间的关系只有靠设计人员自己来掌握。无论是方案修改还是截面调整，都需要设计人员依次修改这些不同的模型，重新计算，工作量大，而且容易出错。

三维建模二维计算方法的特点有：

1. 根据二维模型的组装来形成三维模型；可以在三维模型中，任意选择横向、纵向轴线，进行模型编辑和计算；模型数据和计算结果数据统一管理，适当考虑立面之间的传力关系。

2. 根据三维模型，自动形成纵向立面计算荷载（山墙风荷载、吊车纵向刹车力、纵向地震力）。

3. 根据荷载传递途径，自动确定计算顺序，计算所有横向、纵向立面。

4. 用弹性支座模拟托梁刚度，用导荷节点将抽柱榀荷载通过托梁传递给相邻榀立面，适应抽柱厂房的情况。

5. 在三维模型中选择吊车布置平面，进行吊车定义和布置，自动形成各排架立面计算所需要的吊车荷载。

图 5.1-2 为三维建模二维计算程序的使用流程图。

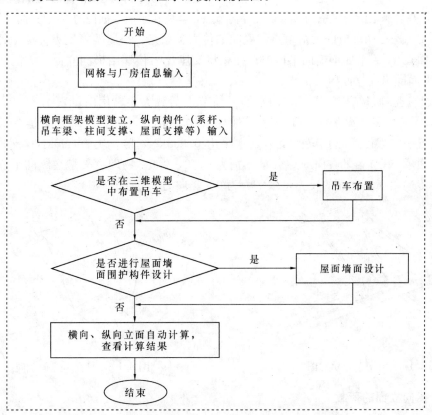

图 5.1-2 三维建模二维计算程序的使用流程图

三维模型输入、吊车平面布置、屋面墙面设计、自动计算具体操作，请参考第二章门式刚架三维设计。

第二节　技　术　条　件

一、导荷节点

导荷节点含义：导荷节点表示了荷载传递途径和大小，用向量表示力的大小和方向，用所在平面区分荷载是由横向立面（YOZ 平面）产生（图 5.1-3），还是由纵向立面（XOZ 平面）产生（图 5.1-4）。

图 5.1-3　YOZ 平面内（横向立面）　　　　图 5.1-4　XOZ 平面内（纵向立面）
　　　　　中的导荷节点　　　　　　　　　　　　　　中的导荷节点

导荷节点由程序自动确定，用户不能进行编辑修改。程序自动在纵向水平系杆与横向立面相交位置，并且满足传力关系的节点定义导荷节点，其所在平面根据传力方向程序自动确定。

图 5.1-5 是自动形成的导荷节点，反映的传力关系是：小屋架将反力传递给托梁，力的作用平面在 YOZ 平面即横向平面内；托梁将支座反力传递给横向立面，力的作用平面在 XOZ 平面即纵向立面内。

图 5.1-6 是通过结构计算后，确定的导荷节点荷载大小，用向量表示。（0，0.963，0.596）表示 X，Y，Z 方向荷载分量分别为 0，0.963，0.596，物理意义是在横向平面内，该位置小屋架传递给托梁的反力是水平力 0.963kN，竖向力 0.596kN；同理，（0，0，0.6）表示 X，Y，Z 方向荷载分量分别为 0，0，0.6，物理意义是在纵向平面内，该位置托梁传递给横向立面的反力是水平力为 0，竖向力 0.6kN。

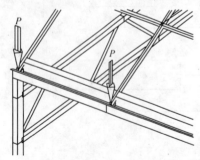

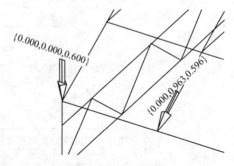

图 5.1-5　导荷节点示意图　　　　　　　图 5.1-6　导荷节点荷载向量

二、横向立面的荷载

用户在建立横向二维模型时输入，包括恒载，活载，风荷载，附加重量等。对于吊车荷载有两种输入方式：一是可以通过用户输入吊车平面布置后由程序自动生成吊车荷载；二是用户在二维模型输入时直接输入吊车荷载。由于纵向立面计算时需要考虑吊车平面布置后由程序自动生成的吊车纵向刹车力，因此建议吊车荷载通过吊车平面布置后由程序自动生成。

三、纵向立面的受荷范围

纵向立面的受荷范围用于确定要承担的纵向风荷载、吊车纵向刹车力、地震计算时的重力荷载代表值。受荷范围需要根据柱间支撑的布置和所有横向立面的布置来确定，可以采用两种方式实现：一是由软件自动搜索柱间支撑所在的立面，作为纵向受荷立面；二是由用户通过人机交互输入。某一纵向受荷立面的受荷范围确定方法是，取其前后纵向受荷立面间距的一半之和。

以图 5.1-7 为例，三跨厂房，纵向立面有 A，B，C，D 四个轴线，但是只有 A，D 轴布置了柱间支撑，B，C 轴没有柱间支撑，因此 A，D 轴立面为纵向受荷立面，其受荷范围各为 A、D 轴间距（即厂房宽度）的一半。

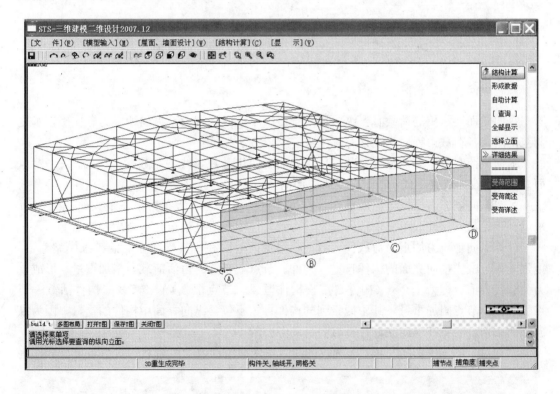

图 5.1-7　三跨厂房两列柱间支撑

对于图 5.1-8，纵向立面有 A，B，C，D 四个轴线，都布置了柱间支撑，因此都为纵向受荷立面，以 B 轴为例，其受荷范围各为 A、B 轴间距的一半，加上 B、C 轴间距的一半。

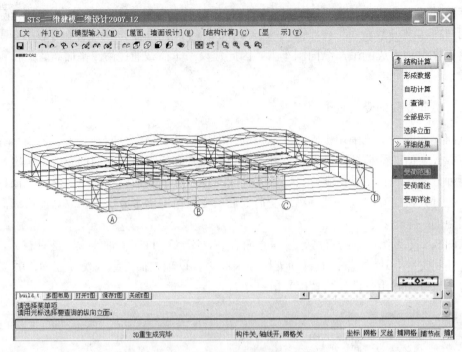

图 5.1-8　三跨厂房四列柱间支撑

四、纵向立面的荷载

纵向立面要承担的荷载有：纵向风荷载，吊车纵向刹车力，纵向地震力。在确定了受荷范围后，各荷载由程序自动计算并生成。生成方法如下：

纵向风荷载根据受荷宽度，基本风压，高度变化系数，体型系数（迎风面 0.8，背风面 0.5）等效为节点荷载，作用在受风立面的节点上。

吊车纵向刹车力根据该立面是否存在吊车轮压作用，取所布置吊车最大轮压的 10% 乘以刹车轮数（软件取单侧轮数的一半）得到，作用在所有吊车轮压作用的节点上。

计算纵向地震力的重力荷载代表值，根据受荷范围和所有横向立面的二维模型确定。搜索受荷范围内横向立面的构件自重，构件、节点上布置的恒活荷载，附加重量，形成重力荷载代表值，即为 1.0×（构件自重＋构件恒载＋节点恒载）＋0.5×（构件活载＋节点活载）＋节点附加重量。其中搜索到的构件自重不包含纵向立面中构件的重量，因为纵向立面中构件自重在纵向立面计算时会自动考虑的。

例如对于图 5.1-9，要计算 A 轴线的荷载，受荷范围内的风荷载等效为节点荷载作用

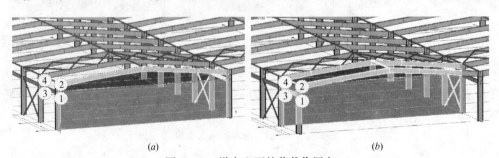

(a) 　　　　　　　　　　　　　　　　　(b)

图 5.1-9　纵向立面的荷载作用点

在节点①，节点②上。其中节点①承担的风荷载面积为从基础到节点①高度范围内受荷面积的一半，再加上从节点①到节点②高度范围内受荷面积的一半；节点②承担的风荷载面积为节点①到节点②高度范围内受荷面积的一半，再加上从节点②到屋面高度范围内的受荷面积。

受荷范围内的重力荷载代表值，节点①、②根据其所在横向立面 1 确定〔图 5.1-9(a)〕，节点③、④根据其所在横向立面 2 确定〔图 5.1-9(b)〕。例如对于节点④，要搜索其所在横向立面 2 屋面梁的构件重量，屋面梁上作用的恒载、活载，节点上定义的附加重量，来生成该节点的重力荷载代表值，作为附加重量作用在节点④上。

图 5.1-10 为纵向立面 A 的风荷载计算简图和节点附加重量。

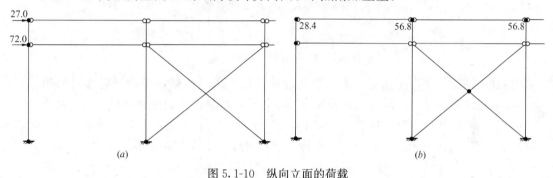

图 5.1-10 纵向立面的荷载

五、计算顺序的确定

计算顺序由程序根据荷载传导途径自动确定，如图 5.1-11 所示。

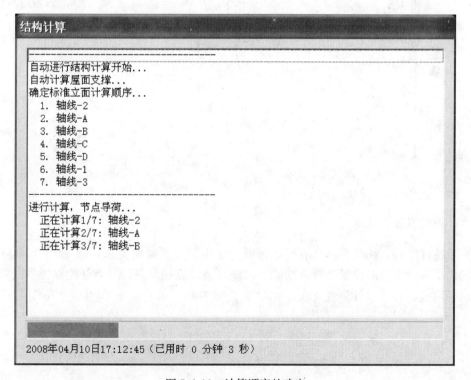

图 5.1-11 计算顺序的确定

以图 5.1-12 所示抽柱厂房为例，定义了 3 个标准榀，山墙立面为标准榀 1，抽柱立面为标准榀 2，不抽柱立面为标准榀 3。

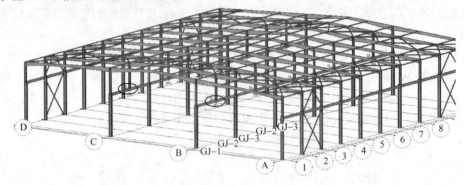

图 5.1-12   抽柱厂房标准榀定义

荷载传递途径为：屋面恒、活荷载通过抽柱榀传递给托梁，再由托梁传递给相邻立面。所以程序自动计算的顺序为：首先计算抽柱榀，计算出传给托梁的反力；在计算纵向立面时，将传给托梁的反力加载到托梁上，求出托梁端部的反力；最后计算不抽柱榀，将托梁两端的反力加载到相应节点。这个传力过程通过导荷节点由软件自动完成。

如图 5.1-13 所示，经过结构计算，抽柱榀短柱传递给托梁的竖向反力为 0.404kN，托梁传递给相邻横向刚架的反力为 18.843kN 和 32.099kN。

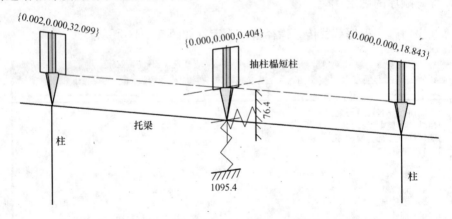

图 5.1-13   荷载传递途径与弹性支座示意图

六、弹性支座的刚度

对于抽柱结构，抽柱榀在计算时，托梁的作用相当于弹性支座，08 版 STS 软件二维计算增加了弹性支座的设置和计算功能。软件自动计算托梁在计算点处能够提供的竖向刚度和水平刚度，自动设计弹性支座，如图 5.1-13 所示。

第二章 门式刚架三维设计

门式刚架设计包括门式刚架三维设计和门式刚架二维设计。主界面如图5.2-1所示。

门式刚架三维设计，通过菜单①、②实现。完成刚架整体三维模型的建立，屋面墙面围护信息设计，自动进行结构模型整体分析，自动生成刚架施工详图和围护构件施工详图，统计整个结构构件生成钢材订货表，逼真的三维效果图生成。

门式刚架二维设计，通过菜单③实现。完成二维平面建模（可快速建模）、二维结构分析、单榀刚架的节点设计与施工图绘制。

图 5.2-1 08版门式刚架设计主界面

下面主要说明门式刚架三维设计08版的改进和三维设计操作方法。关于门式刚架二维设计，请参考第四章。

第一节 08版改进要点

08版软件更加突出了门式刚架的三维设计功能。

从建模方面，横向立面和纵向立面都可以进行编辑，可以输入复杂的柱间支撑；建模中集成了屋面墙面布置，可以实现屋面墙面构件的快速输入。

从计算方面，采用三维建模二维计算方法，可以在平面图上布置吊车，自动形成吊车荷载；用弹性支座模拟托梁刚度，用导荷节点完成荷载传递，可以适应抽柱门式刚架的自动设计；根据三维模型，程序自动计算并形成纵向支撑所在立面的计算荷载信息，包括重力荷载代表值、承担的吊车纵向制动力、山墙风荷载；根据传力途径确定计算顺序，可以自动完成所有横向，纵向立面的二维计算。

从施工图绘制方面，可以自动绘制所有屋面、墙面构件的施工详图；自动绘制各榀刚架施工详图，其中反映了刚架和屋面墙面构件的连接信息。

08 版本可以生成逼真的门式刚架三维效果图。

08 版软件在门式刚架设计方面的改进功能与 05 版比较见表 5.2-1。

门式刚架设计改进功能比较

表 5.2-1

05 版门式刚架设计功能	08 版改进
三维建模只能进行主刚架单榀计算	采用三维建模二维分析方法实现整个模型结构分析。主刚架、柱间支撑立面依次自动计算，还解决了抽柱刚架计算问题
柱间支撑计算需要退出三维建模，进入另外的屋面墙面设计，通过人机交互输入风荷载、地震力、吊车纵向刹车力来计算，是用户反映最困难的工作	直接在三维建模中选择纵向立面自动完成
施工图绘制时，先设计主刚架施工图，再进行屋面墙面设计，再进行主刚架施工图更新，操作过程费解	三维建模的同时，可以进行屋面墙面布置，然后自动绘制全面的刚架施工图和围护构件详图，操作更加顺利
屋面墙面布置的支撑只能进行单个支撑计算和重量统计，不参与整体结构分析	屋面墙面布置的支撑可直接反映在三维模型中，并参与结构分析
三维建模数据，屋面墙面布置数据是脱离的，无法传递到 STXT	主刚架数据，屋面墙面围护构件数据可以为 STXT 直接使用
	可对构件定义不同钢号和不同的构件横向加劲肋，完成相应计算，节点设计和施工图
	悬挂吊车的布置和计算
	吊车平面布置，自动形成吊车荷载
	门式刚架效果图

第二节　操　作　方　法

门式刚架三维设计主界面如图 5.2-2 所示。软件将门式刚架三维模型输入、屋面墙面设计、结构整体分析、刚架节点设计和施工图绘制等功能集成于一体，操作方便，自动化程度进一步提高。

三维模型输入主要完成：快速输入平面网格轴线，结构设计信息；采用门式刚架二维

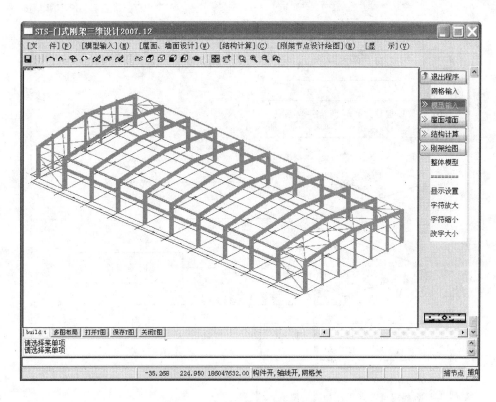

图 5.2-2 门式刚架三维设计主界面

设计的方式进行各轴线主刚架的模型输入；可以输入纵向系杆（包括刚性系杆、吊车梁、屋面支撑、柱间支撑）；可以在三维模型中进行吊车平面布置，自动形成刚架吊车荷载。

通过屋面墙面设计，完成屋面墙面构件的交互布置；单个构件的计算和施工图绘制；所有围护构件施工详图的自动绘制；屋面墙面布置图绘制；整体结构用钢量统计和报价。

采用三维建模二维计算方法实现整体结构分析。程序自动计算纵向立面（柱间支撑立面）计算荷载；自动完成横向立面（主刚架立面）、纵向立面的计算；解决了抽柱刚架计算问题。

模型建立完成后，程序自动生成刚架施工详图，详图中体现了主刚架构件间的连接、围护构件与主刚架构件的连接。施工图完成后，可以生成全楼构件的钢材订货表。

在三维模型图中，采用三维实体方式显示模型构件（包括主刚架构件、围护构件），对围护构件与主刚架构件的连接进行设计，并直观地在模型中显示连接结果。

门式刚架三维设计基本流程如图 5.2-3 所示。

一、模型输入

三维建模的方法是，首先进行平面网格输入，确定平面网格和立面数量；然后在模型输入菜单中定义标准榀，进行立面编辑，输入横向立面模型，布置纵向立面构件，形成三维模型的基本数据（图 5.2-4）。

这部分的使用方法，与门式刚架三维建模的使用方法相同，下面对 05 版已有功能简要介绍，具体应用请参考 STS 用户手册 4.2.1 节，对 08 版新增加或改进的功能详细说明。

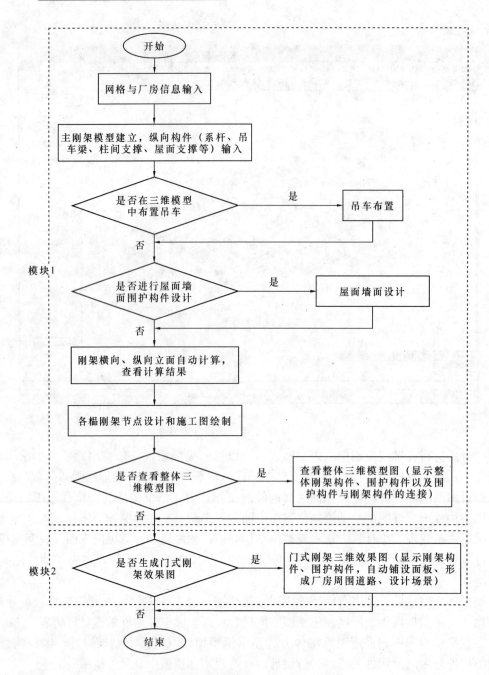

图 5.2-3 门式刚架三维设计基本流程

1. 网格输入

进行厂房总信息、厂房平面网格轴线输入。厂房总信息中的恒、活、风荷载信息能够传递到后面的"立面编辑"中的门式刚架快速建模，导荷方式软件自动按刚架方向单向导荷。如果在立面编辑时不采用门式刚架快速建模方式，而是采用人机交互方式建立二维模型，那么这里输入的恒活荷载没有意义，只需要确认风荷载即可。

2. 设标准榀

进行厂房标准榀设置。对于相同刚架榀，可以设为同一标准榀（如：两个端榀相同时，设为同一标准榀；中间榀相同时，也设为同一标准榀）。立面编辑设计时，一个标准榀只需设计一次。标准榀定义仅仅针对横向立面，对于纵向立面不能设置标准榀。

3. 改标准榀

可以对标准榀的设置信息进行修改，修改方式为：先点取目标标准榀，再点取需要加入该标准榀的轴线。

4. 立面编辑（08 版新增加纵向立面编辑）

可以进行横向、纵向立面模型输入。选择平面上的横向轴线或者纵向轴线，进入相应的二维模型交互输入与修改。

（1）横向立面编辑：即主刚架或者主排架立面的二维模型输入，包括建立立面网格，输入荷载，构件铰接信息，设计参数等。如图 5.2-5 所示。

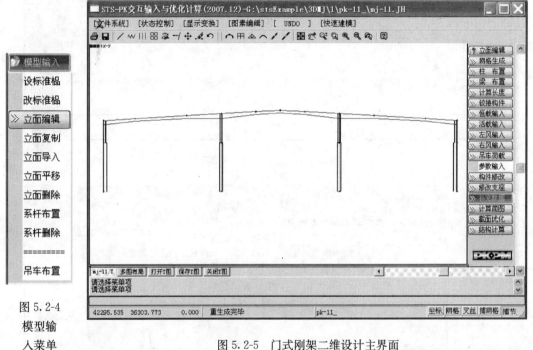

图 5.2-4
模型输
入菜单

图 5.2-5 门式刚架二维设计主界面

（2）纵向立面编辑：即柱间支撑所在立面的二维模型输入，包括系杆、柱间支撑。纵向立面的网格、横轴位置的柱构件以及荷载，由软件根据三维模型自动形成，这里仅用于输入和修改非横向立面的构件。对于横轴位置的柱构件，程序只允许在横向立面输入，用户在纵向立面中的修改是无效的。因此，纵向立面编辑受到的限制要更多一些。如图 5.2-6 所示。

（3）立面编辑在存盘退出时，所建立的二维模型会自动形成到三维模型中。

5. 立面复制

相同刚架可以通过立面复制的方法进行复制，比较相似的刚架可以通过立面复制后再进行编辑修改。

6. 立面导入

通过立面导入，可以将已经建立的二维模型导入到三维模型中（图 5.2-7）。

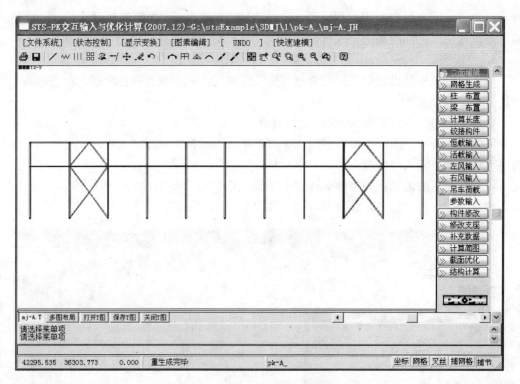

图 5.2-6　纵向立面模型编辑

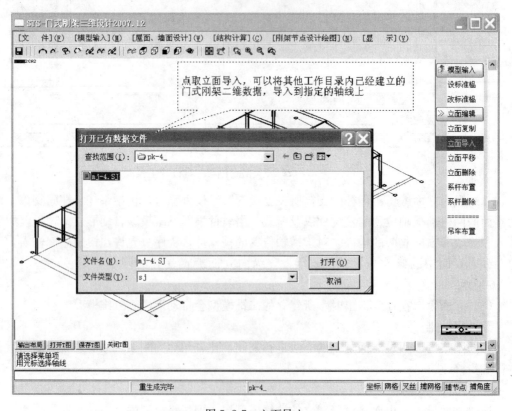

图 5.2-7　立面导入

7. 立面平移

通过立面平移，可以实现平面不规则厂房结构的建模（图 5.2-8）。

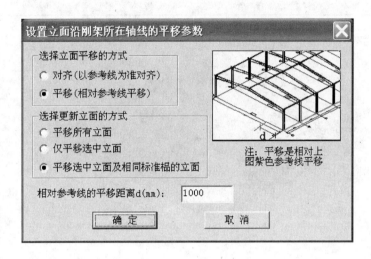

图 5.2-8 立面平移参数设置

8. 立面删除

可以点取任意刚架的轴线，删除所定义的刚架，删除后不能用 Undo 恢复。

9. 系杆布置（08 版新增加非水平系杆的输入）

是指纵向构件的输入。柱间和屋面的纵向系杆，柱间支撑和屋面支撑，框架结构的纵向梁构件，都可以作为系杆输入。

10. 系杆删除

删除三维模型中已经布置的系杆。仅用于删除交互布置的系杆，不能删除从屋面墙面传来的支撑。

11. 吊车布置（08 版新增加）

在吊车运行所在标高的平面图中，定义吊车运行范围。吊车布置完成后，自动形成横向框架承担的吊车荷载。

点取吊车布置，选择吊车运行所在标高的平面。用光标捕捉三维模型的标高时，软件会动态地在不同的标高位置显示平面示意图，标注所选择的平面的标高（图 5.2-9）。确定后，显示所选择的平面图，进行吊车的定义和布置（图 5.2-10）。

如果所选择的平面已经布置过吊车，软件会读取吊车布置信息，绘制吊车布置示意图，可以进行编辑修改。

（1）定义布置：首先定义本工程中要用到的吊车资料数据，可以通过对话框交互输入，也可以从软件提供的吊车资料库中选择。然后输入吊车的布置信息，如轴线偏心，吊车台数，吊车序号等。吊车定义布置的对话框如图 5.2-11 所示。

吊车布置时，需要选择两条网格线，作为吊车运行的轨迹和范围。每条轨迹线通过点取两端的节点定义，选择的吊车运行范围必须为矩形，否则认为选择无效。确认后，会显示选择的区域和布置的吊车资料。如图 5.2-12 所示。

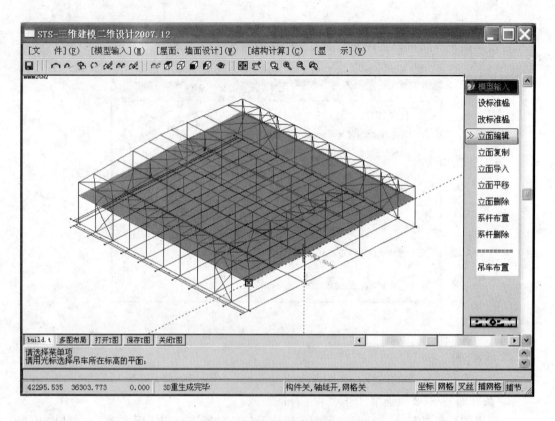

图 5.2-9　三维模型中动态选择吊车平面

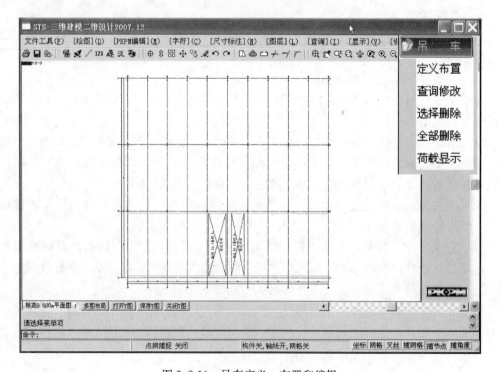

图 5.2-10　吊车定义、布置和编辑

吊车资料输入

吊车资料序号列表（整体结构共用）

序号	吊车跨度	起重量	工作级别	单侧轮数	最大轮压	最小轮压
1	22500	50/10t	A7 重级软钩	2	41.80	9.30
2	22500	5t	A1~A3轻级软钩	2	8.50	3.35

増加<<

删除>>

修改..

导入吊车库

☑ 将吊车资料列表中数据存入吊车库

多台吊车组合时的吊车荷载折减系数（整体结构共用）

　2台吊车组合时　0.95　　　　4台吊车组合时　0.85

吊车工作区域参数输入（当前楼层）

与第一根网格线的偏心(mm)　750　　　　吊车台数　2

与第二根网格线的偏心(mm)　750　　　　第一台吊车序号　1

水平力刹车力到牛腿顶面的距离(mm)　900　　第二台吊车序号　2

考虑空间工作和扭转影响的效应调整系数f1:　1

吊车桥架引起的地震剪力和弯距增大系数f2:　1

确定　　　　取消

图 5.2-11　吊车资料与工作区域输入

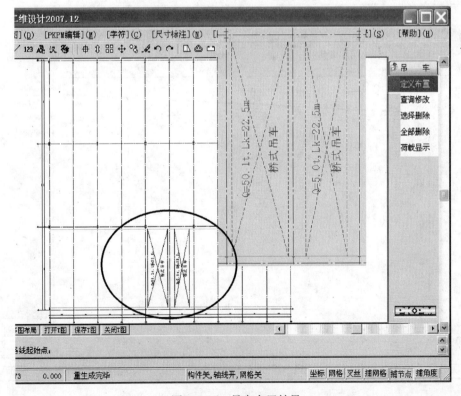

图 5.2-12　吊车布置结果

（2）查询修改：用光标选择已经布置的吊车运行区域，会显示该区域的吊车定义和布置信息，可以进行修改，确定修改后，图形显示会立即刷新。

（3）选择删除：用于删除已经布置的吊车运行区域。

（4）全部删除：用于删除当前平面布置的所有吊车运行区域。

（5）荷载显示：根据平面数据和吊车运行区域，自动计算各轴线的吊车荷载，可能生成一般吊车荷载或者抽柱吊车荷载。

退出吊车布置菜单时，程序会将计算所得的吊车荷载，自动加载到各横向轴线立面。如图 5.2-13。

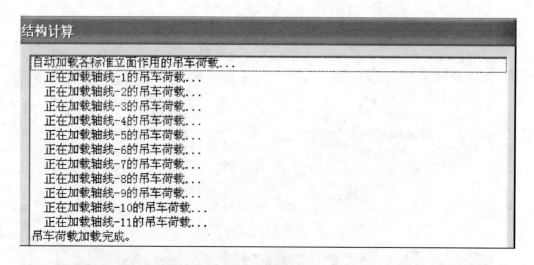

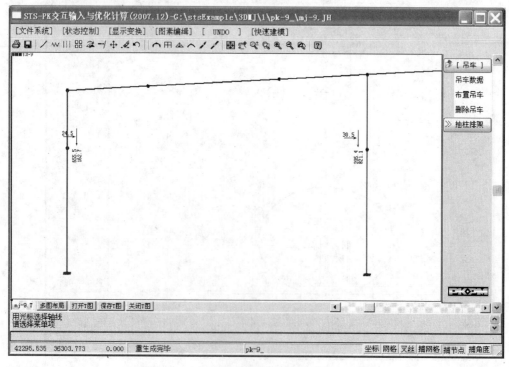

图 5.2-13　加载后的横向立面吊车荷载示意图

二、屋面墙面设计

屋面墙面设计模块执行前，程序根据门架三维建模信息自动分层，自动生成各标准层的几何和构件信息，最终生成 PMCAD 模型数据。通过 STS 主界面中框架模块的"三维模型与荷载输入"菜单可以打开模型，进行查看或编辑。（注意：在框架模块中修改模型后，结果不能返回到门架建模中）。

屋面墙面设计是接力 PMCAD 三维模型数据，快速完成屋面、墙面围护构件的交互布置。并可完成檩条、墙梁等构件的计算与绘图、屋面墙面布置图绘制、整体结构用钢量的统计和报价（图 5.2-14）。

下面对 05 版已有功能简要说明，具体使用方法请参考 STS 用户手册 4.2.2 节；对 08 版新增加或改进功能详细说明。

1. 删除围护（08 版新增加）

删除当前工程中已经布置的所有屋面墙面围护信息。

主要用途是：当模型发生大的变化，如主刚架跨度或刚架柱距发生变化后，已有围护构件信息与现有模型数据不匹配，使用该功能可以快速清理所有围护构件信息。

2. 参数设置（08 版新增加）

定义围护构件与主刚架构件连接设计的绘图参数，包括支撑连接参数和其他信息（檩托是否抬高及抬高高度），如图 5.2-15 所示。绘图参数最终体现在门式刚架施工图中。

图 5.2-14　围护构件
　　　　　设计菜单

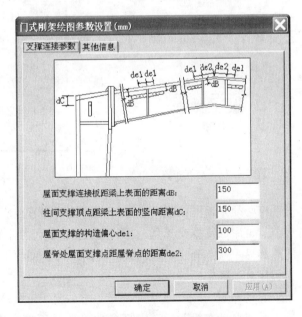

图 5.2-15　门式刚架绘图参数设置

3. 构件标号

可以定义构件的标号前缀，用户可以按实际需求定义各类构件的标号前缀，在今后的交互布置、构件详图、布置图、构件表中的构件标号为标号前缀＋归并号。

4. 交互布置

交互布置完成屋面构件、墙面构件的布置和编辑。

（1）屋面构件

实现屋面水平支撑、系杆、檩条、拉条、隅撑等的布置和编辑。功能菜单如图5.2-16所示。

➤ 选择楼层

用于切换标准层，便于在不同的标准层布置构件。程序缺省点击"屋面构件"后进入的是顶层平面。

➤ 布置支撑（08版中支撑信息可以传到门式刚架三维建模中）

在指定标准层布置柔性或刚性交叉，支撑截面可以为圆钢或等边角钢。支撑布置时首先定义支撑截面，然后选择需要布置支撑的房间，选定需要布置支撑的梁，定义支撑组数和是否等距即可完成该房间内支撑的布置。支撑布置只能在单个房间内进行。

➤ 布置系杆（08版新增加）

在屋面墙面中补充布置系杆。系杆布置时首先定义系杆截面（图5.2-17），然后在图中选择系杆两端节点即可。

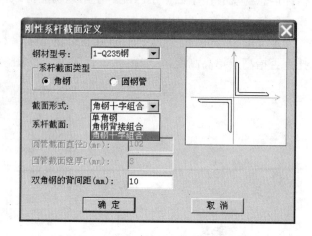

图 5.2-16   交互布置菜单   图 5.2-17   刚性系杆截面定义

系杆必须是横向或竖向水平杆，而且端部节点应保证有一个为有效节点（三维模型中已有节点、屋面支撑交叉点）。当存在选中端点为非有效节点时，由程序根据用户最终拾取的点和另一端点确定一辅助线，辅助线与模型中钢梁求交点，离用户选中点最近的交点即为程序自动确定的端点。

➤ 自动布置

点击"自动布置"后，出现参数确认对话框，确定檩条及拉条信息、斜拉条设置信息、檩条排列方式、隅撑布置信息等，程序自动布置檩条、拉条、隅撑。用户可以对自动布置的结果进行编辑，如设置悬挑、修改截面等。

➤ 布置檩条

交互布置檩条。首先确定檩条截面，然后选择基准线和檩条排列方向，输入檩条间距和数目，依次布置檩条。檩条间是否设置拉条在檩条截面定义对话框中选择。如图5.2-18

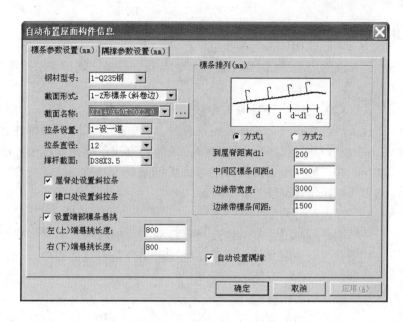

图 5.2-18　自动布置屋面构件参数设置

所示。

　　檩条布置时可以选择的截面形式包括以下六种，即斜卷边 Z 形冷弯薄壁型钢、C 形冷弯薄壁型钢、直卷边 Z 形冷弯薄壁型钢、双 C 形背靠背组合、双 C 形口对口组合和高频焊接 H 型钢。

　　➢ 布斜拉条

　　在指定的两排檩条间布置斜拉条。两排檩条选择次序不同，斜拉条设置方向不同，具体操作时应注意。

　　➢ 布置隔撑

　　提供单选、窗选和轴线选择三种方式交互布置隔撑。隔撑截面为单角钢；隔撑形式分为三种：类型 A（连在刚架构件下翼缘上），类型 B（连在刚架构件下翼缘附近的腹板上），类型 C（连在靠近下翼缘附近的加劲板上）。

　　➢ 拷贝支撑

　　实现不同房间支撑的拷贝。拷贝时选择的目标房间和源房间形状必须完全相同。

　　➢ 檩条悬挑

　　交互设置檩条悬挑。点取"檩条悬挑"，首先选择需要悬挑的檩条，然后设置悬挑方式［即左（下）悬挑、右（上）悬挑］，给定悬挑长度完成悬挑设置。当需要取消某根檩条的悬挑时，同样按设置悬挑的顺序操作，只需将悬挑长度给定为 0 即可。

　　➢ 修改支撑

　　修改支撑截面。在交互布置中认为不满足需要时可以修改截面，另外在后边的支撑计算完成后，如不满足设计要求，可在此修改截面。

　　➢ 修改檩条

　　修改檩条截面。檩条计算完成后如不满足设计要求，可在此进行修改；修改檩条不仅可以修改檩条截面形式，还可以修改檩条间拉条的设置情况。注意：如进行檩条修改后，

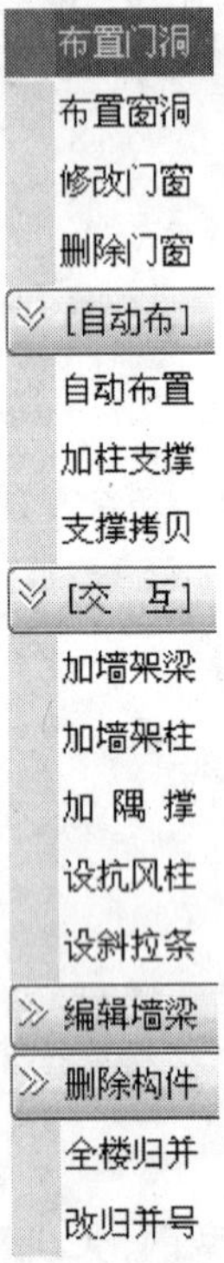

则自动将选中的檩条间的斜拉条删除，如需要请重新布置。

> 删除构件

删除当前平面中布置的支撑、檩条、拉条、隔撑、刚性系杆等。

> 全楼归并

点击全楼归并将对整个楼层平面中的构件包括支撑、檩条、隔撑、拉条等进行归并，并标注构件标号。归并时考虑了截面特性、构件长度等因素，并且程序自动将有斜拉条处的直拉条和无斜拉条处的直拉条分开归并；另外檩条归并时还考虑了檩条是否悬挑、悬挑长度、斜拉条孔和隔撑孔位置是否相等等因素。

> 改归并号

用户可通过此菜单修改程序自动归并的结果，如果将截面不同的构件归并为同一归并号时，程序将提示用户是否真的需要修改，用户确认后则强行修改，否则不修改。

（2）墙面构件

点击"墙面构件"，首先应在底层平面图中选择网格线来确定立面，进入后便可在选中立面上布置门、窗洞口，墙架梁，墙架柱，隔撑，柱间支撑，拉条，斜拉条等。墙面构件的交互布置是以墙面中的网格区域（任意由梁、柱围成的区格）为单位进行。功能菜单如图 5.2-19 所示。

图 5.2-19　墙面布置菜单

> 布置门洞

选择网格区域，确定门洞在区域内的几何位置，实现门洞布置。

> 布置窗洞

选择网格区域，确定窗洞在区域内的几何位置，实现窗洞布置。窗洞布置时窗洞类型可以选择普通窗和条形窗，条形窗是指窗洞宽度为选定区域的宽度。门框、窗框位置立柱的截面在定义洞口信息时定义。

> 修改门窗

直接点取已经布置的门洞、窗洞，修改洞口几何位置或洞口边框立柱的截面。

> 删除门窗

删除已经布置的门、窗洞口。

> 自动布置

程序自动完成墙面构件的布置，包括墙架梁、拉条、隔撑的布置。自动布置时首先应定义构件信息（图 5.2-20），然后由程序自动完成构件布置。

缺省墙梁排数和标高是程序根据立面中的外形尺寸、窗洞的布置自动确定的，用户可以修改。自动布置时程序自动在门、窗洞口边框位置设置立柱，立柱截面在洞口定义时确定。

> 加柱支撑（08 版支撑信息可以传到门式刚架三维建模中）

在指定的网格区域内布置柱间支撑。程序可以布置的支撑类型如图 5.2-21 所示，包括交叉撑、双片支撑、门形支撑、双层支撑、多层支撑等。

> 支撑拷贝

实现不同网格区域间支撑的拷贝。拷贝的前提是目标网格区域与源网格区域形状完全

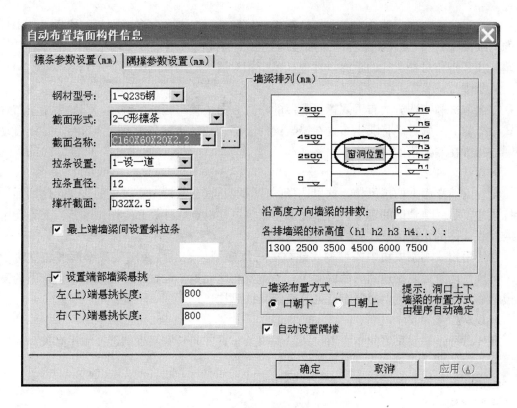

图 5.2-20　自动布置墙面构件参数设置

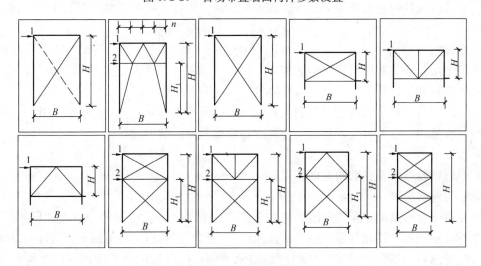

图 5.2-21　柱间支撑形式

相同。

➢ 加墙架梁

选择网格区域交互布置墙架梁。墙梁布置区域设置有两种方法，一是沿整个立面布置，二是在选定的区域内布置；布置方式有两种，一是成批输入（输入墙梁间距和排数布置多道墙梁），二是指定标高输入单根墙梁。

➢ 加墙架柱

交互布置墙架柱。首先定义墙架柱截面,然后选择参考柱(参考柱只能选择立面中显示的三维模型柱),输入墙架柱间距和排列数目,成批输入墙架柱。墙架柱间距,对第一根墙架柱是指相对参考柱的距离,其他柱是指相对前一墙架柱的距离。

➤ 加隅撑

提供单选和窗选方式布置隅撑。隅撑的布置方向依赖与相关的墙梁,即如果墙梁布置方式为口朝下,则自动将隅撑布置在墙架梁的上部,如果墙梁布置方式为口朝上,则自动将隅撑布置在墙架梁的下部。

➤ 设抗风柱

设置山墙立面上的抗风柱。这里选择的柱只能是在三维模型中布置的柱。在此增加设置抗风柱仅是一个辅助的定义,为后面的单根抗风柱的点取计算和绘图做准备,并不能定义或修改该柱的几何信息。

对使用门式刚架模块中模型输入建立的三维模型,抗风柱在刚架二维模型建立时设置,抗风柱信息可以传递到屋面墙面中,不需要在此处重新设置。对使用框架模块下的三维模型输入建立的模型,需要在此处补充定义抗风柱。

➤ 设斜拉条

在任意两排墙架梁之间布置斜拉条。斜拉条布置方向与墙架梁的选择顺序有关。

➤ 编辑墙梁

包括墙梁悬挑、修改墙梁、删除墙梁功能。

➤ 删除构件

删除墙面构件,包括柱间支撑、墙面拉条、其他构件,还可以删除立面中的全部墙面构件。

➤ 全楼归并

点击全楼归并将对所有立面中的构件,包括墙架梁、墙架柱、墙面隅撑、柱间支撑、拉条等构件自动进行归并,并标注构件标号。归并时考虑构件的截面特性、构件长度,并且程序自动将有斜拉条处的直拉条和无斜拉条处的直拉条分开归并,对墙梁归并时还考虑了墙梁是否悬挑、悬挑长度、斜拉条孔和左右两端隅撑孔的位置等。

➤ 改归并号

用户可以修改程序自动归并的结果。

(3) 层间拷贝

可以将一个标准层中布置的围护构件全部拷贝到另外一标准层中。点取"层间拷贝"按命令行提示选择已经布置围护构件的标准层号,然后选择目标标准层号,程序自动实现拷贝。应注意:如果两个标准层中的网格划分不同,拷贝完成后,支撑、檩条可能不合理,用户需要局部修改。

(4) 墙面拷贝

可以将源立面中已经布置的墙面构件全部拷贝到目标立面中。拷贝的前提是两立面几何形状完全相同。

5. 檩条墙梁

分屋面构件和墙面构件两部分实现功能。屋面构件完成屋面檩条的计算和优化设计,屋面隅撑的计算;选择屋面檩条、隅撑、拉条进行详图绘制。墙面构件完成墙架梁的计算和优化设计，墙面隅撑的计算；选择墙架梁、墙架柱、墙面隅撑、拉条进行详图绘制。

（1）屋面构件

➢ 选择楼层

程序缺省进入顶层平面，用户可通过"选择楼层"变换标准层。其功能菜单如图5.2-22 所示。

➢ 檩条优化（08 版新增加）

根据屋面檩条布置和厂房平面尺寸，按照 CECS102：2002 的规定，自动确定边缘带和中间区以及相应的风荷载体型系数，优化时可以选择边缘带和中间区是否采用相同截面，采用不同截面时，是在保证截面高度相同的前提下，采用不同的檩条厚度。如图5.2-23 所示。

图 5.2-22　屋面
构件设计菜单

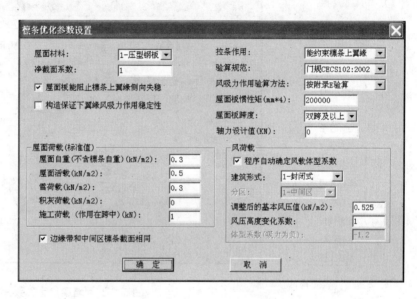

图 5.2-23　檩条优化参数设置

优化完成后程序自动使用优化结果更新模型中檩条信息。当优化不能满足时，在结果文件中给出不能满足的截面类型，并使用该类型中的最大截面更新模型中檩条信息，而且会在平面图中表示出优化不能满足的檩条。如图5.2-24 所示。

```
结论: 优化不满足!
以下截面形式优化不能满足:
    卷边槽形冷弯型钢

注: 优化不满足时均使用该类型截面列表中最大截面更新数据。
    不满足构件用红紫色线标记

===== 优化结果 ======
当前标准层檩条截面类别总数为:    1

1. 截面形式: 卷边槽形冷弯型钢
截面: C300X80X20X3.0
```

图 5.2-24　优化结果显示

➢ 檩条计算

在平面图上点取需要计算的檩条，实现单根檩条计算。计算结果可查看结果文件。计算完成后如果计算满足在平面图中用绿色标记，如果计算不满足用红紫色标记。对计算不满足的檩条，可回到交互布置中进行檩条截面的修改。

➢ 隅撑计算

在平面图上点取需要计算的屋面隅撑，实现单个隅撑构件的计算。

　　➤ 绘图

　　选择构件（包括檩条、拉条、隔撑）进行详图绘制。构件选择提供三种方式：一是单个选择，二是窗口选择，三是全部选择，各类构件的选择通过绘图下的相关菜单实现。绘图构件选定后，点取"绘施工图"，程序自动完成选定构件施工详图的绘制。

　　（2）墙面构件

　　首先在底层平面选择网格线确定立面，墙面构件设计功能菜单如图 5.2-25 所示。

　　➤ 墙梁优化（08 版新增加）

　　墙梁优化是根据墙梁计算参数，自动根据选择的墙梁截面类型，经过多次计算，选择用钢量最低的型钢截面类型。参数设置如图 5.2-26 所示。

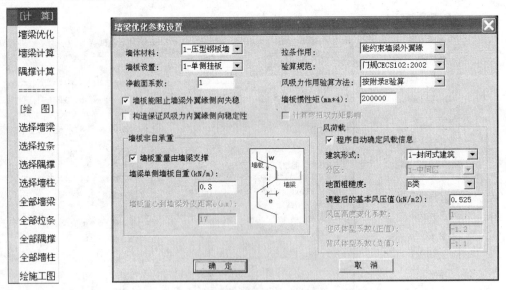

图 5.2-25　墙面构件
　　　　　　设计菜单

图 5.2-26　墙梁优化参数设置

　　优化完成后程序自动使用优化结果更新立面中墙梁信息。当优化不能满足时在结果文件中给出不能满足的截面类型，并使用该类型中的最大截面更新立面中墙梁信息，而且会在立面图中表示出不能满足的墙梁。

　　➤ 墙梁计算

　　在立面上点取需要计算的墙梁，完成单个墙梁构件的计算。

　　➤ 隔撑计算

　　在立面上点取需要计算的隔撑，完成单个隔撑构件的计算。

　　➤ 绘图

　　选择墙面构件（包括墙梁、拉条、隔撑、墙柱）进行详图绘制。构件选择提供三种方式：一是单个选择，二是窗口选择，三是全部选择，各类构件的选择通过绘图下的相关菜单实现。绘图构件选定后，点取"绘施工图"，程序自动完成选定构件施工详图的绘制。

　　6. 支撑

　　分屋面支撑和墙面支撑实现。进入屋面支撑，完成屋面水平支撑的计算、优化和绘图，系杆的详图绘制；进入墙面构件，完成柱间支撑的计算和绘图。

（1）屋面支撑

➢ 选择楼层

用户切换标准层，便于实现不同标准层支撑的设计。功能菜单如图 5.2-27 所示。

➢ 支撑计算

在平面图上点取需要计算的屋面支撑，完成支撑的计算。

屋面支撑计算时关键是设计剪力的确定，有两种方式，一是由用户计算确定，并将计算值填入支撑计算对话框中（图 5.2-28）；二是由程序自动计算，即点取"自动导算"，确定支撑几何信息，风载信息后程序自动计算并返回当前组支撑的设计剪力。

图 5.2-27　屋面支撑
设计菜单

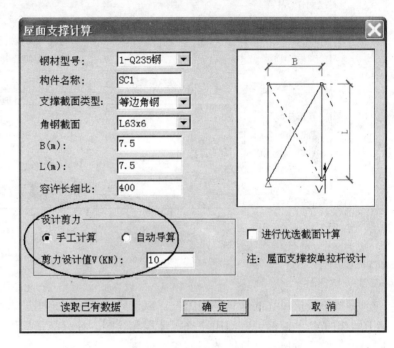

图 5.2-28　屋面支撑计算参数设置

➢ 绘图

可以选择支撑、系杆进行施工详图绘制。"选择支撑"、"选择系杆"提供单选、窗选方式选择支撑、系杆。

08 版新增加"全层支撑"、"全层系杆"功能，可以选择当前平面全部的支撑和系杆进行详图绘制。

（2）柱间支撑

➢ 支撑计算

其功能菜单如图 5.2-29 所示。在立面上点取需要计算的柱间支撑，完成单组支撑的计算。支撑计算参数设置对话框如图 5.2-30 所示。作用于支撑上的荷载需要用户计算输入。

➢ 绘图

"选择支撑"是分别用光标点取选择需要绘图的支撑。

08 版新增加"全部支撑"功能，可以选择当前立面所有柱间支撑进

图 5.2-29　柱间
支撑设计菜单

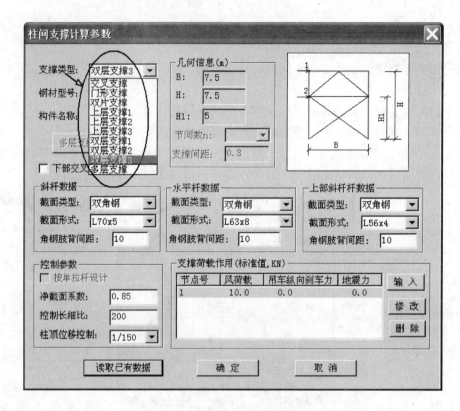

图 5.2-30   柱间支撑计算参数设置

行详图绘制。

7. 抗风柱

完成单根抗风柱的计算和绘图。点取抗风柱计算和绘图进入底层平面图，抗风柱在平面图中用黄色的圈标记，即用户选择计算和绘图的柱只能是标记中的柱。如果在刚架设计时，已经完成抗风柱计算，此处不用再计算。

➤ 点取计算

选择抗风柱，程序自动完成抗风柱计算。计算完成后，可以通过结果文件查看计算结果，还可通过图示的方式查看不同组合下的内力及验算结果，可以重新进行设计。

➤ 选择构件

在平面图上，选择需要绘图的抗风柱，依次确认选中的每根抗风柱的绘图相关信息（如柱截面信息、几何信息、相连的墙梁信息、底板和连接锚栓信息等）。

➤ 全部构件

选择平面图中全部抗风柱构件进行绘图。执行全部构件时只需要定义全部抗风柱共有的绘图信息（图 5.2-31），对于每根抗风柱私有的信息（如抗风柱几何信息、截面信息、相连的墙梁信息）由程序自动从模型信息中获得。

➤ 绘施工图

绘制抗风柱详图并形成构件表。将选中的抗风柱绘制在同一张图上。

8. 自动绘制（08 版新增加）

可实现模型中布置的屋面、墙面围护构件的自动绘图。

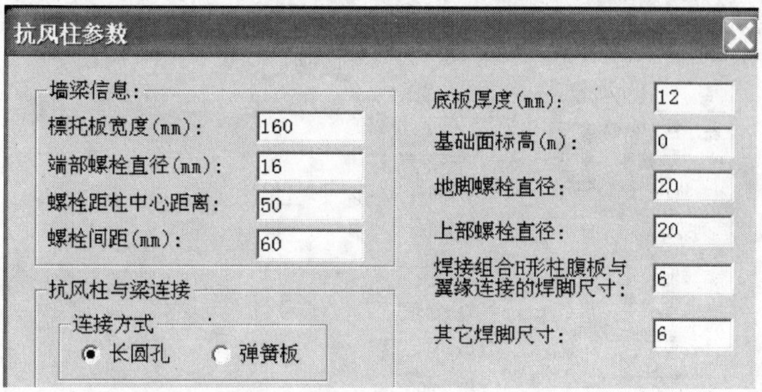

图 5.2-31 抗风柱绘图公用参数设置

点取"自动绘制屋面、墙面构件施工详图绘制"菜单，程序自动分析模型中屋面墙面信息，确定可以绘制施工图的内容（图 5.2-32）。

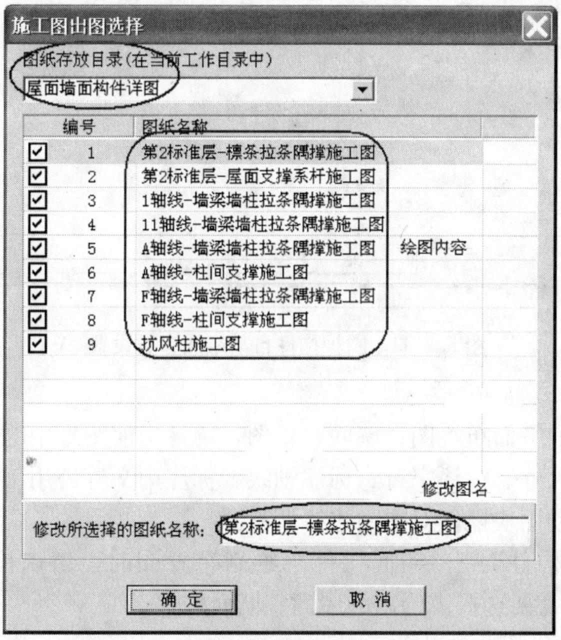

图 5.2-32 自动绘制围护构件详图出图选择设置

缺省的图纸存放目录、图纸名称由程序自动确定，用户可以修改。图纸编号顺序由程序自动确定，编号前的选择框状态表示是否绘制当前编号图纸，当某张施工图不需要绘制时，只需要点掉编号选择框内的勾即可。

施工图出图选择设置完成后，点取确定，出现围护构件参数设置对话框，分六个页面组织，分别定义施工图比例、檩条墙梁参数、墙架柱参数、支撑参数、刚性系杆参数、抗风柱参数等（图 5.2-33）。

自动绘图生成的图纸都放在同一指定目录内，查看和编辑方便；绘图结束后，可以为门架施工图中围护构件连接提供完整的数据，避免绘图与建模数据不一致。

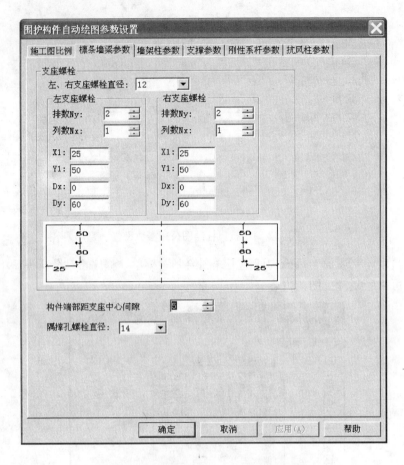

图 5.2-33   围护构件自动绘图参数设置

9. 绘布置图

绘制不同结构层的平面布置图、墙面布置图，统计当前图形中的围护构件并形成构件表。用户可使用标注尺寸、标注字符、标注轴线、标注中文等公用工具对图面进行修改和补充，还可以通过移动图块操作对图面进行调整。

点取菜单"屋面构件"、"墙面构件"绘制布置图时，出现构件选择对话框（图5.2-34），用户可以按需要选择需绘制的屋面、墙面构件。

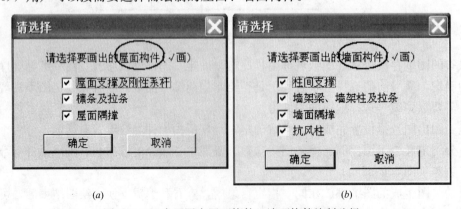

(a)   (b)

图 5.2-34   布置图中屋面构件、墙面构件绘制选择

10. 统计报价

对门式刚架结构有两处钢材统计，一是在屋面墙面设计中，执行"统计报价"形成的钢材订货表，是毛重统计；二是当刚架自动绘图和围护构件自动绘图完成后，在"刚架绘图"菜单下生成的钢材订货表，是净重统计。

钢材订货表：统计所有布置的刚架柱、梁、檩条、墙梁、支撑、隔撑等的用钢量（毛重），按标准截面形成钢材订货表。

钢材报价表：按照各种材料的价格统计所有布置的刚架柱、梁、檩条、墙梁、支撑、隔撑等的单方造价、总价和总用钢量。用户可以修改工程量和单价，在修改后程序可以重新形成报价表。

三、结构计算操作说明（08 版新增加）

对门式刚架结构程序采用三维建模二维计算方法实现模型整体分析。计算方法的技术条件详见第一章，下面主要说明程序实现结构自动计算的主要操作。

1. 形成数据

功能菜单如图 5.2-35 所示。设置纵向受荷立面所在的轴线号（图 5.2-36），软件搜索各个纵向立面有没有布置斜杆作为柱间支撑，有柱间支撑的认为可以作为纵向受荷立面。

图 5.2-35　结构
计算菜单

图 5.2-36　纵向受荷立面轴线号设置

受荷立面确定后，程序根据三维建模二维计算的技术条件确定纵向受荷立面的受荷范围和荷载，为结构计算准备数据。

2. 自动计算

根据计算顺序，依次完成所有横向、纵向立面的二维计算。记录构件的强度、稳定性计算结果，用图形的方式显示。同属于横向、纵向立面的柱构件，计算结果取两个方向的最大值。

3. 全部显示

显示整体三维模型，用于从单个立面切换到整体模型。

4. 选择立面

当整体模型中显示的信息重叠或不清楚时，通过选择单个立面（包括横向立面和纵向立面），可详细查看设计结果。

5. 屋面支撑

选择屋面支撑，查看屋面支撑的设计结果。

6. 详细结果

在选择了立面后，点取详细结果，可以用图形和文本的方式详细输出当前立面的内力分析结果和构件设计结果。

7. 受荷范围

显示纵向立面的受荷范围。点取"受荷范围"，移动光标，模型图中动态显示靠近光标的纵向立面的受荷范围。受荷范围确定原则详见第一章。

8. 受荷简述

点取"受荷简述"，弹出纵向立面计算荷载信息文件，给出各纵向受荷立面中各受荷节点的荷载信息，包括重力荷载代表值，左、右风荷载，吊车纵向刹车力等。

其中纵向受荷立面是指"形成数据"时设置的所有纵向受荷立面。

9. 受荷详述

点取"受荷详述"，弹出纵向立面计算荷载信息文件，详细给出各纵向受荷立面中各受荷节点的荷载信息，包括计算荷载重力荷载代表值，左、右风荷载，吊车纵向刹车力等，还给出了计算荷载时需要的信息，如受荷宽度、受荷面积、节点所承受的荷载（恒载、活载、柱重、梁重、桥架重等）。

10. 显示设置

模型查看或结果查看时可以通过显示选择来控制需要显示的信息。显示设置包括用户整体模型显示和单个立面的显示。

点取下拉菜单"显示"下的"显示设置"，出现显示选择对话框（图 5.2-37）。

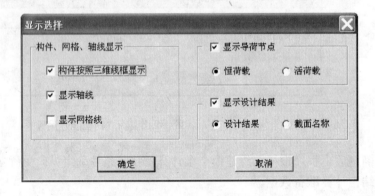

图 5.2-37　显示设置

（1）构件按照三维线框显示：即选择按照三维实体显示或者单线条显示模型构件。

（2）显示轴线：平面图轴线显示开关。

（3）显示网格线：布置了构件的位置，必定有网格线，如果要查看没有布置构件的网格线，可以选择显示网格线选项；当需要显示刚架梁梁拼接点的设置情况时也需要选择显示网格线选项。

（4）显示导荷节点：显示导荷节点及其大小，可以分别查看恒载和活荷载。

（5）显示设计结果：截面优化或者结构计算完成后，可以打开显示设计结果，可以查看设计结果或截面名称。

四、刚架节点设计绘图（08 版新增加）

刚架绘图是门式刚架三维设计中的绘图，不同于二维设计中的单榀刚架绘图（所有设计参数设置仅适用于单榀刚架），可以设置梁梁拼接、柱类型、节点设计参数等，并且参数设置对模型中全部刚架都适用；能自动完成各榀刚架施工图绘制；自动生成设计总说明和柱脚锚栓布置图；自动生成全楼钢材统计表；通过图纸查看，可以打开某张施工图查看或修改。功能菜单见图 5.2-38。

图 5.2-38

1. 设梁拼接

在三维模型中设置梁梁拼接和柱侧垂直。各榀刚架模型建立完成后，程序自动在梁梁连接位置设置拼接（图 5.2-39），自动根据各柱在立面中的几何位置设置柱类型（左边柱、中间柱、右边柱）。通过以下操作可以修改自动设置的结果。

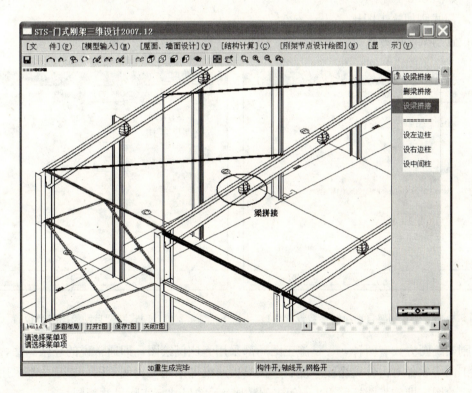

图 5.2-39 设梁拼接界面

（1）删梁拼接：在三维模型中直接点取需要删除的梁梁拼接。拼接连接在三维模型中使用三维球体表示，如图 5.2-39 所示。

（2）设梁拼接：在三维模型中点取刚架中没有设置拼接的梁梁节点，设置拼接。

（3）设左边柱：在三维模型中直接点取需要设置为左侧柱的柱，修改柱类型。

设右边柱和设中间柱操作同设左侧柱，是将柱类型分别修改为右边柱和中柱。

以上各操作执行后，设置是在选中的刚架和与其相同标准榀的刚架上同时设置。修改完成后结果将立即显示在三维模型中，并最终体现在门架施工图中。

2. 绘施工图

完成各榀刚架的节点设计和施工图的绘制。

（1）绘图参数设置

绘图参数设置分三个页面实现，包括选择读取已有设计数据方式、门式刚架施工图比例、檩托形式和参数。

➢ 选择读取已有设计数据方式

门式刚架绘图时的节点设计包括主刚架构件节点设计、围护构件与刚架构件的连接设计。针对刚架节点设计结果，提供两种方式选择，一是重新进行设计，适用于模型初次绘制施工图和刚架模型修改后重新绘图；二是读取已有设计结果，适用于模型已经绘制过施工图，而且再次绘图前主刚架模型没有发生变化，绘图时的构件的连接设计不变化。针对围护构件与主构件的连接信息，为避免模型信息与施工图的不一致，每次绘图时都是重新设计。如图 5.2-40 所示。

➢ 门式刚架施工图比例

设置刚架绘图方式、施工图比例、图纸号、材料表信息等（图 5.2-41）。

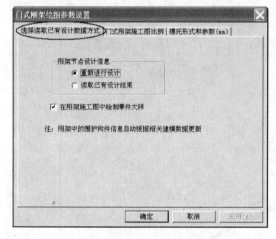

图 5.2-40 门式刚架自动绘图参数设置（1）

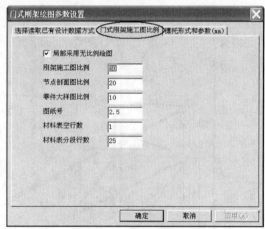

图 5.2-41 门式刚架自动绘图参数设置（2）

刚架绘图方式有两种，一是施工图局部采用无比例绘图，即通常说的夸张画法，在门架施工图中软件对构件翼缘板厚度、连接端板厚度等采用无比例绘图；二是全部采用指定的比例绘图，即施工图按照 1∶1 绘图，图中表示的尺寸与实际尺寸相同。

➢ 檩托形式和参数

选择檩托板形式，设置檩托板相关参数。

（2）输入或修改绘图参数

完成门式刚架二维设计需要的参数设置（图 5.2-42）。点取确定后自动完成选择刚架的节点设计和施工图绘制。

注意：多页面对话框中设置的参数将应用到所有参与绘图的刚架模型中。如果需要对某一榀刚架构件设计参数进行修改时，则在自动绘图结束后，选择该榀刚架施工图进行查

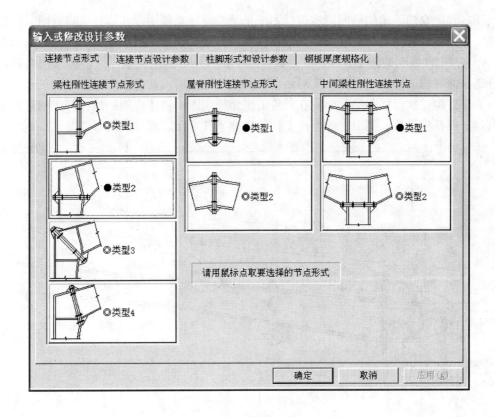

图 5.2-42　门式刚架节点设计参数设置

看，并执行菜单"重新设计"功能完成。

（3）绘施工图

绘图前首先设置出图选择（图 5.2-43），包括图纸存放目录，图纸名称，每张图纸是

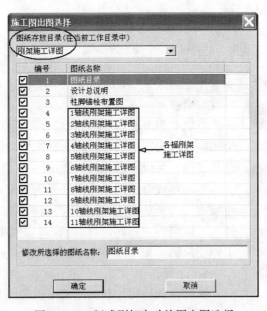

图 5.2-43　门式刚架自动绘图出图选择

否绘图。程序自动给出的绘制内容包括图纸目录、设计总说明、柱脚锚栓布置图、各榀刚架施工详图，缺省为全部绘制。如果某一张图纸不需要绘制，则点掉施工图序号前的勾即可。图名"1 轴线刚架施工详图"表示横向第一轴线立面的刚架施工图，修改图名时，用光标选择需要修改的图纸名称，在对话框下方编辑框中输入新图名即可。

当围护构件执行详图绘制后，在相应的刚架施工图中将体现围护构件与主刚架构件的连接，如檩托板设置、屋面支撑连接、柱间支撑系杆连接、隔撑连接等（图 5.2-44）。

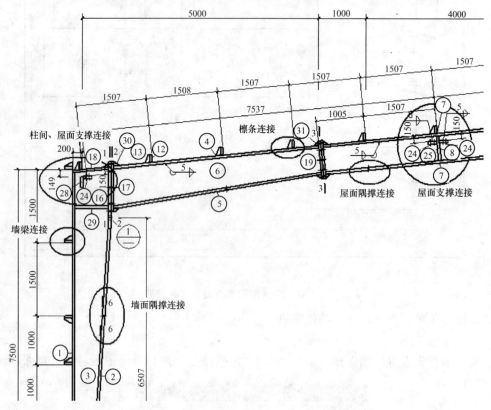

图 5.2-44　刚架图中围护构件与主刚架的连接

3. 图纸查看

图纸查看可以打开当前目录下已经绘制过的刚架施工图，并可以选择施工图对其进行修改编辑。

选择图纸

1. 图纸目录.t
2. 设计总说明.t
3. 柱脚锚栓布置图.t
4. 1轴线刚架施工详图.t
5. 2轴线刚架施工详图.t
6. 3轴线刚架施工详图.t
7. 4轴线刚架施工详图.t
8. 5轴线刚架施工详图.t
9. 6轴线刚架施工详图.t
10. 7轴线刚架施工详图.t
11. 8轴线刚架施工详图.t
12. 9轴线刚架施工详图.t
13. 10轴线刚架施工详图.t
14. 11轴线刚架施工详图.t

图 5.2-45　图纸选择查看

点取"图纸查看"，出现选择图纸框（图 5.2-45），其中按绘图顺序列出图纸名称。用光标选中需要查看的图纸名称，打开施工图，可以查看并编辑图纸。

当选择查看的图纸为某一榀的刚架施工图时，可以补充标注坡度、焊缝、编号、孔径、钢板等；可以查看节点设计文件；可以进行"重新设计"，重新设置节点设计参数，进行施工详图绘制。如图 5.2-46 所示。

4. 订货表

统计全楼构件，包括刚架主构件以及围护构件绘图时的零件，生成全楼钢材的订货表（净重）。统计主刚架施工图中高

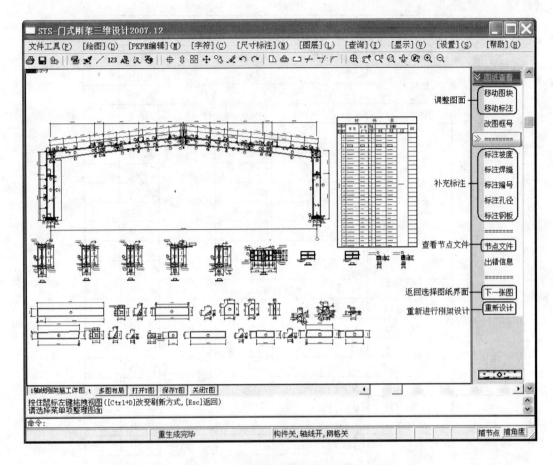

图 5.2-46　自动绘图后单张图纸编辑

强螺栓，生成高强螺栓表。如图 5.2-47 所示。

　　钢材订货表：在屋面、墙面构件绘制详图时用文件方式记录零件信息，如檩条截面、重量，支撑零件以及支撑连接的节点板的规格和重量等。各榀刚架绘图时也是通过文件记录各零件规格、数量、重量等。最终将前面两部分产生的文件内容合并形成完整的全楼钢材订货表。

　　高强螺栓表：统计整个结构中主刚架施工图用到的高强螺栓信息。

　　五、三维模型图（08 版新增加）

　　根据门架三维模型数据，以及屋面墙面交互布置信息，通过三维实体方式显示整个模型主构件、围护构件、围护构件与主构件的连接等。三维模型图可以直观地反映构件的位置、构件间的关联关系和连接等，便于查看整体模型。如图 5.2-48 所示。

　　模型图显示时，自动读取三维建模数据，包括刚架立面信息和围护构件布置信息，用三维实体方式真实显示构件；可以自动进行围护构件之间，以及围护构件与主刚架构件的连接设计，如檩条与刚架梁的连接、檩条与隅撑的连接、支撑与刚架构件的连接等。如图 5.2-49 所示。

钢材订货表						
类别	序号	规格	重量(t)	小计(t)	材质	备注
翼缘板	1	—200×10	4.600	11.908	Q235B	
	2	—180×8	7.306		Q235B	
腹板	3	—6	14.485	14.485	Q235B	
钢板	4	—4	0.352	10.999	Q390B	
	5	—6	2.382		Q235B	
	6	—6	0.201		Q390B	
	7	—8	2.105		Q235B	
	8	—10	0.770		Q235B	
	9	—12	0.083		Q235B	
	10	—20	0.418		Q235B	
	11	—22	4.686		Q235B	
型钢	12	[10	0.022	56.425	Q235B	
	13	C160×60×20×2.0	33.800		Q235B	
	14	L56×4	2.726		Q235B	
	15	φ12	1.120		Q235B	
	16	D32×2.5	0.102		Q235B	
	17	L56×5	0.685		Q235B	
	18	D200×10	10.090		Q390B	
	19	C160×70×20×3.0	4.451		Q309B	
	20	D38×3.5	0.257		Q235B	
	21	L63×4	3.171		Q235B	
合计				93.812		

高强度螺栓表						
序号	螺栓直径(mm)	连接厚度(mm)	螺栓长度(mm)	数量	性能等级	材质	备注
1	M20	44	75	886	10.9级		
合计				886			

图 5.2-47   全楼刚材订货表和高强螺栓表

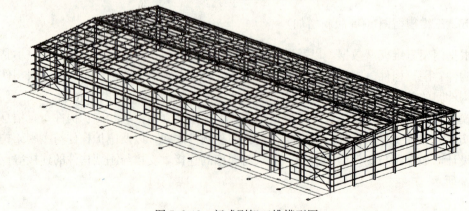

图 5.2-48   门式刚架三维模型图

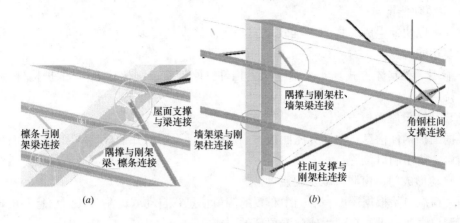

图 5.2-49 三维模型图中围护构件与主刚架的连接

（a）屋面构件部分连接；（b）墙面构件部分连接

六、门式刚架三维效果图（08 版新增加）

"门式刚架三维效果图"是在完全自主版权的中文三维图形平台 PKPM3D 上开发的，图形平台基本操作步骤简单，易学易用。软件保留了平台关于绘图和编辑的基本功能，以及动画制作、渲染等功能，还结合门式刚架设计的特点，定制了专业菜单。如图 5.2-50 所示。

图 5.2-50 自动生成的门式刚架效果图

1. 主要功能特点

软件可以快速生成逼真的三维效果图，使设计人员可以从三维不同角度感受设计方案。主要功能特点：

➤ 能用三维实体方式真实表示刚架主构件（刚架梁、刚架柱等）、围护构件（檩条、支撑、拉条等）。

➤ 自动铺设屋面板、墙面板

根据围护构件信息自动计算屋面板、墙面板的铺设区域并铺板。墙面板铺板时可自动考虑洞口，留出洞口位置。

➤ 自动形成门、窗洞口以及雨篷

门、窗洞口是根据屋面、墙面中布置的洞口信息，自动取得洞口几何信息并用缺省材质体现洞口真实效果；自动生成门洞顶部的雨篷。

➤ 自动设置包边

自动在屋面板和墙面板相连位置、墙面板和墙面板相连位置、门窗洞口四边位置进行包边处理，使效果图更加逼真。

➤ 自动形成厂房周围道路、场景设计

可自动在厂房外部设计道路、种植草坪、布置路灯等，形成厂房周围环境，使设计者可感受到厂房建成后的实际效果。

➤ 可交互布置天沟和雨水管，并提供相应的编辑功能

2. 菜单功能及操作

门式刚架效果图生成前提是，正确完成门式刚架三维模型建立、屋面墙面设计，即首先应执行门式刚架设计主界面的菜单①进行三维设计。

门式刚架效果图设计时，不需要用户进行任何操作，程序能自动完成效果图初步设计，包括刚架构件、围护构件的显示，屋面墙面板的铺设，门窗洞口表示，周围场景设计等。对于天沟、雨水管可根据需要用户交互布置；另外用户可根据需求对效果图进行编辑，如修改屋面板材质、墙面板材质、洞口材质、天沟信息、雨水管信息等。

对初次生成效果图的工程，可直接进入效果图设计；对于已经生成过效果图的工程，进入程序时，首先应选择针对效果图的处理方式（图 5.2-51），选择"是"即打开旧的效果图，可以在此基础上编辑；选择"否"即重新生成效果图。

程序缺省效果图名为"工程名 . gld"，如工程名为 mj，则每次由程序自动生成的效果图名均为 mj. gld。重新生成效果图时，如果指定工作目录内效果图文件已经存在，将用新文件覆盖旧文件。如需要保存当前效果图并作为备用方案，可通过"文件"菜单下"另存工程"命令修改效果图名称（图 5.2-52），效果图最好全部放在"当前工程工作路径/渲染/"目录内，便于进行方案比较。

图 5.2-51　效果图生成提示

图 5.2-52　文件管理

进入效果图设计程序后，界面中主要功能菜单如图 5.2-53 所示。

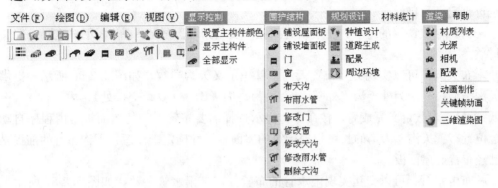

图 5.2-53　效果图主要功能菜单

对文件、绘图、编辑、视图、渲染菜单下的各项操作可按照命令行提示操作。下面主要介绍显示控制、围护构件、规划设计、材料统计四个根据需求定制的下拉菜单。

（1）显示控制

➢ 设置主构件颜色：可以设置或修改刚架主构件、围护构件在效果图中的颜色。

➢ 显示主构件：仅显示刚架主构件、围护构件，不显示厂房周围场景。

➢ 全部显示：显示当前工程中所有实体，包括刚架构件、围护构件、道路、地面、草坪、场景等。

（2）围护构件

➢ 铺设屋面板：可修改屋面板材质。

钢板材质缺省路径为"安装路径＼材质＼彩钢板"，修改材质可以点击图片下的"选择材质图片"按钮，进入钢板材质所在目录，根据需要选择材质；也可以直接用鼠标单击图片实现（图 5.2-54）。用户可以自定制材质文件，图片名后缀为 jpg，如果需要选择用户定义的材质文件，需要指定路径。其中材质路径中"安装路径"指"STS 安装目录＼STS3D＼"。

➢ 铺设墙面板：可修改墙面板板材，定义墙板下墙体高度，墙体材质（图 5.2-55）。材质修改同屋面板材质修改。

图 5.2-54　屋面板信息编辑

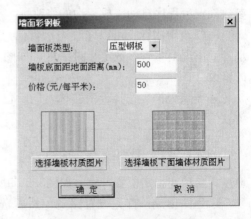

图 5.2-55　墙面板信息编辑

➢ 门：修改当前工程中所有门洞的材质，材质缺省路径"安装路径＼材质＼门"，用户也可自定义洞口材质。

➢ 窗：修改窗洞的材质，材质缺省路径"安装路径＼材质＼窗"，用户也可自定义洞口材质。

➢ 布天沟：可以实现交互布置天沟。首先定义天沟参数，如图 5.2-56 所示。提供三种天沟类型，分别为外天沟（外部墙面位置）、内天沟 1（双跨交接处）、内天沟 2（一般高低跨处）。参数定义完成后，按命令行提示选择需要布置天沟的屋面板，由程序自动在选定位置布置天沟。天沟的长度根据指定的屋面板尺寸确定。注意：天沟布置的前提是必须已经布置好屋面板。

➢ 布雨水管：可以交互实现雨水管的布置。定义雨水管参数，如图 5.2-57 所示，定义完成后按命令行提示选择天沟布置雨水管。雨水管数量指沿选择的天沟长度方向的数量，雨水管等间距布置。

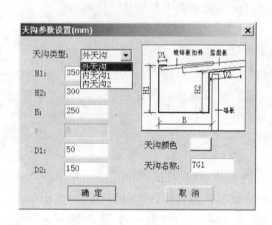

图 5.2-56　天沟参数设置　　　　　　图 5.2-57　雨水管参数定义

➢ 修改门：可选择单个门洞，修改门洞材质或名称。

➢ 修改窗：可选择单个窗洞，修改窗洞材质或名称。

➢ 修改天沟：首先选择需要修改的天沟，出现天沟参数定义对话框（参考布天沟）。参数确定后程序自动完成天沟的修改。

➢ 修改雨水管：可以修改雨水管信息，也可以平移雨水管。首先选择需要修改的雨水管，出现雨水管参数定义对话框，如图 5.2-58 所示。参数确定后程序自动完成雨水管的修改。

➢ 删除天沟：选择天沟实体，删除已经布置的天沟。删除天沟的同时将自动删除相关联的雨水管。

（3）规划设计

➢ 种植设计：由用户选择种植树木，确定树木的高、宽和种植方式，然后确定目标地点，自动在指定位置种植。如图 5.2-59 所示。

➢ 道路生成：首先设置路宽，然后选择道路生成方式，自动生成道路。如图 5.2-60 所示。

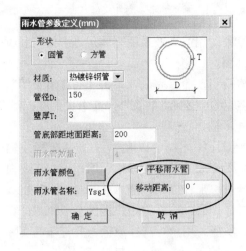

图 5.2-58　修改雨水管参数定义　　　　　　　图 5.2-59　种植设计参数设置

➢ 配景：可以在指定位置插入成组人、花坛、汽车等。配景的选择通过单击图片来选择（图 5.2-61），缺省路径为"安装路径\配景"。

图 5.2-60　道路生成参数设置　　　　　　　图 5.2-61　配置设置参数

➢ 周边环境：可在指定位置插入路灯、汽车、运动场模型。

（4）材料统计

➢ 材料信息：统计整个工程中屋面板、墙面板、门窗洞口、天沟、雨水管等形成材料信息。如图 5.2-62 所示。

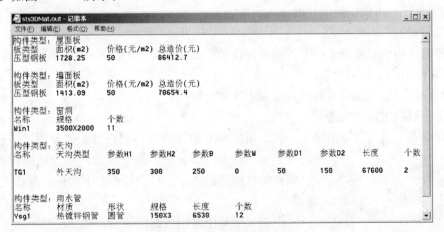

图 5.2-62　材料统计输出

（5）渲染图的制作

三维效果图设计完成后，可进行三维真实感渲染。用渲染效果图来体现光影效果和纹理质感，渲染出一张生动、丰富的真实效果的渲染图。

渲染图的实现通过"渲染"菜单下的"三维渲染图"命令完成，单击"三维渲染图"，出现渲染参数设置对话框（图 5.2-63），通过调整参数可控制渲染效果，其中主要参数：

图 5.2-63　渲染参数设置

➢ 输出设置

图片尺寸：可以在下拉项中选择或输入。图片尺寸单位为像素，用户通常还要根据分辨率来计算，以毫米（mm）为单位。

计算器：软件为用户提供了一个"计算器"功能，用户可选择或输入要打印的实际尺寸〔按毫米（mm）单位〕，软件会自动计算出其像素值。点击计算器按钮，弹出"尺寸计算"对话框，如图 5.2-64 所示。

图 5.2-64　渲染图图片尺寸计算

在"图幅"栏下拉项，选择要输出的图片尺寸，如 A4、A3 等；当选择"自定义"后，需要用户在宽度和高度编辑框中输入图纸实际尺寸。

"精度"即分辨率，分辨率是用于度量位图图像内数据量多少的一个参数，软件采用的是 dpi（每英寸点数）单位。dpi 前的数值越大则精度越高，精度的高低将会影响渲染的速度。"反转"可以切换图片的横向、纵向。

➢ 背景设置

设置渲染图中的背景显示方式。软件自动生成的效果图中设置了背景，应选择"背景图像"，在渲染图中显示背景。

环境设置和渲染方式下参数通常采用缺省值即可。

（6）主要视图按钮功能

程序自动生成的效果图是从一固定角度观看的透视图，用户可能需要通过转换角度、局部显示、放大图形、缩小图形等来调整当前图形的显示，这些功能可以通过程序运行后界面右下角的各按钮实现（图 5.2-65）。

图 5.2-65　视图按钮

下面说明其中常用按钮的功能：

⊕ 所有图形在窗口中以最大充满方式显示。如果需要放大局部，可通过 ⊕（放大一倍）按钮逐步放大实现，也可通过滚动鼠标中轮实现。

用于在三维视图状态下动态交互查看对象。按住鼠标左键拖动，控制三维图形的查看角度。

选择此命令将自动进入实时平移模式。按住鼠标左键并移动手形光标即可平移视图。

分别提供俯视、前视、右视快捷方式查看模型，模型可以为透视模式或轴测线框模式，具体通过 ● 按钮转换。

切换到透视状态下显示视图。此按钮为开关按钮，不同状态通过视图左上角处显示文字的"User"或"Perspective"区分。注：只有在透视视图下且视图左上角显示文字为 Perspective 时才会显示软件设置的背景图像。

● OpenGL 模式切换按钮，可在透视模式和轴侧线框模式下切换。

可以实现单窗口和四窗口间的切换。

分别从西南、东南、西北角度查看模型，模型可以为透视模式或轴测线框模式，具体通过 ● 按钮转换。

其他按钮用户可通过命令提示进行实际操作，通过视图的变化进一步了解其功能。

第三章 PK 交互输入与优化计算

第一节 功 能 特 点

PK 交互输入与优化计算用于完成平面杆系结构建模、优化、内力分析和构件设计，适用于门式刚架，平面框架，框排架，平面钢桁架，钢支架等平面杆系结构。

该模块经过不断的改进和完成，已经形成了建模智能快捷、计算优化功能全面的特点。主要特点如下：

(1) 对于门式刚架、桁架、平面框排架可以快速智能建模。尤其对于门式刚架，软件总结了各种结构形式门式刚架的特点，用户只需要输入跨度、高度、牛腿高度、屋面坡度、跨数、荷载（屋面恒活荷载、基本风压），夹层等信息，软件自动生成结构网格轴线，自动布置梁柱构件，自动布置恒、活、风荷载，用户经过优化后，即可得到比较满意的设计结果。

(2) 构件截面类型有 70 多种截面形式。包括各种热轧型钢，冷弯薄壁型钢，焊接组合截面（包括 H 形变截面），实腹式组合截面，格构式组合截面等，适用于各种结构形式。08 版新增自定义型钢库功能，用户可以进行型钢库的修改和扩展。

(3) 构件材料可以是钢材，也可以是混凝土。软件可以分析钢结构，钢和混凝土混合结构。

(4) 恒载、活载、风荷载类型丰富，可以考虑各种形式的荷载作用。可以定义互斥活荷载。

(5) 风荷载自动布置。软件总结了荷载规范、门式刚架规程中各种结构形式对应的风荷载体型系数，在建立了结构模型后，可以选择风荷载自动布置功能，软件自动识别结构形成，自动查找相应的风荷载体型系数，自动形成垂直于构件表面的风荷载。08 版改进了柱间风荷载的布置，对于桁架结构也可以自动布置风荷载。

(6) 吊车荷载布置的计算。软件可以定义和布置桥式吊车荷载、抽柱吊车荷载、双层吊车荷载，08 版新增悬挂吊车荷载（包括双轨悬挂吊车和单轨悬挂吊车），提供快捷方式，用户只需要输入吊车资料和吊车梁跨度，软件自动按照简支梁影响线计算吊车荷载。吊车荷载布置只需要考虑当前跨的作用，各跨之间的吊车荷载组合由软件自动考虑。

(7) 可以定义单拉杆件，即只能受拉不能受压的杆件。

(8) 构件计算长度系数既可以由软件自动计算，也可以由用户交互修改。

(9) 可以设计独立基础。

(10) 08 版新增其他功能有：

➤ 新增构件可以考虑不同钢号以及是否设置横向加劲肋；

➤ 新增杆端约束的定义和计算，可以实现滑动支座的设计；

➢ 新增弹性支座的定义和布置，可以实现托梁刚度的模拟；

➢ 新增竖向地震计算。

（11）自动进行内力分析和构件设计。内力分析采用平面杆系有限元方法，可以考虑活荷载不利布置，自动计算地震作用，荷载效应自动组合。可以选择钢结构设计规范、门式刚架规程、冷弯薄壁型钢设计规范等标准进行构件强度和稳定性计算。输出各种内力图、位移图、钢构件应力图和混凝土构件配筋图，输出超限信息文件、基础设计文件、详细的计算书等文本。

（12）可以进行截面优化。根据构件截面形式，软件可以自动确定构件截面优化范围，用户也可以指定构件截面优化范围，软件通过多次优化计算，确定用钢量最小的截面尺寸。

（13）结构模型和内力分析结果可以直接用于构件连接设计和结构施工图绘制。

第二节　改　进　要　点

一、新增对梁柱构件不同钢号的指定与计算校核

在建模的右侧菜单的"构件修改"项进入，其中的"构件钢号"项可以为梁柱构件单独指定修改构件的钢号，构件默认的钢号为总信息参数中的钢号。如图 5.3-1 所示。

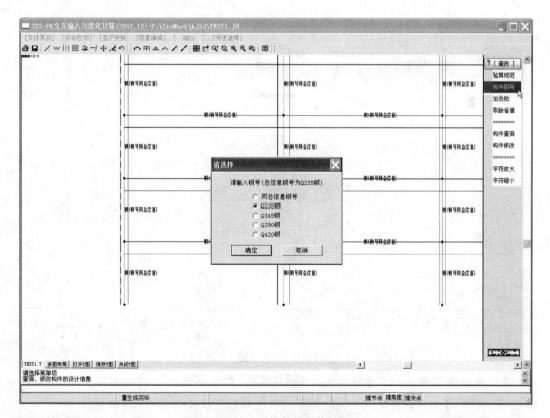

图 5.3-1　构件钢号修改

二、新增对工形截面加劲肋的设置计算

在建模的右侧菜单的"构件修改"项进入，其中的"加劲肋"项可以为工形截面梁柱构件设定加劲肋信息（图5.3-2）。

图5.3-2   工形截面构件加劲肋设置

设置加劲肋后，程序在构件承载力、局部稳定计算的时候会考虑加劲肋的作用。

三、新增弹性支座的建模与计算功能

在建模的右侧菜单的"支座修改"项进入，通过"增加支座"或"修改支座"可以指定增加或修改支座形式（图5.3-3）。

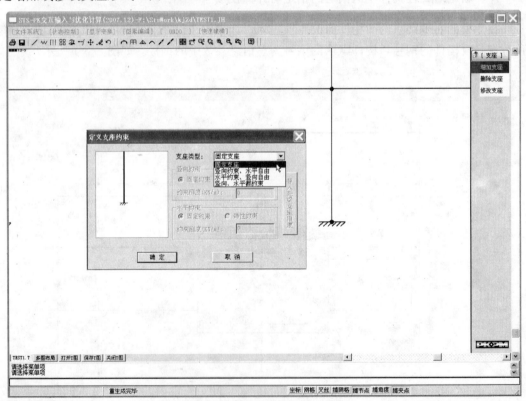

图5.3-3   支座定义

支座形式除原有的固定支座以外，新增三类弹性支座形式：（1）竖向约束、水平自由；（2）水平约束、竖向自由；（3）竖向、水平都约束。如图5.3-4所示。

弹性支座示意图中的数字对应弹性支撑刚度，单位为kN/m。对于抽柱情况下模拟托

梁类的弹性支座，其支座刚度可以通过点取"导入托梁支座刚度"，通过程序提供的托梁支撑刚度倒算工具直接导入定义（图 5.3-5）。

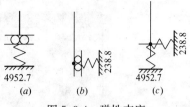

图 5.3-4　弹性支座

对于设置了弹性支座约束，计算程序在内力分析时会考虑弹性支撑刚度的影响，在荷载作用下，弹性支座会在弹性支撑方向上发生相应的变位。图 5.3-6 所示计算结果图形查看中恒载位移图：一托梁支座在恒载作用下发生的竖向变位。

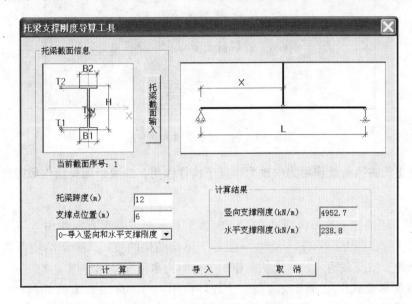

图 5.3-5　托梁支撑刚度导算工具

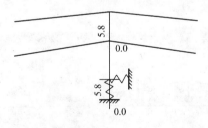

图 5.3-6　设置弹性支座的恒载位移图

四、相容活荷、互斥活荷分开考虑不利布置

设计参数中为相容活荷、互斥活荷分别设定了是否考虑活荷不利布置计算参数，如图 5.3-7 所示。

这样为活荷载的计算考虑带来了更大的灵活性。应用举例：如某工程楼面活荷需要考虑不利布置，而不上人屋面活荷可以不考虑活荷不利布置，可以把楼面活荷作为普通活荷载（相容活荷）输入，并在计算参数中选择"考虑相容活荷最不利布置"；屋面活荷作为第一组互斥活荷输入，并在计算参数中不勾选"考虑互斥活荷最不利布置"，即可实现这一计算要求。

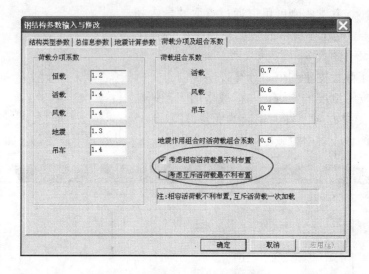

图 5.3-7 钢结构参数输入与修改

五、柱上均布风荷载作用方向改为垂直于构件作用，解决桁架类结构风载自动布置与计算问题

05 版程序中的柱上均布风荷载作用方向为水平方向或垂直方向作用，与屋面为斜面的结构风载实际作用方向不符，因此 05 版对于屋架结构的坡面、拱形结构各斜拱面风荷载需要简化到节点荷载输入，并把斜向作用力分解为水平和竖向作用。

08 版柱间风荷载作用方向改为垂直于杆件作用，与实际受力方向相同，08 版屋架、拱形结构风载可以按柱间均布荷载作用输入（图 5.3-8），对于规则的屋架结构，还可以采用风荷载自动布置（图 5.3-9）。

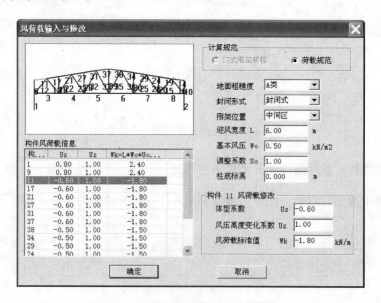

图 5.3-8 桁架风荷载自动布置

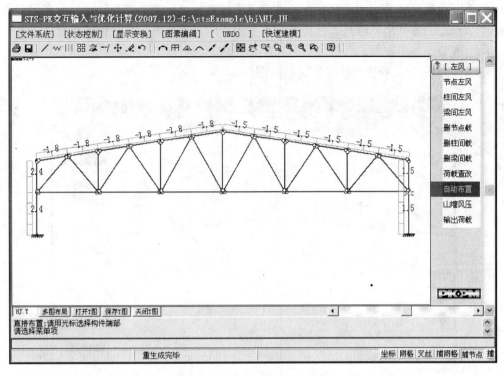

图 5.3-9　桁架风荷载示意图

六、新增对悬挂吊车的计算分析

05 版程序中，悬挂吊车只能作为活荷载输入，这样会对荷载组合带来一定的偏差。
08 版程序改进对悬挂吊车的布置和作用分析，悬挂吊车可以直接作为吊车荷载输入。
图 5.3-10 所示为 08 版吊车荷载定义对话框，其中一般吊车用于桥式吊车或者单梁吊

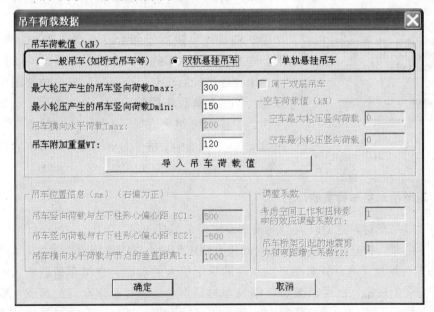

图 5.3-10　吊车荷载输入

车的输入，双轨悬挂吊车用于作用在两个节点上的悬挂吊车输入，单轨悬挂吊车用于作用在一个节点上的悬挂吊车输入。悬挂吊车不考虑横向水平荷载。在建模时，悬挂吊车作用点必须生成节点才能布置。

图 5.3-11 所示为双轨悬挂吊车荷载简图。

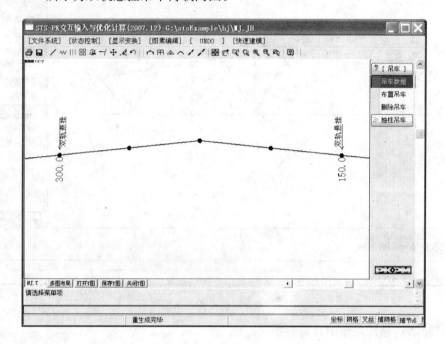

图 5.3-11　双轨悬挂吊车荷载示意图

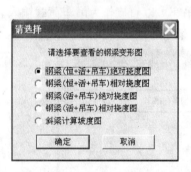

图 5.3-12　钢梁挠度图

当钢梁上作用悬挂吊车时，对钢梁跨中荷载在吊车作用下进行预组合与分截面荷载组合，使悬挂吊车作用下钢梁各截面组合内力正确，同时对恒、活、悬挂吊车作用下钢梁挠度进行了组合计算，正确控制钢梁的变形，解决了悬挂吊车的计算分析。如图 5.3-12 所示。

当存在悬挂吊车时，挠度图和节点位移图中可变荷载增加了吊车荷载作用的影响，"恒＋活＋吊车"的挠度图、位移图为组合 1（1.0 恒＋1.0 活＋0.7 吊车）、组合 2（1.0 恒＋0.7 活＋1.0 吊车）二者组合作用的较大值。

七、新增吊车空车荷载的计算

当为双层吊车时，需要输入当前吊车空车时的轮压反力，但是吊车资料里往往没有空车时的最大轮压和最小轮压，用户很难输入。

08 版软件增加了自动计算吊车空车时的轮压反力的功能。在吊车荷载输入时，点取导入吊车荷载值按钮，出现如图 5.3-13 所示对话框，选择计算空车时的荷载，输入吊钩极限位置（如图 5.3-14，吊车资料中一般提供了该数据）即可。软件自动计算当吊钩处于极限位置时吊重产生的支座反力，然后从重车的最大轮压和最小轮压中减去相应吊重产生的支座反力，得到空车的最大轮压反力和最小轮压反力。

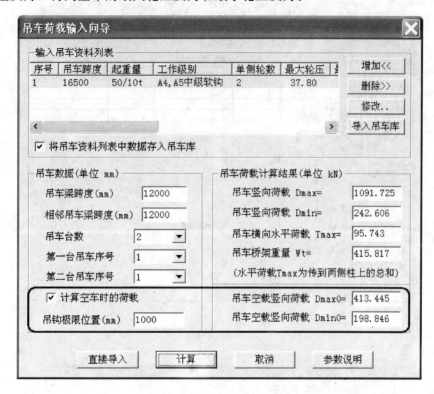

图 5.3-13　吊车荷载输入向导

八、增加多类大型实腹组合、格构组合截面的定义与计算

格构式组合截面柱缀条可以选择剖分 T 型钢，缀条和构件分肢可以采用不同钢号，缀条可以设置附加缀条来减小计算长度（图5.3-15）。

九、格构柱分肢校核

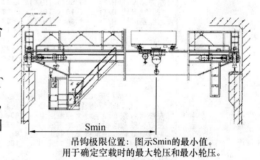

吊钩极限位置：图示Smin的最小值。
用于确定空载时的最大轮压和最小轮压。

图 5.3-14　吊钩极限位置示意图

对于格构式组合截面柱，补充了分肢局部稳定计算、腹板屈曲后有效截面计算、分肢缀材的长细比控制，完善了格构式组合截面柱的计算校核内容（图5.3-16）。

十、改进复杂排架柱计算长度搜索

改进排架柱的搜索，对于复杂排架柱尽量采用钢结构规范阶形柱方式确定计算长度，解决 05 版非理想排架柱按线刚度比确定计算长度时，部分阶形中柱长度系数异常等问题。08 版对于平面内长度系数最终采用的确定方法，可以在应力图中的右侧菜单"计算长度"项，选择平面内"长度系数"项查看（图5.3-17）。

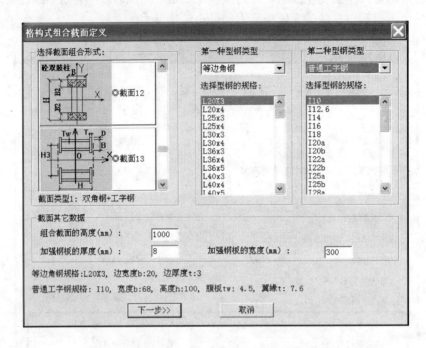

图 5.3-15 格构式组合截面定义

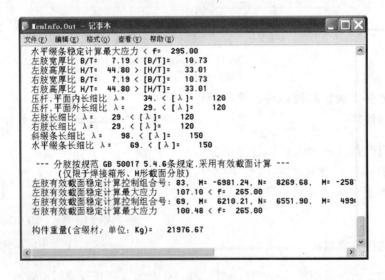

图 5.3-16 构件信息输出

十一、改进多杆汇交支座的基础设计

08 版对于类似支架等类型结构的多杆汇交支座，分工况进行基础反力合成，荷载组合，解决了对于这类支座的基础设计需要的设计内力，也能对这类柱脚布置基础，由程序自动进行基础设计。如图 5.3-18 所示。

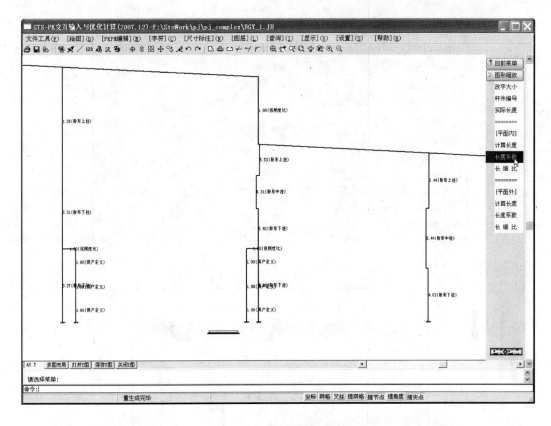

图 5.3-17　计算长度查询

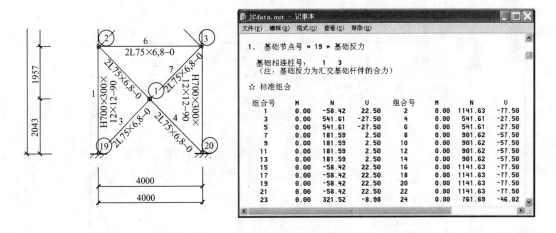

图 5.3-18　多杆汇交支座的基础设计

十二、新增二维计算程序考虑竖向地震作用的计算

如图 5.3-19 所示。

十三、新增滑动支座和约束支座定义及计算

如图 5.3-20、图 5.3-21 所示。

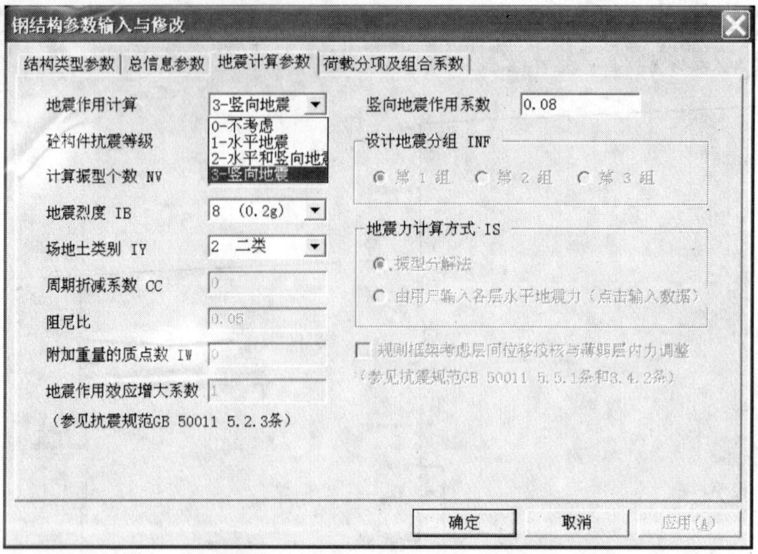

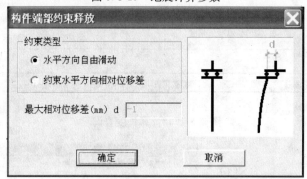

图 5.3-19 地震计算参数

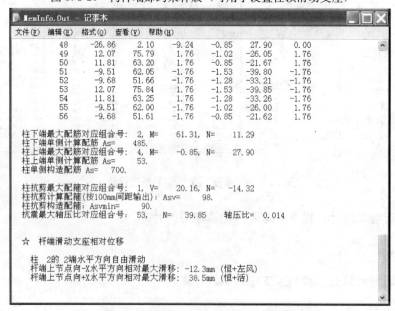

图 5.3-20 构件端部约束释放（可用于设置柱顶滑动支座）

48	-26.86	2.10	-9.24	-0.85	27.90	0.00
49	12.07	75.79	1.76	-1.02	-26.05	1.76
50	11.81	63.20	1.76	-0.85	-21.67	1.76
51	-9.51	62.05	-1.76	-1.53	-39.80	-1.76
52	-9.68	51.66	-1.76	-1.28	-33.21	-1.76
53	12.07	75.84	1.76	-1.53	-39.85	-1.76
54	11.81	63.25	1.76	-1.28	-33.26	-1.76
55	-9.51	62.00	-1.76	-1.02	-26.00	1.76
56	-9.68	51.61	-1.76	-0.85	-21.62	1.76

柱下端最大配筋对应组合号: 2, M= 61.31, N= 11.29
柱下端单侧计算配筋 As= 485.
柱上端最大配筋对应组合号: 4, M= -0.85, N= 27.90
柱上端单侧计算配筋 As= 53.
柱单侧构造配筋 As= 700.

柱抗剪最大配箍对应组合号: 1, V= 20.16, N= -14.32
柱抗剪计算配箍(按100mm间距输出): Asv= 98.
柱抗剪构造配箍: Asvmin= 90.
抗震最大轴压比对应组合号: 53, N= 39.85 轴压比= 0.014

☆ 杆端滑动支座相对位移

柱 2的 2端水平方向自由滑动
杆端上节点向-X水平方向相对最大滑移: -12.3mm (恒+左风)
杆端上节点向+X水平方向相对最大滑移: 38.5mm (恒+活)

图 5.3-21 柱顶设置滑动支座时相对滑移量输出

第四章 门式刚架二维设计

门式刚架二维设计模块用于直接进行单榀门式刚架的设计，不考虑和屋面、墙面围护构件以及支撑系统的连接。

如第二章所述，08版软件对于门式刚架三维设计更加方便和智能，建议用户采用软件门式刚架三维设计的方法（包含了二维设计的所有内容），整体建模，自动计算，门式刚架连接设计和施工图中就自动考虑了和屋面、墙面围护构件、支撑系统的连接。

二维设计模块集成了门式刚架二维建模、优化、计算、节点设计和施工图功能。建模、优化、计算部分的应用和改进同第三章，本章主要说明门式刚架二维设计中节点设计和施工图部分的功能特点和改进要点。

第一节 功 能 特 点

门式刚架节点设计可以完成梁柱连接、梁梁连接、柱脚节点、牛腿节点的自动设计。设计时根据结构模型和内力分析结果，自动确定螺栓直径，排列间距，加劲肋设置，端板厚度，柱脚底板厚度，锚栓直径和排列，牛腿高度以及翼缘腹板厚度等数据，用文本的方式输出详细的节点设计计算书，设计结果在施工图中自动绘制。

施工图包括刚架整体施工图，连接节点剖面图，材料表，腹板、加劲肋等零件详图、构件详图、节点施工图。针对不同设计单位的需要，可以绘制设计院需要的设计图（布置图以及节点施工图），也可以绘制制作加工单位需要的施工详图（整体施工图，构件施工详图，零件施工详图）。

施工图完全自动化绘制，同时提供了便捷的专业工具进行修改和补充编辑，进行焊缝，编号，钢板，螺栓孔，坡度等交互标注和移动。

第二节 改 进 要 点

一、新增门式刚架快速建模双坡多跨刚架的快速建模，抗风柱的快速生成

如图5.4-1所示。

二、新增门式刚架抗剪键的计算和施工图绘制

软件根据柱脚各种荷载效应组合内力，确定是否需要设置抗剪键，当需要设置抗剪键时，根据抗剪键设计剪力，确定抗剪键截面、长度，进行侧面混凝土承压验算、抗剪键截面强度验算，确定抗剪键与底板连接焊缝焊脚尺寸，输出设计结果，在施工图中绘制抗剪键。如图5.4-2～图5.4-4所示。

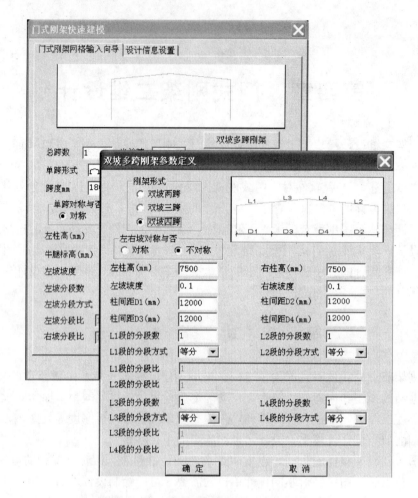

图 5.4-1 双坡多跨门式刚架快速建模

图 5.4-2 门式刚架柱脚抗剪键设计信息

三、新增混凝土柱与钢梁铰接连接节点的设计和施工图绘制

如图 5.4-5 所示。

四、新增门式刚架按 1 : 1 绘图的方式

如图 5.4-6 所示。

五、改进了门式刚架施工图绘制，标注明显简化；增加了材料表修改功能

如图 5.4-7 所示。

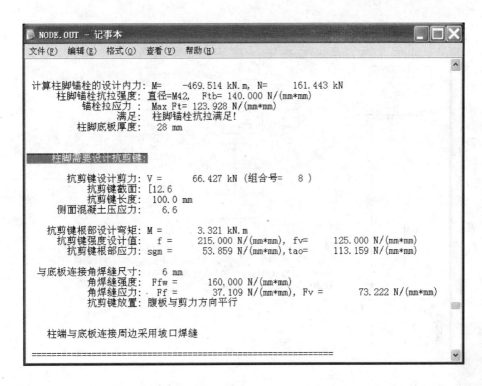

图 5.4-3　门式刚架柱脚抗剪键设计输出结果

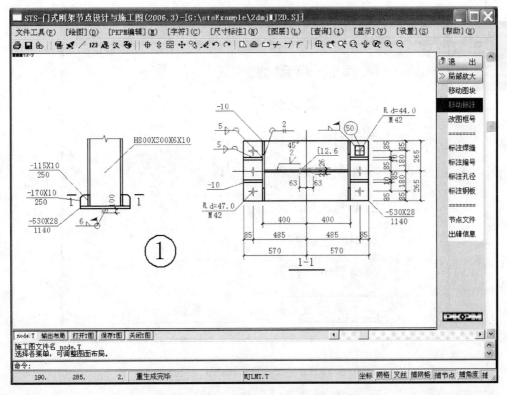

图 5.4-4　门式刚架柱脚施工图（包含抗剪键）

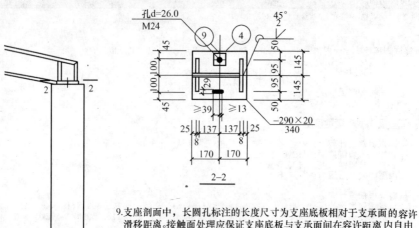

9.支座剖面中，长圆孔标注的长度尺寸为支座底板相对于支承面的容许
滑移距离。接触面处理应保证支座底板与支承面间在容许距离内自由
滑动。当滑移量达到容许距离时支承面应设置可靠抗剪措施，限制继
续滑移，使剪力完全传递给柱。

图 5.4-5　滑动支座节点施工图和说明

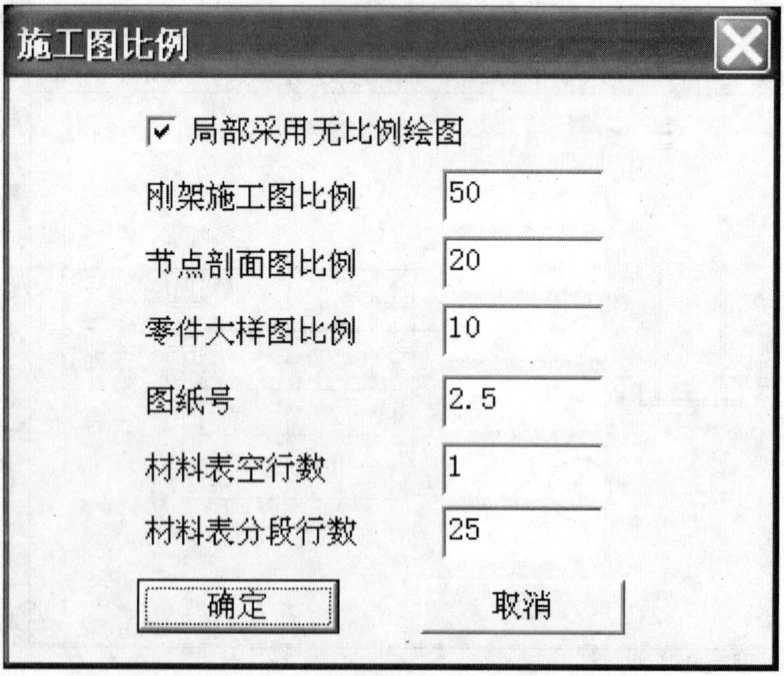

图 5.4-6　不选择局部采用无比例绘图时，
采用 1∶1 的绘图方式

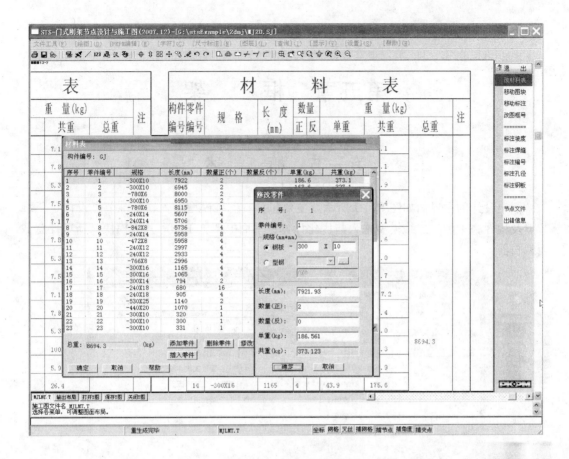

图 5.4-7 材料表修改功能

第五章 框 架

第一节 概 述

框架设计的主界面如图 5.5-1 所示,主要包括:三维模型输入、三维节点设计、三维节点及构件施工图、二维模型输入与优化计算、平面框架施工图等几大模块,新增任意截面编辑器。

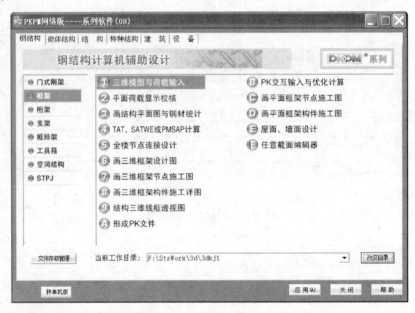

图 5.5-1 框架设计程序主界面

框架模块为框架设计提供两套设计方法:第一种三维设计方法:采用三维建模,然后接 SATWE、TAT 或 PMSAP 进行三维分析,在三维分析结果的基础上,完成三维节点设计与施工图;第二种二维设计方法:在三维建模的基础上,通过形成 PK 文件,进入二维分析,再在二维分析的基础上完成平面框架节点设计与施工图。采用二维分析时,也可以不经过三维建模,直接通过 PK 交互输入与修改菜单进行二维建模。对于多高层框架,建议采用三维设计方法。

08 版三维框架建模可以采用广义层建模方式,加强了对复杂结构建模分析的适应性。丰富了能够设计的截面,增加了实腹组合截面、格构组合截面、薄壁型钢组合截面与任意截面的建模分析。关于这部分的说明(第 1 项"三维模型与荷载输入"、第 2 项"平面荷载显示校核")详见第一篇 PMCAD。

第 3 项"画结构平面图与钢材统计"能够完成结构混凝土楼面、压型钢板组合楼面的设计与施工图，关于这部分的说明详见第三篇结构设计施工图。

08 版三维分析模块（SATWE、TAT）改进了底层框架、顶层门式刚架结构的三维分析功能，简化的梁上特殊风的自动导算，自定义组合中对特殊风的自动组合。关于这部分的说明详见相应三维分析模块的升版说明。

全楼节点设计与施工图模块，对三维框架全楼自动节点设计，并提供多种表达方式的全套施工图的自动绘制。08 版改进全楼广义层模型施工图设计、新增多类节点。

图 5.5-2 为三维框架设计的基本流程。

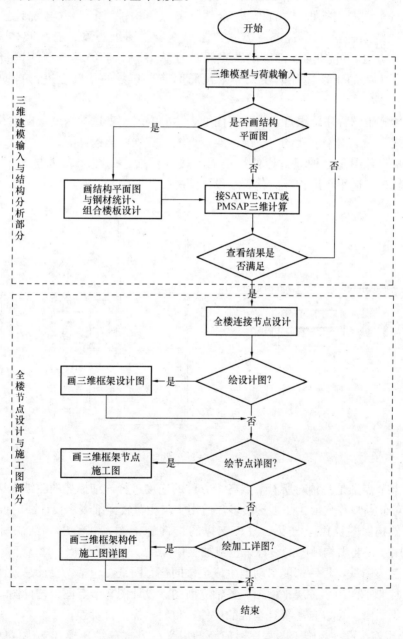

图 5.5-2　三维框架设计基本流程图

第二节   三维框架连接设计与施工图

一、功能与改进

框架"全楼节点设计"模块程序能够自动读取三维框架采用 SATWE、TAT 或 PMSAP 三维分析内力结果，并根据用户选择的连接设计参数，自动判断各种连接类型，自动进行全楼的连接设计，自动对全楼的节点、构件进行归并与统计。程序对最终的连接设计结果提供了多种查看方式：图形查看、图纸查看、三维实体模型查看、图形点取文本查看，并提供了详细的节点设计计算书。对于局部节点的连接参数、连接类型提供了人为的干预途径，在人为干预局部节点参数的基础上进行自动设计、归并与生成计算书。

三维框架施工图程序，根据设计需要图纸表达的方式与表达的深度，提供了三套施工图的表达方式：三维框架设计图、三维框架节点图、三维框架构件图。

三维框架设计图是一种只对构件端部的连接进行描述的图纸表达方式（图 5.5-3），相对图纸量较少，适用于出相对简化表示设计图的设计单位。

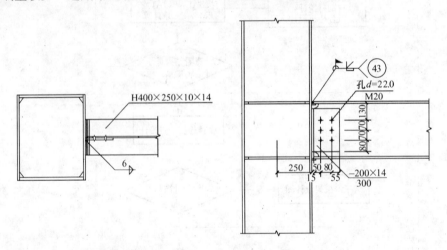

图 5.5-3   三维框架设计图

三维框架节点图是一种对所有节点各个方位的连接进行详细描述的图纸表达方式（图 5.5-4），相对节点归并数量、图纸量较多，适用于出相对较详细表示设计图的设计单位。

三维框架构件图提供全楼梁、柱、支撑的构件施工图，并给出详细的材料表（图 5.5-5）。适用于需要出构件图的设计单位或加工单位。

对于这三类图纸，程序都能自动地生成全楼的全套图纸，包括：设计总说明、预埋锚栓布置图、柱脚平面图、各层平面图、各轴立面图、设计图、节点图或构件图，并进行汇总，生成图纸目录。可以自动统计全楼的构件、材料，提供订货表。

08 版全楼连接设计与施工图程序适应新的广义层方式三维建模，支持越层柱、越层支撑模型的连接设计与施工图，任意层直接落地的柱脚程序能够自动判断，并进行柱脚设

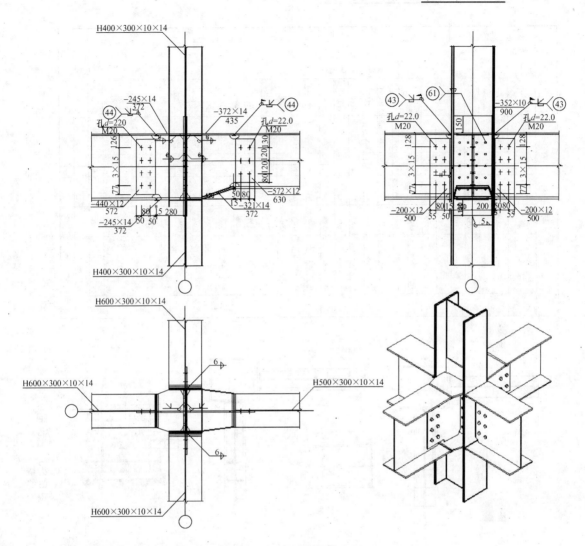

图 5.5-4　三维框架节点图

计，柱脚有支撑汇交时，自动采用柱与支撑的合力进行柱脚设计。

从连接设计方面，08 版新增连接设计类型：（1）钢梁与混凝土柱、墙的连接设计；（2）槽钢次梁与工形主梁的连接设计；（3）双槽钢柱的连接设计。对于 H 形柱弱轴与梁刚接，极限承载力不满足时，增加了自动调整节点板的厚度。节点域验算不满足时，程序自动对节点域进行了补强。

对框架结构考虑抗震情况下，08 版改进对于部分不需要考虑抗震的连接，程序自动取消抗震极限承载力的校核，这些连接部位包括：悬挑梁端部与框架柱的连接、次梁与主梁的连接、连续次梁的拼接。

08 版改进了对全楼节点设计查询方式：（1）可以在图形上直接点取查询连接设计计算书；（2）在节点设计结果查询中，新增图纸查看方式与三维模型查看方式，不用进入施工图程序就能查看最终的图纸与连接后的三维实体模型。

从施工图绘制方面，08 版改进了部分施工图图纸的表达，新增连接类型的施工图。改进了施工图程序进入与绘制的方式，加速了施工图程序的进入。

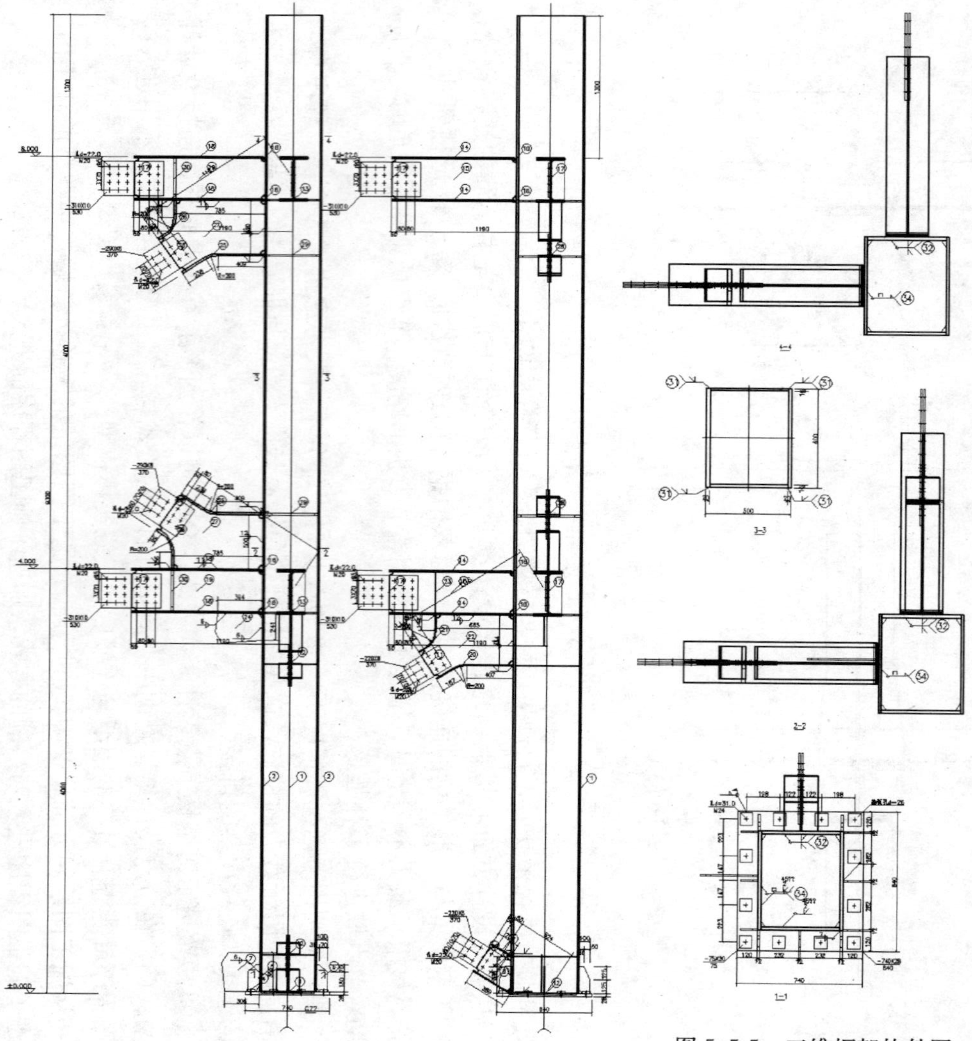

图 5.5-5 三维框架构件图

材 料 表

构件编号	零件编号	规格	钢号	长度(mm)	数量 正	数量 反	重量(kg) 单重	重量(kg) 共重	总重	备注
GZ2	1	−468x20	Q235B	9272	2		681.270	1362.540	4669.466	
	2	−600x20	Q235B	9272	2		1091.778	2183.556		
	3	−740x28	Q235B	840	1		136.628	136.628		
	4	−75x20	Q235B	75	12		0.883	10.596		
	5	−100x12	Q235B	250	6		1.997	11.982		
	6	−100x12	Q235B	250	6		2.061	12.366		
	7	−337x10	Q235B	355	1		8.785	8.785		
	8	−200x8	Q235B	394	1		4.913	4.913		
	9	−200x8	Q235B	209	1		2.590	2.590		
	10	−284x10	Q235B	370	1		6.373	6.373		
	11	−220x8	Q235B	370	4		5.112	20.448		
	12	−468x8	Q235B	560	3		16.289	48.867		
	13	−468x14	Q235B	560	2		28.506	57.012		
	14	−250x14	Q235B	1095	4		29.950	119.800		
	15	−372x10	Q235B	1100	2		31.834	63.668		
	16	−30x8	Q235B	250	8		0.471	3.768		
	17	−310x10	Q235B	530	8		12.898	103.184		
	18	−250x14	Q235B	1145	4		31.324	125.296		
	19	−372x10	Q235B	1150	2		33.294	66.588		
	20	−200x8	Q235B	714	1		8.975	8.975		
	21	−200x8	Q235B	425	1		5.341	5.341		
	22	−568x10	Q235B	809	1		27.134	27.194		
	23	−120x8	Q235B	372	1		2.719	2.719		
	24	−269x10	Q235B	416	1		7.951	7.951		
	25	−200x20	Q235B	780	2		24.499	48.998		
	26	−200x20	Q235B	446	2		14.017	28.034		
	27	−650x10	Q235B	909	2		34.651	69.302		
	28	−290x8	Q235B	370	4		6.738	26.952		
	29	−468x20	Q235B	560	2		40.723	81.446		
	30	−120x20	Q235B	372	2		6.797	13.594		

本图构件重：4669.466kg

二、连接节点形式

在三维节点设计中，08 版本能够完成节点设计类型有：

➢ 柱脚设计：能够完成焊接组合 H 形、普通工字钢、H 型钢、箱形、圆钢管、十字形、双槽钢口对口和双槽钢背对背截面柱的柱脚设计，能够设计的柱脚类型包括：外露式、外包式和埋入式柱脚类型。

➢ 梁柱连接节点设计：能够完成焊接组合 H 形、普通工字钢、H 型钢、箱形、圆钢管、十字形、双槽钢口对口和双槽钢背对背截面柱与工形、H 形截面梁的梁柱节点进行设计，还能完成 H 形钢梁与混凝土柱、墙的连接设计。

➢ 梁梁连接节点：能够完成工形、H 形截面主次梁之间的简支铰接或连续主次梁节点的设计，能够完成槽钢次梁与 H 形主梁的铰接连接设计。

➢ 柱拼接设计：能够完成焊接组合 H 形、普通工字钢、H 型钢、箱形、圆钢管和十字形截面柱的拼接设计。

➢ 梁拼接设计：能够完成焊接组合 H 形、普通工字钢、H 型钢截面的梁拼接设计。

➢ 支撑连接设计：能够完成 H 形、角钢及组合、槽钢及组合、圆管截面支撑连接设计。

对于不在以上所列范围内的连接形式，程序将放弃该节点的设计。

下面对所有的连接设计类型的分别作简要的说明：

1. 08 版新增节点类型

（1）钢梁与混凝土柱、混凝土墙的连接（图 5.5-6）

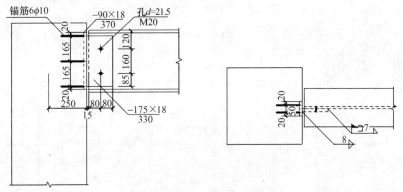

图 5.5-6　钢梁与混凝土构件连接

能够完成钢梁与混凝土柱、混凝土墙的铰接、固接连接设计，进行锚筋、锚板、连接板、安装螺栓的设计计算。锚筋、锚板的设计按照《混凝土结构设计规范》（GB 50010—2002）第 10.9 节进行，能够计算给出锚筋的直径、根数与排布，锚筋的锚固形式与锚固长度程序没有强行指定，可以根据混凝土规范要求自行确定。

（2）槽钢次梁的连接（图 5.5-7）

能够完成槽钢次梁与工形主梁的铰接连接形式设计。

（3）双槽钢背对背柱脚连接（][）（图 5.5-8）

能够完成背对背双槽钢柱的铰接、固接柱脚连接形式设计。

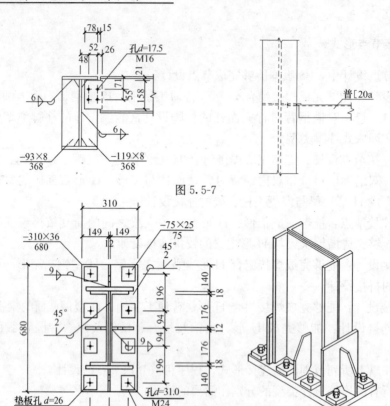

图 5.5-7

图 5.5-8   双槽钢背对背柱脚

（4）双槽钢口对口柱脚连接（[]）（图 5.5-9）

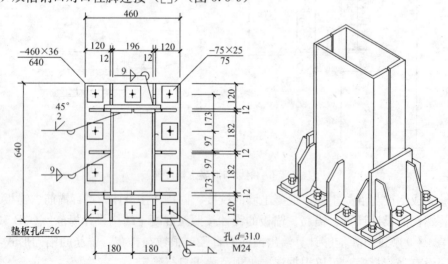

图 5.5-9   双槽钢口对口柱脚

能够完成口对口双槽钢柱的铰接、固接柱脚连接形式设计。

（5）双槽钢柱与工形梁的连接（图 5.5-10）

能够完成背对背、口对口双槽钢柱与工形梁的铰接、固接连接设计。

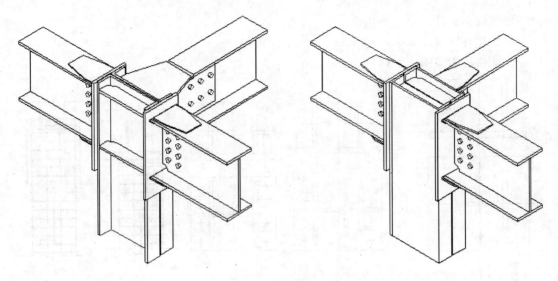

图 5.5-10　双槽钢柱与梁连接

2. 05 版节点类型

（1）柱脚节点

① 箱形截面柱

◇ 铰接柱脚（图 5.5-11）。

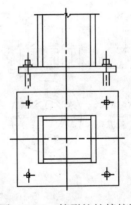

图 5.5-11　箱形柱铰接柱脚

◇ 固接柱脚（图 5.5-12）。

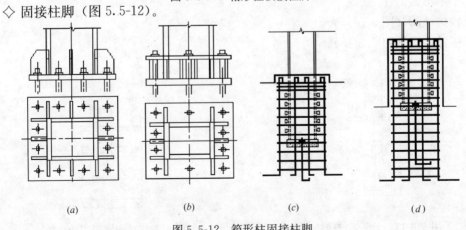

(a)　　　　　　(b)　　　　　　(c)　　　　　　(d)

图 5.5-12　箱形柱固接柱脚

② 工形截面柱

◇ 铰接柱脚（图 5.5-13）。

◇ 固接柱脚（图 5.5-14）。

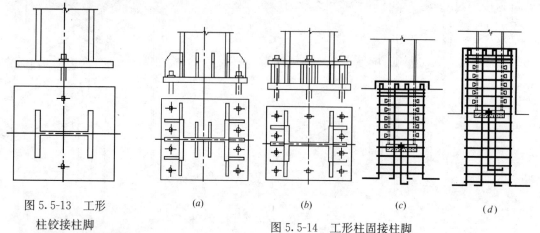

图 5.5-13　工形
柱铰接柱脚

(a)　　　　(b)　　　　(c)　　　　(d)

图 5.5-14　工形柱固接柱脚

③ 圆钢管截面柱

◇ 铰接柱脚（图 5.5-15）。

◇ 固接柱脚（图 5.5-16）。

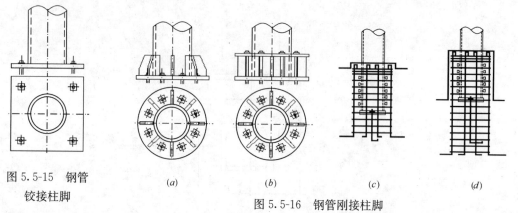

图 5.5-15　钢管
铰接柱脚

(a)　　　　(b)　　　　(c)　　　　(d)

图 5.5-16　钢管刚接柱脚

④ 十字形截面柱

◇ 铰接柱脚（图 5.5-17）。

◇ 固接柱脚（图 5.5-18）。

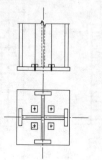

图 5.5-17　十字形铰接柱脚

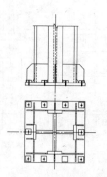

图 5.5-18　十字形固接柱脚

（2）梁柱连接节点设计

① 箱形柱与工形梁连接节点

◇ 铰接连接（图 5.5-19）。

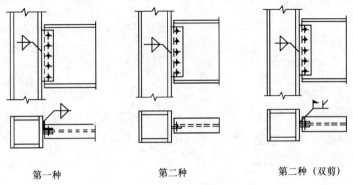

第一种　　　　　第二种　　　　　第二种（双剪）

图 5.5-19　箱形柱与工形梁铰接连接

◇ 固接连接（图 5.5-20）。

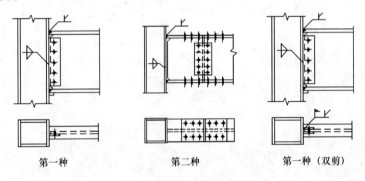

第一种　　　　　第二种　　　　　第一种（双剪）

图 5.5-20　箱形柱与工形梁刚接连接

② 工字形（十字形）柱与工形梁连接节点

◇ 铰接连接：

工字形柱强轴连接连接形式（图 5.5-21）。

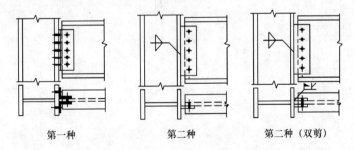

第一种　　　　　第二种　　　　　第二种（双剪）

图 5.5-21　工形柱强轴与钢梁铰接连接

工字形柱弱轴连接连接形式（图 5.5-22）。

◇ 固接连接：

工字形柱强轴连接连接形式（图 5.5-23）。

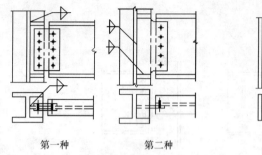

第一种 　　　　　 第二种

图 5.5-22　工形柱弱轴与钢梁铰接

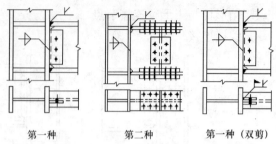

第一种 　　　 第二种 　　　 第一种（双剪）

图 5.5-23　工形柱强轴与钢梁固接

工字形柱弱轴连接连接形式（图 5.5-24）。

③ 钢管柱与工形梁连接节点

◇ 铰接连接（图 5.5-25）。

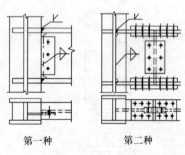

第一种 　　　　　 第二种

图 5.5-24　工形柱弱轴与钢梁固接

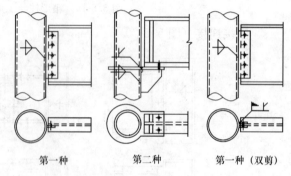

第一种 　　　 第二种 　　　 第一种（双剪）

图 5.5-25　钢管柱与钢梁铰接

◇ 固接连接（图 5.5-26）。

④ 十字形柱与工形梁连接节点

◇ 铰接连接（图 5.5-27）。

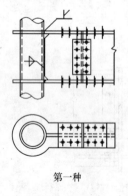

第一种

图 5.5-26　钢管柱
与钢梁固接

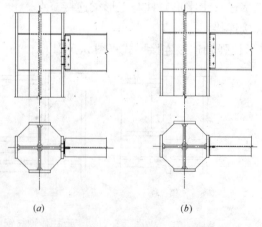

(a) 　　　　　 (b)

图 5.5-27　十字形柱与钢梁铰接

◇ 固接连接（图 5.5-28）。

(3) 支撑连接节点设计

①角钢、槽钢截面支撑

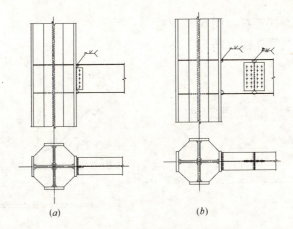

图 5.5-28　十字形柱与钢梁固接

类型 A：支撑构件自身连接

采用角焊缝、普通螺栓、高强度螺栓连接

类型 B：支撑与梁柱连接（图 5.5-29）

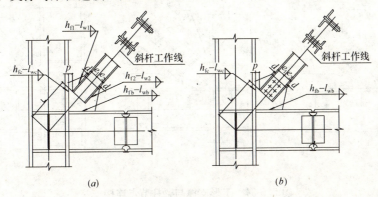

图 5.5-29　支撑与梁柱节点连接

类型 C：单支撑与柱连接（图 5.5-30）

类型 D：双支撑与柱连接（图 5.5-31）

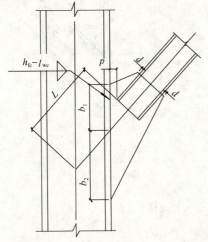

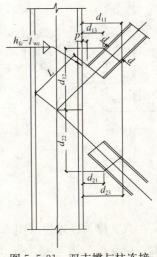

图 5.5-30　单支撑与柱连接　　　　图 5.5-31　双支撑与柱连接

类型 E：单支撑与梁连接（图 5.5-32）
类型 F：双支撑与梁连接（图 5.5-33）

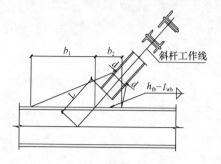

图 5.5-32   单支撑与梁连接

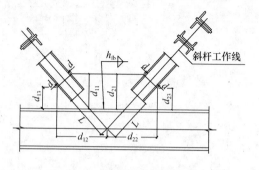

图 5.5-33   双支撑与梁连接

②工字形截面支撑
类型 A：支撑与梁柱节点连接（图 5.5-34）

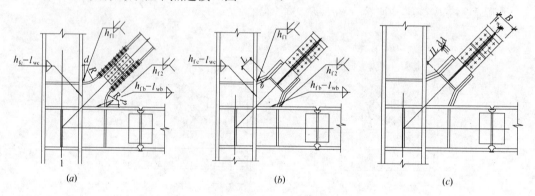

图 5.5-34   工形支撑与梁柱节点连接

类型 B：单支撑与柱连接（图 5.5-35）

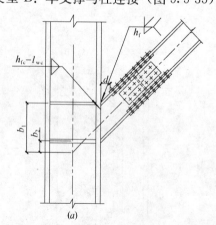

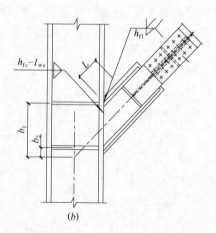

图 5.5-35   工形支撑与柱连接

类型 C：双支撑与柱连接（图 5.5-36）
类型 D：单支撑与梁连接（图 5.5-37）

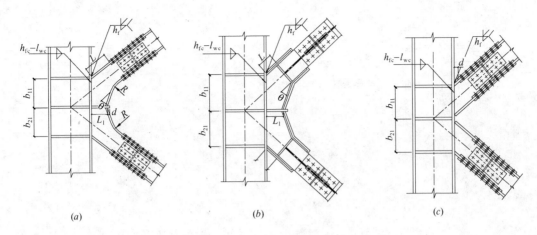

图 5.5-36 双工形支撑与柱连接

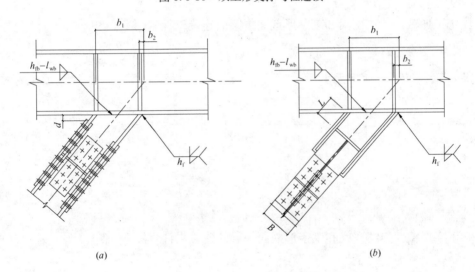

图 5.5-37 工形支撑与梁连接

类型 E：双支撑与梁连接（图 5.5-38）

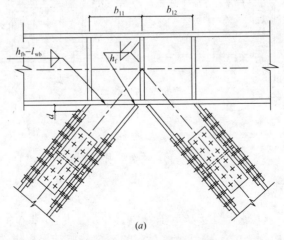

(a)

图 5.5-38 双工形支撑与梁连接

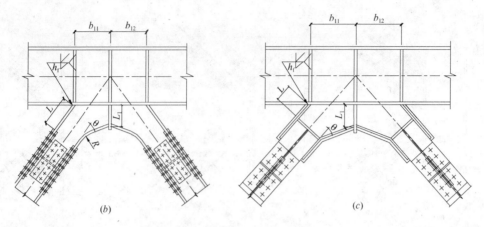

图 5.5-38（续）　双工形支撑与梁连接

（4）主次梁连接节点设计

① 工字形截面简支次梁和工字形截面主梁的连接设计（图 5.5-39）

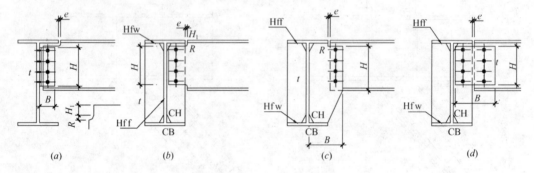

图 5.5-39　主次梁铰接连接

② 工字形截面连续次梁和工字形截面主梁的连接设计（图 5.5-40）

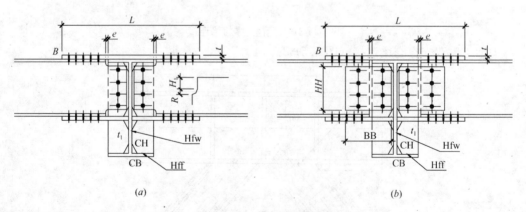

图 5.5-40　主次梁刚接连接

三、全楼节点设计

在用 SATWE、TAT 或 PMSAP 三维分析完成后，即可进入全楼节点设计，全楼节点设计程序能够自动根据当前工程目录内存在的三维分析结果提供选择，根据选择自动读取三维分析内力，然后采用这个内力进行全楼节点设计。如图 5.5-41 所示。

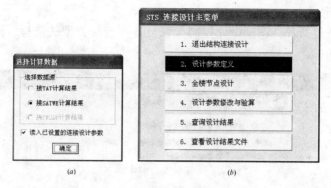

图 5.5-41 全楼节点设计界面

全楼节点设计操作流程如图 5.5-42 所示。

全楼节点设计操作流程

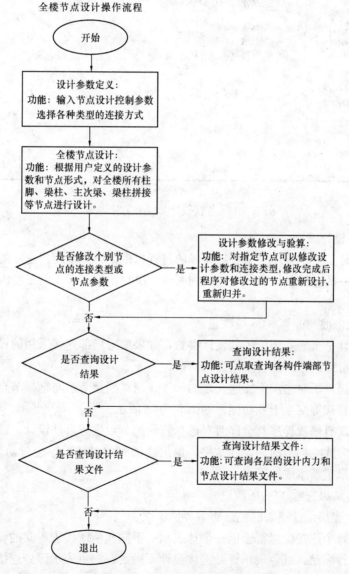

图 5.5-42 全楼节点设计操作流程图

1. 设计参数定义

设计控制参数包括各类连接设计控制参数与各类连接类型的选择。图 5.5-43 为连接设计参数定义对话框。

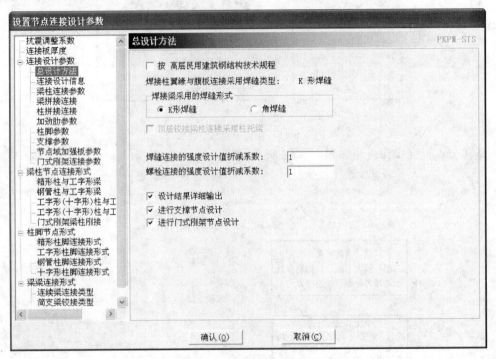

图 5.5-43   连接设计参数定义对话框

2. 全楼节点设计

全楼节点设计是一个程序完全自动完成的过程，根据第一步用户选定的设计参数，程序对全楼采用统一的连接设计参数，自动判断连接类型，根据读入的三维内力，自动进行全楼节点设计。

3. 设计参数修改与验算（08 版改进）

全楼节点设计是全楼采用统一的设计参数，如果要对局部连接采用的设计参数或连接类型进行修改，可以进入到这一步内进行修改。

本项菜单还提供了对主次梁支座关系的修改、门式刚架节点与框架节点相互转换、取消门式刚架梁梁拼接等交互干预功能。如图 5.5-44 所示。

本项菜单的所有修改程序都会即时对选择修改的节点进行自动设计，通过点取"连接查询"可以文本方式查询当前的设计结果。退出这项菜单时，程序会自动进行全楼归并，并根据修改的结果重新生成计算书。

4. 连接设计结果查看（08 版改进）

图 5.5-45 为连接设计结果的图形查看界面。

图形界面上每个连接位置都会以一个球表示，不同颜色球代表不同的设计信息，绿色表示该处连接设计满足，红色表示该处连接设计不满足，白色表示该处连接没有设计或无法设计。

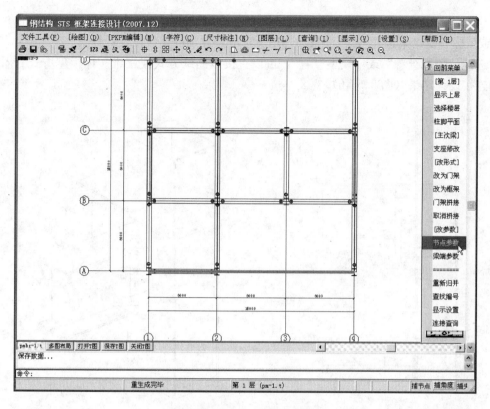

图 5.5-44　设计参数修改

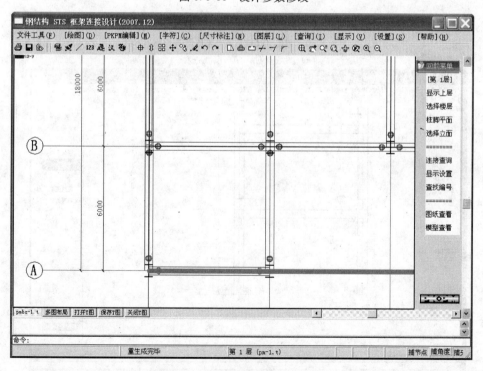

图 5.5-45　连接设计结果查看

选择"连接查询",可以在图形上直接点取要查询的连接位置（可以一次多选，按 Esc 或鼠标右键结束选择），程序自动弹出所选节点详细的连接设计计算书。

选择"图纸查看"或"模型查看"，可以直接以图纸方式或三维实体模型方式查看最终的连接设计结果（图 5.5-46）。

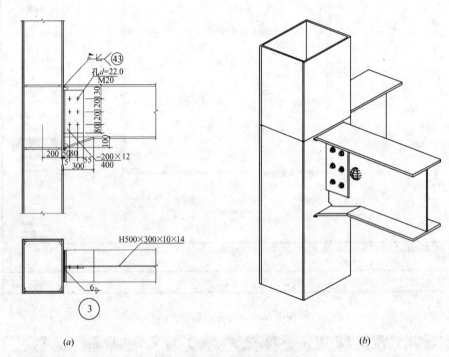

图 5.5-46 设计结果图形查看

(a) 图纸查看；(b) 模型查看

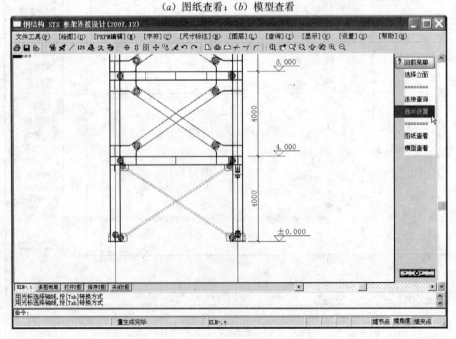

图 5.5-47 设计结果立面查看

选择"显示设置"可以设置查看的图形显示方式为详细所有连接信息,"选择立面"可以按立面的方式对设计结果进行查看(图5.5-47)。

"查询设计结果文件"提供对连接设计结果详细的文本查看,为设计结果提供计算书(图5.5-48)。

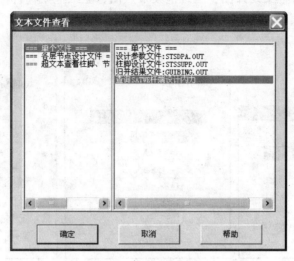

图5.5-48 设计结果文本查看

"查询设计结果文件"提供对连接设计结果详细的文本查看,为设计结果提供计算书。通过查询杆端设计内力,还能查询到读取过来用于连接设计的三维分析内力结果,柱脚当有支撑时,柱脚设计内力为柱与支撑的合力(图5.5-49)。

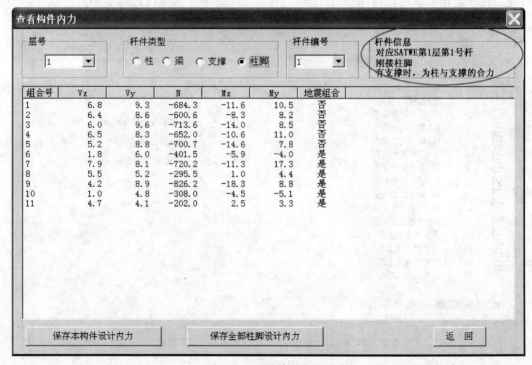

图5.5-49 设计内力查看

四、三维框架施工图

三维框架施工图程序，根据设计需要图纸表达的方式与表达的深度，提供了三套施工图的表达方式：三维框架设计图、三维框架节点图、三维框架构件图。图 5.5-50 所示为生成三类图纸的主菜单。

图 5.5-50

(a) 三维框架设计图菜单；(b) 三维框架节点图菜单；(c) 三维框架构件图菜单

对于这三类图纸，程序都能自动地生成全楼的全套图纸，并进行图纸统计，生成图纸目录，也能根据需要选择局部绘制（图 5.5-51）。能够统计全楼材料与构件表。

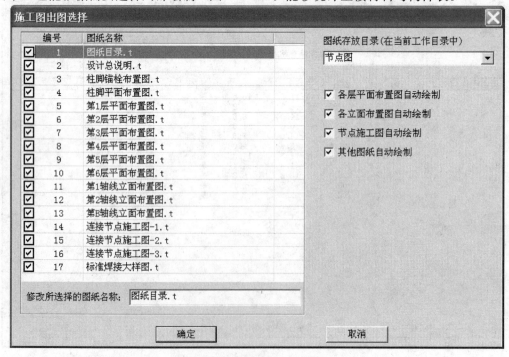

图 5.5-51   自动统计生成全套图纸

第三节 二维框架连接节点设计与施工图

一、功能与改进

二维框架节点设计与施工图程序能够接力"PK交互输入与优化计算"的二维建模与分析结果，进行平面框架的节点设计与施工图。

08版采用了与三维框架节点设计相一致的节点设计内核与施工图平台，主要改进点：

（1）适用于三维框架连接设计所有连接类型；

（2）连接设计内容与方式、计算书的表达与三维框架节点设计相一致；

（3）节点、构件施工图的表达方式也与三维框架施工图相一致，也具备了最终连接设计结果的实体三维查看模式；

（4）解决了门式刚架连接与框架连接同时存在的混合结构的二维连接设计与施工图。

二、操作方法

08版的二维框架节点设计与施工图，分为两个菜单，如图5.5-52所示。

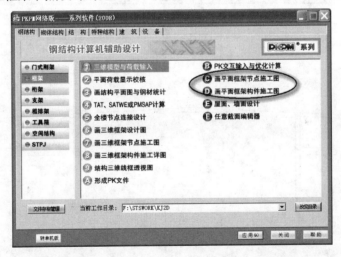

图5.5-52 二维框架施工图设计进入菜单

这两个菜单可以根据设计需要各自独立使用，也可一起使用，二者中的连接设计结果是可以相互读取的，在读取连接设计结果的情况下，保证节点施工图与构件施工图是相吻合的。

在完成"PK交互输入与优化计算"后，即可点取"画平面框架节点施工图"菜单，进入平面框架节点设计与施工图绘制程序，也可以直接进入"画平面框架构件施工图"菜单。图5.5-53（a）、（b）分别为"画平面框架节点施工图"、"画平面框架构件施工图"运行主菜单。

1. 节点设计

点取"节点设计"，进入连接设计设置界面，如图5.5-54所示。

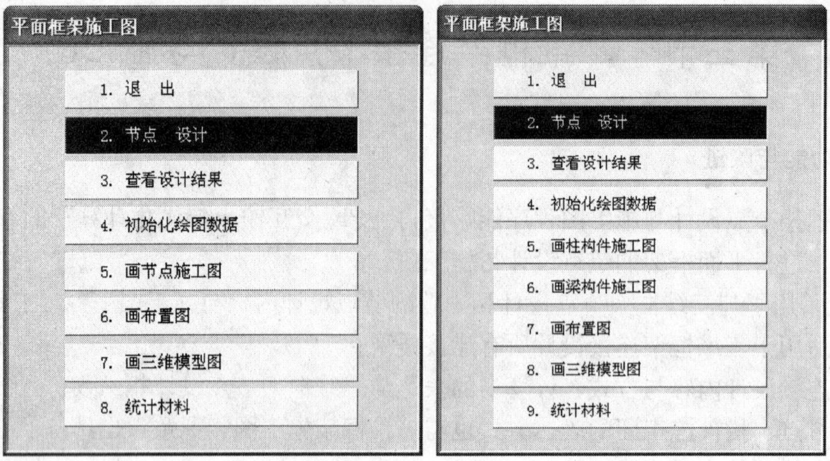

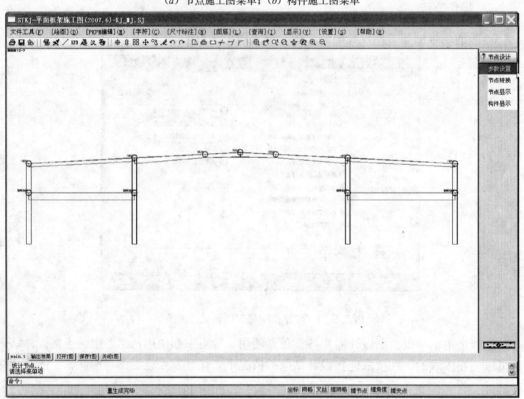

图 5.5-53

（a）节点施工图菜单；（b）构件施工图菜单

图 5.5-54　节点设计程序界面

　　点取"参数设置"进行框架连接设计、施工图参数进行设置。参数设置中各项参数基本与三维框架节点设计相同，对于可修改的节点样式，是根据实际模型中出现的节点类型来提供（图 5.5-55）。

　　根据连接设计参数的选择，当在总设计方法中选择进行门式刚架节点设计时，程序会

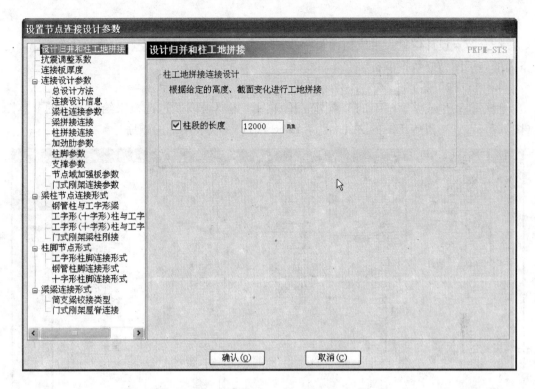

图 5.5-55　连接参数设置对话框

自动判断可能采用门式刚架端板连接的位置，自动采用门式刚架节点连接，并在图上所有节点位置标出该节点所采用的节点类型（门刚节点、框架节点）。点取"节点转换"可以对节点进行从门式刚架节点→框架节点，或是框架节点→门式刚架节点。这种转换只限于焊接工字钢的梁柱连接节点转换，对于无法转换的节点，修改时会在下侧信息栏给出无法转换的提示。

2. 设计结果查看（图 5.5-56）

单柱查看　用户在点选该菜单以后，选择需要输出的柱子（这里程序是按照柱的轴线捕捉，所以点选柱子的时候注意原网格轴线的位置），程序自动按照该柱子上柱段的顺序，输出所有的非梁柱、梁梁连接的节点设计结果，用户可以在工作目录下找到 SINGLECOLM-柱号.OUT这个文件。

单梁查看　选择该项后，选择需要输出的梁段，程序自动输出该梁段两端对应的梁柱和梁梁节点的设计结果，用户可以在工作目录下找到 SINGLEBEAM-梁号.OUT这个文件。

| 单柱查看 |
| 单梁查看 |
| 支撑查看 |
| 次梁查看 |
| 节点域 |
| 全部节点 |
| 节点显示 |
| 构件显示 |

图 5.5-56

支撑查看　选择该项后，选择需要输出的支撑构件，程序自动输出支撑两端的连接设计结果，用户可以在工作目录下找到 SINGLEBRACE-支撑号.OUT这个文件。

节点域　选择该项后，如果结构中存在节点域数据，则可以全部输出。用户可以在工作目录下找到 SINGLESF-节点域序号.OUT这个文件。

全部节点　这个结果文件中将包含所有的设计节点信息，用户可以在工作目录下找到 ALLCOLM.OUT这个文件。

3. 初始化绘图数据

结合节点设计信息，生成构件及零件三维模型数据，进行节点、构件归并等工作，为下面的施工图做好数据准备。

4. 节点施工图

程序自动生成整个框架的节点施工图详图，用户可以通过选择来绘制需要的节点图（图 5.5-57）。节点施工图的文件名为：node＊.t，＊代表图纸的顺序号。

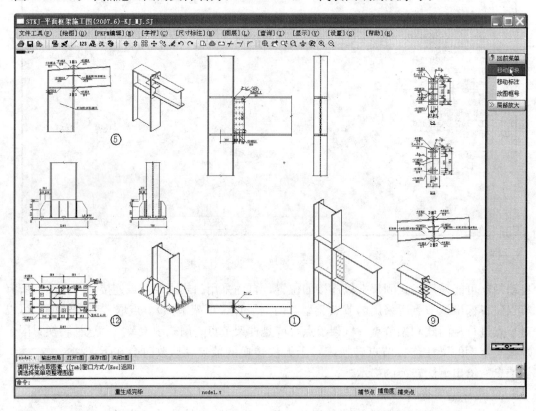

图 5.5-57　节点施工图

5. 画布置图

如图 5.5-58 所示，图中画出了一榀结构的立面图，立面图上表示了柱子自身的结构形式及层次关系。图中包括了柱段的标高、长度及截面表。截面表画出了每根柱段的截面类型、参数及材料。

屏幕右侧的菜单项"节点号"和"柱号"是图中显示节点归并号和柱号的开关，交替点击交替显示。布置图的文件名为：KLM－＊.T，＊代表轴线号。

6. 梁/柱构件施工图

在进入"画平面框架构件施工图"菜单时，如果进行过节点施工图，程序会提示"是否读取原设计数据"，选"是"时可以直接读取节点图的连接设计结果。

程序根据用户选择，生成指定构件的施工图和材料表。如图 5.5-59 所示。构件施工图的文件名为：column＊.t、Beam＊.t，代表图纸的顺序号。

7. 画三维模型图

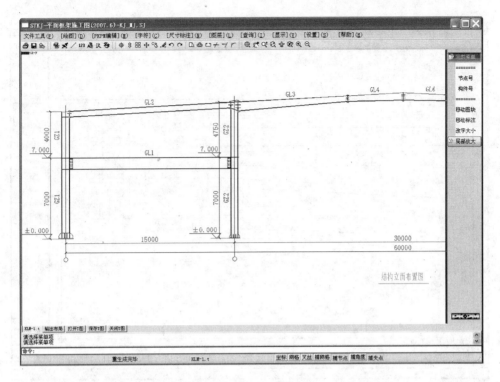

图 5.5-58　立面布置图

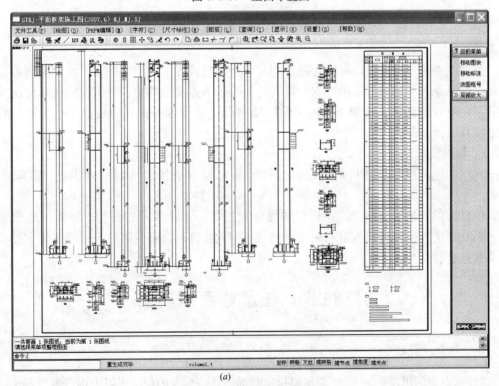

(a)

图 5.5-59　构件施工图

(a) 柱构件施工图

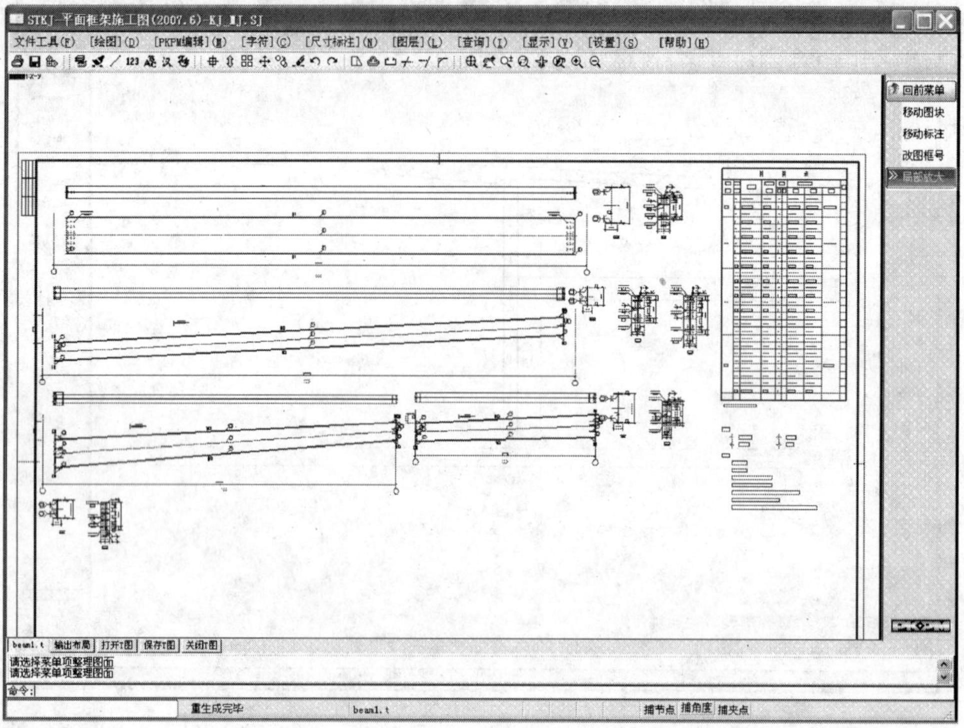

(b)

图 5.5-59 构件施工图（续）

(b) 梁构件施工图

点取图中的节点或柱段可以绘制出相应节点和柱段的三维模型图，三维模型图可以显示为三维线条图和三维渲染图，它们真实地反映了节点或构件中各种零件的实际情况及相互关系，配合键盘的 Ctrl 键及鼠标滚轮的操作可以进行各种角度的观察，查看节点的细部结构及连接情况。

8. 材料统计

此项功能可进行全部材料的精确统计，给出材料统计表，钢材订货表，高强度螺栓表。

钢材订货表包括型钢构件，构件的翼缘、腹板、连接板、加劲肋、顶板、垫板等材料。钢材订货表根据材料类型和钢板厚度从小到大排列。高强度螺栓表按照螺栓直径、长度及数量进行排列。

第四节 任意截面编辑器

一、功能及流程

"任意截面编辑器"为 08 版新增模块，截面形状与截面的构成可以由用户自行定义，每个截面的构成可以由钢板、各类型钢、任意多边形部件进行任意组合。定义完成的任意截面可以参与到三维模型输入、荷载导算与三维内力分析，但是不进行构件校核与配筋计算。

"任意截面编辑器"在用户定义编辑截面过程中，系统会根据生成的截面自动计算形心、惯性矩、惯性积、线重度等截面特性，并且能将截面导入到模型中完成整体计算及绘图。

编辑器提供了型钢截面、自定义 H 型、自定义箱型、自定义圆管、自定义十字形截面、钢板、自绘截面等多种基本截面类型，作为零件用于构成任意截面。其中每个零件都有独立的属性，已添加的零件依然可以移动、编辑、删除，并且接后面的建模计算绘图时，任意截面可以拆分到每个零件。编辑器同时提供了辅助线功能，方便用户精确布置零件的位置。底图功能可以调入一张 T 图作为参考，方便绘制自绘截面等。最终生成的任意截面保存到用户截面库，方便调用或重新读入编辑。用户还可以对截面库中的任意截面进行管理，重新定义截面名称并能手动修改该截面的截面特性。

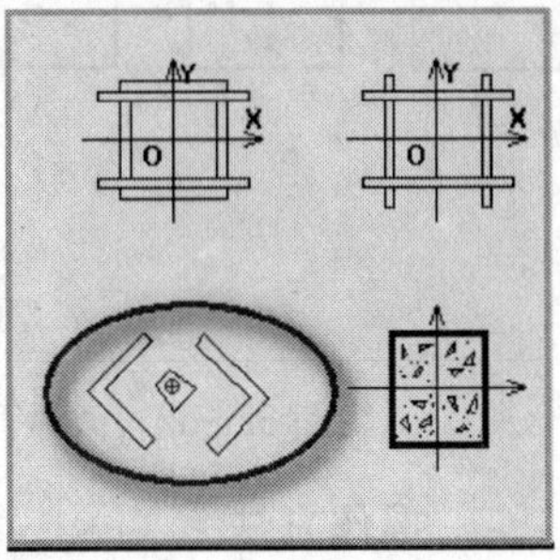

注意：每个任意截面可以最多添加 10 个零件，每个自绘截面零件最多可以有 20 个顶点。

使用任意截面的过程是，首先在任意截面编辑器中定义、编辑、保存截面，然后在框架建模程序的布置构件中选择定义任意截面类型的构件（如图 5.5-60 所示），调入任意截面库中保存的截面，就可以布置构件了。

图 5.5-60　任意截面定义按钮

图 5.5-61 所示为任意截面编辑器的操作右侧菜单与基本操作流程。

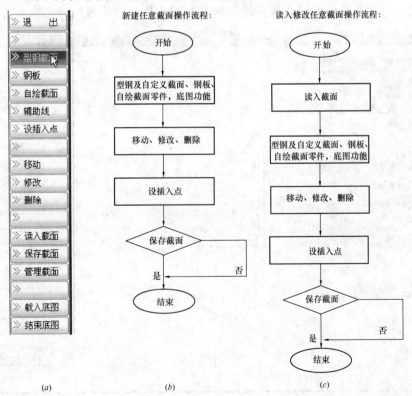

(a)　　　　　　　　(b)　　　　　　　　(c)

图 5.5-61　任意截面定义与编辑

（a）任意截面定义右侧菜单；（b）新截面定义流程；（c）截面编辑流程

型钢截面、钢板、自绘截面、辅助线、设插入点这几个菜单项用于添加零件、辅助线等操作。移动、修改、删除菜单项可以对已添加的零件进行编辑。读入截面、保存截面、

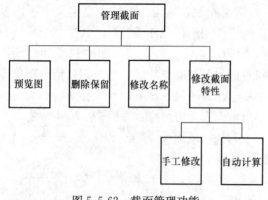

管理截面菜单项可以完成对任意截面库的存取和管理操作。载入底图和结束底图可以使用一张 T 图作为参考图，方便对任意截面进行定位，绘制。这个功能在需要定义复杂的自绘截面，而又有相关图纸可以作为参考的时候十分有用。下侧提示区显示当前工作状态。命令行可以在绘制辅助线、任意截面时直接输入线段的长度，线段会沿指定方向按输入长度绘制。

图 5.5-62　截面管理功能

管理截面的功能如图 5.5-62 所示。

二、操作方法

1. 型钢截面

可以选择型钢截面或自定义截面作为零件，规格和组合间距项可以调整型钢的规格。使用翻转和旋转角度可以将零件摆放成需要的形式。如图 5.5-63 所示。

选择自定义 H 型钢、箱型钢、圆管钢、十字形钢时，则弹出相应参数修改对话框（图 5.5-64）。选中的截面可以直接在绘图区点左键布置，修改规格、尺寸后的截面可以

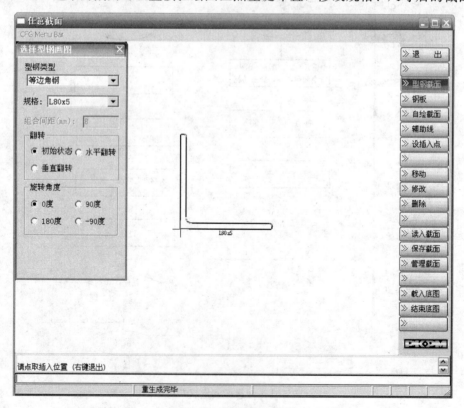

图 5.5-63　型钢截面部件插入

在布置前直接看到调整结果。系统将自动标注零件规格。

2. 钢板

可以调整钢板的宽、高和角度。系统标示了钢板的宽高（图5.5-65）。

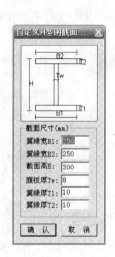

图5.5-64　自定义截面部件　　　　　　　　　图5.5-65　钢板部件

3. 自绘截面

自绘截面可以让用户定义任意形状截面的零件，可以直接在交互区点取定义截面的顶点，也可以沿指定方向直接输入距下一个顶点的距离（图5.5-66）。一个自绘截面最多可以定义20个顶点。当单击右键，将自动把最后一点与起点闭合，另外当左键点击的位置

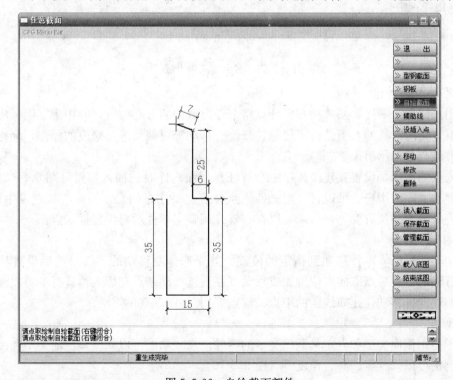

图5.5-66　自绘截面部件

和起点距离小于 1，也将自动闭合截面。当顶点数量少于 3 个，将不能生成自绘截面零件。需要注意的是，不要将两条边交叉，否则计算截面特性时可能会出错。

4. 辅助线

辅助线本身并不是任意截面的一部分，存盘时也不保存。可以输入数字来准确定义辅助线的长度。结合移动功能，可以帮助用户精确绘制及定位零件的位置（图 5.5-67）。

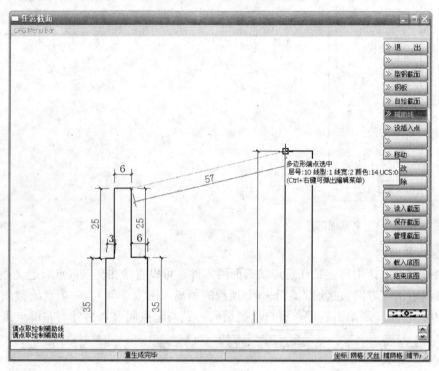

图 5.5-67　截面定义辅助线

5. 形心及插入点

当用户添加了零件，系统将自动计算整个任意截面的形心位置，并用十字线标出。形心的位置是实时计算的，当进行了删除、修改、移动等对截面进行修改的操作，同样也会重新计算形心并标示出来。

插入点的作用是设置在建模程序中布置任意截面构件时的插入位置（图 5.5-68）。默认放在形心上，但用户也可以自己定义插入点位置。要注意的是，当形心位置发生变化，插入点将跟随形心位置变化，所以可以在布置并调整完零件后再设置插入点。

6. 移动

移动功能可以将零件移动到指定的位置。首先选择要移动的零件，然后设置移动基点，进行移动，最后点取插入位置完成移动（在设置移动基点和插入位置时都可以利用捕捉点，实现准确移动，比如线段的中点、端点等）。如图 5.5-69 所示。

7. 修改

对于型钢截面类型和自定义截面类型的零件，修改功能可以调整零件的类型和尺寸参数等。钢板可以修改宽、高、角度等（图 5.5-70）。

对于自绘截面类型的零件，可以拖动选定的顶点。操作过程也是先选择零件，然后选

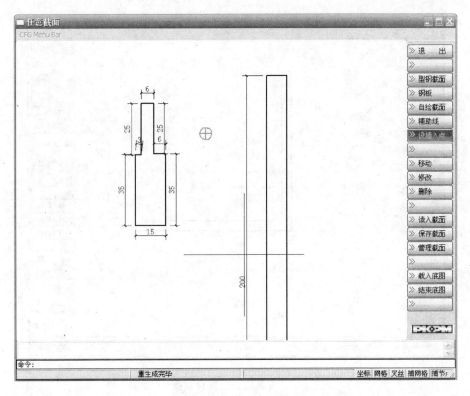

图 5.5-68 设置插入点

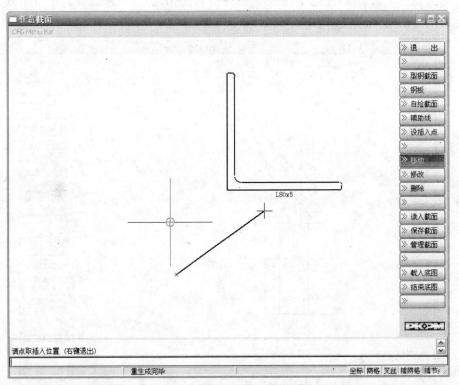

图 5.5-69 平移部件

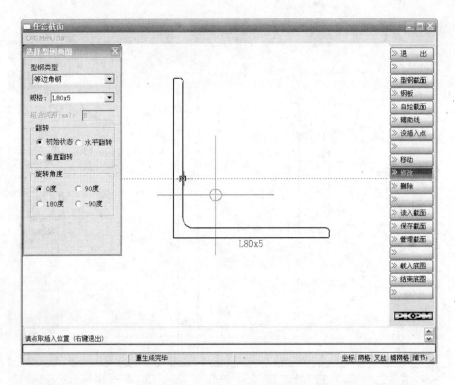

图 5.5-70　修改部件截面

择要拖动的顶点（如果没有捕获到顶点，则等待再次指定）。如果捕捉到了自绘截面零件的顶点，则可以拖动这个点到指定位置（图 5.5-71）。

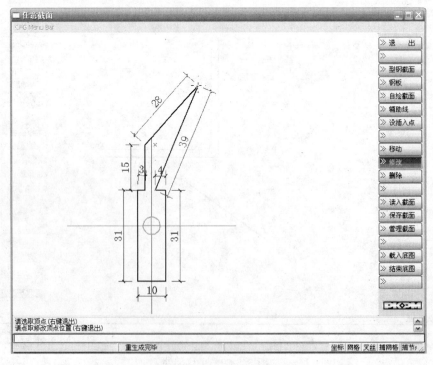

图 5.5-71　修改自绘部件截面

8. 删除

选中要删除的零件或辅助线，会提示是否删除，如果选"是"则删除，"否"则退出（图 5.5-72）。

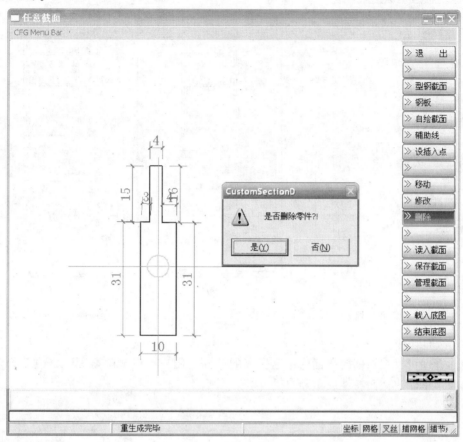

图 5.5-72 删除部件

9. 读入截面

用户可以从截面库中读取已经保存的任意截面，读入的截面可以继续编辑、修改。如果当前正在编辑的截面没有保存，系统会给出提示先保存截面或不保存而继续读入截面，如果选"是"，当前编辑的截面将会丢失（图 5.5-73）。

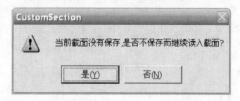

图 5.5-73

在读入截面对话框中，用户可以从截面库的列表中选取一个截面读入，当点击一个截面时，会显示这个截面的预览图（图 5.5-74）。

10. 保存截面

当前编辑的任意截面将保存在截面库中，截面名称不能与截面库中已有的截面的名称重名，否则将覆盖原截面。进入保存截面对话框，系统将提供一个默认的名字，这个名字和截面库中已经存在的截面的名称不重名。如果在列表中点击已经存在的截面，系统将会取这个截面的名称作为当前要保存的名字，同时显示选择到的截面浏览图，点击确定会提示是否覆盖这个截面。也可以直接编辑截面名称，同样如果重名点击确定将提示是否覆盖（图5.5-75）。

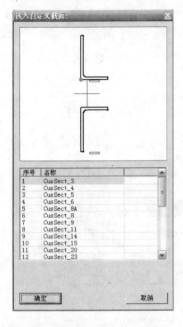

图5.5-74 已定义截面列表

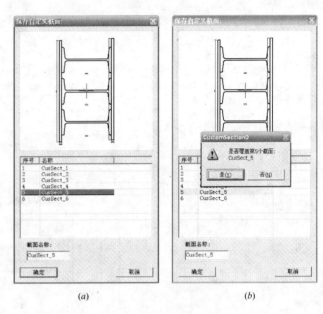

(a)　　　　　　　　　(b)

图5.5-75 保存截面

11. 截面管理

截面管理可以编辑修改截面库中已保存的截面。用户可以删除截面，修改截面名称，还可以在这里修改截面特性或重新自动计算（图5.5-76）。

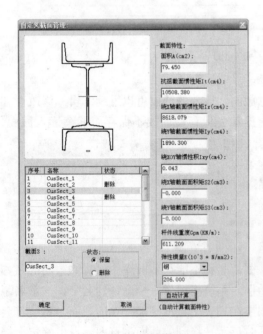

图5.5-76 截面管理

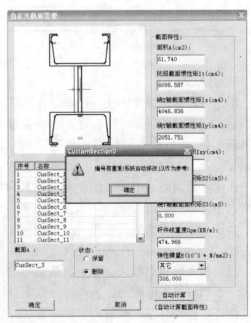

图5.5-77 修改截面名称

在列表中选择截面，系统将显示浏览图。点击删除，将会把这个截面的状态标示为删除。在编辑完成按确定后，标示为删除的截面将从截面库中删除。修改名字会做重名判断，如果和其他截面重名，系统会给出提示并自动修改成一个不重复的名称（图 5.5-77）。

为方便用户精确调整截面特性，可以手工修改截面面积 A，截面惯性矩 I_t，X 轴截面惯性矩 I_x，Y 轴截面惯性矩 I_y，绕 XOY 轴惯性积 I_{xy}，绕 X 轴截面面积矩 S_2，绕 Y 轴截面面积矩 S_3 和杆件线重度 G_{pm}，还可以定义截面的弹性模量并也可以手工修改。修改的结果将保存在截面库中。也可以自动计算恢复默认计算结果。

12. 退出

如果当前编辑截面零件数量大于 0，并且没有保存。退出时将给出提示，如果选"是"将弹出保存截面对话框，选"否"将不保存直接退出，选"取消"将退回到编辑界面（图 5.5-78）。

13. 导入截面

在建模中导入任意截面时，也可以对截面进行修改，除了没有删除功能，其他和截面管理功能相同（图 5.5-79）。同时，选中的截面将被导出。

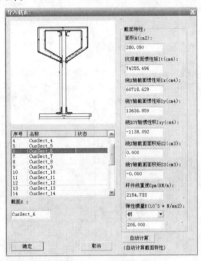

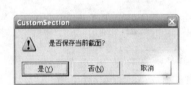

图 5.5-78　保存截面

图 5.5-79　导入已有截面

14. 使用底图功能

当自绘截面类型的零件形式比较复杂，或者当截面的各零件的定位关系不容易确定，而又有相关图纸可以作为参考的时候，可以使用底图功能，来辅助定义截面。底图是打开一张 T 图图纸，并和当前截面定义用的 T 图进行合并，这样就可以使用 T 图上的图形作为底图，通过描图方式方便地绘制自绘截面。操作步骤如下：

（1）载入底图，选择需要的图纸并读入（图 5.5-80）

（2）描图

如果截面形式非常复杂，超过自绘截面零件的最多 20 个顶点数量限制，可以用多个自绘截面分段绘制完成整个截面（图 5.5-81）。

（3）绘制完毕后，点击结束底图，就可以将作为底图的 T 图图纸关闭（图 5.5-82）

底图功能并不影响其他功能，也不是必须的步骤，底图不会和任意截面一起保存，它只起到为定义任意截面提供参考锚点的辅助作用。

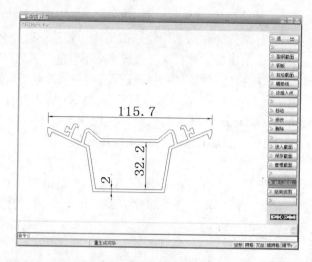

图 5.5-80 载入底图

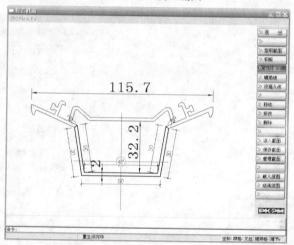

图 5.5-81 描图定义截面

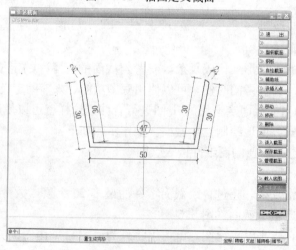

图 5.5-82 关闭底图

第六章　桁　架

第一节　功　能　与　改　进

08版"桁架"模块的主界面如图5.6-1所示，新增管桁架施工图设计模块。

"PK交互输入与优化计算"模块针对桁架结构设计，能够完成三角形、梯形、平行弦类桁架的快速建模、截面优化与计算。08版桁架建模计算部分主要改进：（1）改进柱间风荷载的作用方式，使桁架上作用的风荷载可以作为柱间风荷载输入，规则结构情况下也支持风荷载的自动布置；（2）大跨桁架（＞24m）按《建筑抗震设计规范》5.3.2条增加可以选择考虑竖向地震作用的计算；（3）增加可以考虑悬挂吊车荷载作用下的内力分析与变形控制。其他功能与改进详见第三章。

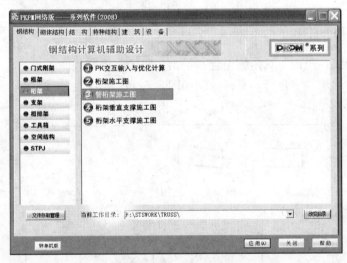

图5.6-1　桁架设计程序主界面

"桁架施工图"模块能够完成角钢、角钢组合、槽钢、槽钢组合截面的三角形、梯形、平行弦类桁架的连接设计与施工图。08版桁架施工图新增钢材订货表功能、材料表交互编辑功能。

"管桁架施工图"模块为08版新增模块，能够完成直接相贯的圆管、矩形管桁架节点承载力校核、连接设计，提供详细的设计计算书，并完成施工图绘制与下料的计算。

第二节　桁　架　施　工　图

角钢、角钢组合、槽钢、槽钢组合截面的屋架，在"PK交互输入与优化计算"模块中完成建模计算以后，即可进入"桁架施工图"模块完成桁架施工图设计。

图 5.6-2 所示为桁架施工图模块运行主菜单。

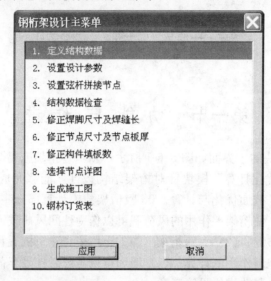

图 5.6-2　桁架施工图主菜单

一、适用范围

杆件截面形式：角钢、双角钢组合、槽钢、双槽钢组合截面。

桁架类型：梯形、三角形、平行弦。如图 5.6-3 所示。

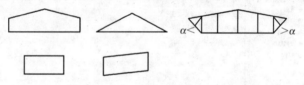

图 5.6-3　适用桁架形式

桁架节点形式（图 5.6-4）。

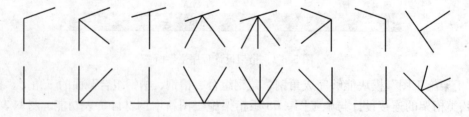

图 5.6-4　适用桁架节点形式

二、桁架施工图

程序自动生成整个桁架的施工详图与材料表，并且在檐口、屋脊位置增加与垂直支撑的连接剖面（图 5.6-5）。设计参数项可以设定对于对称桁架按对称画法或整体画法，可以设定预起拱，程序自动考虑预起拱情况下的下料计算。

08 版新增改材料表功能，点取右侧菜单"改材料表"，能够直接对施工图中的材料表

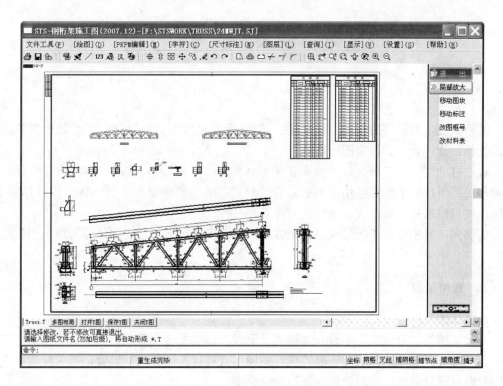

图 5.6-5　桁架施工图

进行方便的编辑、修改，修改完成后，能够再直接插入到施工图中（图 5.6-6）。

材料表

构件编号：GJ

序号	零件编号	规格	长度(mm)	数量正(个)	数量反(个)	单重(kg)
1	1	L100X80X7	12033	2		116.2
2	2	L100X80X7	11979	2		115.7
3	3	L100X80X6	23630	2		197.4
4	4	L70X5	1345	2		7.3
5	5	L70X5	1347	2		7.3
6	6	L80X5	1847	2		11.5
7	7	L80X5	1953	4		12.1
8	8	L80X5	1846	2		11.5
9	9	L70X5	1635	4		8.8
10	10	L70X5	2190	2		11.8
11	11	L70X5	2214	2		12.0
12	12	L70X5	2212	2		11.9
13	13	L70X5	2192	2		11.8
14	14	L70X5	1935	4		10.5
15	15	L70X5	2428	2		13.1
16	16	L70X5	2474	2		13.4
17	17	L70X5	2447	2		13.2
18	18	L70X5	2455	2		13.3
19	19	L70X5	2235	4		12.1
20	20	L70X5	2672	2		14.4
21	21	L70X5	2670	4		14.4
22	22	L70X5	2722	2		14.7

总重：1703.5 (kg)　　添加零件　删除零件　修改零件（双击表中零件也可修改）

插入零件

确定　取消　帮助

图 5.6-6　材料表修改对话框

第三节　管桁架施工图

一、功能

管桁架施工图模块为 08 版新增模块，能够完成直接相贯的圆管、矩形管桁架节点承载力校核、连接设计、施工图绘制。

程序自动判断节点形式，能够完成 T 形、X 形，K 形等所有规范中规定的节点形式，参考相关手册扩充了较为常用的 KT 形节点形式，给出了详细的节点承载力校核计算书。支座形式可以选择：插接式、顶接式两种类型。

能够完成管桁架施工图的绘制、钢管相贯情况下最小下料长度的计算与加工相贯线的放样。

二、适用范围

1. 截面类型

自定义圆管、自定义矩形管、焊接薄壁钢管、热轧无缝钢管。

当弦杆的截面形式为矩形管时，腹杆截面形式可以是圆管或矩形管；当弦杆截面形式为圆管时，腹杆截面形式只允许为圆管。

2. 节点类型

管管相贯节点适用于 T、Y 形，X 形，K、N 形、KT 形。如图 5.6-7 所示。

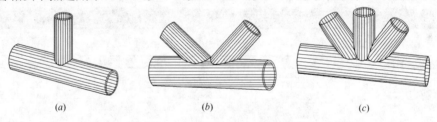

(a)　　　　　　　　　(b)　　　　　　　　　(c)

图 5.6-7　管管相贯节点形式

(a) T、Y 形；(b) K 形；(c) KT 形

支座节点适用于插接式、顶接式节点形式。如图 5.6-8 所示。

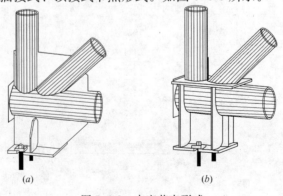

(a)　　　　　　　　　(b)

图 5.6-8　支座节点形式

(a) 插接式；(b) 顶接式

拼接节点适用于端板高强螺栓连接、端板焊接连接或直接坡口对焊。如图 5.6-9 所示。

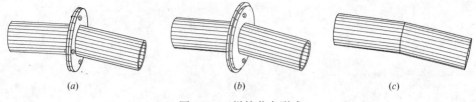

(a)　　　　　　　　　　　(b)　　　　　　　　　　　(c)

图 5.6-9　拼接节点形式

(a) 高强螺栓连接；(b) 角焊缝连接；(c) 对接焊缝连接

三、操作方法

对于管桁架，在完成"PK 交互输入与优化计算"后，即可点取"管桁架施工图"菜单，进入管桁架节点设计与施工图绘制程序，图 5.6-10 所示为运行主菜单。

1. 设计参数

点取"设计参数"进行管桁架连接设计、施工图参数设置。

(1) 控制与绘图参数（图 5.6-11）

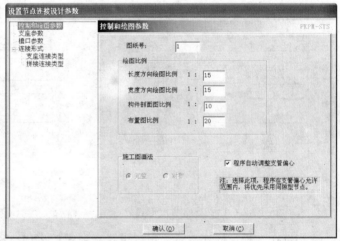

图 5.6-10　管桁架设计菜单　　　　图 5.6-11　连接参数设置对话框

设置图纸号与绘图比例。

程序自动调整支管偏心：选择此项时，对于 K 形、N 形、KT 形节点程序在支管偏心允许范围内，将通过设置偏心，优先采用间隙型节点。

(2) 支座参数（图 5.6-12）

锚栓信息：直径，螺母数目，钢号。

底板、垫板相关信息：底板、垫板上锚栓孔径，垫板宽度，支座下弦杆底面到底板的距离，支撑混凝土强度等级。

(3) 檐口参数（图 5.6-13）

左、右弦杆檐口伸出长度。

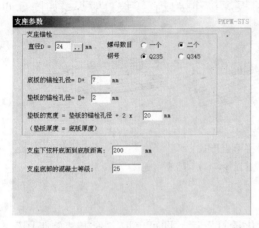

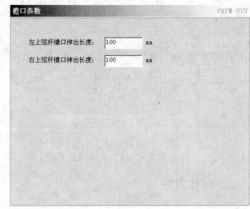

图 5.6-12　支座参数　　　　　　　　　　　图 5.6-13　檐口参数

（4）连接形式

支座连接类型：插接、顶接类型选择。如图 5.6-14 所示。

拼接连接类型：端板螺栓、端板焊接、坡口对焊。如图 5.6-15 所示。

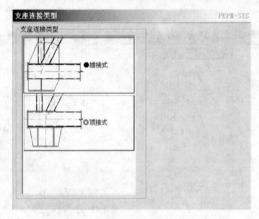

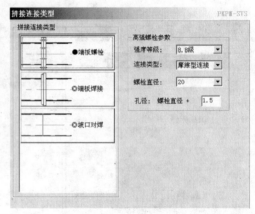

图 5.6-14　支座节点形式　　　　　　　　　图 5.6-15　拼接连接形式

当选择端板螺栓连接时：可以设置高强螺栓等级（8.8 级、10.9 级），连接类型（摩擦型、承压型），螺栓直径、孔径。

端板焊接：是否设置安装螺栓，螺栓直径、孔径。

坡口对焊：对接焊缝级别。

2. 设置弦杆拼接节点

（1）设拼接节点；

（2）取消拼接节点。

3. 连接设计

按模型及计算数据，对应参数设置，自动进行管节点类型判断、节点承载力校核，连接焊缝设计、支座拼接设计等。

4. 结果查看

结果文件给出了详细的节点校核、设计计算书（图 5.6-16）。

"节点查询"可以直接在图形上点取查看对应节点的校核、设计结果计算书。

"焊缝图"只显示直接相贯节点杆端焊缝。

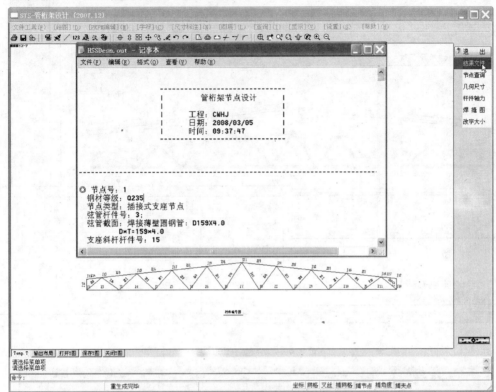

图 5.6-16　管桁架连接设计结果查询

5. 初始化数据准备

结合节点设计信息，生成构件及零件三维模型数据，进行节点、构件归并等工作，为下面的施工图做好数据准备。

6. 生成施工图

程序自动生成整个桁架的施工图详图、几何尺寸简图、内力简图和材料表，材料表中给出了所有构件考虑相贯后的最小下料长度。如图 5.6-17 所示。

（1）移动图块：即移动施工图图块，如材料表，立面等。

（2）移动标注：图面上标注的内容很多，自动标注的数字字符常有重叠现象，可用移动标注菜单整理，可以移动尺寸、标注、构件标号、焊接符号等。

（3）改图框号：即修改当前的图框号。

（4）局部放大：对图形选择放大。

7. 节点施工图

针对用户关心的节点，可以交互选择，绘制节点施工图（图 5.6-18）。

（1）选择节点：可以交互选择节点，加入到节点选择集中，归并号相同的节点选择一次。

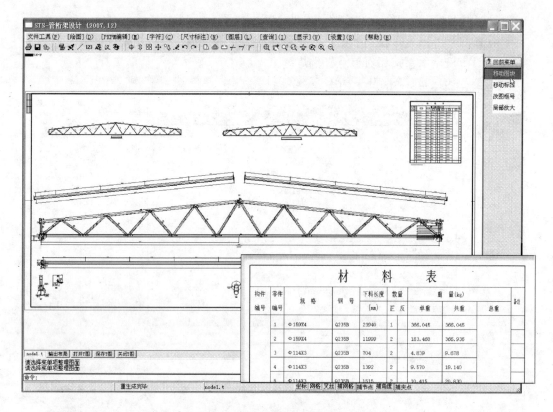

图 5.6-17 管桁架施工图

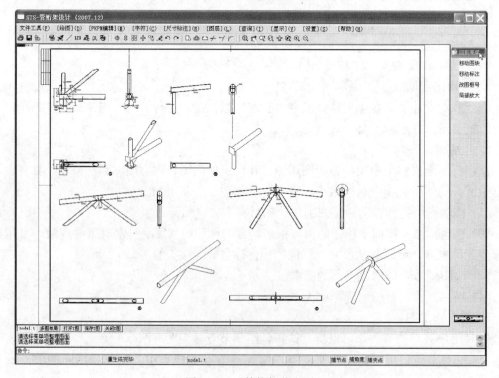

图 5.6-18 管桁架节点图

（2）全部选择：选择所有的节点。

（3）取消节点：取消交互选择的节点。

（4）重新选择：取消所有的已选择的节点。

（5）查找节点：按节点归并号，查找节点，并把视图移到当前节点位置。

（6）画施工图：绘制选择节点的施工图，可对图形进行图块和标注移动等操作。

（7）焊接大样：各类焊接形式的标准样图，可对图形进行图块和标注移动等操作。

（8）局部放大。

8. 构件施工图

针对比较关键及用户关心的构件，可以交互选择，绘制整体构件图及选择的单构件施工图，对于圆管构件，绘制构件展开图。如图 5.6-19 所示。

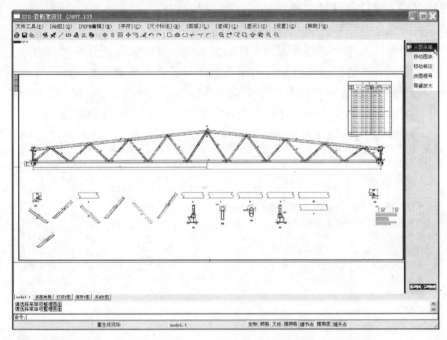

图 5.6-19　管桁架构件施工图

（1）标柱号：显示杆柱构件号。

（2）选择构件：交互选择构件，加入到构件选择集中，归并号相同的构件选择一次。

（3）全部构件：选择所有的构件。

（4）取消构件：交互取消已选构件。

（5）重新选择：取消所有的已选择的构件。

（6）查找构件：按构件归并号，查找构件，并把视图移到当前构件位置处。

（7）画施工图：绘制整体构件及已选择构件的施工图，可对图形进行图块和标注移动等操作。

（8）局部放大。

9. 绘制三维模型

绘制管桁架构件及零件三维模型图，通过三维线框，或 OpenGL 的三维实体显示方式，显示节点设计完成后的结构真实模型，也可以选择单个节点，单个构件进行查看。

第七章 支　　架

第一节　功　能　与　改　进

08版"支架"模块的主界面如图5.7-1所示。

"PK交互输入与优化计算"模块针对支架结构设计，能够完成二维受力状态的单片支架建模、截面优化与计算。08版支架建模计算部分主要改进：改进多杆汇交基础反力的合成，在基础计算文件中能够查询到多杆汇交基础的支座反力的标准组合内力、基本组合内力，在布置基础的情况下，也能自动完成基础的设计。其他功能与改进详见第三章。

"支架施工图"模块能够在接力二维计算的基础上完成单片支架的施工图设计。08版支架施工图新增钢材订货表功能、材料表交互编辑功能、节点板详图功能。

图5.7-1　支架设计程序主界面

第二节　支　架　施　工　图

支架结构在"PK交互输入与优化计算"模块中完成建模计算以后，即可进入"支架施工图"模块完成支架施工图设计。

图5.7-2所示为支架施工图模块运行主菜单。

图 5.7-2 支架施工图设计主菜单

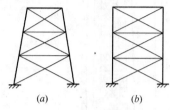

图 5.7-3 适用支架形式

一、适用范围

（1）支架类型（图 5.7-3）。

（2）杆件截面形式：角钢、工字钢组成立柱，单角钢、双角钢、单槽钢、双槽钢组成腹杆的钢支架施工图，工字钢立柱可为 0°或 90°布置，顶梁可为工字钢。

（3）支架节点形式（图 5.7-4）。

图 5.7-4 适用节点形式

（4）节点连接形式（图 5.7-5）。

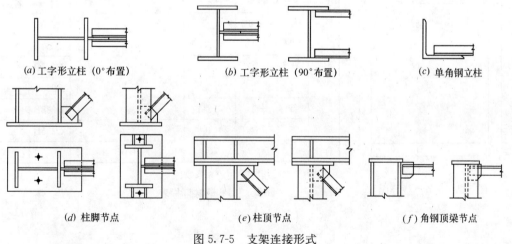

（a）工字形立柱（0°布置）   （b）工字形立柱（90°布置）   （c）单角钢立柱

（d）柱脚节点   （e）柱顶节点   （f）角钢顶梁节点

图 5.7-5 支架连接形式

二、支架施工图

程序自动生成整个支架的施工详图与材料表，08 版增加可以对材料表交互修改（图 5.7-6）。

08 版新增节点板详图功能（图 5.7-7）、钢材订货表功能（图 5.7-8）。

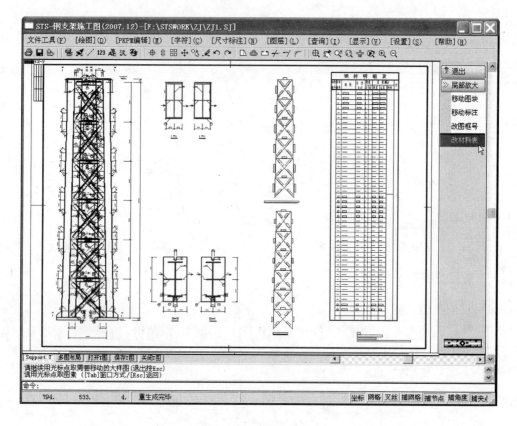

图 5.7-6　支架施工图

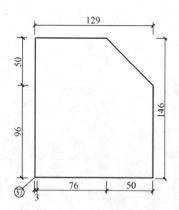

图 5.7-7　节点板详图

钢 材 订 货 表

类别	序号	规格	重量（t）	小计（t）	材质	备注
钢板	1	−8	0.090		Q235B	
	2	−10	0.003		Q235B	
	3	−12	8.515	9.002	Q235B	
	4	−20	0.083		Q235B	
	5	−44	0.311		Q235B	
型钢	6	L75×6	1.108	1.108	Q235B	
合计				10.110×1.05＝10.615		

注：1.05 为钢材重量放大系数！

图 5.7-8　钢材订货表

第八章 框排架功能与改进

08 版"框排架"模块的主界面如图 5.8-1 所示，08 版新增三维建模二维计算功能。

图 5.8-1　框排架设计程序主界面

"PK 交互输入与优化计算"模块针对框排架结构设计，能够完成单榀框排架的建模、截面优化与计算。可以考虑多跨吊车、双层吊车的自动组合，可以考虑抽柱排架的计算。计算截面支持多类实腹式组合截面、格构式组合截面。

实腹组合截面定义可以定义的截面形式如图 5.8-2 所示。图中所有的工形型钢截面可以指定为普通工字钢、国标 H 型钢、欧洲标准 H 型钢、日本标准 H 型钢、美国标准 H 型钢，最后一个圆管与单板的组合截面，圆管可以为空钢管或填充混凝土。构件验算时，

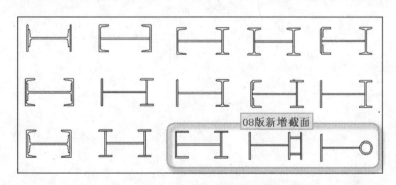

图 5.8-2　实腹式截面形式

当实腹截面腹板高厚比不满足钢结构设计规范的要求时，程序自动考虑有效截面进行计算。

格构式组合截面定义可以设计的截面形式如图 5.8-3 所示。

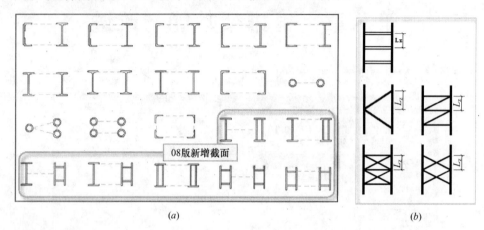

(a)　　　　　　　　　　　　　　(b)

图 5.8-3　格构式截面形式
(a) 分肢截面形式；(b) 缀材布置形式

格构柱工形分肢截面也可以指定为普通工字钢或各类 H 型钢，圆管分肢都可以为空钢管或填充混凝土。缀材的截面可以为缀板、角钢、槽钢、剖分 T 型钢，缀材可以设置二级缀条，缀材的钢号也可以不同于柱肢单独指定。

08 版框排架建模计算部分主要改进：(1) 对于格构式组合截面柱，补充了分肢局部稳定计算、腹板屈曲后有效截面计算、分肢缀材的长细比控制，完善了格构式组合截面柱的计算校核内容；(2) 改进复杂排架柱计算长度搜索；(3) 新增抽柱情况下，模拟托梁支撑作用的弹性支座的设置与分析设计；(4) 双层吊车情况下，吊车荷载定义新增自动导入空车轮压功能。其他功能与改进详见第三章。

"三维建模二维计算"模块功能与操作详见第一章。

第九章 工 具 箱

第一节 功 能 与 改 进

08 版工具箱为设计人员提供了丰富的设计、计算与绘图的工具，每个模块基本都是独立运行，操作简单。根据设计或绘图需要，直接进入相关工具菜单，输入相关参数，即可生成相关计算结果或施工图。图 5.9-1 所示为 08 版工具箱主界面。

图 5.9-1　工具箱设计程序主界面

08 版工具箱主要改进：

（1）新增连续梁计算工具，可以考虑双向受弯连续梁的计算；

（2）连续檩条计算增加可以考虑冷弯薄壁 C 形截面檩条的计算和不对称多跨连续檩条的计算，可以考虑两跨一连续不搭接情况的计算；

（3）改进了吊车梁设计，交互截面更易于操作，新增了大连起重机厂的最新吊车资料；

（4）新增型钢库查询与修改，可以对型钢截面库进行人为的干预、维护，包括：添加自定义型钢截面、删除型钢截面、修改型钢截面特性等，维护后的型钢库能够用于二维、三维建模与计算。

第二节　檩条、墙梁、隔撑计算与施工图

一、功能

使用"檩条、墙梁、隔撑计算和施工图"菜单（图 5.9-2），可进行简支檩条、连续

檩条、墙梁、隔撑计算和施工图

0. 退 出

1. 简支檩条计算

2. 连续檩条计算

3. 简支墙梁计算

4. 连续墙梁计算

5. 隔撑计算

6. 檩条(墙梁),隔撑,支撑施工图

图 5.9-2 檩条、墙梁设计主菜单

檩条、墙梁、隔撑的计算、验算,还可绘制檩条、隔撑、支撑、抗风柱、拉条的施工图,并且提供了多种节点的详图绘制。

构件计算均依照 2002 新规范《冷弯薄壁型钢结构技术规范》GB 50018—2002(以下简称《薄钢规范》)、《门式刚架轻型房屋钢结构技术规程》CECS102:2002(以下简称《门规》)和 2003 年新规范《钢结构设计规范》GB 50017—2003 实现。

二、简支檩条计算

"简支檩条计算"能够实现单跨简支檩条的设计计算,计算数据输入对话框如图 5.9-3 所示。可选的檩条截面形式包括 C 形、Z 形薄壁型钢截面、槽钢、高频焊 H 型钢截面,薄壁型钢截面可以自行定义,可以按《门规》、《薄钢规范》、《钢结构设计规范》进行校核。选择《门规》验算时,风吸力下翼缘稳定验算方法可以选择《门规》附录 E 计算或者《门规》(式 6.3.7-2)计算。可以考虑刚性檩条的计算。08 版新增程序优选截面功能。

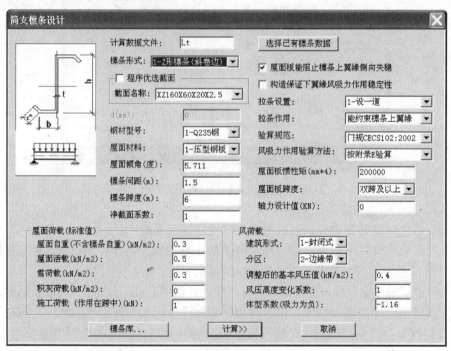

图 5.9-3 简支檩条设计对话框

三、连续檩条计算

连续檩条计算工具能够实现对多跨连续檩条的设计,可以考虑斜卷边 Z 形檩条截面。如图 5.9-4 所示。08 版新增可以考虑不对称多跨檩条设计与 C 形连续檩条截面设计。

可以选择是否考虑活荷不利布置。

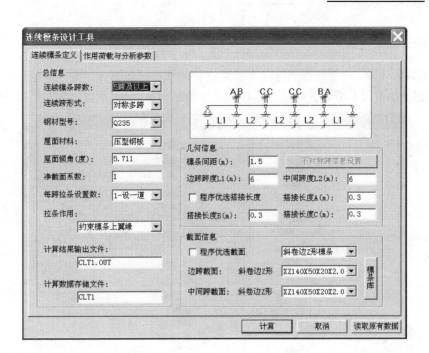

图 5.9-4 连续檩条设计对话框

当采用支座位置嵌套搭接时，程序能够考虑嵌套的刚度、非可靠连接的刚度折减、嵌套松动的弯矩调幅。对于搭接长度的合理选择，程序提供了自动优选搭接长度功能。当优选搭接长度时，程序自动考虑以下条件来优选搭接长度：（1）保证连续性条件构造要求：10％跨长。（2）根据内力条件：由跨中弯矩控制檩条截面。（3）根据连接螺栓抗剪、孔壁承压条件。

程序也能实现类似两跨一连续不搭接连续檩条的设计（搭接长度输为0）。

程序优选截面能够自动选出最优的边跨与中间跨檩条截面，在保证边跨、中间跨檩条高度一致的情况下，达到总体的用钢量最低的要求。

不对称多跨连续檩条时，可以为每跨单独设置跨度、拉条、搭接、风载等信息（图5.9-5）。

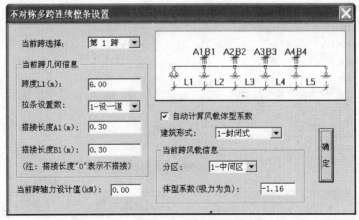

图 5.9-5 不对称跨单跨信息设置

四、简支墙梁计算

"简支墙梁计算"能够实现单跨简支墙梁的设计计算，在选择《薄钢规范》校核时，能够考虑单侧挂板情况下墙板重量对墙梁弯扭双力矩的影响。计算数据输入对话框见图 5.9-6。

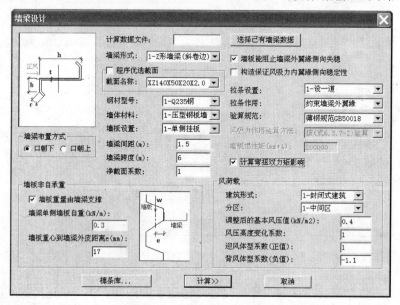

图 5.9-6 简支墙梁设计对话框

五、连续墙梁计算

连续墙梁计算工具能够实现对多跨连续墙梁的设计（图 5.9-7）。

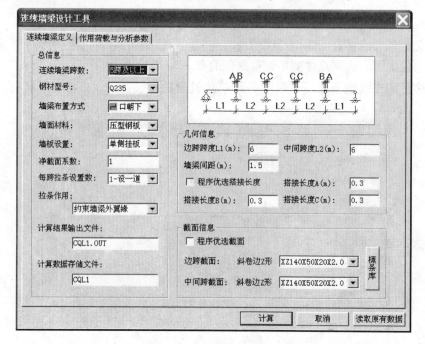

图 5.9-7 连续墙梁设计对话框

六、隅撑计算

隅撑计算工具能够实现对隅撑按《门规》进行强度、稳定、长细比的校核（图5.9-8）。

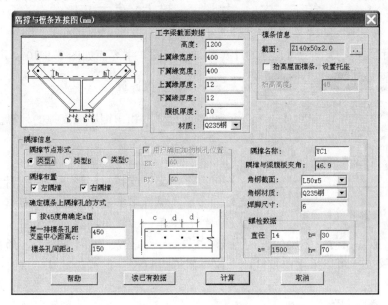

图5.9-8　隅撑设计对话框

七、檩条、隅撑、支撑施工图

绘图程序采用人机交互方式输入檩条、隅撑、支撑、抗风柱、拉条的绘图参数，然后自动绘制檩条、隅撑、支撑、抗风柱、拉条的施工图和材料表，还可以绘制檩条及拉条安装节点、支撑与梁柱安装节点等多种节点构造详图。所有添加的施工图画在同一张图上，其材料表自动按构件添加顺序表示在材料表中。如图5.9-9所示。

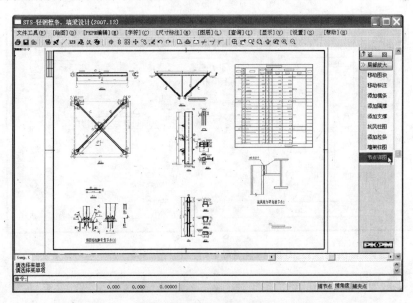

图5.9-9　檩条、墙梁、支撑施工图设计程序界面

画图时首先输入画图数据，再绘制施工图。程序可以接力檩条计算的数据画图，也可以不经过计算，由用户直接输入绘图数据进行绘图。

第三节　支撑计算与施工图

可以进行屋面支撑和柱间支撑的计算和详图绘图，主界面如图 5.9-10 所示。

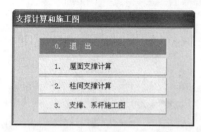

图 5.9-10　支撑计算主菜单

一、屋面支撑计算

可以进行圆钢和角钢屋面支撑的计算。

二、柱间支撑计算

可以进行交叉支撑、门形支撑、双片支撑、双层支撑、多层支撑等多类支撑形式的计算，支撑截面可以是圆钢、单角钢、双角钢截面。如图 5.9-11 所示。

对所有可能存在荷载作用的作用点都可以输入风荷载、纵向刹车力、地震力（标准值），其中交叉支撑可以采用单拉杆或一拉一压杆进行设计，直接计算生成计算书与验算结果的图形输出。

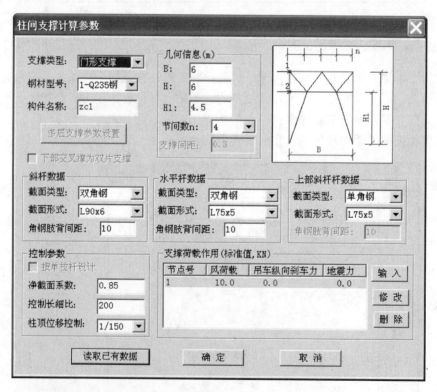

图 5.9-11　柱间支撑设计对话框

三、支撑施工图

可以绘制圆钢支撑、角钢屋面支撑、角钢柱间支撑、双片支撑、门形支撑、柱间上部支撑、双层支撑、圆管支撑等的施工详图。绘制支撑施工图时的初始参数可接力前面的支撑计算，用户也可以直接输入。

选择不同的支撑类型，支撑详图参数设置对话框中参数不同，用户可根据需要进行修改，只要输入截面、几何参数，程序会自动考虑按等强连接设置连接板与焊缝（图5.9-12）。程序自动绘制支撑的施工图，并统计材料（图5.9-13）。

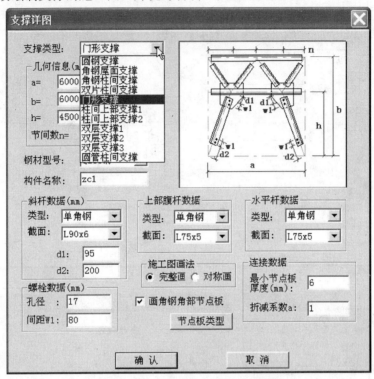

图 5.9-12　支撑施工图设计对话框

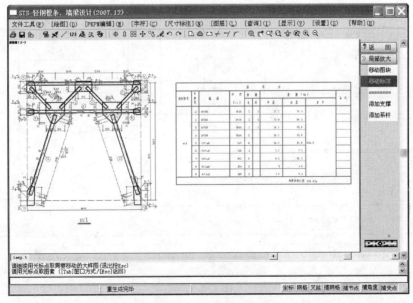

图 5.9-13　支撑施工图

四、系杆施工图

可以绘制单角钢、双角钢、十字角钢、钢管等截面类型的水平系杆施工图（图 5.9-14）。

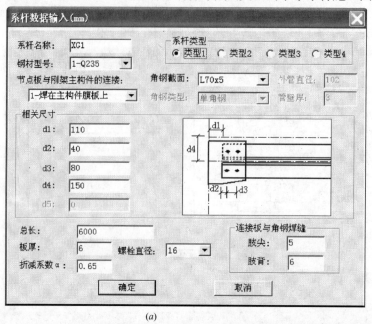

(a)

(b)

图 5.9-14

(a) 系杆施工图设计对话框；(b) 系杆施工图

第四节 吊车梁计算与施工图

使用"吊车梁计算与施工图"菜单（图 5.9-15），可完成简支实腹式焊接工字形钢吊车梁的计算、验算和施工图的绘制。施工图的开发参考了《12m 实腹式吊车梁标准图》［图集号 00G514（一）～（五），2001 年版］。

一、功能和适用范围

本程序用于设计简支实腹式焊接工字形钢吊车梁，最多可同时考虑两台吊车的共同作用，可考虑无制动结构、仅有制动桁架、仅有制动板、有制动板和辅助桁架四种吊车梁类型。吊车工作级别包括 A1～A8 级吊车。软件根据吊车的共同作用，按照结构力学的计算方法计算吊车梁的最不利受力，可进行吊车梁截面的验算和程序选择。

图 5.9-15 吊车梁设计主菜单

程序自动选择截面是以强度、挠度和疲劳来选择截面，给用户提供参考截面，验算截面是校核用户输入的截面是否满足规范的要求。

程序对吊车梁的整体稳定（仅对无制动结构的吊车梁），梁截面强度，局部挤压应力和梁竖向挠度进行计算和验算，对重级工作制吊车梁还计算和验算水平挠度和疲劳应力。并进行梁截面加劲肋设计、突缘式支座加劲肋和连接焊缝计算。还输出用于排架计算的吊车最大轮压、最小轮压、水平刹车力产生的到柱牛腿的反力。

二、计算数据输入

08 版改进吊车梁计算输入的输入，如图 5.9-16 所示。

吊车资料的输入，可以手工直接输入定义，也可以选择从已有吊车库中直接选择。对于手工输入的吊车资料也可以直接导入到吊车库中，以备以后直接导入使用。如图 5.9-17 所示。

08 版新增了大连起重机厂的最新吊车资料，可以导入两个吊车数据库：

（1）以前版本的 CraneLib. lib，是参考《钢结构设计手册》第二版附录四的吊车数据（图 5.9-18）；

（2）新提供的 DLBYZG. lib，是参考大连博宇重工设备制造有限公司起重机样本。

08 版软件在选择吊车资料时采用的过滤功能，可以指定吊车跨度，或者指定吊车起重量来进行吊车选择。

如果选择了 DLBYZG. lib，还可以根据吊车名称选择（图 5.9-19）。

这个吊车数据选择在吊车梁设计、吊车荷载计算、吊车平面布置中都可以进行，数据完全是共享的。

计算方式有 2 种，验算截面是校核用户输入的截面是否满足规范的要求；自动选择截面是以强度、挠度和疲劳等因素由程序通过优化寻找重量最小的截面，给用户提供参考截面。

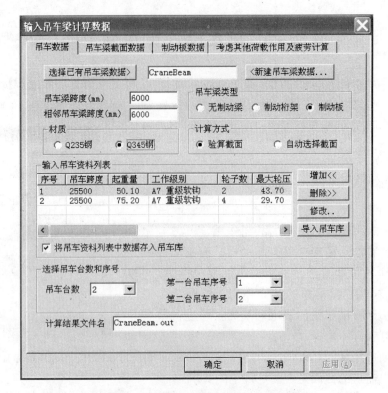

图 5.9-16　吊车梁计算数据定义对话框

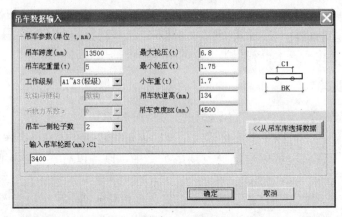

图 5.9-17　吊车数据输入对话框

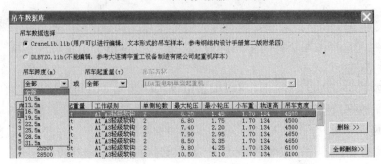

图 5.9-18　吊车库选择

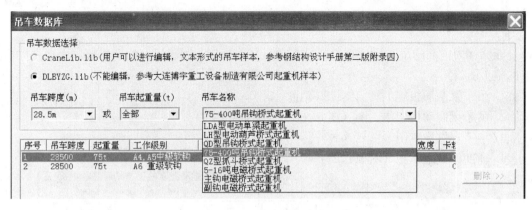

图 5.9-19 吊车库吊车资料选择

三、吊车梁计算

点取"吊车梁计算"菜单，输入吊车梁计算结果文件名，程序自动进行计算，并给出详细的计算结果（图 5.9-20）。

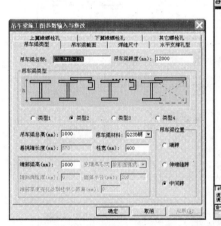

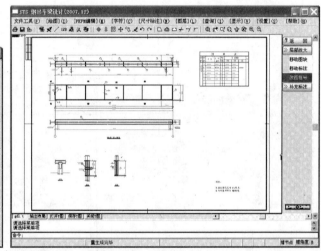

图 5.9-20 吊车梁施工图

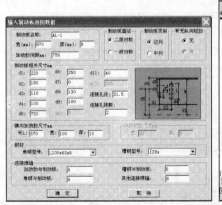

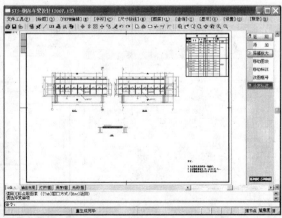

图 5.9-21 制动板施工图

四、吊车梁施工图

能够接力前面的吊车梁计算绘制吊车梁、制动桁架、制动板、辅助桁架、水平支撑桁架的施工图。

1. 吊车梁制动板施工图（图 5.9-21）
2. 吊车梁制动桁架施工图（图 5.9-22）
3. 水平支撑施工图（图 5.9-23）
4. 辅助桁架施工图（图 5.9-24）

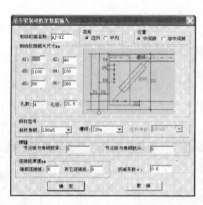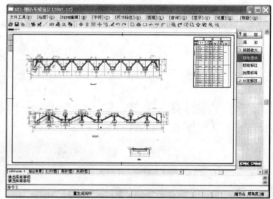

图 5.9-22　制动桁架施工图

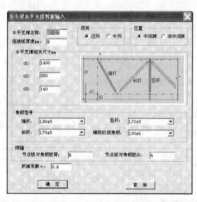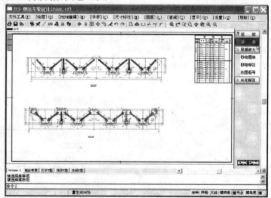

图 5.9-23　水平支撑施工图

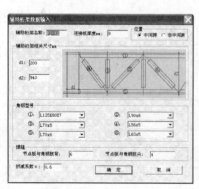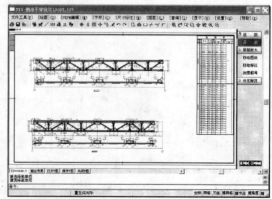

图 5.9-24　辅助桁架施工图

第五节 节点连接计算与绘图工具

提供钢结构连接节点计算工具；钢管连接计算工具；钢结构焊缝、螺栓连接基本计算工具；钢结构专业绘图工具。图 5.9-25 所示为运行主菜单。

一、钢框架连接节点计算与绘图工具

在单个节点已知受力的情况下，完成该节点的计算与设计，生成节点计算说明书，并且可以绘制该节点的施工图。节点类型包括梁柱连接、主次梁连接、柱脚连接、支撑与梁柱连接、支撑与柱脚连接节点等。如图 5.9-26 所示。

图 5.9-25 节点计算与
绘图工具主菜单

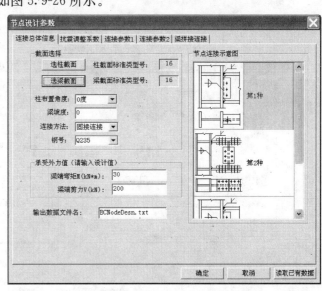

图 5.9-26 梁柱节点设计对话框

二、钢管连接节点计算

直接焊接钢管连接节点计算工具的编制，依据《钢结构设计规范》GB 50017—2003，能够计算的节点形式包括规范中列举到的所有的节点形式：对于圆管截面有 T 型、Y 型、X 型、K 型、N 型、TT 型、KK 型；对于矩形主管截面有：T 型、Y 型、X 型、K 型、N 型。程序能根据输入的类型等参数，给出依据规范详细的计算书：适用范围、节点承载力，以及连接焊缝设计结果。对于 K 型节点，支管之间的间隙，可以人为确定输入（负数表示搭接型），也可以由程序自动确定。如图 5.9-27 所示。程序自动确定的原则为：优先采用不偏心的间隙型，如果在不偏心的情况下，间隙不满足构造有求，则设置偏心满足间隙型对间隙的构造要求，如果满足间隙的构造要求的前提下，偏心又超出了构造要求，则采用搭接型。

三、焊缝、螺栓连接计算

焊缝、螺栓计算工具（图 5.9-28）包含了钢结构中主要类型的焊缝计算、螺栓计算，即：角焊缝、围焊缝、牛腿焊缝、环形焊缝、高强螺栓、普通螺栓。如图 5.9-29 所示。

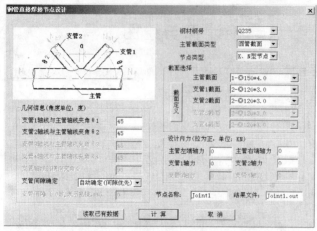

图 5.9-27　钢管节点设计对话框

图 5.9-28　焊缝、螺栓计算工具菜单

(a)

(b)

图 5.9-29

(a) 焊缝计算工具；(b) 螺栓计算工具

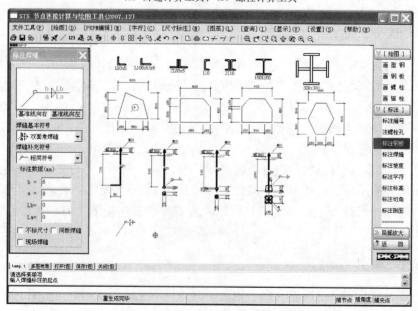

图 5.9-30　绘图工具程序画面

四、钢结构绘图与标注

钢结构绘图与标注工具为钢结构专业绘图提供快速绘图工具，包含了钢结构中常用的图形标注及标准型钢、自定义截面型钢以及多边形钢板的画图。如图 5.9-30 所示。

第六节　钢梯施工图

钢梯施工图模块为钢梯施工图的参数化快速生成提供工具（参考了 1998 年中国建筑

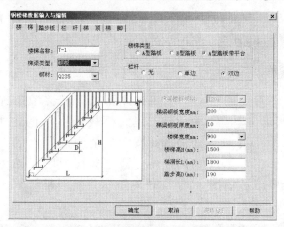

图 5.9-31　钢梯施工图设计对话框

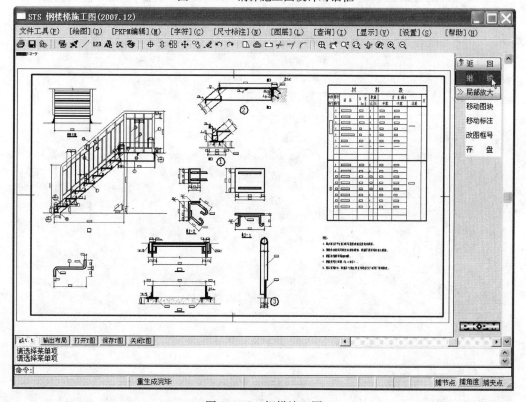

图 5.9-32　钢梯施工图

标准设计研究所出版的标准图集 96J435），可以绘制钢梯的剖立面，梯顶、梯脚节点图，踏步板大样、有关剖面及预埋件的图形，同时给出梯梁及栏杆的材料表。

钢楼梯施工图参数输入对话框如图 5.9-31 所示。所生成的施工图如图 5.9-32 所示。

第七节　抗风柱计算与施工图

一、功能

进行抗风柱的内力计算与构件验算。能够完成 H 形截面抗风柱的施工图。功能菜单如图 5.9-33 所示。

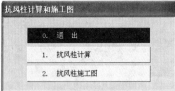

图 5.9-33　抗风柱计算与施工图主菜单

二、抗风柱计算

抗风柱计算工具能够考虑抗风柱在风荷载、墙板荷载、屋面荷载作用下的内力计算与荷载组合，能够选择按《钢结构设计规范》或《门规》对抗风柱的强度、稳定、长细比、挠度进行验算，提供详细的计算书与验算结果图形输出。图 5.9-34 所示为抗风柱计算工具主交互参数输入对话框。

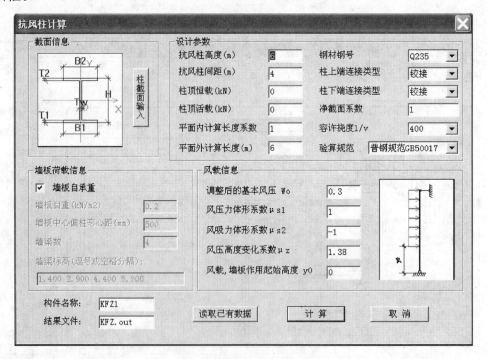

图 5.9-34　抗风柱计算对话框

三、抗风柱施工图

抗风柱绘图工具为抗风柱的施工图生成提供工具，并提供了多类抗风柱连接节点。可以直接接力第二步计算的抗风柱信息，或直接输入抗风柱参数生成施工图。点取右侧菜单中的"连接节点"来添加抗风柱连接节点施工图到当前图形中。如图 5.9-35 所示。

图 5.9-35　抗风柱施工图程序界面

第八节　蜂窝梁计算

蜂窝梁计算工具的功能：进行简支蜂窝梁的内力计算及强度、稳定、挠度验算，或非简支情况下，用户输入设计内力，根据用户输入的设计内力进行强度、稳定验算。可以计算的蜂窝梁形式有：H 形或工形截面开六角孔形式、圆形孔形式。提供详细的计算书、验算结果图形输出与截面图示。如图 5.9-36 所示。

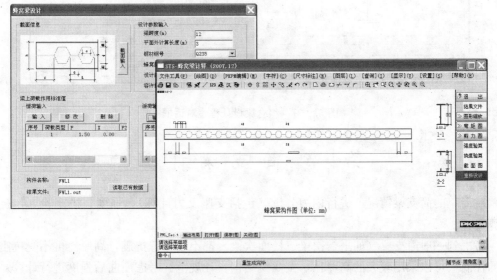

图 5.9-36　蜂窝梁设计程序界面

第九节 组合梁计算

按照《钢结构设计规范》GB 50017—2003 对钢与混凝土组合梁进行设计，能够完成简支或连续组合梁施工阶段的强度、稳定、变形的验算，使用阶段的强度、变形验算，以及进行抗剪连接件设计。

等效翼板宽度范围可以采用程序提供的工具按规范自动导算。可以考虑完全抗剪或部分抗剪连接设计。使用阶段的挠度验算可以考虑施工阶段钢梁变形效应的延续影响，可以考虑短期效应组合与混凝土徐变影响的长期效应组合，以及钢与混凝土连接面滑移的影响。如图 5.9-37 所示。

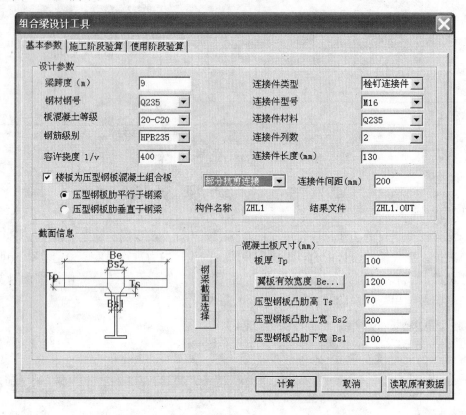

图 5.9-37 组合梁设计程序对话框

第十节 简支梁计算

对简单的简支梁情况，进行内力分析（包括支座反力计算），强度、稳定验算，挠度验算等。

考虑到一般简支梁（如平台次梁、楼面次梁）都不用考虑抗震，高厚比可不受抗震规范的控制，可以采用较大的高厚比，按《钢结构设计规范》考虑屈曲后强度进行计算。对于焊接组合 H 形截面的简支梁，当腹板高厚比较大时，程序自动考虑屈曲后强度的计算。

如图 5.9-38 所示。

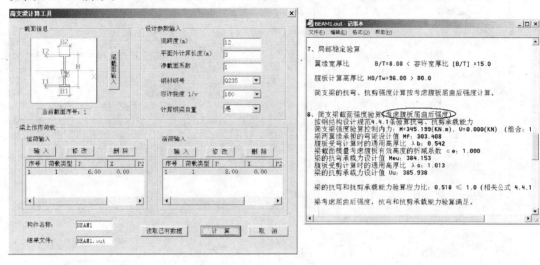

图 5.9-38 简支梁计算程序界面

第十一节 基 本 构 件 计 算

一、功能

已知构件设计内力的情况下，对单个构件的强度、稳定进行验算，程序将给出详细的计算过程与中间计算参数。构件计算包括梁构件计算与柱构件计算，对于梁柱构件，都可以考虑双向受弯作用。进入基本构件计算的主界面如图 5.9-39 所示。

二、梁构件验算

可以选择《钢结构设计规范》GB 50017—2003 或《门规》CECS102：2002 进行验算，对焊接组合 H 形楔形变截面按《门规》验算，可以考虑设置加劲肋情况按《门规》考虑屈曲后强度计算时对抗剪强度的有利影响，以及当截面高度变化率

图 5.9-39 基本构件
计算主菜单

超过 60mm/m 时，不考虑腹板屈曲后强度容许高厚比的计算也能考虑加劲肋的作用。对于焊接工形截面，当按《钢结构设计规范》校核，可以选择是否考虑屈曲后强度，在设置加劲肋后不考虑屈曲后强度的情况下，程序自动按规范对腹板的区格局部稳定进行校核。可以考虑双向受弯的计算。

梁构件验算对话框如图 5.9-40 所示。

三、柱构件验算

可以考虑各类格构式截面、实腹式组合截面柱双向压弯的计算，钢管混凝土组合截面按《钢管混凝土结构设计与施工规程》CECS 28：90 进行单向压弯的计算。如图 5.9-41 所示。

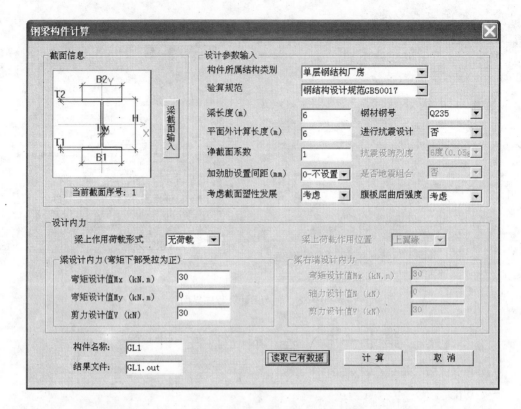

图 5.9-40 钢梁计算工具

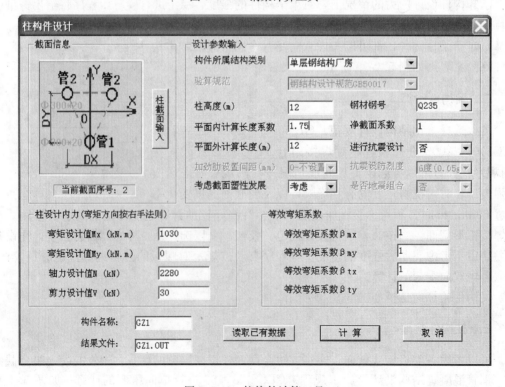

图 5.9-41 拉构件计算工具

第十二节 连续梁计算

连续梁计算为08版新增工具，连续梁计算工具的功能：根据输入的作用荷载，进行连续梁的内力计算及强度、稳定、挠度验算。可以计算不对称多跨连续梁，作用荷载可以分跨输入，可以考虑梁跨中平面外的支撑作用与平面外的受力，按双向受弯连续梁计算，可以考虑活荷不利布置。

在钢结构的工具箱点取"连续梁计算"，进入连续梁计算工具主交互参数输入对话框，如图5.9-42所示。

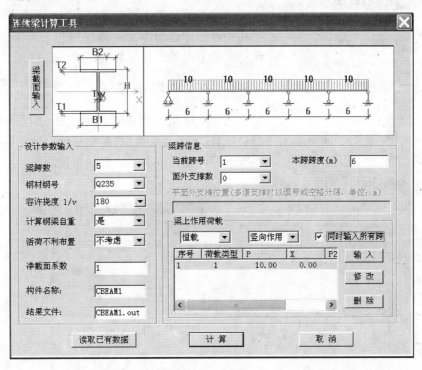

图 5.9-42　连续梁计算工具对话框

梁跨信息中的面外支撑位置与作用荷载位置的输入都是以所输入跨的左端为坐标原点的。如果梁某跨平面外有支撑，选择当前跨号为所在跨号，选择"面外支撑数量"，再输入各面外支撑位置，多个面外支撑时，以逗号分隔，输入了平面外支撑的位置，在图5.9-42上会以红点显示。输入平面外支撑后，程序在梁稳定计算时，平面外计算长度自动取支撑点的距离。

荷载输入选择"竖向作用"输入平面内作用荷载，如果有平面外作用荷载，选择"水平作用"输入平面外作用荷载。荷载输入可以单跨输入，也可以同时输入所有跨作用（勾选上"同时输入所有跨"），输入荷载后，图5.9-42中显示这个作用面的所有输入荷载。

输入完成后，点取"计算"，程序自动进行内力分析与校核，计算完成后弹出验算结果计算书与计算结果图形查看界面。计算书中详细给出了所有跨正负弯矩区段的强度验算结果、跨中稳定验算结果，挠度验算结果。图形输出则输出各工况的单工况内力图和组合内力图、挠度图等。

第十三节 吊车梁平面布置和安装节点图

一、功能

主要功能是由用户定义各种类型的吊车梁截面（包括制动结构），然后在三维建模的基础上读出平面网格，在平面网格上交互式布置吊车梁，这样就可以形成吊车梁布置的空间数据，可以很直观地绘制吊车梁平面布置图，纵向剖面图；用户在平面布置图中选择节点，程序可以根据节点的位置，绘制安装节点图。其主菜单如图 5.9-43 所示。

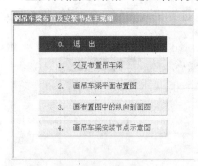

图 5.9-43 吊车梁布置与安装节点主菜单

二、交互布置吊车梁

在三维建模基础上，显示三维建模的平面网格（只显示柱，不显示梁），在此基础上选用屏幕右边的菜单组即可完成吊车梁的交互布置功能。本程序支持吊车梁的 8 类截面形式（图 5.9-44）。

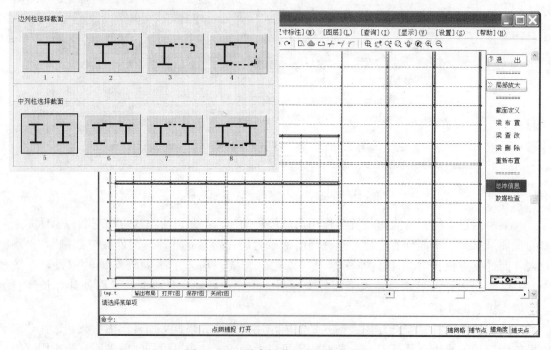

图 5.9-44 吊车梁截面定义与布置

三、画吊车梁平面布置图

吊车梁平面布置图包含了各吊车梁、制动板、吊车轨道和车挡的平面位置及编号，吊车梁横剖面及构件表。如图 5.9-45 所示。

画布置图中的纵向剖面图（图 5.9-46）：

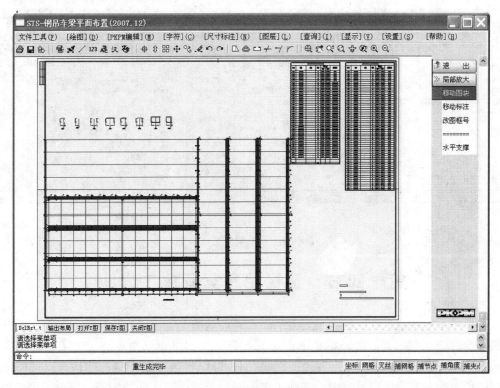

图 5.9-45　吊车梁平面布置图

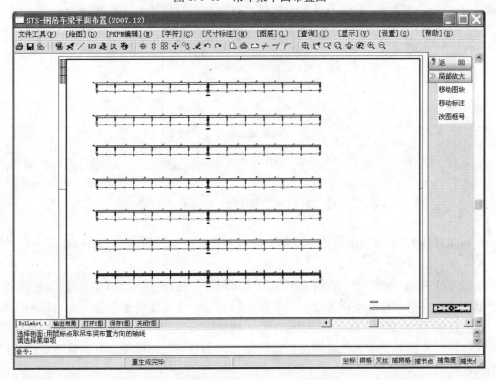

图 5.9-46　吊车梁纵向剖面图

画安装节点示意图（图 5.9-47）。

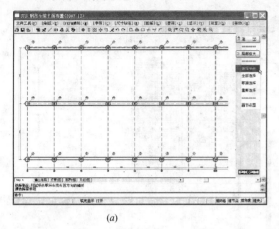 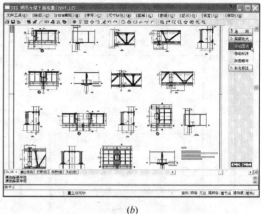

(a)   (b)

图 5.9-47   吊车梁安装点节图

第十四节   选择吊车梁画施工详图

选择吊车梁画施工详图是在吊车梁平面布置的基础上，由用户选择要绘制施工图的吊车梁，然后程序根据梁截面类型和平面位置，自动绘制吊车梁施工图。主菜单如图 5.9-48 所示。其优点是根据吊车梁布置的空间数据，可以将吊车梁，制动结构，以及吊车梁与柱的相对位置等数据联系起来，在施工图绘制时考虑这些数据的协调，避免了用户单独绘制吊车梁、制动结构、安装节点施工图时，可能存在的数据不一致问题。

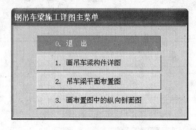

图 5.9-48   选吊连梁画施工图主菜单

第十五节   型钢库查询与修改

本功能模块为 08 版新增功能。提供给用户对建模、计算中用到的型钢截面进行查询与维护。

型钢库的查询：能够查询到所有型钢的几何尺寸与截面特性。同时，提供对大多数类型型钢的维护：修改现有型钢库中型钢的截面特性、自定义新的型钢截面。对型钢库的维护，可以反映到前面的二维、三维建模计算，建模中可以选择自定义增加进来的型钢截面作为梁、柱、支撑截面。如果修改过截面特性，内力分析与构件校核时，就使用修改后的截面特性计算。

在钢结构的工具箱点取"型钢库查询与修改"，进入型钢库查询与修改工具，对话框如图 5.9-49 所示。

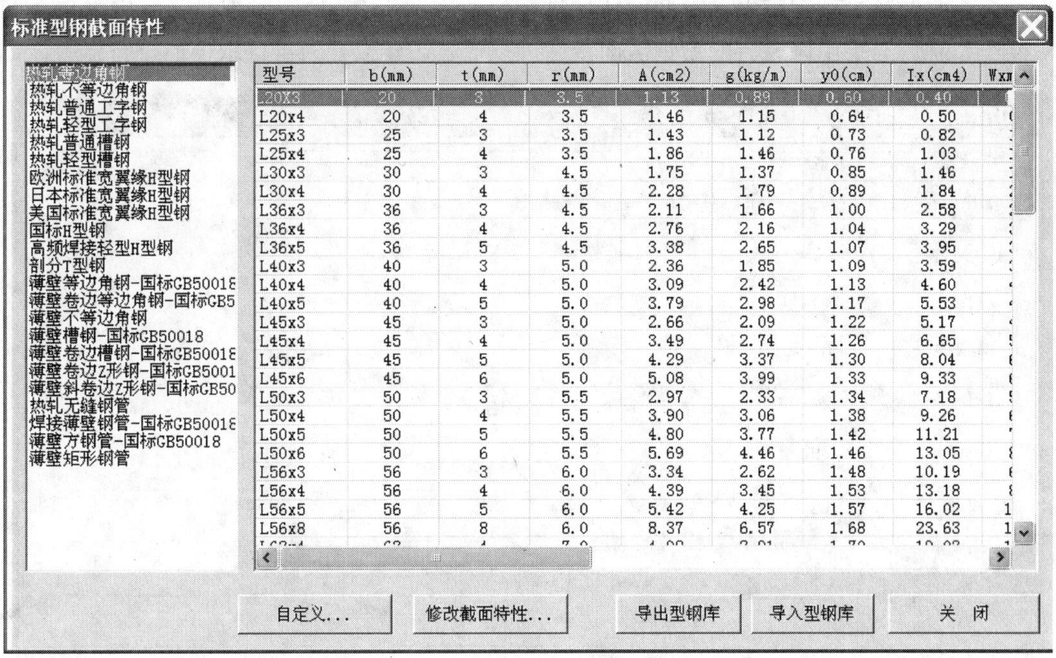

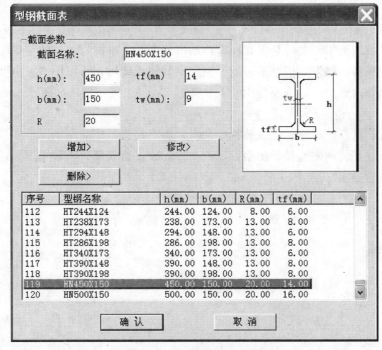

图 5.9-49　型钢库查询与修改主界面

选择"自定义……"则可以自行定义增加对应类型的型钢截面、修改或删除已有截面。对于自定义新增的截面，程序会根据定义的几何信息，自动计算出该截面的截面特性，自动计算时忽略一些圆弧角的影响。图 5.9-50 所示为型钢自定义截面对话框。

图 5.9-50　型钢截面定义与修改

选择"修改截面特性…"可以对自定义型钢程序自动计算出的截面特性基础上进行人为修改，或者是对型钢库中已有截面特性进行修改（图 5.9-51）。二维、三维内力分析与构件验算时，会采用修改后的型钢截面特性进行计算，建议在有准确取值时进行修改。

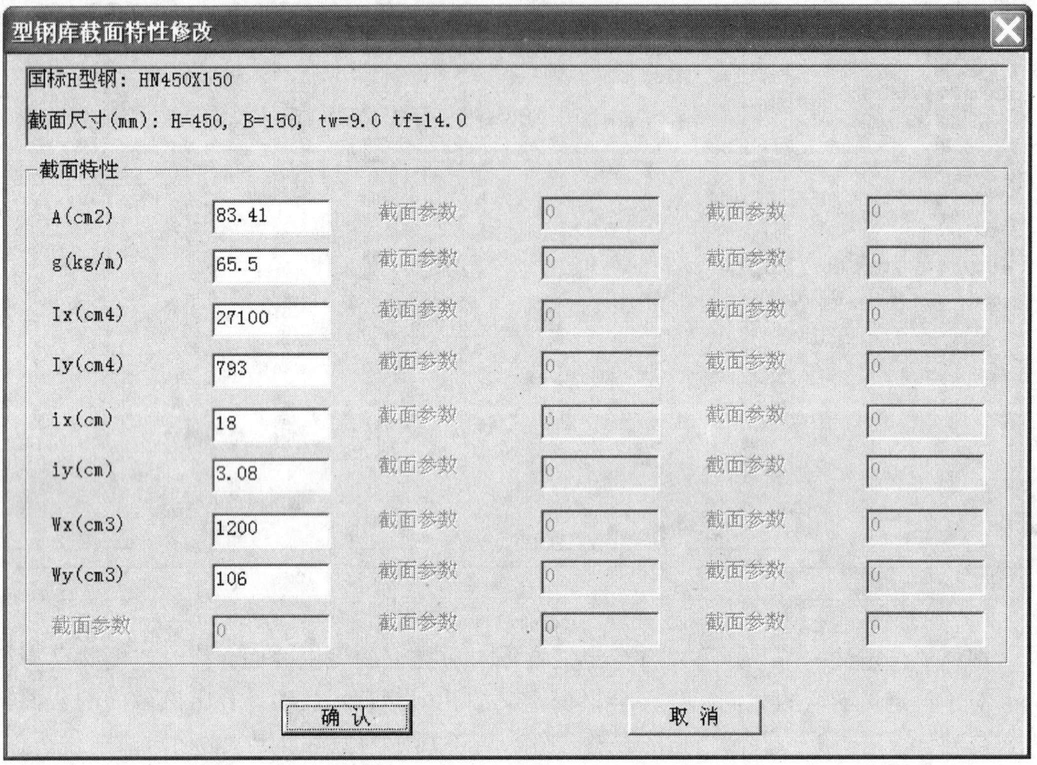

图 5.9-51   型钢截面特性修改

对于网络版，型钢库文件是保存在客户端机器上的，维护修改过的型钢库不会影响到网络内的其他机器，如果要把维护过的型钢库供其他人使用，可以用"导出型钢库"把维护过的型钢库导出到文件，需要使用的人员选择"导入型钢库"，选择导入该型钢库文件即可。

以后在安装更新的程序时，安装程序会覆盖所安装机器中的型钢库；如要保留原来的型钢库，可以在安装前先选择导出型钢库到文件，再进行安装；安装完成后，再把已经导出的型钢库进行导入。

第十章 空 间 结 构

08 版取消了与其他模块存在功能重复的"其他结构",保留原"其他结构"中的"复杂空间结构建模及分析"模块,主模块命名为"空间结构",运行菜单如图 5.10-1。

图 5.10-1 空间结构程序主界面

钢结构"空间结构"中的"复杂空间结构建模及分析"是 SpaS CAD 与 PMSAP 的一个简化版本,可以完成空间杆系结构的建模与分析,不具备墙、板、壳的设计功能。对于空间杆系结构,有钢结构 STS 的锁,即可在这一模块中完成建模与分析。

"复杂空间结构建模及分析"能够完成塔架、空间桁架、网架、网壳、广告牌等类复杂空间结构的建模分析,并提供了快速建模工具,可以分块模型拼装,也可以导入 AutoCAD 的网格模型。如图 5.10-2、图 5.10-3 所示。关于这一块的建模操作详见第一篇 PMCAD,结构分析与结果查看详见 PMSAP 相关说明。

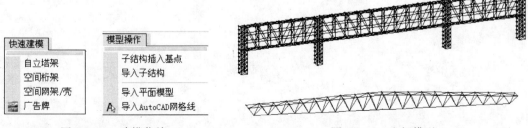

图 5.10-2 建模菜单   图 5.10-3 空间模型

第 六 篇

砌体结构辅助设计软件 QITI2008

第一章　砌体结构辅助设计软件总体架构及主要功能

第一节　改版的背景与目的

砌体结构主要包括多层砌体结构、底框—抗震墙结构和小高层配筋砌块砌体结构等，砌块的材料包括烧结砖、蒸压砖和混凝土小型空心砌块等三类。砌体结构是我国应用最广泛的一类结构，砌体结构辅助设计功能也是 PKPM 系列结构设计软件中应用最广泛的功能模块之一，几乎全部结构设计软件的用户都拥有和使用这项功能。

在原有 PKPM 系列结构设计软件中，砌体结构辅助设计功能分散在结构软件的各个模块中。如结构建模与荷载导算、多层砖混结构抗震及其他计算、结构平面图与圈梁构造柱大样设计等功能在 PMCAD 模块中，混凝土空心砌块结构相关的芯柱设计、排块设计绘图以及抗震计算等功能专门由 QIK 软件完成，而底框—抗震墙结构则需要启动 PM-CAD、SATWE、PK 等多个软件来完成。这样布局的结果是软件流程不清，各项设计和计算功能不突出，给用户的使用带来很多不便。更为不利的是，由于功能模块分散，牵涉的程序多，致使砌体结构辅助设计功能长期得不到大的改善，功能扩展受到制约。尤其是随着全国墙体材料改革进程的推进，混凝土空心砌块的应用越来越普遍，而与此相关的那些设计计算功能的改进更为迫切。

为此，在 2008 版结构软件中，将与砌体结构相关的设计、计算及绘图软件模块进行了整合和重组，形成一个新的软件——砌体结构辅助设计软件（QITI），并且对主要的几项功能进行了重大改进和专业化处理。新的软件功能齐全、操作方便、流程清晰，将会以一个全新的面貌与广大用户见面。

第二节　软件总体架构及功能

砌体结构辅助设计软件（QITI）在 PKPM 结构系列软件总菜单上方单独设置一项主菜单 [砌体结构]，这一项和排列上方的 [结构]、[钢结构]、[特种结构]、[建筑]、[设备] 并列。[砌体结构] 项下包括五大软件模块，分成如下五页菜单：

砌体结构辅助设计

底框—抗震墙结构三维分析

底框及连梁结构二维分析

配筋砌块砌体结构三维分析

砌体结构混凝土构件设计

下面分别介绍砌体结构辅助设计软件（QITI）各个模块的菜单设置和主要功能。

一、砌体结构辅助设计

砌体结构辅助设计模块主菜单见图 6.1-1。

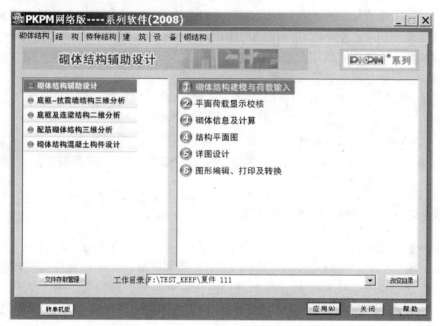

图 6.1-1　砌体结构辅助设计模块主菜单

（1）砌体结构建模与荷载输入

该菜单完成多层砌体结构、底框—抗震墙结构和小高层配筋砌块砌体结构等所有砌体结构的结构模型和荷载输入。在结构模型输入中，对"设计参数"、"墙体材料"、"圈梁输入"、"构造柱输入"等功能进行了专门化处理，使结构建模输入更加简便快捷。

在荷载的导算中，也针对砌体结构特点进行了处理，根据砌体结构计算特点，如分别可以提供本层荷载、各层导算到墙顶（梁顶）荷载和墙底荷载等等，使荷载导算和处理更加合理和精确。

（2）平面荷载显示校核

该菜单功能同 PMCAD 主菜单 2，在"砌体结构"单独列出，方便用户使用。有关功能见 PMCAD 相关说明。

（3）砌体信息及计算

该菜单整合了原 PMCAD 软件中的主菜单 2 和 8，QIK 中的主菜单 2、8 和 9 各模块的功能。主要完成砌体材料的补充输入与修改，构造柱、芯柱输入与修改，多层砌体结构抗震验算、墙体受压计算、墙体局部承压计算，底框—抗震墙结构地震作用计算、风荷载计算、上部竖向荷载导算，生成小高层配筋砌块砌体结构三维分析数据等功能。

这个模块承上启下，功能丰富，是砌体结构辅助设计软件的核心模块，在 08 版软件中作了很大的改进。

（4）结构平面图

该菜单功能同 PMCAD 主菜单 3，在"砌体结构"中单独列出，绘制各层结构平面施工图，楼板配筋计算和施工图等，方便用户使用。有关功能见 PMCAD 相关说明。

（5）详图设计

该菜单整合了原 PMCAD 软件中的主菜单 6 和 QIK 软件中的主菜单 2、6 各模块的功能，并且增加了小高层配筋砌块砌体结构有关的设计内容。主要完成砌体结构圈梁、构造柱、芯柱编辑与修改，空心砌块砌体结构排块设计与检查，圈梁、构造柱、芯柱大样图，空心砌块排块大样图，小高层配筋砌块砌体结构三维分析结果后处理，配筋砌块砌体结构边缘构件设计，配筋砌块芯柱大样图等。

08 版软件对这个模块作了很大的改进，尤其是在芯柱编辑与排块设计方面，功能有了全面提升。

（6）图形编辑、打印及转换

该菜单功能同 PMCAD 主菜单 7，有关功能见 PKPM 用户手册系列中的"图形编辑、打印及转换"相关说明。

二、底框—抗震墙结构三维分析

底框—抗震墙结构三维分析模块主菜单见图 6.1-2。该页菜单用来接力上页菜单"砌体信息及计算"，对有底层框架砌体结构的底层框架部分分离出来，除读取底层框架本身的荷载外，还读取上层砌体结构传来的恒、活、地震作用、风荷载，用 SATWE 进行三维计算分析，得到底层框架部分结构梁、柱、剪力墙的内力和配筋。还可对底层框架各层的梁、柱作施工图设计。

图 6.1-2 底框—抗震墙结构三维分析主菜单

（1）生成 SATWE 数据

该菜单为底框—抗震墙结构三维分析前处理模块，它将根据前面定义的底层框架层数，把底层框架部分分离出来。接力上页菜单"砌体信息及计算"，导入上部砌体结构传来的水平地震作用、风荷载和竖向恒、活荷载。完成结构分析的各类参数的输入与设置，可进行底框—抗震墙结构水平地震作用、风荷载、上部竖向荷载的查询和复核，完成结构分析数据检查。

在前处理模块中，软件针对底框—抗震墙结构对参数作了专门的设置和精简。在"图形检查"功能中增加了"查看底框荷载简图"菜单，供用户检查底框结构地震作用、风荷载和上部竖向荷载。

（2）内力配筋计算与计算结果显示

计算底框—抗震墙结构底部框架和剪力墙的内力及配筋。功能及操作方法同 SATWE 软件。

（3）底框梁施工图绘制

采用平法绘制底框梁施工图，功能及操作方法同"墙梁柱施工图"模块中的"梁平法施工图"菜单，参见相关说明。

（4）底框柱施工图绘制

采用平法绘制底框柱施工图，功能及操作方法同"墙梁柱施工图"模块中的"柱平法施工图"菜单，参见相关说明。

三、底框及连梁结构二维分析

底框及连梁结构二维分析模块的主菜单见图 6.1-3。该页菜单用来接力上页菜单"砌

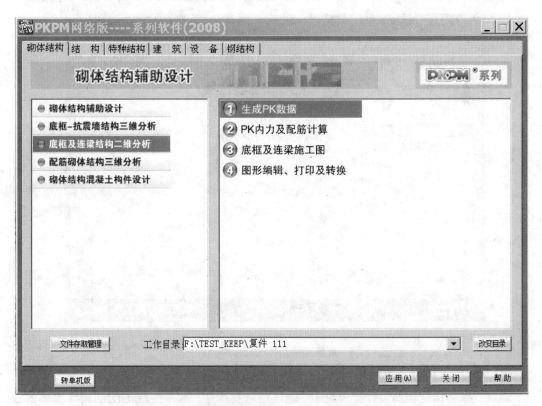

图 6.1-3　底框连梁结构二维分析模块主菜单

体信息及计算"，对有底层框架砌体结构的底层框架部分按照二维平面框架、连续梁的计算方法计算。需由用户逐个选取各榀纵向、横向的底层框架，形成二维平面框架计算的数据文件，再调用 PK 模块的相关计算程序计算出内力和配筋。对于承托上部砌体的连续梁，需由用户逐个选取连续梁形成 PK 的连续梁数据文件，调用 PK 计算出连续梁的内力和配筋。接力 PK 计算结果，可以进一步完成底框或连续梁结构的施工图设计。

（1）生成 PK 数据

该菜单继承了原 PMCAD 软件主菜单 4 中生成底框以及托墙连续梁的 PK 软件计算文件功能。其功能及操作方法参见相关说明。

（2）PK 内力及配筋计算

该菜单采用二维分析的方法完成底框及连续梁内力及配筋计算。其功能及操作方法参见相关说明。

（3）底框及连梁施工图

该菜单采用梁柱整体画法完成底框及连续梁施工图绘制。其功能及操作方法相当于 PK 软件中的"框架绘图"和"连续梁绘图"菜单，参见 PK 相关说明。

四、配筋砌块砌体结构三维分析

配筋砌块砌体结构三维分析模块的主菜单见图 6.1-4。该页菜单用来读取首页"砌体结构辅助设计"的"砌体信息及计算"菜单生成的配筋砌块墙体的设计计算信息，调用高层建筑结构分析软件 SATWE，完成小高层配筋砌体结构的内力和配筋计算。

图 6.1-4 配筋砌块砌体结构三维分析主菜单

（1）生成 SATWE 数据

读取"砌体结构辅助设计"模块中"砌体信息及计算"菜单生成的配筋砌块墙体的设计计算信息，调用高层建筑结构分析软件 SATWE 的前处理模块，生成小高层配筋砌块砌体结构的三维计算数据并完成数检。其功能及操作方法同 SATWE，参见相关说明。

（2）内力配筋计算与计算结果显示

计算配筋砌块砌体结构内力及配筋。功能及操作方法同 SATWE 软件。

五、砌体结构混凝土构件设计

砌体结构混凝土构件设计模块的主菜单见图 6.1-5。

该模块继承了 05 版 GJ 软件中"砌体结构混凝土构件辅助设计"菜单的功能，并在操作界面和结果输出等方面作了改进和完善。模块的主要设计内容包括阳台、挑檐、雨篷、悬挑梁、墙梁、圆弧梁等经常出现在砌体结构中的混凝土构件，软件可完成它们的内力计算、配筋计算以及施工图绘制。

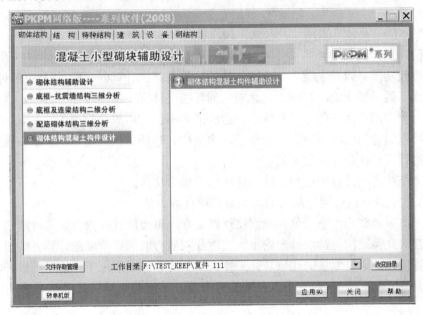

图 6.1-5　砌体结构混凝土构件设计主菜单

第三节　软件特点及主要功能改进

（1）集中统一的功能设置

砌体结构辅助设计软件（QITI），将原 PKPM 结构软件中与砌体结构相关的设计、计算及绘图软件模块进行了整合和重组，集成一个新的软件。用户可以通过单一软件完成多层砌体结构、底框—抗震墙结构和小高层配筋砌块砌体结构辅助设计的全部工作，包括结构模型及荷载输入、结构分析计算以及施工图设计等。避免了以往那种功能相互嵌套，操作流程不够清晰，需要通过多个不同的软件才能完成砌体结构设计全过程的问题。新的软件功能集中，操作流程清晰方便。

（2）专业化的辅助设计功能

砌体结构辅助设计软件的所有功能模块都是针对"砌体结构"专业设置的，从结构建模、砌体信息补充修改、结构分析的参数输入到施工图、详图设计，处处都体现出砌体结构专业的特色。从而使熟悉砌体结构设计的用户能够大大简化操作过程，使不太熟悉砌体结构设计的用户通过软件获得大量专业知识，帮助用户尽快掌握专业设计技能。

随着墙体改革进程的深入，传统的烧结砖材料正在逐步被混凝土空心砌块等新型材料所替代，但对于空心砌块结构设计中遇到的芯柱设计、墙体排块设计等新的专业设计方法，多数用户掌握得并不好，正好可以通过软件提供的强大功能来弥补。

（3）统一的结构和荷载信息数据

在砌体结构辅助设计软件的各个功能模块中，软件采用了统一的结构和荷载信息数据。这样，用户可以在各个功能模块中对结构信息进行编辑和修改，所有信息将统一保存，各个模块通用。例如，用户可以在建模模块中布置构造柱信息，同时也可以在"砌体信息及计算"和"详图设计"模块中编辑修改构造柱信息，所有信息统一共享，方便用户。

（4）砌体信息及计算采用"并联式"操作模式

砌体信息及计算菜单，整合了原 PMCAD 软件中的主菜单 2 中墙体材料及构造柱、芯柱编辑修改功能，以及主菜单 8 中砌体结构抗震及其他计算的功能。原来的计算软件采用"串联式"运行操作模式，即由信息输入到各楼层计算一步一步往下进行，直到计算结束，在此过程中用户无法随意反复操作，造成诸多不便。新软件改用了"并联式"操作模式，用户可以随意修改计算参数，随意修改构造柱、芯柱信息，随意挑选某一楼层查看计算结果，给计算和操作带来很大的方便。

在砌体结构各项计算中增加了墙体详细结果输出功能。

（5）新的底框—抗震墙结构剪力墙侧移刚度计算方法

底框—抗震墙结构上下层侧移刚度比计算是一项重要的计算内容，其计算结果的合理性和精确性对此类结构抗震设计影响很大。而开洞剪力墙侧移刚度的计算方法很多，没有统一的计算模式。通过大量的比较研究工作，在新的软件中采用了"修正的串并联计算方法"，对于那些洞口尺寸和布置不太合理的剪力墙，其侧移刚度的计算结果将更加精确和合理。

（6）新增底框—抗震墙结构风荷载分析计算

在底框—抗震墙结构三维分析模块中增加了风荷载分析计算功能，可以通过"砌体信息及计算"及"生成 SATWE 数据"菜单，将底框—抗震墙结构上部砌体房屋所承受的风荷载（水平力及倾覆力矩）自动导算到底框结构上，并完成内力分析及效应组合。

（7）新增底框—抗震墙结构荷载查询校核

在底框—抗震墙结构三维分析模块的"生成 SATWE 数据"菜单中增加了地震作用、风荷载以及上部砌体房屋传递的竖向恒、活荷载的图形查询和校核功能，便于用户在结构分析之前进行各项荷载的复核。

（8）新增小高层配筋砌块砌体结构设计计算

小高层配筋砌块砌体结构是当前发展很快的一类新型结构。通过这个软件，可以完成芯柱布置、排块设计以及墙体计算信息生成，完成整体结构分析计算以及配筋砌块剪力墙配筋计算，衔接结构分析计算结果还可以完成芯柱边缘构件详图设计，这样就解决了此类结构设计中最关键的技术问题，帮助用户顺利完成结构设计工作。

（9）完善了空心砌块芯柱和排块设计功能

芯柱和排块设计是多层混凝土空心砌块房屋结构和小高层配筋砌块砌体结构设计的重要内容。改进后的软件操作更加直观、简便，信息的保存和传递更加可靠。

(10) 完善了圈梁、构造柱、芯柱以及排块详图设计功能

根据国家设计规范和标准图集，自动完成各类详图的设计。在配筋砌块砌体芯柱边缘构件详图设计中，还引入了上海市地方标准《配筋混凝土小型空心砌块砌体建筑技术规程》（DG/TJ 08—2006）中的有关规定。

第二章 砌体结构建模及导荷

第一节 专门的建模与设计信息输入

砌体结构辅助设计软件采用专门的建模与荷载输入模块，见图6.2-1。

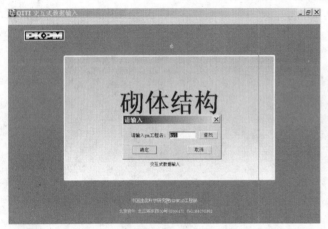

图6.2-1 砌体结构辅助设计软件采用专门的
建模与荷载输入模块

砌体结构建模与荷载输入模块的功能与操作和PMCAD主菜单1基本相同，见图6.2-2，有关功能改进及说明参见PMCAD的相关内容。

在"设计参数"菜单的总信息输入页中，结构体系只保留与砌体结构相关的"砌体结构"、"底框结构""配筋砌体"三类，见图6.2-2，分别对应多层砌体结构、底框—抗震墙结构和小高层配筋砌块砌体结构。

在"楼层定义"菜单的"墙布置"中，点取"新建"功能，显示

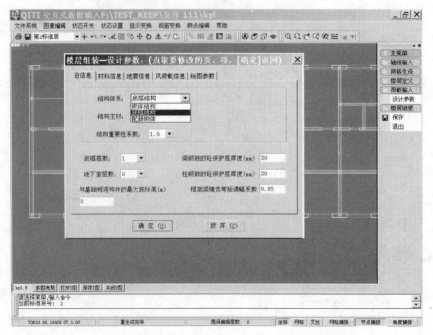

图6.2-2 砌体结构建模与荷载输入设计参数

图 6.2-3 所示对话框，在材料类别一栏选择烧结砖、蒸压砖、混凝土、空心砌块等墙体材料，空心砌块代表混凝土小型空心砌块和配筋砌块砌体。所选材料将在墙布置的墙截面列表对话框中显示，见图 6.2-3。

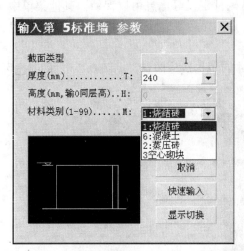
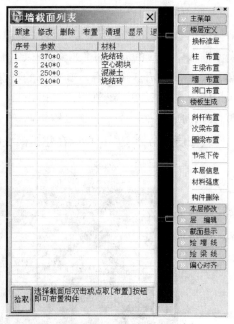

图 6.2-3　墙体材料定义与墙体布置对话框

在"楼层定义"菜单的圈梁布置中，对圈梁截面类型进行了专门化处理，去除了不必要的截面类型，保留和增加了圈梁常用的矩形 L 型、倒 L 型、T 型和 Z 型等四种截面类型，并在圈梁布置的列表对话框中显示，见图 6.2-4。

图 6.2-4　圈梁定义与布置对话框

第二节　统一的结构信息数据

与 08 版其他结构设计软件类似，在砌体结构设计软件的各个功能模块中也采用了统一的结构信息数据。即 08 版程序将各个菜单模块中输入的构件布置、定义属性等信息记录在模型输入中对应的同样杆件上，所以它们能够与模型互动。也就是说，在第一个菜单的建模中对模型的调整修改后，其原有的特殊构件定义等信息可以保留。其他菜单中布置的某些构件，在模型输入菜单中也可以出现。用户可以在各个功能模块中对结构信息进行编辑和修改，所有信息对各个菜单模块通用。

以构造柱信息为例，用户可以在建模模块中布置构造柱信息，见图 6.2-5。同时也可以

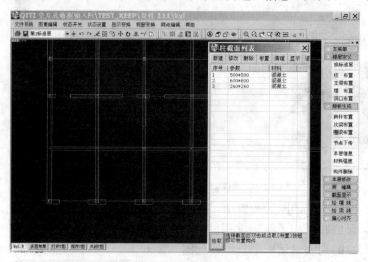

图 6.2-5　建模模块中布置构造柱菜单及对话框

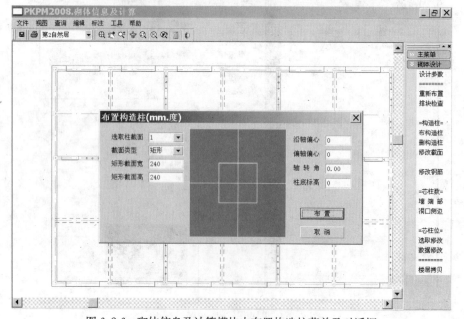

图 6.2-6　砌体信息及计算模块中布置构造柱菜单及对话框

在"砌体信息及计算"布置和修改构造柱，见图 6.2-6。还可以在设计阶段的"详图设计"模块中编辑修改构造柱信息，见图 6.2-7。所有这些输入和修改信息在统一数据库中共享。

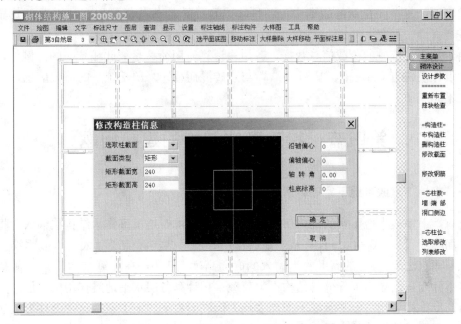

图 6.2-7 详图设计模块中布置构造柱菜单及对话框

第三节 统一的导荷模式与荷载信息

砌体结构辅助设计各个功能模块中要用到的荷载信息，统一由"砌体结构建模与荷载输入"与"平面荷载显示校核"两个菜单，来完成荷载的输入、导算并进行各种不同需求的处理。

砌体结构荷载的导算过程十分复杂，除了要将楼面分布荷载导算到周边承重墙上，还

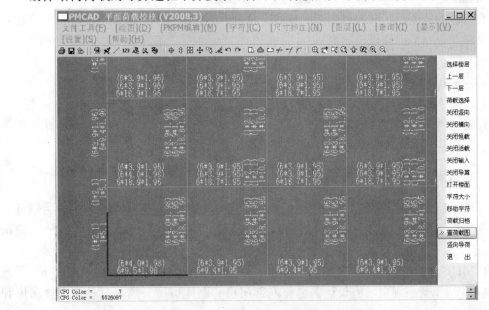

图 6.2-8 砌体结构平面荷载显示校核

要将上部各层的荷载通过承重墙逐层往下传递。针对砌体结构要完成抗震验算、受压计算、局部承压计算，所需要的荷载也不尽相同。对于底框—抗震墙结构，竖向荷载的导算与传递则更加复杂。在新的版本中，各种输入和导算的荷载都可以在"平面荷载显示校核"进行查询，见图 6.2-8。

由于采用了统一的荷载信息数据，各模块计算所用荷载是彼此相统一的。例如，在结构基础设计模块 JCCAD 中，"PM 荷载"与"砖混荷载"来源于统一的荷载信息，只是处理方式不同罢了。

第四节　特殊砌体结构的建模问题

一、带地下室或半地下室砌体房屋的结构建模

对有地下室或半地下室的砌体房屋，结构建模时可把地下室作为结构层输入，将地下室底平面高度设为±0.000。计算水平地震作用时可根据实际情况输入结构嵌固端相对地下室底平面（±0.000）的高度。当输入的嵌固高度大于 0，在计算结构总重力荷载代表值时将不计入嵌固端以下部分的结构重力荷载；在计算各层水平地震作用标准值时，楼层的计算高度为楼层相对地下室底平面高度减去该嵌固高度。地下室的这种处理方法，一方面可保证正确计算结构的水平地震作用；另一方面，还可对地下室墙体进行受压承载力计算并正确地把上部荷载传给基础。如果结构建模包括了地下室，程序在计算结构总层数时就计入了地下室的层数。

二、设置抗震缝的砌体房屋

根据《建筑抗震设计规范》7.1.7 条规定，复杂体型砌体房屋在下列情况下宜设防震缝，缝两侧均应设置墙体，缝宽应根据烈度和房屋高度确定，可采用 50～100mm。防震缝应留有足够的宽度，其两侧的上部结构应完全分开，伸缩缝和沉降缝的宽度也应符合防震缝的要求。下列情况应设抗震缝：

（1）房屋立面高差在 6m 以上；

（2）房屋有错层，且楼板高差较大；

（3）房屋各部分结构刚度、质量截然不同。

防震缝、伸缩缝和沉降缝均将结构分离成两个或多个独立单元，地震时各单元独立振动，结构分析应对各单元分别建模计算，整体结构分析没有什么意义。

三、有错层、多塔的砌体房屋

对于楼板有错层的砌体结构，当楼板高差小于 0.5m，结构建模时通过将各层较低楼板提升到较高楼板处，把错层房屋转化为无错层房屋。当楼板高差大于等于 0.5m，根据"抗震规范"7.1.7 条规定，在错层处应设置防震缝，对缝两侧结构单独计算。

带裙房的大底盘多塔砌体房屋，砌体部分和裙房之间的高差一般都大于 6m，根据"抗震规范"7.1.7 条规定，应设防震缝将底部裙房和砌体房屋分离，对各塔砌体房屋和对应的裙房单独计算。

第三章 砌体信息及多层砌体结构计算

第一节 功能及特点

一、功能整合

"砌体信息及计算"整合了原 05 版 PMCAD 第 8 项菜单"砌体结构抗震及其他计算"，与原混凝土小型空心砌块软件 QIK 的芯柱、构造柱布置功能。可对 12 层以下任意平面布置的砌体房屋和底部框架—抗震墙房屋进行设计计算，对 20 层以下任意平面布置的配筋砌块砌体结构房屋进行墙体芯柱、构造柱布置，并生成 SATWE 计算数据进行空间整体分析。

"砌体信息及计算"模块集砌体结构信息补充、砌块材料修改、芯柱及排块设计、多层砌体结构抗震及其他计算以及配筋砌块砌体结构计算数据生成等功能于一体，使操作更加集中方便，功能更加完善，新的界面见图 6.3-1。

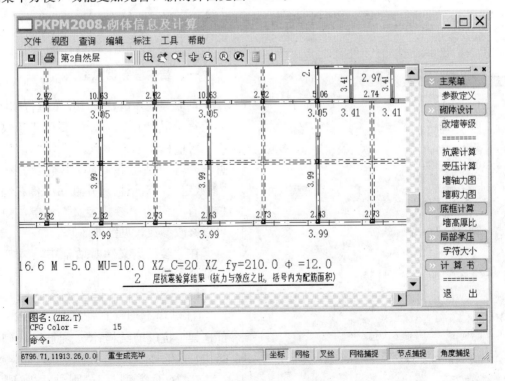

图 6.3-1 砌体信息及计算界面

二、"并联式"运行操作模式

05 版软件采用"串联式"运行操作模式，即由参数信息输入到各楼层从下往上逐层计算，直到计算结束，在此过程中用户无法返回操作。用户要进行修改，必须退出程序，重新进入，操作不便。

08 版软件改用"并联式"操作模式，不用退出程序，就可以随时修改计算参数，修改构造柱、芯柱信息，随意选择任意楼层查看计算结果，操作非常方便。

三、墙体材料单独定义修改

增加了单片墙体的块体强度等级、砂浆强度等级的单独定义功能，在对每个楼层统一定义的块体、砂浆强度等级的基础上，用户可对需要改变的局部墙体输入块体、砂浆强度等级。这种情况适用于旧房加固验算的需要，可以根据检测结果输入墙体材料强度。05版中每层楼只能定义统一的块体、砂浆强度等级。

四、单个墙体详细计算结果输出

增加了抗震验算、受压计算、高厚比计算各墙段的详细计算结果文件输出，用户可以根据需要输出打印。05 版只能输出"局部承压"下的详细计算结果。

第二节 砌体结构信息输入及菜单操作

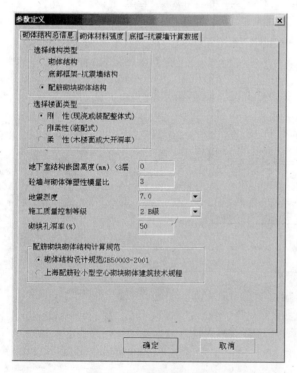

图 6.3-2 砌体结构总信息

一、结构参数信息输入

点取"砌体信息及计算"进行砌体抗震验算及其他计算时，先要在"参数定义"对话框中输入参数。05 版的结构信息输入等对话框在 08 版中整合为一个"参数定义"对话框。并且在屏幕右侧菜单区有专门的"参数定义"菜单，随时可以修改参数，见图 6.3-1。

在"参数定义"对话框中输入如下三部分参数：

(1) 砌体结构总信息（图 6.3-2）

① 结构类型（1—砌体结构；2—底部框架—抗震墙结构；3—配筋砌块砌体结构）

② 楼面类型（1—刚性；2—刚柔性；3—柔性）

现浇或装配整体式楼盖选刚性；装配式楼盖选刚柔性；木楼盖或开洞率很大、

平面刚度很差的楼盖选柔性，楼面类型的选择直接影响地震层间剪力在各墙之间的分配。

③ 地下室结构嵌固高度（mm）

一般情况下取 0。当结构建模包括地下室或半地下室时，若地下室底平面设为 ±0.000，则此参数表示上部结构嵌固端相对地下室底平面的高度，该高度值应小于房屋 3 层的高度，关于此参数还可参考本章第四节三款。

④ 混凝土墙与砌体弹塑性模量比（3～6）

该参数是为既有砌体墙又有竖向连续混凝土墙的组合砌体结构而设的，程序在计算侧向刚度时，取输入的该弹塑性模量比作为混凝土墙与砌体墙的弹性模量比值。对底部框架—抗震墙房屋，在计算上部砌体房屋与底部框架—抗震墙的侧移刚度比中该参数值不起作用，关于此参数还可参考本章第四节四款。

⑤ 设防烈度 [6(0.05g)、7(0.10g)、7.5(0.15g)、8(0.20g)、8.5(0.30g)、9(0.40g) 或 0(不设防)]

0（不设防）是 08 版新增加的选项，当选择 "0（不设防）" 时，不进行抗震计算。

⑥ 砌块孔洞率

当墙体采用混凝土砌块时，砌块孔洞率对计算结果有影响。

⑦ 施工质量控制等级：（1—A 级；2—B 级；3—C 级）

程序根据施工质量控制等级对砌体的强度作相应调整（A 级乘 1.05；B 级乘 1.00；C 级乘 0.89）。

⑧ 配筋砌块砌体结构计算规范：（1—《砌体结构设计规范》（GB 50003—2001）；2—《上海配筋混凝土小型空心砌块砌体建筑技术规程》）

当结构类型选择 "配筋砌块砌体结构" 时，出现此参数。

05 版中参数 "墙体材料的自重" 改为在砌体建模程序的 "设计参数" 中定义；参数 "砌体材料" 取消，在砌体建模程序中布置每片墙体时可指定材料。

（2）砌体材料强度（图 6.3-3）

各层砌体的块体强度等级、砂浆强度等级、灌孔混凝土等级及砂浆类型

块体和砂浆强度等级既可以按砌体规范 3.2.1 条规定的标准规格输入，也可以输入任意值，软件用线性插值法计算非标准块体强度等级或非标准砂浆强度等级的砌体强度设计值。灌孔混凝土等级仅对砌块墙计算有效。砂浆类型参数是供用户选择是否采用水泥砂浆砌筑，当选择采用水泥砂浆时，程序对砌体的抗压强度（乘以 0.9）及抗剪强度（乘以 0.8）作相应调整。

（3）底框—抗震墙计算数据（图 6.3-4）

① 底框架层数

② 按经验考虑墙梁作用上部荷载

图 6.3-3　砌体材料强度

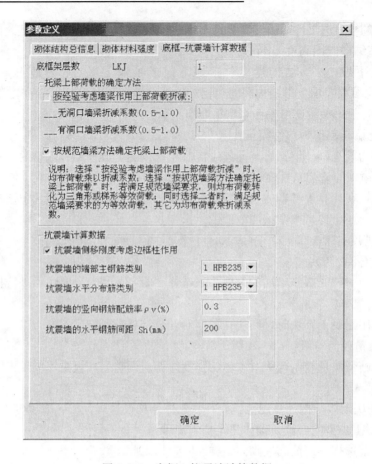

图 6.3-4　底框—抗震墙计算数据

折减

——无洞口墙梁折减系数（0.5～1.0）

——有洞口墙梁折减系数（0.5～1.0）

当选择按经验考虑墙梁作用上部荷载折减后，程序将对作用在底框托墙梁上的均布恒载和均布活载根据过渡层墙体开洞情况乘以相应折减系数，折减掉的荷载化作集中力作用在梁两端的柱顶。有洞墙梁折减系数仅对过渡层有一个洞口的墙梁有效。当墙梁在过渡层有两个或多于两个洞口时，作用在托梁上的荷载不折减。托梁按普通受弯梁计算配筋。

③按规范墙梁方法确定托梁上部荷载

当选择按规范墙梁方法确定托梁上部荷载后，程序首先按墙梁理论计算出托墙梁在竖向荷载（$Q2$）作用下的跨中弯矩、梁端弯矩和梁端剪力，然后再由这些内力反算出直接作用在托梁上的等效荷载（三角形或梯形分布线荷载及节点弯矩）。折减掉的荷载（原竖向荷载与等效荷载合力之差）化作集中力作用在梁两端的柱顶。托梁按墙梁方法计算配筋。

如用户同时选择了按经验考虑墙梁作用上部荷载折减和按规范墙梁方法确定托梁上部荷载，程序计算托梁上部荷载时，对满足砌体规范表 7.3.2 要求墙梁的上部荷载（$Q2$）用等效荷载替代，对不满足砌体规范表 7.3.2 要求墙梁的上部荷载乘以经验折减系数。

④抗震墙侧移刚度考虑边框柱作用

选择此项后，在计算层间侧向刚度比时，与边框柱相连的剪力墙将作为组合截面剪力墙考虑。否则，程序分别计算墙、柱侧移刚度。对混凝土抗震墙可选择考虑边框柱作用，对砌体抗震墙可选择不考虑边框柱作用。

⑤抗震墙的端部主筋类别

⑥抗震墙水平分布筋类别

⑦抗震墙的竖向钢筋配筋率 ρv（%）

⑧抗震墙的水平钢筋间距 Sh（mm）

上述参数输入后存储在一个数据文件中，在同一工程目录下再次运行程序，进行砌体抗震验算及其他计算时，软件将上一次输入的数值作为隐含值。如果输入参数不合理，程序将给出提示，请求重新输入。

二、菜单操作

进入程序并输入参数后，将在屏幕右侧主菜单区出现如图 6.3-5 所示的菜单：

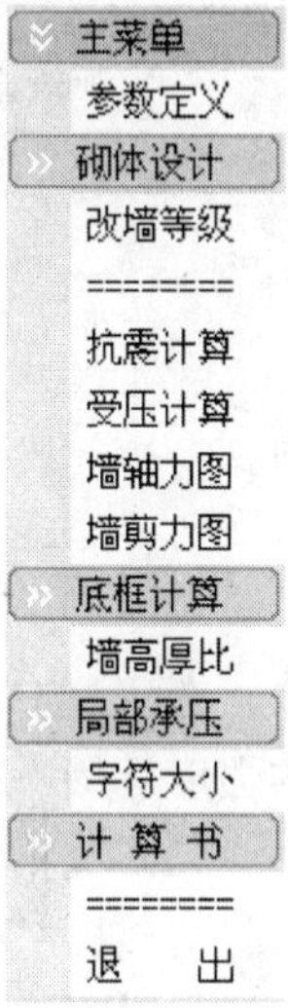

图 6.3-5　屏幕右侧主菜单

（1）楼层切换与参数定义

用户如果需要重新查看某层计算结果图，通过楼层切换可随时完成。通过程序界面左上角的下拉控件（见图 6.3-1），点击其下拉箭头可以选择切换到任意自然层计算并查看。如在图 6.3-1 中显示的是"2 层抗震验算结果"，通过点击其下拉箭头选择"第 3 自然层"，则切换到第 3 层查看"3 层抗震验算结果"。

用户不必退出程序，可通过"参数定义"菜单，弹出参数定义对话框，随时修改参数。重新定义参数并按确定后，程序会要求用户再次确认，见图 6.3-6。用户选择"确定"后，原来已做计算全部删除，自动重新进行计算。用户选择"取消"后，放弃原来已做参数修改，不重新进行计算。

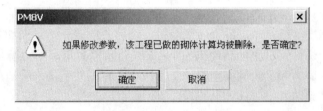

图 6.3-6　参数修改确认

（2）墙体材料单独定义

增加的"改墙等级"菜单，可进行单片墙体的块体强度等级、砂浆强度等级的单独定义。主要适用于工程加固设计时，楼层局部有个别墙体强度等级与本层不同等情况。选择指定要修改的墙体后，弹出图 6.3-7（a）修改墙体材料等级对话框。

定义成功后，单片墙体定义的块体强度等级、砂浆强度等级表示在该墙旁边，见图 6.3-7（b）。如果要删除单片墙体已做的定义，可将其重新定义为与该楼层的块体强度等级、砂浆强度等级一致或全部为 0。在此定义的强度等级保存在参数定义的同一个数据文件中，每次程序进入时都重新读入。单片墙体定义的强度等级，只在抗震、受压计算时有

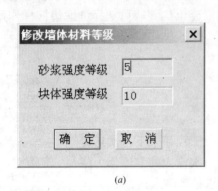
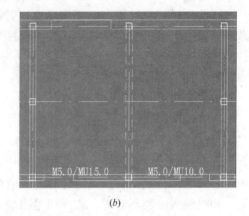

(a) (b)

图 6.3-7 修改墙体材料等级
(a) 修改墙体材料等级对话框；(b) 定义后墙体材料等级表示

效，在墙高厚比、局部承压验算时，仍然取楼层定义的强度等级。如果在一个墙段中各墙的强度等级不同，则计算时强度取按面积的加权平均值。

（3）文本结果输出

"计算书"菜单生成结构计算书，可分为"整体结构"与"详细结果"子菜单。

"整体结构"子菜单的输出内容包括：

①计算日期。

②砌体结构计算控制数据。

③底部框架—抗震墙结构计算控制数据（仅对底框结构输出）。

④结构计算总结果：结构等效总重力荷载代表值；墙体总自重荷载；楼面总恒荷载；楼面总活荷载；水平地震作用影响系数；结构总水平地震作用标准值；屋顶间地震作用效应增大系数（仅当有突出屋面的屋顶间时才有此项输出）等。

⑤各层计算结果：本层层高；本层重力荷载代表值；本层墙体自重荷载标准值；本层楼面恒荷载标准值；本层楼面活荷载标准值；本层水平地震作用标准值；本层地震剪力标准值；本层块体强度等级；本层砂浆强度等级。墙体各项验算结果见计算结果图。

⑥底框计算结果（仅对底框结构输出）：底框总倾覆力矩；剪力墙抗震等级；各抗侧力构件方向的地震剪力和层间侧向刚度比。作用在各榀框架上的水平地震力和柱顶附加集中力见底框计算结果图。

"详细结果"子菜单可给出除局部承压外的抗震计算、受压计算、墙高厚比验算时的各墙段详细计算参数与结果，详见本章第四、五节。

（4）其他菜单功能

"砌体设计"菜单进行墙体的构造柱、芯柱设置，将在第三节详细单独介绍。

"抗震计算"菜单进行当前楼层墙体抗震（抗剪）承载力计算，如果其他层没有抗震承载力计算结果，则同时生成其他层抗震承载力计算结果图，当地震烈度定义为 6 度及以上时，此菜单才有效，且进入程序缺省进行的计算就是抗震（抗剪）承载力计算。

"受压计算"菜单进行当前楼层墙体受压承载力计算，如果其他层没有受压承载力计算结果，则同时生成其他层受压承载力计算结果图，当地震烈度定义为 0（不设防）时，进入程序缺省进行的计算就是受压承载力计算。

"墙轴力图"菜单显示当前楼层的墙轴力设计值图,如果其他层没有墙轴力设计值图,则同时生成其他层墙轴力设计值图。

"墙剪力图"菜单,显示当前楼层在地震下的墙剪力设计值图,如果其他层没有墙剪力设计值图,则同时生成其他层墙剪力设计值图。当地震烈度定义为 6 度及以上时,此菜单才有效。

"底框计算"菜单,当结构类型为底部框架—抗震墙结构时,计算底部抗震墙的配筋,底部框架梁、柱上的上部砌体传递荷载。当地震烈度定义为 6 度及以上时,计算各地震方向层间侧向刚度比、各榀框架的地震力和柱子附加轴力。当前楼层必须是底框顶层时,此菜单才有效。

"墙高厚比"菜单进行当前楼层的墙体高厚比验算,如果其他层没有墙体高厚比验算结果图,则同时生成其他层墙体高厚比验算结果图。对墙的计算高度 H_0 按"砌体规范"表 5.1.3 刚性方案取值。

"局部承压"菜单进行当前楼层的局部承压验算,如果其他层没有局部承压验算结果图,则同时生成其他层局部承压验算结果图。通过其子菜单可进行梁垫输入,并可给出局部承压的详细计算参数与结果。

"字符大小"菜单可改变当前图面的字符显示大小。

"退出"菜单,退出程序返回到主菜单。

第三节　构造柱、芯柱信息输入及编辑

"砌体设计"菜单包括芯柱、构造柱布置以及排块检查等功能。进入"砌体设计"后,屏幕右边出现"砌体设计"的下一级子菜单,见图 6.3-8。

一、参数及整体布置

点击"设计参数"出现图 6.3-9 对话框。

对于砌块墙段的节点芯柱的布置、芯柱构造钢筋的选用,它是根据工程的抗震烈度、抗震等级、墙段的位置而定,具体见表 6.3-1。芯柱钢筋设置要求见表 6.3-2。

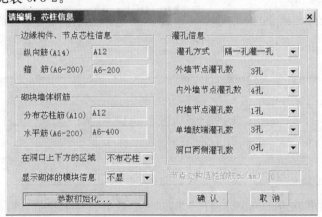

图 6.3-8 砌体设计子菜单

图 6.3-9 砌体设计参数

小砌块房屋芯柱设置要求 表 6.3-1

房屋层数			设置部位	设置数量
6 度	7 度	8 度		
四、五	三、四	二、三	外墙转角，楼梯间四角；大房间内外墙交接处；隔 15m 或单元横墙与外纵墙交接处	外墙转角，灌实 3 个孔，内外墙交接处，灌实 4 个孔
六	五	四	外墙转角，楼梯间四角；大房间内外墙交接处；山墙与内纵墙交接处，隔开间横墙（轴线）与外纵墙交接处	
七	六	五	外墙转角，楼梯间四角；各内墙（轴线）与外纵墙交接处；8、9 度时，内纵墙与横墙（轴线）交接处和洞口两侧	外墙转角，灌实 5 个孔；内外墙交接处，灌实 4 个孔；内墙交接处，灌实 4～5 个孔；洞口两侧各灌实 1 个孔
	七	六	同上；横墙内芯柱间距不宜大于 2m	外墙转角，灌实 7 个孔；内外墙交接处，灌实 5 个孔；内墙交接处，灌实 4～5 个孔；洞口两侧各灌实 1 个孔

砌体结构芯柱钢筋设置要求 表 6.3-2

房屋层数			钢筋
6 度	7 度	8 度	
1～7	1～5	1～4	$\geqslant 1\phi 12$
	6～7	5～6	$\geqslant 1\phi 14$

对于配筋砌体结构节点芯柱的布置、芯柱构造钢筋的选用，它是根据工程抗震等级、墙段的位置而定，具体见表 6.3-3。

配筋砌体结构芯柱钢筋设置要求 表 6.3-3

抗震等级	每孔纵向钢筋最小量		水平箍筋最小直径	水平箍筋最大间距
	底部加强部位	一般部位		
一级	$1\phi 20$	$1\phi 18$	$\phi 8$	200
二级	$1\phi 18$	$1\phi 16$	$\phi 6$	200
三级	$1\phi 16$	$1\phi 14$	$\phi 6$	200
四级	$1\phi 14$	$1\phi 12$	$\phi 6$	200

软件在首次进入"砌体设计"时，根据缺省设计参数值，自动生成各层的砌块墙段芯柱布置信息。用户可通过此菜单修改设计参数后，再通过点击菜单"重新布置"，则删除

当前层已布置的芯柱信息，再根据新的设计参数重新布置当前层的砌块墙段芯柱信息。点击对话框中的"参数初始化"，则参数全部恢复为程序内设的缺省值。

二、构造柱布置编辑

对于工程的构造柱设置，建议用户在"砌体结构建模与荷载输入"模块中布置，原因是在此处虽然也可处理构造柱的信息，但不能观看楼层的三维显示图。

在此处，对于构造柱的布置、删除、截面尺寸的修改等操作，它所反映的是工程标准层的信息，而非自然层，因此，该处的操作，对与该层采用同一标准层的其他楼层也有效。

点击"布构造柱"，选择构造柱截面、定义尺寸后，就可在结构平面图节点上布置构造柱，见图 6.3-10。

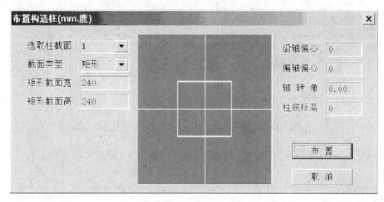

图 6.3-10　构造柱定义

点击"删构造柱"，在结构平面图节点上选择构造柱删除。

点击"修改截面"，对选择的构造柱截面、尺寸等信息进行编辑修改。

点击"修改钢筋"，选择构造柱，对柱钢筋进行编辑修改。注意，此修改与前几项不同，它只对本楼层有效。

三、芯柱数量修改

程序已根据上述菜单项"设计参数"中约定的要求，初始化了墙体砌块的芯柱信息，此处理结果有可能与用户的实际要求不相符，为此，程序设置了可由用户设定墙端部、墙段中开洞两侧的芯柱数的接口。

点击"墙端部"，在图面上将显示出各墙端现有的芯柱数，用户可选择要修改墙端芯柱数的墙端进行修改。捕捉的目标为墙端所在的网线端，如捕捉有效，则以粗白线表示。

点击"洞口侧边"，在图面上将显示出各墙洞口侧边现有的芯柱数，并在有效的洞口侧边用黄色小圆环示之（此也为修改时捕捉的目标），用户可选择要修改洞口边芯柱数的洞口进行修改。

需要注意的是，设定的芯柱数并不一定实际有效，因为这只是事件成功的一个方面，另一方面还要看该处是否有合适的灌孔存在。

四、芯柱位置修改编辑

对于程序初始化时生成的墙段排块信息和芯柱信息，如没有表达用户的意图，可由用户对其进行修改。

点击"选取修改"，图面上将显示出各墙段的排块芯柱类型号，用户可用光标捕捉需要修改芯柱信息的墙段；一次捕捉的目标既可单个，也可多个，当要多个时，它必须是同类号的，非同类号捕捉无效。对有效捕捉，程序会在目标所在的墙段处用粗白线表示。某墙段的芯柱信息修改界面如图 6.3-11 所示。通过此对话框对芯柱在墙中的布置进行调整。

在"芯柱"一列中打"√"可以增加该位置的芯柱，重复点取可以去掉芯柱。

图 6.3-11 墙体芯柱布置信息

- 非双孔砌块位置

如图 6.3-11 中所示，若该墙段中有一块一孔半砌块存在，从理论上来说，它可以出现在墙段的任一位置，程序内定为：其一，位于墙段中间部位；其二，如有洞口存在，则位于洞口上下方区域。通过输入数字（以两孔砌块为单位），用户可以调整半孔的位置，正数往左移，负数往右移。

- 洞口信息

在此处，可以调整洞口在墙段中的位置。在"砌体结构建模与荷载输入"模块中，因布置洞口时看不见墙段排块的情况，可能布置有误，可在此处调整。此修改为对标准层建模数据的修改。用户可以通过输入偏离尺寸调整洞口的位置，正数往左移，负数往右移。

- 构造柱信息

查看构造柱尺寸信息。

- 该墙段排块多余长度

在该处显示出该墙段长度被 100 整除的余数，提醒用户。

- 初始化墙段的芯柱位置

点取该按钮，程序将重新生成该墙段的芯柱信息。

● 换位

当墙段中有一孔半砌块出现时，可用该按钮移动半孔的位置。在"换位"一列中点"↑"可以移动半孔的位置，芯柱位置也作相应调整。

点击"列表修改"，弹出图 6.3-12 对话框，在此对话框中通过墙体芯柱信息的类号的选择，修改的墙体的芯柱信息。此项菜单与前项"选取修改"都是修改墙体的芯柱信息，其不同之处在于："列表修改"对同类型的墙体皆有效，而"选取修改"只对选取的墙体有效。

五、排块检查及楼层拷贝

点击"排块检查"，则根据各墙段尺寸，检查布置砌块的范围是否符合砌块尺寸的模数（能否被 100 整除），如有不符的，则该墙处用粗白线示之。

点击"楼层拷贝"，对于楼层的信息，程序是按自然层的方式输入各楼层的信息，在工程中存在不同的自然层同属于同一标准层的现象，为了节省工程数据的输入，程序允许对同属于同一标准层的各自然楼层，其数据可拷贝，操作界面如图 6.3-13 所示。

图 6.3-12　列表选择修改的墙体

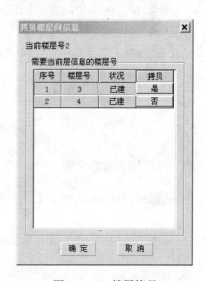

图 6.3-13　楼层拷贝

第四节　墙体抗震计算及结果

砌体房屋结构抗震验算过程大致为：

（1）用底部剪力法计算各层水平地震作用和地震层间剪力；

（2）根据楼面刚度类别及墙体侧向刚度将地震层间剪力分配到每大片墙和大片墙中的各个墙段；

（3）根据导算的楼面荷载及墙体自重计算对应于重力荷载代表值的砌体截面平均压应力；

（4）根据砌体沿阶梯形截面破坏的抗震抗剪强度计算公式验算墙体的抗震抗剪承载力。

一、水平地震作用和地震层间剪力

采用底部剪力法计算水平地震作用，结构总水平地震作用标准值为：

$$F_{EK} = \alpha_{max} G_{eq} \qquad (6.3-1)$$

式中　F_{EK}——结构总水平地震作用标准值；

α_{max}——抗震规范 5.1.4 条确定的水平地震影响系数最大值；

G_{eq}——结构等效总重力荷载。

第 i 楼层的水平地震作用标准值

$$F_i = \frac{G_i H_i}{\sum_{k=1}^{n} G_k H_k} \cdot F_{EK} \qquad (6.3-2)$$

式中　G_i，G_k——分别为集中于 i 层、k 层的重力荷载代表值；

H_i，H_k——分别为 i 层、k 层的计算高度。

由于水平地震影响系数取最大值 α_{max}，用户在结构建模时输入的设计地震分组、场地类别等参数，在砌体结构地震作用计算中不起作用。结构等效总重力荷载，单层房屋取总重力荷载代表值，多层房屋取总重力荷载代表值的 85%。总重力荷载代表值为各层重力荷载代表值之和。每层重力荷载代表值，取本层楼面恒载+50%楼面活载+50%相邻上下层墙体的自重。

第 i 层处的地震剪力为

$$V_i = \sum_{k=1}^{n} F_k \qquad (6.3-3)$$

二、层间地震剪力分配

地震剪力的分配方法对于刚性、刚柔性和柔性楼盖来说是不同的。楼面刚柔性由用户输入。

（1）刚性楼、屋盖时（现浇或装配整体式楼盖）

$$V_{im} = \frac{K_{im}}{K_i} V_i \qquad (6.3-4)$$

式中　V_{im}——分配于第 i 层第 m 片墙的地震剪力；

V_i——第 i 层的地震剪力；

K_{im}——第 i 层第 m 片墙的抗侧力刚度；

K_i——第 i 层各片墙的抗侧力刚度之和。

刚度 K_{im} 按下述情况计算：

a. 楼层剪力分配给各片墙时，假定同一层内砂浆强度等级相同，层高相同，按剪切型考虑，取 K_{im} 为第 m 片墙的净截面积；

b. 一片墙内各墙段剪力分配时，按高宽比 ρ 值计算。

当 $\rho = \dfrac{h}{b} \leqslant 1.0$ 时　　　　　　$K_{im} = \dfrac{t}{3\rho}$　　　　　　　(6.3-5)

当 $1.0 < \rho \leqslant 4.0$ 时　　　　　　$K_{im} = \dfrac{t}{(\rho^3 + 3\rho)}$　　　　　(6.3-6)

当 $\rho > 4.0$ 时，不考虑该段刚度　　　　$K_{im} = 0$　　　　　　　　　　(6.3-7)

式中　t——墙厚；

　　　h——墙段高；

　　　b——墙段宽。

（2）柔性楼盖时（木楼盖或开洞率很大，平面刚度很差的楼盖）仅按墙体负担的地震作用重力荷载代表值分配。

$$V_{im} = \frac{G_{im}}{G_i} V_i \qquad\qquad (6.3-8)$$

式中　G_{im}——第 i 层第 m 片墙承受的产生水平地震作用的重力荷载代表值；

　　　G_i——第 i 层全部重力荷载代表值。

（3）刚柔性楼盖时（装配式钢筋混凝土楼盖）

$$V_{im} = \frac{1}{2}\left(\frac{K_{im}}{K_i} + \frac{G_{im}}{G_i}\right)V_i \qquad\qquad (6.3-9)$$

三、带地下室或半地下室的砌体房屋

对有地下室或半地下室的砌体房屋，程序在计算结构总层数时计入了地下室的层数。当结构总层数超过规范限值时，程序会给出警告信息。这时，用户应根据实际情况对警告信息作出判断。

如何确定带全地下室或半地下室房屋的层是否计入总层数，可以参考下述规定：

（1）全地下室

全地下室不按一层考虑，房屋嵌固端位于地下室顶板处。

（2）无窗井半地下室

半地下室底板距室外地面距离大于半地下室净高的 1/2，半地下室不按一层考虑，房屋嵌固端位于地下室顶板处。半地下室底板距室外地面距离小于等于半地下室净高的1/2，半地下室按一层考虑，房屋嵌固端位于地下室底板处。

（3）设窗井半地下室

有窗井而无窗井墙或窗井墙不与纵横墙连接，未形成扩大基础的底盘，周围的土体不能对半地下室起约束作用，此时半地下室应按一层考虑，房屋嵌固端位于地下室底板处。窗井墙为内横墙的延伸，形成了扩展的半地下室底盘，提高了结构的总体稳定性，此时可以认为半地下室在土体中具有较好的嵌固条件，半地下室可不按一层考虑，房屋嵌固端位于地下室顶板处。

四、带少量竖向连续钢筋混凝土剪力墙的砌体房屋的计算方法

对于在砌体房屋中设置少量竖向连续钢筋混凝土剪力墙（一般利用楼梯间或电梯间）的组合结构，程序通过用户输入的"混凝土墙与砌体弹塑性模量比"参数，提供了一种近似方法在混凝土墙和砌体墙间分配地震层间剪力：假设组合结构为刚性楼盖，混凝土墙和砌体墙承担的层间地震剪力按各抗侧力构件的有效侧向刚度比例分配确定；有效侧向刚度的取值，砌体墙不折减，混凝土墙乘以折减系数。剪力分配实际是由构件的相对侧向刚度决定的。程序在计算砌体侧向刚度时，取砌体弹性模量为1；在计算混凝土墙侧向刚度

时，取混凝土弹性模量为实际混凝土弹性模量与实际砌体弹性模量之比并乘以折减系数。

参数"混凝土墙与砌体弹塑性模量比（3—6）"取值 c，实际上相当于：

$$c = \eta \frac{E_c}{E_m} \tag{6.3-10}$$

式中　c——混凝土墙与砌体弹塑性模量比；

　　　η——混凝土墙侧向刚度折减系数；

　　　E_c——混凝土墙弹性模量；

　　　E_m——砌体弹性模量。

在组合结构中，由于混凝土墙可以承担较多的地震剪力，砌体墙容易满足抗震要求。内浇外砌结构不属于组合结构。目前，抗震规范和砌体规范对组合结构抗震设计没有明确规定，对于有地方规程的地区，用户应依据地方标准设计组合结构；对于没有地方规程的地区，用户应注意当地审图公司对组合结构的要求。

五、墙体抗剪计算原理及过程

墙体抗震抗剪承载力验算有三部分内容：（1）验算每一大片墙的抗震抗剪承载力，计算对象是包括门窗洞口在内的大片墙体。验算结果是墙体截面的抗力与荷载效应比值。当该比值小于 1 时，说明该墙体的抗力小于荷载效应，墙体抗震抗剪承载力不满足要求。（2）验算门、窗间墙段的抗震抗剪承载力，计算方法与大片墙相同。（3）当某一墙段的抗震抗剪承载力不满足要求时（抗力与荷载效应比值小于 1），将该墙段设计为配筋砌体，计算出墙段在层间竖向截面内所需的水平配筋的总截面面积，供用户参考。

（1）烧结砖、蒸压砖墙体抗剪计算

根据砌体规范 10.3.2 条，砖砌体抗震抗剪承载力，按以下公式验算：

$$V \leqslant \frac{1}{\gamma_{RE}} \left[\eta_c f_{VE}(A - A_c) + \zeta f_t A_c + 0.08 f_y A_s \right] \tag{6.3-11}$$

$$f_{VE} = \xi_N f_V \tag{6.3-12}$$

式中　A_c——中部构造柱的横截面总面积（对横墙和内纵墙，$A_c > 0.15A$ 时，取 $0.15A$；对外纵墙，$A_c > 0.25A$ 时，取 $0.25A$）；

　　　f_t——中部构造柱的混凝土轴心抗拉强度设计值；

　　　A_s——中部构造柱的纵向钢筋截面总面积（配筋率大于 1.4% 时取 1.4%）；

　　　f_y——钢筋抗拉强度设计值；

　　　ζ——中部构造柱参与工作系数，居中设一根时取 0.5，多于一根时取 0.4；

　　　η_c——墙体约束修正系数；一般情况取 1.0，构造柱间距不大于 2.8m 时取 1.1；

　　　f_{VE}——砌体沿阶梯形截面破坏的抗震抗剪强度设计值；

　　　f_V——非抗震设计的砌体抗剪强度设计值；

　　　ξ_N——砌体抗震抗剪强度的正应力影响系数。

公式（6.3-11）不仅考虑了端部构造柱对墙体抗剪承载力的调整（承载力抗震调整系数 γ_{RE} 取 0.9），还计入了中部构造柱对墙体抗剪承载力的贡献。程序将墙中端节点以外的所有构造柱判定为中部构造柱。

对式（6.3-11）和式（6.3-12）分析后，可以发现，提高墙体抗剪承载力的措施可以为：提高砂浆强度等级（提高 f_V）、增加中部构造柱截面面积（增加构造柱或增大已有构造柱的截面尺寸）、提高构造柱混凝土强度等级、增加构造柱钢筋面积、提高构造柱钢筋强度等级等。提高块体强度等级对墙体抗剪承载力没有帮助。

（2）混凝土小型空心砌块墙体抗剪计算

小砌块墙体的截面抗震受剪承载力，应按下式验算：

$$V \leqslant \frac{1}{\gamma_{RE}}\left[f_{VE}A + (0.3f_t A_c + 0.05f_y A_s)\zeta_c\right] \tag{6.3-13}$$

式中：V——墙体剪力设计值；

γ_{RE}——承载力抗震调整系数，一般取 1.0，对两端均有构造柱、芯柱的墙体取 0.9；

A——墙体横截面面积；

f_t——芯柱混凝土轴心抗拉强度设计值；

A_c——芯柱截面总面积；

f_y——芯柱竖向插筋抗拉强度设计值；

A_s——芯柱钢筋截面总面积；

ζ_c——芯柱参与工作系数，按表 6.3-4 取值。

芯柱参与工作系数   表 6.3-4

灌孔率 ρ	$\rho < 0.15$	$0.15 \leqslant \rho < 0.25$	$0.25 \leqslant \rho < 0.5$	$\rho \geqslant 0.5$
ζ_c	0.0	1.0	1.10	1.15

注：灌孔率指芯柱根数（含构造柱和填实孔洞数量）与孔洞总数之比。

同时设置芯柱和构造柱时，构造柱截面可作为芯柱截面，构造柱钢筋可作为芯柱钢筋。对 L 形、T 形、十字形构造柱可不考虑翼缘作用，仅计入构造柱在墙体平面内的横截面积和钢筋面积。芯柱在墙体内应均匀分布，间距不宜超过 2m。

六、墙体抗震计算结果

砌体结构抗震计算结果以图形方式输出，计算结果直接标注在各层的平面图上，通过屏幕左上角的楼层切换下拉控件，可切换到任意层，查看抗震计算结果图。抗震计算结果图的图名为 ZH∗.T，∗代表层号。如：第三层抗震验算结果图的图名为 ZH3.T。

在抗震验算结果图中：黄色数字是各大片墙体（包括门窗洞口在内）的抗震验算结果；其值为大片墙抗力与荷载效应的比值。数字标注方向与大片墙的轴线垂直。当验算结果大于 1 时，表明墙体满足抗震抗剪强度要求。当验算结果小于 1 时，表明墙体不满足抗震抗剪强度要求，此时验算结果用红色数据显示。

蓝色数字是各门、窗间墙段的抗震验算结果，其值为墙段抗力与荷载效应的比值。数字标注方向与墙段平行。验算结果大于 1，表明墙段满足抗震抗剪强度要求。验算结果小于 1，表明墙段不满足抗震抗剪强度要求。对不满足抗震抗剪强度要求的墙段，程序用红色输出验算结果，并在括号中给出墙段在层间竖向截面中所需水平钢筋的总截面积，单位为 mm²。用户对各墙段钢筋面积归并后可以自行算出水平配筋砌体的钢筋直径、根数和间距。

白色数字是底框结构或组合结构中混凝土抗震墙的剪力设计值，单位为 kN。用户可

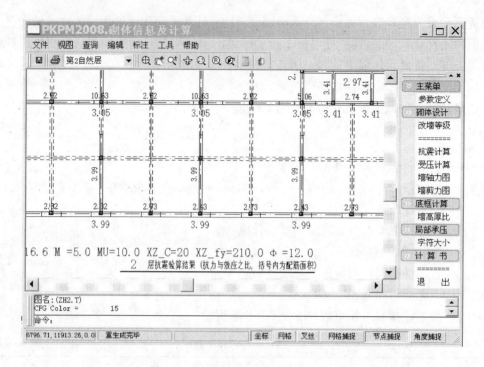

图 6.3-14   砌体结构抗震计算结果图

根据图中标出的剪力设计值计算组合结构混凝土抗震墙的水平配筋。对于底框结构，程序在底框抗震计算结果图中依据上述剪力设计值给出了混凝土抗震墙的水平配筋。

i 层抗震验算结果图中还包含了以下信息：

① Gi＝第 i 层的重力荷载代表值（kN）

② Fi＝第 i 层的水平地震作用标准值（kN）

③ Vi＝第 i 层的水平地震层间剪力（kN）

④ LD＝地震烈度

⑤ GD＝楼面刚度类别

⑥ M＝第 i 层砂浆强度等级

⑦ MU＝第 i 层块体强度等级

用户在查看抗震验算结果图时，通过点取屏幕右侧菜单中的"字符大小"菜单项可以改变图中字符大小。

原来的"计算书"菜单，分解为"整体结构"与"详细结果"两个子菜单。"整体结构"输出的就是原计算书的内容。"详细结果"可输出每段小墙肢的详细抗震计算结果。操作时，首先转换到小墙肢所在楼层的抗震计算结果图，然后通过菜单"计算书"→"详细结果"用光标选择小墙肢，就显示此小墙肢的

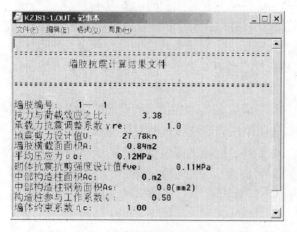

图 6.3-15   墙肢抗震承载力计算详细结果

抗震承载力计算结果文件，图 6.3-15 为某墙段的结果。

第五节　墙体其他计算及结果

一、墙体受压承载力计算及结果

（1）墙体受压计算原理及过程

程序取门、窗间墙段为受压构件的计算单元；无洞口时，取整个墙体为计算单元。当墙体中没有钢筋混凝土构造柱时，按无筋砌体构件的有关规定进行受压承载力计算，计算公式为：

$$N \leqslant \varphi f A \tag{6.3-14}$$

式中　N——轴力设计值；

　　　φ——高厚比 β 对轴心受压构件承载力的影响系数；

　　　f——砌体的抗压强度设计值；

　　　A——截面面积。

当墙体中有钢筋混凝土构造柱时，按砌体和钢筋混凝土构造柱组合墙的有关规定进行受压承载力计算，计算公式为：

$$N \leqslant \varphi_{\mathrm{com}}\left[f A_{\mathrm{n}} + \eta (f_c A_c + f_{\mathrm{y}}' A_{\mathrm{s}}') \right] \tag{6.3-15}$$

$$\eta = \left[\frac{1}{\dfrac{l}{b_{\mathrm{c}}} - 3} \right]^{\frac{1}{4}} \tag{6.3-16}$$

式中　φ_{com}——组合墙稳定系数；

　　　η——强度系数，当 l/b_c 小于 4 时取 l/b_c 等于 4；

　　　f——砌体抗压强度设计值；

　　　f_c——混凝土轴心抗压强度设计值；

　　　f_{y}'——钢筋抗压强度设计值；

　　　l——沿墙长方向构造柱的平均间距；

　　　b_c——沿墙长方向构造柱的宽度；

　　　A_n——砌体的净截面面积；

　　　A_c——全部构造柱的截面面积；

　　　A_s'——全部构造柱的钢筋面积。

对于长度小于 250mm 的小墙垛，程序不做受压承载力计算。

程序自动生成各墙段的横截面积 A、轴向力设计值 N、影响系数 φ 或稳定系数 φ_{com}、构造柱的截面面积 A_c 和钢筋面积 A_s 等计算参数，然后求出各构件的抗力与荷载效应之比，比值大于 1 表示墙体受压承载力满足要求，小于 1 表示墙体受压承载力不满足要求。

对式（6.3-14）、式（6.3-15）和式（6.3-16）分析后，可以发现，提高墙体受压承载力的措施可以为：提高块体强度等级、提高砂浆强度等级、增加墙体横截面积、增加构造柱截面面积（增加构造柱或增大已有构造柱的截面尺寸）、提高构造柱混凝土强度等级、增加构造柱钢筋面积、提高构造柱钢筋强度等级等。

小砌块墙体受压承载力验算下列公式计算：

$$N \leqslant \begin{cases} \varphi f A & \text{（未灌孔砌体）} \\ \varphi f_g A & \text{（灌孔砌体）} \end{cases} \tag{6.3-17}$$

$$\beta = \begin{cases} 1.1\dfrac{H_0}{h} & \text{（未灌孔砌体）} \\ 1.0\dfrac{H_0}{h} & \text{（灌孔砌体）} \end{cases} \tag{6.3-18}$$

$$\varphi = \begin{cases} 1 & \beta \leqslant 3 \\ \dfrac{1}{1+\alpha\beta^2} & \beta > 3 \end{cases} \tag{6.3-19}$$

式中　N——轴力设计值；

　　　β——构件的高厚比；

　　　H_0——受压构件的计算高度；

　　　h——矩形截面较小边长；

　　　φ——高厚比 β 对轴心受压构件承载力的影响系数；

　　　α——与砂浆强度等级有关的系数，当砂浆强度等级大于或等于 Mb5 时，$\alpha=$ 0.0015；当砂浆强度等级等于 Mb2.5 时，$\alpha=0.002$；当砂浆强度等级等于 0 时，$\alpha=0.009$；

　　　f——根据砌体规范 3.2.3 条规定，乘以调整系数后的未灌孔砌体抗压强度设计值；

　　　f_g——乘以调整系数后的灌孔砌体抗压强度设计值；

　　　A——截面面积。

值得注意的是，墙体受压承载力是按轴心受压计算的，未考虑轴力偏心距的影响（取 $e=0$）。对于偏心受压墙体，用户应做补充验算。

（2）墙体受压计算结果

墙体受压承载力计算结果图的图名为 ZC＊.T，其中 ＊ 代表楼层号。图中每个墙段边数值为抗力与荷载效应之比，比值大于 1 表示墙段受压承载力满足要求，用蓝色数字显示；比值小于 1 表示墙段受压承载力不满足要求，用红色数字显示。

墙体受压承载力是按一字型墙段进行计算的，相交墙体未按 T 形截面处理。当出现一个较短墙段与另一个墙段相交，计算结果中有一个值大于 1.0，而另一个值小于 1.0 的情况时，如果二数的平均值大于 1.0，可认为两墙段受压承载力均满足要求。

（3）墙体轴力设计值计算结果

墙体轴力设计值计算结果图的图名为 ZN＊.T，＊代表层号。

在各层轴力设计值计算结果图中，蓝色数据表示各墙段每延米的轴力设计值，标注方向与墙段平行。轴力设计值的单位为千牛/米（kN/m）。

一层轴力设计值计算结果图除了给出了各墙段每延米轴力设计值外，还给出了大片墙每延米轴力设计值，供用户校核基础荷载用。图中黄色数据表示大片墙每延米的轴力设计值，标注方向与大片墙垂直。

（4）墙体受压计算详细结果

通过"计算书"中的"详细结果"同样可输出每段小墙肢的详细受压计算结果，如用户要输出图 6.3-14 工程中第 3 层的某墙肢受压承载力计算结果文件，可首先通过左上角的下拉控件切换到第 3 层，再点击主菜单的"受压计算"进入 3 层受压承载力计算结果图 ZC3.T，然后通过菜单"计算书"→"详细结果"用光标选择小墙肢，就显示出此小墙肢的抗震承载力计算结果文件，图 6.3-16 是一个墙肢受压承载力计算结果文件显示后的文本框。

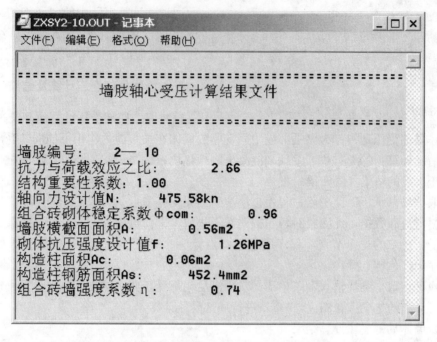

图 6.3-16　墙肢受压承载力计算详细结果

二、墙体高厚比计算及结果

（1）墙体高厚比验算原理

程序把相邻横墙间的墙体作为高厚比验算单元。对于长度小于 1.9m 的单元程序不做高厚比验算。高厚比的验算公式为：

$$\beta = \frac{H_0}{h} \leqslant [\beta]' = \mu_1 \mu_2 \mu_c [\beta] \tag{6.3-20}$$

式中　β——墙体高厚比；

　　H_0——墙体计算高度，软件按砌体规范表 5.1.3 刚性方案取值；

　　h——墙体厚度；

　　$[\beta]'$——墙体修正允许高厚比；

　　μ_1——自承重墙允许高厚比的修正系数；

　　μ_2——有门窗洞口墙允许高厚比的修正系数；

　　μ_c——带构造柱墙的允许高厚比提高系数；

　　$[\beta]$——墙体允许高厚比，按砌体规范表 6.1.1 确定。

（2）墙体高厚比验算结果

墙体高厚比验算结果图的图名为 ZG ∗.T，其中 ∗ 代表楼层号。验算结果输出方式为

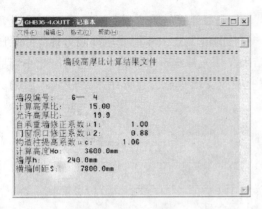

图 6.3-17 墙段高厚比验算详细结果

"墙体高厚比/墙体修正允许高厚比",即"β / $[\beta]'$"。当 $\beta \leqslant [\beta]'$,墙体高厚比满足要求,验算结果用蓝色数字显示;当 $\beta > [\beta]'$ 时,墙体高厚比不满足要求,验算结果用红色数字显示。

通过"计算书"中的"详细结果"同样可输出每段墙的详细高厚比验算结果,图 6.3-17 是某段墙高厚比验算结果文件内容。

三、墙体局部受压计算及结果

（1）墙体局部受压计算原理及过程

墙体局部受压是指作为梁端部或中间支座的墙体在梁端剪力作用下的局部受压,按以下四种情况计算:①无梁垫;②预制混凝土刚性垫块;③与梁端现浇整体混凝土垫块;④长度大于 πh_0 的垫梁(含圈梁)。

点取"局部承压"菜单后,程序自动搜索出梁支座节点,提取梁和局部受压墙体的几何、材料与荷载数据,无圈梁时,先按梁端无垫块考虑,给出局部受压计算结果。对于满足局部受压要求的支座节点,程序用绿色圆点标注;对于不满足局部受压要求的支座节点,程序用红色圆点标注。

用户可点取"梁垫输入"菜单项,对不满足局部受压要求的支座节点设置刚性垫块或长度大于 πh_0 的垫梁(含圈梁),重新进行局部受压计算。

（2）墙体局部受压计算结果

墙体局部受压计算结果图的图名为 JB-CY＊.T,其中＊为楼层号。计算结果输出方式为"抗力/荷载效应"。当抗力大于等于荷载效应时,墙体局部受压满足要求,计算结果用绿色数字显示;当抗力小于荷载效应时,墙体局部受压不满足要求,计算结果用红色数字显示。

点取屏幕菜单"详细结果",程序提示选择支座节点,然后弹出文本框,输出所选节点砌体局部受压承载力计算的详细结果。结果文件名为"JBCY＊.OUT",其中＊为节点编号。图 6.3-18 是某工程砌体局部受压承载力计算结果文件 JBCY36.OUT 的输出内容:

图 6.3-18 局部受压承载力计算详细结果

第四章　底框-抗震墙结构分析及设计

第一节　功能及设计流程

软件可以完成总层数不超过12层的底部框架—抗震墙房屋的设计计算。这类结构由上部砌体结构和底部框架—抗震墙结构两部分组成，底部框架—抗震墙部分可以是1层或2层。规范对底部框架—抗震墙房屋的总层数和总高度限值有相应规定，见表6.4-1。虽然规范目前没有2层以上底框设计的有关规定，但是软件也可以计算底部框架—抗震墙部分大于2层的结构。对于超出规定的结构，结果仅供用户参考使用。

底框房屋层数和总高度限值　　　　　　　　　　表6.4-1

烈度	6	7	7.5	8	8.5
高度（m）	22	22		19	
层数	7	7		6	

软件可以完成的设计计算功能包括：整体结构及荷载的建模输入，采用底部剪力法计算地震作用，上部砌体结构抗震及其他计算，底部框架—抗震墙结构在地震、风、恒活荷载作用下的内力分析及配筋计算，砌体结构平面及详图施工图，底框梁柱、剪力墙施工图等。

对于底部框架—抗震墙结构，三维及二维分析计算时把房屋在底框顶层楼板处水平切开，将上部砌体的各项外荷载作用在底框顶部，仅保留底部结构进行独立的结构分析，见图6.4-1。

软件各模块功能及底部框架—抗震墙结构设计计算流程见图6.4-2。

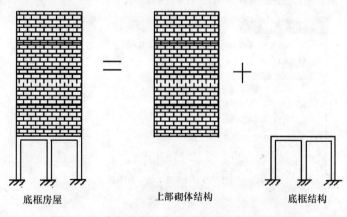

图6.4-1　底部框架—抗震墙房屋结构处理示意图

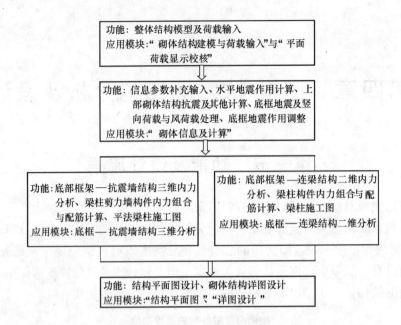

图 6.4-2　底部框架—抗震墙结构设计计算功能及流程框图

第二节　竖向荷载、风荷载及地震作用的处理和调整

一、竖向恒、活荷载的处理

底部框架—抗震墙结构在进行三维与二维分析时，承托砌体墙的框架梁称为托梁，对托梁上由以上各层砖墙传来的恒、活载有多种处理方式，用户可根据设计经验和具体情况选择。

托梁承托的荷载由两部分组成：托梁顶面的荷载设计值 $Q1$、$F1$，取托梁自重及本层楼板的恒荷载和活荷载；墙梁顶面的荷载设计值 $Q2$，取托梁以上各层墙体自重，以及墙梁顶面以上各层楼板的恒荷载和活荷载。考虑框支墙梁的作用，竖向荷载有以下有三种处理方法。具体的操作选择见图 6.4-3 所示对话框。

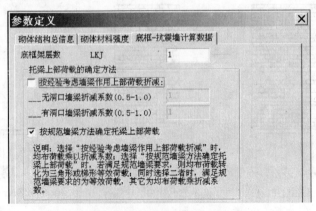

图 6.4-3　底部框架—抗震墙结构托梁荷载对话框

（1）全荷载法

全部竖向荷载及墙体自重按均布荷载方式由托梁承受。

（2）荷载折减系数法

根据用户输入的折减系数对 $Q2$ 进行折减，由托梁承受部分墙体自重及楼面荷载。将梁上的均布荷载乘以输入的折减系数，而把折减掉的那部分荷载作为集中荷载作用在柱上，这样来近似考虑墙梁作用的计算。

（3）规范墙梁算法

由框架梁和支承在梁上的计算高度范围内的砌体墙所组成的组合构件，称为框支墙梁，参见图 6.4-4。对满足框支墙梁的底框托梁，按砌体结构设计规范中有关框支墙梁的计算原理，采用等效荷载方法，按墙梁设计计算。

根据规范规定，$Q2$ 产生的托梁内力要按以下公式折减：

跨中截面弯矩：　　　　$M_{中}=M1+\alpha_{M中}M2$

轴力：　　　　　　　　$N_{中}=\eta_{N}M2/h_{o}$

支座截面弯矩：　　　　$M_{支}=M1_{支}+\alpha_{M支}M2_{支}$

剪力：　　　　　　　　$V=V1+\beta_{V}V2$

等效荷载图式采用见图 6.4-5 中所示三角形分布荷载，根据系数 $\alpha_{M中}$、$\alpha_{M支}$、β_{V} 求得参数 q 和 a。

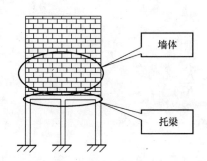

图 6.4-4　框支墙梁示意图

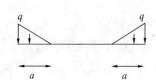

图 6.4-5　墙梁等效荷载示意图

在"砌体信息及计算"模块的"底框计算"菜单中，通过"底框荷载"可以显示和查询上部竖向荷载图，即上部砌体结构传导到底框托梁上的恒、活荷载图，见图 6.4-6，图中三角形分布荷载即为墙梁等效荷载。

二、底框—抗震墙结构地震作用计算及调整

底框—抗震墙结构承受地震作用包括水平地震力和倾覆力矩。水平地震力为：

$$V_{i}=\sum_{k=i}^{n}F_{k} \tag{6.4-1}$$

式中　　i——底框层数；

　　　　n——总层数。

水平地震力要根据上下层侧移刚度比乘以按下式计算的 1.2～1.5 的增大系数。

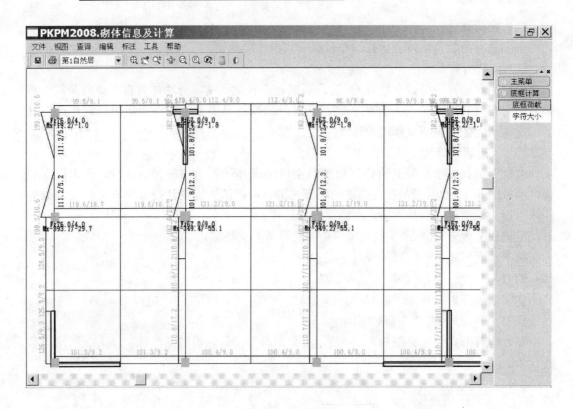

图 6.4-6　底框荷载图

$$\eta = 1 + 0.17\frac{K_2}{K_1} \tag{6.4-2}$$

式中　　η——水平地震力增大系数，$1.2 < \eta < 1.5$；

　　K_1，K_2——房屋 1，2 层的抗侧移刚度。

底框层顶部地震倾覆力矩 M 按下式计算：

$$M = \sum_{i=2}^{n} F_i(H_i - H_1) \tag{6.4-3}$$

在进行底框—抗震墙结构内力分析时，在剪力墙构件内力计算中，不考虑框架承担的地震作用，也即地震作用全部由抗震墙承担。在底框梁柱内力计算中，混凝土剪力墙的侧移刚度要乘以 0.3 的折减系数，砖填充墙要乘以 0.2 的折减系数，非抗震墙（如隔墙）则不应在模型交互输入中输入。

三、底框—抗震墙结构风荷载计算

底框—抗震墙结构承受风荷载包括水平力和倾覆力矩，由上部数层砌体房屋承受风荷载产生的。软件根据用户提供的基本风压和风荷载体型系数，以及上部房屋墙体受风面积和重心距离求得。

风荷载的计算参数在"生成 SATWE 数据"菜单的"分析与设计数据补充定义"中输入修改，见图 6.4-7。

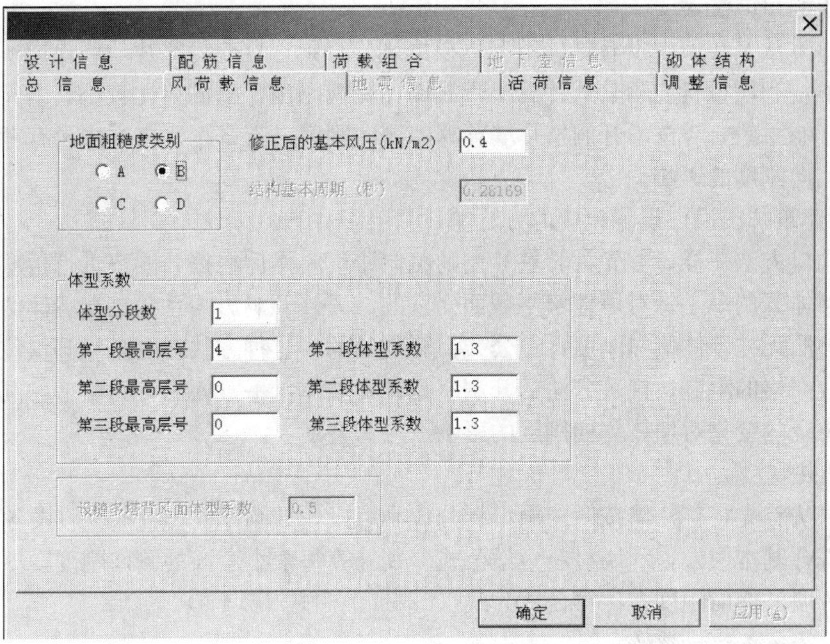

图 6.4-7　底框—抗震墙结构风荷载的计算参数对话框

第三节　底框-抗震墙侧移刚度计算

底部框架—抗震墙结构房屋一般来说底部空间大、侧向刚度小，上部砌体房屋的墙体多、侧向刚度大。对这类房屋的抗震性能研究表明，底框—抗震墙结构底部与上部的层间侧向刚度比对此种结构抗震性能有重要影响。为保证底部框架—抗震墙结构抗震性能，规范以强制性条文对层间侧向刚度比作了规定，见表 6.4-2。

层间刚度比限值　　　　　　　　　　　　　　　　表 6.4-2

烈　　度	6	7	7.5	8	8.5
底层框架—抗震墙房屋	$1.0 \leqslant K_2/K_1 \leqslant 2.5$			$1.0 \leqslant K_2/K_1 \leqslant 2.0$	
底部两层框架—抗震墙房屋	$1.0 \leqslant K_3/K_2 \leqslant 2.0$ $K_2/K_1 \approx 1$			$1.0 \leqslant K_3/K_2 \leqslant 1.5$ $K_2/K_1 \approx 1$	

注：K_i——为 i 层侧移刚度（$i=1,2,3$）。

一、各种计算墙体侧向刚度方法的对比和分析

每片墙侧向刚度的准确计算又是层间侧向刚度比计算的基础。现有文献提出的墙侧向刚度计算方法差别较大，适用条件也不同，导致计算结果的差异。特别是对于开洞墙，不同方法得出的结果甚至相差很大，提出一种准确而简便的墙体侧向刚度计算方法，成为亟待解决的问题。在新软件的研制中，我们对此作了专门的研究，总结并分析了现有计算侧向刚度的方法，在串并联方法的基础上，提出了一个带洞墙体侧向刚度的简化计算方法。通过大量算例的检验，证明了其准确性。

计算中假定墙体材料各向同性，墙体底部为固定支座约束，墙体顶部沿水平方向为可动的定向支座约束，且墙顶各点水平侧移相等，计算简图如图 6.4-8。

（1）小洞口方法

小洞口方法是在墙中没有柱的情况下根据试验得到。首先将整片墙假设成薄壁杆，在基本假设下，利用材料力学公式计算不带洞墙体侧向刚度，当洞口比较小，即 $\alpha \leqslant 0.4$ 时，利用洞口影响系数 α 对按不开洞整片墙计算的侧向刚度进行修正。该方法没有考虑洞口位置变化对侧向刚度的影响。

（2）《建筑抗震设计规范》中的方法

和小洞口方法一样，首先计算整片墙的侧向刚度，然后根据开洞率进行折减。需要指出的是，墙体开洞率是针对墙体水平截面而言的，另外开洞影响系数是在墙体两端有柱的情况下，参照无柱墙体侧向刚度计算公式反算得到的，这种方法对洞高和洞口位置的适用条件有比较严格的限制。规范方法的开洞率是针对墙体水平截面的，无法考虑洞口相对高度和洞口位置的变化对墙体侧向刚度的影响。

（3）串并联法

串并联法首先将整片墙按门窗洞口划分成小墙段，如图 6.4-9 所示。假设各小墙段在小变形内符合基本假设，利用材料力学公式分别计算每个小墙段的侧向刚度，然后进行组合得到整片墙的侧向刚度，计算公式为式（6.4-4）～式（6.4-6）。

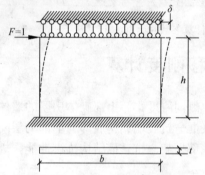

图 6.4-8   墙体侧移刚度计算简图

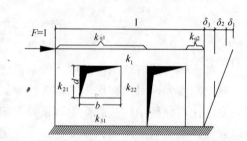

图 6.4-9   串并联法计算简图

$$K = \cfrac{1}{\cfrac{1}{k_1} + \cfrac{1}{k_{q1} + k_{q2}}} \tag{6.4-4}$$

$$k_{q1} = \cfrac{1}{\cfrac{1}{k_{31}} + \cfrac{1}{k_{21} + k_{22}}} \tag{6.4-5}$$

$$k = \frac{Et}{3\rho + \rho^3} \tag{6.4-6}$$

式中，ρ 为各小墙段高宽比。

该方法虽然可以综合考虑洞口大小、位置的影响。但是当墙体发生侧向移动的时候，各小墙段的边界条件并不满足底部固定、顶部只能沿水平方向移动的条件，对某些墙段计算的公式不太适用。

（4）有限元方法

有限元法作为一种比较成熟的数值计算方法，能方便地适应各种开洞情况，如果建立的模型和单元选择恰当，计算精度可以得到保证。其缺点是计算量大、耗时长，其应用受到很大限制。

比较以上四种方法的计算结果表明，规范方法的侧向刚度明显大于其余三种方法，这是因为规范方法的侧向刚度影响系数是在两边有柱的情况下得到的，包括了构造柱的影响。因此计算墙体侧向刚度的时候，柱的作用不可忽略。洞口相对高度和宽度的变化对侧向刚度的影响明显，洞口位置的影响也不可忽视。有限元方法与串并联方法的曲线近似一致，两者相差接近一个常数。

二、侧向刚度的简化算法

串并联方法在一定程度上反映了洞口的大小和位置的变化，它与有限元方法之间的误差与墙体高宽比以及洞口大小有直接联系。利用墙体高宽比、洞口相对宽度、相对高度三个影响因素，选择具有代表性的样本，通过数学拟合的方式建立了一个串并联法修正公式作为侧向刚度的简化算法。

修正公式：

$$\eta = \left(-\Sigma \frac{0.9b_i}{l} + \frac{0.4h}{H} \ln\left(\frac{h}{H}\right) + 1.33 \right) e^{\frac{0.45H}{l}} \tag{6.4-7}$$

式中 l、H 分别为墙体的总长度和总高度；b_i、h 分别为墙中某个洞口的宽度和所有洞口的平均高度。

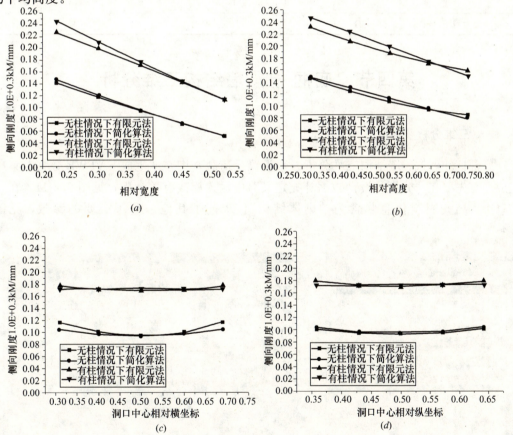

图 6.4-10　侧向刚度的简化算法与有限元法比较

（a）相对宽度与侧向刚度的关系；（b）相对高度与侧向刚度的关系；（c）洞口横向位置与侧向刚度的关系；（d）洞口竖向位置与侧向刚度的关系

三、简化算法和有限元法结果比较

图 6.4-10 为侧向刚度的简化算法与有限元法在不同影响因素下的比较。从图 6.4-10 可见简化算法与有限元法的计算结果非常接近。

08 版软件采用侧向刚度简化算法。该方法可以简便而准确地考虑洞口大小、位置的影响，计算精度高，适用于底框—抗震墙结构墙体层间刚度比的计算。采用简化算法后，建模墙体洞口尺寸和位置对底部框架—抗震墙结构侧向刚度比的影响，就不会有 05 版所用方法那么明显了。

四、底框—抗震墙结构抗震墙布置要求

底部框架—抗震墙结构的层间侧向刚度比，主要通过合理布置抗震墙来实现，不仅要满足规范规定的抗震横墙最大间距要求（表 6.4-3），墙体还要有适当的高宽比（一般不宜小于 2）。

底部框架—抗震墙房屋横墙最大间距   表 6.4-3

烈　　度	6	7	7.5	8	8.5
横墙最大间距（m）	21	18		15	

第四节　底框-抗震墙结构三维分析

一、三维分析参数设置

底部框架—抗震墙结构三维分析参数设置及荷载查询在"生成 SATWE 数据"菜单完成。首先要在"分析与设计数据补充定义"中输入修改有关参数，见图 6.4-11。在总信息中，结构材料信息隐含为"砌体结构"，灰掉了其他一些不必要的参数，见图 6.4-12。

图 6.4-11　参数设置及荷载查询菜单

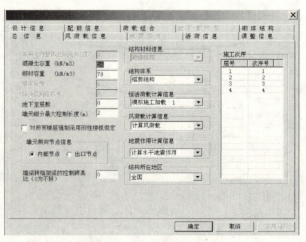

图 6.4-12　总信息对话框

在"砌体结构"信息中，见图 6.4-13，要输入底部框架—抗震墙结构的层数。要选择"底框结构空间分析方法"，通常情况都要选择"规范算法"，规范算法的所有设计计算均满足规范要求。

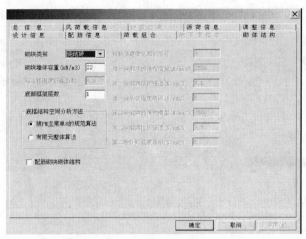

图 6.4-13　砌体结构对话框

对于一些特殊的复杂砌体结构，用户为计算结构中个别梁柱构件内力方便起见，可以选择"有限元整体算法"。这种方法将砌体房屋结构作为一个整体，按弹性方法进行结构内力分析，其结果仅供用户参考使用。

二、地震作用的分配和查询

在进行结构三维分析模块时，要将水平地震力按节点质量分布分配作用到各个节点上。

倾覆弯矩则要转化为作用于柱顶的附加轴力及作用于墙顶的附加轴力和附加弯矩。方法是假定上部砌体为刚体，底层及底部二层框架—抗震墙结构楼板竖向变形符合平截面假定，则底层框架—抗震墙结构可视为一悬臂梁，底部二层框架—抗震墙结构可视为一变截面悬臂梁。因此，求解由倾覆弯矩产生的墙、柱附加轴力问题即转化为梁弯曲应力计算问题。

由其形心处附加应力 σ_c 可求得 i 号柱子附加轴力：

$$N_i \approx A_i \sigma_c \tag{6.4-8}$$

式中　A_i——i 号柱面积；

　　　σ_c——由梁理论求得的 i 号柱形心处附加应力。

墙体附加轴力和弯矩

由墙段两端附加应力 σ_1 和 σ_2，可求得 i 段墙在形心处的附加轴力和弯矩。附加轴力为：

$$N_i = \frac{(\sigma_1 + \sigma_2)}{2} l_i t_i \tag{6.4-9}$$

附加弯矩为：

$$M_i = \frac{(\sigma_2 - \sigma_1)}{12} l_i^2 t_i \tag{6.4-10}$$

式中 l_i——i 段墙长度；

t_i——i 段墙厚度。

地震作用可以通过"图形检查"中的"查看底框荷载简图"来查询，见图 6.4-14。图中显示了各节点的水平地震作用，图名下方显示的 SUM＿M 为总倾覆力矩，SUM＿V 为总水平地震力。

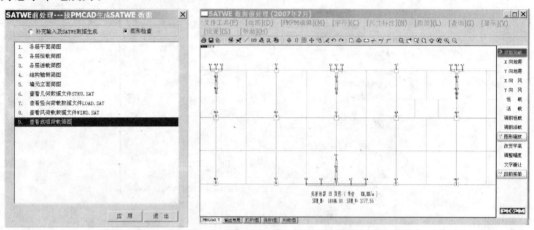

图 6.4-14 查看底框荷载简图及底框—抗震墙结构地震作用

三、风荷载的分配和查询

底框—抗震墙结构的风荷载在"风荷载信息"对话框进行输入修改，主要是地面粗糙度类别、基本风压及体型系数，由于不需考虑风振系数和多塔计算，灰掉了相关参数，见图 6.4-15。

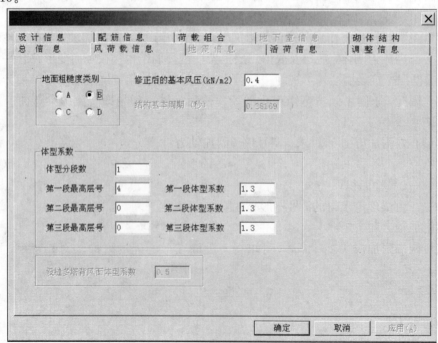

图 6.4-15 "风荷载"信息对话框

风荷载的水平力和倾覆力矩的分配和转化方法与地震作用相同。风荷载可以通过"图形检查"中的"查看底框荷载简图"来查询，见图 6.4-16。图中显示了各节点的水平风力，图名下方显示的 SUM _ M 为总风倾覆力矩，SUM _ V 为总水平风力。

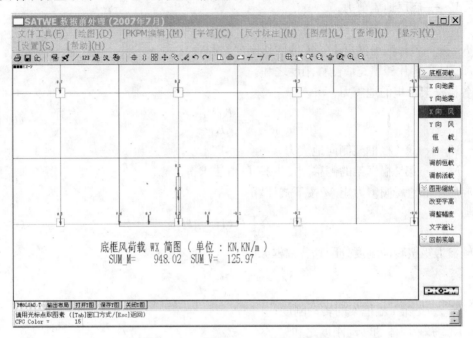

图 6.4-16　底框—抗震墙结构风荷载

四、底部框架—抗震墙三维内力分析配筋计算及绘图

底部框架—抗震墙结构，其底部的框架梁柱和剪力墙的三维内力分析和配筋计算由"底框—抗震墙结构三维分析"页中的"内力及配筋计算"菜单完成，操作方法及计算结果说明请参考 SATWE 软件的相关内容。

底部框架—抗震墙结构的框架梁、柱施工图设计由"底框—抗震墙结构三维分析"页中的"底框梁施工图绘制"和"底框柱施工图绘制"两项菜单完成，操作方法请参考 SATWE 软件的相关内容。

底部框架—抗震墙结构的剪力墙施工图设计，要由"结构"项中"墙梁柱施工图"页中的"剪力墙施工图"菜单来完成，操作方法请参考施工图软件的相关内容。

第五节　底框及连续梁二维分析

一、底部框架水平地震作用的分配和处理

底框—抗震墙结构二维结构分析的地震作用及分配计算在"砌体信息及计算"模块中完成。

采用二维结构分析时，水平地震力按各抗侧力构件有效侧向刚度比例分配；有效侧向刚度的取值，框架不折减，混凝土墙乘以折减系数 0.3，砌体墙乘以折减系数 0.2。

框架承担的水平地震剪力 V_f 按该层各抗侧力构件的有效侧移刚度分配，计算公式为

$$V_f = \frac{K_f V}{K_f + 0.3 K_{cw} + 0.2 K_{mw}} \tag{6.4-11}$$

式中　V——底层地震剪力；

　K_f——各榀框架侧移刚度之和；

　K_{cw}——各片钢筋混凝土抗震墙侧移刚度之和；

　K_{mw}——各片砖填充墙侧移刚度之和。

　　各榀框架承担的地震力

$$V_{fi} = \frac{K_{fi} V_f}{K_f} \tag{6.4-12}$$

式中　V_{fi}——第 i 榀框架侧向地震力；

　K_{fi}——第 i 榀框架的侧移刚度，按 D 值法求得。

　　底层顶部地震倾覆力矩 M 按下式计算

$$M = \sum_{i=2}^{n} F_i (H_i - H_1) \tag{6.4-13}$$

地震倾覆力矩按转动刚度分配到各榀框架

$$M_i = \frac{K_{mi} M}{\sum K_{mi} + K_{mw}} \tag{6.4-14}$$

式中　K_{mi}——第 i 榀框架的转动刚度；

　K_{mw}——墙体的转动刚度之和。

　　各榀框架中每根柱的附加轴力 N_j 按下式计算

$$N_j = \frac{X_j A_j}{\sum X_j^2 A_j} M_j \tag{6.4-15}$$

式中　N_j——第 j 根柱子的附加轴力；

　X_j——第 j 根柱离框架柱重心的距离；

　A_j——第 j 根柱子的截面面积。

　　底框—抗震墙结构二维结构分析的地震作用分配计算在"砌体信息及计算"模块中完成。底框—抗震墙地震作用计算结果图形文件名为 KJ1. T，参见图 6.4-17。在底框—抗震墙计算结果图中：

　　黄色数据表示各榀框架的侧向地震力标准值，数字标注方向与该榀框架轴线垂直。

　　蓝色数据表示各框架柱的附加轴力标准值，数字标注方向与框架轴线平行。

　　紫色数据表示各片剪力墙的配筋计算结果。其中 As 为该片墙每边端柱的纵向配筋面积，Ash 为剪力墙水平分布钢筋的面积，水平分布筋的间距是由用户输入的。

　　图下标出的内容是：

　　V_{xx}＝经过调整的底层某一方向地震剪力，xx 数值表示该剪力作用方向角；

　　K_{xx}＝某一方向上层砖房与底框—抗震墙的抗侧移刚度比，xx 表示该比值的方向角，当 K_{xx} 大于规范的限值时将用红色显示，以提示用户注意。

　　Mt1＝地震倾覆力矩标准值；

　　CW＝剪力墙的混凝土强度等级；

　　ShW＝剪力墙水平分布筋的间距；

fyh＝剪力墙水平分布筋强度设计值；

Rv（％）＝剪力墙纵向分布筋配筋率。

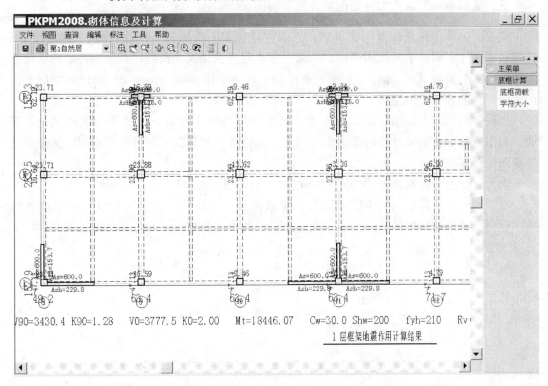

图 6.4-17　底框—抗震墙结构二维分析地震作用

二、剪力墙水平地震作用的分配和处理

在"砌体信息及计算"模块对底框—抗震墙结构的二维结构分析的地震作用分配计算时，剪力墙承担的水平地震剪力 V_{cw} 按该层各抗侧力构件的有效侧移刚度分配，计算公式为：

$$V_{cw} = \frac{K_{cw}V}{K_f + 0.3K_{cw} + 0.2K_{mw}} \qquad (6.4\text{-}16)$$

第 i 片剪力墙承担的倾覆力矩按转动刚度分配，计算公式为：

$$M_{mwi} = \frac{K_{mwi}M}{\sum K_{mi} + \sum K_{mwi}} \qquad (6.4\text{-}17)$$

由于二维结构分析没有处理剪力墙内力及配筋功能，因此，剪力墙配筋计算也由该模块完成，相应的计算参数在"砌体信息及计算"输入，参见图 6.4-18。必须指出的是，这里计算剪力墙配筋的内力式（6.4-16）、式（6.4-17）得到，再加上导算的竖向荷载，没有进行整体结构的空间分析，因此只能用于二维结构分析结果设计。而采用三维结构分析时，

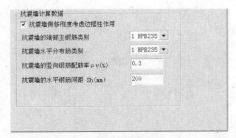

图 6.4-18　底框—抗震墙结构二维分析
剪力墙配筋计算参数

要采用相应的三维分析剪力墙配筋计算结果。

三、底部框架二维内力分析配筋计算及绘图

完成"砌体信息及计算"菜单后，点取"生成 PK 数据"，可生成底框—抗震墙 PK 计算数据文件，内容包括结构简图、框架梁上本层楼面传来的荷载以及上面各层砖房楼面及砖墙传来的荷载（恒、活）、水平地震作用及柱子的附加轴力。由 PK 完成各榀框架的内力分析、配筋计算及绘图。

当同一网格线上框架梁与混凝土墙或砖填充墙同时存在时，恒载及活载将优先传至墙，若用户需要在框架计算时考虑由梁承受上部砖房的竖向荷载，可在形成 PK 文件时选择竖向荷载加在梁上。

内力、配筋计算及绘图功能同 PK 软件，见相关说明。

对于底框—抗震墙结构中的连续梁，可以通过"生成 PK 数据"生成连续梁计算数据，包括上部砌体房屋的竖向荷载，完成连续梁的内力分析、配筋计算及施工图设计。

第五章 砌体结构详图设计

第一节 主 要 功 能

砌体结构详图设计的主要功能有：

(1) 圈梁详图

圈梁截面的形状可以为：矩形、L 形、倒 L 形、T 形、Z 形等类型；而且，圈梁两侧的楼板类型既可以是现浇楼板，也可以是预制楼板。同时，提供圈梁平面布置简图。

(2) 构造柱详图

从构造柱本身的截面形状而言，可以为：矩形、L 形、T 形、十字形；从构造柱详图的整体形状而言，可以为：单墙肢构造柱、双墙肢正交构造柱 (L 形)、三墙肢正交构造柱 (T 形)、四墙肢正交构造柱 (十字形) 及墙肢间非正交的构造柱。

(3) 芯柱详图

就芯柱详图的形状而言，可以为：单墙肢端部详图 (一字形)、双墙肢正交详图 (L 形)、三墙肢正交详图 (T 形)、四墙肢正交详图 (十字形) 及墙肢间非正交的详图。

(4) 排块设计及详图

墙体的排块详图的类型数，与墙段的划分有关，对于排块详图的最小单元可为各开间的墙段，最大单元可为沿轴线各开间墙段连接而成的连续墙段。并且，还可由用户自行设定排块墙段的单元。

第二节 主 菜 单 操 作

一、详图设计主菜单界面

在点取 [砌体结构] → [砌体结构辅助设计] → "详图设计" 后，即进入砌体结构详图设计的操作界面，见图 6.5-1。

二、本模块的约定

(1) 钢筋级别

在本模块中，钢筋级别是以英文字母 A、B、C、D 来表示的，具体为：

A——一级钢筋

B——二级钢筋

C——三级钢筋

D——四级钢筋

图 6.5-1　砌体结构施工图主界面

（2）目标的捕捉

在本模块中，对捕捉目标的有效性，程序采用"异或"方式来处理问题，即对已捕捉到的目标作再一次的捕捉，等于放弃对该目标的捕捉。

在平面图上标注信息对捕捉目标的处理，分二种情况：其一，捕捉到的目标多于一个，则按内部已知的位置标注信息；其二，捕捉到的目标只有一个，则用户可动态确定信息的标注位置。

三、楼层拷贝

对于楼层的信息，程序是按自然层的方式输入各楼层的信息，在工程中存在不同的自然层同属于同一标准层的现象，为了节省工程数据的输入，程序允许对同属于同一标准层的各自然楼层，其数据可拷贝，操作界面如图 6.5-2。

图 6.5-2　楼层拷贝

四、出施工图

程序设置了输出工程施工图的菜单，对于输出施工图的文件名称，程序按如下约定：PM-QT 自然楼层号-序号 .T。从中可以看出，输出施工图时，需要用户确定的是施工图的序号，见图 6.5-3。

五、打开旧图

对于已经输出的施工图，程序允许取回并可继续处理施工图，其取回操作界面见图 6.5-4。

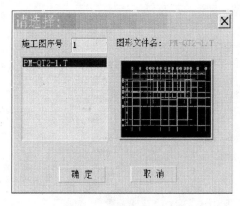
图 6.5-3　确定施工图名称

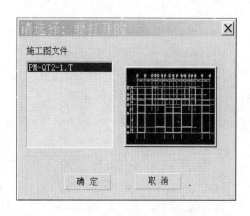
图 6.5-4　取旧施工图文件

六、重新生成

它包含以下内容，供用户选择。

（1）重新生成数据

在圈梁、构造柱、节点芯柱、墙段芯柱、排块详图项目中，皆有菜单项"重新生成"，用以重新生成各自的详图信息，本选项是对这些项目的集成。

执行该项操作，首先清除图面上的标注信息、详图信息（指由屏幕右侧主菜单产生的内容，顶部下拉菜单产生的信息不会清除），之后重新生成各类构件的详图信息。

（2）重新布置施工图

如果对当前图面上的内容不满意，可通过该项菜单，清除当前图面上的标注信息、详图信息。

（3）重新绘制平面图

如果在［选楼板图］中设定本模块采用"程序自画平面图"，那么，通过执行该项菜单，可以重新绘制结构平面图，见图 6.5-5。

执行该项菜单，将清除图面上的所有图形内容，并根据指定的绘图比例，重新绘制结构平面图，平面图的轴线内容需用位于主界面顶部的下拉菜单项"标注轴线"重新标注。

（4）取消

不进行任何操作退出本菜单。

七、选楼板图

对于楼层平面图，程序可采用二种方式（如图 6.5-5 所示）：其一，本模块自绘楼板平面图；其二，可以采用在［砌体结构辅助设计］→"画结构平面图"中生成的楼板配筋施工图；用户可自行选择。

八、详图管理及移动

（1）平面标注图层管理

为了加强本模块对平面图标注信息的管理（仅限于本模块右侧菜单标注的内容），程序设置了控制平面标注图层的操作功能，可控制的内容见图 6.5-6。

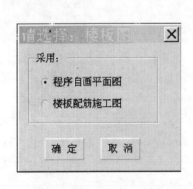

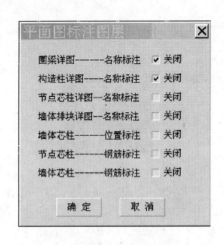

图 6.5-5 取楼板图　　　　　　　　　　图 6.5-6 图层管理

（2）移动标注

由本模块标注于平面图上的圈梁剖面详图号、构造柱详图名称、节点芯柱详图名称、墙体排块详图名称、墙体芯柱位置标注信息、芯柱配筋信息等内容，如对其标注的位置不满意，则可以通过该菜单项，点取需变动标注位置的标注信息，捕捉到的标注信息将随光标动态移动，定位于满意的位置。

（3）详图移动

对于图面上的详图（仅限于圈梁详图、构造柱详图、节点芯柱详图、墙体排块详图），如对其在图面上的位置不满意，可通过该菜单项，用光标捕捉目标，并动态拖移至满意位置。

（4）详图删除

通过该菜单项，删除图面上的详图（仅限于圈梁详图、构造柱详图、节点芯柱详图、墙体排块详图）。

九、砌体设计

该项菜单的内容见［砌体结构］→［砌体结构辅助设计］→"砌体信息及计算"中的"砌体设计"，在此，不作重复说明。

第三节　圈　梁　详　图

点取"圈梁"菜单进入圈梁详图设计，子菜单设置见图 6.5-7。

在该项菜单中，可以修改圈梁的配筋、圈梁与两侧楼板的关系（高差）、圈梁与墙体的关系（偏心）；除了输出圈梁的剖面详图外，还可输出圈梁的平面布置简图。它包括以下子菜单项：

一、圈梁参数

在此，用户可编辑圈梁信息初始化时的参数值、绘图参数；程序内部圈梁初始化参数的取值如表 6.5-1 所示。

多层砌块结构，圈梁配筋不应小于 $4\phi12$，箍筋间距不应大于 200mm。

修改圈梁参数的对话框界面，如图 6.5-8 所示。

圈梁配筋要求（砖砌体）　　　表 6.5-1

配　筋	烈　　度		
	6、7	8	9
最小纵筋	4ϕ10	4ϕ12	4ϕ14
最大箍筋间距（mm）	250	200	150

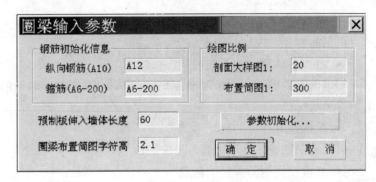

图 6.5-7　圈梁详图菜单　　　　　　　　图 6.5-8　圈梁参数

- 纵向钢筋：由钢筋级别和直径组成；
- 箍筋：由钢筋级别、直径和间距组成；
- 参数初始化：对圈梁的钢筋初始化参数作了修改后，如想采用程序内定的信息，则可点取该按钮，恢复初始值。

二、圈梁重新生成

该项菜单的作用，只影响圈梁详图信息，与其他构件无关。

该项菜单的使用，有两种情况：

其一，在点取主界面的"详图设计"时，程序已根据圈梁的内定钢筋初始化信息，结合圈梁所处的周边环境，自动形成圈梁详图信息，在这种情况下，圈梁的详图信息可能非用户所愿（主要是钢筋信息），此时，用户可通过对"圈梁参数"中钢筋信息的修改，再点取该项菜单，即可重新得到圈梁详图信息。

其二，通过对圈梁详图的修改之后，也许对结果不满意，也可点取该项菜单实现对圈梁详图的重生成。

该项菜单的工作，首先删除原有的圈梁详图及信息，之后以当前的圈梁输入参数为初始值，重新生成圈梁信息。

三、圈梁修改钢筋

（1）选取修改

点取该项菜单后，在平面图上将显示出各圈梁构件的钢筋类号，用户可用光标捕捉需要修改钢筋信息的圈梁构件；一次捕捉的目标既可单个，也可多个，当要多个时，它必须是同类号的，非同类号捕捉无效。对有效捕捉，程序会在目标所在的网线上用粗白线表示。

修改圈梁钢筋的对话框界面，如图 6.5-9。

- 主筋

由钢筋根数、级别、直径组成；需要注意的是钢筋根数，它与圈梁的截面有关，也就是说，有些钢筋根数的输入不会被程序接受。

- 侧筋

由钢筋根数、级别和直径组成。

- 箍筋

由钢筋直径、级别和间距组成。

- 截面主体部分的箍筋形式

根据截面的形状，程序可供用户选择单钢筋折成 L 形钢筋、矩形钢筋、仅主体配矩形筋等形状选择。

- 截面挑耳部分的箍筋形式

可选无钢筋或一字形钢筋。

- 修改相同钢筋类号的信息

对于某一类圈梁钢筋信息，它可能为多个圈梁构件共同所有，当捕捉修改某些圈梁的钢筋信息，它只对本次操作的圈梁有效，而对原来同类号的其他圈梁则无效，为此，设立该项选择，用来解决其他圈梁是否也同时修改。

（2）列表修改

此项菜单的作用也是修改圈梁的钢筋，只是获取修改圈梁钢筋类号的方法不同：前项"选取修改"采用的是通过捕捉圈梁目标取其钢筋类号而修改其信息；此项则采用直接取圈梁钢筋类号进行修改。

此项菜单操作的功效，等同于前项"选取修改"操作时把选项"修改相同钢筋类号的信息"打勾。

选取圈梁钢筋类号的对话框界面见图 6.5-10。

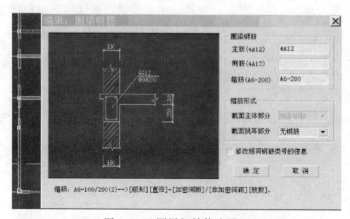

图 6.5-9 圈梁钢筋修改界面

图 6.5-10 圈梁钢筋类号

四、圈梁详图修改

（1）选取修改

点取该项菜单后，在平面图上将显示出各圈梁构件的详图类号，用户可用光标捕捉需要修改详图信息的圈梁构件；一次捕捉的目标既可单个，也可多个，当要多个时，它必须是同类号的，非同类号捕捉无效。对有效捕捉，程序会在目标所在的网线上用粗白线表示。

修改圈梁详图信息的对话框界面如图 6.5-11 所示。

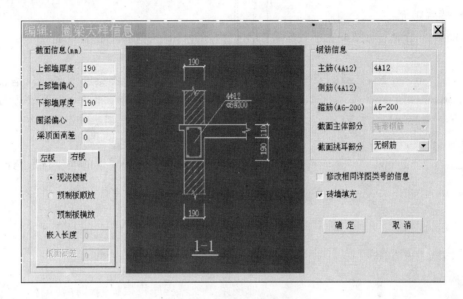

图 6.5-11 圈梁详图修改界面

圈梁详图修改的内容包括两类：截面信息（圈梁的周边）和钢筋信息。

钢筋信息所包含的内容同修改圈梁钢筋。

此处只介绍截面信息的内容：

● 上部墙厚度

即位于圈梁上部墙体的厚度。

● 上部墙偏心

即圈梁上部墙体相对于圈梁下部墙体的偏心距。

● 下部墙厚度

即位于圈梁下部墙体的厚度。

● 圈梁偏心

即圈梁截面相对于圈梁下部墙体的偏心距。

● 梁顶面高差

即圈梁顶面标高相对于楼层标高的高差。通过对该参数值的变化，可调整圈梁截面与圈梁两侧楼板之间的位置变化。

如果要调整圈梁两侧楼板之间的高差关系，则应返回到"砌体结构建模与荷载输入"

模块中，通过设定楼板的标高来解决。

需要注意的是：该高差的改变，程序会同时改变"砌体结构建模与荷载输入"模块中相关圈梁的标高值。

- 左板

即圈梁左侧的楼板信息。程序允许圈梁侧边的楼板为：现浇楼板、预制楼板（顺放）、预制楼板（横放）；当为预制楼板横放时，可设定预制楼板插入墙体的长度。

- 右板

即圈梁右侧的楼板信息。

- 砖墙填充

在圈梁详图中，对圈梁上下的砖墙图示，程序允许用户选择：是否填充。

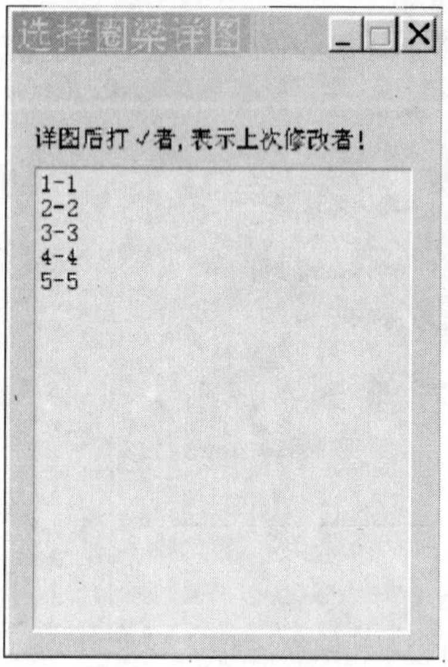

图 6.5-12 圈梁详图表

（2）列表修改

此项菜单的作用也是修改圈梁的详图，只是获取修改圈梁详图类型号的方法不同：前项"选取修改"采用的是通过捕捉圈梁目标取其详图类型号而修改其信息；此项则采用直接取圈梁详图类型号进行修改。

此项菜单操作的功效，等同于前项"选取修改"操作时把选项"修改相同详图类号的信息"打勾。

圈梁详图的类型号信息对话框，如图 6.5-12。

五、圈梁详图名标注

（1）自动标注

点取该菜单项，程序将根据内部存在的标注位置信息，在平面图上，自动标注出各圈梁的详图名（剖面号）。

（2）人工标注

通过用户选取目标的方式，在平面图上标注出圈梁的详图名（剖面号）；如选取的目标只有一个，则可动态拖动确定标注信息的标注位置。

（3）删除标注

用于删除已标注于平面图上的圈梁详图名。

六、圈梁详图布置

（1）窗口布置

用户在平面图上，开设一窗口区域，程序自动把圈梁详图根据详图的大小，填充到该区域中。

（2）逐个布置

选取单个圈梁详图，拖动详图至图面适合位置。圈梁详图图例见图 6.5-13。

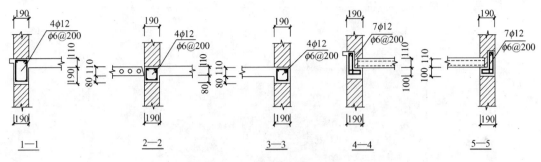

图 6.5-13 某些类型的圈梁详图

第四节 构 造 柱 详 图

只有当"砌体结构建模与荷载输入"→"楼层定义"→"柱布置"中，对柱截面信息定义为构造柱时，才能在本模块中，把它按构造柱处理。

在该项菜单中，可以修改构造柱的配筋，子菜单项与圈梁类似。

一、构造柱参数

用于设定构造柱的初始化值、绘图参数。程序内部构造柱初始化参数的取值如表 6.5-2 和表 6.5-3 所示。

构造柱纵筋与箍筋设置要求（多层砖砌体）　　　　　　表 6.5-2

房屋层数				构造柱纵筋	构造柱箍筋	
6度	7度	8度	9度		间距	直径（mm）
≥1	<7	<6		4 Φ 12	≤250mm	Φ 6～Φ 8
	≥7	≥6	≥1	4 Φ 14	≤200mm	

构造柱纵筋与箍筋设置要求（多层砌块结构）　　　　　　表 6.5-3

房屋层数			构造柱纵筋	构造柱箍筋	
6度	7度	8度		间距	直径（mm）
≥1	<6	<5	4 Φ 12	≤250mm	Φ 6～Φ 8
	≥6	≥5	4 Φ 14	≤200mm	

构造柱参数修改的对话框界面如图 6.5-14 所示。

二、构造柱重新生成

该菜单项的操作，只影响本层构造柱的详图信息，与其他构件无关。

如对初始化时生成的构造柱详图信息或对修改过的构造柱详图信息不满意，可点取该菜单项，重新生成构造柱的详图信息。

该项菜单的工作流程：首先删除原有的构造柱详图及信息，之后，以当前的构造柱参数为初始值，重新生成构造柱详图信息。

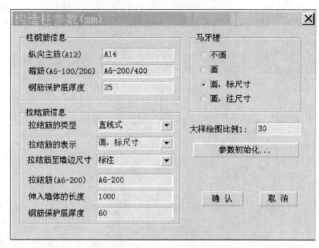

图 6.5-14 构造柱参数

三、构造柱详图修改

（1）选取修改

点取该项菜单后，在平面图上将显示出各构造柱的详图类号，用户可用光标捕捉需要修改详图信息的构造柱；一次捕捉的目标既可单个，也可多个，当要多个时，它必须是同类号的，非同类号捕捉无效。对有效捕捉，程序会在目标所在的节点处用白圆点表示。图 6.5-15 为某类构造柱详图的修改界面。

（2）列表修改

此项菜单的作用也是修改构造柱的详图，只是获取修改构造柱详图类型号的方法不同；前项"选取修改"采用的是通过捕捉构造柱所在平面的节点目标取其详图类型号而修改其信息；此项则采用直接取构造柱详图类型号进行修改。

此项菜单操作的功效，等同于前项"选取修改"操作时把选项"修改相同详图类号的信息"打勾。

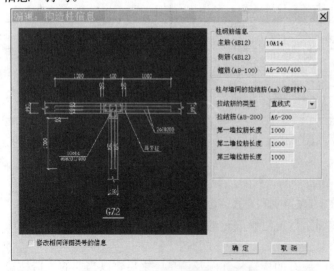

图 6.5-15 构造柱详图修改信息

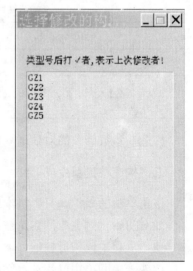

图 6.5-16 构造柱详图表

构造柱详图类型号信息对话框，如图 6.5-16 所示。

四、构造柱详图名标注

（1）自动标注

点取该菜单项，程序将根据内部存在的标注位置信息，在平面图上，自动标注出各构造柱的详图名称。

（2）人工标注

通过用户选取目标的方式，在平面图上标注出节点构造柱的详图名；如选取的目标只有一个，则可动态拖动确定标注信息的标注位置。

（3）删除标注

用以删除已标注于平面图上的构造柱详图名称。

五、构造柱详图布置

（1）窗口布置

用户在平面图上，开设一窗口区域，程序自动把构造柱详图根据详图的大小，填充到该区域中。

（2）逐个布置

选取单个构造柱详图，拖动详图至图面适合位置，见图 6.5-17。

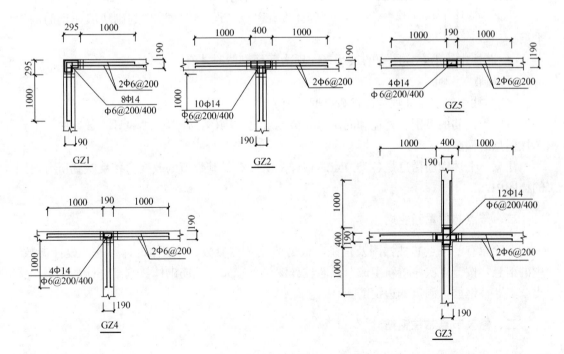

图 6.5-17　某些类型的构造柱详图

第五节　节点芯柱详图

只有当本层的墙体中，其材料含有空心砌块时，才需要执行该项菜单。

墙体材料的定义在"砌体结构建模与荷载输入"→"楼层定义"→"墙布置"中处理。

在该项菜单中，可以修改节点芯柱的配筋、墙段芯柱的信息。

图 6.5-18　节点芯柱参数

一、芯柱参数

此处的芯柱参数，与计算无关。其内容如图 6.5-18 所示。

- 显示砌体的模块信息

该项的设置，与芯柱的结果无关，它只是一种图面显示功能，用于查看墙体排块后各空心砌块的孔洞分布情况。

- 墙体水平钢筋在详图中的表示

可选画或不画。

- 墙体水平钢筋

可输入钢筋的级别、直径和间距；此值也就是"砌体设计"→"设计参数"中的砌块墙体钢筋的水平筋。

- 芯柱中箍筋在详图中的表示（此项为配筋砌体时才有）

可选画或不画。

- 芯柱中箍筋（此项为配筋砌体时才有）

可输入钢筋的级别、直径和间距；此值也就是"砌体设计"→"设计参数"中的节点芯柱信息的箍筋。

注意：上述钢筋信息是各类节点芯柱详图所共有，其数值的改变直接反映到所有类别的详图中。

二、节点芯柱重新生成

删除原有的节点芯柱详图及信息，根据节点芯柱参数、"砌体设计"→"设计参数"中的信息，按节点次序重新生成节点芯柱详图信息；如为配筋砌体，则结合计算结果，选出节点芯柱钢筋、洞口侧边钢筋。

三、修改节点芯柱钢筋

对于砌块墙段中各灌孔的钢筋，程序把它分为二种：其一，位于节点处的节点芯柱钢筋；其二，位于墙段中的芯柱分布钢筋；在此处，可以对节点芯柱中的钢筋进行修改。

四、修改芯柱位置

（1）选取修改

在程序自动形成砌块墙段的排块和芯柱分布后，用户还可以通过该菜单项，对任一砌块墙段的芯柱分布进行修改。

点取该项菜单后，在平面图上将显示出各墙段的芯柱信息类型号，用户可用光标捕捉需要修改芯柱信息的墙段；一次捕捉的目标既可单个，也可多个，当要多个时，它必须是同类号的，非同类号捕捉无效。对有效捕捉，程序会在目标所在的墙段处用粗白线表示。图 6.5-19 为某墙段的芯柱信息修改界面。

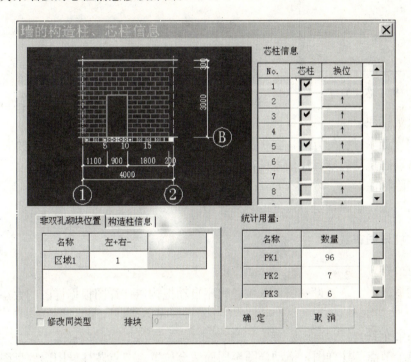

图 6.5-19 某墙段的芯柱信息修改界面

- 芯柱信息

在此可调整灌孔芯柱的位置，同时，当墙体中有一孔半砌块存在时，可调整半孔的位置。

- 非双孔砌块位置

当砌体中有单个一孔半砌块存在时（完整一皮），可在此调整其位置。

- 构造柱信息

显示墙段两端构造柱的尺寸。

- 统计用量

有于查看当前墙段所用各类砌块的情况。

- 修改同类型

打勾：表示本次修改对采用该类芯柱的墙段皆有效；

图 6.5-20 芯柱类型

不打勾：表示本次修改只对选取的墙段有效。

（2）列表修改

此项菜单的作用也是修改墙段的芯柱信息，只是获取修改芯柱信息类型号的方法不同：前项"选取修改"采用的是通过捕捉砌块墙段目标取其芯柱类型号而修改其信息；此项则采用直接取砌块芯柱信息类型号进行修改。

此项菜单操作的功效，等同于前项"选取修改"操作时把选项"修改同类型"打勾。

砌块墙段芯柱类型的选取界面，见图 6.5-20。

五、芯柱详图名标注

（1）自动标注

点取该菜单项，程序将根据内部存在的标注位置信息，在平面图上，程序自动标注出各节点处芯柱详图名称。

（2）人工标注

通过用户选取目标的方式，在平面图上标注出节点芯柱的详图名；如选取的目标只有一个，则可动态拖动确定标注信息的标注位置。

（3）删除标注

在平面图上，删除指定节点处的芯柱详图名称。

六、芯柱详图布置

（1）窗口布置

用户在平面图上，开设一窗口区域，程序自动把构造柱详图根据详图的大小，填充到该区域中。

（2）逐个布置

选取单个节点芯柱详图，拖动详图至图面适合位置。节点芯柱详图图例见图 6.5-21。

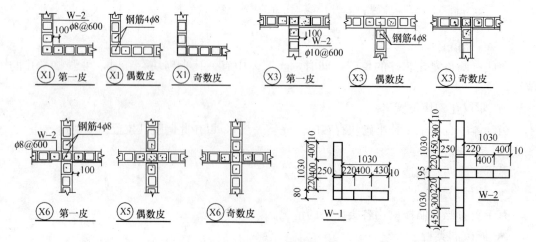

图 6.5-21 某些节点芯柱详图

第六节　墙段芯柱详图

只有当本层的墙体中，其材料含有空心砌块时，才需要执行该项菜单。

墙体材料的定义在"砌体结构建模与荷载输入"→"楼层定义"→"墙布置"中处理。

在该项菜单中，可以修改墙段芯柱的配筋、墙段芯柱的信息。它包括以下子菜单项：

一、墙芯柱参数及重新生成

（1）墙芯柱参数

本菜单项的内容，仅用于设定墙段芯柱的绘图参数，见图 6.5-22。

● 标芯柱位置字符高度

用于在平面图上，标注墙段芯柱位置的字符高度。

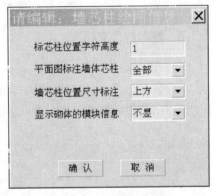

图 6.5-22　墙芯柱参数

● 平面图标注墙体芯柱

为了图面的清晰，程序可按墙段的方位，标注墙段芯柱的位置，分为：

全部——可标注所有砌块墙段的芯柱位置；

只标 X 向——只标注墙段与 X 轴的夹角≤45°的墙段芯柱位置；

只标 Y 向——只标注墙段与 X 轴的夹角＞45°的墙段芯柱位置。

● 墙芯柱位置尺寸标注

设定初始化墙段芯柱位置标注时的标注方位，可选：

上方——芯柱位置标注于墙体线的上方；

下方——芯柱位置标注于墙体线的下方。

注意：该项参数只在初始化或点取下一菜单项"自动标注"时才起作用。

● 显示砌体的模块信息

该项的设置，与芯柱的结果无关，它只是一种图面显示功能，用于查看墙体排块后各空心砌块的孔洞分布情况。

（2）重新生成

以"砌体设计"→"设计参数"中的"砌块墙体钢筋"为初始化值，重新生成砌块墙段的钢筋信息。如为配筋砌体，则墙段洞口边的钢筋也将重生成。

二、墙芯柱钢筋修改

（1）分布钢筋

在此处，可以修改砌块墙段中的芯柱分布钢筋信息。

（2）洞边钢筋

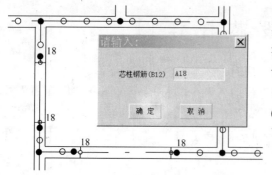

图 6.5-23 洞边钢筋

对于开洞口的墙段，在洞口的两侧需要设置灌孔筋，此处用以修改洞口两侧的灌孔筋；洞边钢筋的取值，来自"砌体设计"→"设计参数"中的节点芯柱钢筋（对于配筋砌体，还考虑计算结果），见图 6.5-23。

三、墙芯柱位置修改

（1）选取修改

同"节点芯柱"中的"选取修改（芯柱位置）"。

（2）列表修改

同"节点芯柱"中的"列表修改（芯柱位置）"。

四、墙芯柱位置标注

（1）自动标注

点取该菜单项，程序将根据"墙芯柱参数"中的信息，并结合程序内部保存的信息，自动标注出墙段芯柱的位置信息，如图 6.5-24 所示。

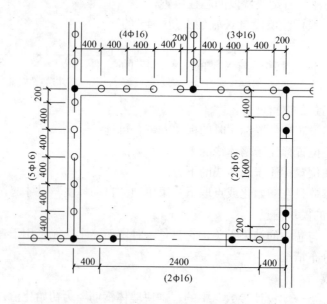

图 6.5-24 墙段芯柱位置标注

（2）人工标注

通过用户选取目标的方式，在平面图上标注出墙段芯柱的位置信息；如选取的目标只有一个，则可动态拖动确定标注信息的标注位置。

（3）删除标注

在平面图上，删除指定墙段处的芯柱位置标注。

第七节 排 块 详 图

只有当本层的墙体中，其材料含有空心砌块时，才需要执行该项菜单。

墙体材料的定义在"砌体结构建模与荷载输入"→"楼层定义"→"墙布置"中处理。

在本菜单中，用户可自定义墙段排块详图的名称、墙段构件的组成。

一、排块参数及重新生成

（1）排块参数

在此处，可以设定砌块排块详图的绘制参数，其内容见图 6.5-25。

- 墙体排块构件绘制形式

该参数项只在初始化墙体排块单元时，才起作用，可选单墙段或连续墙，其含义如下：

单墙段——程序以单段墙体为单元，生成墙体排块详图；

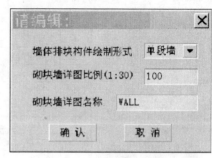

图 6.5-25 排块参数

连续墙——程序根据网线的关联信息，把相邻的直线相连的墙段组成一个构件，作为一个排块详图输出。

- 砌块墙详图比例
- 砌块墙详图名称

（2）重新生成

删除原有的排块详图，以当前的排块参数为初始值，重新生成砌块墙段的排块详图。

二、排块墙段定义

（1）连接构件

程序已经按"排块参数"中定义的要求，自动形成了墙段的排块详图单元，如对现有墙段的排块详图单元不满意，则在此处，用户可把相邻的两墙段排块详图单元相连组成一个排块详图单元。

（2）分断构件

与"连接构件"相反，在此处，用户可把由多个墙段排块单元相连组成的排块详图单元，分拆成多个排块详图单元。

三、排块详图名标注

（1）自动标注

点取该菜单项，在平面图上，自动标注出各墙段详图单元的名称。

（2）人工标注

通过用户选取目标的方式，在平面图上标注出墙段详图单元的名称；如选取的目标只有一个，则可动态拖动确定墙段详图单元名称的标注位置。

（3）删除标注

通过该项菜单，可以删除平面图上指定墙段已标注的排块详图单元的名称。

四、排块统计表

通过该项菜单，程序能统计出本楼层所用的各种砌块的用量，如图 6.5-26 所示。

砌块统计表

序号	名称	块型尺寸（mm）			数量	备注
		长	宽	高		
1	K422	390	190	190	4210	
2	K322	290	190	190	788	
3	K322A	290	190	190	250	
4	K222	190	190	190	319	
5	K122	90	190	190	0	
6	G3	290	190	190	43	
7	G3A	290	190	190	0	
8	G2	190	190	190	158	
9	X1	390	190	190	343	
10	X2	390	190	190	37	
11	K421	390	190	90	21	
12	K321	290	190	90	8	
13	K321A	290	190	90	0	
14	K221	190	190	90	15	
15	K121	90	190	90	0	

图 6.5-26 砌块统计表

五、排块详图布置

（1）窗口布置

用户在平面图上，开设一窗口区域，程序自动把排块详图根据详图的大小，填充到该区域中。

（2）逐个布置

选取单个排块详图，拖动详图至图面适合位置。排块详图图例见图 6.5-27。

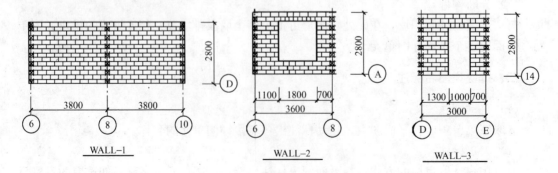

图 6.5-27 某些排块详图

第六章 配筋砌块砌体结构分析及设计

第一节 功 能 及 流 程

配筋砌块砌体结构是一种新型的节能、节地建筑结构体系，它是以普通混凝土小型空心承重砌块作为墙体材料，在砌块孔中和凹槽内配置竖向和水平受力钢筋和构造钢筋而形成的一种剪力墙结构体系。配筋砌体结构具有和钢筋混凝土结构类似的受力性能和应用范围，但它和钢筋混凝土结构相比，具有节约土地、降低工程造价、缩短工期等优点。因而在国外，特别是欧美国家，得到了广泛应用。采用配筋砌块砌体建造中高层建筑，是对无筋砌块砌体只能建造多层建筑的一个较大突破。这种新型结构体系的经济效益和社会效益十分明显。

我国在借鉴国外经验和自行工程实践的基础上，于 2002 年将该种结构体系纳入国家标准砌体规范和抗震规范，上海市还编制了地方设计标准《配筋混凝土小型空心砌块砌体建筑技术规程》（DG/TJ 08—2006），软件在设计计算中体现了这些标准的相关规定。

配筋砌块砌体房屋实为配筋砌块砌体剪力墙房屋，相对于现浇钢筋混凝土剪力墙而言，配筋砌块砌体剪力墙属于一种"预制装配整体式钢筋混凝土剪力墙"，其受力和变形性能与钢筋混凝土剪力墙相近。

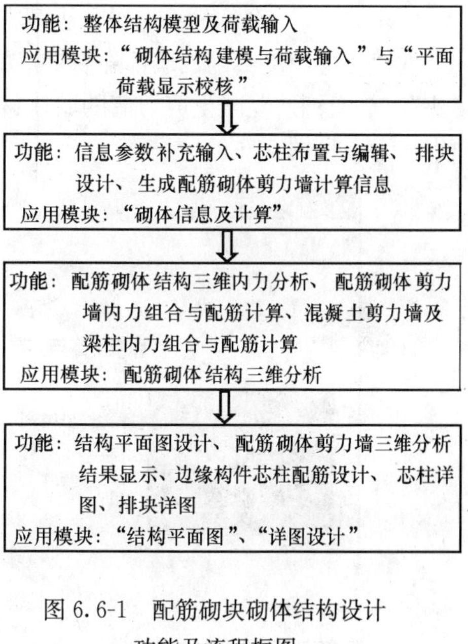

在砌体结构辅助设计软件（QITI）中，针对配筋砌块砌体结构进行了专门的研究和开发，扩充和改进了大量专业性很强的功能，使软件具有鲜明的特色和强大的功能。配筋砌块砌体结构设计软件主要由四大功能模块组成，它们分别是结构建模、砌体信息输入编辑、三维结构分析和详图设计。软件各模块功能及配筋砌块砌体结构设计计算流程见图 6.6-1。

功能：整体结构模型及荷载输入
应用模块："砌体结构建模与荷载输入"与"平面荷载显示校核"

功能：信息参数补充输入、芯柱布置与编辑、排块设计、生成配筋砌体剪力墙计算信息
应用模块："砌体信息及计算"

功能：配筋砌体结构三维内力分析、配筋砌体剪力墙内力组合与配筋计算、混凝土剪力墙及梁柱内力组合与配筋计算
应用模块：配筋砌体结构三维分析

功能：结构平面图设计、配筋砌体剪力墙三维分析结果显示、边缘构件芯柱配筋设计、芯柱详图、排块详图
应用模块："结构平面图"、"详图设计"

图 6.6-1 配筋砌块砌体结构设计
功能及流程框图

第二节 配筋砌块砌体结构建模

一、设计参数与材料

配筋砌块砌体结构建模及荷载输入由"砌体结构建模及荷载输入"菜单完成，结构建

模与普通混凝土剪力墙结构类似。在"设计参数"的"总信息"中，结构体系选择"配筋砌体"，结构主材选择"砌体"，见图 6.6-2 (a)；在"材料信息"中，主要墙体材料选择"砼砌块"，见图 6.6-2 (b)。

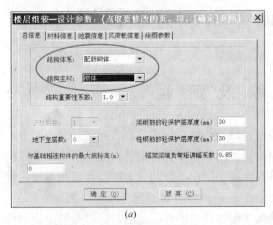
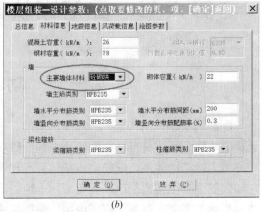

(a)   (b)

图 6.6-2 配筋砌块砌体结构建模参数选择

(a) 总信息对话框；(b) 材料信息对话框

在"楼层定义"的"墙体布置"菜单中，配筋砌块剪力墙的墙体材料类别选择"空心砌块"，普通钢筋混凝土剪力墙的墙体材料类别选择"混凝土"，相应材料将在墙布置对话框中显示，见图 6.6-3。

图 6.6-3 配筋砌块砌体结构剪力墙的墙体材料类别

二、配筋砌块砌体结构布置

（1）房屋适用的最大高度

采用 190mm 厚砌块砌筑的配筋砌块砌体剪力墙房屋的最大高度见表 6.6-1。

配筋砌块砌体剪力墙房屋的最大高度（m）　　　　　表 6.6-1

非抗震设计	抗 震 设 计		
	6 度	7 度	8 度
66	54	45	30

注：房屋高度指室外地面至檐口的高度。

（2）房屋的最大高宽比

房屋的高宽比限值应满足表 6.6-2 的要求。当房屋的高宽比满足上表限值要求时，可不进行整体稳定验算和抗倾覆验算。

房屋的高宽比限值　　　　　　　　　表 6.6-2

设防烈度	6 度	7 度	8 度
最大高宽比	5	4	3

（3）房屋抗震横墙的最大间距

抗震设计时，横墙最大间距应满足表 6.6-3 的要求。

横墙最大间距　　　　　　　　　表 6.6-3

设防烈度	6 度	7 度	8 度
最大间距（m）	15	15	11

（4）剪力墙的布置要求

剪力墙的长度不宜过大，一般不宜大于 8m。由于配筋砌块砌体剪力墙房屋高度有限，故结构中的剪力墙的数量不宜太多，否则地震作用增大，比较合理的剪力墙的间距为 6m 左右。剪力墙的洞口宜上下对齐，成列布置，使其形成明确的墙肢和连梁，也适宜芯柱的布置和灌注。为避免配筋砌块砌体剪力墙的刚度突变，砌块强度与灌孔率沿竖向宜均匀连续变化。

如果剪力墙布置合理，配筋砌块砌体剪力墙房屋的周期应在楼层总数的 4％～5％，底部地震剪力应在房屋总重力的 3％～6％。当周期过短，地震作用较大时，宜对结构的刚度进行调整，如减少剪力墙数量，增大门窗洞口尺寸、降低连梁高度，把较大墙肢开洞或分为两个墙肢等。

（5）房屋的伸缩缝和防震缝

伸缩缝最大间距采用与钢筋混凝土剪力墙结构相同的数值，取 45m。房屋宜选用规则、合理的结构方案不设防震缝，当需要设防震缝时，其最小宽度应符合下列要求：高度≤20m 时，可采用 70mm；房屋高度＞20m 时，6 度、7 度和 8 度相应每增加 6m、5m 和 4m，宜加宽 20mm。在设计时要创造条件尽量将伸缩和防震缝统一考虑。

三、房屋的抗震等级

配筋砌块砌体剪力墙房屋的抗震等级按表 6.6-4 确定。

配筋砌块砌体剪力墙房屋的抗震等级　　　　　　　　　表 6.6-4

设防烈度	6 度		7 度		8 度	
房屋高度（m）	≤24	＞24	≤24	＞24	≤24	＞24
抗震等级	四	三	三	二	二	一

注：房屋高度接近或等于分界高度时，可结合房屋不规则程度及场地地基条件确定抗震等级。

第三节 配筋砌体信息与数据生成

通过"砌体信息与计算"模块,来完成配筋砌块砌体结构的信息补充、芯柱布置、排块检查、配筋砌体剪力墙材料信息等,并生成三维分析所需的数据文件。

一、参数输入

在"砌体信息与计算"模块的"参数输入"对话框中,在"砌体结构总信息"的结构类型中选择"配筋砌块砌体结构",建模中填的结构信息也能自动传过来,在"配筋砌块砌体结构计算规范"一栏中,由用户选择按国家标准或上海地方标准计算,两者主要差别体现在高强度砌块的材料指标和弹性模量上。有关参数选择参见图 6.6-4。

点取"改墙等级"菜单,可对墙段的砌块和砂浆强度等级进行修改。

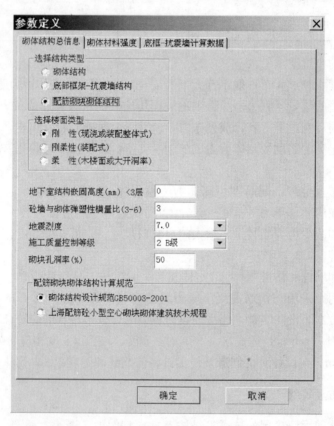

图 6.6-4 配筋砌块砌体结构参数输入

二、芯柱输入与编辑

在"砌体设计"菜单的"设计参数"对话框中,用户可以输入芯柱灌孔数、芯柱钢筋等参数信息。由于配筋砌块砌体结构的芯柱数量较多,除了要在墙体相交处和墙端集中布置芯柱外,墙体中的芯柱间距一般也较小,因此可选择"参数输入"对话框中的"逐孔灌

注"、"隔一孔灌一孔"、"隔二孔灌一孔"等简便输入方式，也可采用按间距输入的方式，
见图 6.6-5。

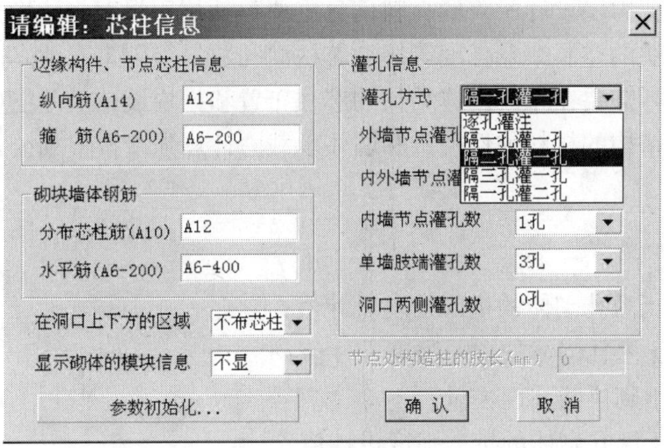

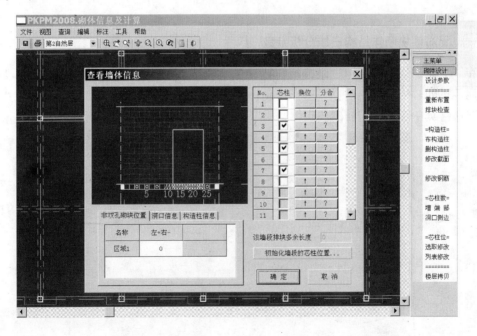

图 6.6-5　芯柱设计参数输入

进入"砌体设计"菜单，在"芯柱数"菜单下，点取某一片墙后，可在屏幕显示芯柱
的数量信息。在"芯柱位"菜单下，点取某一片墙后，用户可以在墙体信息对话框中编辑
修改芯柱的孔数、位置等信息，只要在对话框中芯柱的相应位置打"√"即可，见图
6.6-6。

图 6.6-6　芯柱编辑修改

点取"排块检查"菜单，软件会对所有墙段的排块进行检查，看是否满足模数及排块
规则的要求。

三、配筋砌块砌体剪力墙材料信息生成

配筋砌块砌体剪力墙设计所需的材料信息主要包括抗压强度与弹性模量，这些指标与砂浆强度等级、砌块的空洞率及强度等级、芯柱灌孔数量等因素有关，因此，每个墙段的材料信息是不同的，需要在完成砌体结构的芯柱布置和排块设计后才能生成。

配筋砌块砌体结构的材料弹性模量和墙体承载力计算强度按下列公式计算：

$$f_g = f + 0.6\delta\rho f_c \tag{6.6-1}$$
$$f_{vg} = 0.2 f_g^{0.55} \tag{6.6-2}$$
$$E = 1700 f_g \tag{6.6-3}$$

式中　f_g——混凝土灌孔砌体的抗压强度设计值；

　　　f_{vg}——混凝土灌孔砌体的抗剪强度设计值；

　　　E——混凝土砌块的弹性模量；

　　　f_c——混凝土灌孔砌体的抗剪强度设计值；

　　　δ——混凝土砌块的孔洞率；

　　　ρ——混凝土砌块的灌孔率。

点取"SATWE 数据"菜单，即可生成 SATWE 计算数据，衔接"配筋砌块砌体结构三维分析"模块，完成结构分析及设计计算。

第四节　结构三维分析及配筋砌体剪力墙设计

一、配筋砌块砌体结构三维分析参数

在"配筋砌块砌体结构三维分析"模块的"生成 SATWE 数据"菜单中，在"总信息"属性页的"结构材料信息"选择"砌体结构"，参见图 6.4-11，图 6.4-12。在"砌体结构"属性页中选择"配筋砌块砌体结构"，参见图 6.6-7。

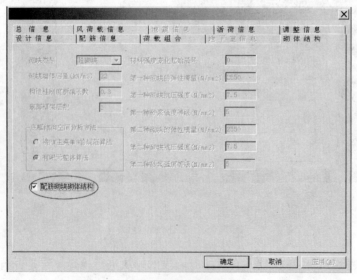

图 6.6-7　配筋砌块砌体结构

配筋砌块砌体房屋应进行恒荷载、活荷载、风荷载和地震作用下的内力分析，各项参数设置与分析计算同普通混凝土高层建筑结构。

二、配筋砌块剪力墙正截面承载力计算

配筋砌块剪力墙正截面承载力计算包括轴心受压正截面承载力计算、偏心受压正截面承载力计算、偏心受拉正截面承载力计算。下面给出非抗震设计剪力墙正截面承载力计算公式，抗震设计时，应在非抗震设计承载力计算公式中取 $\gamma_0 = 1$，并在公式右边除以相应的承载力抗震调整系数 γ_{RE}。

（1）轴心受压正截面受压承载力计算

轴心受压配筋砌块砌体剪力墙，当配有水平分布钢筋或箍筋时，其正截面受压承载力按下列公式计算：

$$\gamma_0 N \leqslant \varphi_{0g}(f_g A + 0.8 f_y' A_s') \tag{6.6-4}$$

$$\varphi_{0g} = \frac{1}{1 + 0.001\beta^2} \tag{6.6-5}$$

式中　N——轴向压力设计值；

f_g——灌孔砌体的抗压强度设计值；

f_y'——钢筋的抗压强度设计值；

A——构件的毛截面面积；

A_s'——全部竖向钢筋的截面面积；

φ_{0g}——轴心受压构件的稳定系数。

β——构件的高厚比。

（2）偏心受压正截面承载力计算

当 $x \leqslant \xi_b h_0$ 为大偏心受压时（其中：ξ_b 为界限相对受压区高度，对 HPB235 级钢筋取 $\xi_b = 0.6$；对 HRB335 级钢筋取 $\xi_b = 0.533$；对 HRB400 和 RRB400 级钢筋取 $\xi_b = 0.5$；x 为截面受压区高度）：

$$\gamma_0 N \leqslant f_g \xi b h_0 + f_y' A_s' - f_y A_s - f_{yw} \rho_w (1-1.5\xi) b h_0 \tag{6.6-6}$$

$$\gamma_0 N e_N \leqslant f_g \xi (1-0.5\xi) b h_0^2 + f_y' A_s' (h_0 - a_s') - \frac{f_{yw}\rho_w}{2}(1-1.5\xi)^2 b h_0^2 \tag{6.6-7}$$

$$e_N = e + e_a + (h/2 - a_s) \tag{6.6-8}$$

$$e = \frac{M}{N} \qquad (e \geqslant 0.05h) \tag{6.6-9}$$

$$e_a = \frac{\beta^2 h}{2200}(1 - 0.022\beta) \tag{6.6-10}$$

式中　f_y、f_y'——竖向受拉、受压主筋的强度设计值；

A_s、A_s'——竖向受拉、受压主筋的截面面积；

b——截面宽度；

ξ——相对受压区高度，$\xi = x/h_0$；

f_{yw}——沿截面腹部均匀配置的纵向钢筋强度设计值；

ρ_w——竖向分布钢筋配筋率；

e_N——轴向力作用点到竖向受拉主筋合力点之间的距离；

e——轴向力的初始偏心距，按荷载设计值计算；当 e 小于 $0.05h$ 时，取 e 等于 $0.05h$；

e_a——轴向力在偏心方向的附加偏心距。

当受压区高度 $x < 2a'_s$ 时，正截面承载力按下列公式计算：

$$\gamma_0 N e'_N \leqslant f_y A_s (h_0 - a'_s) \qquad (6.6\text{-}11)$$

$$e'_N = e + e_a - (h/2 - a'_s) \qquad (6.6\text{-}12)$$

式中　e'_N——轴向力作用点至竖向受压主筋合力点之间的距离。

当 $x > \xi_b h_0$ 为小偏心受压时，可忽略竖向分布钢筋作用，按下列公式计算：

$$\gamma_0 N \leqslant f_g \xi b h_0 + f'_y A'_s - \sigma_s A_s \qquad (6.6\text{-}13)$$

$$\gamma_0 N e_N \leqslant f_g \xi (1 - 0.5\xi) b h_0^2 + f'_y A'_s (h_0 - a'_s) \qquad (6.6\text{-}14)$$

$$\sigma_s = \frac{f_y}{\xi_b - 0.8}(\xi - 0.8) \qquad (6.6\text{-}15)$$

（3）偏心受拉正截面承载力计算

矩形截面对称配筋偏心受拉剪力墙的正截面承载力按下列近似公式计算：

$$\gamma_0 N \leqslant \frac{1}{\dfrac{1}{N_{0u}} + \dfrac{e_0}{M_{wu}}} \qquad (6.6\text{-}16)$$

$$N_{0u} = 2A_s f_y + A_{sw} f_{yw} \qquad (6.6\text{-}17)$$

$$M_{wu} = A_s f_y (h_0 - a'_s) + A_{sw} f_{yw} \frac{(h_0 - a'_s)}{2} \qquad (6.6\text{-}18)$$

三、配筋砌块剪力墙斜截面承载力计算

（1）抗震设计剪力墙的剪力调整

考虑地震作用组合的剪力墙计算截面剪力设计值应按下列规定调整：

非底部加强区截面：

$$V_w = V \qquad (6.6\text{-}19)$$

底部加强区截面：

$$V_w = \eta_{vw} V \qquad (6.6\text{-}20)$$

式中　V——考虑地震作用组合的剪力墙计算截面的剪力设计值；

V_w——调整后剪力墙计算截面的剪力设计值；

η_{vw}——剪力增大系数，一级取 1.6，二级取 1.4，三级取 1.2，四级取 1.0。

（2）截面尺寸条件

非抗震设计时剪力墙的受剪截面应符合下列条件：

$$\gamma_0 V \leqslant 0.25 f_g b h \qquad (6.6\text{-}21)$$

式中　V——剪力设计值；

b——矩形截面的宽度或 T 形、I 形截面的腹板宽度（墙的厚度）；

h——截面高度。

考虑地震作用组合的剪力墙的受剪截面应符合下列条件：

当剪跨比 $\lambda > 2$ 时：

$$V_w \leqslant \frac{1}{\gamma_{RE}}(0.2f_g b h_0) \tag{6.6-22}$$

当剪跨比 $\lambda \leqslant 2$ 时：

$$V_w \leqslant \frac{1}{\gamma_{RE}}(0.15f_g b h_0) \tag{6.6-23}$$

式中　λ——计算截面处的剪跨比，$\lambda = M/(Vh_0)$，此处，M 为与剪力设计值 V 对应的弯矩设计值；

　　γ_{RE}——承载力抗震调整系数。

（3）偏心受压斜截面受剪承载力计算

偏心受压时剪力墙的斜截面受剪承载力按下列规定计算：

$$\gamma_0 V \leqslant \frac{1}{\lambda - 0.5}\left(0.6f_{vg} b h_0 + 0.12N\frac{A_w}{A}\right) + 0.9f_{yh}\frac{A_{sh}}{s}h_0 \tag{6.6-24}$$

$$\lambda = \frac{M}{Vh_0} \tag{6.6-25}$$

式中　　f_{vg}——灌孔砌体抗剪强度设计值；

　M、N、V——计算截面的弯矩、轴向力和剪力设计值，当 $N > 0.25f_g bh$ 时，$N = 0.25f_g bh$；

　　A——剪力墙的截面面积；

　　A_w——剪力墙腹板的截面面积，对矩形截面取 $A_w = A$；

　　λ——计算截面的剪跨比，当 λ 小于 1.5 时取 1.5，当 λ 大于 2.2 时取 2.2；

　　h_0——剪力墙截面的有效高度；

　　A_{sh}——配置在同一截面内的水平分布钢筋的全部截面面积；

　　s——水平分布钢筋的竖向间距；

　　f_{yh}——水平钢筋的抗拉强度设计值。

考虑地震作用组合的剪力墙在偏心受压时的斜截面受剪承载力，按下列规定计算：

$$V_w \leqslant \frac{1}{\gamma_{RE}}\left[\frac{1}{\lambda - 0.5}\left(0.48f_{vg} b h_0 + 0.1N\frac{A_w}{A}\right) + 0.72f_{yh}\frac{A_{sh}}{s}h_0\right] \tag{6.6-26}$$

式中　N、V——计算截面的轴向力和剪力设计值，当 $N > 0.2f_g bh$ 时，取 $N = 0.2f_g bh$。

（4）偏心受拉斜截面受剪承载力计算

偏心受拉时剪力墙的斜截面受剪承载力按下列规定计算：

$$\gamma_0 V \leqslant \frac{1}{\lambda - 0.5}\left(0.6f_{vg} b h_0 - 0.22N\frac{A_w}{A}\right) + 0.9f_{yh}\frac{A_{sh}}{s}h_0 \tag{6.6-27}$$

当上式右边的计算值小于 $0.9f_{yh}\frac{A_{sh}}{s}h_0$ 时，取等于 $0.9f_{yh}\frac{A_{sh}}{s}h_0$。

考虑地震作用组合的剪力墙在偏心受拉时的斜截面受剪承载力按下列规定计算：

$$V_w \leqslant \frac{1}{\gamma_{RE}}\left[\frac{1}{\lambda - 0.5}\left(0.48f_{vg} b h_0 - 0.17N\frac{A_w}{A}\right) + 0.72f_{yh}\frac{A_{sh}}{s}h_0\right] \tag{6.6-28}$$

当上式右边方括号内的计算值小于 $0.72f_{yh}\frac{A_{sh}}{s}h_0$ 时，取等于 $0.72f_{yh}\frac{A_{sh}}{s}h_0$。

四、配筋砌块剪力墙连梁计算

配筋砌块剪力墙连梁正截面承载力计算，可采用与钢筋混凝土连梁相同的计算方法，按《混凝土结构设计规范》（GB 50010）的有关规定计算。

斜截面尺寸应符合：

非抗震设计

$$\gamma_0 V_b \leqslant 0.25 f_g bh \tag{6.6-29}$$

抗震设计

跨高比 $l_n/h > 2.5$ 时： $$V_b \leqslant \frac{1}{\gamma_{RE}} (0.20 f_g bh_0) \tag{6.6-30}$$

跨高比 $l_n/h \leqslant 2.5$ 时： $$V_b \leqslant \frac{1}{\gamma_{RE}} (0.15 f_g bh_0) \tag{6.6-31}$$

式中 l_n——连梁的净跨。

斜截面受剪承载力计算公式：

非抗震设计

$$\gamma_0 V_b \leqslant 0.8 f_{vg} b h_0 + f_{yv} \frac{A_{sv}}{s} h_0 \tag{6.6-32}$$

抗震设计

跨高比 $l_n/h > 2.5$ $$V_b \leqslant \frac{1}{\gamma_{RE}} \left[0.64 f_{vg} b h_0 + 0.8 f_{yv} \frac{A_{sv}}{s} h_0 \right] \tag{6.6-33}$$

跨高比 $l_n/h \leqslant 2.5$ $$V_b \leqslant \frac{1}{\gamma_{RE}} \left[0.56 f_{vg} b h_0 + 0.7 f_{yv} \frac{A_{sv}}{s} h_0 \right] \tag{6.6-34}$$

五、配筋砌块剪力墙配筋计算结果

配筋砌块剪力墙配筋计算结果与普通钢筋混凝土剪力墙相同，有关说明参考 SATWE 说明书。

第五节 边缘构件与芯柱设计

一、配筋砌块详图主菜单

当用户选择的结构类型为"配筋砌块砌体结构"时，"详图设计"模块将自动进入配筋砌块详图设计界面，主菜单基本与普通砌体结构详图相同，自动增加了"计算结果"和"配筋图"两项，在"节点芯柱"和"墙段芯柱"菜单下还增加了"配筋检查"菜单，界面及主菜单设置见图 6.6-8。

二、读取三维分析结果

在完成配筋砌块砌体结构三维分析计算后，点"计算结果"菜单，软件会读取三维分析结果中配筋砌块砌体剪力墙的计算配筋结果，以图形方式显示，见图 6.6-9。图中数字为各墙段端部纵向钢筋的计算面积。

三、配筋砌块剪力墙芯柱钢筋设计

配筋砌块结构的边缘构件的配筋区域，是由上部结构计算分析程序确定，由于砌块结构的特殊性，实际工程的砌块结构的边缘构件，其钢筋的安放是以空心砌块的灌孔位置而

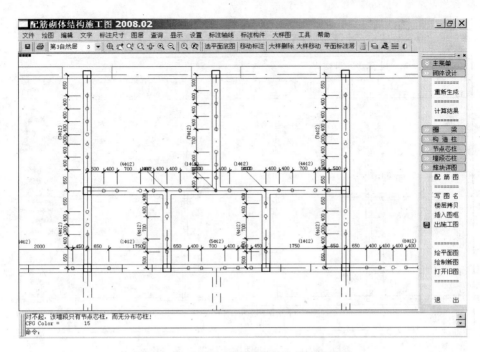

图 6.6-8　配筋砌块详图设计主界面及菜单

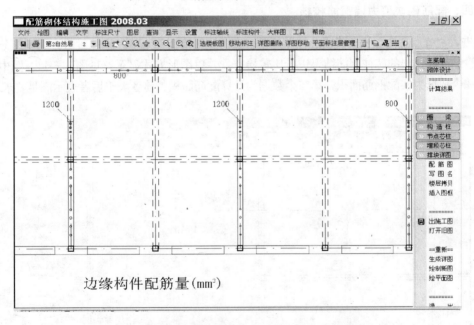

图 6.6-9　配筋砌块剪力墙三维分析配筋计算结果

定，这需要用户最终确定设计的合理性。

对砌块结构的边缘构件的钢筋的选定，程序根据设定的节点区的灌孔芯柱数（或洞口侧边的灌孔芯柱数）、计算所得的配筋量，得出所需的钢筋直径，同时，该钢筋直径不应小于构造要求的钢筋直径。

点"配筋图"菜单，软件根据三维分析结果和构造要求，选出剪力墙芯柱钢筋，并以图形方式显示，见图 6.6-10。

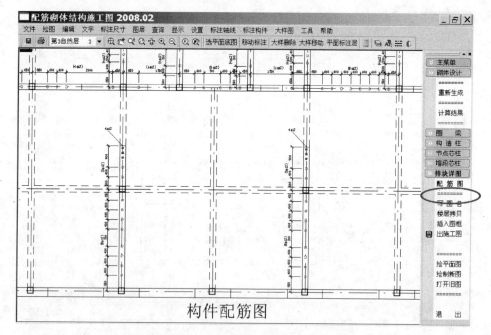

图 6.6-10   配筋砌块剪力墙节点配筋检查

四、配筋砌块剪力墙钢筋校核

进入"节点芯柱"和"墙段芯柱"菜单，点"配筋检查"菜单，软件对剪力墙三维分析配筋计算结果和选出的芯柱钢筋结果进行比较检查，并以图形方式显示，见图 6.6-11。图中括号内第一个数据为实配钢筋面积，第二个数据为计算配筋面积。前者大于后者表示满足要求。

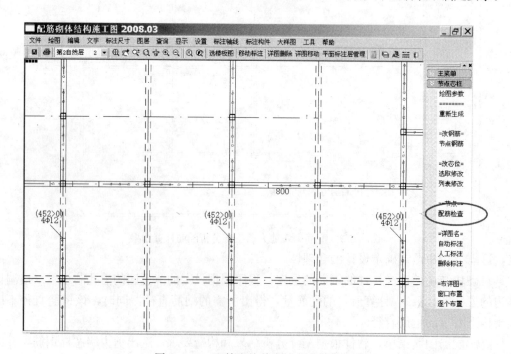

图 6.6-11   配筋砌块剪力墙分布筋检查

第六节　配筋砌块芯柱详图设计

一、详图设计依据

本模块生成的配筋砌块芯柱详图，依据上海市工程建设规范《配筋混凝土小型空心砌块砌体建筑技术规程》，详图表示了节点处排块、芯柱放置情况，其主要形状如图 6.6-12 所示。软件也可以绘制非正交墙体交节点的详图。

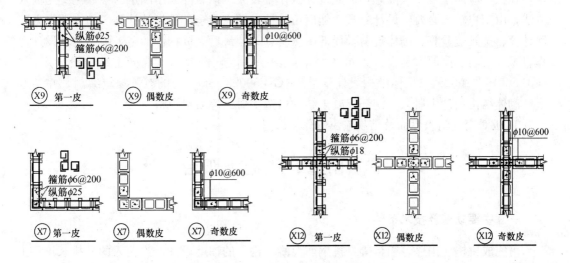

图 6.6-12　某些配筋砌体节点芯柱详图

二、操作说明

配筋砌体结构的操作方式基本上与砌体结构相同，只是增加了以下几项菜单：

- 计算结果

它位于本模块的主菜单中，用以显示本楼层各边缘构件的配筋量。

- 配筋图

它位于本模块的主菜单中，用以显示本楼层砌块芯柱的配筋情况。为了能清晰标注图面信息，程序允许用户设定配筋图表达的内容，见图 6.6-13。

- 节点配筋检查

它位于本模块的主菜单"节点芯柱"中，用以显示本楼层墙体节点边缘构件实际配筋量与计算配筋结果间的关系。

- 墙体配筋检查

它位于本模块的主菜单"墙段芯柱"中，用以显示本楼层墙体洞口侧边边缘构件实际配筋量与计算配筋结果间的关系。

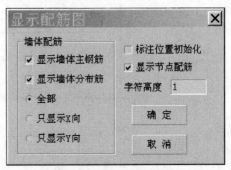

图 6.6-13　配筋图显示项目

第七章　砌体结构混凝土构件辅助设计

该软件适用于砌体结构中大量出现的钢筋混凝土基本构件的计算机辅助设计。这些构件包括挑檐、雨篷、阳台、过梁、挑梁、墙梁等。它们的设计计算及构造都有其特定的要求，在工程应用中变化很随意，因此设计工作量较大。该软件采用图示的参数化交互输入方法，由用户输入必要的设计参数，然后由软件自动完成全部的设计计算，如构件内力配筋计算、抗倾覆验算、砌体抗剪及局部承压验算等，最后完成构件的施工图。整个设计过程直观、灵活、简便，是设计人员的一个好帮手。该软件根据《混凝土结构设计规范》（GB 50010—2002）、《砌体结构设计规范》（GB 50003—2001）的有关规定编制，并参考了《砌体结构设计手册》、《钢筋混凝土结构构造手册》等大量资料。

08 版对交互输入界面及结果输出等作了改进。

第一节　雨篷、挑檐、阳台设计

一、主要功能及技术条件

可完成挑檐、雨篷、阳台等悬挑钢筋混凝土构件的辅助设计，当输入的悬挑长度为 0 时，即为钢筋混凝土过梁设计。

计算内容包括：①悬挑板的弯矩及配筋；②过梁在悬挑构件作用下的扭矩，在悬挑构件及上部墙体等竖向荷载作用下的弯矩和剪力，在弯、剪、扭作用下的纵向钢筋及箍筋；③抗倾覆验算。

在悬挑板弯矩计算时，板自重（包括端部肋板）由软件自动生成，在计算自重时板厚取输入值加 20mm 以考虑粉刷重量。在板活荷载计算时，除考虑用户输入的板均布活荷载外，还自动校核每米 1kN 的集中力作用在板端产生的弯矩，取两者中的较大值设计。

在抗倾覆验算中，过梁上部墙体重量取图 6.7-1 阴影所示范围，同时考虑过梁自重及

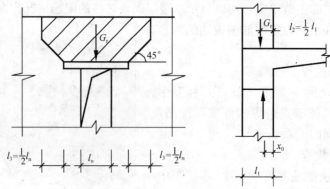

图 6.7-1　悬挑构件抗倾覆计算简图

现浇板带的自重，恒载分项系数取 0.8。墙边至倾覆验算点的距离 x_0 取 0.13 b，b 为梁宽，见图 6.7-1。抗倾覆力矩计算时取梁全长，倾覆力矩计算时取悬挑板长。

二、参数输入及操作

屏幕显示构件简图及输入内容，界面见图 6.7-2。

输入参数说明如表 6.7-1 所示。

雨篷、挑檐、阳台参数输入说明　　表 6.7-1

参 数 内 容	变量名及单位	说　　明
过梁截面宽	BB（mm）	墙厚也取此值
过梁截面高	BH（mm）	
过梁净跨度	BL（mm）	一般取梁下洞口宽度
悬挑板挑出长度	SB（mm）	
悬挑板根部厚度	SD（mm）	
悬挑板端部厚度	SE（mm）	
板端部上肋高	UH（mm）	
板端部下肋高	DH（mm）	
梁上墙体高度	WH（mm）	
过梁深入支座长度	DD（mm）	抗倾覆验算时用
悬挑板宽度	SL（mm）	
悬挑板下沉高度	SS（mm）	SS≤（BH-SD）
现浇带宽度	XB（mm）	
现浇带厚度	XD（mm）	
墙上恒载标准值	WQ（kN/m）	除输入的墙自重以外的恒载
墙上活载标准值	WL（kN/m）	
墙体单位自重	WR（kN/m³）	应包括粉刷重，当有洞口时可用折算自重
板活载标准值	CQ（kN/m²）	
混凝土强度等级	fcuk（N/mm²）	一般应＞20
梁主筋设计强度	fy（N/mm²）	一般取 210，300
板主筋设计强度	fys（N/mm²）	

输入参数时，界面右侧图形区域会根据输入的数据实时绘制截面简图，用户可在图形区域通过鼠标中轮移动和放缩图形。

完成数据输入，点击"计算"按钮后，会在界面左下方区域显示配筋结果等数据，在黑色图形区域显示配筋施工图及钢筋统计表，见图 6.7-2。

若构件抗倾覆验算不满足要求，软件会以红色文字提示。此时，用户可以修改参数，修改完成后，点击"计算"按钮即可。

根据计算所得的板、梁配筋结果，软件自动选出过梁上下部纵筋及箍筋，悬挑板的受力筋及分布筋并绘制出配筋施工图。用户可点击"修改钢筋"按钮对配筋干预修改，修改钢筋内容及对话框见图 6.7-3。

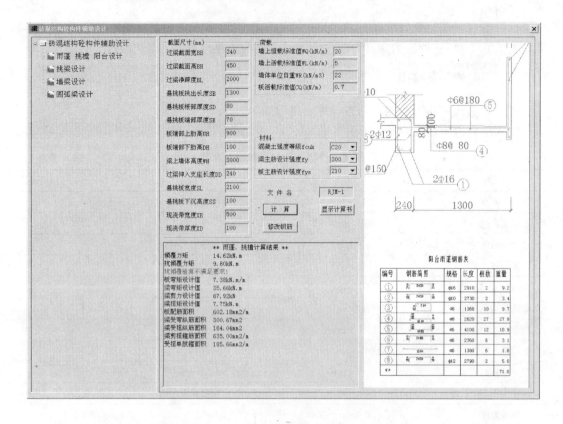

图 6.7-2　雨篷、挑檐、阳台参数输入及结果显示

图 6.7-3　雨篷、挑檐、阳台钢筋修改

修改钢筋完成后，点击"确定"按钮，软件会在右侧图形区域绘制出用户干预过的配筋施工图。

三、生成施工图及计算书

软件自动生成一个文件名，用户也可在"文件名"右侧控件中输入符合自己习惯的文件名。计算完成后，生成的施工图的文件名后缀".T"，输出的结果文件名后缀".RTF"。点击"显示计算书"按钮，软件会弹出一个对话框显示配筋施工图和计算书文档。

第二节　挑　梁　设　计

一、主要功能及技术条件

挑梁设计可完成砌体结构中钢筋混凝土挑梁的设计计算及施工图绘制。计算内容包括：①挑梁抗倾覆验算；②挑梁弯矩剪力及配筋计算；③挑梁下砌体局部承压验算。

抗倾覆验算根据 GB 50003—2001 中第 7.4.1 条至第 7.4.3 条的有关规定计算，即：
$M_{ov} \leqslant M_r$

计算倾覆点距墙外边缘的距离：

当 $l_1 \geqslant 2.2hb$ 时，$x_0 = 0.3hb$，且不大于 $0.13l_1$

当 $l_1 \leqslant 2.2hb$ 时，$x_0 = 0.13l_1$

计算时未考虑挑梁下的构造柱对计算倾覆点的影响。局部受压承载力按第 7.4.4 条规定计算，计算中未考虑端墙作用，取抗压强度提高系数 1.25。若实际工程端部有墙，可将承载力提高 1.5/1.25 倍。梁中配筋按受弯构件计算，当上部钢筋多于 2 根时，程序将考虑角筋以外钢筋的截断。

当挑梁端部有集中力作用时，梁上部钢筋的截断将按有端部封口梁的构造处理。

二、数据输入及操作

使用鼠标左键双击主菜单中"挑梁设计"，屏幕将显示挑梁数据输入界面，提示用户输入各项参数，见图 6.7-4。

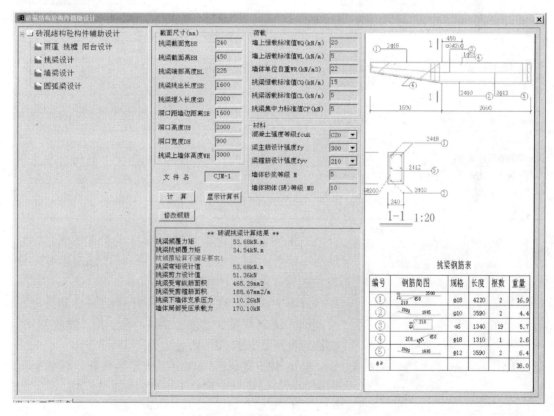

图 6.7-4　挑梁数据输入界面

挑梁输入的参数说明如表 6.7-2 所示。

输入参数时，界面黑色图形区域会根据输入的数据实时绘制截面简图，用户可在图形区域通过鼠标中轮移动和放缩图形。

三、结构计算及施工图绘制

完成数据输入，点击"计算"按钮后，会在界面左下方区域显示配筋结果等数据，在黑色图形区域显示配筋施工图及钢筋统计表，见图 6.7-4。

挑 梁 输 入 参 数 说 明   表 6.7-2

参 数 内 容	变量符及单位	说　　　明
挑梁截面宽度	BB（mm）	一般与墙厚相同
挑梁截面高度	BH（mm）	
挑梁端部高度	BL（mm）	
挑梁挑出长度	SB（mm）	
挑梁埋入长度	SD（mm）	根据规范一般取 SD≥1.2SB
洞口距墙边距离	SE（mm）	
洞口高度	UH（mm）	无洞口时输入 0
洞口宽度	DH（mm）	
挑梁上墙体高度	WH（mm）	一般取一层高
墙上恒载标准值	WQ（kN/m）	墙体自重由软件自动生成，当要考虑上一层的恒载时，可在此一并输入
墙上活载标准值	WL（kN/m）	
墙体单位自重	WR（kN/m³）	应包括粉刷
挑梁恒载标准值	CQ（kN/m）	
挑梁活载标准值	CL（kN/m）	
挑梁端集中力标准值	CP（kN）	
混凝土强度等级	fcuk（N/mm²）	
梁主筋设计强度	fy（N/mm²）	
梁箍筋设计强度	fyv（N/mm²）	
墙体砂浆等级	M（N/mm²）	可任意值
墙体砌体（砖）等级	MU（N/mm²）	可任意值

图 6.7-5　挑梁钢筋修改

如果挑梁抗倾覆验算或局部承压验算不满足，软件会以红色文字提示。此时，用户可以修改参数，修改完成后，点击"计算"按钮即可。

计算完成后，软件根据配筋计算结果自动选取挑梁钢筋并绘制配筋施工图。用户可点击"修改钢筋"按钮对配筋干预修改，见图 6.7-5。

修改钢筋完成后，点击"确定"按钮，软件会在右侧图形区域绘制出用户干预过的配筋施工图。

四、施工图及计算书

软件自动生成一个文件名，用户也可在"文件名"右侧控件中输入符合自己习惯的文件名。计算完成后，生成的施工图的文件名后缀".T"，输出的结果文件名后缀".RTF"。点击"显示计算书"按钮，软件会弹出一个对话框显示配筋施工图和计算书文档。

第三节 墙 梁 设 计

一、主要功能及技术条件

由钢筋混凝土托梁及支承在托梁上的计算高度内的墙体所组成的组合结构称为墙梁。这类结构在砖混结构中应用十分普遍，尤其在非地震区。本软件除了按 GB 50003—2001 的有关规定，还参考有关研究资料及设计手册，可以设计单跨简支、单跨框支墙梁、二跨或三跨连续墙梁。设计中可考虑墙梁洞口的影响，以及承重与非承重墙梁。

墙梁设计计算的内容有：①根据墙梁荷载求出墙梁顶面的荷载值；②根据托梁荷载及墙梁顶面荷载，分别按简支梁、框支梁或连续梁计算托梁的弯矩、轴力和剪力；③按偏心受拉构件（支座处按受弯构件）计算托梁配筋；④验算墙体的斜截面承载力；⑤施工阶段托梁承载力校核。

完成上述计算后，软件自动选筋并绘制施工图。

主要技术条件：

墙梁的计算简图根据 GB 50003—2001 第 7.3.3 条的有关规定；墙梁的计算荷载根据 GB 50003—2001 第 7.3.4 条的有关规定，分别按承重墙梁与非承重墙梁取 Q_1、F_1、Q_2，并计算施工阶段相应的施工荷载。

托梁在顶面荷载作用下，按简支梁、连续梁和框架梁计算内力。托梁跨中截面按偏心受拉构件计算配筋，梁端负弯矩作用下按受弯构件计算配筋。框架柱按偏心受压构件计算配筋，当在 Q_2 作用下柱子的轴力不利时，轴力乘以 1.2 的修正系数。

二跨及三跨连续墙梁，在计算连续墙梁的墙体受剪承载力时，程序按《砌体结构设计手册》（中国建筑工业出版社）中提供的经验公式计算，连续墙梁各跨跨度相差应小于 20%，各跨截面应相同。

二、数据输入

使用鼠标左键双击主菜单中"墙梁设计"，屏幕将显示墙梁数据输入界面，提示用户输入各项参数，见图 6.7-6。

墙梁数据说明如表 6.7-3 所示。

墙 梁 输 入 数 据 说 明　　　　　　　　　表 6.7-3

数 据 内 容	变量及单位	说 明
墙梁截面宽度	BB（mm）	
墙梁截面高度	BH（mm）	
墙梁跨度	BL（mm）	
翼墙宽度	SB（mm）	
翼墙厚度	SD（mm）	
洞口距墙边距离	SE（mm）	
洞口高度	UH（mm）	无洞口时输入 0
洞口宽度	DH（mm）	
墙体计算高度	WH（mm）	一般取一层墙高
墙体厚度	DD（mm）	

续表

数 据 内 容	变量及单位	说　明
框支柱高	SL（mm）	简支时输入 0
墙梁跨数	SS＜4	不大于 3 跨
柱/支座截面高	XH（mm）	简支时算净跨 l_n 用，框架柱时为柱截面高
柱/支座截面宽	XB（mm）	
墙顶恒载标准值	WQ（kN/m）	墙梁顶面及以上各层楼盖传递的恒载，不包括墙自重
墙顶活载标准值	WL（kN/m）	
墙顶墙重标准值	WR（kN/m）	墙梁顶面以上墙体的自重，不包括输入高度的墙自重
托梁恒载标准值	CQ（kN/m）	托梁顶楼盖传递的恒载，不包括托梁自重
托梁活载标准值	CL（kN/m）	
托梁集中力标准值	CP（kN）	
集中力距离	SU（mm）	集中力距左支座的距离
柱集中力标准值	ZP（kN）	框支墙梁柱顶纵向梁传递的集中荷载
混凝土强度等级	fcuk（N/mm²）	
梁主筋设计强度	fy（N/mm²）	
梁箍筋设计强度	fyv（N/mm²）	
砌体砂浆等级	M（N/mm）	
墙体砌体（砖）等级	MU（N/mm）	

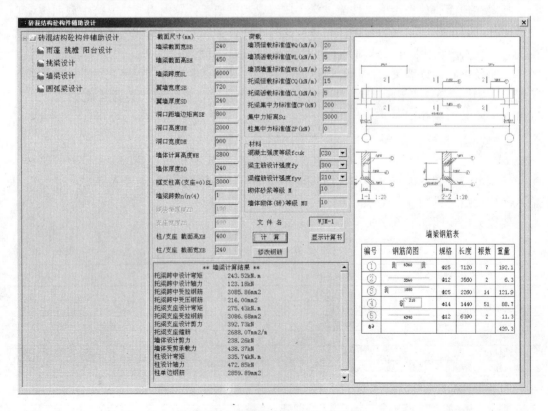

图 6.7-6　墙梁数据输入界面及结果

连续墙梁只输入一跨的数据，其他各跨的截面及荷载情况假设相同，跨度相差小于 20%。

输入参数时，界面黑色图形区域会根据输入的数据实时绘制截面简图，用户可在图形区域通过鼠标中轮移动和放缩图形。

三、结构计算及施工图绘制

完成数据输入，点击"计算"按钮后，会在界面左下方区域显示配筋结果等数据，在黑色图形区域显示配筋施工图及钢筋统计表，见图 6.7-6。

计算完成后，软件根据配筋计算结果自动选取墙梁钢筋并绘制配筋施工图。用户可点击"修改钢筋"按钮对配筋干预修改，见图 6.7-7。

图 6.7-7 墙梁钢筋修改

修改钢筋完成后，点击"确定"按钮，软件会在右侧图形区域绘制出用户干预过的配筋施工图。

软件自动生成一个文件名，用户也可在"文件名"右侧控件中输入符合自己习惯的文件名。计算完成后，生成的施工图的文件名后缀".T"，输出的结果文件名后缀".RTF"。点击"显示计算书"按钮，软件会弹出一个对话框显示配筋施工图和计算书文档。

第四节 圆弧梁设计

一、主要功能及技术条件

圆弧梁设计计算的内容有：①根据力法计算圆弧梁内力，其中包括弯矩、扭矩和剪力，梁端可按简支或固定；②按弯、剪、扭受力构件计算梁配筋；③完成上述计算后，软件自动选筋并绘制施工图。

主要技术条件：

圆弧梁自重由软件自动生成，输入的荷载与梁垂直。

圆弧梁箍筋按弯剪扭构件计算，纵筋按受弯构件计算，并包括抗扭纵筋。

二、数据输入

使用鼠标左键双击主菜单中"圆弧梁设计"，屏幕将显示圆弧梁数据输入界面，提示用户输入各项参数，见图 6.7-8。

圆弧梁数据说明如表 6.7-4 所示。

圆弧梁输入数据说明 表 6.7-4

数 据 内 容	变量及单位	说 明
梁截面宽度	BB（mm）	
梁截面高度	BH（mm）	

续表

数 据 内 容	变量及单位	说 明
圆弧梁半径	BL（mm）	
混凝土强度等级	fcuk（N/mm²）	
梁主筋设计强度	fy（N/mm²）	
梁箍筋设计强度	fyv（N/mm²）	
梁线恒载标准值	Q（kN/m）	不包括自重
梁线活载标准值	L（kN/m）	

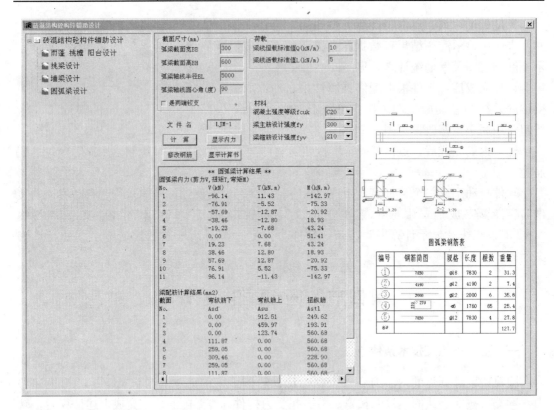

图 6.7-8　圆弧梁数据输入界面

输入参数时，界面黑色图形区域会根据输入的数据实时绘制截面简图，用户可在图形区域通过鼠标中轮移动和放缩图形。

三、结构计算及施工图绘制

完成数据输入，点击"计算"按钮后，会在界面左下方区域显示配筋结果、截面内力等数据，在黑色图形区域显示配筋施工图及钢筋统计表，见图 6.7-8。

计算完成后，软件根据配筋计算结果自动选取墙梁钢筋并绘制配筋施工图。用户可点击"修改钢筋"按钮对配筋干预修改，见图 6.7-9。

修改钢筋完成后，点击"确定"按钮，软件会

图 6.7-9　圆弧梁钢筋修改

在右侧图形区域绘制出用户干预过的配筋施工图。

点击"显示内力"按钮后，在黑色图形区域显示圆弧梁剪力、扭矩、弯矩图，见图 6.7-10。

圆弧梁内力图

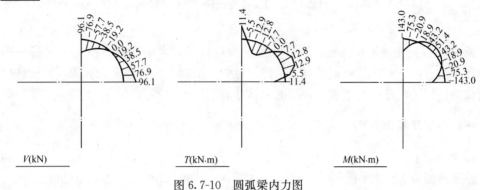

图 6.7-10 圆弧梁内力图

四、施工图及计算书

软件自动生成一个文件名，用户也可在"文件名"右侧控件中输入符合自己习惯的文件名。计算完成后，生成的施工图的文件名后缀". T"，输出的结果文件名后缀". RTF"。点击"显示计算书"按钮，软件会弹出一个对话框显示配筋施工图和计算书文档。

第八章　混凝土基本构件改进说明

08 版对混凝土基本构件截面设计计算模块进行了较大的改进。扩充了混凝土基本构件的计算功能，其中包括型钢混凝土构件、轻骨料混凝土构件截面计算等，对软件的操作界面和风格作了改进，还增加了详细的设计计算书输出内容。

一、界面及操作方法

1. 功能分区

软件界面分为"菜单区"、"参数区"、"图形区"和"结果区"等四个功能区域。

界面左侧为功能区，采用树状图菜单方式显示计算的构件类型，包括"混凝土构件"和"型钢混凝土构件"，它们分别包含"梁设计"、"柱设计"等下一级菜单，用户使用可分别点取，方便快捷，见图 6.8-1。

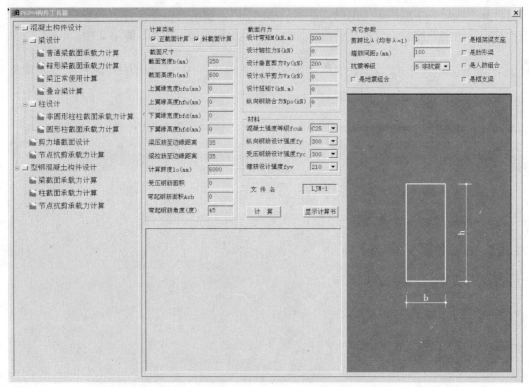

图 6.8-1　操作界面及分区

界面右侧为图形区，根据输入的截面尺寸参数，即时显示构件的截面图形，提示用户输入，当用户选择"计算"功能按钮后，在图形区即时显示计算结果，见图 6.8-1。

界面中间上侧为参数区，输入的截面尺寸、内力、材料等参数，以及"计算"和"显示计算书"功能按钮，见图 6.8-1。用户选择"计算"按钮，开始计算并显示计算结果，选择"显示计算书"按钮，在屏幕显示计算书。

界面中下侧为结果显示区，见图 6.8-1。用户选择"计算"按钮后，在该区显示主要计算结果。

2. 主要计算结果以及计算书

用户完成数据交互输入，点击"计算"按钮后，会在界面左下方区域显示配筋结果等数据，在黑色图形区域显示截面配筋简图，见图 6.8-2。

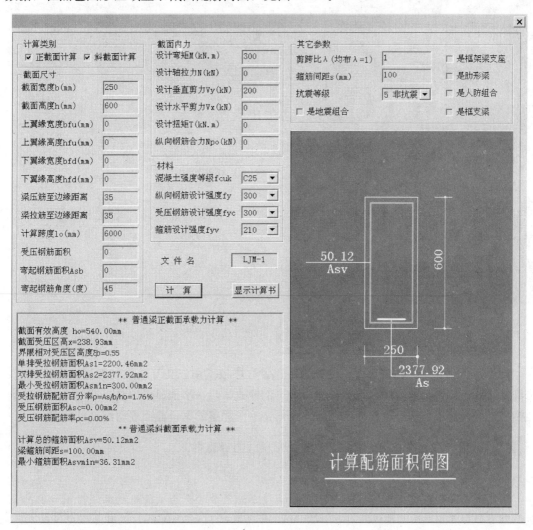

图 6.8-2　主要计算结果既简图

用户可以随时修改数据交互输入，交互输入完成后，只需点击"计算"按钮即可。

点击"显示计算书"按钮，程序会弹出一个窗口，显示详细计算书和截面配筋简图，见图 6.8-3。程序会自动产生一个缺省的文件名，并在屏幕"文件名"处显示，用户也可根据需要在"文件名"右侧控件中自行输入文件名。生成文件名的后缀为.RTF。

关闭该界面后，即可回到原来的树状图对话框界面，用户双击鼠标左键可另外选择构件进行计算。

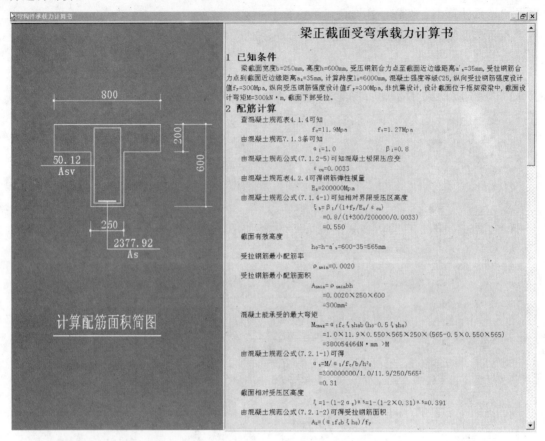

图 6.8-3 计算书

3. 计算书

配筋计算书是新构件模块的一个突出特色。程序根据用户交互输入的数据及现行规范，将计算步骤、规范公式、中间数据按照教科书的模式一步一步地显示出来。这样，用户就能对构件配筋计算过程有一个详细的了解。下面是一个完整的梁正截面受弯配筋计算书：

梁正截面受弯承载力计算书

已知条件

梁截面宽度 $b=250$mm，高度 $h=600$mm，受压钢筋合力点至截面近边缘距离 $a'_s=35$mm，受拉钢筋合力点到截面近边缘距离 $a_s=35$mm，计算跨度 $l_0=6000$mm，混凝土强度等级 C25，纵向受拉钢筋强度设计值 $f_y=300$MPa，纵向受压钢筋强度设计值 $f'_y=300$MPa，3 级抗震，地震组合，设计截面位于框架梁梁中，截面设计弯矩 $M=300$kN·m，截面下部受拉。

配筋计算

查混凝土规范表 4.1.4 可知

$$f_c = 11.9\text{MPa} \qquad f_t = 1.27\text{MPa}$$

由混凝土规范 7.1.3 条可知

$$\alpha_1 = 1.0 \qquad \beta_1 = 0.8$$

由混凝土规范公式（7.1.2-5）可知混凝土极限压应变

$$\varepsilon_{cu} = 0.0033$$

由混凝土规范表4.2.4可得钢筋弹性模量

$$E_s = 200000\text{MPa}$$

相对界限受压区高度

$$\xi_b = 0.550$$

截面有效高度

$$h_0 = h - a'_s = 600 - 35 = 565\text{mm}$$

查混凝土规范表11.1.6可知受弯构件正截面承载力抗震调整系数

$$\gamma_{RE} = 0.75$$

受拉钢筋最小配筋率

$$\rho_{smin} = 0.0020$$

受拉钢筋最小配筋面积

$$A_{smin} = \rho_{smin} b\, h = 0.0020 \times 250 \times 600 = 300\text{mm}^2$$

混凝土能承受的最大弯矩

$$M_{cmax} = \alpha_1 f_c \xi_b h_0 b (h_0 - 0.5 \xi_b h_0)$$

$$= 1.0 \times 11.9 \times 0.550 \times 565 \times 250 \times (565 - 0.5 \times 0.550 \times 565)$$

$$= 380054464\text{N} \cdot \text{mm} > \gamma_{RE} M$$

由混凝土规范公式（7.2.1-1）可得

$$\alpha_s = \gamma_{RE} M / \alpha_1 / f_c / b / h_0^2$$

$$= 225000000 / 1.0 / 11.9 / 250 / 565^2$$

$$= 0.24$$

截面相对受压区高度

$$\xi = 1 - (1 - 2\alpha_s)^{0.5} = 1 - (1 - 2 \times 0.24)^{0.5} = 0.273$$

由混凝土规范公式（7.2.1-2）可得受拉钢筋面积

$$A_s = (\alpha_1 f_c b \xi h_0) / f_y$$

$$= (1.0 \times 11.9 \times 250 \times 0.27 \times 565) / 300$$

$$= 1537.68\text{mm}^2$$

受拉钢筋配筋率

$$\rho_s = A_s / b / h = 1537.68 / 250 / 600 = 0.0103$$

由于$\rho_s > 0.01$，为避免钢筋过于拥挤，将受拉钢筋分两排布置，取截面有效高度

$$h_0 = h - a'_s - 25 = 540\text{mm}$$

经重新计算，可得受拉钢筋面积

$$A_s = 1638.73\text{mm}^2$$

$A_s > A_{smin}$，取受拉钢筋面积

$$A_s = 1638.73\text{mm}^2$$

计算配筋面积简图（见右图）

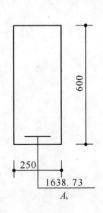

二、轻骨料混凝土构件

骨料混凝土构件的配筋计算主要依据现行《混凝土结构设计规范》（GB 50010—2002）和《轻骨料混凝土结构技术规程》（JGJ 12—2006）。轻骨料混凝土构件设计目前包含在"混凝土构件设计"中，用户可以通过"混凝土强度等级"控件来选择轻骨料混凝土构件，轻骨料混凝土强度等级以 LC 标识，区别于普通混凝土强度等级的标识 C。

轻骨料混凝土构件与普通混凝土构件的设计及计算得差异主要为以下几个方面：

（1）轻骨料混凝土受压等效矩形应力图的系数 α_1，β_1 的取值（表 5.1.3）与 GB 50010—2002 不同。

（2）轻骨料混凝土极限压应变 $\varepsilon_{cu}=0.0033$。

（3）在各类受力构件的斜截面抗剪和剪扭承载力计算中，轻骨料混凝土抗剪承载力为普通混凝土抗剪承载力的 0.85 倍。

（4）在偏压构件正截面受压承载力计算中，稳定系数 φ 的取值（表 5.3.1）与 GB 50010—2002 不同。

（5）在构造要求中，当轻骨料混凝土强度等级为 LC50 及以上时，受压构件全部纵向受力钢筋最小配筋率增加 0.1%（9.5.1 条）。

轻骨料混凝土构件的操作与普通混凝土构件相同。

三、型钢混凝土构件

型钢混凝土构件的配筋计算主要依据《型钢混凝土组合结构技术规程》（JGJ 138—

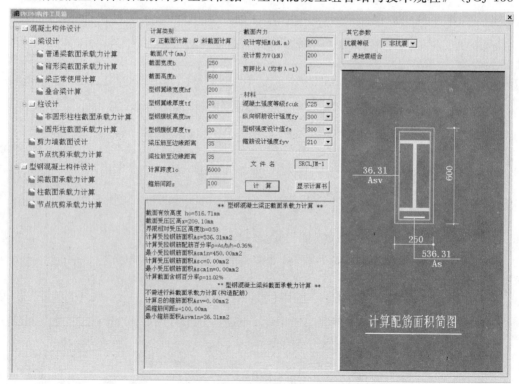

图 6.8-4　型钢混凝土梁设计界面

2001)。目前可进行型钢混凝土梁、柱、节点的配筋计算。其界面、操作方法、数据输入计算书形式与混凝土构件基本相同，操作界面见图 6.8-4。

型钢材料的抗拉强度设计值 f_a、抗压强度设计值 f'_a、抗剪强度设计值 f_{av} 按 JGJ 138—2001 表 3.1.3 采用。

在型钢混凝土构件设计中，取混凝土的极限压应变 $\varepsilon_{cu}=0.003$；混凝土受压等效矩形应力图的系数 α_1、β_1 按 GB 50010—2002 取值；相对界限受压区高度 ξ_b 按下式计算：

$$\xi_b = \frac{\beta_1}{1+\dfrac{f_y+f_a}{2\times\varepsilon_{cu}E_s}}$$

型钢混凝土梁正截面承载力计算公式按"型钢规程"5.1.2 条采用；斜截面受剪时的最小截面尺寸规定按"型钢规程"5.1.4 条采用，承载力计算公式按 5.1.5 条采用。

第 七 篇

图形编辑、打印和转换改进说明

第一章　图形编辑、打印和转换改进说明

自主图形平台 TCAD（原称 MODIFY）

在原有技术积累的基础上，历经 2 年多的开发研制，PKPM 推出全新的二维图形编辑软件 MODIFY2008，为了突出 PKPM 自主图形平台为通用的 CAD 图形平台的特点，并结合该平台生成的图形文件后缀为 . T 的情况，今后"MODIFY"程序改名为"TCAD"。08 版 TCAD 无论在界面风格还是功能使用方面，都有了很大的改进：

（1）它全面模仿 AutoCAD 的功能和风格，使用户在两个平台之间很容易适应，使广大熟悉 AutoCAD 的用户能同样熟练使用 PKPM 的"TCAD"图形平台；

（2）"TCAD"图形平台的绘图、编辑、显示、捕捉、打印、文档管理等性能得到很大提升；

（3）它的稳定性有了根本性的改善，与旧版的兼容性更好，对 T 图的容错性进一步增强；

（4）作为建筑行业的专业绘图编辑软件，08 版 TCAD 又为用户增加了大量建筑和结构专业的辅助绘图功能；

（5）加强了与 AutoCAD 的 DWG 文件的接口转换功能，可在不用进入 AutoCAD 环境情况下，直接导入 AutoCAD 的 2006 以下版本 DWG 格式文件的功能。

第一节　TCAD 界面一览

一、主界面

启动 TCAD 后，计算机将显示 TCAD 的界面（见图 7.1-1）。用户可以通过点取右侧菜单、下拉菜单、工具栏按钮或直接在屏幕下方的命令提示区输入命令完成图形的绘制、编辑、打印等操作。

TCAD 图标界面的风格进行了较大修改，主题颜色改为蓝色，更换了全套图标，更为鲜明美观，符合较流行的 WindowsXP 操作系统风格，更加逼近 AutoCAD 软件的风格。AutoCAD 的主界面见图 7.1-2。从对比图中可以看出，TCAD 的图形界面与 AutoCAD 的界面风格基本一致，使广大熟悉 AutoCAD 的用户不需要再学习《TCAD 用户手册》，就可以在两个平台之间进行相同功能的操作。且由于沿用大量 AutoCAD 的操作步骤、习惯与风格，使广大熟悉 AutoCAD 的用户同样能熟练使用 PKPM 的图形平台。

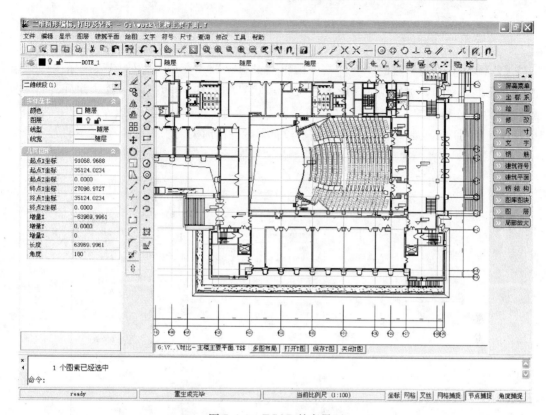

图 7.1-1 TCAD 的主界面

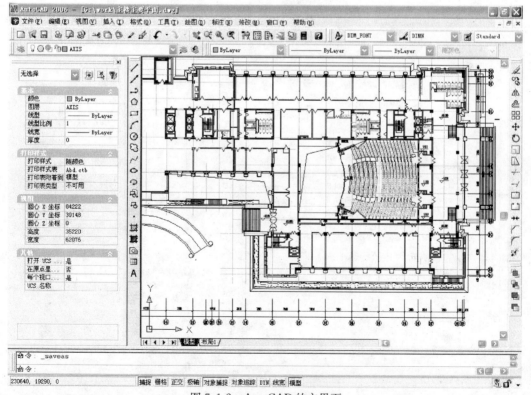

图 7.1-2 AutoCAD 的主界面

二、菜单一览

TCAD 不仅拥有常规的"文件"、"编辑"、"显示"、"图层"、"绘图"、"标注"、"修改"、"帮助"菜单，如图 7.1-3 所示，与 AutoCAD 的菜单内容基本一致。并且，TCAD 还拥有 PKPM 特色的专业功能如"建筑平面"、"文字"、"符号"、"图库图块"等菜单，更好地满足用户在绘制编辑建筑、结构、设备等专业图时的需求。

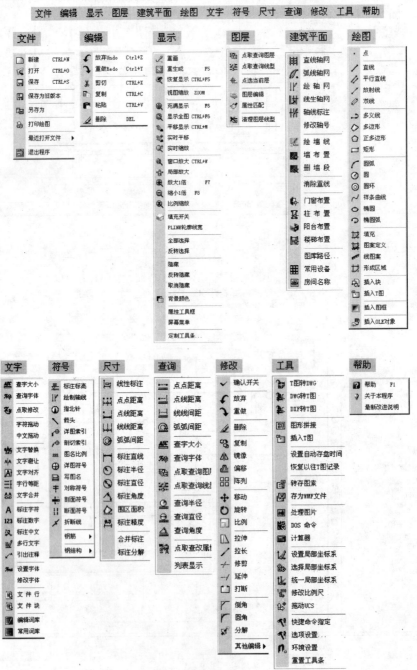

图 7.1-3 TCAD 菜单一览

三、工具条一览

TCAD 所有工具条如图 7.1-4 所示。

图 7.1-4　TCAD 工具条一览

四、界面定制

1. 功能介绍

TCAD 新增了对界面的"自定义"功能，可对工具条、菜单、按钮、图标的外观、位置等进行重新设置，从而用户可根据自己的使用习惯设制用户界面，定制符合自己风格的操作方式。打开方式为：鼠标右键点击 TCAD 界面上的任一工具条，选择"自定义"选项打开"自定义"对话框（图 7.1-5）进行设置。

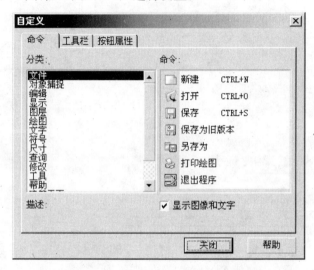

图 7.1-5 "自定义"对话框

也可在命令行内输入"CUSTOMSIZETOOLBAR"，打开"自定义"对话框，见图 7.1-6。

图 7.1-6 在命令行输入"CUSTOMSIZETOOLBAR"命令

2. 界面定制操作说明

"自定义"对话框共有 3 个选项页，分别为"命令"、"工具栏"、"按钮属性"，下面分别举例说明操作方式。

（1）添加菜单选项：在"命令"选项页面内，用户可在左侧列表中选择相应的菜单，如图 7.1-7 所示，在"分类"中选择"尺寸"，在右侧的列表中选择相应的命令，如"线性标注"，然后使用鼠标左键将它拖拽至菜单条内预期位置，如"建筑平面"的"常用设备"项目下边。选择好位置后松开鼠标左键，则相应的命令——"线性标注"菜单项将出现在工具栏"建筑平面"上（如图 7.1-8 所示）。如果想删除刚才添加的"线性标注"菜单项，或者操作失误将别的选项错误地添加进来了，保持"自定义"对话框为打开状态，在"建筑平面"菜单条内选择要删除的菜单项，使用鼠标左键将它拖拽出本菜单将可删除。

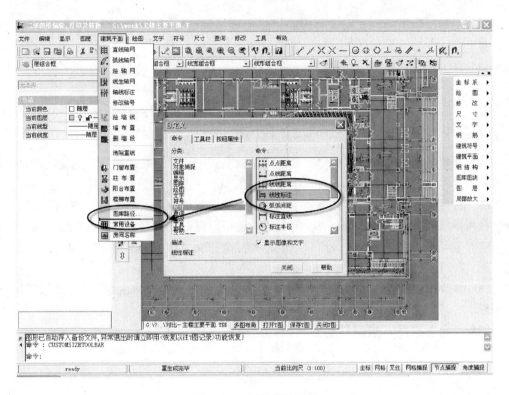

图 7.1-7　添加菜单选项

图 7.1-8　添加"线性标注"菜单项后

图 7.1-9　添加工具条按钮选项

（2）添加按钮选项：其操作过程同"添加菜单选项"，过程见图 7.1-9，添加完成后的状态见图 7.1-10。

图 7.1-10　在"显示"工具条内添加"线性标注"图标

（3）新建、删除工具条：在"工具栏"选项页面中，用户通过选择左侧复选框，添加或减少工具栏。用户还可以点击新建按钮，添加新的工具条（见图 7.1-11）、主菜单、屏幕菜单、属性表等内容。用户可选择左侧列表中的任意项，点击右侧的"改名（R）…"按钮，在弹出的对话框内修改列表项的名称。还可以点击左侧列表项，点击删除按钮，删除相应的工具栏。用户还可以通过点击显示图像和文字复选框，决定是否显示工具栏提示。

（4）修改按钮属性：可修改的按钮属性项包括名字、文字、命令及图标，如图 7.1-12 所示。

如界面位置错乱，想恢复初始状态，选择菜单"工具"⇒"重置工具条"即可恢复。

五、操作风格

在 TCAD 中，为了保留原有 PKPM 老用户的操作风格，对一些绘制、编辑命令设置了两套提示内容，两种模式分别为"PKPM"方式及"AutoCAD方式"。两者可以相互转换，可通过选择"工具"菜单下的"选项设置"项进行设置，或在命令行输入"CONFIG"命令，调出"系统配置"对话框进行设置，如图 7.1-13 所示。

快速切换 CAD 的绘制模式"AutoCAD 方式"或"PKPM 方式"的方法是按Ctrl+F1。

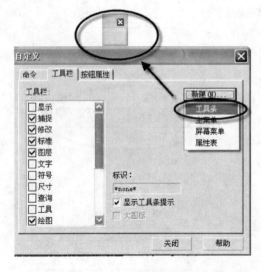

图 7.1-11　添加新工具条

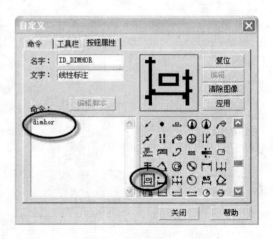

图 7.1-12　修改按钮属性

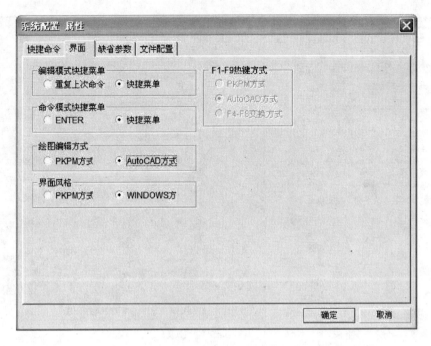

图 7.1-13　"系统配置"对话框

两种模式在动态追踪、夹点编辑的方式上是一致的，跟 AutoCAD 环境下的提示方式基本类似。在图形对象绘制过程中，可直接捕捉到的动态夹点包括端点、交点、中点、基点、圆心和最近点等。在绘图命令运行过程中设置捕捉选项的快捷方式为"Shift＋鼠标右键"，将会调出右键菜单供用户设置。

第二节　创建图形对象

在 TCAD 中，可绘制的二维图形对象有点、线段、平行直线、放射线、双线、多段线、多边形、正多边形、矩形、圆、圆弧、圆环、光滑曲线、椭圆、椭圆弧、块、填充、线图案、OLE 对象等。其中，大部分图形对象的绘制方式、提示内容与 AutoCAD 基本类似，用户可以不用参考用户手册，就能迅速、高效地完成图形的绘制与编辑。

08 版 TCAD 对多段线（POLYLINE）进行了较大改进，对线宽及线型的表达更为流畅，更符合 AutoCAD 绘图环境下多段线（POLYLINE）的概念。下面在给出 08 版 TCAD "绘图"菜单及工具条的外观效果的基础上，举例说明直线、多段线的绘制方式，详细解释命令行提示内各个选项的含义，以及在绘制过程中应注意的问题。

一、绘图菜单及工具条

08 版 TCAD "绘图"菜单及工具条分别如图 7.1-14 和图 7.1-15 所示。

二、绘制图形对象

1. 【直线】

命令：LINE

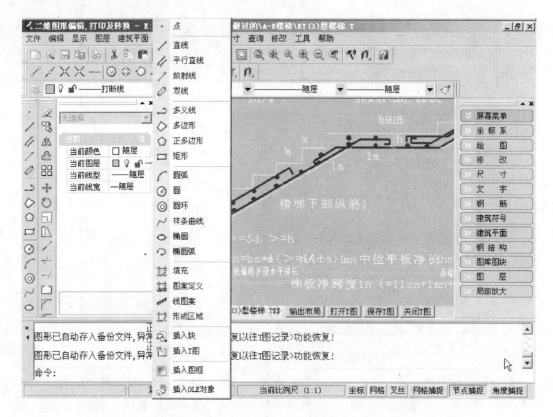

图 7.1-14 绘图菜单

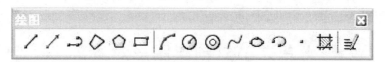

图 7.1-15 绘图工具条

简化命令：L

菜单：【绘图】｜【直线】选项

工具栏：

功能：绘制直线。

操作说明：启动命令，根据程序提示，在绘图区确定目的点，程序将在两点之间生成直线。在绘制完成时，可单击鼠标右键退出命令。

使用此命令时，命令行中出现如下提示：

请指定起点：(指定点或者直接回车)

下一点([U]-放弃)：

下一点([C]-闭合/[U]-放弃)：

可以用鼠标直接指定端点或在命令行输入二维、三维坐标来确定起点，这样可以绘制一系列连续的直线段，但每条直线段都是一个独立的对象，按回车或单击鼠标左键完成绘制。

在命令执行过程中，默认情况下可直接执行；执行方括号中的其他选项，必须先在命令行中输入相应的字母，回车后才转入相应命令的执行。对于提示中的"闭合"选项，在命令行中输入字母"C"回车后，将使绘制完的一系列直线段首尾闭合。而提示中的"放弃"选项，用于删除直线序列中最新绘制的线段，多次输入 U，按绘制次序的逆序逐个删除线段。

示例：绘制如图 7.1-16 所示的图形，由此说明直线命令的使用方法及坐标的各种输入方式。

操作过程如下：

命令：LINE

请指定起点：20，20（输入绝对直角坐标，给定左下角 1 点）

下一点（[U]-放弃）：30（直接距离输入，激活极轴，用鼠标提示方向，将竖直追踪线出来后输入距离值，给出第 2 点）

下一点（[U]-放弃）：30（用鼠标指示方向，待水平追踪线出来后输入距离值，给出第 3 点）

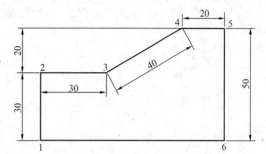

图 7.1-16　用直线命令绘图示例

下一点（[C]-闭合/[U]-放弃）：@40＜30（输入相对极坐标，给出第 4 点）

下一点（[C]-闭合/[U]-放弃）：20（待水平追踪线出来后输入距离值，给出第 5 点）

下一点（[C]-闭合/[U]-放弃）：50（待竖直追踪线出来后输入距离值，给出第 6 点）

下一点（[C]-闭合/[U]-放弃）：C（封闭图形结束绘图）

2.【多段线】

命令：POLILINE

简化命令：PL

菜单：【绘图】｜【多段线】选项

工具栏：

功能：可绘制一条由直线段和圆弧段组成的多段线。

操作说明：多段线是由许多段首尾相连的直线段和圆弧段组成的一个独立对象，它提供单个直线所不具备的编辑功能。例如，可以调整多段线和圆弧的曲率。

使用此命令时，系统提示：

命令：POLILINE

请指定起点：

下一点（[A]-圆弧/[L]-长度/[U]-放弃/[W]-宽度）：

下一点（[A]-圆弧/[L]-长度/[C]-闭合/[U]-放弃/[W]-宽度）：

（1）创建包含直线段的多段线

创建包括直线段的多段线类似于创建直线。在输入起点后，可以连续输入一系列端点，用回车键或 C 结束命令。多段线命令中各选项的功能如下：

闭合（Close）：当绘制两条以上的直线段或圆弧以后，此选项可以封闭多段线。

放弃（Undo）：在多段线命令执行过程中，将刚刚绘制的一段或几段取消。

宽度（Width）：设置多段线的宽度，可以输入不同的起始宽度和终止宽度。

长度（Length）：在与前一线段相同的角度方向上绘制指定长度的直线段。

圆弧（Arc）：将画线方式转化为画弧方式，将弧线段添加到多段线中。

图 7.1-17 为包含直线段的多段线示例，绘制过程同图 7.1-16 的直线绘制方法。

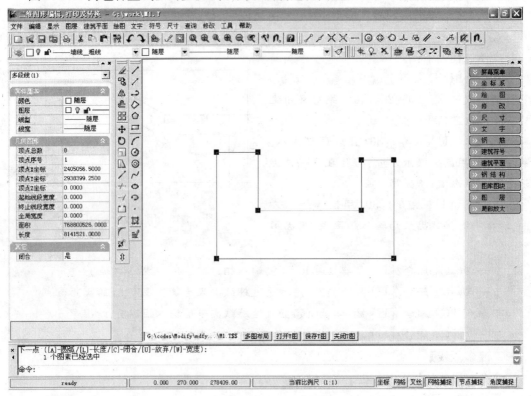

图 7.1-17   包含直线段的多段线示例

（2）创建具有宽度的多段线

首先指定直线段的起点，然后输入宽度（W）选项，再输入直线段的起点宽度。要创建等宽度的直线段，在终止宽度提示下按回车键。要创建锥状线段，需要在起点和端点分别输入一个不同的宽度值。再指定线段的端点，并根据需要继续指定线段端点。按回车键结束，或者输入 C 键闭合多段线。

示例：创建一个多段线表示的箭头图形（图 7.1-18）。方法如下：

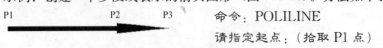

图 7.1-18   多段线表示的前头图形示例

命令：POLILINE

请指定起点：(拾取 P1 点)

下一点（[A]-圆弧/[L]-长度/[U]-放弃/[W]-宽度）：W(选择指定线宽方式)

请设置线的起始宽度＜0.00＞：500(指定起始宽度)

请设置线的终止宽度＜500.00＞：(回车,终止宽度同起始宽度)

当前宽线的起始宽度,终止宽度：500.0,500.0

下一点（[A]-圆弧/[L]-长度/[C]-闭合/[U]-放弃/[W]-宽度）：(指定 P2 点)

下一点（[A]-圆弧/[L]-长度/[C]-闭合/[U]-放弃/[W]-宽度）：W(选择指定线宽方式)

请设置线的起始宽度＜0.00＞: 1200（指定起始宽度）

请设置线的终止宽度＜1200.00＞: 0（指定终止宽度为0）

当前宽线的起始宽度，终止宽度: 1200.0, 0.0

下一点（[A]-圆弧/[L]-长度/[C]-闭合/[U]-放弃/[W]-宽度）:(指定P3点)

下一点（[A]-圆弧/[L]-长度/[C]-闭合/[U]-放弃/[W]-宽度）:(回车结束命令)

（3）创建直线和圆弧组合的多段线

用户可以绘制由直线段和圆弧段组合的多段线。在命令行输入A后，切换到"圆弧"模式。在绘制"圆弧"模式下，输入L，可以返回到"直线"模式。绘制圆弧段的操作和绘制圆弧的命令相同。

示例：创建一个带有弧段的多段线图形（图7.1-19）。方法如下：

命令：POLILINE

请指定起点：(拾取第一点)

下一点（[A]-圆弧/[L]-长度/[U]-放弃/[W]-宽度）:6000(鼠标向右,确认已显示水平追踪线)

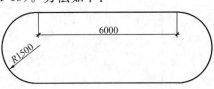

图7.1-19 带圆弧的多段线图形示例

下一点（[A]-圆弧/[L]-长度/[C]-闭合/[U]-放弃/[W]-宽度）:A(选择圆弧方式)

弧线终点（[L]-直线/[D]-方向/[P]-第二点/[M]-圆心/[C]-闭合/[U]-放弃/[W]-宽度）:3000(鼠标向上,确认已显示竖直追踪线)

弧线终点（[L]-直线/[D]-方向/[P]-第二点/[M]-圆心/[C]-闭合/[U]-放弃/[W]-宽度）:L(选择直线方式)

下一点（[A]-圆弧/[L]-长度/[C]-闭合/[U]-放弃/[W]-宽度）:6000(鼠标向左,确认已显示水平追踪线)

下一点（[A]-圆弧/[L]-长度/[C]-闭合/[U]-放弃/[W]-宽度）:A(选择圆弧方式)

弧线终点（[L]-直线/[D]-方向/[P]-第二点/[M]-圆心/[C]-闭合/[U]-放弃/[W]-宽度）:C(选择闭合多段线结束命令)

第三节 编辑图形对象

在08版TCAD中，对二维图形对象可进行的操作有：复制、删除、镜像、偏移、阵列、移动、旋转、缩放、拉伸、拉长、延伸、打断、倒角、圆角、分解，以及PKPM图形平台下特有的编辑命令（位于"其他编辑"内）：图素拖动、拖动复制、拖点复制、旋转复制、镜像复制、图素偏移、图素变换、等距插点、区域切除、单线变双，见图7.1-20及图7.1-21。其中，大部分命令的操作过程、提示内容与AutoCAD基本类似，方便用户按自己熟悉的方式对图形进行编辑。此外拖动、平移、镜像、旋转等编辑操作还增加了线段在参考夹点处的停靠功能。

下面，以"偏移"（OFFSET）命令为例说明TCAD操作方式。

图7.1-20 修改工具条

偏移图形是创建一个与选定对象平等并保持等距离的新对象。在工程设计中经常使用此命令创建轴线、墙体或等距的图形。可以偏移的对象包括直线、多段线、圆、圆弧、椭圆、椭圆弧、样条曲线等。用此命令可以按指定距离通过指定偏移的侧面创建同心圆，调用方法如下：

命令行：OFFSET（回车）

菜单：选择"修改"内的"偏移"项

工具栏：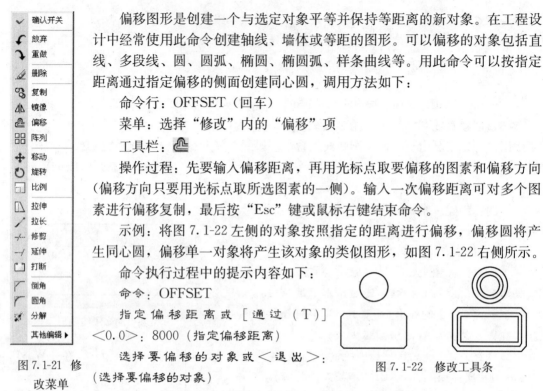

操作过程：先要输入偏移距离，再用光标点取要偏移的图素和偏移方向（偏移方向只要用光标点取所选图素的一侧）。输入一次偏移距离可对多个图素进行偏移复制，最后按"Esc"键或鼠标右键结束命令。

示例：将图 7.1-22 左侧的对象按照指定的距离进行偏移，偏移圆将产生同心圆，偏移单一对象将产生该对象的类似图形，如图 7.1-22 右侧所示。

命令执行过程中的提示内容如下：

命令：OFFSET

指定偏移距离或［通过（T）］＜0.0＞：8000（指定偏移距离）

选择要偏移的对象或＜退出＞：（选择要偏移的对象）

指定点以确定偏移所在一侧：（给定一点在哪侧偏移）

图 7.1-21 修改菜单

图 7.1-22　修改工具条

第四节　图　层　管　理

08 版 TCAD 增加了图层控制工具条，集中图素的图层、颜色、线形、线框等属性的设置与修改，与 AutoCAD 相应的操作效果基本一致。

08 版 TCAD 修改了"图层管理"对话框（图 7.1-23）及"图层"工具条（图 7.1-24），增加"锁定"选项（图标为锁状），点击后更改锁定状态。在"锁定状态"下，该图层全部内容不能被选取及编辑。

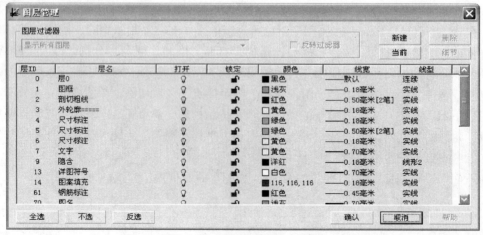

图 7.1-23　"图层管理"对话框

图 7.1-24 "图层"工具条

修改线宽设置机制，增加了"线宽选择"对话框，将绝对线宽（单位：mm）及原来的 PKPM 相对线宽（单位：笔）合并、统一，如图 7.1-25 所示，兼顾两种操作习惯。修改方式为：选择菜单"图层"⇒"图层编辑"，打开"图层管理"对话框，点击线宽进行修改，或在"图层"工具条、属性表中直接修改。

08 版 TCAD 修改了线型设置机制，可支持加载 AutoCAD 的线型，修改了"线型选择"对话框，增加了"线型加载"对话框。可加载线型包括：BORDER 类型、CENTER 类型、DASHDOT 类型、DIVIDE 类型、DOT 类型、HIDDEN 类型、PHANTOM 类型以及 ACAD_ISO 类型。修改方式为：选择菜单"图层"⇒"图层编辑"，打开"图层管理"对话框，点击线型进行修改，或在"图层"工具条中直接修改。在"线型选择"对话框中点击"加载"按钮，选择 TCAD 程序目录中的"cfglin.lin"文件加载线型，如图 7.1-26 所示。

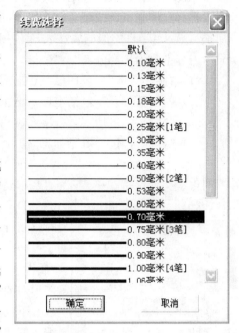

图 7.1-25 "线宽选择"对话框

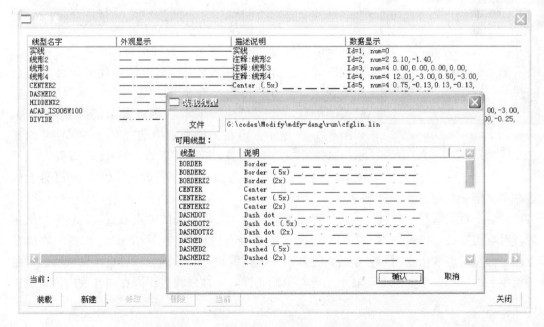

图 7.1-26 "线型选择"及"线型加载"对话框

第五节 属 性 管 理

在传统工程图纸中，用多种不同类型的图线、图素来区分不同的功能，每一类图线、图素都有实体类型、线型、线宽等不同属性，修改起来极不方便。为此，08 版 TCAD 增加了与 AutoCAD 类似的属性表，集中统一地显示和修改所有图素的内容。对基本图素的显示内容主要为 4 部分：

（1）"实体基本"，包括颜色、图层、线型、线宽。

（2）"几何图形"，包括坐标、增量、角度、长度、面积、半径等。

（3）"文字"，包括字宽、字高、角度、字体、文字内容、对方方式等。

（4）"其他"，包括填充标志。

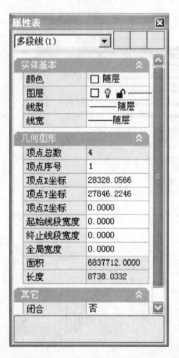

图 7.1-27 属性表窗口

在屏幕上任意点击实体，属性表内容会自动切换，方便对基本属性进行查询、编辑。对属性表内容进行更改后，TCAD 会自动即时更新屏幕上的图形数据。TCAD 程序启动时，属性表默认为关闭状态。如要打开，可以选择菜单"显示"⇒"属性工具框"打开，或右键点击任一工具条，选择"属性表"选项打开，如图 7.1-27 所示。在屏幕上选择任一图形对象，双击鼠标左键也可打开属性表。

下面举例说明针对复杂图形，如何用属性表高效地使用编辑修改图形对象。

如图 7.1-28 所示，想将轴线标注内容里的文字和圆圈放大一些，可以将相同样式的轴线标注所处范围全部选择上。可能会选择到别的图形对象，为了选择出要修改的图形对象，用鼠标左键单击属性表左上角的下拉列表，可以看到全部对象为 29 个，图形对象种类有二维圆、文字、二维线段、二维折线 4 种。先选择二维圆，此时属性表内容相应变化，会显示出这 9 个圆的圆心位置、半径、直径、周长等信息，修改半径为 1200，则屏幕上的圆相应变大，如图 7.1-29 所示。再在下拉列表中选择文字，属性表内显示出这 9 个文字的位置、字高、字宽、角度、对齐方式等内容。将文字高度改为 1500，字宽改为 1200，则屏幕上的这 9 个文字会相应变大，如图 7.1-30 所示。

最后，对图形对象的属性编辑还可通过"查询"菜单下面的"点取查改属性"项来实现，对应的工具条按钮如图 7.1-31 所示，或在命令行内输入"CHANGE"命令。在屏幕上用鼠标左键点取任意图形对象后，将调出"属性编辑"对话框，标题自动变成所选对象的类型名称，各文本框也自动显示相应对象的属性，属性修改过程同在属性表内进行编辑操作。

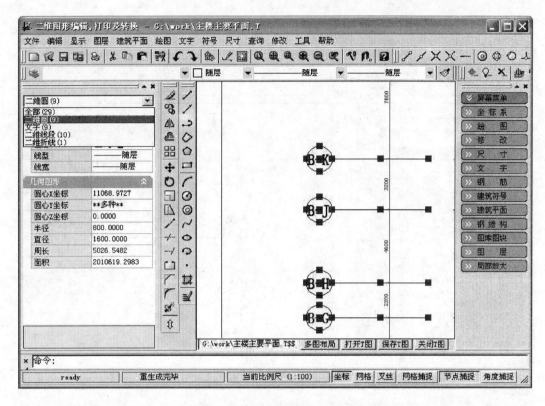

图 7.1-28　选择二维圆图形对象

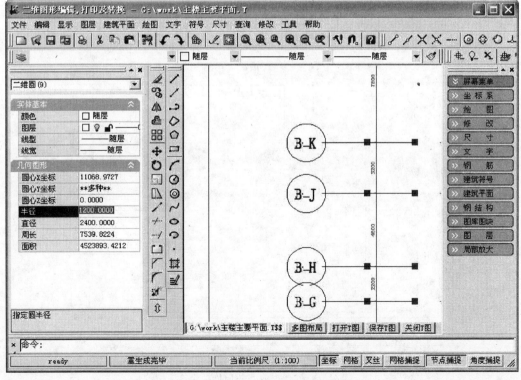

图 7.1-29　修改圆半径

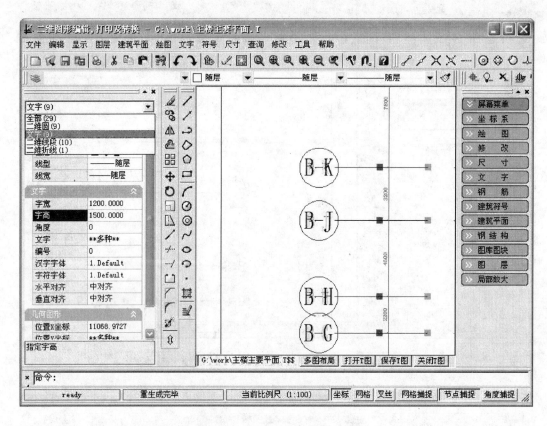

图 7.1-30　修改文字字高及字宽

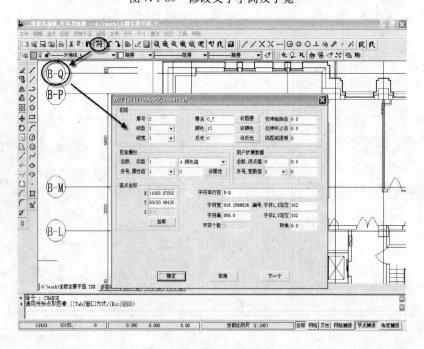

图 7.1-31　"点取查改属性"命令

第六节　图　形　显　示

应用 TCAD 进行绘制图形时，用户需要通过显示控制命令控制图形在屏幕中的位置，以方便地进行设计、修改，观察整个图形或局部内容。TCAD 提供了用于图形显示控制的命令，用来实现缩放、平移、重画、重生成、选择、隐藏等功能，具体命令见图7.1-32 的"图形显示"工具条及图 7.1-33 的"显示"菜单。

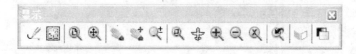

图 7.1-32　"图形显示"工具条

08 版 TCAD 调整了 ZOOM（显示缩放）命令内容，将常用显示缩放功能集中到这个命令中，与 AutoCAD 的 ZOOM 命令操作方式、提示内容更加类似。它的简化命令是"Z"。提示"［A］全图/［W］窗口/［M］平移/［X］放大/［Z］缩小/［S］比例/［E］充满/［F］飞行/［P］上次"，按提示在命令行输入相应字母实现具体功能。

图 7.1-33　"显示"菜单

在图形绘制、命令运行时，可以使用一些快捷键来高效进行图形缩放显示，如在键盘上按"F5"键为重生成图形，按"F6"键为使图形充满整个屏幕显示，按"F7"键为放大 1 倍显示，按"F8"键为缩小 1 倍显示，在屏幕上任意位置双击鼠标中键，都会把图形充满到整个屏幕显示全图。

值得一提的是"局部放大"命令。点击菜单或工具条上的该选项后，屏幕右下角将显示一个小的窗口（如图 7.1-34 所示），用光标方框在小窗口内点取要放大的部分后，大屏幕上即显示放大的局部图形，接下去可在小屏幕上选取其他放大部位，这种方式在需反复放大各局部时操作十分简便。按"F7"可缩小光标方框，按"F8"可放大光标方框。

TCAD 在右键菜单中还新增了一组"隐藏"功能，包括："反选"（REVERTSEL），"隐藏选择图素"（HIDE），"隐藏未选图素"（HIDE-UNSEL），"解除隐藏"（UNHIDE），用来对选择集进行变换操作。在屏幕上选择一个实体后，也可直接单击鼠标右键调出菜单进行图素选择过滤。

此外，TCAD 改进了图形编辑时的图面显示效果，可以实现精确地涂抹和选择集显示，删除修改无残留。对编辑显示进行了优化，对图形对象的删除操作也有所改进，其他编辑的显示速度也有不同程度的提高。同时撤销恢复（UNDO/REDO）操作不再自动引起重生成，使得撤销恢复操作更加流畅。

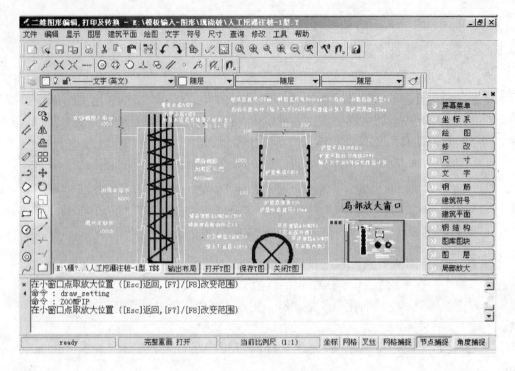

图 7.1-34　"局部放大"命令

第七节　图　块　管　理

　　08 版 TCAD 对"图块"格式进行了修改，增加了可加入图块中的图素种类，在选择"图库图块"菜单⇒"定义图块"时，可加入块的图素有点、线段、平行直线、放射线、双线、多段线、多边形、正多边形、矩形、圆、圆弧、圆环、光滑曲线、椭圆、椭圆弧等，见图 7.1-35，图 7.1-36。

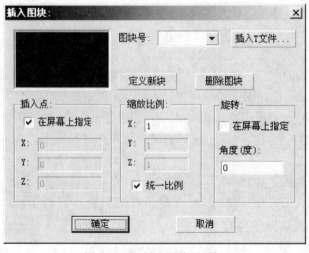

图 7.1-35　插入图块对话框

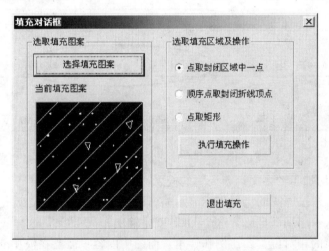

图 7.1-36 插入图块参数对话框

08 版 TCAD 还改进了"图案填充"（HATCH）（图 7.1-37）的功能，计算速度加快，精度更高，并在选取 AutoCAD 的"PAT 格式"图案时可输入填充角度（见图 7.1-38），每个 PAT 中的图案种类可多达 500 个。还针对图块较多的图文件改进了图块索引方法，提高了显示和重生成的速度。

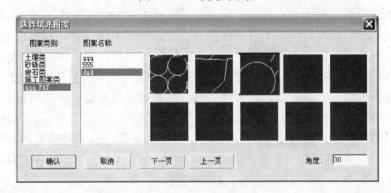

图 7.1-37 填充对话框

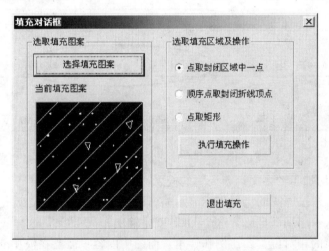

图 7.1-38 选择填充图案对话框

第八节　多文档管理

08 版 TCAD 新增多文档管理，可以按不同布局分别显示个别 T 图，也可以重叠显示多个 T 图，在下滚条左半部开辟了多文档切换标签、设置图纸空间的输出布局按钮和切换重叠显示或单独显示的按钮，如图 7.1-39 所示位置。

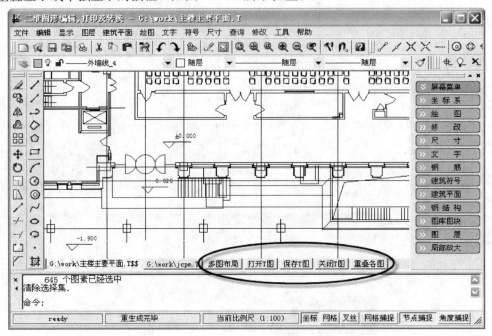

图 7.1-39　多文档管理按钮

08 版 TCAD 增加了"多文档布局"的概念，就是对于多个图而言，如果不启用输出布局，就和以前一样按原图的世界坐标显示输出；如果启用了布局，就是在原图的世界坐标外面再临时套入一层局部坐标，这个 UCS 就是输出布局 UCS，这样我们可以控制多文档同时重叠显示时的相对位置、比例和转角。而图中内容只需要在模型空间的实际坐标中进行，不再需要让用户套一层固定比例的图框局部坐标。

重叠显示多图的另一个非常好的功能就是用于多专业图纸的描图或叠加输出，例如，利用建筑专业制作的底图，设备专业只需在自己专业的图上画设备，而无需重新绘制一遍底图，各专业只在自己的图上修改就可以了，在输出的时候再叠上图框图就完成了。比如可将建筑图和结构图叠在一起，比较是否有梁偏心的错误。或将其中一张图（如建筑图）作为底衬，在上面绘制设备管线，此时作为底衬的图可参与捕捉，但新绘制的图素不会画到底衬图中，各种编辑操作也不会影响到底衬图。

特别需要指出的是：通过多文挡打开的 T 文件主要用于显示和作底衬，尽量不要使用 TCAD 中的下拉菜单和工具条中的各种编辑功能。TCAD 中的"保存文件"都是对第一次打开的主 T 图工作的，不能保存通过多文挡打开的 T 图。

如果图中没有了图框，在打印时就必须为该图叠加一个在图纸空间的图框，这个需求可以用重叠显示多图的功能来实现，如图 7.1-40 所示。一个单位可以只制作几张不同规格的图框 T 图，然后在最后打印输出时，临时叠加在要输出的图上即可。TCAD 可以最多允许 20 个 T 图重叠或分别显示输出。

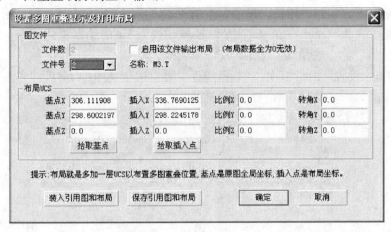

图 7.1-40　多图重叠及引用布局

多文档系统增加了引用的概念。如果不加入引用概念，多文档系统允许同时打开 20 个图文件是彼此完全孤立无关联的，如果想重现多文档打开状态，必须分别重新打开各自文档，重新加载或输入布局数据，十分不便。为此增加了引用概念，可以把多文档之间的引用关系固定下来并予以保存，这样当需要时可以自动重建多文档打开状态。实现方便地自动相互引用。

新的多文档引用功能可以在每个 T 图中保存最多 20 个对其他图的引用关系，当引用开关打开时，可以在打开 T 图后自动打开该图引用的所有其他图，并加载这些图的布局数据；同时可以在关闭 T 图时自动将这些引用图关闭。

第九节　绘图环境设置

08 版 TCAD 将主要的绘图环境设置放在了"工具"菜单下的"环境设置"菜单项中，或在命令行中输入"Draw_setting"命令。可以设置的有节点捕捉、角度捕捉、点网捕捉、选择及控制方式、背景颜色等，还可以显示出当前图形对象的属性状态、当前 T 图的状态等。其中，08 版 TCAD 引入了"动态夹点"的概念，设置了一组"透明命令"，对"捕捉与追踪"的相关功能及设置页面进行了较大改进，下面将着重进行介绍。

一、动态夹点

08 版 TCAD 模仿 AutoCAD 的夹点追踪方式，引入了"动态夹点"的概念，对屏幕上各图形夹点的捕捉和追踪方式进行了改进。在图形对象绘制过程中，可直接捕捉到的动态夹点包括端点、交点、中点、基点、圆心和最近点，当光标划过这些点时，便用不同形状的夹点符号高亮显示出来。在多文档模式下，节点捕捉和延伸边界可以跨任何坐标系和图块，甚至可以跨越文件进行捕捉，使交互绘图过程无需进入局部坐标系和或炸开图块，都能捕捉到其他局部坐标或图块在本坐标系的精确投影点，特别是在多文件重叠显示的情况下跨越文件捕捉可以精确地捕捉描绘底图，而不会对底图产生任何影响。

为了设置动态夹点的捕捉方式，08 版 TCAD 中在菜单"工具"中增加了一项"环境设置"，用来打开"捕捉和显示设置"对话框，对应原"PKPM 方式"的快捷键 F9 打开方式。另外，在 08 版 TCAD 的绘制模式"AutoCAD 方式"下，此对话框还可通过用鼠标右键在屏幕右下方状态栏按钮上单击，或采用"Ctrl＋F9"方式打开，在绘图命令运行过程中的快捷方式为"Shift＋鼠标右键"。快速切换 CAD 的绘制模式"AutoCAD 方式"或"PKPM 方式"的方法是按 Ctrl＋F1。

"捕捉和显示设置"对话框中，"节点捕捉"设置选项见图 7.1-41，"角度捕捉"设置选项见图 7.1-42，"点网捕捉"设置选项见图 7.1-43。

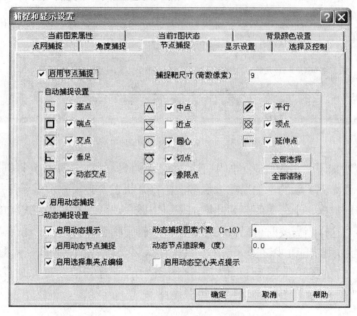

图 7.1-41 "节点捕捉"设置

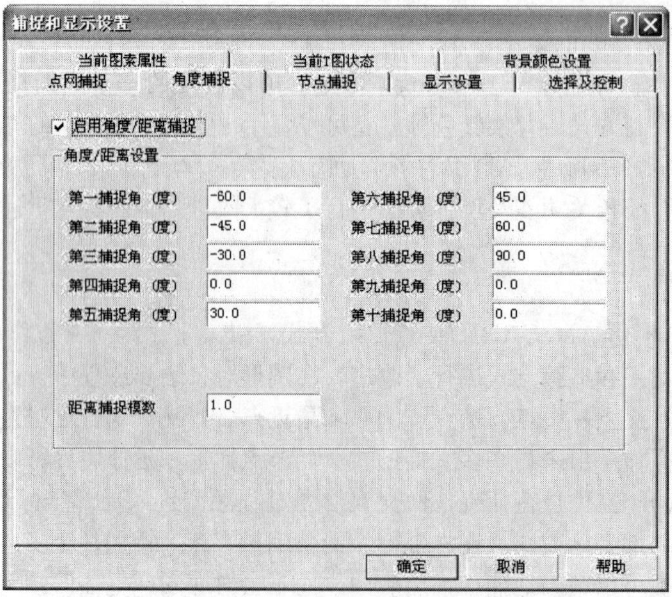

图 7.1-42 "角度捕捉"设置

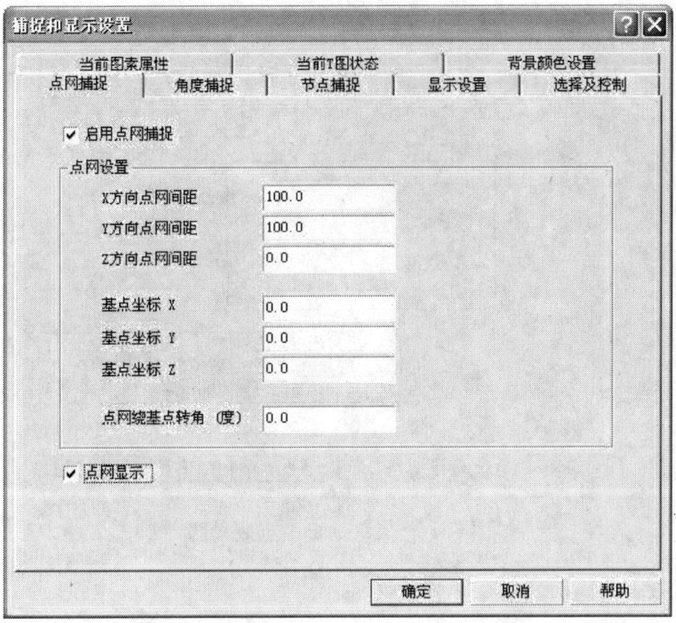

图 7.1-43　"点网捕捉"设置

　　从每个参考点可以发出四根参考虚线，它们是水平、垂直以及由用户定义的一个角度线，用户定义角度可以随时在"捕捉和显示设置"对话框中设置。第四根参考虚线是参考点所在图素的延长线，如果图素所在的线段是圆弧或椭圆弧，则该延长线是圆或椭圆。所有参考虚线都可与图面上的其他图素，以及它们之间相互求交并被捕捉，但是参考线与参考线之间的交点不会被记忆下来作为新的参考点。参考线一般并不显示出来，光标如果靠近这些交点，有关的参考线才会显示出来。

　　如果输入的是第二点，从上一点到当前光标点拉出一条橡皮线，光标除优先捕捉上述关键点外，还可以进一步捕捉到橡皮线的切点、垂足和延伸点。程序默认是自动捕捉顺序，可以自动识别上述所有类型的夹点，但是如果各类夹点拥挤在一起，我们可以用"捕捉和显示设置"对话框（"PKPM 方式"可直接用［S］键菜单）设定只捕捉其中一种点。图 7.1-44 为设置只捕捉中点效果图。

　　参考点出现之后，可以直接用键盘输入相对最后一个参考点的相对坐标值。如果屏幕上有参考虚线存在，则键盘输入相对的是最后一个参考虚线所在的参考点，如果只输入一个数据表示的是距离而非坐标。

　　动态夹点是动态捕捉的一个子功能，在动态捕捉打开后，动态夹点默认是打开的，但可以在"捕捉和显示设置"对话框（"PKPM 方式"可直接用［S］键菜单）中单独打开或关闭动态夹点。动态提示条也是动态捕捉的子功能，可以用文字提示夹点的类型和可进行的动作。如果关闭了动态捕捉，动态夹点和动态提示都被同时关闭。

　　动态捕捉开关也可以打开 TCAD 主目录下 CFG 目录内的 PKPM. INI 文件，找到 NofDynamicSnap＝项，改为 NofDynamicSnap＝4，使以后启动各 PKPM 程序时自动打开动态捕捉功能。动态捕捉打开时随时按住 Ctrl 键再点选各夹点拖动图素。

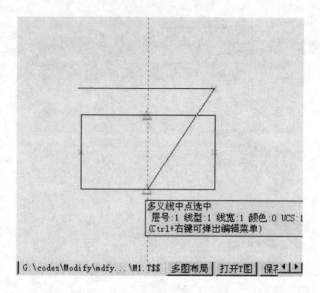

图 7.1-44　只捕捉中点效果图

二、透明命令

"AutoCAD 方式"下，增加了一组用于单独控制动态捕捉的透明命令，可以在绘制过程中输入命令，新增加的命令如表 7.1-1 所示，与透明命令对应的捕捉工具条如图 7.1-45所示。

透明命令一览 表 7.1-1

END	只捕捉端点	MID	只捕捉中点
NOD	只捕捉顶点	CEN	只捕捉圆心
QUA	只捕捉象限点	INS	只捕捉基点
INT	只捕捉交点	PER	只捕捉垂足
TAN	只捕捉切点	DRI	只捕捉动态交点
NEA	只捕捉近点	PAR	只捕捉平行
EXT	只捕捉延伸	AUT	恢复为自动
NON	暂时都不捕捉		
'ZOOM 或'Z	缩放控制	'OSNAP 或'DSETTINGS	设置捕捉对话框

图 7.1-45　与透明命令对应的捕捉工具条

"AutoCAD 方式"下，在命令行输入各透明命令后，还需要按"回车"键或"空格"后才能起作用；非"AutoCAD 方式"下不支持以上透明命令，快速切换"AutoCAD 方式"或"PKPM 方式"的方法是按 Ctrl＋F1。如图 7.1-46 所示，在命令行输入"end"，则只捕捉直线和矩形的端点。

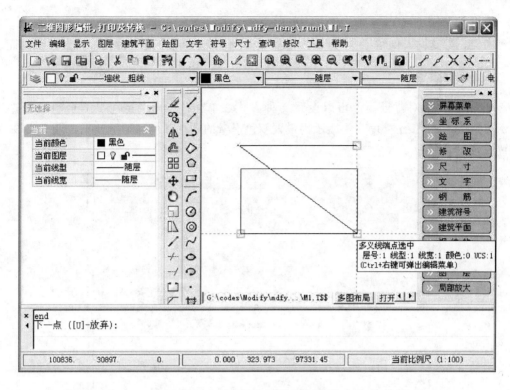

图 7.1-46　只捕捉端点效果图

动态捕捉的规则归纳如下：

（1）光标移动过程中出现高亮的特征点符号后，停留时间超过 1/3s 则该点记录为参考点，记录为一个小叉，在已经是参考点的位置上停留时间超过 1/3s 则删除这个参考点，也可以通过滚动中键轮缩放图面或者光标移动出图面删除所有参考点，参考点只保留最近的 5 个；

（2）异或方式绘制时上一点自动成为一个参考点，从上一点到当前光标位置引出的橡皮线可以产生垂足点、切点和动态交点；

（3）参考点是端点、中点、顶点、圆心、象限点、基点和交点作为图固定的特征点，可以从中引出水平、竖向参考线，引出平行于指定图素的平行线及其垂线，引出外部指定的一个角度线及其垂线；

（4）垂足点和切点只能产生自身位置的方向线及其垂线；

（5）近点和动态交点自身不能产生参考线，只能作为其他参考点产生参考线的角度标记；

（6）所有类型的参考点都可以使所在图素产生延伸线；

（7）删除参考点的条件：

a. 命令结束；

b. 已经捕捉到一个特征点；

c. 滚轮缩放；

d. 光标出窗口；

e. 按 F5 键；

f. 其他重画方式，比如中键滚轮平移、方向键平移、全图显示、缩放显示等都不删除参考点，都这样既保留了参考点的方便性，又不至让参考点意外留在屏幕上干扰图面。

三、其他设置

08 版 TCAD 对背景颜色可以设置 4 种方式：单纯色、单色退晕、双色退晕及选用 PCX 图为背景。如图 7.1-47 中所示为设置双色退晕的两种颜色和预览效果，图 7.1-48 为颜色设置对话框。

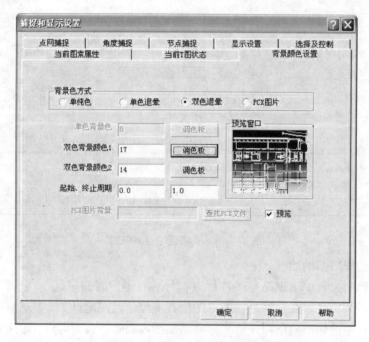

图 7.1-47 背景颜色设置页面

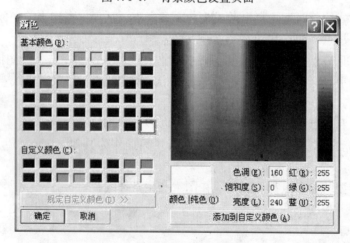

图 7.1-48 颜色设置对话框

如图 7.1-49 所示为选择及控制页面，可设置的选项有：选择方式设置、光标叉丝设置、工作基面、状态区设置、软键盘设置、F1—F9 键排列方式的设置等。

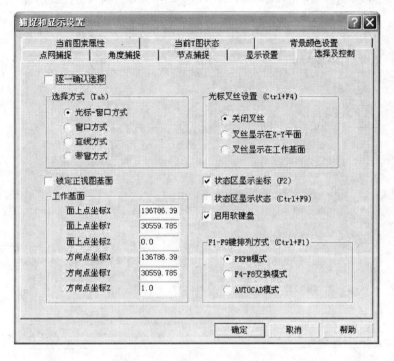

图 7.1-49　选择及控制页面

如图 7.1-50 所示为显示设置页面，可设置的选项有：圆弧精度、3D 前后剖切距离、UCS 标志长度、视图设置、字体设置、显示填充设置、多图显示设置、重画加速方式等。

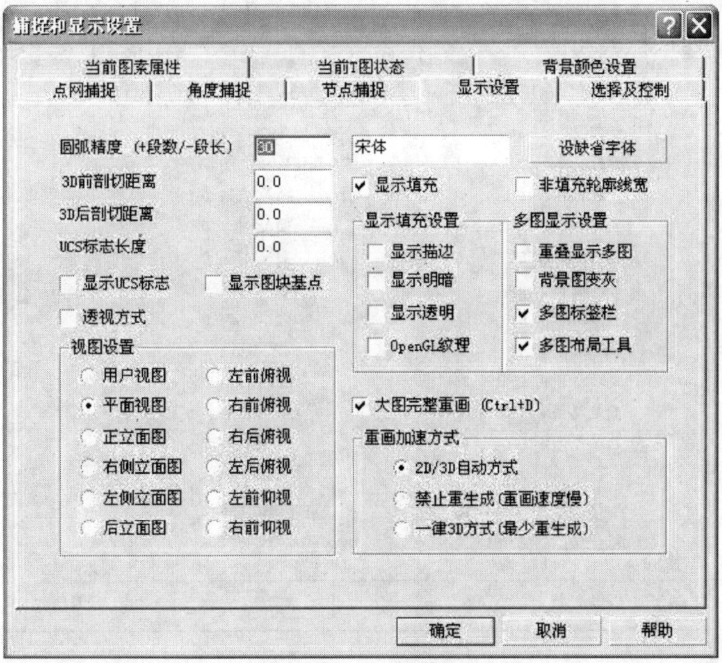

图 7.1-50　显示设置页面

如图 7.1-51 所示为当前图素页面，图 7.1-52 所示为当前 T 图状态页面。

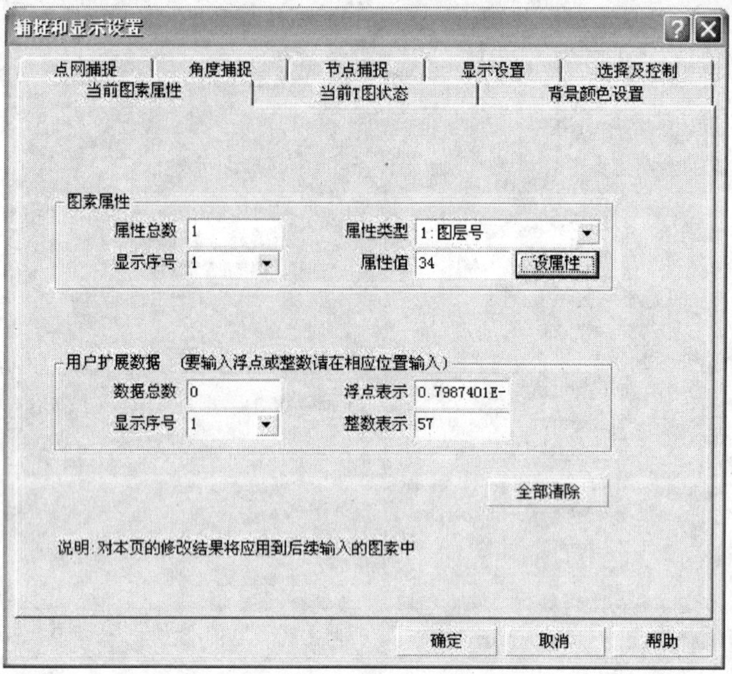

图 7.1-51   当前图素页面

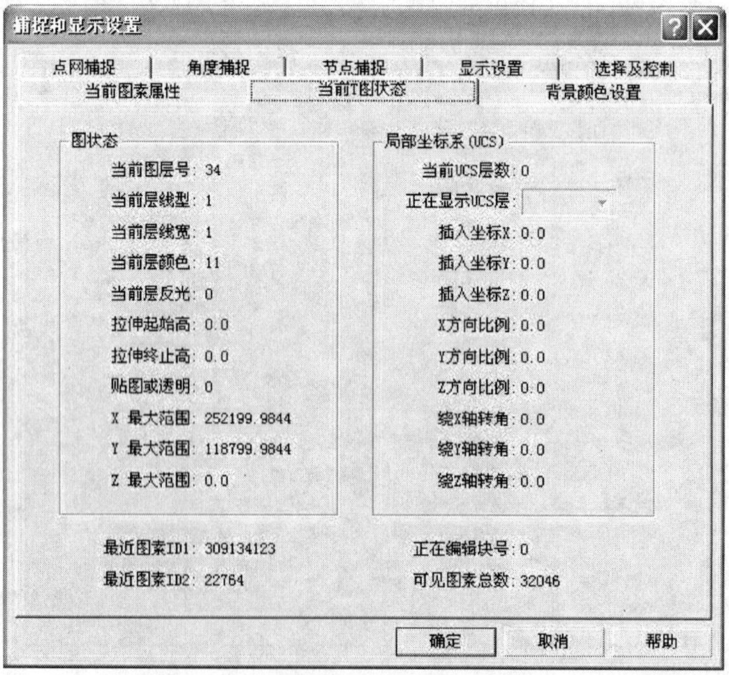

图 7.1-52   当前 T 图状态页面

第十节 文 字

在工程图中除了要将实际物体绘制成几何图形外，还需要加上必要的注释，所以文字是工程图纸中不可缺少的组成部分。如图 7.1-53 及图 7.1-54 所示，使用 TCAD 可以标注单行及多行字符、中文、英文，支持 AutoCAD 的形文件（SHX）字体和 Windows 自带的 TrueType 字体。并且，TCAD 还拥有 PKPM 特色的文字查询、拖动、替换、避让、对齐、合并功能，以及对文本文件直接插入的文件行、文件块命令。此外，用户还可将常用的词语、句子编辑进 TCAD 的常用词库，方便图形注释。

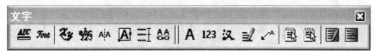

图 7.1-53 文字工具条

08 版 TCAD 改进了文字、字符、多行文字的编辑方式。双击图上任一文字、字符，将直接弹出修改文字、修改字符或多行文字标注对话框，方便修改编辑文字内容及字高、字宽等属性。另外，对于其他实体，如属性表未打开，双击实体将自动打开属性表，如图 7.1-55 所示。

08 版 TCAD 新增了对特殊符号的定义，输入方式为"％％X"，其中，X 为数字 128～138 共计 11 个数字，用来表示正负号、Ⅰ～Ⅳ级钢筋符号、二次方、三次方、角度等特殊符号。如图 7.1-56 所示，如正负号的输入方式为：％％128。对应图中左上角的图形，在属性表内显示出"％％12812"，"％％128"表示正负号，"12"表示数字 12。如修改成"％％12912"，则图形会变成右侧的Ⅰ级钢筋直径为 12 的图形。

7.1-54 文字
菜单

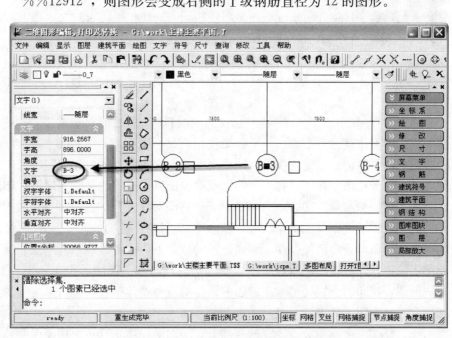

图 7.1-55 在属性表修改文字内容

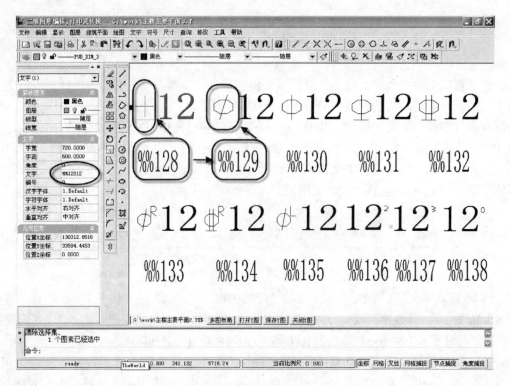

图 7.1-56   在属性表修改文字内容

08 版 TCAD 修正了汉字串中的字符变高的问题；修正了多行文本在块内炸开后出现行距比例错误的问题；解决了中文等宽字符串在缩放过程中字符串长短出现跳动的问题。"修改字体"功能中若同时分别选取了中文和英文字体，点取字串修改时，其中的中文和英文（包括数字）将分别修改；原"属性匹配"功能扩展为可对文字做匹配，可将一个文字的图层、颜色、大小、字体等赋给其他文字。

第十一节   打 印 输 出

08 版 TCAD 引入了"布局"的概念，在打印输入之前，通常需要对图纸进行排版，这种排版的工作就称为布局。一个布局就相当是一张图纸，并提供预置的打印页面设置。在布局中，可以创建和定位视口，用多张图纸、多个角度输出相同图形对象的不同投影效果，而且每个视图中都可以有不同的显示缩放比例，或关闭某些图层不打印输出。

为了支持"布局"，08 版 TCAD 对于"打印对话框"的内容进行了较大改进：

（1）增加了页面设置功能，可以在一个 T 图中保存 200 个不同的页面设置，每个页面可以自行命名。在已经保存了页面设置的情况下，通过加载不同的页面设置，可以立即调出不同的打印设置和区域，而不需要逐张进行调整。特别适合在一个 T 图中画了多张不同的图，打印时分别局部输出的需求，特别适合设计中喜欢把一个工程的所有各层图纸都保存在一个图文件中的习惯。

（2）在 200 个本图页面设置的基础上，增加了一项 0 号页面用于保存和加载总页面设置，总页面设置保存在 TCAD 目录下的 CFG 目录下，一旦保存便可以为所有图使用。这

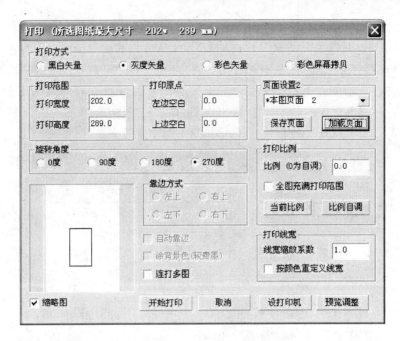

图 7.1-57　打印设置对话框

项功能与旧打印对话框中的"保存设置"和"加载设置"按钮的功能相同，但是由于保存
数据有所增加，用旧打印对话框保存的数据并不能被新打印对话框中的"总页面设置"识
别，需要重新保存。这项改进使得打印对话框即可以保存和加载总页面设置，也可以保存
和加载本图专用的 200 个页面设置。总页面设置的名称是固定的，不能像本图页面设置那
样随意命名。

（3）增加了预览调整按钮，过去的预览调整是在正式打印前进行的，调整的结果不方
便保存，现在把预览调整功能单独放在一个按钮中，可以随时进行预览调整，调整后返回
对话框，可以把调整结果交付正式打印，也可以进行页面设置保存。

（4）预览调整按钮现在支持快速显示，显示速度有较大提高（对特大图效果非常明
显，但对于使用了 90°～270°转动的情况则不能进行显示加速），并专门提供了窗口放大操
作，可以对窗口两个端点进行精确捕捉，方便精确截取欲打印的图框。

（5）改进了对话框中缩略图的显示，加快了缩略图的显示速度（对特大图效果非常明
显，但对于使用了 90°～270°转动的情况则不能进行显示加速），使缩略图与打印区域准确
对应。

（6）增加了控制是否自动靠边的检查钮，从而允许在给定比例的情况下自由选择是否
靠边，而过去在给定比例的情况下只能选择四个靠边方式之一。

第十二节　与 AutoCAD 接口

与 ACAD 的接口采用全新的国际流行 DWG 文件接口，使用欧洲的 VectorDraw 转图
控件实现 DWG 文件的读写功能，对于常见的图形实体，如直线、圆、圆弧、多义线、基
本文字、图块等都可以直接转换成 T 图形文件。该接口可以胜任设计人员日常的图形转

换功能，极大地方便了设计人员在 ACAD 平台和 PKPMCFG 平台上图形结果的交流。

08 版 TCAD 新增了直接导入 AUTOCAD 的 DWG 格式文件的功能，并在打开的对话框中增加了 DWG 图的预显功能（见图 7.1-58），支持到 AUTOCAD2006 版本的图形格式。"DWG 转 T"功能在下拉菜单的"工具"项内，并保留原有的"DXF 转 T"功能。"DWG 转 T"功能可直接在命令行输入"DWGTOT"执行，原来的"DXF 转 T"功能可在命令行输入"DXFTOT"执行。

图 7.1-58　DWG 转 T 图 "打开" 对话框

08 版 TCAD 增强了转图程序的稳定性，解决了图形坐标太大时的转换问题，提升了钢筋符号、属性文本、填充、图块、标注、椭圆弧等特殊图形对象的转换效果，对于转换程序控件自动进行注册与反注册，针对不同图块自动采用不同的转换策略。

第十三节　专业功能

作为建筑行业的专业绘图软件，TCAD 为用户提供了大量建筑和结构专业的辅助绘图功能（如图 7.1-59 所示）。可绘制建筑施工图中常用的符号，如标高、轴线、指北针、箭头、图名比例、详图索引、剖切索引、详图符号、写详图名、对称符号、剖面符号、断面符号、折断线等。

此外，08 版 TCAD 还增加了"建筑平面"菜单，提供了针对建筑平面内轴网、墙、门窗、柱、阳台、楼梯等的绘制及修改功能（如图 7.1-60 所示），并提供了符合国家标准的建筑图库及常用设备图库。

下面对建筑轴网的绘制，布置柱、阳台、楼梯的命令进行详细说明。

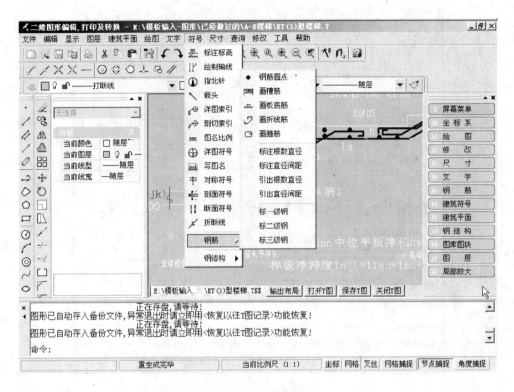

图 7.1-59　符号菜单

一、[直线轴网]

命令：LINEAXIS

简化命令：无

工具栏：

功能：按用户设置要求绘制直线轴网。

操作说明：启动命令，程序弹出直线轴网输入对话框（如图 7.1-61 所示），在对话框内设置关于直线轴网的各项参数并确认，在绘图区指定直线的位置，完成命令（完成后的效果如图 7.1-62 所示）。

二、[柱布置]

命令：ColmDraw

简化命令：无

工具栏：

功能：在绘图区布置柱形图素。

操作说明：启动命令，程序打开对话框（如图 7.1-63 所示），根据用户需要在对话框内对柱形图素进行编辑，并在绘图区内根据用户选择的不同参数插入柱形图素。

图 7.1-60　"建筑平面"菜单

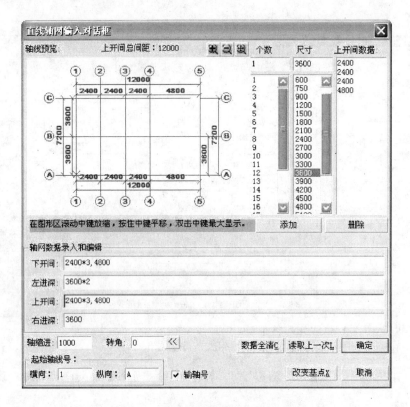

图 7.1-61 直线轴网输入对话框

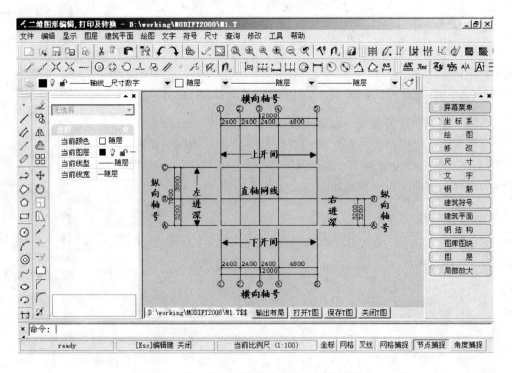

图 7.1-62 使用直线轴网命令后的效果图

图 7.1-63　柱布置对话框

提示：在"柱布置"对话框内可设置柱子的形状、绘制方式、柱子的尺寸以及可以选择柱形图素的布置方式。

点选插入柱子：使用此种方式可在绘图区内任意位置单击，插入柱形图素。

沿一根轴线布置柱子：使用此种方式后移动光标到任意一条轴线上单击，此根轴线上的所有节点处都将插入一柱形图素。

指定的矩形区域内的轴线交点插入柱子：使用此种方式可在根据用户需要在绘图区绘制矩形，在矩形范围内的所有轴线的交点处都将插入柱形图素（见图 7.1-64）。

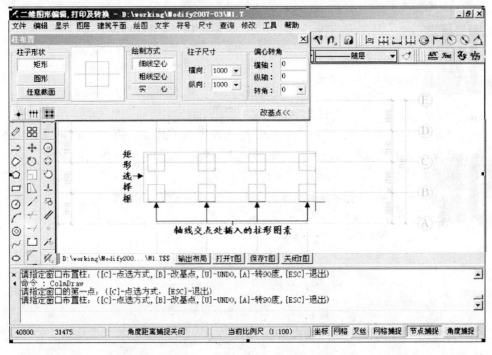

图 7.1-64　使用指定的矩形区域内的轴线交点插入柱子方式插入的柱形图素

注意：使用沿一根轴线布置柱子或指定的矩形区域内的轴线交点插入柱子的方式插入柱形图素时，必须首先绘制轴线，否则此命令不可用。

三、[阳台布置]

命令：BalcDraw
简化命令：无

工具栏：

功能：在绘图区插入阳台图素。

操作说明：启动命令，程序弹出阳台布置对话框，在对话框内可设置关于阳台的各项参数，设置完成后可在墙体上插入阳台图素，见图 7.1-65。

图 7.1-65　阳台布置对话框

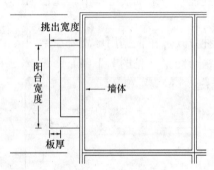

图 7.1-66　矩形阳台参数说明

提示：在对话框内可设置阳台的形状，根据用户选择的阳台的不同形状，对话框内的参数也相应的发生变化，见图 7.1-66。

（1）矩形

使用此种形状的阳台，对话框内的参数包括：阳台宽度、阳台板厚、挑出长度等。

阳台宽度：在此列表框内设置阳台的宽度；

阳台板厚：在此列表框内设置阳台板的厚度；

挑出长度：在此列表框内设置阳台的挑出长度。

（2）圆拱

使用此种形状的阳台，对话框内的参数分别包括：阳台总宽度、圆拱宽度、栏板厚、矩形挑出长度、圆拱挑出长度等，见图 7.1-67 及图 7.1-68。

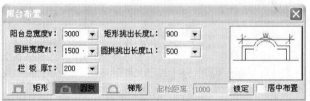

图 7.1-67　圆拱阳台布置对话框

阳台总宽度：在此列表框内设置阳台总体宽度；

圆拱宽度：在此列表框内设置阳台圆拱宽度；

栏板厚：在此列表框内设置阳台栏板厚度；

矩形挑出长度：在此列表框内设置阳台矩形部分挑出长度；

圆拱挑出长度：在此列表框内设置阳台圆拱部分挑出长度。

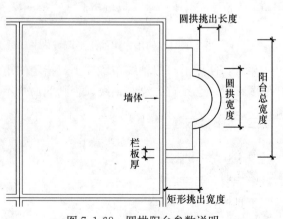

图 7.1-68　圆拱阳台参数说明

（3）梯形

使用此种形状的阳台，对话框内的参数分别包括：阳台总宽度、梯形宽度、栏板厚、矩形挑出长度、梯形挑出长度等，见图 7.1-69 及图 7.1-70。

图 7.1-69　梯形阳台布置对话框

阳台总宽度：在此列表框内设置阳台总体宽度；

梯形宽度：在此列表框内设置阳台梯形部分的宽度；

栏板厚：在此列表框内设置阳台栏板厚度；

矩形挑出长度：在此列表框内设置阳台矩形部分挑出长度；

梯形挑出长度：在此列表框内设置阳台梯形部分挑出长度。

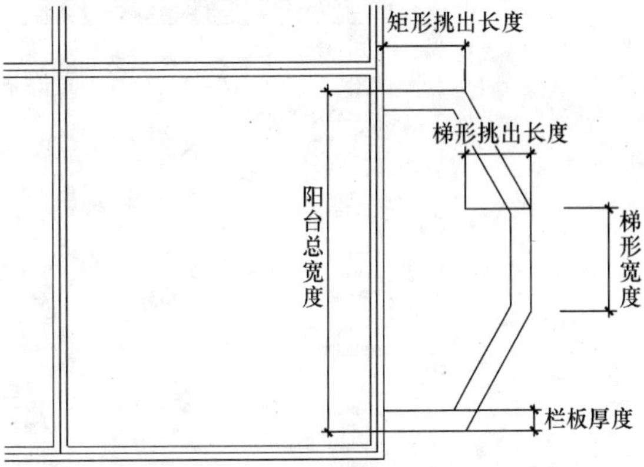

图 7.1-70　梯形阳台参数说明

四、［楼梯布置］

命令：STAIRDRAW

简化命令：无

工具栏：

功能：绘制楼梯图素（如图 7.1-71 所示）。

操作说明：启动命令，程序弹出［楼梯布置］对话框（如图 7.1-72 所示），在此对话框内设置关于楼梯的各项参数，设置完成后点击［确定］按钮，在绘图区适当位置插入楼梯图素。

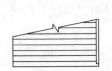

图 7.1-71　楼梯图素

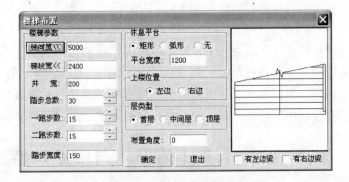

图 7.1-72　楼梯布置对话框

第十四节　其　他　改　进

(1) 08 版 TCAD 增加了"快捷命令"配置页，显示系统所有命令名称、内容描述，用户可增加、修改快捷命令的名称，修改后，程序自动存储到 TCAD 程序目录中的"shortcmd.txt"文件中。打开"快捷命令"配置页方式为：选择菜单"工具"⇒"快捷命令指定"，打开"系统配置"对话框，或在"命令行"提示区中输入"config"命令按"回车键"打开，点击各命令的"快捷命令"进行修改，如图 7.1-73 所示。

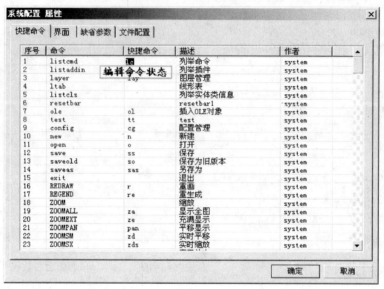

图 7.1-73　命令说明对话框

(2) 在菜单"尺寸"项下新增"尺寸合并"和"尺寸分解"功能，"编辑"项下新增"单线变双"功能，更好地方便用户对图形进行标注和编辑。

(3) 修正了在"捕捉和显示设置"对话框中调整背景颜色后，点击取消不能撤销调整的背景颜色的问题。

(4) 修正了拖动 UCS 后图形又回到拖动前原位的问题。

(5) 解决了新格式"尺寸"对象转换成 AUTOCAD 图形后变为 I12 的问题。

(6) 图形存盘后仍可 UNDO 和 REDO。

(7) 解决了使用"优化大师"等整理注册表后，进入 TCAD 出错的问题。

(8) 尺寸标注改为一个整体，可用图素拖动移动数字，点取夹点可平移整体尺寸，用端点拖动可移动各特征点，数字大小可根据"工具"项下的"选项设置"内的"缺省参数"调整。但使用"点取文字修改"或"统一坐标"后将取消自动方式。若希望恢复自动方式，可使用"查询"菜单的"点取修改属性"项，选择"自动测量距离角度"即可。

第十五节　与旧版兼容性

08 版 TCAD 采用 PKPM 推出的新版 CFG50 图形库，T 图格式更加合理和丰富，容纳的图素属性更多，为 PKPM 今后的改进打好了坚实基础。新的 T 图格式文件是一套可扩展的格式，以适应近年来不断增长的用户需求，同时兼容目前所有的功能。新的 T 格式继续沿用顺序状态机制，它可以完整保留原始操作顺序，冗余信息很少。而对于直接索引的需求，通过在后期重生成的时候进行预处理和保存，提高图形显示速度。

08 版 TCAD 对 T 图格式是向下兼容的，在默认状态下，只要打开一张旧格式 T 图，再保存出去就自动转换成 08 版格式了。用户如果仍想保留原有格式，可单独在"文件"菜单中选择"保存为旧版本"项，如图 7.1-74 所示。此外，08 版 T 图格式具有一定的向上兼容性，支持正确跳过和忽略未来的未知新图素，因此将来无论增加任何新图素，程序都可以正常运行，图形数据不会出现异常。

08 版 TCAD 对 T 图的容错性进一步增强，对于一些异常格式的 T 图，如无 T 文件头，文件头大量重复，图块定义没有关闭、层次混乱，没有分割标志的，以及含有大量重复无用的图层拉伸贴图信息的异常 T 图，可以自动修复。

图 7.1-74 文件菜单

第 八 篇

三维建筑设计软件 APM2008

第一章 三维建筑软件 APM2008 全新功能介绍

一、各功能模块间可在不退出执行程序的情况下自由进出

对 APM 各模块重新整理，在各模块间实现了在不退出程序的情况下的自由进出，不必再像旧版程序，要先退出当前执行程序，回到 PKPM 主菜单，再进入另一执行程序。相关模块包括建筑模型输入、建筑平面施工图、立面施工图、剖面施工图、平面截取详图、房间面积统计和门窗表、三维模型渲染、三维模型动画等。

进入子模块的命令集中在如图 8.1-1 所示位置的命令区。

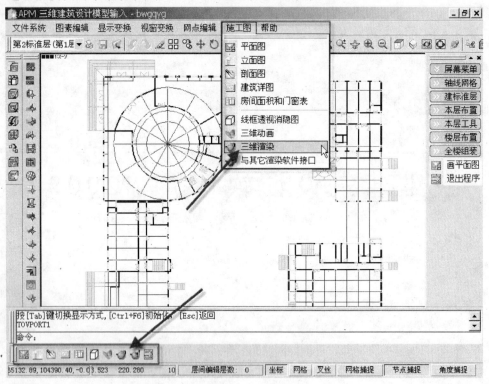

图 8.1-1

现举几个常用组合实现方法的例子：

（1）建筑模型进入到建筑平面图

如图 8.1-2 所示，在建筑模型中鼠标点击"平面图"或直接运行命令"DRAWP-LAN"可以直接进入到建筑平面模块。

（2）平面图回到建筑模型

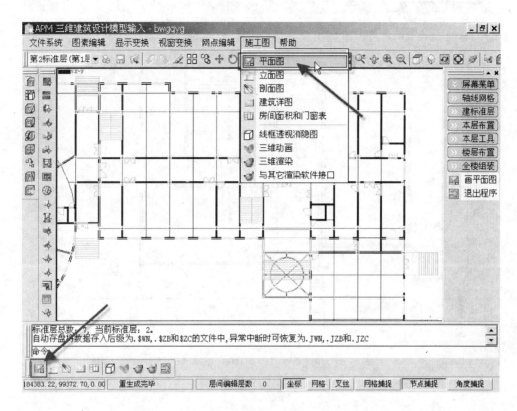

图 8.1-2

在建筑平面中鼠标点击"返回模型"或直接运行命令"BACKAPSRW"可以回到建筑模型，如图 8.1-3 所示。

（3）模型进入建筑立面

在建筑模型中点击"立面图"或直接运行命令"DRAW3dW＿V"可以进入建筑立面，如图 8.1-4 所示。

（4）建筑立面回到建筑模型

在建筑立面中点击"返回模型"或直接运行命令"DRW3D＿BACKTOAPS"可以回到建筑模型，如图 8.1-5 所示。

（5）建筑模型进入三维渲染

在建筑模型中鼠标点击"三维渲染"或直接运行命令"DRAW3dW＿R"可以进入三维渲染，如图 8.1-6、图 8.1-7 所示。

（6）建筑平面到建筑立面

同模型一样，各模块也可以自由进入其他各模块，在建筑平面中鼠标点击"立面图"或直接运行命令"DRAW3dW＿V"可以进入立面图，如图 8.1-8 所示。

二、采用 PKPM 最新推出的 CFG5.0 图形平台

大量学习借鉴 AutoCAD 等其他图形平台的优点，T 图格式更合理和丰富，容纳更多图素属性。具体改进内容可参见图形平台改进章节。

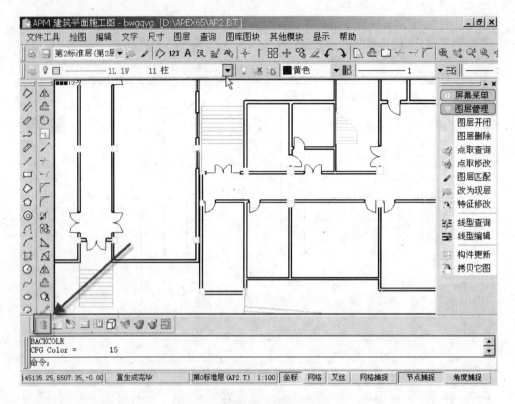

图 8.1-3

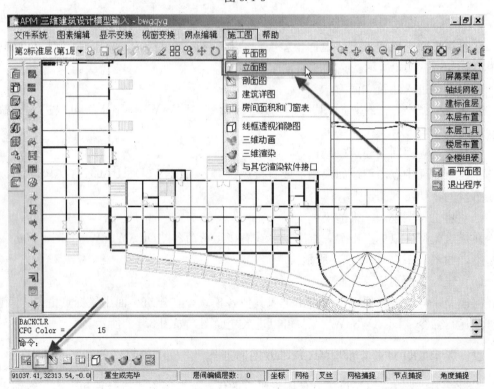

图 8.1-4

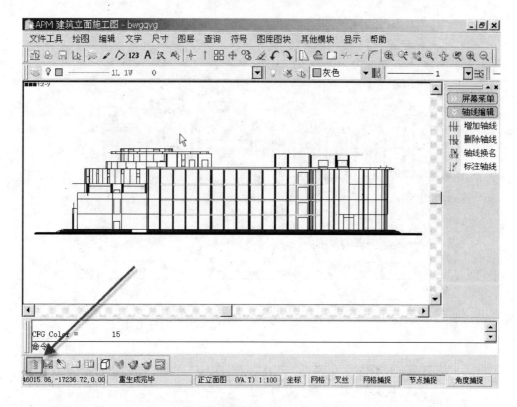

图 8.1-5

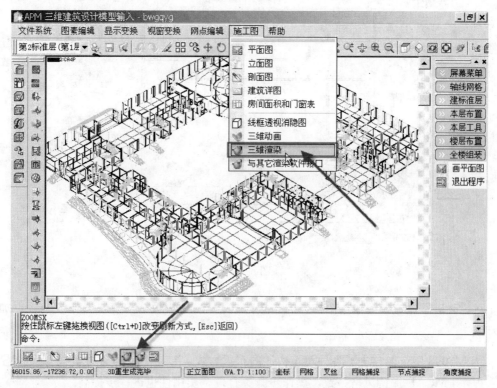

图 8.1-6

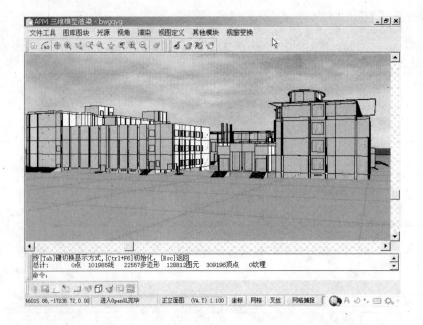

图 8.1-7

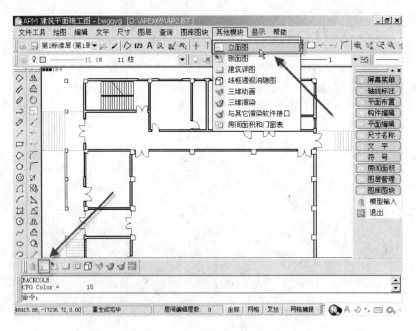

图 8.1-8

三、改进了建筑模型输入中构件的布置方式，与 2008 版结构模块操作统一，更加实用方便

APM2008 版全面改进了各种建筑构件的布置方式，并与同时推出的 2008 版结构模型输入程序 PMCAD 保持风格一致，操作步骤更合理，实用性也进一步提高。

进入构件布置后首先在标准构件库中选取要布置的构件类型，此时可以从屏幕中拾取已布置好的构件，还可以在构件库中添加新构件，删除、修改已定义好的构件，清理未使用的构件，或是显示某一类构件在当前标准层上的布置状况。

选好一种构件后，进入布置状态，用户可采用 PKPM 多年采用的点选、沿轴线和窗口方式布置构件。布置过程采用动态预显方式，可以让用户事先看到布置好的效果，减少盲目操作。布置完成后按 ESC 或鼠标右键回到第一步的构件选择状态。

下面以门窗布置为例说明门窗布置的过程。鼠标点击"门窗布置"命令。

1. 构件类型的选择

程序首先弹出构件选择对话框，如图 8.1-9 所示，提示用户选择一个需要布置的构件类型。

定义号	名称	种类	B	H	A
1	M-1	矩形门	1500	2400	0
2	M-2	矩形门	1800	2400	0
3	M-3	矩形门	900	2100	0
4	M-4	矩形门	800	2000	0
5	M-5	矩形门	1200	2000	0
6	C-1	矩形窗	2400	1500	0
7	C-2	矩形窗	1500	1500	0
8	C-3	矩形窗	1800	1600	0
9	C-4	矩形窗	2400	2100	0
10	DTM	矩形门	1100	2100	0
11	C-5	矩形窗	1200	1600	0
12	M-5	矩形门	4500	3000	0
13	M	矩形门	3000	2400	0
14	C-6	矩形窗	0	3000	0
15	M-7	矩形门	3600	3000	0
16	M-8	矩形门	750	2000	0
17	C-8	矩形窗	707	1500	0
18	C-11	梯形凸窗	2700	1700	1700
19	C-12	矩形窗	1950	1500	0
20	M-9	矩形门	600	1800	0
21	M-10	矩形门	1000	2000	0
22	M-12	矩形门	1200	2000	0

拾取　　　鼠标双击布置，右键退出。

布置　　退出...

图 8.1-9

在构件选择对话框中，可以进行如下多种操作：

（1）构件的选择

本工程中的所有门窗类型显示在列表区域，双击选中的构件类型或者点击"布置"按键，就可以进入布置构件的状态，如图 8.1-10 所示。

（2）构件类型的拾取

图 8.1-10

用户在选择构件类型时，可以从列表中选择构件类型进行布置，也可以到图中去点击一个构件来得到构件类型，进行布置。如图 8.1-11 所示，点击"拾取"按键。

使用鼠标去选择一个需要布置的门窗，如图 8.1-12 所示。

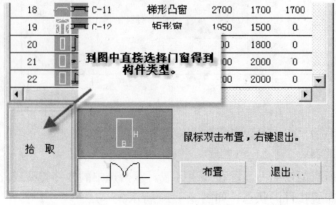

图 8.1-11

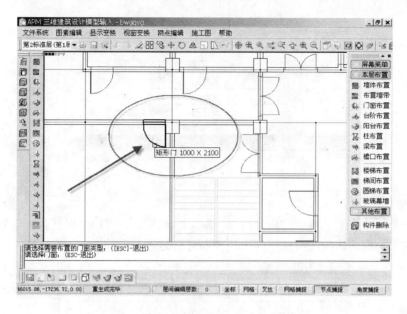

图 8.1-12

选中门窗后，将直接进入构件的布置过程。

（3）构件的添加

点击"添加"可以进入到定义新门窗类型的操作，如图 8.1-13 所示，如果要布置的门窗类型目前还没有，用户可以在此新定义门窗。

当新定义的门窗与已有的某类门窗相近时，可先在表中点选已有的门窗，再点"添加"键，程序会在定义新门窗时自动将已有门窗的参数调入，用户只需修改其中变化的参数，不必再将所有参数都输入一遍了。

点击后，将弹出门窗定义对话框，如图 8.1-14 所示，输入新门窗的各项参数。

（4）构件的删除

选中一个门窗类型，再点"删除"，用户可以删除一个定义的门窗类型，如图 8.1-15 所示。

注意：对构件类型的删除，将导致工程中所有布置的这种门窗丢失，且无法 UNDO。

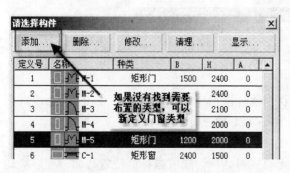

图 8.1-13

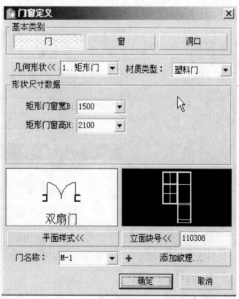

图 8.1-14

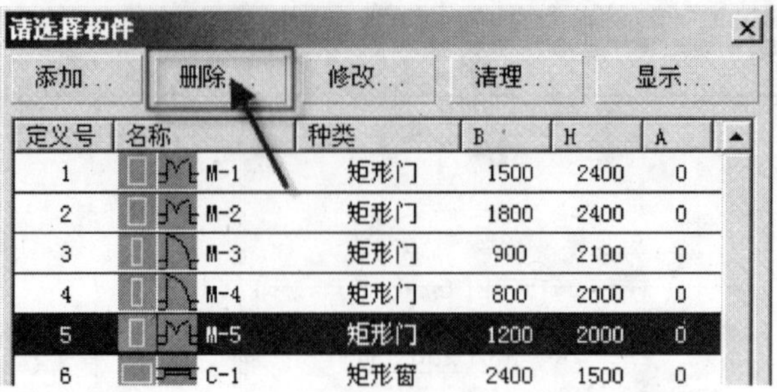

图 8.1-15

（5）构件的修改

选中一个门窗类型，再点"修改"，如图 8.1-16 所示，用户可以修改一个定义的门窗类型，对构件类型的修改，将使工程中所有布置的这种门窗修改。

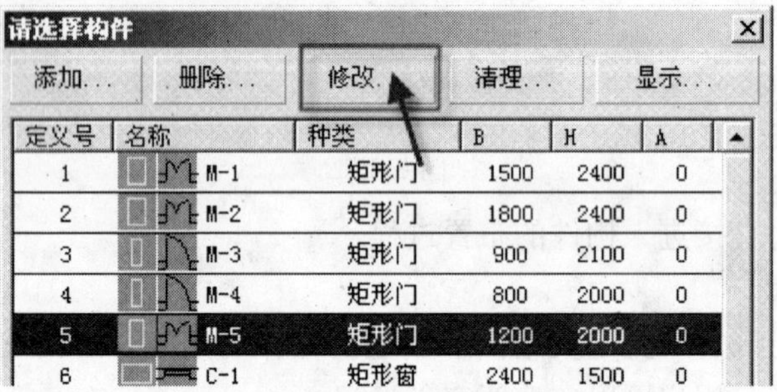

图 8.1-16

点击"修改"，也将弹出门窗定义对话框，在其中修改门窗的参数。

（6）构件的清理

点击"清理"将实现构件的清理，如图 8.1-17 所示，工程中没有用到的构件类型将被删除。

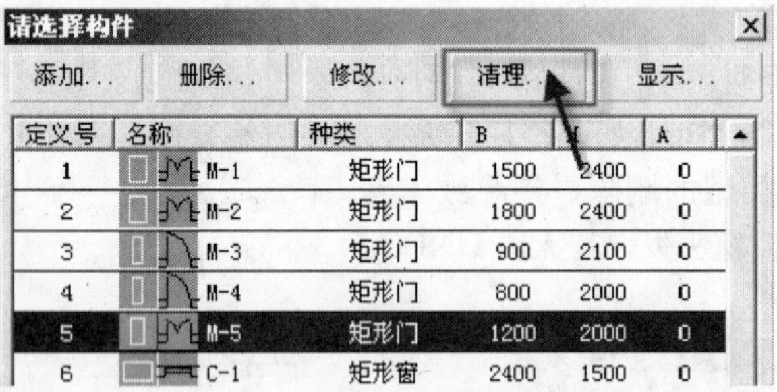

图 8.1-17

（7）构件的显示

这个功能主要是想了解某种构件类型在当前标准层中的布置情况，点击"显示"（图 8.1-18），将闪烁的显示布置的这种构件，如图 8.1-19 所示。

2. 构件的布置

进入布置门窗的状态后，将弹出布置无模式对话框。随着鼠标的位置移动，程序会动态地在墙上或网格上显示门窗即将布置的位置，动态布置将提高布置构件的可预见性。

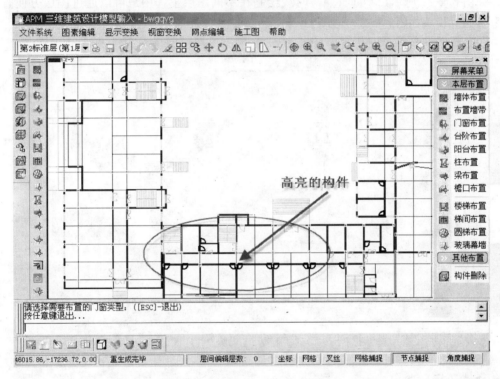

图 8.1-18

图 8.1-19

在布置的过程中，命令行将显示："请指定单门位置＜0＞：（［M］-捕捉中点，［B］-修改尺寸基点，［F］-标注方向，［D］-左右方向，［L］-锁定当前位置，［ESC］-选择类型）"，用户可随时改变布置方式。在所有构件的布置无模式对话框中，都可以直接控制布置的点选方式、轴选方式或窗选方式，如图8.1-20 所示。

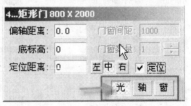

图 8.1-20

按鼠标的右键将退出布置状态，又回到第一步的"构件的选择"对话框。

四、全新设计的日照分析程序

1. 新增"平面等时线"功能

平面等时线功能可以计算多栋遮挡建筑影响下地面网格点上的全天日照时间和日照等时线，软件可自动处理建筑墙体内外的日照突变的情况。计算结果用数字法表达，新版可使用"精度约束"菜单设定日照时长小数点位数（0～2 位），日照分析结果更为精确。日照参数设置中可以设定地面网格分析间距，可设定分析计算的高度，并划定日照平面等时线分析范围。

程序在优化程序内部算法加快计算分析速度的同时，对于分析区域范围较大和多栋建筑物参与日照分析计算的情况，程序内部自动分析判断并采用大区域自动分区算法，自动划分待分析区域，以更好地适应大区域大容量的计算需求。

绘制结果根据日照时长使用不同颜色绘制出日照分析等时线和各个分析点的总日照时长，如图 8.1-21 所示，不同日照等时线绘制在不同图层上，用户可以通过图层方便查看线上日照时长，如图 8.1-22 所示。

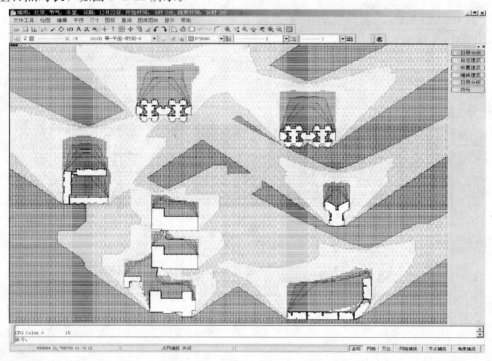

图 8.1-21

层号	层 名	状态	颜色
10000	等-平面-时间-0	开	262
10001	等-平面-时间-1	开	262
10001	等-平面-时间-1	开	263
10002	等-平面-时间-2	开	263
10002	等-平面-时间-2	开	264
10003	等-平面-时间-3	开	264
10003	等-平面-时间-3	开	265
10004	等-平面-时间-4	开	265
10004	等-平面-时间-4	开	266
10005	等-平面-时间-5	开	266
10005	等-平面-时间-5	开	267
10006	等-平面-时间-6	开	267
10006	等-平面-时间-6	开	268
10007	等-平面-时间-7	开	268
10007	等-平面-时间-7	开	269
10008	等-平面-时间-8	开	269
10008	等-平面-时间-8	开	270
10009	等-平面-时间-9	开	270
10009	等-平面-时间-9	开	271

图 8.1-22

对于大区域大容量日照计算，计算时间可能较长，要花费几分钟甚至更长的时间，除了进度条外，程序还给出了友好的内部计算进度提示，如图 8.1-23所示，帮助用户更好的掌握整个日照分析计算过程。

2. 阴影轮廓线计算

可以按照指定的计算精度（时间步长）绘制多栋建筑物的全天或指定任意有效时段的阴影轮廓，不同时段的阴影轮廓绘制结果使用不同颜色绘制显示，并可以选择是否绘制日照时间图例，日照时间图例可以显示不同颜色所表示的日照分析时刻，如图 8.1-24 所示。

开始分析计算，共分24次循环计算，可能需要几分钟的时间，请等待…
当前计算状态：24--1次计算结束，开始绘制当前结算结果…
当前计算状态：24--2次计算结束，开始绘制当前结算结果…

图 8.1-23

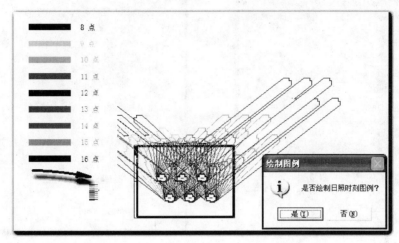

图 8.1-24

3. 对日照参数设置进行了优化整合

增加了多个计算约束参数，用户可以根据当地日照规范要求定制符合规范要求的日照分析计算。对日照参数设置多个命令进行了功能整合，使用位置时间和计算精度两项菜单命令就可以完成全部日照计算参数的设置。

其中时间位置菜单可以完成太阳位置计算、日出日落时间计算，并可完成日照地理位置、分析时间和有效日照时间带的设定，如图 8.1-25 所示。

新版日照分析计算增加了计算精度和计算约束内容，如图 8.1-26 所示，计算精度增加了设定日照计算的时间间隔（也就是计算精度，该值越小，计算精度越高，计算时间越长，用于设定分析计算精度），采样点间距，设定平面等时线日照分析结果采样点间距，采样点都是按照正方形等距分布的。

计算约束中增加了最小有效太阳高度角、最小有效连续日照时间、是否只取最大连续日照时间段等计算约束。设定这些参数可以适应不同地区的日照分析要求。

可以设定等时线日照计算时长结果小数点位数，0～2 位，分析计算结果更为精确。

4. 改进了生成建筑外轮廓和布置建筑功能

解决了旧版日照建模中的局限和灵活性不足，增加了图形上直接拾取轮廓这一灵活直观的生成分析建筑物方式。新版日照分析提供了三种形成建筑物外轮廓的方法：

（1）使用"自动生成"菜单进入形成轮廓编辑状态，由当前工程中的建筑模型由程序自动搜索生成建筑物外轮廓。

（2）使用"绘制轮廓"菜单下的菜单命令直接在图形上绘制生成建筑轮廓。新版更新了操作方式，增加了夹点捕捉。

（3）新增了从图形上直接拾取外轮廓边界的方式。使用"拾取轮廓"菜单，点取图形上闭合轮廓线内部的一点，程序会自动查找闭合边界的外轮廓并提示输入建筑物名称。

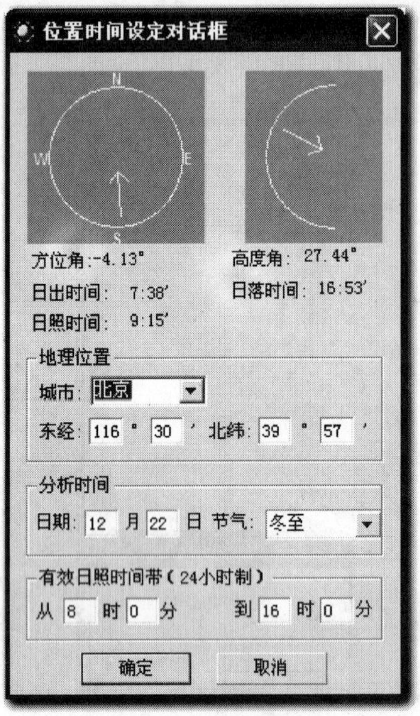

图 8.1-25 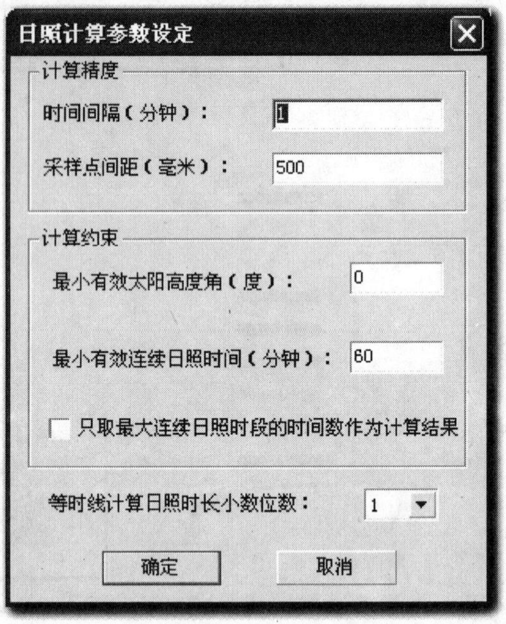　　　　　　　　　　　　　　　图 8.1-26

生成的外轮廓会自动排除计算轮廓线内部的洞口。

　　建好建筑轮廓后可用"布置建筑"菜单下的"插入建筑"将它们逐一摆放到窗口上，可以使用"移动建筑"、"旋转建筑"和"删除建筑"对布置的建筑进行相应的编辑。这种建筑分布图也可直接使用 APM 生成的建筑总平面图。新版对建筑物的编辑稳定性方面进行了很多改进，建筑布置界面更加明确直观，增加了建筑物预览，并在插入建筑界面增加了导入建筑和删除建筑两项重要的辅助功能，如图 8.1-27 所示。

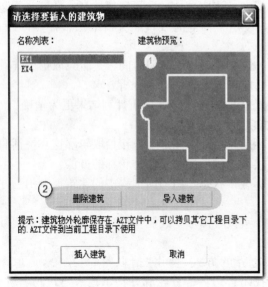

图 8.1-27

　　5. 新版日照程序增加其他实用功能

　　新增的建筑物高度功能可以直接修改图形上任何一个建筑物的高度定义。清理分析结果可以帮助用户自动清除日照分析计算结果，用户可以选择清除分析结果的类型，提供了阴影分析和等时线分析两个选项，如图 8.1-28 所示。

　　修改了日照分析标题栏的显示内容，显示内容更为实用明了，如图 8.1-29 所示。

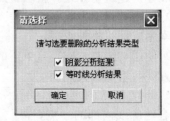

图 8.1-28

城市：北京，节气：冬至， 日期：12月22日，开始时间： 8时 0分，结束时间：16时 0分

图 8.1-29

五、全新制作了 **2003** 版国家建筑标准图集

我们制作的新的 03 版图集包括 15 本标准图集，1200 多张施工详图，如图 8.1-30 所示。图集包括：

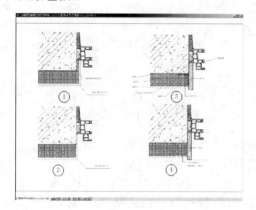
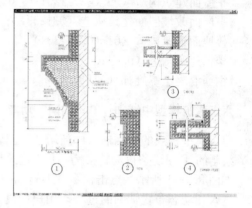
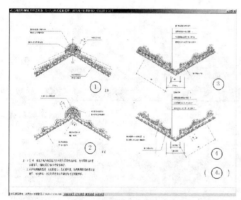
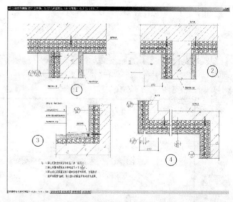
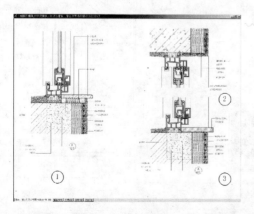
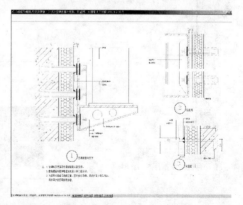

图 8.1-30

《住宅卫生间（01SJ914）》

《住宅厨房（01SJ913）》

《内隔墙建筑构造（J111～114）》

《地下建筑防水构造（02J301）》

《坡屋面建筑构造（00J202-1、00（03）J202-1）》

《坡屋面建筑构造（有檩体系）（01J202-2）》

《外墙内保温建筑构造（03J122）》

《外墙外保温建筑构造（02J121-1、99（03）J121-2）》

《平屋面建筑构造（99（03）J201-1、03J201-2）》

《平屋面改坡屋面建筑构造（03J203）》

《楼地面建筑构造（01（03）J304）》

《楼梯建筑构造（99SJ403）》

《钢筋混凝土螺旋梯（03J402）》

六、建筑模型中增加"T转轴网"功能

建筑模型输入的轴网输入中新增"T图转轴网"功能，可将用施工图编辑程序 MOD-IFY 绘制的 T 图线条自动转换为 APM 建筑模型输入中的轴线网格。

如图 8.1-31 所示，点击命令"T 转轴网"，选择一个用 MODIFY 绘制好的 T 图。

进入到动态布置轴网的过程。用户可以按"B"键可修改插入基点，点击左键就可以布置上轴网了，如图 8.1-32 所示。

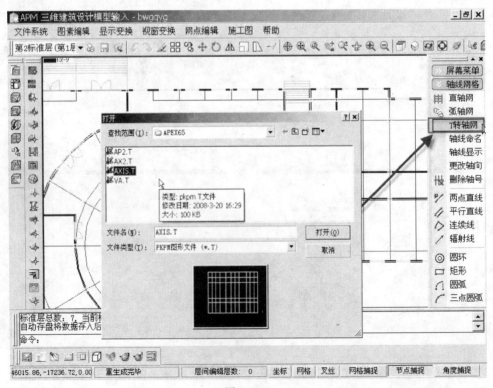

图 8.1-31

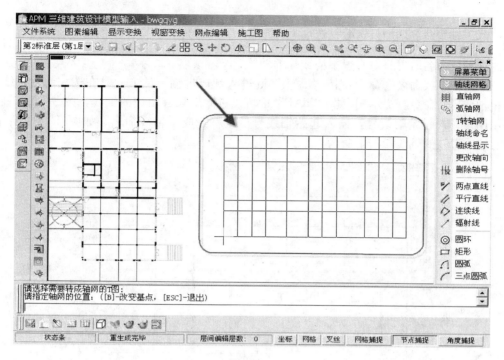

图 8.1-32

七、直线轴网增加"重复数选项"

在直线轴网对话框中输入轴线开间和进深时，可输入此开间的重复个数 n，设置好个数 n 后，点击"添加"将重复的增加 n 个开间的轴线，如图 8.1-33 所示。

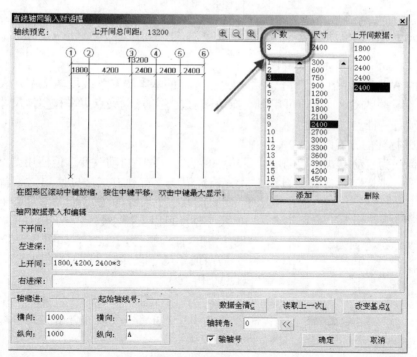

图 8.1-33

八、轴线命名增加只选墙柱选项

在轴线命名时可只对布置了墙或柱的轴线定义轴线名。

点击"轴线命名"命令，按"TAB"键进入到成批输入的方式，在选完起始轴线和终止轴线后，命令行提示用户按"TAB"键可以过滤出只有墙柱的轴线，按"TAB"后，提示用户输入起始轴线号，输入起始轴线号后，就完成了轴线命名。如图 8.1-34 所示，只有墙或者柱的轴线参与了命名。

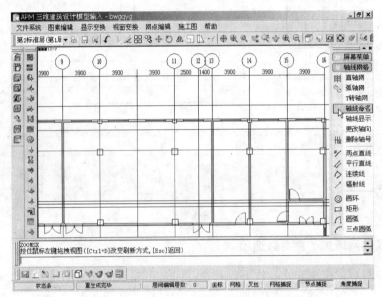

图 8.1-34

九、关于尺寸的最新改进

1. 所有尺寸采用整体的尺寸图素

在新的 APM2008 中，尺寸已经不用过去零碎的基本图素（线段，文字）表示，已经是整体的新图素（尺寸）了，可用图素拖动移动数字，点取夹点可平移整体尺寸，用端点拖动可移动各特征点。

2. 尺寸标注的方式改进

尺寸标注为自动方式，移动尺寸线端点时标注的数字自动改变。但使用"点取文字修改"或"统一坐标"后将取消自动方式。若希望恢复自动方式，可使用"编辑属性"功能，一次只能改一个尺寸标注。

3. 尺寸精度可以支持小数

尺寸精度可以调整为小数了，如图 8.1-35 所示。

4. 新增加"尺寸合并"（DIMMERGE），"尺寸分解"（DIMSPLIT）

可将多个在同一直线上的尺寸合并为一个尺寸，简化命令为"MD"。可将一个尺寸分解为两个尺寸，简化命令为"SD"。

5. 新的尺寸编辑对话框

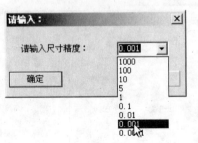

图 8.1-35

"编辑属性"功能新增针对尺寸标注的编辑对话框，如图 8.1-36 所示，可对尺寸标注的各种参数进行修改。

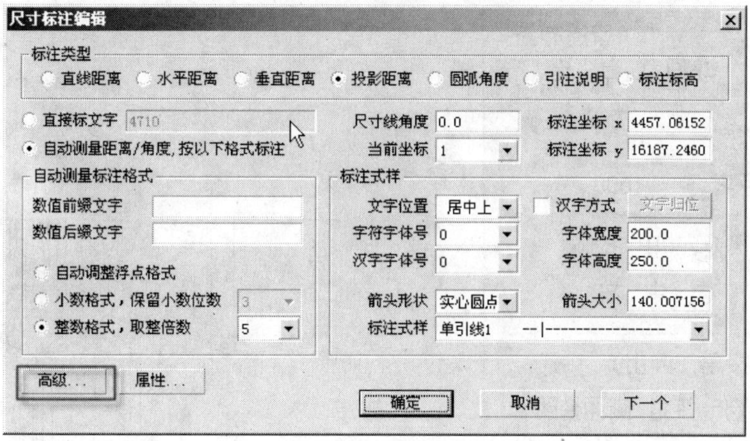

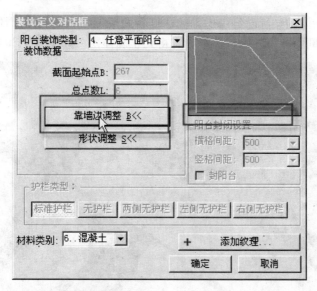

图 8.1-36

点击按钮"高级"，可以进入到更详细的尺寸参数对话框。

十、任意类型阳台增加封闭处理

定义任意轮廓阳台的时候，可以由用户指定任意阳台的靠墙边。方法是在定义阳台装饰对话框中，点击"靠墙边调整"按钮，如图 8.1-37 所示。

图 8.1-37

十一、台阶布置增加偏轴距离的参数

在台阶的布置参数中，增加了台阶的偏轴距离参数，使台阶也可以布置到离网格或墙体有一定距离的位置，如图 8.1-38 所示。

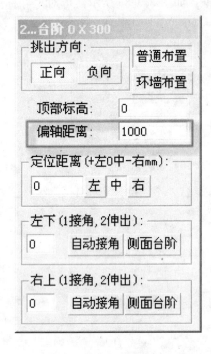

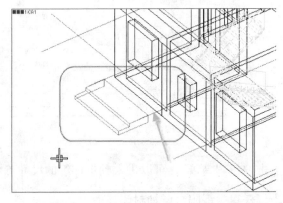

图 8.1-38

十二、墙体绘制可以被柱打断

APM2008 中墙体的绘制已经考虑了被柱打断的情况，不仅在模型阶段绘制得更加准确，而且在立面、剖面图中的墙柱关系也将得到正确体现，如图 8.1-39 所示。

图 8.1-39

十三、新增"斜板裁剪"功能

可将空间上多个斜板的交叉重叠部分自动裁剪掉,留下没有冗余部分的斜板,如图 8.1-40 所示。

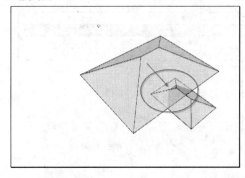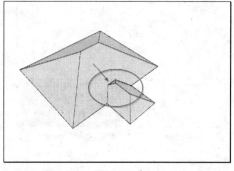

图 8.1-40

十四、建筑模型中门窗的平面表现与建筑平面施工图中表现一致

在 APM2008 中,将以往只在建筑平面施工图中表现的门窗平面样式,也可以在模型输入的平面显示出来,使用户在模型设计阶段就可以对门窗加以区分,如图 8.1-41 所示。

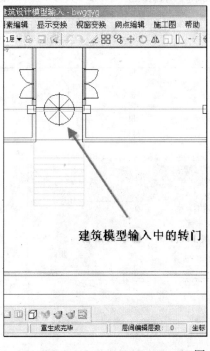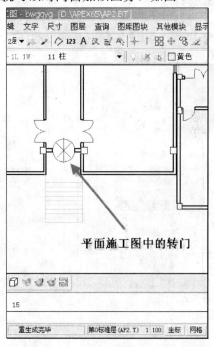

图 8.1-41

十五、门窗定义和布置对话框中可直接显示门窗平、立面形式

用户在建筑模型输入中的门窗的定义对话框中,可设定门窗的平面和立面样式,在布置门窗的对话框中,也可列出门窗的平面和立面样式,方便用户选取,如图 8.1-42 所示。

在绘制建筑平、立面施工图时，也可直接画出门窗的平面、立面样式。

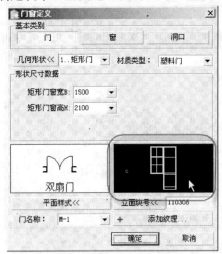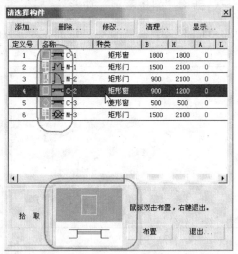

图 8.1-42

十六、构件修改右键菜单中增加了"本层标高"的功能

可以同时修改所有同种构件的标高，例如可将当前标准层中同一类型的窗台底面同时调整到一个新的标高处，而不必逐一点取修改。

选择门窗后，点击鼠标右键弹出的菜单，点取"本层标高"项。在修改构件标高对话框中输入新标高，如图 8.1-43 所示。

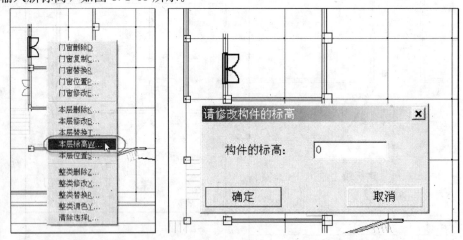

图 8.1-43

十七、建筑模型输入的"全楼组装"菜单中新增"体形系数"和"窗墙比"计算功能

如图 8.1-44 所示，"窗墙比"可以计算外墙上窗子总面积和墙总面积的比例，这在节能计算中，是一个重要的参数，可以辅助用户设计节能建筑。

同样"体形系数"可以计算建筑物的表面积与体积的比例，这在节能计算中也是一个重要的参数（图 8.1-45）。

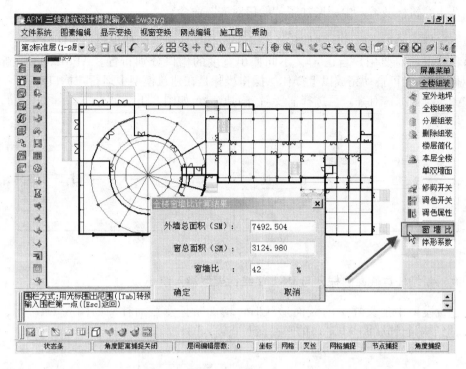

图 8.1-44

点取"体形系数"菜单，逐层选择建筑物的外轮廓，程序将自动算出结果。

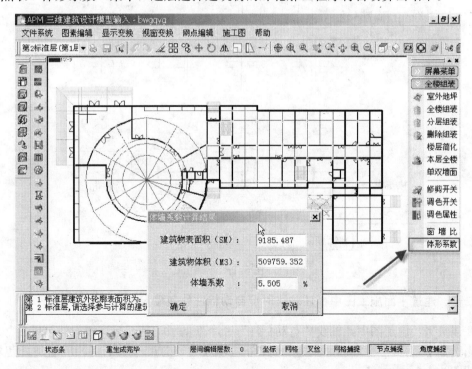

图 8.1-45

十八、建筑模型输入中新增加了"檐口对齐"命令

建筑设计中由于墙厚变化或墙偏心变化，经常造成墙上的伸出檐口也凹凸不齐。以往遇到这种情况，需要用户自己定义不同伸出宽度的檐口分别布置。APM2008 版新增的"檐口对齐"功能可自动完成以上操作。操作步骤是在建筑模型中运行"檐口对齐"菜单，首先选择与哪个檐口对齐，再选择需要对齐的檐口，如图 8.1-46 所示。

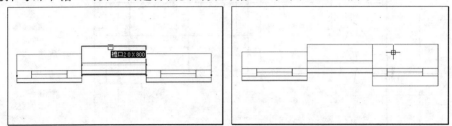

图 8.1-46

十九、新增任意截面的柱，与 PKPM 结构模型输入统一

在建筑模型中定义柱子的截面形状时，增加了任意截面柱，如图 8.1-47 所示，与 PKPM 的结构设计软件 PMCAD 的平面交互式输入的柱形式统一。

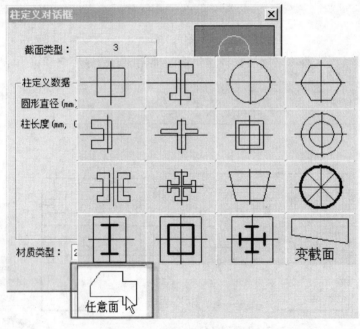

图 8.1-47

二十、建筑平面施工图中标注轴线时可自动标注外包墙尺寸

在建筑平面施工图中，轴线"自动标注"命令新增了"是否标注墙的外包尺寸"的选项，当选择了"标注"项时，可自动标出外包墙尺寸，总尺寸中也将相应增加外包墙尺寸，如图 8.1-48 所示。

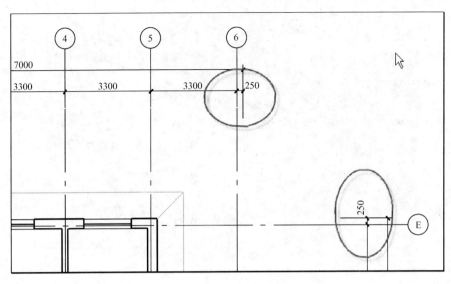

图 8.1-48

二十一、2006 年以来建筑模型输入的其他改进

（1）在构件的布置过程中，新增可以通过按"D"键切换到"构件删除"的功能。

（2）解决建筑模型输入中各种构件拖动过程中图面闪动的问题，例如在布置门窗时移动位置的情况。

（3）增加"构件清理"功能。可以清理工程中所有定义了但未使用的构件，减少标准构件库中的冗余构件，便于查找和选取。

（4）玻璃幕墙定义中增加栅格宽度参数，如图 8.1-49 所示。

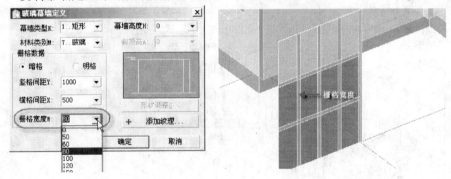

图 8.1-49

（5）使用"修剪墙线"时可去掉不合理的斜板、楼板。

（6）"调墙顶高"功能也可以认圆弧面。

（7）增加"斜板改高"功能，可以整体修改斜板的高度。

（8）新增车库坡道设计功能。

（9）在玻璃幕墙上布置门窗，并在建筑平面中绘制。

（10）玻璃幕墙也可以随节点高度变化抬高幕墙的高度。

（11）"梯间布置"命令，在产生楼梯的同时，还会自动产生平台板。

（12）建筑模型中可设计转角凸窗，如图 8.1-50 所示。

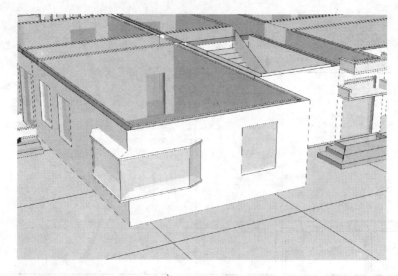

图 8.1-50

（13）建筑模型输入中新增三维图块直接输入功能，将以往只能在 APM 菜单 2 "三维 CAD" 中输入三维图块，直接作为标准构件放到 APM 菜单 1 "建筑模型输入" 中输入，如图 8.1-51 所示，并可直接表现在建筑平面、建筑渲染、消隐、立面、剖面施工图中。

（14）建筑模型输入中新增三维几何形体的直接输入功能，将以往只能在 APM 菜单 2 "三维 CAD" 中输入的一些几何形体，如球体、圆柱体、圆锥体、圆环、圆台、长方体等，直接作为标准构件放到 APM 菜单 1 "建筑模型输入" 中输入，并可直接表现在建筑平面、建筑渲染、消隐、立面、剖面施工图中。

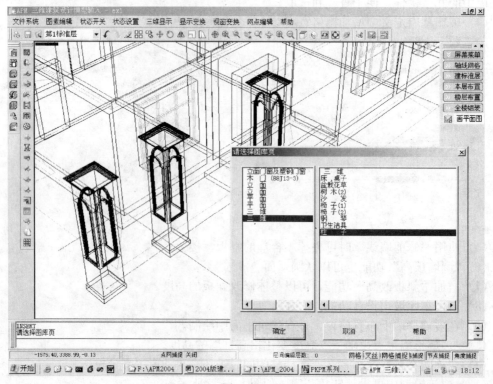

图 8.1-51

（15）建筑模型输入中新增"房间面积"功能，可在模型建造阶段就看到各个房间的使用面积和建筑面积。

（16）支持地下楼层设置。在楼层布置对话框中新增"是否包含地下楼层"的选项，并可设置地下总楼层数，如图 8.1-52 所示。

（17）"楼层布置"增加立面预览窗口，布置情况一目了然。同时增加了是否显示立面预览的开关，当工程较大时可关闭预览，加快操作速度。如图 8.1-52 所示。

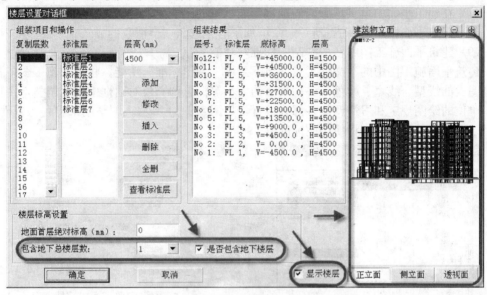

图 8.1-52

（18）完成了"楼层布置"功能后，选标准层的下拉列表中将反映出各标准层所属楼层的信息，如图 8.1-53 所示。

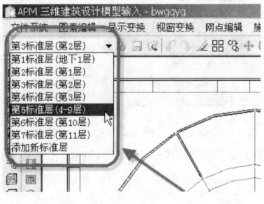

图 8.1-53

（19）三维模型渲染中可将斜板的顶面和侧面分别赋材质纹理。

（20）三维模型渲染功能中新增全新光线跟踪渲染方式，可表现更真实效果图。

二十二、2006 年以来建筑施工图的其他改进

（1）在 APM 中的所有模块的阵列功能改成与 AutoCAD 最新版本的方式相同。

（2）实现折线自身的圆角和倒角。

（3）新增"消除重线"功能，可自动将 T 图中的重叠线条合并，减少冗余图素量。

（4）建筑平面增加"另存为"（SAVE AS）命令，可将当前平面图换名保存。

（5）实现新折线的绘制。折线可设置宽度，可转换直线段和圆弧段，可按"U"键回退，可在直线段绘制过程中使用［L］功能沿直线方向再画一固定长度的线段。

（6）平面施工图中的绘制门窗表功能，门和窗可按照名称排序输出。

（7）在建筑平面中，实现了墙的承重与非承重的区别。

（8）建筑平面中，"构件更新"命令增加了"全选"、"全清"的方式。

（9）建筑平面施工图中新增"制图标准"功能。

建筑平面施工图中的"文件工具"项下新增"制图标准"功能，将平面施工图中各种绘制图素的线型、线宽、颜色，各种文字的大小等汇总到一个对话框中设置调整，用户可按本单位的绘图规定和习惯调整各部分设置，如图 8.1-54 所示。调整结果将存入 CFG 系统目录，以后其他工程都将使用此标准。

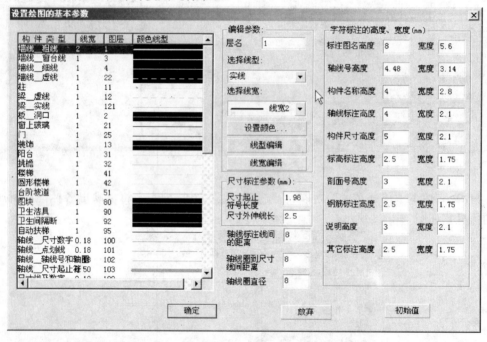

图 8.1-54

（10）建筑立面图中的标注轴线功能，新增批量删除不标轴线的方式，不再用光标逐一点取不标的轴线了。